W0269140

Wissenschaft zwischen Qualitas und Quantitas

Herausgegeben von
Erwin Neuenschwander

Springer Basel AG

Adresse des Herausgebers:

Prof. Dr. Erwin Neuenschwander
Geschichte der Naturwissenschaften
MN Fakultät der Universität Zürich
Winterthurerstr. 190
CH-8057 Zürich

Die Drucklegung dieser Publikation wurde freundlicherweise unterstützt durch die Schweizerische Akademie der Naturwissenschaften und den Zürcher Universitätsverein.

Einbandabbildungen
Abbildungen oben: Schematische Darstellung des mittelalterlichen Weltbildes basierend auf einer Kette von parallelen Vierteilungen, reproduziert aus einem lateinischen Manuskript der Bibliothèque nationale de France; Abbildung des in der Renaissance von Kepler entwickelten harmonischen Weltmodells aus dem *Mysterium Cosmographicum* von 1596 (nähere Angaben zu diesen Illustrationen im Buchinnern auf S. 59 und S. 99).
Abbildung unten: Gammastrahlungs-Himmelskarten aus dem 20. Jahrhundert. Oben sind die durch den Compton-Satelliten registrierten, im Weltall scheinbar gleichmässig verteilten Gammastrahlungsausbrüche dargestellt, unten die Intensitätsverteilung der permanenten Emissionen, die in der Ebene der Milchstrasse am stärksten sind (Quelle: NASA).

Bibliografische Information der Deutschen Bibliothek
Die Deutsche Bibliothek verzeichnet diese Publikation in der Deutschen Nationalbibliografie, detaillierte bibliografische Daten sind im Internet über <http://dnb.ddb.de> abrufbar.

© 2003 Springer Basel AG
Ursprünglich erschienen bei Birkhäuser Verlag 2003
Softcover reprint of the hardcover 1st edition 2003
Gedruckt auf säurefreiem Papier, hergestellt aus chlorfrei gebleichtem Zellstoff. TCF ∞

ISBN 978-3-0348-9396-1   ISBN 978-3-0348-7994-1 (eBook)
DOI 10.1007/978-3-0348-7994-1

9 8 7 6 5 4 3 2 1

www.birkhauser-science.com

Inhalt

Vorwort

Der vorliegende Band ist der zweite einer vom Herausgeber angegangenen Trilogie gleichgestalteter Ausarbeitungen von Vortragsreihen des *Wissenschaftshistorischen Kolloquiums* der ETH und der Universität Zürich zum Themenkreis der gesellschaftlichen und erkenntnistheoretischen Einbettung und Hinterfragung von Wissenschaft. Im Zentrum steht die historisch-kritische Analyse des wahrhaft kometenhaften Aufstiegs der Naturwissenschaften, die uns im Laufe der letzten Jahrzehnte – zusammen mit der sich gleichzeitig entwickelnden Technik – ungeahnte Möglichkeiten eröffnet haben, aber auch unser heutiges Leben bzw. Überleben in immer stärkerem Ausmass bestimmen.

Der im Sommer 1993 publizierte erste Band mit dem Titel *Wissenschaft, Gesellschaft und politische Macht* erschien zum 15jährigen Jubiläum unseres Kolloquiums und untersucht anhand konkreter Fallstudien, wie sich das Verhältnis zwischen Wissenschaft und Gesellschaft vom Mittelalter bis in die Gegenwart entwickelte. Er zeigt, dass Wissenschaft zu keiner Zeit in einem gesellschaftlichen Vakuum betrieben wurde, und vermittelt damit unter anderem Denkanstösse für die zukünftige Gestaltung dieser konfliktträchtigen Beziehung. Der vorliegende zweite Band betrachtet die Wissenschaftsentwicklung mehr unter einem methodologisch-paradigmatischen Aspekt, indem er das Wechselspiel zwischen qualitativen und quantitativen Forschungsansätzen beleuchtet. Er diskutiert die seit der frühen Neuzeit feststellbare, immer weiter um sich greifende Mathematisierung, Mechanisierung und Quantifizierung von Wissenschaft und Alltagswelt, die jedoch insbesondere in den letzten Jahren nicht unwidersprochen blieb. Dies führte zu einer beeindruckenden «Renaissance des Qualitativen» auf zahlreichen Gebieten, welche sich auch in der heutigen Diskussion um den Begriff der «Nachhaltigkeit» [sustainability] manifestiert. Der abschliessende, zur Zeit in Planung begriffene dritte Band soll wissenschaftstheoretischen Grundlagenfragen gewidmet sein. Er hinterfragt Grundelemente neuzeitlicher Wissenschaft, d.h. Experiment, Modell und Theorie, und diskutiert deren Wechselwirkungen untereinander sowie deren Stellenwert in den modernen Wissensgesellschaften.

Die Anregung zu dem hier vorgelegten zweiten Band über Qualitas und Quantitas ging vom theoretischen Physiker und Physikhistoriker Ulrich Niederer aus. Er lehrte von 1978 bis 1991 an der Universität Zürich als Privatdozent und verstarb leider völlig unerwartet nach der Durchführung der Vortragsreihe. Kurz danach trat auch das Gründungsmitglied Heinz Balmer altershalber aus unserem Organisationskomitee und der Universität aus.

Letzterer wirkte seit 1974 als Lehrbeauftragter, 1981–1993 als Privatdozent für Geschichte der Naturwissenschaften und zählte zu den aktivsten Mitgliedern unseres Kreises. Beide haben sich unter grossem, von der Öffentlichkeit – infolge damals noch mangelnder institutioneller Struktur – leider viel zuwenig verdanktem Einsatz um die Wissenschaftsgeschichte in unserem Land verdient gemacht, weshalb Ihnen dieser zweite Band gewidmet sein soll.

Der vorliegende Band beruht auf den Vorträgen, wie sie im Wintersemester 1990/91 im Rahmen des Wissenschaftshistorischen Kolloquiums gehalten wurden. Auch diesmal war es einigen Referenten nicht möglich, ihren Vortrag für eine Publikation auszuarbeiten; es handelt sich zudem wieder um eine Sammlung unabhängig voneinander gehaltener Vorträge. Zur thematischen Abrundung wurde ergänzend ein Beitrag von Edith Dudley Sylla aufgenommen, und der Herausgeber bemühte sich – wie bereits im ersten Band – inhaltliche Lücken durch eine Einführung und eine speziell erarbeitete Bibliographie zu schliessen. Nachdem fast alle Beiträge bereits in den Satz gegangen waren, traf noch die annähernd zweihundert Seiten umfassende, monographische Vortragsausarbeitung von Egbert Brieskorn ein, die auf ausdrücklichen Wunsch ihres Verfassers und des Verlages, nach Rücksprache mit den betroffenen Autoren, dem Band ebenfalls – in ungekürzter Form – beigegeben wurde. Das Erscheinen des zweiten Bandes wurde damit erheblich verzögert und infolge Mehrkosten – zeitweise – in Frage gestellt. Zu guter Letzt ist er nun bedeutend umfangreicher und vielgestaltiger als sein Vorgänger geworden, aber auch repetitiver, und vermag vielleicht gerade deshalb das facettenreiche Wechselspiel zwischen Qualitas und Quantitas besonders gut widerzuspiegeln.

Dem Leser erwachsen durch den aufwendigen Publikationsprozess insgesamt weit mehr Vor- als Nachteile. Zum einen sind die meisten Beiträge erst einige Jahre nach dem Vortragszyklus ausgearbeitet worden und geben damit im allgemeinen den aktuellen Forschungsstand wieder; zum anderen konnten bei der detaillierten editorischen Durchsicht in mehreren Aufsätzen etliche Ungenauigkeiten korrigiert werden, die ansonsten das Arbeiten mit dem Band erheblich behindert hätten. Für die speziell erstellte Literaturauswahl zur Einführung wurden diesmal die gesamten Bestände der Universitätsbibliotheken in Zürich, Göttingen und Erlangen systematisch – d.h. datenbankmässig mit nachfolgender Werkeinsicht – ausgewertet, womit der Band wohl beanspruchen kann, eine beinahe vollständige Übersicht zum weitverzweigten Schrifttum über Qualitas und Quantitas bis etwa in das Jahr 1995 zu enthalten.

Zum Abschluss ist es mir eine angenehme Pflicht, wiederum zahlreichen Personen zu danken, ohne deren Unterstützung der Band nicht zustandegekommen wäre. Zunächst gebührt mein Dank allen Mitgliedern unseres Gremiums, insbesondere den Herren Professoren Gerhard Huber und Günter Scharf, die mich bei der Durchsicht der Manuskripte unterstützten, ebenso den Autoren, die nicht zuletzt für die oben erwähnten Verzögerungen Verständnis aufbrachten. Editorischen Beistand erhielt ich auch von mehreren auswärtigen Kollegen sowie ganz speziell von Herrn Peter Moser und Herrn Martin Kurz. Frau Sophie Schneider und Herr Daniel Jetel übernahmen die Durchsicht des umfangreichen Manuskriptes von Herrn Brieskorn, wobei sie – wegen Zeitmangel des Autors – sämtliche Zitate und Anmerkungen nochmals anhand der Quellen überprüften. Danken darf ich ferner der Schweizerischen Akademie der Naturwissenschaften, die die Herausgabe erneut durch einen grosszügigen Druckkostenzuschuss bedachte, sowie dem Zürcher Universitätsverein, der ebenfalls einen substantiellen Unterstützungsbeitrag bewilligte, so dass der inzwischen auf weit über das Doppelte angewachsene Band schlussendlich doch noch in der abgesprochenen Qualität erscheinen konnte.

E. Neuenschwander

Einführung

Erwin Neuenschwander

Man braucht sich bloss in den gegenwärtigen Diskussionen zu Zeitthemen etwas genauer umzusehen, so stösst man allenthalben auf den scheinbar so antiquierten Gegensatz zwischen Qualitas und Quantitas. Da wird im gesellschaftspolitischen Bereich etwa gefordert, dass undifferenziertes quantitatives Wachstum dringend durch ein qualitatives ersetzt werden muss, wenn unser Planet Erde eine Chance zum Überleben haben soll: Erstrebenswertes Ziel müsse nicht mehr die Erhöhung der Quantitäten, d. h. der Ausstossmengen der Industrie und des Bruttosozialproduktes sein, sondern vielmehr «qualitatives Wachstum», die Erhöhung der Lebensqualität. Die Gegenüberstellung von Quantitas und Qualitas ist aber auch sonst eine beinahe bis zum Überdruss in unzähligen Zusammenhängen abgeschliffene Redensart: Von der Qualität und Quantität der Lammfleischerzeugung in Westanatolien ist da beispielsweise ebenso die Rede wie von der Qualität und Quantität bei Panzern bis hin zum Spannungsfeld zwischen Studentenquantitäten und der Qualität der Ausbildung an den Hochschulen.[1] Auffallend ist dabei, dass in der breiten Öffentlichkeit der Begriff der Qualität generell eher mit warm, human, ganzheitlich und konkret assoziiert wird, während im Gegensatz dazu Quantität, bzw. die Quantifizierung, mit kalt, technokratisch, isolierend, reduktionistisch und abstrahierend verbunden und so eher negativ bewertet wird. Die positive Wertung von Qualität trifft sich mit dem Umstand, dass «Qualität» heute meist nicht mehr, wie in der Antike und lange danach, einfach wertungsfrei eine «Eigenschaft», oder wie bei Aristoteles einen «Unterschied des Wesens» bezeichnet, sondern ganz gezielt die angestrebte positive Eigenschaft, die «Güte» eines Produkts etc. markiert.

In einem merkwürdigen Kontrast dazu steht nun die Tatsache, dass die gegenwärtige Wissenschaft noch immer überwiegend quantitativ orientiert ist – was ihr ja auch oft zum Vorwurf gemacht wird. Der prototypische (Natur-)Wissenschaftler, der Ingenieur, wie ihn etwa Max Frisch in seinem *Homo faber* gezeichnet hat, bewertet entsprechend bei der Gegenüberstellung des Begriffspaars Quantitas und Qualitas letztere im allgemeinen eher negativ; sie gilt ihm als etwas Unwissenschaftliches, Weiches, nicht so recht Fassbares, eigentlich auch nicht so ganz Wissenschaftswürdiges. In Wissenschaftlerkreisen herrscht auch heute noch im wesentlichen die Ansicht vor, dass die Quantifizierbarkeit von

Phänomenen so etwas wie eine Voraussetzung für einen «wissenschaftlichen» Zugriff darauf ist. Diese umfassende und programmatische Quantifizierung der wissenschaftlichen Arbeitsmethoden, die vor kaum einem Wissenschaftszweig haltgemacht hat, ist ja, wie man weiss, ein relativ junges Phänomen: Sie setzt erst mit der frühen Neuzeit ein, markiert in einem gewissen Sinne vielleicht sogar deren Beginn. Wie ist es im einzelnen dazu gekommen, welches sind die Gründe dafür? Das ist die eine, eher historisch orientierte Frage, die die Beiträge dieses Bandes erhellen sollen. Zum anderen stellt man aber gerade in den letzten Jahren in zahlreichen Wissenschaften eine erstaunliche «Renaissance des Qualitativen» fest; mit ihr befasst sich eine zweite Gruppe von Beiträgen.

Freilich ist das Verhältnis von Quantitas zu Qualitas bei genauerem Hinsehen keineswegs dermassen einfach und antagonistisch, wie es in der Öffentlichkeit oft dargestellt wird. Eine Analyse der diesbezüglichen Diskussionen zeigt relativ rasch, dass, wenn in den obengenannten und ähnlichen Zusammenhängen von «Qualität» gesprochen wird, offenbar meist ein eminentes Interesse an der Quantifizierung, d. h. der Messung dieser «Qualitäten», zu bestehen scheint, und das gilt gerade auch dann, wenn sie zum Gegenstand politischer Auseinandersetzung werden. So spielt etwa in der Diskussion um die Luftqualität die Messmethode, d. h. die Festlegung von Indikatoren und Grenzwerten, eine zentrale Rolle und bei der Lebensqualität Quantitäten wie die Selbstmordrate oder z. B. die finanziellen Mittel, die für lebensqualitätsfördernde Massnahmen budgetiert werden – von der Kunst am Bau über Lärmschutzwände bis hin zu Planstellen für Lehrer und Sozialarbeiter. Auch die Befürworter alternativer, qualitätsorientierter Konzepte gehen ja jeweils davon aus, dass zwischen diesen Quantitäten und der angestrebten Qualitätsverbesserung ein Zusammenhang besteht, indem erstere geeignet sein sollen, letztere zu bewirken.

Eine detaillierte Auseinandersetzung mit dem vielschichtigen und komplexen Thema «Wissenschaft zwischen Qualitas und Quantitas» erschien uns deshalb im Rahmen unseres Wissenschaftshistorischen Kolloquiums als durchaus lohnend, um so mehr als dies zahlreiche weitere grundlegende Fragen aufwirft, die seit ihrer erstmaligen systematischen Analyse bei Platon und Aristoteles unseres Erachtens keineswegs an Aktualität eingebüsst haben: Sind der seit dem Mittelalter und der Neuzeit generell feststellbaren und immer weitere Bereiche erfassenden Quantifizierung und neuestens Digitalisierung von «Qualitäten» in den Wissenschaften Grenzen gesetzt; und werden sich auch die exakten Wissenschaften – vielleicht sogar unter Rückbesinnung auf Aristoteles[2] – in

Zukunft möglicherweise wieder verstärkt qualitativer Begriffe und Methoden bedienen? Kommt es zwischen Geistes- und Naturwissenschaftlern trotz der auch in diesem Band unterschwellig hervortretenden Verständigungsschwierigkeiten schliesslich doch noch zu der so dringend notwendigen Interdisziplinarität, oder setzt sich eventuell doch immer stärker die Ansicht durch, dass das Quantitative die primäre Domäne der Naturwissenschaften und Mathematik ist, während die Erforschung des Qualitativen letztlich an die Sozial- und Geisteswissenschaften delegiert bleibt? Woher rührt die spätestens seit dem letzten Jahrhundert grassierende, fast alle Lebensbereiche vereinnahmende, jedoch bereits zu biblischen Zeiten nachweisbare «Quantifizierungssucht», der auch jene zu verfallen scheinen, die sich vordergründig ganz ausdrücklich davon distanzieren? Was macht die quantitative Erfassung der Lebenswelt überhaupt so attraktiv? Ist es wirklich die möglichst genaue theoretische Erfassung der einzelnen Phänomene oder vielmehr der Wunsch, eine Vielzahl von im Grunde genommen kaum auseinanderdividierbaren Faktoren in einfacher, unangreifbarer Weise an Dritte weitergeben zu können? Nehmen wir hierbei nicht häufig den Verlust von Wesentlichem in Kauf, wie z. B. der durch die Humanisten verspotteten *qualitas occulta* oder *qualitas virtualis* der mittelalterlichen Scholastiker?

Selbstverständlich können nicht alle oben aufgeworfenen Fragen in diesem Band und schon gar nicht in unserer Einführung angegangen bzw. abschliessend beantwortet werden. Trotzdem möchte ich an dieser Stelle versuchen, die groben Hauptzüge der historischen Entwicklung und die sich derzeit in vielen Fachgebieten manifestierende «Renaissance des Qualitativen» aufzuzeigen, um nachher die einzelnen Beiträge kurz zusammenzufassen, in denen der Leser einzelne Epochen und Bereiche detaillierter abgehandelt findet. Als zusätzliche Hilfe habe ich dem Band wiederum eine ausgedehnte Literaturliste beigegeben, in der vor allem die in der Einführung angesprochenen, zur Zeit die öffentliche Diskussion wohl besonders stark interessierenden umweltpolitischen und sozialwissenschaftlichen Aspekte sorgfältig dokumentiert sind, obwohl sie angesichts der eher historischen Zielsetzung unseres Kolloquiums nicht den Hauptgegenstand dieses Bandes ausmachen.

Von der Qualitas zur Quantitas – vom Altertum zur Neuzeit

Die zentrale Stellung des Begriffspaares «Qualitas – Quantitas» geht auf die Antike, und zwar vornehmlich auf Aristoteles, zurück, bei dem die beiden Begriffe in seiner Kategorienschrift zu den Grundformen der Aussagen über das Seiende (Urteilsarten) zählen, zusammen mit Substanz, Relation, Ort, Zeit, Lage, Haben, Wirken und Leiden. «Quantität» (poiøn, quantitative Bestimmtheit, Quantum) nennt Aristoteles das, «was so in [innewohnende zwei oder mehr (Tilgung Jaeger)] Bestandteile zerlegbar ist, dass jeder davon seiner Natur nach ein Eines und bestimmtes Dieses ist». Quantitäten lassen sich unterscheiden in diskrete und kontinuierliche und sind dadurch charakterisiert, dass sie kein konträres Gegenteil haben, dass sie kein Mehr und Weniger zulassen und dass sie gleich und ungleich genannt werden. Die definierenden Merkmale der «Qualitäten» (poiøn, qualitative Bestimmtheit, Quale) andererseits sind die intensive Grössenbestimmung, die genuine qualitative Veränderung und die Unterscheidung von primären und sekundären Qualitäten, welche ansatzweise schon in der vorsokratischen Philosophie behandelt wurden. Aristoteles unterscheidet im wesentlichen vier verschiedene Arten von Qualitäten: 1. Haltung und Zustand, 2. Veranlagung (natürliches Vermögen oder Unvermögen), 3. affektive Qualitäten (Gemütsverfassungen und Sinnesqualitäten), 4. Figur und äussere Form. Allen Qualitäten ist es eigentümlich, dass man nach ihnen von ähnlich oder unähnlich spricht.[3]

In seinen naturwissenschaftlichen Schriften gründet Aristoteles den Aufbau des Universums auf die empedokleische Lehre von den vier Elementen (Erde, Wasser, Luft, Feuer) und den sieben Paaren von haptischen Sinnesqualitäten (warm–kalt, feucht–trocken, schwer–leicht, dicht–dünn, rauh–glatt, hart–weich, zäh–spröde). Die Elemente denkt er sich dabei in konzentrischen Kugelschalen vom Erdmittelpunkt ausgehend angeordnet, auf die alsdann die Sphären des Mondes und der sechs anderen Planeten (Merkur, Venus, Sonne, Mars, Jupiter, Saturn) und schliesslich die Fixsternsphäre folgen. Im sublunaren Bereich unterscheidet Aristoteles zwischen natürlichen und erzwungenen Ortsbewegungen. Die natürlichen Ortsbewegungen entspringen nach Aristoteles der naturbedingten Tendenz des in einem Körper überwiegenden Elements, geradlinig seinem natürlichen Ort zuzustreben und dort zur Ruhe zu kommen (Fallen eines Steines in Richtung Erdmittelpunkt, Aufsteigen des Rauches zur Feuerregion). Jede Bewegung (Veränderung der Quantität, Qualität oder des Ortes; instantane Wandlung usw.) musste nach Aristoteles stets ihren eigenen Beweger haben. Bei den natürlichen Ortsbewegungen war dies das die Körper erzeugende *generans* beziehungsweise deren Schwere oder Leichtigkeit. Aristoteles' Weltbild war somit noch weitgehend qualitativ geprägt, indem das Verhalten der Körper durch ihre Qualitäten bestimmt wurde.[4]

In der späteren Antike und im Mittelalter wurden die Lehren des Aristoteles eingehend diskutiert und in mehreren Punkten weiterentwickelt. Wichtige Neuerungen in der Bewegungslehre betrafen die Entwicklung einer Impetustheorie zur Erklärung erzwungener Bewegungen durch den Alexandriner Johannes Philoponus, die Araber und Johannes Buridanus sowie die nachfolgende Ausgestaltung der Theorie der Formlatituden (*latitudines formarum*). Mit Hilfe der letzteren gelang es erstmals, die intensive Steigerung und Minderung, die Zu- und Abnahme akzidentieller Formen (*intensio et remissio formarum*) bzw. der Qualitäten ansatzweise quantitativ zu erfassen. In seinem *Tractatus de configurationibus qualitatum et motuum* baute Nikolaus Oresme (ca. 1322–1382) die Idee der Formlatituden zu einem vollentwickelten System aus, in dem Qualitäten und Geschwindigkeiten zumindest zwei Dimensionen besitzen, nämlich Intensität und räumliche oder zeitliche Ausdehnung. Die Dimensionen der räumlichen bzw. zeitlichen Ausdehnung werden als *longitudo* bezeichnet, die Dimension der Intensität als *latitudo*, wobei man sich letztere senkrecht auf der ersteren aufgetragen dachte. Die Gesamtfigur heisst bei Oresme *configuratio* und wird nach ihrer Form in verschiedene Arten eingeteilt. Bei den linearen Qualitäten unterschied er zwischen gleichförmigen (*uniformis*) Qualitäten mit konstanter Intensität, gleichförmig ungleichförmigen (*uniformiter difformis*) mit konstantem Intensitätszuwachs und ungleichförmig ungleichförmigen (*difformiter difformis*). Mit Hilfe derartiger Überlegungen bewies er auch die sogenannte Merton-Regel, wonach eine gleichförmig beschleunigte Bewegung hinsichtlich der durchlaufenen Gesamtstrecke äquivalent ist einer gleichförmigen Bewegung mit der mittleren Geschwindigkeit bei gleicher Dauer (Mittelgeschwindigkeitssatz). Trotz derartiger hervorragender, später von Galileo Galilei weiterentwickelter Ergebnisse war die scholastische Theorie der Formlatituden jedoch noch immer weitgehend qualitativ und meist rein spekulativ orientiert, indem die äussere Gestalt der *configuratio* auch die spezifische Wirkung der dargestellten Qualität bedingen sollte. So vertrat Oresme u. a. auch die Ansicht, dass die Konfiguration von Pfeffer und ähnlichen Substanzen unzählige spitze Ecken aufweise, die den Gaumen beim Genuss besonders intensiv reizten, und dass zwei Menschen besonders gut miteinander auskämen, wenn ihre Konfigurationen gut zueinander passten.[5]

Mit Beginn der Neuzeit wurden die mittelalterlichen Theorien zunehmend kritisiert und mit anderen, neugewonnenen Erkenntnissen verwoben. So entstand bei den italienischen und deutschen Rechenmeistern eine algebraische Symbolik, die es ermöglichte, funktionale Abhängigkeiten nun auch algebraisch darzustellen und nicht nur geometrisch wie bei Nikolaus Oresme. René Descartes (1596–1650) fügte diese beiden Ansätze in seiner *Géométrie* zusammen, womit die analytische Geometrie geboren war, die eine wesentliche Voraussetzung für die Ausgestaltung der Newtonschen Theorien bildete. In seinen *Regulae ad directionem ingenii* behauptet Descartes, dass man jede Art von Problem auf ein mathematisches Problem reduzieren könne, dieses wiederum auf ein algebraisches Problem und letzteres schliesslich auf die Lösung einer einzigen Gleichung (Pólya 1966, Bd. 1, S. 47). Eine ähnliche, ursprünglich auf die Pythagoreer und Plato zurückgehende Auffassung vertrat auch Galileo Galilei in seinem *Saggiatore*, indem er meinte, dass das Buch der Natur in der Sprache der Mathematik geschrieben sei und seine Buchstaben die Dreiecke, Kreise und anderen geometrischen Figuren seien, ohne deren Kenntnis es für den Menschen unmöglich sei, auch nur ein einziges Wort davon zu verstehen.[6]
Der Glaube an die umfassende Mathematisierbarkeit der in der Natur vorkommenden Prozesse setzt die Quantifizierbarkeit der Phänomene voraus. Nicht ohne Grund wird die Periode von 1543 bis 1687 deshalb allgemein als die Entstehungszeit der neuzeitlichen Naturwissenschaft betrachtet. Sie beginnt mit der Publikation von Kopernikus' *De revolutionibus orbium coelestium*, welches das alte ptolemäische Weltbild erstmals wirkungsvoll in Frage stellte, und endet mit dem Erscheinen von Newtons *Philosophiae naturalis principia mathematica*, die fortan die Grundlage der Neuen Physik bildete. Kopernikus hatte seine heliozentrische Theorie allerdings noch weitgehend in herkömmlicher, mehr philosophisch motivierter Weise ohne Rückgriff auf ausgedehntere eigene Beobachtungen – wie diese bald allgemein üblich werden sollten – aufgrund der alten übernommenen Daten und Konzeptionen aufgestellt.[7] Das revolutionäre neuzeitliche Forschungsparadigma offenbarte sich erst später bei Tycho Brahe (1546–1601), Johannes Kepler (1571–1630) und Galileo Galilei (1564–1642) in seiner vollen Kraft. Entscheidend war das von Brahe während seiner 20jährigen Beobachtertätigkeit auf seiner Sternwarte Uraniborg auf der Insel Hven gesammelte, äusserst umfangreiche und dank der besseren Instrumente auch bedeutend genauere Datenmaterial. Es zwang den bei ihm assistierenden Johannes Kepler nach mehrmaligem Vergleich

zwischen Theorie und Beobachtung schliesslich um 1605 zu der Einsicht, dass die Marsbahn – entgegen dem seit dem Altertum akzeptierten platonisch-aristotelischen Axiom – nicht mittels Kreisbewegungen mit konstanter Winkelgeschwindigkeit beschrieben werden könne, sondern in Wirklichkeit eine ungleichförmig durchlaufene Ellipse sein müsse, in deren einem Brennpunkt die Sonne steht. Dies führte Kepler zur Aufstellung seiner berühmten Gesetze, die dann später Newton als Grundlage für seine noch weiter gehenden dynamischen Theorien dienten. Das Experiment, bzw. Messungen, und somit letztlich Quantitäten spielten auch bei Galileis Verifikation seines neuen Fallgesetzes eine entscheidende Rolle, was bereits bei Galilei und dessen Schülern zur mathematischen Beschreibung der Bewegung, zu einer ersten Theorie der Schwerkraft, zum Trägheitsbegriff und damit zur «Revolutionierung» der Aristotelischen Physik führte.

Die neuzeitlichen Gelehrten wiesen die von den Scholastikern tradierte verallgemeinerte peripatetische Qualitätenlehre meist entschieden zurück. Bereits Galilei vertrat unter Rückgriff auf den antiken und mittelalterlichen korpuskularen Atomismus die Meinung, dass sinnliche Qualitäten wie Farbe, Geschmack und Geruch ihren Sitz nicht in den betreffenden Körpern, d. h. ausserhalb des Betrachters haben, sondern dass die Eindrücke, die man früher dem Vorhandensein dieser Qualitäten zugeschrieben hatte, sich aus der Art und Weise ergeben, wie das allein wahrhaft Bestehende, die Atome und ihre Bewegungen, auf unsere Sinne einwirkt.[8] Ähnliche korpuskulartheoretische Erklärungen bringen auch Descartes, Gassendi, Hobbes und Boyle, die allesamt die Meinung vertraten, dass die Sinnesqualitäten nicht notwendig objektiv existierende Entitäten sind, sondern lediglich phänomenal und subjektiv und deshalb auf die reale räumliche Bewegung der «Atome» zurückgeführt werden sollten. Hieraus resultierte bald eine vertiefte, grundsätzliche Unterscheidung zwischen den objektiv existierenden, geometrisch-mechanischen primären Qualitäten, die einem Körper als wesenhaft zukommend gedacht wurden, und den bloss subjektiv wahrgenommenen sekundären Qualitäten, womit die von Aristoteles postulierte kategoriale Trennung der Qualität zur Quantität und zur Relation durchlässig und damit angreifbar wurde.[9]

Die obenskizzierten Forschungen führten in der Folge zu einer sukzessiven Mathematisierung, Mechanisierung und Quantifizierung beinahe sämtlicher Naturwissenschaften, die heute unter dem Schlagwort «Mechanisierung/Mathematisierung/Quantifizierung des Weltbildes» (Dijksterhuis 1950, Shea 1983, Frängsmyr et al. 1990) zusammengefasst wird. Sie griff bereits im 17./18. Jahrhundert auch auf die Sozial- und Humanwissenschaften über, wie William Pettys *Political Arithmetick* (1690), William Harveys «Mechanisierung des Herzens» (*De motu cordis*, 1628; Fuchs 1992) und Lamettries *L'homme machine* (1748) exemplarisch belegen. Schon Condorcet (1743–1794), der Schöpfer des Terminus Sozialwissenschaft («science sociale»), vertrat die Ansicht, dass jeder Fortschritt auf dem von ihm bearbeiteten Gebiet nur durch Anwendung der strengen Methoden des mathematischen Kalküls und der Wissenschaft der Kombinatorik («science des combinaisons») erzielt werden könne (Baker 1975, S. 333; Rashed 1974, S. 196 ff.). Und Adolphe Quetelet (1796–1874) meinte sogar, dass mit dem Fortschritt der Wissenschaften diese sich immer mehr dem Gebiet der Mathematik nähern, die eine Art Zentrum darstellt, nach dem sie alle konvergieren.[10] Diese Auffassung war seit dem 17. Jahrhundert weit verbreitet, wie die Schriften von Descartes, Leibniz, Fontenelle, Wolff, Lambert, Laplace und unzähligen anderen zeigen, und auch Immanuel Kant leitet seine *Metaphysischen Anfangsgründe der Naturwissenschaft* mit der Bemerkung ein, «dass in jeder besonderen Naturlehre nur so viel *eigentliche* Wissenschaft angetroffen werden könne, als darin *Mathematik* anzutreffen ist».[11]

Nachdem es gegen Ende des 18. Jahrhunderts mit der neugeschaffenen Elementenlehre gelungen war, Teile der Chemie atomistisch aufzubauen, und die Physik im 19. Jahrhundert zu einer vermeintlich abgeschlossenen paradigmatischen Leitwissenschaft avancierte, begann man unter dem Einfluss des Positivismus und des Evolutionismus auch die meisten Sozialwissenschaften, wie z. B. die Soziologie (statistische Analyseverfahren, Soziometrie), Nationalökonomie (Ökonometrie), Politologie (Demoskopie) und Psychologie (Psychophysik, Behaviorismus, psychol. Testverfahren usw.) auf physikalisch-mathematischen Grundlagen zu errichten. Zahlreiche Gelehrte wie Fechner, Du Bois-Reymond, Helmholtz, Kirchhoff, Mach, Boltzmann, Frege, Poincaré, Pearson, D'Arcy Thompson, Duhem, Russell und Einstein vertraten in der Folge immer ausgeprägter die Auffassung, dass eine jede Wissenschaft auf logischen und physikalischen Grundlagen (Wissenschaftslogik, Physikalismus) und nicht unter Rückgriff auf metaphysische Theorien aufzubauen sei, da nur so eine intersubjektiv verständliche und zugleich auf jeden beliebigen Sachverhalt anwendbare Sprache gewährleistet sei. So schrieb auch Ludwig Wittgenstein in seinem einflussreichen *Tractatus logico-philosophicus* (1921/22): «Die Gesamtheit der wahren Sätze ist die gesamte Naturwissenschaft (oder die Gesamtheit der

Naturwissenschaften).» (TLP 4.11). Und Rudolf Carnap formulierte einige Jahre später sogar noch pointierter: *«Die Wissenschaft ist das System der intersubjektiv gültigen Sätze*. Besteht unsere Auffassung zu Recht, dass die physikalische Sprache die einzige intersubjektive Sprache ist, so folgt daraus, dass *die physikalische Sprache die Sprache der Wissenschaft ist.*»[12] Die diesbezüglichen Auffassungen wurden durch die Neopositivisten des Wiener Kreises (M. Schlick, O. Neurath, R. Carnap) und der Berliner Gruppe (H. Reichenbach, W. Dubislav, K. Grelling, A. Herzberg) zu einem einflussreichen philosophischen System ausgearbeitet. Es wurde dabei jedoch kaum beachtet, dass der so erreichte Exaktheitsbegriff, gerade in den Sozial- und Geisteswissenschaften, meist mit einer empfindlichen Verengung oder Verarmung im Gegenständlichen erkauft werden musste, die auf die Dauer selbst in wissenschaftstheoretischen Kreisen nicht widerspruchslos hingenommen wurde, wie die nachfolgenden Arbeiten von Popper, Kuhn, Lakatos, Feyerabend und Quine zeigen.[13]

Die «Renaissance des Qualitativen»

Trotz der oben beschriebenen, seit der frühen Neuzeit vorherrschenden, allgemein stärkeren Zuwendung zum Quantitativen gab es in fast allen Epochen doch auch immer wieder Gelehrte, wie z. B. Leibniz oder Goethe in seiner Farbenlehre, die die Wichtigkeit qualitativ orientierter ganzheitlicher Studien betonten. Eine der wichtigsten Wurzeln der heutigen «Renaissance des Qualitativen» in den Geistes- und Sozialwissenschaften ist der Historismus und die Hermeneutik, die in der zweiten Hälfte des 19. Jahrhunderts durch Leopold von Ranke (1795–1886) und Wilhelm Dilthey (1833–1911) zur Blüte kamen. Dilthey attackiert die positivistische Soziologie von Auguste Comte und stellt Hermeneutik und beschreibende Psychologie als die Grundsäulen seiner Geisteswissenschaft dar, so wie Mathematik die Grundlage der Naturwissenschaften bildet. Beschreibende Psychologie geht vom Gegenstand aus, vom unmittelbaren Erlebnis des seelischen Zusammenhangs, nicht von vorformulierten Hypothesen wie die Naturwissenschaften. Weitere zentrale, teils von Dilthey beeinflusste Ansätze der heute als «qualitativ» bezeichneten Forschungsrichtungen sind die verstehende Soziologie von Max Weber (1864–1920), die Phänomenologie Edmund Husserls (1859–1938), die phänomenologische Soziologie Alfred Schütz' (1899–1959) sowie die anthropologischen Feldstudien von Franz Boas und Bronislaw Malinowski, die ihrerseits wiederum die berühmte Chicagoer Schule entscheidend beeinflussten.

Das Gegenspiel zwischen Qualitas und Quantitas hat sich in den einzelnen Fächern der Sozialwissenschaften und in den verschiedenen Ländern sehr unterschiedlich abgespielt, weshalb hier nur einige zentrale Punkte hervorgehoben werden können. Bereits gegen Ende des 19. Jahrhunderts kam es zu einem erbitterten Methodenstreit zwischen den Vertretern qualitativ-historischer und quantitativ-theoretischer Forschungen (Bryant 1985, S. 57–108). Ab 1883 veröffentlichte der bekannte Wiener Nationalökonom Carl Menger mehrere Schriften, in denen er die Berechtigung und Notwendigkeit axiomatisch-deduktiver Forschung darlegte und dabei die damals in Deutschland vorherrschende historische Schule von Gustav Schmoller heftig angriff. Mengers Vorstellungen fanden später mehr und mehr Zuspruch. Sie bewirkten zusammen mit dem sukzessiven Ausbau und der Verbreitung statistischer Methoden (F. Galton, K. Pearson, G. U. Yule, R. A. Fisher) sowie zahlreichen in dieselbe Richtung zielenden Bestrebungen von positivistischer Seite (z. B. unter O. Neurath und P. F. Lazarsfeld [Halfpenny 1982, S. 57–61]) auch eine starke Zunahme quantitativer Untersuchungen in der Sozialforschung, deren Anteil in den USA gemäss einer Studie von Patel von 1895 bis 1965 von insgesamt 14 auf 69% stieg (Patel 1972, S. 6; Diekmann 1983, S. 1). Quantitative Studien hatten dort im ausseruniversitären Bereich bei Meinungsumfragen zu Wahlprognosen bereits eine lange Tradition (Literary Digest, Gallup Institute) und entwickelten sich im Zuge der kommerziellen und administrativen Vermarktung der Sozialforschung zu einer regelrechten «polling industry», die immer stärker auch auf die Universitäten übergriff und zur Etablierung einer quantitativen Meinungs- und Einstellungsforschung sowie der empirischen Soziologie führten (Kern 1982, S. 190 ff.). Nach dem Zweiten Weltkrieg griff diese Entwicklung mit der Rückkehr der Emigranten und der Rezeption der amerikanischen Tradition auch auf Deutschland über, womit die Dominanz der quantitativen Sozialforschung auch in Deutschland, trotz der noch bis in die 30er Jahre andauernden Richtungskämpfe (Lepsius 1981, Mikl-Horke 1989), für längere Zeit besiegelt war.

Ein sicherer Hort erwuchs der qualitativen Methodik im 20. Jahrhundert zunächst wieder in der berühmten Chicagoer und der späteren Frankfurter Schule. Unter der Leitung von William I. Thomas, Robert E. Park und Herbert Blumer wurde am Soziologie-Department der Chicagoer Universität von ca. 1920 bis 1940 grosser Wert auf kulturanthropologische Einzelfallstudien im Sinne von Malinowski gelegt, statt der damals an der Columbia University bereits vorwiegend benutzten statistischen Untersuchungen (Faris 1967, Bogdan/Biklen 1982/1992, Bulmer 1984, Hammersley 1989). Die zahlreichen Mitarbeiter und Absolventen der Chicagoer Schule verbreiteten die qualitativen Forschungsansätze in den ganzen USA, so dass es in den 60er und 70er Jahren im Zuge der sich allgemein verbreitenden Sozialkritik – trotz der weiter oben beschriebenen starken Zunahme der methodologisch zunächst noch immer weit besser fundierten quantitativen Forschung (Glaser/Strauss 1967, S. 12 ff.) – schliesslich zu einer Renaissance qualitativer Studien kam. Diese umfasste sukzessive die meisten Fächer der Sozialwissenschaften (Soziologie, Sozial- und Kulturanthropologie, Ethnologie, Sozialpsychologie, Volks- und Betriebswirtschaft, Politologie) und später auch benachbarte Disziplinen (Pädagogik, Psychologie, Soziolinguistik, Sozialgeographie, Geschichtswissenschaften [«oral history», Mikro-Historie]). Sie griff nach dem von der Frankfurter Schule (M. Horkheimer, Th. W. Adorno, J. Habermas [Sahner 1982, Bottomore 1984]) effektvoll ausgefochtenen Positivismusstreit (Adorno et al. 1969, Dahms 1994) auch auf Deutschland über und führte in den 80er Jahren nach einer intensiven Methodendiskussion zu einer zunehmenden Konsolidierung und Absicherung des qualitativ-interpretativen Forschungsansatzes gegenüber dem überkommenen quantitativ-normativen (Witzel 1982, S. 7; Garz/Kraimer 1983, S. 4 ff.; Zedler/Moser 1983, S. 7 ff.). Diese werden heute vielfach weit eher als gleichberechtigte, einander ergänzende Forschungskonzepte denn als konkurrierende Zugriffsweisen betrachtet, wie die zahlreichen methodologischen Gegenüberstellungen, die Darstellung in den Lehrbüchern und die noch immer wachsende Literaturflut auf dem qualitativen Gebiet beweisen.[14]

Die bekanntesten Forschungsrichtungen der neuen sogenannten *qualitativen Sozialforschung* sind nach Bässler (1987) und Witzel (1982) die phänomenologische Soziologie von Alfred Schütz, die Ethnomethodologie von Harold Garfinkel sowie der symbolische Interaktionismus von George Herbert Mead und Herbert Blumer.[15] Die wichtigsten Methoden und Techniken sind nach Lamnek (1988/89) die Einzelfallstudie, das qualitative Interview, die Gruppendiskussion, die qualitative Inhaltsanalyse, die teilnehmende Beobachtung und die biographische Methode. Sie versuchen alle, das Gegenüber als Ganzes und Einzelnes zu verstehen, und wenden sich meist deutlich gegen die standardisierten Erhebungsinstrumente der quantitativen Forschung (Skalen, Tests,

Fragebögen), welche die «Versuchspersonen» jeder Aktionsfreiheit und ihrer Individualität berauben. Qualitative Forschung ist nach dem gemeinhin praktizierten Sprachgebrauch gemäss Cook und Reichardt (1979, S. 10 ff.) im allgemeinen phänomenologisch, beobachtend, subjektiv, beschreibend, Prozess-orientiert, nicht-generalisierbar, holistisch usw., wogegen quantitative Forschung durch die Attribute positivistisch, messend, objektiv, deduzierend, Ergebnis-orientiert, generalisierbar, partikularistisch usw. charakterisiert wird.[16]

Die aufsehenerregende Renaissance des Qualitativen in den Sozialwissenschaften ist ohne das vorangegangene extreme Wirtschaftswachstum mit seinen teils auch negativen Folgen (Umweltverschmutzung, Überflussgesellschaft) und das weit verbreitete Unbehagen an der politischen und gesellschaftlichen Situation (Vietnamkrieg, Studentenunruhen etc.) und der daraus resultierenden allgemeinen Hinwendung zu einem mehr ganzheitlich orientierten Weltbild kaum erklärbar. Dies beeinflusste neben den Sozial- auch die Geistes- und Naturwissenschaften und wurde wohl wesentlich gespeist durch die in jenen Jahren sich ebenfalls entwickelnden Umweltwissenschaften, in denen mehrere grundlegende sogenannt qualitative Begriffsbildungen (Lebensqualität, Umweltqualität, qualitatives Wachstum usw.) eine zentrale, unverzichtbare Rolle spielen, wie im folgenden kurz dargelegt werden soll.

Der Begriff *Lebensqualität* («quality of life») findet sich bereits um 1920 bei A. C. Pigou (Noll 1982, S. 9); er wurde in seiner heute verbreiteten zentralen Bedeutung vermutlich von dem amerikanischen Fernsehkommentator E. Sevareid geprägt, der ihn 1956 zur Kennzeichnung des Wahlprogramms von A. Stevenson verwendete. Kurz danach wurde er von den späteren Kennedy-Beratern A. M. Schlesinger jr. und J. K. Galbraith – dem Autor des einflussreichen Werkes *Gesellschaft im Überfluss (The Affluent Society)* [1958] – popularisiert und von J. F. Kennedy selbst im Jahre 1963 in seinem Bericht zur Lage der Nation mit den Worten aufgegriffen, dass «die Qualität des amerikanischen Lebens ... Schritt halten (muss) mit der Quantität der amerikanischen Güter». Die Idee der Lebensqualität erschien danach noch in mehreren weiteren Präsidentenreden, u. a. bei Johnson und Nixon. Weltweite Verbreitung fand sie schliesslich durch die Arbeiten von J. W. Forrester und der beiden Meadows im Zusammenhang mit dem ersten Bericht über *Die Grenzen des Wachstums (The Limits to Growth)* an den Club of Rome (1972). Im deutschen Sprachbereich wurde der Begriff Lebens-

qualität wohl erstmals in einer Rede von W. Brandt im Jahre 1971 eingeführt; bald danach wurde er mit der Arbeitstagung der IG Metall
vom April 1972 in Oberhausen (Friedrichs 1973–74) Bestandteil der
Wahlkampfparole der SPD und zum politischen Schlagwort.[17]
Zwei weitere beinahe ebenso einflussreiche, qualitativ bestimmte
Leitbilder sind aufs engste mit dem Begriff der Lebensqualität verbunden, nämlich die bereits erwähnte «Umweltqualität» und das «Qualitative Wachstum». Der Begriff *Umweltqualität* erscheint bereits um
1965/66 im Titel zweier Werke (Herfindahl/Kneese 1965 und Jarrett
1966), die von der 1952 gegründeten, von der Ford-Stiftung unterstützten gemeinnützigen Organisation «Resources for the Future» herausgegeben wurden im Zusammenhang mit dem 1965 von dieser begon-
nenen «Quality of the Environment Program» (Kneese/Bower 1979,
S. 23 ff.). Er verdankt seine Entstehung der sich im Gefolge des Wirt-
schaftsaufschwungs der 50er und 60er Jahre allmählich durchsetzenden
Einsicht, dass unsere natürliche Umwelt irreversiblen Schaden nimmt
durch die ungebremste Bevölkerungsexplosion, das unkontrollierte
Wirtschaftswachstum und das bis heute meist ungehemmte Konsum-
verhalten (Treibhauseffekt, Ozonloch, Waldsterben, Bodenerosion
usw.). Gefordert wurden deshalb Methoden und Gesetze zur Reduktion der Umweltbelastung (Verbesserung/Bewahrung der Luft-, Was-
ser- und Bodenqualität), zur Einschränkung des Raubbaus an den
natürlichen Ressourcen (Mineralien, fossile Energien, tropische Regen-
wälder, Artenvielfalt, natürlicher Lebensraum usw.) sowie eine umfassende ökologische Abfallbewirtschaftung, welche allesamt eine
Beschränkung oder Verminderung der umweltzerstörenden Komponenten des wirtschaftlichen Wachstums bedingen, was zur Begriffs-
schöpfung des qualitativen Wachstums führte. *Qualitatives Wachstum* ist
bekanntlich die Alternative zu dem in Wirtschaftskreisen stets als
unrealistisch und undurchführbar betrachteten radikaleren Vorschlag
des Nullwachstums, die beide im Anschluss an den Bericht des Club of
Rome und der Bücher von Mishan, Ehrlich, Forrester und der Meadows in unzähligen Publikationen und Regierungsberichten diskutiert
wurden.[18] Für die Legislaturperioden 1987–91 und 1991–95 wurde das
«qualitative Wachstum» aufgrund eines Postulats von Nationalrat Zieg-
ler auch zur Leitidee des schweizerischen Bundesrates erkoren. Dieser
stützte sich dabei auf einen eigens erstellten Bericht der Expertenkommission des Eidgenössischen Volkswirtschaftsdepartementes, der qualitatives Wachstum mittels des Begriffs der Lebensqualität wie folgt definiert: «Qualitatives Wachstum ist jede nachhaltige Zunahme der

gesamtgesellschaftlichen und pro Kopf der Bevölkerung erreichten Lebensqualität, die mit geringerem oder zumindest nicht ansteigendem Einsatz an nicht vermehrbaren oder nicht regenerierbaren Ressourcen sowie abnehmenden oder zumindest nicht zunehmenden Umweltbelastungen erzielt wird.»[19]

Damit stellt sich allerdings die schwierige Aufgabe, den dabei verwendeten Begriff der Lebensqualität zu definieren bzw. zu quantifizieren, wozu erst dessen relevante Komponenten zu identifizieren sind (z. B. Gesundheit, persönliche Entwicklungsmöglichkeiten, Qualität des Erwerbslebens, materielle Sicherheit, soziales und physisches Umfeld), die dann wiederum mittels einzelner oder mehrerer Sozialindikatoren (z. B. Ärztedichte, Hochschulbildungsrate, Arbeitslosenquote, Wohndichte, Bevölkerungsdichte) operationalisiert werden müssen, welche schliesslich noch entsprechend ihrer unterschiedlichen Bedeutung und Aussagefähigkeit zu gewichten wären. Dass dabei je nach dem zugrunde gelegten Quantifizierungsmodell sehr unterschiedliche Resultate erzielt werden, erstaunt wohl kaum und zeigt nur allzu deutlich, wie schwierig es ist, die den Quantifizierungsversuchen von Qualitäten innewohnenden zahlreichen subjektiven Elemente aufzudecken und nach Möglichkeit auszuschalten.[20]

Ein weiterer wichtiger, wenn auch vielleicht weniger bekannter Aspekt zur «Renaissance des Qualitativen» ist die Entwicklung sogenannt qualitativer Methoden und Studienfelder in der Mathematik und theoretischen Physik, wo qualitative Überlegungen zwar wie in den meisten Naturwissenschaften (Chemie, Biologie etc.) eine lange Tradition aufweisen, aber im Zuge der zunehmenden Quantifizierung doch arg in den Hintergrund gedrängt wurden. Das neuerliche Aufblühen des Qualitativen in der Mathematik bezeugt bereits ein kurzer Blick in die mathematischen Datenbanken, der das vom Laien völlig unerwartete Faktum präsentiert, dass in den letzten zwanzig Jahren weit über 1000 mathematische Artikel entstanden, die das früher in Mathematiker-Kreisen wohl häufig als abwertend empfundene Adjektiv «qualitativ» im Titel tragen. Da die diesbezügliche Entwicklung historisch bisher nur zum Teil und in verstreuten Publikationen aufgearbeitet wurde, soll sie hier etwas ausführlicher dargestellt werden. Die ersten grundlegenden Ansätze zur qualitativen Erforschung mathematischer Probleme beginnen, wenn man von den mehr philosophisch motivierten Betrachtungen von Leibniz und Hegel absieht (Radbruch 1988 und 1991), mehrheitlich erst in der zweiten Hälfte des 19. Jahrhunderts. Da wäre zum einen die Entwicklung der Topologie (damals meist noch *Analysis situs* genannt) durch C. F. Gauss, B. Riemann und J. B. Listing anzuführen (vgl. hierzu Johnson 1979/1981, Pont 1974 und den Beitrag von Brieskorn) sowie andererseits die nachfolgende Ausgestaltung der sogenannten *qualitativen Theorie der Differentialgleichungen* und der *qualitativen Theorie der dynamischen Systeme*. Letztere sind vor allem mit den Namen von H. Poincaré, A. M. Ljapunow und I. Bendixson verknüpft und verdanken ihre Entstehung den grossen Schwierigkeiten, die jene Mathematiker bei der Behandlung von dynamischen Systemen in der Himmelsmechanik und anderswo zu bewältigen hatten. Da zum Beispiel das beim n-Körperproblem auftretende Differentialgleichungssystem für $n \geqq 3$ nur noch in Ausnahmefällen «integriert» werden kann, suchten die Mathematiker bereits gegen Ende des 19. Jahrhunderts nach neuen Methoden, um ohne Kenntnis der expliziten Lösung doch noch etwas über deren Verhalten aussagen zu können. Man wollte die Lösung, wenn schon nicht exakt und vollständig, doch wenigstens näherungsweise in ihren wichtigsten Aspekten, d. h. «qualitativ» beschreiben können. Poincaré bemerkt hierzu in seinem in den Jahren 1881 bis 1886 erschienenen zentralen *Mémoire sur les courbes définies par une équation différentielle* (Poincaré 1881–1886, Œuvres I, S. 3 ff.), dass sich das Studium von Differentialgleichungen in zwei Teile gliedern lasse, nämlich in das qualitative, d. h. geometrische Studium der Lösungen und in deren nachfolgende numerische Berechnung. Ähnlich müsse man bei der Auflösung einer algebraischen Gleichung ebenfalls zunächst mit Hilfe des Theorems von Sturm die Anzahl der reellen Lösungen suchen, die man anschliessend dann auch noch quantitativ zu berechnen habe. Poincaré betont, dass derartige qualitative Studien von allergrösster Wichtigkeit sind, da sie es ermöglichen zu entscheiden, ob gewisse dynamische Systeme in der Himmelsmechanik (z. B. unser Planetensystem) sich im Laufe der Zeit stabil oder instabil verhalten. Er hat seine Methoden in dem dreibändigen, fundamentalen Werk *Les méthodes nouvelles de la mécanique céleste* (1892–1899) weiterentwickelt und im Jahre 1908 auch in seinem Hauptvortrag für den Internationalen Mathematikerkongress in Rom vorgestellt. Dies regte verschiedene andere, zum Teil bereits erwähnte Mathematiker wie Ljapunow, Picard, Hadamard, Levi-Civita, Bendixson usw. an, die diesbezüglichen Forschungen weiterzuführen, so dass M. Petrovitch sie bereits 1931 in einer höchst bemerkenswerten, von den Mathematikhistorikern bisher leider vollkommen ausser acht gelassenen Monographie mit dem wegweisenden

Titel *Intégration qualitative des équations différentielles* zusammenfassen konnte.

In den nachfolgenden Jahren wurde die qualitative Theorie der Differentialgleichungen und der dynamischen Systeme vor allem von den sowjetischen Mathematikern und Physikern vorangetrieben. Den entscheidenden Anstoss hierzu lieferte eine Arbeit von A. A. Andronow (1929), in der dieser erstmals Poincarés Theorie auf die von B. van der Pol studierte nichtlineare Differentialgleichung für den Trioden-Schwingungskreis anwandte und dabei auf die Beziehungen zwischen der von van der Pol graphisch untersuchten Lösung und den Grenzzyklen in der Theorie von Poincaré hinwies. Nachdem der Kontakt zwischen der Theorie von Poincaré und den nichtlinearen Erscheinungen erst einmal hergestellt war, wurden diese Beziehungen am Moskauer Institut für Schwingungsforschung in den Jahren 1930–1940 systematisch analysiert und zusammen mit zahlreichen daran anschliessenden Forschungen weiterer sowjetischer Mathematiker und Physiker sukzessive in mehreren später auch im Westen geschätzten Lehrbüchern und Monographien zur Theorie der qualitativen Differentialgleichungen und der nichtlinearen Schwingungen kodifiziert, was zu den heute allgemein bekannten Arbeiten von Andronow, Bogoljubow, Krylow, Mandelstam, Nemytski, Pontrjagin und Stepanow führte.[21] Im Westen beschäftigten sich ausser G. D. Birkhoff zunächst nur relativ wenige Forscher mit den von Poincaré initiierten Fragestellungen, bis S. Lefschetz sich um 1945 ebenfalls dafür zu interessieren begann und im Laufe der Jahre mehrere fundamentale russische Werke ins Englische übersetzte (wie z. B. Kryloff/Bogoliuboff 1947, Andronov/Chaikin 1949 und das bekannte, auf russisch bereits 1947 erschienene Lehrbuch Nemytskii/Stepanov 1960). Lefschetz organisierte auch zahlreiche Kongresse und schuf einflussreiche Forschungsinstitutionen, aus denen später das heutige «Lefschetz Center for Dynamical Systems» an der Brown University hervorging. Dies führte bald zu einer ständig wachsenden Zahl weiterer Übersetzungen und Bücher auf diesem Gebiete, von denen viele das Adjektiv «qualitativ» nun auch im Titel trugen (Chilmi 1961, Reissig/Sansone/Conti 1963, Èl'sgol'c 1964, Brauer/Nohel 1969, Andronov et al. 1973, Plante 1976, Cronin 1980, Levi 1981, Arrowsmith/Place 1982, Casasayas/Llibre 1984, Nishida/Mimura/Fujii 1986, Kondrat'ev/Landis 1991, Reyn 1992, Zhang 1992, Luo/Teng 1993, Michel/Wang 1995 usw.). Ein weiterer Impuls zur Revitalisierung der diesbezüglichen Forschungen im Westen ging von dem berühmten Vortrag von A. N. Kolmogorov auf dem Internationalen Mathematikerkongress in Amsterdam im Jahre 1954 aus, der die tiefliegenden Studien zur Stabilitätsbetrachtung dynamischer Systeme durch S. Smale, V. I. Arnold und J. Moser anregte, die schliesslich in der KAM-Theorie gipfelten.[22]

Die qualitative Theorie der Differentialgleichungen und der dynamischen Systeme gehört heute neben den traditionell eher qualitativ orientierten Fragestellungen in der Topologie und der modernen, strukturell ausgerichteten Algebra sowie den diesbezüglichen Arbeitsgebieten in der Operator-Theorie, der globalen Analysis, Statistik und Systemtheorie zu den am besten etablierten «qualitativen» Theorien der Mathematik. Sie steht in enger Wechselwirkung zu verschiedenen erst in den letzten Jahrzehnten entstandenen, heute aber allgemein bekannten qualitativ orientierten Forschungsgebieten wie der Katastrophen- und Chaostheorie, deren Resultate zunehmend auch in aussermathematischen Fachdisziplinen wie der Astronomie, Physik, Chemie, Biologie, Ökonomie und den Humanwissenschaften mit allerdings teils sehr umstrittenem Erfolg angewandt werden. Die neuentstandenen Theorien ermöglichen z. B. eine Modellierung spontaner Strukturbildung, d. h. der Selbstorganisation in der unbelebten und belebten Natur, und zeigen, wie in offenen, gleichgewichtsfernen nichtlinearen Systemen geordnete Strukturen als Folge kooperativer innerer Wechselwirkungen entstehen können. Sie liefern damit sozusagen ein mathematisches Modell für den von Hegel, Marx und Engels beschriebenen «qualitativen Sprung» in einen andersartigen Zustand[23], was vielleicht die besondere Pflege qualitativer Methoden in der frühen sowjetischen Mathematik begünstigt oder doch zumindest den Gebrauch des im Westen damals noch häufig vermiedenen Adjektives «qualitativ» erleichtert haben könnte.[24]

In der Physik wurden die obenerwähnten qualitativen Methoden wohl vor allem durch das einflussreiche Lehrbuch *Foundations of Mechanics* (1967, [2]1978) von R. Abraham und J. E. Marsden bekannt gemacht und gewannen dadurch auch in anderen physikalischen Arbeitsgebieten und Fragestellungen (Modellkonstruktion, Dimensionsanalyse, Symmetriebetrachtungen, Phasenübergänge, Kritische Phänomene usw.) zunehmend an Bedeutung und Interesse. Im Jahre 1981 fassten M. Gitterman und V. Halpern die neuentstandenen Methoden im Westen erstmals in ihrer Gesamtheit in einem ausschliesslich diesem Zweck gewidmeten Werk zusammen unter dem Titel *Qualitative Analysis of Physical Problems*. Ihr Ausgangspunkt war die Feststellung, dass die in der Praxis auftretenden physikalischen Probleme meist viel zu kompliziert sind, als dass sie in voller Allgemeinheit mathematisch exakt gelöst werden können. Zwar gelingt es in vielen Fällen noch, das betreffende physikalische System rein formal durch ein geeignetes Gleichungssystem zu erfassen; dessen Auflösung ist dann aber aus praktischen Gründen (ungenügende Geschwindigkeit oder Grösse der Computer) oder auch rein theoretisch nicht mehr durchführbar, weshalb die physikalisch signifikanten Grössen unter Vermeidung direkter Berechnung mittels sogenannt qualitativer Methoden abgeschätzt werden sollen (Goldstein/Entov 1994, S. 1). In ähnlicher Weise findet man den Terminus «qualitativ» auch in zahlreichen weiteren physikalischen Werken, wie z. B. Migdal 1977, Villaggio 1977, Gallavotti 1981, Bogoyavlensky 1985, Oden 1986, Bakker 1991 und Krainov 1992. Bakker (1991, ix) betont, dass qualitatives Verständnis in der Physik von grosser Wichtigkeit ist, ja geradezu deren eigentliches Hauptziel bildet. Es erhellt unsere Kenntnisse und bietet eine überaus nützliche Hilfe bei der Planung, Interpretation und Bewertung von korrespondierenden quantitativen Untersuchungen. Migdal (1977, xix) vertritt überdies die Ansicht, dass es gerade die qualitativen Methoden sind, die den besonderen Reiz und die Schönheit der Theoretischen Physik ausmachen, und bedauert es ausserordentlich, dass das Fach in der Lehre entgegen der physikalischen Forschungspraxis meist nicht konstruktiv, sondern streng formal in mathematischer Weise präsentiert wird.[25]

Eine interessante Ergänzung erfuhren die obenskizzierten Bemühungen durch die neuesten Forschungen auf dem Gebiete der künstlichen Intelligenz (Artificial Intelligence). Im Zusammenhang mit der Modellierung des «qualitativen Schliessens» (Qualitative Reasoning) und dessen Anwendung auf die Untersuchung physikalischer Modelle etablierte sich hier eine neue Forschungsrichtung, die sogenannte *Qualitative Physik* (Qualitative Physics), deren Ergebnisse seit 1987 in jährlichen Workshops diskutiert werden (Weld/de Kleer 1990; Faltings/Struss 1992). Zu den zentralen Zielsetzungen der «Qualitativen Physik» gehören die qualitative Repräsentation von kontinuierlichen Grössen, die Formalisierung von physikalischem Wissen und die kausale Analyse von Systemen. Dabei sollen, ähnlich wie bei dem uns selbstverständlichen qualitativen Schliessen in der räumlichen Alltagswelt, auch in der Wissenschaft ohne genaue Kenntnis der Randbedingungen und vollständige Auflösung der jeweiligen Differentialgleichungssysteme brauchbare Resultate erzielt werden (Burger/Bhanu 1992, Hernández 1992/1994, Kuipers 1994, Werthner 1994). Bei der qualitativen Modellierung kontinuierlicher physikalischer Parameter werden diese nicht durch ihre exakten numerischen Werte dargestellt, sondern meist mittels der Symbole «–», «0», «+» (Vorzeichendarstellung), oder in Form von Intervallen repräsentiert, wobei den Intervallgrenzen nicht unbedingt ein numerischer Wert zugeordnet werden muss (Intervalldarstellung). Für die qualitative Modellierung von Systemen wurden nach Faltings (1991, S. 40) bisher im wesentlichen drei verschiedene Ansätze entwickelt, nämlich die Komponenten-orientierte Modellierung von de Kleer, die Gleichungs-orientierte Modellierung von Kuipers und die Prozess-orientierte Modellierung von Forbus (Qualitative Process Theory). Die Bedeutung der hierbei entwickelten qualitativen Theorien und Wissensrepräsentation liegt nach D'Ambrosio (1989) darin, dass sie die Möglichkeit eröffnen, auch aus unvollständigen Informationen Schlüsse zu ziehen, und die Anwendung der detaillierteren quantitativen Theorien erleichtern, falls zusätzliche Informationen zur Verfügung stehen. Zudem bieten sie nach Weld (1990) und Fishwick/Luker (1991) ein wertvolles Werkzeug bei der Verbesserung von lernfähigen Robotern und Computern und helfen uns andererseits auch, die Erfassung der qualitativen Schlussweisen im menschlichen Denken besser zu verstehen und zu simulieren. Dies wiederum ermöglicht, bessere Lehrmittel für den computerunterstützten Unterricht zu entwickeln und die Benutzeroberfläche des Computers bedienungsfreundlicher zu gestalten, kurz gesagt die Übersetzung von quantitativem in qualitatives Wissen und umgekehrt ganz generell besser in den Griff zu bekommen.[26]

Trotz des obenbeschriebenen beeindruckenden Aufschwungs, den die sogenannten qualitativen Methoden in den letzten Jahren in zahlreichen Wissenschaften erlebt haben, darf nicht unerwähnt bleiben, dass der Terminus «qualitativ» dabei meist mehr schlagwortartig gebraucht wird und eine ganze Palette von zum Teil sehr unterschiedlichen Aspekten und Forschungsansätzen bezeichnet, die mit der alten, in der Kategorienlehre festgelegten Bedeutung von «Qualitas» häufig nur noch in den Grundintentionen übereinstimmen. Es erstaunt deshalb nicht, dass auch heute noch von vielen Naturwissenschaftlern die einst von Rutherford so pointiert formulierte These «Qualitative is nothing but poor quantitative» vertreten wird, obwohl die moderne wissenschaftstheoretische, mathematische und mehr anwendungsorientierte sozialwissenschaftliche Forschung einige neue Einsichten erzielte.[27] So unterscheiden zum Beispiel R. Carnap und C. G. Hempel zwischen qualitativen, komparativen und quantitativen (metrischen) Begriffen. Qualitative Begriffe werden als Klassenbe-

griffe definiert. Danach kann ein empirisch gegebenes Gegenstandsfeld durch qualitative Begriffe strukturiert werden, wenn es die Einführung einer Äquivalenzrelation zulässt. Komparative Begriffe sind
Ordnungsbegriffe. Sie werden über einem Gegenstandsfeld eingeführt, indem für die durch die Äquivalenzrelation erzeugten Äquivalenzklassen überdies eine Ordnungsrelation definiert wird (K.
Mainzer in Ritter/Gründer 1971 ff., Bd. 7, Sp. 1825). R. Thom (1980)
andererseits spricht im Anschluss an Fechner und Riemann von einem
semantischen Feld stetig ineinander überführbarer Qualitäten, das er
mittels einer hypothetischen Potentialfunktion zu modellieren versucht, und A. Clark (1993) propagiert im Anschluss an Nelson Goodman die Existenz eines sogenannten Qualitätenraums, als dessen
bekanntestes Beispiel er den psychologischen Farbkörper betrachtet.
Dieser psychologische Farbkörper hängt aber nach Clark sowohl von
der Person des Beobachters als auch von der Zeit ab und ist damit nur
bedingt objektivierbar bzw. intersubjektiv beschreibbar. Es ist somit
verständlich, dass die Wissenschaft unter teils fragwürdigen Reduk-
tionen immer wieder von neuem versucht, auch noch die «letzten
Bastionen» qualitativer Wahrnehmung und Empfindung mit Hilfe von
assoziativen Skalierungen und zunehmend komplexeren mathematischen Theorien «quantitativ» zu erfassen, obwohl dabei häufig nur ein
bleiches, oftmals beinahe inhaltsloses Gerüst übrigbleibt (Dey 1993,
S. 23 ff.; Sorokin 1956, S. 31 ff. und 102 ff.), das die wesentlichen Qualitäten – beispielsweise der Schönheit einer Rose oder des Wohlklangs
von Musik – doch nicht zu vermitteln vermag. Man darf sich deshalb
fragen, ob die gegenwärtige Renaissance des Qualitativen auch wiederum nur eine Episode ist, die durch eine noch umfassendere Quantifizierung und Digitalisierung abgelöst werden wird, oder ob eventuell die beiden in den letzten Jahrhunderten oft rivalisierenden
Zugangsweisen sich schliesslich doch noch zu einer sich gegenseitig
befruchtenden Synthese finden. Mit diesen die gegenwärtige Lage
charakterisierenden zentralen Fragen möchten wir unsere Einführung
abschliessen und den Leser für detailliertere Informationen nochmals
auf die einzelnen Beiträge und die umfangreiche Bibliographie am
Ende des Bandes verweisen. Zur Ergänzung sei ganz besonders auf
die früheren, demselben Thema gewidmeten Symposien Lerner 1961
und Glassner/Moreno 1989 verwiesen sowie auf die höchst informati-
ven, die Entwicklung von der Antike bis in die Gegenwart genau
dokumentierenden Artikel «Qualität» und «Quantität» in Ritter/
Gründer 1971 ff. (Bd. 7, Sp. 1748–1780 und 1792–1828).

Zu den Beiträgen dieses Bandes

Der erste Beitrag von *Walter Burkert* diskutiert die begriffsgeschichtlichen Wurzeln des Gegensatzpaares «Qualitas – Quantitas» im Altertum. Er behandelt insbesondere den aristotelischen Entwurf einer qualitativen Physik und dessen Eingehen in die griechische Naturphilosophie und Kosmologie sowie seine weitere Ausgestaltung im Altertum und Mittelalter. Daneben existierten jedoch, wie Burkert betont, bereits im Altertum durchaus entgegengesetzte Ansätze, die von quantitativen Begriffen ausgingen und Qualitatives auf Quantitatives zurückzuführen versuchten, wie z. B. der pythagoreisch-platonische und der atomistische. Ersterer postuliert, dass die Zahlen Ursachen der Wesen und der Struktur des Seins sind, oder versucht mit Plato, in einer Art von spielerischem mathematischem Atomismus die Welt aus verschiedenartigen Grunddreiecken aufzubauen; letzterer stellt die Atome in den Vordergrund. Für eine eigentliche empirische Wissenschaft boten beide aber noch zu wenig Ansatzpunkte, weshalb sie bis in die Neuzeit erstaunlich folgenlos blieben.

Der Beitrag von *Edith Sylla* behandelt die Quantifizierung von Qualitäten durch die aristotelischen Scholastiker im Mittelalter – am Beispiel von John Dumbleton – und würdigt deren Verdienste mit Bezug auf die spätere mathematische Grundlegung der modernen Physik bei Newton. Für die aristotelischen Scholastiker waren qualitative Intensitäten, bzw. die sogenannten *latitudines formarum*, weit geeignetere Objekte für eine Quantifizierung als die Materie oder der Raum, da die Materia prima nach Aristoteles per definitionem eigenschaftsfrei und damit auch nicht quantifizierbar ist und die Existenz eines leeren Raumes nach scholastischer Auffassung zwar durch den menschlichen Geist vorgestellt werden kann, aber trotzdem keine physikalische Realität besitzt. Die Autorin zeigt, dass Newtons Konzeption eines absoluten Raumes mit zahlreichen epistemologischen, metaphysischen und theologischen Problemen behaftet ist, die Newton selbst – im Gegensatz zu zahlreichen späteren Wissenschaftlern – noch sehr wohl bewusst waren. Newtons Ansatz weist auch sonst hinsichtlich seiner Rationalität und Technizität zahlreiche Gemeinsamkeiten mit demjenigen der mittelalterlichen Scholastiker auf, was zu der paradoxen Situation führt, dass die in die sogenannte «scientific revolution» eintretende aristotelisch-scholastische Wissenschaft mit der aus ihr hervorgehenden weit grössere Ähnlichkeit aufweist als die mannigfachen dazwischenliegenden durch Humanismus, Magie usw. geprägten Wissenschaftsauffassungen.

Heinrich Schipperges untersucht die ganzheitlich-qualitativ orientierte Medizin des Paracelsus, der seine Wissenschaft auf vier Säulen, nämlich der Philosophie, Astronomie, Alchemie und der «Tugend», errichten will. Die vierte Säule heisst bei Paracelsus bald «physica», bald «virtus», womit nach Schipperges sowohl Quantitatives als auch Qualitatives in dessen Lehre einfliesst. Die Theorie der Lebensordnung, die «physica», erweiterte sich dadurch bei Paracelsus zur Praxis der Lebensführung, zur «virtus», und damit zu einer Art von umfassender «Tugend», einer konkreten Philosophie, einem Habitus des Handelns im Alltag. Sie ist somit ein allgemeines Bildungsprinzip voll reicher psychologischer Erfahrungen, das nach Schipperges von den Heiltechnikern unserer modernen Geräte- und Rezepte-Medizin leichtfertig aufgegeben und an die «Aussenseiter» delegiert wurde.

Ulrich Niederer behandelt Qualität und Quantität in Keplers *Weltharmonik*, die nach dem Urteil von Wolfgang Pauli eine merkwürdige Zwischenstufe zwischen der frühen magisch-symbolischen und der modernen quantitativen Naturbeschreibung bildet. Kepler hätte gemäss Niederer sein Werk sicher als ein quantitatives betrachtet, da die Welt von Gott nach Gewicht, Mass und Zahl geschaffen wurde, d. h. nach Ideen, die wie Gott selbst ewig sind. Indem Kepler die Zahl der Planeten und deren Abstände mittels der fünf ineinandergeschachtelten platonischen Körper bestimmt und deren Bewegungen mittels der Sphärenharmonie erläutert, ist er jedoch noch fest in der althergebrachten pythagoreisch-platonischen Tradition verwurzelt. Wenn er andererseits später in seiner *Astronomia nova* aufgrund der astronomischen Beobachtungen von Tycho Brahe das alte platonische Axiom von kreisförmigen Planetenbewegungen zugunsten von Ellipsenbahnen verwirft, kündigt sich überdeutlich die Neue Wissenschaft an. Kepler steht somit wie kaum ein zweiter Gelehrter an der Umbruchstelle zwischen antik-scholastischer und neuzeitlich-moderner Wissenschaft.

Huldrych Koelbing diskutiert am Beispiel der Farbenlehre bei Newton und Goethe das Aufeinanderprallen von quantitativ messender und qualitativ betrachtender Naturforschung. Während Newton ein objektives Bild messend zu analysieren versucht und mit seiner wissenschaftlichen Theorie unsere alltägliche Sinneserfahrung auf den Kopf stellt, indem er den nur durch Kunstgriffe zu isolierenden farbigen Lichtstrahl als das Primäre, Ursprüngliche nachweist, ist Goethe dagegen von der subjektiven Wahrnehmung in Bann geschlagen. Die Zergliederung der Einheit des reinen, weissen Sonnenlichts erscheint ihm als Gotteslästerung, als Sünde wider dessen göttliche Natur. Er verurteilt deshalb Newtons respektlose, rein quantitativ analysierende Forschungen auf das entschiedenste und versucht statt dessen, die Phänomene qualitativ zu erfassen, indem er den Begriff der «physiologischen Farben» in den Vordergrund stellt: Mit treffenden Beobachtungen beweist er die gestaltende Mitwirkung unseres Gesichtssinnes – «des Auges» – an der Farbwahrnehmung. Obwohl rein physikalisch natürlich unhaltbar, enthält Goethes Theorie damit erstaunliche Erkenntnisse zur Physiologie des menschlichen Farbensehens, d. h. einem Gebiet, wo sich heute quantitativ messende und qualitativ betrachtende Aspekte ergänzen.

Christoph Meinel untersucht die Chemische Revolution am Ende des 18. Jahrhunderts zwischen Lavoisier und Liebig und den gleichzeitig stattfindenden vermehrten Einzug quantifizierbarer Methoden in dieser Wissenschaft. Er vertritt die These, dass sich der damalige Umbruch nicht global als ein in eine eindeutige Richtung verlaufender Quantifizierungsprozess beschreiben lässt, sondern dass vielmehr ganz unterschiedliche Quantifizierungsprogramme miteinander konkurrierten, von denen sich jedoch nur die wenigsten in eine erfolgreiche Laboratoriumspraxis umsetzen liessen. Hierzu skizziert er zunächst die drei Hauptrichtungen der älteren Chemie des ausgehenden 18. Jahrhunderts, nämlich die pharmazeutische, die mineralogische und die physische Richtung, und zeigt, dass diejenigen Konzepte und quantifizierenden Verfahren, die schliesslich zur Chemischen Revolution führen sollten, vor allem in der letzteren – und zwar insbesondere bei John Dalton und dessen Theorie der chemischen Verbindungsbildung – entstanden. Eine nicht zu unterschätzende Rolle spielte dabei freilich auch die Entwicklung der Analyseapparatur und des Laboratoriumbetriebs durch Justus Liebig, bei dem die leichter handhabbare Zahl erst recht eigentlich zum zentralen Ordnungselement in der Chemie wurde. Das Entscheidende ist somit nach Meinel nicht die allmähliche Zunahme quantitativer Verfahren in der Chemie, sondern die Tatsache, dass es gelang, in ihr ein Verfahren zu etablieren, das quantitative Fakten hervorbrachte, und dass es gelang, diese in die Laboratoriumspraxis und eine entsprechende Organisation der Forschung einzubetten.

Herwig Schopper diskutiert den Dualismus zwischen Qualität und Quantität aus der Sicht des modernen Physikers. Er glaubt, dass der Fortschritt in der Physik sowohl an qualitativ Neues – neue Ideen, neue «first principles» – wie auch an quantitative Beobachtungen gebunden ist. Seiner Meinung nach ist die häufig anzutreffende Vorstellung falsch, dass die exakten Naturwissenschaften ausschliesslich versuchen, die Erscheinungen durch quantifizierende Messungen zu erfassen, die Resultate zu «geometrisieren», und sich in dieser Mathematisierung erschöpfen. Wichtig erscheint ihm vielmehr, dass als wahr geltende Aussagen an jedem beliebigen Ort und zu jeder beliebigen Zeit experimentell verifiziert werden können. Ferner haben Relativitätstheorie, Quantenmechanik und Elementarteilchenphysik zu qualitativ neuen Ergebnissen geführt, die eine Änderung der bisherigen Paradigmen erzwangen und zu einer einschneidenden Umgestaltung unserer Anschauungen, Begriffssysteme und Denkweisen führten. Anschliessend skizziert er das neue physikalische Weltbild des Mikrokosmos, welches auf den abstrakten Begriffen der Symmetrie und ihrer sukzessiven Brechung beruht, und zeigt, dass dasselbe Schema der Hierarchie der Symmetrien auch im zeitlichen Ablauf der kosmischen Entwicklung (Urknall-Modell) realisiert ist, womit man zu einer Einheit zwischen Mikrokosmos und Makrokosmos gelangt, die der Gedankenwelt der alten Griechen zumindest äusserlich doch erstaunlich verwandt ist.

Konrad Akert diskutiert die strukturellen und funktionellen Asymmetrien der beiden Hirnhälften und deren Beziehungen zur klassischen Dichotomie «Qualitas – Quantitas» in Wahrnehmung und Denken. Wie man bereits seit mehr als hundert Jahren weiss, gehört zu den wichtigsten Charakteristika der linken Hirnhemisphäre die monopolartige Beherrschung der Sprache, einschliesslich des sprachlichen Denkens – und damit auch des Rechnens – wie der gesamten sprachlichen Verarbeitung von Informationen aus Umwelt und Gedächtnis; wogegen die rechte Hemisphäre eine besondere Begabung in der Wahrnehmung und Vorstellung komplexer und gestaltmässiger sinnlicher Muster, in der Wahrnehmung des eigenen Körpers und dessen Beziehung zur Welt sowie in der Beherrschung der musischen Sphäre besitzt. Das legt zunächst nahe, die linke Hirnhälfte mit dem quantitativen und die rechte mit dem qualitativen Denken in Beziehung zu setzen. Neuere Untersuchungen zeigen jedoch, dass diese Auffassung zu einfach ist, weil selbst bei einer ganz elementaren Rechenaufgabe und der scheinbar diametral entgegengesetzten Beschreibung der Aussenwelt während eines Spaziergangs beide Hemisphären – wenn auch asymmetrisch – in etwa gleichem Ausmass beteiligt sind. Man kommt damit zum Schluss, dass zwar auf einer tieferen Ebene der Abstraktion für jede Hirnhälfte eine Dominanz vorliegen dürfte, dass aber auf einer höheren Ebene bei komplexeren Aufgaben beide Hirnhälften an der Lösung beteiligt sein müssen.

Jürgen Mittelstrass diskutiert zusammenfassend den Fragenkomplex aus der Sicht des Philosophen. Er vertritt die These, dass Qualitas und Quantitas keine Gegensätze in der Sache sind, sondern vielmehr komplementäre Zugangsweisen, oder anders ausgedrückt, dass die Unterscheidung von Qualitas und Quantitas eine methodische und keine inhaltliche oder ontologische sei. Zur Verifizierung seiner These untersucht er den Problemkreis zunächst in seiner historischen Entwicklung von Aristoteles bis zur Gegenwart. Er hebt dabei u. a. hervor, dass die eher qualitativ ausgerichtete aristotelische Physik bereits im Mittelalter quantifiziert und mathematisiert wurde, und zwar mittels der Theorie der Formlatituden. Diese Mathematisierung und Mechanisierung wurde unter Galilei und Descartes weiter vorangetrieben und bei Kant wieder in ihren ursprünglichen philosophischen Rahmen zurückgestellt. Die Wandelbarkeit der Abgrenzung zwischen qualitativen und quantitativen Phänomenen ist ein schlagendes historisches Argument gegen die Existenz einer natürlichen Abgrenzung zwischen Qualitas und Quantitas. Neben dem historischen Argument gibt es aber auch systematische, den Wissenschaften selbst entlehnte, wie der Autor anhand dreier Beispiele aus der Psychologie, Physik und Ökonomie aufzeigt. Diese machen deutlich, dass, auch wenn alle Phänomene prinzipiell einer quantitativen Beschreibung zugänglich sind, die Natur einzelner Phänomene keineswegs immer adäquat durch Zahlen ausgedrückt werden kann. Die philosophische Unterscheidung zwischen Qualität und Quantität bleibt somit eine auch wissenschaftlich relevante Unterscheidung.

Den Abschluss des Buches bildet eine monographische Vortragsausarbeitung von *Egbert Brieskorn*, die wegen ihres grossen Umfangs in Form eines Anhangs an das Ende des Bandes gestellt wurde. Brieskorn beleuchtet den Fragenkomplex aus der Sicht des philosophisch interessierten Mathematikers. Er ist der Meinung, dass Mathematik, trotz weitverbreiteter andersartiger Meinungen, stets das Studium von Quantitas und Qualitas umfasste, indem sie zunächst Zahlen und Figuren und danach Zahlen und Strukturen behandelte. Die Entstehung der modernen, selbstreferentiellen Mathematik, die durch die Schaffung der Mengenlehre von Georg Cantor und die Anwendung der axiomatischen Methode von David Hilbert ermöglicht wurde, brachte zwar einen gewaltigen Gewinn an Eindeutigkeit, Bestimmtheit und Präzision mit sich, der die Machtförmigkeit der Mathematik und damit auch der modernen Naturwissenschaften bis ins Ungeheuerliche steigerte. Gleichzeitig ging damit aber auch ein enormer Verlust an qualitativer

Bedeutung einher, der nach der Zündung der ersten Atombombe über Hiroshima mit grossem Ernst zu überdenken ist. Die Frage nach Qualitas und Quantitas in der Mathematik ist somit für Brieskorn stets auch im Hinblick auf die Machtförmigkeit der Wissenschaft zu prüfen, indem moderne Wissenschaft geeignet ist, Zweifel und Skeptizismus zu erzeugen gegenüber unwissenschaftlicher Erkenntnis, ja sogar gegenüber natürlichen, unverfälschten Handlungsweisen, von denen das Überleben der menschlichen Gesellschaft letztendlich wohl abhängen wird.

Zur Analyse dieses vielschichtigen Fragenkomplexes untersucht der Autor in einer breit angelegten Studie das Verhältnis zwischen Mathematik und Qualität von der vorsokratischen Philosophie und Mathematik bis hin zur Gegenwart. Schwerpunkte bilden dabei die Diskussion der Kategorien- und Kontinuumslehre des Aristoteles und ihre Beziehungen zur modernen Mengenlehre und Topologie sowie die mittelalterliche Lehre der Formlatituden und ihr Zusammenhang mit dem Riemannschen Mannigfaltigkeitsbegriff und der modernen Farbmetrik. Zum Abschluss diskutiert er die Frage, inwieweit man in der modernen Mathematik von einer Wiedergeburt der Qualität sprechen kann und behandelt hierzu drei Beispiele von neueren mathematischen Theorien, die jeweils von deren Begründern als «qualitative» Mathematik vorgestellt wurden. Es sind dies erstens die Knotentheorie, deren Anfänge auf Johann Benedikt Listing zurückgehen, zweitens die von Henri Poincaré geschaffene qualitative Theorie dynamischer Systeme und drittens die Katastrophentheorie von René Thom. Der Autor anerkennt zwar die Leistungen dieser Theorien, warnt aber gleichzeitig vor deren unkritischen Anwendung in den anderen Wissenschaften, da es seit der Entstehung der selbstreferentiellen Mathematik unumgänglich sei, zwischen dem rein mathematischen Teil einer Theorie und allem anderen sorgfältig zu unterscheiden – nur für den rein mathematischen Teil dürfe man sich auf die Mathematik im modernen Sinn berufen. Zur Illustration sei hier noch ein auch vom Autor zitierter Text von Felix Hausdorff angeführt. Dieser schrieb bereits im Jahre 1898, «dass es wenige, und mit fortschreitender Erkenntniss immer weniger, Qualitäten giebt, die nicht zum mindesten *ein* der quantitativen Abstufung fähiges Merkmal darböten», aber «Die qualitas occulta, die *Leben* heisst, ist uns unbekannt».

Anmerkungen

1 Vgl. Wassmuth/Sarican 1984, Stark 1982, Eisenmann/Schmirber 1988. Für genauere Angaben zu den einzelnen, in den Anmerkungen zitierten Publikationen siehe die Literaturauswahl am Ende dieses Bandes.

2 Vgl. Thom 1988/1990. Thom setzt sich in diesem Werk detailliert mit Aristoteles' *Physik* auseinander und betont dabei im Vorwort (Thom 1990, viii), dass das philosophische Programm, welches er für die Katastrophentheorie im Sinn hatte, nämlich die Geometrisierung des Denkens und der linguistischen Aktivität, von Aristoteles nicht bloss skizziert, sondern bereits weitgehend ausgeführt worden war.

3 Vgl. z. B. S. Blasche und F. P. Hager in Ritter/Gründer 1971 ff., Bd. 7, Sp. 1748 ff. und Aristoteles, Metaphysik 1020 a 6 ff.

4 Für weitere Angaben zum Weltbild des Aristoteles vgl. Clavelin 1968, Dijksterhuis 1950, Grant 1977, T. Kuhn in Krüger et al. 1987, Lang 1992, Maier 1949–1958, Pedersen/Pihl 1974, Thom 1988 sowie den Beitrag von Walter Burkert.

5 Clagett 1968, S. 226 ff. Für detailliertere Angaben zur Weiterentwicklung der aristotelischen Lehren in der Spätantike und im Mittelalter siehe Clagett 1959 und 1968, Clavelin 1968, Crombie 1952 und 1953, Dijksterhuis 1950, Grant 1977, Lang 1992, Maier 1949–1958, Pedersen/Pihl 1974, Sylla 1971/72 und 1991, Wolff 1978, Wurm 1973 sowie den Beitrag von Edith Sylla.

6 *Opere di Galileo Galilei*, Edizione nazionale, 20 Bde., Florenz 1890–1909; Bd. 6, S. 232. Für eine detaillierte Diskussion der Stelle siehe z. B. Clavelin 1968/1974, S. 434.

7 Kopernikus' eigene astronomische Beobachtungen waren nach den neuesten Forschungen (Swerdlow/Neugebauer 1984, S. 64–70; Hamel 1994, S. 173) zwar etwas umfangreicher, als bisher meist angenommen wurde (Cohen 1985, S. 122). Trotzdem ist es auch nach diesen neueren Studien keineswegs gerechtfertigt, von einer «Kopernikanischen Revolution» (Kuhn 1957) in der Geschichte der Wissenschaft zu sprechen, da der darunter verstandene fundamentale wissenschaftliche Umbruch erst nachher bei Galilei, Kepler und Newton erfolgte (Cohen 1960/1985 und 1985; Mittelstrass 1970, S. 136 ff. und 1989) und da Kopernikus sein Modell im Gegensatz zu Kepler nicht in interaktiver neuzeitlicher Art und Weise aus den Beobachtungen ableitete, sondern diese erst nachträglich in das bereits zuvor festgelegte Modell einzupassen versuchte (Swerdlow/Neugebauer 1984, S. 84 f.).

8 Für eine neuere Darstellung der Atomtheorien in der Antike und im Mittelalter vgl. Pabst 1994; für deren Einfluss auf Galilei siehe z. B. Lasswitz 1890, Bd. 2, S. 37 ff. sowie Burtt 1925/1980, S. 83–90.

9 Vgl. S. Blasche in Ritter/Gründer 1971 ff., Bd. 7, Sp. 1766 ff. Für weitere Angaben zur Entstehung der «Neuen Wissenschaft» vgl. z. B. Bechler 1991, Clavelin 1968, H. F. Cohen 1984 und 1994, I. B. Cohen 1960/1985, 1980 und 1985, Crombie 1952 und 1953, Crowe 1990, Damerow et al. 1992, Dijksterhuis 1950, Field/James 1993, Gaukroger 1991, Hamel 1994, Heidelberger/Thiessen 1981, Hutchison 1982, Kanitscheider 1984, Lindberg/Westman 1990, Mittelstrass 1970, Stephenson 1987 und 1994, Szabó 1977, Westfall 1971, Wolff 1978 und Zilsel 1976; für eine Diskussion der sogenannten «Kopernikanischen Revolution» und anderer «Scientific Revolutions» siehe z. B. Bellone 1976, Bowler 1989, Brush 1988, H. F. Cohen 1994, I. B. Cohen 1980 und 1985, Field/James 1993, Gillies 1992, Hacking 1981, Hoyningen-

Huene 1993, Jacob 1988, Krige 1980, Krohn et al. 1990, Krüger et al. 1987, Kuhn
1957, 1962 und 1977, Lindberg/Westman 1990, Porter/Teich 1992, Shea 1988, Wolfschmidt 1994 etc.

10 A. Quetelet, *Instructions populaires sur le calcul des probabilités*, Tarlier/Hayez,
Bruxelles, 1828, S. 232 f. Da dieses Werk nicht überall leicht greifbar ist, und die
Stelle teilweise mit falscher Seitenangabe (Lerner 1961, S. 129) zitiert wird, geben
wir nachfolgend noch das vollständige Zitat im französischen Originaltext: «Ainsi
l'on a vu le calcul des probabilités qui a pris naissance depuis moins de deux siècles,
et qui avait essayé ses forces naissantes en montrant la vraie théorie qui doit régler
les jeux de toute espèce, faire tout à coup une excursion dans le domaine des
sciences naturelles pour indiquer les lois des naissances et de la mortalité, dans celui
des sciences historiques pour apprécier la valeur des faits et des traditions, dans le
sanctuaire de Thémis pour régler la composition des tribunaux ou pour donner la
mesure de la bonté des jugemens; on l'a vu depuis sous différens noms s'emparer de
la tribune et régler les élections, ou énumérer les richesses et les besoins des peuples
par des nombres auxquels nulle éloquence humaine ne pourrait résister. Tout ce qui
peut être exprimé numériquement devient de son ressort; plus les sciences se per-
fectionnent, plus elles tendent à rentrer dans son domaine, qui est une espèce de
centre vers lequel elles viennent converger. On pourrait même, comme je l'ai déjà
fait observer ailleurs, juger du degré de perfection auquel une science est parvenue
par la facilité plus ou moins grande avec laquelle elle se laisse aborder par le calcul,
ce qui s'accorde avec ce mot ancien qui se confirme de jour en jour: *mundum numeri
regunt*.»

11 Kant's gesammelte Schriften, Erste Abtheilung: Werke, Bd. 4, Berlin 1911, S. 470.
Für eine eingehende Diskussion der mit dieser Mathematisierung verbundenen
Quantifizierung vgl. unter den bereits erwähnten Werken vor allem Frängsmyr/
Heilbron/Rider 1990, wo sich auf S. 381–396 eine detaillierte Literaturübersicht findet, sowie ferner Berner 1983, Bischof 1981, Booss/Krickeberg 1976, H.F. Cohen
1984, I.B. Cohen 1994, Davis/Hersh 1986, Engfer 1982, Epstein 1987, Gigerenzer et
al. 1989, Hankins 1985, Hoyningen-Huene 1983, Lancaster 1994, Lüthy 1970,
Matthews 1995, Mikl-Horke 1989, Mittelstrass 1970, Morgan 1990, Porter 1986,
Rapoport 1980, Schumpeter 1954, Stigler 1986, Wolters 1980, Woolf 1961, Yoder
1988 mit teils weiteren generellen Angaben zur Entwicklung der Wissenschaften in
der Aufklärung.

12 R. Carnap: Die physikalische Sprache als Universalsprache der Wissenschaft,
Erkenntnis **2** (1931), 432–465, speziell S. 448.

13 Für weitere Angaben zu den diesbezüglichen Theorien und der nachfolgenden Ent-
wicklung vgl. z.B. Bell/Vossenkuhl 1992, Bryant 1985, Dahms 1994, Danneberg/
Kamlah/Schäfer 1994, Gander 1988, Geier 1992, Halfpenny 1982, Halfpenny/
McMylor 1994, Haller 1993, Haller/Stadler 1988 und 1993, Hegselmann 1979,
Heidelberger 1993, Kruntorad 1991, Lancaster 1994, Lincoln 1985, Lincoln/Guba
1985, Rescher 1985, Schulte/McGuinness 1992, Sorokin 1956, Stadler 1982 und 1993,
Thompson 1917, Tolman 1992, Tuschling/Rischmüller 1983 und Uebel 1991.

14 Für weitere Angaben zur Geschichte qualitativer Forschungen vgl. vor allem
Bogdan/Biklen 1982/1992, Glassner/Moreno 1989, Hammersley 1989 sowie auch
Baacke/Kübler 1989, S. 18 ff.; Bässler 1987, S. 23 ff.; Bergold/Flick 1987, S. 6 ff.;
Bogdan/Taylor 1975, S. 3 ff.; Bohnsack 1991, S. 11–33; Bruyn 1966; Bryant 1985;

Bryman 1988; Bulmer 1984; Denzin/Lincoln 1994; Faris 1967; Fetterman 1988; Flick et al. 1991, S. 3 ff., 11–22; Halfpenny 1982; Halfpenny/McMylor 1994; Helle 1977 und 1986; Jeggle 1984, S. 11–46; Jensen/Jankowski 1991, S. 46 ff.; Jüttemann 1985; Kern 1982; Kirk/Miller 1986; Kleining 1994, S. 92 ff.; E. König/Zedler 1995, Bd. 1, S. 11–32; R. König 1962–1969; Lazarsfeld 1972; Lepsius 1981; Lincoln 1985; Lincoln/Guba 1985; Linn/Erickson 1990, S. 86 ff.; Mayring 1990, S. 1–8 ; Mikl-Horke 1989; Oberschall 1972; Reichertz 1986; Schumpeter 1954; Sherman/Webb 1988; Sorokin 1956; Spiegelberg 1960; Walker 1985; Witzel 1982 usw.; für eine methodologische Gegenüberstellung und Diskussion der beiden Forschungsansätze siehe die in Anmerkung 16 aufgeführten Werke sowie speziell auch die Artikelfolge Smith 1983, Smith/Heshusius 1986, Firestone 1987, Howe 1988, Gage 1989, Howe/Eisenhart 1990, Salomon 1991, Rizo 1991 etc. im *Educational Researcher* mit detaillierten Ausführungen zum Paradigmenstreit; für genauere Angaben zur Zunahme und zum Umfang qualitativer Forschung vgl. z. B. die übersichtsmässige Darstellung der wichtigsten Fakten in Eisner/Peshkin 1990, S. 1–14 sowie die statistische Analyse in Mayring 1990, S. 3, wonach eine EDV-gestützte Literaturrecherche allein in der Psychologie bis Anfang 1988 rund 100 deutschsprachige und rund 400 englischsprachige Arbeiten unter dem Stichwort «qualitativ-interpretativ» zutage brachte.

15 Eine detaillierte Zusammenstellung der verschiedenen in der Literatur auftretenden Konzeptualisierungen von Hauptströmungen und Typen qualitativer Sozialforschung findet man bei Garz/Kraimer 1991, S. 7–13. Als sogenannte Hauptströmungen bezeichnen sie: 1. Die objektive Hermeneutik in der Tradition von Oevermann. 2. Den soziologischen Narrativismus in der Tradition von Schütz. 3. Die kommunikative Sozialforschung in der Tradition des Symbolischen Interaktionismus. 4. Die qualitative Biographie- und Lebenslaufforschung, die von den erstgenannten Richtungen stark beeinflusst wird.

16 Für eine Diskussion der in Cook und Reichardt aufgrund von Literaturrecherchen erschlossenen, tabellarisch zusammengefassten Polarität zwischen qualitativer und quantitativer Forschung siehe z. B. Bogdan/Biklen 1982/1992, S. 42–49; Diekmann 1983, S. 9 ff.; Jüttemann 1985, S. 33–37, 298–302 und Lincoln 1985, S. 43–104. Für detailliertere Angaben zu den verschiedenen Forschungsrichtungen und Methoden der qualitativen Sozialforschung in den einzelnen Fachgebieten siehe Anderson 1983, Bernard 1988, Bischof 1981, Blumer 1969, Botz 1988, Breuer 1996, Bryman/Burgess 1994, Burgess 1984 und 1985, Cassell/Symon 1994, Cicourel 1964, Cook/Reichardt 1979, Dex 1991, Dey 1993, Diekmann 1983, Faller/Frommer 1994, Fetterman 1991, Fielding/Lee 1991, Filstead 1970, Finch 1986, Flick 1995, Garfinkel 1967, Garz/Kraimer 1983 und 1991, Gephart 1988, Gerdes 1979, Giddens 1976, Girtler 1984, Glaser/Strauss 1967, Glazier/Powell 1992, Goetz/LeCompte 1984, Goffman 1974, Heinze 1987, Hoffmeyer-Zlotnik 1992, Holly/Püschel 1993, Hopf/Weingarten 1979, G. L. Huber 1992, W. Huber 1984, Jacob 1987, Jorgensen 1989, Kelle 1994, Kepper 1994, Lamnek 1988–1989, LeCompte/Millroy/Preissle 1992, Lofland 1971 und 1976, Marshall/Rossman 1989, Mayring 1983, Merriam 1988, Merton/Coleman/Rossi 1979, Miles/Huberman 1984, Morgan 1988, Morse 1994, Noblit/Hare 1988, Otto 1993, Patton 1980 und 1987, Qualitative Methoden 1989, Ragin 1987, Reinharz/Rowles 1988, Rost 1988, Schatzman/Strauss 1973, Schratz 1993, Schröer 1994, Schub von Bossiazky 1992, Schulze 1994, Schwartz/Jacobs 1979, Sedlacek

1989, Seidman 1991, Silverman 1993, Smith 1982–1985, Soeffner 1979, Sommer 1987, Spöhring 1989, Spradley 1980, Strauss 1987, Strauss/Corbin 1990, Van Maanen 1979, Van Maanen et al. 1982, Vorländer 1990, Walker 1985, Wolcott 1990 und 1994, Zedler/Moser 1983 sowie die in Anmerkung 14 zitierten Werke.

17 Für weitere Angaben zur Begriffsgeschichte des Ausdrucks «Lebensqualität» vgl. H. Holzhey in Ritter/Gründer 1971 ff., Bd. 5, Sp. 141 ff.; C. Amery in Schultz 1975, S. 8 ff. und W. Glatzer in Seifert 1992, S. 51 f. Für eine inhaltliche Diskussion siehe z. B. Bättig/Ermertz 1976, Birch/Abrecht 1975, Campbell/Converse/Rodgers 1976, Dagnaud 1978, Eppler 1974, Friedrichs 1973–1974, Glatzer/Zapf 1984, Kern 1981, Krümpelmann 1978, Nussbaum/Sen 1993, Pfaff/Gehrmann 1976, Schölmerich/Thews 1990, Schultz 1975, Seifert 1992, Swoboda 1973, Szalai/Andrews 1980, Theobald 1985, Tüchler/Lutz 1991, Wingo/Evans 1977 sowie die in Anmerkung 20 zitierten Werke und die umfangreichen Bibliographien von Agarwal/Piasetzki/Aasen 1976 und Merwin 1976.

18 Für eine frühe Kritik der von Galbraith, Mishan, Forrester und den Meadows vertretenen Thesen vgl. z. B. Beckerman 1974, Clarke/List 1974 und Wingo/Evans 1977; für eine spätere Würdigung siehe z. B. Wehling 1981, D. Masberg in Majer 1984, S. 11 ff. und Pestel 1988.

19 *Qualitatives Wachstum*, Bericht der Expertenkommission des Eidg. Volkswirtschaftsdepartements, 1985, S. 15. Für weitere Angaben zum Begriff des qualitativen Wachstums vgl. auch das in diesem Zusammenhang veranstaltete Kolloquium der vier wissenschaftlichen Akademien der Schweiz (Hottinger/Gerber 1990) sowie Friedrichs 1973–1974, Jaeger 1993, Majer 1984 und 1992, Meissner/Zinn 1984, National Goals Research Staff 1970, Rotach et al. 1993 und die in den Anmerkungen 17 und 20 zitierten Werke.

20 Für ergänzende Angaben zu dem im obigen Abschnitt vorgestellten Problemkreis «Lebensqualität–Umweltqualität–Qualitatives Wachstum» und den damit verknüpften Fragen vgl. auch Atteslander 1981, Bugmann 1975, Clarke/List 1974, Club of Rome 1990, Coulston/Korte 1972–1973, Ehrlich 1968, Ehrlich et al. 1970 und 1981, Forrester 1971, Franz/Fritsch/Kozdon 1988, Fritsch 1990, Gabor et al. 1978, Galbraith 1958 und 1967, Gillwald 1983, Herfindahl/Kneese 1965, Hooker et al. 1981, House/Williams 1976, Jarrett 1966, Kaufmann 1975, Keyserlingk 1979, Kneese 1984, Kneese/Bower 1968, 1972 und 1979, Kumm 1975, Levi/Andersson 1975, Lübbe 1990, Marden/Hodgson 1975, Marini-Bettòlo 1993, McMichael 1993, Meadows et al. 1972, 1973, 1974 und 1992, Mishan 1967, 1969 und 1977, Moog 1987, Perloff 1969, Pestel 1988, Ropohl/Schuchardt/Lauruschkat 1984, Sewell 1975, Simonis 1988, Wehling 1981, Wolfgang 1979 und Zaleski/Berkovski 1991.

21 Für genauere Angaben hierzu siehe Leimanis/Minorsky 1958, S. 111 ff.; Reissig/Sansone/Conti 1963, S. ix ff. sowie z. B. Gaponov-Grekhov/Rabinovich 1979. Über die diesbezüglichen Bemühungen russischer Gelehrter existiert eine Vielzahl von meist russisch abgefassten Studien, die im folgenden wenigstens anhand der erschienenen Rezensionen in den *Mathematical Reviews* und im *Zentralblatt für Mathematik* kurz zusammengestellt werden sollen. Übersichtsartikel und allgemeine Fragen: MR 28.2292–93, MR 37.5073, MR 56.800, MR 83j:01079, MR 90a:01040, MR 91f:01016, MR 93m:34052; Andronov-Schule: MR 85i:01021, MR 86a:01031; Bohl: MR 85f:01023; Kishinev-Seminar: MR 87f:01098; Krylov/Bogolyubov: MR 22.9398, MR 40.2510, MR 82g:01062, MR 83f:01060, MR 86j:01033, MR 87d:01024, MR 88f:01057;

Kukles-Schule: Zbl. 461.01016; Mandelstam: MR 82g:01085, MR 83a:01038, MR 85b:01091, MR 90e:01047, MR 90m:01032, MR 92h:01035; Pontryagin: MR 80f:01021, Zbl. 562.01007, MR 85g:01027, Zbl. 616.01014; Rjasaner Mathematiker: Zbl. 258.01006; Stepanov: MR 18, 550, MR 87h:01092, Zbl. 728.01024; usw.

22 Für weitere detailliertere Angaben zur Geschichte der Theorie der qualitativen Differentialgleichungen und dynamischen Systeme siehe v. a. Cesari 1959, Dahan Dalmedico 1994, Dell'Aglio/Israel 1989, Devaney 1992, Gilain 1991, Hirsch 1984, Leimanis 1959, Leimanis/Minorsky 1958, Liapunov 1966, Mawhin 1993, Petrovitch 1931, Poincaré 1993, Reissig/Sansone/Conti 1963, Verhulst 1984 sowie die in den Anmerkungen 21 und 25 zitierten Werke.

23 Zum qualitativen Sprung und der Mathematik bei Hegel, Marx und Engels vgl. zum Beispiel Radbruch 1988 und 1991, König 1990, Petry 1993 und P. Caws in Glassner/Moreno 1989, S. 18 ff.; zum qualitativen Naturbegriff von Schelling und Marx siehe Westholm 1986.

24 Es ist jedenfalls ein interessantes Phänomen, dass das Wort «qualitativ» in den frühen westlichen Studien, von einigen Ausnahmen abgesehen (Dieudonné 1939, Thomas 1942, Greenwood 1951, Stampacchia 1950–1951, Keil 1955, Frankel 1956 etc.), häufig vermieden wird. Den im Westen zunächst nur ungenügend bekannten, entscheidenden Forschungsbeitrag der sowjetischen Mathematiker haben bereits Leimanis 1959, Leimanis/Minorsky 1958, Chilmi 1961 (Vorwort zur deutschen Ausgabe) und Reissig/Sansone/Conti 1963 deutlich hervorgehoben, die jedoch ihrerseits in den späteren westlichen mathematikhistorischen Studien (vgl. Anmerkung 22) ebenfalls fast nie erwähnt werden, was die äusserst mangelhafte historische Aufarbeitung der Geschichte der qualitativen Theorie der Differentialgleichungen und der dynamischen Systeme drastisch dokumentiert.

25 Für einen knappgefassten Überblick zu den obenerwähnten qualitativen Theorien in den verschiedenen Fachgebieten vgl. die Artikel «Bifurcation», «Chaos», «Dynamical System», «Qualitative Theory of Differential Equations» und «Thom Catastrophes» in Hazewinkel 1988 ff.; den Artikel «Qualità/quantità» von Thom (1980) in der *Enciclopedia Einaudi*; die Beiträge von Mainzer und Pechenkin in Krohn/Krug/Küppers 1992; die Beiträge von Atiyah, Brieskorn und Thom in Otte 1974; Scheck 1988, S. 237 ff. sowie z. B. Marsden 1978, Stewart 1989 und Worg 1993. Für weitergehende Angaben siehe auch Abraham/Marsden 1967/1978, Alexander 1994, Arnold 1984, Arnold/Avez 1967, Arnold et al. 1988–1993, Awrejcewicz 1989, Brock/Malliaris 1989, Brock/Hsieh/LeBaron 1991, Cesari/Hale/LaSalle 1976, Cramer 1988, Davydov 1994, Deutsch 1994, Devaney 1986 und 1992, Devaney/Keen 1989, Efimov 1951, Franksen/Falster/Evans 1979, Gabasov/Kirillova 1976, Gandolfo et al. 1981, Gerok et al. 1989, Gimarc 1979, Glazman 1965, Gleick 1987, Goldbeter 1990, Green/Bossomaier 1993, Hall 1991, Hao 1984/1990, Jantsch 1979, Jetschke 1989, Kanitscheider 1993, Kratky/Wallner 1990, Krohn et al. 1990, Kronthaler 1986, Kunick/Steeb 1986, Laszlo 1991, Leven et al. 1989, Mahnke/Schmelzer/Röpke 1992, Mainzer 1994, Michel/Miller 1977, Mishra/Maass/Zwierlein 1994, Nicolis/Prigogine 1977, Niedersen/Pohlmann 1991, Niegel/Molzberger 1992, Ott 1993, Paslack 1991, Paslack/Knost 1990, Perko 1991, Prigogine 1980, Prigogine/Stengers 1979, Ratzek 1992, Reithmeier 1991, Ruelle 1991, Schuster 1984, Scott 1991, Seydel 1988, Steeb 1992, Svilar/Zahler 1984, Thom 1972, 1974, 1976, 1983, 1988 und 1991, Thompson/Stewart 1986, Wiggins 1988 und 1990, Wunsch 1985, Zaslavsky et al. 1991, Zeeman

1977 und 1982, Zhang 1991 sowie die in den Anmerkungen 21–24 erwähnten Literaturangaben.

26 Für eine kurze Einführung in die sogenannte «Qualitative Physik» vgl. z. B. den Übersichtsartikel von L. Travé-Massuyès in Singh/Travé-Massuyès 1991 oder Faltings 1991, Kuipers 1994 und Werthner 1994; für weitergehende Angaben siehe neben den obenerwähnten Werken auch Bobrow 1984, Laurent/Vescovi 1992, Struss 1989 und Zhao 1993.

27 Für einige weitergehende Angaben zur Untersuchung und Analyse von qualitativen Daten und Entitäten vgl. neben den im folgenden Haupttext erwähnten Werken z. B. Bealer 1982, Bliss/Monk/Ogborn 1983, Bryman/Burgess 1994, L. A. Goodman 1978, N. Goodman 1951 und 1990, Haberman 1978–1979, Hansohm 1987, Hermerén 1988, Hoffmeyer-Zlotnik 1992, Kennedy 1983, Landesman 1989, Maxwell 1961, Miles/Huberman 1984, Moosmüller 1992, Moreland 1985, Schader 1981 und Stoyan 1977.

Qualität und Quantität in der antiken Philosophie

Zur Genese einer Fragestellung

Walter Burkert

Reflexionen über Qualitas und Quantitas – in dieser Reihenfolge – haben ihren aktuellen Bezug in der heutigen Diskussion um qualitatives statt quantitativen Wachstums und in der damit einhergehenden allgemeinen Vermutung, dass «Qualität» im Sinne gebildeter Menschlichkeit höher stehe als das bloss Quantitative, das unsere Wirklichkeit sowieso nur allzusehr beherrscht. Dies steht in einer gewissen Spannung zur neuzeitlichen Naturwissenschaft, die – auf spätmittelalterlichen Ansätzen aufbauend – seit Galilei und Descartes den Fortschritt in der Reduktion von Qualitäten auf das Quantitative als das Messbare und damit Objektive fand. Wärme ist, was immer sie für unser «Gefühl» und unsere Lebensqualität bedeuten mag, eine Molekularbewegung, d.h. messbar, quantifizierbar.

Das Altertum steht zu alledem in weiter Distanz und hat doch begründetermassen am Anfang zu stehen: Zum einen ist unsere philosophische Sprache bis heute von ihrer Geschichte geprägt, die bei den Griechen beginnt; so sind insbesondere die Begriffe Qualität und Quantität im Deutschen Fremdwörter, nach lateinisch *qualitas* und *quantitas*, die ihrerseits Lehnübersetzungen aus dem Griechischen waren: *Poiotes* und *posotes* sind als kontrastierendes Paar aus der griechischen Sprache erwachsen. Zum anderen sind schon in der Antike zum ersten Mal allgemeinere Probleme der Wirklichkeit mit eben diesen Begriffen diskutiert worden; auch wenn es sich nicht um dieselben Problemstellungen handelt, mit denen wir es heute zu tun haben, gibt es doch Parallelen und Kontinuitäten; und die Unterschiede im Zugriff sind nicht weniger interessant.[1]

Begonnen sei mit dem Sprachlich-Terminologischen. Dies heisst bei einem Zufall der griechischen Sprache einsetzen. Viele indogermanische Sprachen haben einander entsprechende Paare von Interrogativ- und Demonstrativpronomina, wobei das Interrogativpronomen auch als Indefinitpronomen verwendbar ist, im Deutschen etwa: wer? – der!, was? – das!, wann? – dann! In der Umgangssprache ist auch die Verwendung als Indefinitpronomen erhalten: «Wenn wer was weiss ...». Im Lateinischen beginnen die entsprechenden Interrogativpronomina mit *qu-*, die Demonstrativa mit *t-*: *quam-tam*, *qualis-talis*, *quantus-tantus*; im Griechischen mit *p-* bzw. *t-*. Zufällig haben sich nun im Griechischen zwei Paare gebildet, die sich nur durch ein einziges Phonem, einen einzigen Buchstaben unterscheiden: *posos* – «wie gross? wie viel?», *tosos* – «so gross, so viel», gegenüber *poios* – «wie beschaffen?», *toios* – «so beschaffen». Schon in der Bronzezeit vor 3200 Jahren steht auf Linear-B-Tafeln unter einer Summe von Einträgen *to-so* – «soviel», und heute noch kann man bei jedem Einkauf in Griechenland fragen: *poso* – «wie viel?», wobei die qualitätsbewusste Kundin auf *poiotes* – gesprochen *piótis* – achtet. Zum «qualitativen» Suffix auf *-oio-* gehört übrigens auch *homoios* – «von einer Art», d.h. «ähnlich», das in unseren Fremdwörtern als homöo- erscheint.

Indem in der Antike Rhetorik und Philosophie nebeneinander den kunstreichen Umgang mit der Sprache vorantrieben, mussten die beiden Paare zusammenrücken. Sofern die Philosophie zum Zweck der Abstraktion Substantivbildungen bevorzugte, lag das allgemeine Substantivierungssuffix *-tes* bereit. Dies ergab *posotes* und *poiotes*. *Poiotes* ist mit Sicherheit eine Schöpfung Platons – ein etwas komisches Wort, meint er, als er es das erste Mal einführt.[2] Als die Römer in ihrer Sprache griechische Philosophie wiederzugeben suchten, fanden sie im Lateinischen *quantus-tantus* und *qualis-talis* vor – nicht ganz so zwillingshaft wie *posos* und *poios* im Griechischen; doch indem man dazu, mit dem gleichen Substantivierungssuffix, *quantitas* und *qualitas* bildete, war die Reimwortbildung wieder eingeholt. Diese Bildungen gehen offenbar auf Cicero zurück.[3]

Ein zweiter Zufall kam kurz nach Cicero im Bereich des Buchwesens ins Spiel: Ein gewisser Andronikos machte eine grosse, gelehrte, weithin neue Ausgabe der Schulschriften des Aristoteles, die zum Teil erst damals bekannt wurden.[4] Diese Ausgabe begründete die wissenschaftliche Beschäftigung mit Aristoteles und damit den Aristotelismus für die nächsten 2000 Jahre. Andronikos gab den Schriften des Aristoteles eine systematische Reihenfolge, entsprechend dem stoischen

Schulsystem: Voran steht die Logik als abwehrender Zaun, dann kommt die Naturwissenschaft, die «Physik», als der lebendige Baum, der im Garten wächst, und schliesslich die Ethik als die eigentliche Frucht, die vom Baum der Philosophie zu pflücken ist.[5] An den Anfang der Aristoteles-Ausgabe stellte Andronikos also die logischen Schriften, und unter diesen wiederum voran die kleine Schrift *Kategoriai*, «Aussageformen»: Es geht um die verschiedenen Arten, wie man vom «Seienden» reden kann. Den Anfang machen, als die wichtigsten vier dieser Aussageformen, das «Wesen» selbst, dann Quantität, Relation und Qualität (*ousia*, *poson*, *pros ti*, *poiotes*). Im terminologischen vierten Buch der *Metaphysik* behandelt Aristoteles die gleichen Begriffe nacheinander, *ousia*, *poson*, *poion*, *pros ti*,[6] also Wesen, Quantität, Qualität, Relation. Die späteren Ausleger haben in der Regel Qualität und Quantität zusammengestellt und nur über deren relative Reihenfolge diskutiert.

Die Kategorienschrift am Anfang des *Corpus Aristotelicum* bewirkte fortan, dass jedes Philosophiestudium, das mit Aristoteles begann – und bald hiess dies: jedes ernsthafte Philosophiestudium – eben mit «Essenz» oder «Substanz», Quantität, Qualität und Relation begann; auch wer es nicht eben weit brachte in der Philosophie, diese vier Kategorien hatte er gelernt. Als der römische Senator Boethius um 500 n. Chr., sozusagen in letzter Stunde, zur Zeit des Gotenherrschers Theoderich, anfing, Aristoteles ins Lateinische zu übersetzen, da begann er mit den *Kategorien*, die also lateinisch in seiner Übersetzung zu lesen sind. Als um 1000 der Mönch Notker in St. Gallen mit seinen Klosterschülern Einführung in die Philosophie nach Boethius trieb und einiges ins Althochdeutsche übersetzte, kamen wiederum zuerst die Kategorien dran. Notker übersetzte *quantus* mit *wîomichel* und *qualis* mit *wîolich*, «wie-lich», *qualitas* also mit *wîolichi*, die «Wie-lichei»; für *quantitas* konnte man entsprechend *wîomichili*, die «Wie-gross-heit» sagen.[7] Das Thema des vorliegenden Bandes müsste also in unserer Sprache «Wissenschaft zwischen Wielichei und Wiemichelei» heissen. Doch hat es die europäische Universität des Mittelalters vorgezogen, *Collegium logicum* wieder auf lateinisch zu traktieren, und so kamen doch die Fremdwörter in unseren Wortschatz; sie sind immerhin gemein-europäisch.

Was die philosophischen Fragestellungen betrifft, die im Bedeutungsfeld von Qualität und Quantität in der antiken Philosophie diskutiert wurden, so steht am Anfang nicht der Gegensatz Quantität-Qualität, sondern die Antithese von «Wesen» und «Qualifizierung» des Wesens. Zum ersten Mal finden wir das in der skeptischen Frage des Protagoras nach den Göttern: Man kann nicht sagen, «ob es sie gibt oder nicht gibt, und welcher Art (*hopoioi*) sie seien von Gestalt».[8] Der Gegensatz zwischen der Frage nach dem Sein und der «Art» des Seins wird dann weitergeführt von Platon. Im Dialog *Gorgias* stellt Sokrates dem Sophisten die schlichte Frage, «wer» er sei, genauer «welche Kunst» er habe. Die Antwort «die beste, die schönste» wird schroff zurückgewiesen: «Niemand fragt, welcher Art die Kunst des Gorgias sei, sondern was sie sei».[9] Im wenig später geschriebenen *Menon* sagt Sokrates allgemein, er könne nicht wissen, «welcher Art» (*hopoion ti*) ein Ding ist, solange er nicht wisse, «was es ist».[10] Diese Frage nach dem «Was?» ist laut Platon die Grundfrage des Sokrates überhaupt.[11] Sie führt für Platon auf die berühmt-berüchtigte Ideenlehre, wonach eben das «Was?» eines Dings letztlich in einem Bereich ewiger, unveränderlicher Seinsbestimmungen seinen Halt und seine Ursache hat, während alles, was wir sehen, hören, greifen, nur jeweils «derartiges», ein *poion* ist. So heisst es denn in Platons naturwissenschaftlichem Weltentwurf, im Dialog *Timaios*, dass die Dinge, mit denen wir es in unserer Erfahrung zu tun haben, nie etwas Festes, Bestimmtes sind, weil sie sich dauernd verändern; sie sind also nur vorübergehend jeweils etwas «Derartiges»:

Von diesen Dingen, die uns, jedes für sich, niemals als das gleiche erscheinen – von welchem könnte man steif und fest behaupten, dass es etwas Bestimmtes und nicht etwas anderes ist, ohne sich vor sich selbst zu schämen? Das gibt es nicht, vielmehr ist die weitaus sicherste Entscheidung, so zu sprechen: Was wir jeweils sehen, wie es bald dieses, bald jenes wird, z.B. Feuer, das soll man nicht als «dieses» sondern jeweils als «das so beschaffene Feuer» ansprechen, auch nicht «dieses Wasser», sondern jeweils «das so beschaffene Wasser» …[12]

Im erläuternden Vergleich wird das «Etwas» dann materiell gefasst, wie z. B. Gold in wechselnden Ausformungen (50b). Sonst aber ist für Platon das «Was» gerade die Form. Jedenfalls wird die Frage nach dem eigentlich Seienden sich nur philosophischem Bemühen erschliessen.

Der Gegensatz von «Was» und «Welcher Art» (*poion*) kehrt wieder im philosophischen Exkurs des 7. platonischen Briefes, jetzt mit geradezu tragischer Emphase: Den vier üblichen Werkzeugen des Denkens

– Name, Begriff, Bild, Wissen – gelinge es nicht, das fünfte und eigentliche, das «Erkennbare, wahrhaft Seiende» selbst zu fassen:

> *Zweierlei gibt es, das Seiende und das Derartige (poion ti); nicht das Derartige, sondern das Seiende sucht die Seele zu wissen; doch das, was nicht gesucht wird, hält jedes der Werkzeuge – Name, Begriff, Bild, Wissen – jeweils der Seele vor, in Worten und Taten. Was so durch Sprechen und Zeigen vorgehalten wird, ist leicht durch Wahrnehmung zu widerlegen; so erfüllt es denn jeden Mann mit jeglicher Art von Stocken und Unklarheit ...*[13]

Letztlich geht es um «das Gute» als Ziel philosophischer Bemühung; was wir in der Hand haben, ist immer wieder nur etwas «von der Art» des Guten, nicht «das Gute an sich». Die Gewissheit: «das ist es», die Antwort auf das sokratische Suchen, wird so für den Platoniker geradezu zu einem mystischen Erlebnis, jenseits von allem «Derartigen».

Anders Aristoteles. Zwar knüpft er immer wieder an den *Timaios* an, den er interpretiert und systematisiert. Auch sein Denken zielt auf ein höchstes Sein, das mit Gott identisch sein müsste. Doch besonders interessiert nun doch, was in dieser unserer Welt vor sich geht, einer Welt der Bewegung und Veränderung; dies ist das Wesen der *physis*, der «Natur»; dies ist ein Bereich von Qualitäten. Um sie zu beschreiben, entwirft Aristoteles eine qualitative Physik.[14]

Insofern die Dinge der Welt sich unterscheiden und doch auch wieder einander ähnlich sind, haben wir es mit «Qualität» zu tun: «Allen Qualitäten ist eigentümlich, dass man ihnen gemäss von Ähnlichem und Unähnlichem spricht».[15] Für viele Arten der Qualität, die wir in unserer Welt vorfinden, ist es zudem charakteristisch, dass sie zueinander im Gegensatz stehen und nicht zusammen existieren können: «Warm» steht in Opposition zu «kalt», «trocken» zu «feucht»; zugleich sind diese Qualitäten steigerungsfähig, es gibt ein «mehr und weniger»: es gibt warm, wärmer und weniger warm; kalt, kälter und weniger kalt. Beides, Gegensätzlichkeit und Steigerungsfähigkeit, gibt es im Bereich des Quantitativen, bei Zahl und bestimmter Grösse, gerade nicht: 3 ist 3 und nähert sich weder der 2 noch der 4.

Ferner ist festzustellen, dass Qualitäten sich immer an etwas zeigen, ein «Seiendes» also voraussetzen, das warm oder kalt, trocken oder feucht ist; denkt man diesen Gedanken weiter, kommt man, reduzierend, letztlich auf ein Etwas, das gar nicht mehr qualifiziert ist und doch allem zugrundeliegt. Die hierfür in Frage kommenden Begriffe sind latinisiert

«Materie», «Subjekt» und «Substanz»; diese Begriffe haben in der nach-aristotelischen Philosophie ihre eigene sehr spezielle Karriere gehabt; ihre etwas diffizile Differenzierung soll hier aus dem Spiel bleiben. «Materie» ist Lehnübersetzung von *hyle*, was eigentlich «Bauholz» heisst. Die Materie, als solche nicht qualifiziert, ist für Aristoteles eben darum auch nicht erkennbar, sie ist ein analytischer Grenzbegriff der Wirklichkeitsbeschreibung.[16] Als *conditio sine qua non* bildet sie die Grundlage, auf der die Qualitäten einander ablösen und so den Wechsel, der unsere Welt kennzeichnet, herbeiführen.

Das Problem des Wechsels, der Veränderung, dabei letztlich vor allem das Problem von Tod und Verwesung hatte schon die früheren, voraristotelischen Denker, die sogenannten Vorsokratiker, besonders beschäftigt. «Das Kalte erwärmt sich, Warmes kühlt sich, Feuchtes trocknet sich, Dürres netzt sich», so Heraklit.[17] In der Beschreibung der Natur und ihres Wechselspiels werden so von Anfang an vorzugsweise Adjektive verwendet, eben «warm» und «kalt», «trocken» und «feucht», dazu auch «schwer» und «leicht», «dicht» und «locker». Für die frühen Denker waren das aber offenbar selbständige Bestandteile oder Mächte der Wirklichkeit, jedenfalls ein «Etwas»: Sie werden gern im Plural verwendet, «die warmen Dinge», «die kalten Dinge»; erst Aristoteles, an Platon geschult, hat dies auf den Begriff der «Qualität» eines materiellen Substrats (*hyle*, *hupokeimenon*) gebracht.

Dass die natürliche Welt analysierbar sei in Richtung auf vier Grundstoffe, «Elemente», hatte im 5. Jahrhundert Empedokles gelehrt; dies hat besonders eingeleuchtet, weil es ja im grossen und ganzen im Aufbau der Welt vor Augen steht: Erde, Meer, Luft und himmlisches Feuer. Die vier Elemente – Feuer, Wasser, Luft und Erde – übernimmt Aristoteles, nach Platon, von den Vorgängern.[18] Schon Platon hatte gesagt, dass diese sogenannten Elemente doch nicht das Letzte bzw. der eigentliche «Anfang» seien. Für Aristoteles lassen sie sich jetzt auf ein logisches Quadrat von Qualitätenpaaren zurückführen: Warm und trocken ergibt Feuer, warm und feucht ist Luft, kalt und feucht ist Wasser, kalt und trocken ist Erde. Andere bevorzugten, vor und nach Aristoteles, die einwertige Zuordnung: Feuer ist heiss, Luft ist kalt, Wasser ist feucht, Erde ist trocken. Dies also sind die Grundgegebenheiten einer qualitativen Physik.

Besonders wichtig ist für Aristoteles bei alledem der Begriff der «Mischung» (*krasis*): Mischung bedeutet ein völliges Ineinanderfliessen der Qualitäten, so dass eine neue Qualität entsteht; sie ist nicht als ein Nebeneinander kleiner Teile zu denken. Das Muster ist immer die

Mischung von Wasser und Wein: Da liegen, meint Aristoteles, nicht
Teile von Wasser neben Teilen von Wein, sondern etwas ist entstanden,
das als Ganzes und in jedem seiner potentiell unendlich teilbaren Teile
seine eigene, besondere Qualität repräsentiert.[19]

Mediziner vor und nach Aristoteles fanden entsprechende Qualitäten, Qualitätenpaare und «Mischungen» auch im lebendigen Körper
wirksam: Warm und feucht ist Blut, warm und trocken die Galle, kalt
und feucht der Schleim, kalt und trocken die Schwarze Galle; daher die
besonderen «Mischungen», lateinisch *temperamenta*, die die Menschen-
typen bestimmen, das «Temperament» als Sanguiniker, Choleriker,
Phlegmatiker oder Melancholiker. Dass es die Schwarze Galle empirisch gar nicht gibt – es handelte sich um eine Fehlinterpretation von
Magen- und Darmblutungen –, hat das System kaum gestört.

Solchergestalt also zeigt sich die griechische Naturphilosophie als
qualitative Physik. Die Stoa ist hierin Aristoteles weithin gefolgt; sie
hat, über Aristoteles hinausgehend, die Quantität gar nicht mehr als
selbständige Kategorie anerkannt.[20] Gegen Platon wurde energisch
betont, dass die «Elemente» als Qualifizierungen der qualitätslosen
Materie ineinander übergehen können – Wasser wird offensichtlich zu
Luft, indem es verdampft. Eine feinste Form der Materie, ein denken-
der, göttlicher Stoff, durchdringe alles als ein «Hauch», *Pneuma*. So sei
die wunderbare, vernünftige Weltordnung verstehbar, in der das Wechselspiel der Qualitäten einen Best-Zustand verwirkliche.

Gewiss, aus solcher Physik liess sich keine Technik aufbauen, kein
erfolgreicher Eingriff in die Natur, und auch die Folgerungen für die
ärztliche Praxis, die man zog, waren durchaus problematisch: Weil «das
Warme sich vom Feuchten nähre», glaubte man Fieber bekämpfen zu
müssen, indem man den Fiebernden zu trinken verbot – das Gegenteil
ist richtig, sagen Mediziner heute. Erst recht sind die Versuche der
Alchimisten, aufgrund einer qualitativen Naturwissenschaft beispielshalber Gold herzustellen, bekanntlich gescheitert. Man kann den antiken Philosophen auch leicht vorwerfen, dass ihre qualitativen Vorstellungen mehr von der Sprache als von der Naturbeobachtung
ausgegangen waren. Eben darin freilich lag auch eine Stärke: Ein Diskurs über die Natur war auf diese Weise möglich und wurde in den Phi-
losophieschulen mit grossem Einsatz weitergeführt; fürs Abendland im
12. Jahrhundert war, als der Aristotelismus zunächst bei den Arabern
neu entdeckt wurde, ein solcher Diskurs etwas Grossartiges, Neues, und
es hat viele Generationen gedauert, bis die Naturphilosophie sich gegen
Aristoteles wandte.

Dabei war der aristotelische Entwurf einer qualitativen Physik keineswegs der einzige Weg, der in der Antike beschritten wurde. Es gab bereits vor Aristoteles mindestens zwei andersartige Ansätze, die von quantitativen Begriffen ausgingen und Qualitatives auf Quantitatives zurückführten. Es handelt sich einerseits um den pythagoreisch-platonischen, andererseits um den atomistischen Ansatz. Beide kommen jenem neuzeitlichen Postulat der Naturwissenschaft, von dem eingangs die Rede war, durchaus entgegen und sind denn auch in der Neuzeit wiederaufgenommen und entsprechend gefeiert worden.

Der Umgang mit dem Quantitativen ist an sich nicht eben «modern»: Zählen, Rechnen und Messen sind in der Kultur der Menschheit uralt; Zählen geht sogar der Erfindung der Schrift voraus und hat diese direkt beeinflusst.[21] Die Griechen haben in der klassischen Zeit einen wichtigen weiteren Schritt getan und die Mathematik als axiomatisch-deduktive Wissenschaft aufgebaut – die Leistungen der «Babylonier» als der richtungsweisenden Vorgänger können hier beiseite bleiben.[22] Indem man «zählen» und «messen» unterscheidet, bestehen für die Griechen im Bereich des Quantitativen die beiden Unterbereiche «Zahl» bzw. «Menge» und «Grösse»; dem entsprechen Arithmetik und Geometrie. Man formulierte auch, dass Zahlen diskontinuierlich, Grössen dagegen kontinuierlich seien. Beide Bereiche zur Deckung zu bringen, ist den Griechen nicht gelungen; sie meinten, es gebe Irrationalität nur bei Grössen, nicht im Zahlenbereich. Es schien sich daraus eine gewisse Überlegenheit der «Grösse» zu ergeben, und dementsprechend haben die Griechen die Geometrie als die grundlegende mathematische Disziplin ausgebaut, nicht, wie die Neueren, die Arithmetik.

Welterklärung aus der Zahl knüpft sich an den Namen des Pythagoras. Die Überlieferung über Pythagoras, der am Ende des 6. Jh. v. Chr. gelebt haben muss, und seine Schüler, die Pythagoreer, ist freilich lückenhaft, verworren und durch vielerlei schon antike Ergänzungen und Fiktionen entstellt. Eine Entdeckung allerdings ist spätestens in Platons Zeit fest mit den Pythagoreern verbunden: Die Feststellung, dass musikalische Konsonanzen auf Zahlen zurückführbar sind. Wir Menschen hören die Grundkonsonanzen recht präzis, und seit je hat man Musikinstrumente nach Quarten, Quinten und Oktaven gestimmt. Die pythagoreische Entdeckung ist, dass diese Konsonanzen durch einfache Zahlenverhältnisse darstellbar sind, 4:3, 3:2, 2:1. Dass dies Schwingungsverhältnisse sind und dass es um Überlagerungen von Schallwellen geht, wusste man zunächst nicht, und etwas wie «430

Schwingungen pro Sekunde» zu messen, lag ausserhalb jeder Vorstellung. Aber dass die Kombination der Zahlen der Kombination der Intervalle entspricht, sah man sofort: Quart und Quint zusammengesetzt ergeben die Oktave; ein Verhältnis 4:3 verbunden, d.h. multipliziert mit 3:2 ergibt 2:1.[23] Man hat gesagt, diese pythagoreische Entdeckung sei der Anfang der mathematischen Naturwissenschaft gewesen. Ein mathematischer Formalismus bewährt sich in der Beschreibung der Welt, wie wir sie «gefühlsmässig» erleben. Das «Schöne», die «Harmonie» ist quantitativ bestimmt, ist Zahlenverhältnis.

Offenbar sind die Pythagoreer, oder einige Pythagoreer, rasch sehr viel weiter gegangen, bis zu der These, dass ganz allgemein Zahlen die Wesensbestimmung der Wirklichkeit seien, nicht nur der «Schönheit», sondern des Seienden überhaupt. Die Anwendung auf die Astronomie, die hinreissende Phantasie einer «Sphärenharmonie», sei nur eben erwähnt.[24] Etwas konkreter sind, beispielshalber, Spekulationen über die Lebensfähigkeit eines Embryos. Man glaubte festzustellen, dass es Siebenmonatskinder und Neunmonatskinder gebe; Achtmonatskinder seien nicht lebensfähig. Dies liess sich assoziieren mit einer angeblichen besonderen Kraft der ungeraden Zahlen, und wenn man die Zahl der Tage einer Schwangerschaft noch genauer nahm, konnte man «harmonische» Zahlenverhältnisse als die angebliche Ursache der Lebensfähigkeit herausarbeiten. «Wenn die rechte Harmonie erreicht wird, Oktave, Quint oder Quart, dann ist der Organismus lebensfähig; wenn nicht, ist alle Mühe vergeblich», heisst es in einem Text aus der Sammlung hippokratischer Schriften.[25]

In sehr eigentümlicher Weise hat Platon in seinem *Timaios* diese Ansätze aufgenommen und spielerisch weiterentwickelt. Freilich ist für ihn Naturwissenschaft, die im Bereich des Sichtbaren verharrt, nur ein Vermuten, eine Art «ähnlicher Mythos». Existenzgrundlage fürs Einzelwesen wie für die ganze Welt ist laut Platon die «Seele», Einzelseele und Weltseele. Sie ist vom absoluten Seienden her geprägt als Harmonie, als Zahlenverhältnis. Platon entwickelt demnach die «Seele» als eine Zahlenreihe und damit als eine Tonleiter, entsprechend der pythagoreischen Äquivalenz von Zahlenverhältnis und Tonintervall.[26]

Eigentümlicher noch wird die Herleitung der materiellen Welt, der Elemente ausgestaltet. Im Blick sind die vier Elemente Feuer, Wasser, Luft und Erde, nach deren Grundlage zu fragen ist. Dies führt auf den Begriff einer unbestimmten, unbestimmbaren Materie, die Platon als reinen Raum (*chora*) fasst; dieser Raum wird gestaltet durch geo-

metrische Figuren, Dreiecke, aus denen sich reguläre Polygone aufbauen, die sich ihrerseits zu regulären Polyedern zusammenschliessen.
Hier kommt die überraschende geometrische Tatsache zum Tragen,
dass es eben nur fünf reguläre Polyeder gibt, drei aus Dreiecken gebaut
– Tetraeder, Oktaeder und Ikosaeder –, dazu den Würfel aus sechs
Quadraten und das aus Fünfecken gebaute Dodekaeder. Platon behauptet nun, dass je eine Polyederart einem der Elemente entspreche;
dass er für das fünfte, das Dodekaeder, keine Verwendung hat, darüber
gleitet er mit einer eleganten Floskel hinweg.[27] Spätere haben speku-
liert, ob es nicht doch ein fünftes Element, eine *quinta essentia*, ein
Äther-Element geben müsse. Die anderen vier Zuordnungen jedenfalls
erscheinen sinnfällig: Das Tetraeder hat die spitzesten Ecken, es gehört
zum schneidenden Feuer; das Ikosaeder ist der Kugel am ähnlichsten,
kann rollen, es repräsentiert das fliessende, rollende Wasser; der Würfel ist am stabilsten, ein Element für Mauer- und Häuserbau, er repräsentiert die feste Erde; bleibt das Oktaeder für die Luft.

Platon hat auf diese Weise eine Art mathematische Atomlehre aufgestellt. Er verwendet freilich den Terminus «Atom», der ihm eigentlich
bekannt sein musste, nicht, sieht auch keinen Anlass, auch nur vermu-
tungsweise zu den Grössenverhältnissen Stellung zu nehmen, die hier
ins Spiel kommen müssten. Es handelt sich bei ihm bloss um ein geist-
reiches Spiel jenseits aller Verifizierbarkeit. Und doch hat ein Physiker
unseres Jahrhunderts, Werner Heisenberg, diesen Passus Platons immer
wieder mit lebhafter Zustimmung hervorgehoben. Er erzählt, wie er als
Schüler am Münchner Gymnasium diese Stelle aus Platons *Timaios* las
und sich verwunderte, wie hier das «Reale» als geometrische Gestaltung des «Raumes» genommen wird, als werde ein Etwas aus dem
schieren Nichts hervorgezaubert. Später erschien dem Physiker eben
dies als atemberaubend modern: Mathematische Spezifikationen des
Raums, mathematische Formalismen, freilich anderer und sehr viel
komplizierterer Art, hinter denen sich nichts «Materielles» mehr vorstellen und postulieren lässt, das ist es, was die Wirklichkeit ausmacht.[28]
Trotzdem ist Platons Atomlehre eine philosophiehistorische Kuriosität
geblieben. Die aristotelische Naturwissenschaft der Qualitäten schien
weitaus einleuchtender, der Empirie näher, also «richtiger» zu sein.

Platons idealistischer Atomismus im *Timaios* ist doch wohl schon ein
bewusster Gegenentwurf zu jenem anderen Ansatz, der eben den
Begriff «Atom» zur Geltung brachte, zur Lehre von Leukippos und
Demokritos, die etwa zur Zeit von Platons Geburt entwickelt wurde.
Diese Lehre ist von der idealistischen Philosophie als gefährlicher Geg-

ner empfunden worden, und man hat sich ihrer unter anderem auch damit erwehrt, dass man die einschlägigen Schriften nicht mehr las: Kein Buch ist erhalten von Leukipp und Demokrit, nur einige Zitate und Berichte, einiges aus Epikur und das lateinische Lehrgedicht des Lukrez.[29]

Seit Parmenides am Anfang des 5. Jh. die These aufgestellt hatte, dass das wahrhaft Seiende nicht entstehen und nicht vergehen könne, sondern ewig und unveränderlich sein müsse, war die Frage gestellt, wie dann unsere Welt mit ihrer Bewegung, ihrem ständigen Wandel und Wechsel überhaupt möglich sei. Die Atomisten gaben die in vieler Hinsicht kühnste und konsequenteste Lösung: Das eigentlich Seiende sei in Gestalt sehr vieler, sehr kleiner Korpuskeln gegeben; sie sind so klein, dass sie nicht sichtbar sind; sie müssen unteilbar sein, weil durch unendliche Teilbarkeit das Seiende sich ja ins schiere Nichts auflösen würde bzw. längst aufgelöst hätte. Diese sogenannten «Atome», die «unteilbaren» Korpuskeln also haben neben sich den leeren Raum, in dem sie sich bewegen. Ausser der Bestimmung, dass sie «Volles» im Gegensatz zum «Leeren» sind, bedürfe es zur weiteren Bestimmtheit nur noch der jeweiligen unveränderlichen Raumgestalt jedes einzelnen Atoms. Einige seien z.B. rund und damit in Zusammensetzungen stets instabil, andere haben Haken und können damit sehr feste Verbindungen eingehen etc.

Damit führen die Atomisten den radikalsten Reduktionismus durch: Alles, was wir sehen, hören, schmecken, fühlen, erleben, ist auf Gestalt und Bewegung von Atomen bzw. Atomkomplexen zurückführbar, vor allem auch alles das, worin man seit Heraklit den ständigen Wandel sich abspielen sah, kalt und warm, trocken und feucht, süss und bitter, schwarz und weiss. «Durch Konvention gibt es Farbe, durch Konvention Süsses, durch Konvention Bitteres; in Wahrheit aber Atome und Leeres».[30] Was Platon und Aristoteles «Qualitäten» nannten, wird als irrelevant aus dem wissenschaftlichen Weltbild verbannt.

Explizieren freilich lässt sich diese Behauptung wiederum nur durch vage Vermutungen. Demokrit sieht das Problem: Er lässt auf den genannten Satz, das Postulat des Verstandes, die Sinne antworten: «Armer Verstand, von uns nimmst du die Beweisstücke und willst uns damit niederwerfen? Dein Sieg ist dein Fall.» Was etwa die Elemente betrifft, so gibt Demokrit den Feueratomen Kugelgestalt: die unstabilste Gestalt, aus der sich nie etwas Festes aufbauen kann, obendrein in besonders lebhafter Bewegung begriffen, wie Billardkugeln, die ihre Energie stets vollständig weitergeben; Feuer ist damit eine Art Energie-

Stoff. Die Luft bestehe aus allen möglichen, aber durchweg sehr kleinen
Atomen. Die für uns wahrnehmbaren Qualitäten müssen dann also auf
Interaktionen zwischen den Atomen und den Organen des Lebewesens
zurückgeführt werden. Dabei gibt es Ansätze, die uns «richtig» erscheinen: Durch den Geschmack werde die Form von Atomen (wir würden
sagen: die Struktur von Molekülen) getestet, «scharf» seien winklige
Atome, vielfach gewunden; «süss» seien runde, grössere Atome etc.
Entsprechendes soll auch von den Farben gelten, «weiss» sei glatt,
«schwarz» sei die Wirkung von rauhen, schiefen, ungleichmässigen Atomen.[31] Dass es nicht gelingen kann, den Sehvorgang aus blosser Mechanik von Atomen auch nur im Gedankenspiel herzuleiten, wird trotzdem
klar. Wie können wir uns gegenseitig sehen, ohne dass die Atomkonfi-
gurationen zwischen uns zusammenstossen?[32]

Was zu Platons *Timaios* zu sagen war, gilt auch für den älteren Atomismus: Für eigentliche Wissenschaft, empirische Wissenschaft war hier
kein Ansatz erkennbar. So ist denn auch die atomistische Hypothese
merkwürdig folgenlos geblieben. Gelegentlich wurde versucht, sie auf
die Medizin anzuwenden, auf physiologische Erscheinungen; wir wissen
von einem Versuch des Asklepiades von Bithynien im 1. Jh. v. Chr.;[33]
aber eigentliche physiologische Einsichten oder gar Heilmethoden liessen sich daraus nicht gewinnen. Da schien die Beobachtung der Qualitäten doch sehr viel aufschlussreicher: Fieber ist schliesslich «Hitze»,
die Therapie konnte versuchen, das «Mehr» mit einem «Weniger» zu
kontern; dass es bei Kranken oft um ein Mehr oder Weniger des Feuchten ging, liess sich auch kaum bestreiten.

Erst im 17. Jh. hat man, gegen den traditionellen Aristotelismus, den
Atomismus neu entdeckt und zuerst in den Gesetzen des Gasdrucks,
dann in der sich ganz neu entwickelnden Chemie zum Durchbruch
gebracht. Den Reduktionismus der antiken Atomisten, die Vorstellung,
dass ein Atom nichts als Raumerfüllung sei, hatte man freilich dabei
aufzugeben; immer komplizierter, unanschaulicher, mathematischer ist
die Atomphysik und schliesslich die subatomare Physik geworden;
wenn überhaupt, so mag sie – um nochmals an Heisenberg zu erinnern – sich mehr Platon als Demokrit verpflichtet sehen.

Der prinzipielle Gegensatz von Idealismus und Materialismus ist
schon von Platon erfasst worden; er nennt Demokritos nie, aber er hat
ihn doch wohl gekannt. Er spricht im Dialog *Sophistes* von dem
«Gigantenkampf», der auszufechten sei gegen gewisse Leute, «Erdge-
borene», die mit Materiebrocken um sich werfen;[34] damit können nur

die Atomisten gemeint sein. Platons Gegenposition ist darauf aufgebaut, dass «Seele» primär sei gegenüber der stofflichen Wirklichkeit; denn die mathematische Ordnung, die unsere Welt beherrscht, sei offensichtlich geistig-seelischer Art.

Mit den Begriffen der «Quantität» versus «Qualität» hat sich diese Auseinandersetzung jedoch erst in der Spätantike verbunden, und auch da nur in gedämpften Tönen, zumal der Atomismus des *Timaios* quer zur Polarisierung lag. Die kaiserzeitlichen Platoniker fanden in ihrer Aristoteles-Exegese Anlass zu betonen, dass die Qualität dem «Wesen», der Idee näherstehe als die Quantität;[35] darum sei die aristotelische Reihenfolge der Kategorien abzuändern, Qualität komme vor Quantität. Dies hat Eudoros von Alexandria – zu Beginn unserer Zeitrechnung – verfochten und andere nach ihm.[36] Andere verteidigten den Text des Aristoteles.[37] Die Elementarkörper des *Timaios* blieben ein Problem für die Verfechter der «Qualität». Doch hatte bereits Aristoteles die «Gestalt» (*schema*) unter die Kategorie der «Qualität» eingeordnet.[38] Demnach liess sich auch innerhalb der Geometrie mit feinen Distinktionen darum ringen, was an «geraden» Linien, an Winkeln und an ähnlichen Figuren qualitativ oder aber quantitativ zu denken sei.[39] «Qualität» fand man auch im Zahlbereich, gab es doch auch da «Ähnlichkeiten» und Differenzierungen, etwa zwischen Primzahl und Nicht-Primzahl. Die terminologischen Diskussionen haben sich fortgesetzt bis ins Mittelalter. Zu einem eigentlichen «Gigantenkampf» der beiden Begriffe aber konnte es nicht kommen; dazu waren sie zu eng verzahnt.

Wichtiger ist vielleicht, dass ein Aspekt der Quantität, der heute beunruhigt, in den antiken Überlegungen fast ganz fehlt, nämlich der Aspekt des Unendlichen. Zumindest aus dem Bereich der Zahlen hat man den Begriff des Unendlichen nach Kräften ausgeklammert. Natürlich war klar, dass die Zahlenreihe ins Unendliche geht – doch nur «potentiell», nie «aktuell», wie man im Gefolge des Aristoteles zu versichern pflegte; «unendlich» ist keine Zahl. Was man beim Zählen und Messen in den Vordergrund rückte, war die Bestimmtheit und damit die Begrenztheit. Platon z. B. meinte, die ideale Polis müsse eine zahlenmässig festgelegte, also begrenzte Zahl von Bürgern haben; in den *Gesetzen* schlägt er 5040 vor.[40] Zahl geht zusammen mit aristokratischer Elitebildung; Wachstum ist da geradezu ausgeschlossen, Stabilität das höchste Ziel. Übrigens war Geburtenbeschränkung in der antiken Gesellschaft selbstverständlich. In der neueren, auch der christlichen Geistigkeit, hatte das Unendliche dagegen längst seine Faszination entfaltet, noch ehe es zu den wirtschaftlichen, technologischen, demographischen Explosionen kam, mit denen wir uns konfrontiert sehen.

Die kleine, übersichtliche Welt der Antike steht dem fern. In der formalen Schulung der Bewusstheit jedoch bleibt das antike Erbe, das in unseren Begriffen steckt, unübersehbar und in gewissem Sinn auch unverzichtbar, eben als «Kategorien» eines vernünftigen Diskurses über diese unsere Welt. Vielleicht könnte einiges, was zur Sprache kam, auch inhaltlich anregen zu weiteren Fragestellungen, In-Frage-Stellungen. Wenn etwa Platon «das Gute» an sich dem Vielerlei «von der Art des Guten» strikt entgegenstellt, entlarvt er damit nicht unsere Hoffnung auf das «qualitative» Wachstum als Sehnsucht nach ungehemmter Steigerung «in der Art» des Guten, des immer Besseren, während das Gute selbst aus den Augen gerät, jenes Gute, das schliesslich und endlich nur im Einen, Fixierten, Begrenzten bestehen kann – meint Platon.

Anmerkungen

1 Vgl. zum folgenden H. M. Baumgartner, G. Gerhardt, K. Konhardt, G. Schönrich: «Kategorie» und «Kategorienlehre», in: *Historisches Wörterbuch der Philosophie*, Bd. 4. Schwabe, Basel, 1976, 714–725; S. Blasche: «Qualität, I. Antike», ibd., Bd. 7, 1989, 1748–1752; F. P. Hager: «Quantität, I. Antike», ibd., Bd. 7, 1989, 1792–1796; E. G. Schmidt: «Das aristotelische Begriffspaar Quantität-Qualität und die Entwicklung der Dialektik (Seneca, Plotinos, Hegel, Marx)», in: *Proceedings of the World Congress on Aristotle,* Bd. 3. Publications of the Ministry of Culture and Sciences, Athen, 1982, 209–215.

2 Platon: *Theaitetos* 182a: ein *allokoton onoma.*

3 Cicero: *Academica Posteriora* 1,25.

4 Düring, Ingemar: *Aristotle in the Ancient Biographical Tradition.* Elanders Boktryckeri, Göteborg, 1957 (Studia Graeca et Latina Gothoburgensia 5), 412–425; Moraux, Paul: *Der Aristotelismus bei den Griechen von Andronikos bis Alexander von Aphrodisias,* Bd. I. De Gruyter, Berlin, 1973.

5 Sextus Empiricus: *Adversus Mathematicos* 7,16 = *Stoicorum Veterum Fragmenta II,* nr. 38.

6 Aristoteles: *Metaphysik,* Buch 4, Kapitel 8, 12, 13, 14.

7 Jährling, Jürgen: *Die philosophische Terminologie Notkers des Deutschen.* Schmidt, Berlin, 1969.

8 Protagoras B 4.

9 Platon: *Gorgias* 447d–448e.

10 Platon: *Menon* 71b.

11 Vgl. Robinson, Richard: *Plato's Earlier Dialectic.* Clarendon Press, Oxford, 1953[2]; Vlastos, Gregory: *Socrates. Ironist and Moral Philosopher.* Cornell University Press, Ithaca, 1991, 56–63.

12 Platon: *Timaios* 49de.

13 Platon: *Brief* VII 343bc. Die Frage nach der «Echtheit» des siebten Briefs kann hier beiseite bleiben; es sind jedenfalls platonische Begriffe und Argumentationen wiedergegeben.

14 Am geschlossensten in der Schrift *De generatione et corruptione* ausgeführt.

15 Aristoteles: *Categoriae* 11a15.

16 Vgl. Happ, Heinz: *Hyle*. De Gruyter, Berlin, 1971.

17 Heraklit B 126 = Fragment 42 Marcovich.

18 Zum Begriff stoicheion, der sich seit Platon für «Element» durchsetzt, vgl. Burkert, Walter: «ΣΤΟΙΧΕΙΟΝ. Eine semasiologische Studie», *Philologus* **103**, 1959, 167–197; «Konstruktion und Seinsstruktur: Praxis und Platonismus in der griechischen Mathematik», *Abhandlungen der Braunschweigischen Wissenschaftlichen Gesellschaft* **34**, 1982, 125–141.

19 Aristoteles: *De generatione et corruptione* 1,10, 327a30–328b22.

20 Simplikios: *In Aristotelis Categorias Commentarium*, p. 66,32–67,2 = *Stoicorum Veterum Fragmenta II*, nr. 369: Es verbleiben nur Substrat, Qualität, Sich-Verhalten und Relation. Vgl. Reesor, Margaret E.: «Poion and Poiotes in Stoic Philosophy», *Phronesis* **17**, 1972, 279–285.

21 Schmand-Besserat, Denise: «An archaic recording system in the Uruk – Jemdet Nasr Period», *American Journal of Archaeology* **83**, 1979, 19–48; und 375 [über mesopotamische «Zählsteine» des 4. Jt.].

22 Verwiesen sei auf van der Waerden, Bartel Leendert: *Erwachende Wissenschaft*. Birkhäuser, Basel, 1956; Burkert, Walter: *Weisheit und Wissenschaft*. Carl, Nürnberg, 1962, 379–403.

23 Vgl. Burkert, a.a.O., 348–378.

24 Vgl. Burkert, a.a.O., 328–335.

25 Hippokrates: *De victu* 1,8, VI 482 Littré.

26 Platon: *Timaios* 34c–36d.

27 Platon: *Timaios* 53c–55c.

28 Heisenberg, Werner: *Schritte über Grenzen. Gesammelte Reden und Aufsätze*. Piper, München, 1971, 100–102, vgl. auch ibd., 22 f. und 228–230.

29 Vgl. etwa Bailey, Cyril: *The Greek Atomists and Epicurus*. Clarendon Press, Oxford, 1928; Löbl, Rudolf: *Demokrits Atomphysik*. Wissenschaftliche Buchgesellschaft, Darmstadt, 1987 (Erträge der Forschung, Bd. 252).

30 Demokrit B 125.

31 Demokrit A 135,65–68 und 73.

32 Vgl. Burkert, Walter: «Air–Imprints or Eidola. Democritus' Aetiology of Vision», *Illinois Classical Studies* **2**, 1977, 97–109.

33 Stückelberger, Alfred: *Vestigia Democritea. Die Rezeption der Lehre von den Atomen in der antiken Naturwissenschaft und Medizin*. Reinhardt, Basel, 1984 (Schweizerische Beiträge zur Altertumswissenschaft, 17); Vallance, J.T.: *The Lost Theory of Asclepiades of Bithynia*. Clarendon Press, Oxford, 1990.

34 Platon: *Sophistes* 246a.

35 «Das eidos ist Qualität» als mögliche These: Plotin 2,6,2,14.

36 Eudoros bei Simplikios: *In Aristotelis Categorias Commentarium*, p. 206,10; Areios Didymos bei Stobaios 2,7,2 p.42,2; vgl. Philon: *De decalogo* 30; Szlezák, Thomas A.: *Pseudo-Archytas über die Kategorien*. De Gruyter, Berlin, 1972, 109–111; Moraux, Paul: *Der Aristotelismus bei den Griechen von Andronikos bis Alexander von*

Aphrodisias, Bd. II. De Gruyter, Berlin, 1984, 547; Mansfeld, Jaap: *Heresiography in Context. Hippolytus' Elenchos as a Source for Greek Philosophy*. Brill, Leiden, 1992 (Philosophia antigua, 56), 68.

37 Vgl. Olympiodoros: *In Categorias Commentarium*, p. 81,21 f.

38 Aristoteles: *Categoriae* 10a11, dazu Simplikios: *In Aristotelis Categorias Commentarium*, p. 261,20 ff. mit Zitaten aus Iamblichos.

39 Vgl. etwa Plotin 6,3,14 f., der den quantitativen Aspekt der Geometrie betont; Proklos: *In primum Euclidis Elementorum librum Commentarii*, p. 121–123 über das Problem des Winkels.

40 Eine Zahl, die durch alle Zahlen von 1 bis 12 ausser 11 teilbar ist, Platon *Leges* 737e.

Quantity and Quality in Scholastic Aristotelian Natural Philosophy:

John Dumbleton's *Summa Logicae et Philosophiae Naturalis*

Edith Dudley Sylla

According to a commonly accepted narrative – as found, for instance, in E. J. Dijksterhuis, *The Mechanization of the World Picture* –, in the Scientific Revolution of the seventeenth century qualitative scholastic Aristotelian natural philosophy was replaced by quantitative mechanistic Newtonian mathematical physics.[1] In such works as Carolyn Merchant's *The Death of Nature. Women, Ecology, and the Scientific Revolution*, this narrative is given a negative slant: the modern degradation of the environment is blamed, at least in part, on the seventeenth-century replacement of a qualitative or organic by a quantitative or mechanistic view.[2] There is a problem, however, with this story, especially in its negative version. Scholastic Aristotelianism, which had dominated European universities since the thirteenth century, does not fit the description of the supposed earlier organic, even feminine, point of view.[3] Instead of scholastic Aristotelianism, Carolyn Merchant must take as the source of her pre-existing organic point of view various Renaissance revivals of Neoplatonism, Stoicism, hermeticism, gnosticism, magic, alchemy, the cabala, and so forth.[4] Indeed, scholastic Aristotelianism, if looked at in light of Merchant's dichotomy between a qualitative, holistic, organic, naturalistic, feminine point of view and a quantitative, atomistic, masculine, mechanistic point of view, appears to fall much more on the side of the dry and quantitative.

What I want to do in this paper is to investigate scholastic *Wissenschaft zwischen Qualitas und Quantitas* as it is found in work of the so-called "Oxford Calculators", and, in particular, as it is found in the *Summa logicae et philosophiae naturalis* of the fourteenth-century

Oxford natural philosopher John Dumbleton. Because of his epistemological and ontological presuppositions, Dumbleton developed his system of scientific quantification first and foremost for qualities and only secondarily for such items quantified in Newtonian mechanics as motion, mass, or space.[5] Although it was the case that in the rise of modern science in the seventeenth century quantification went together with mechanization, that is with concentration on matter and motion to the exclusion of so-called secondary qualities like colors and temperatures, this connection of quantification with mechanization was historically contingent – things could have been otherwise and were otherwise in the fourteenth century when quantification of qualities was the paradigm case.

John Dumbleton, a fellow at Merton College, Oxford, in the middle years of the fourteenth century, wrote an extensive *Summa logicae et philosophiae naturalis*, which covers the main points of the scholastic Aristotelian point of view as it existed at that time and place.[6] Admirably clear and comprehensive, the *Summa*, while retaining its overall natural philosophical character, exemplifies a version of scholastic Aristotelianism influenced both by the logic and ontological parsimony of William of Ockham and by the drive to mathematization or quantification associated with Thomas Bradwardine, that is with the so-called "Merton School" or "Oxford Calculators".[7] Yet, while it is clearly a "calculatory" work, the *Summa* is less mathematical than something like Thomas Bradwardine's *De proportionibus velocitatum in motibus* or Richard Swineshead's *Liber Calculationum* and less explicitly logic-oriented than something like Richard Kilvington's *Sophismata* or William Heytesbury's *Regule Solvendi Sophismatum* – to take other works by individuals usually included among the "Oxford Calculators". At the same time, it provides elaborate justifications for the assumptions that others of the Oxford Calculators – Thomas Bradwardine, William Heytesbury, or Richard Swineshead – make only tacitly. For these and other reasons, Dumbleton's *Summa* is especially useful for describing the nature of scholastic science between quality and quantity – the work explains the quantification of qualities of the Oxford Calculators while at the same time it is more representative than other calculatory works of late scholastic Aristotelianism as a whole.

It is not known for certain exactly why the Oxford Calculators were especially strongly motivated to quantify natural philosophy. There were precedents in thirteenth-century Oxford, especially in the work of Robert Grosseteste, whose assumption of Neoplatonic light metaphysics, including the belief that light is the first corporeal form, may have motivated his quantification.[8] Thomas Bradwardine's *De proportionibus velocitatum in motibus*, a work that may be taken as foundational of the Oxford calculatory tradition, was a shining example to later Oxford authors of the elegant results which mathematizing physics might produce.[9] I think that the importance in the curriculum at Oxford of the practice of disputing sophismata was an important stimulus to the quantification of the later Oxford Calculators such as William Heytesbury and Richard Swineshead.[10] Whatever the reason, it is clear that John Dumbleton took it as his task to introduce quantification into natural philosophy wherever that was possible.

Of course, Dumbleton, or the Oxford Calculators as a group, did not have to begin entirely from scratch – there were earlier precedents for introducing quantification into Aristotelian natural philosophy. As is well known, scholastic medicine – and scholastic natural philosophy more generally – inherited quantifications of degrees of hot and cold, wet and dry, from Galen.[11] Outside of medicine, perhaps the most frequent locus for discussions of the quantification of qualities was in commentaries on Distinction 17 of Book I of Peter Lombard's *Sentences*, where the subject was the intension and remission of grace, charity, or love (*caritas*), which, as a habit, fell into the class of qualities that undergo more and less.[12] Beginning in the thirteenth century, if not before, scholastic Aristotelians argued at length over how qualities can intend and remit. Some said a quality takes on a greater degree as it becomes more thoroughly embedded in a substance. Others said that each degree of quality corresponds to a separate form: if a body becomes hotter, then at each instant of its heating the old degree of heat is corrupted in it and a new degree of heat is taken on. Still others imagined the increase of heat in a body or of grace in a soul on the model of the increase of depth of water in a vat – it is the addition or accumulation of parts that leads to increase, not a change in the nature of those parts.[13] We might have supposed that when philosophers or theologians talked of love, then their discussions would be preeminently qualitative – what could be less mechanistic or quantitative than love? Historical reality was, however, unlike our suppositions: love, charity, or grace was a very quantitative thing in the minds of many scholastic theologians.

By the fourteenth century, then, two of the most prominent cases of quantification involved qualities in the Aristotelian understanding – either sense-qualities like hot, cold, wet, and dry, or habits like charity. This helps to explain why quantification of qualities played such a central role in later scholastic natural philosophy. Although Aristotle in his *Categories* had put quantity in a category of its own, this by no means meant that items in the other categories – namely substance, relation, quality, place, time, position, state, action, and passion – could not be quantified. Indeed, it was only items in the other categories that could be quantified, since, unlike Plato, Aristotelians did not think that quantities existed except insofar as they were connected with physical substances – there was, in their view, no Platonic heaven of mathematical entities. This will be discussed further below.

Moreover, by the high and late Middle Ages, qualities had a status near that of substance and beyond the status of the other eight categories. For Aristotle himself, the things in the world fell into the first category, that of substance or things composed of matter and substantial form, while the other nine categories involved ways of talking about substances.[14] By the earlier fourteenth century, however, many people, considering questions of theology, had concluded that both the Aristotelian category of substance and the category of quality contain things that can exist separately, substances being the paradigm Aristotelian case of separately existing external entities, and qualities added because of the belief that in the consecrated Eucharist the qualities of bread and wine miraculously exist separately not inhering in any substance.[15] Finally, insofar as quantification entered scholastic physics, attention was drawn to the central concern of Aristotelian physics, namely motion, which according to Aristotle fell into three types, namely local motion or change of place, alteration or change of quality, and augmentation/diminution or change of quantity in the sense of extension. In all three types of motion, according to Aristotle, there is a subject or substance that stays the same while its accidents – places, qualities, or quantities – vary. Thus, when quantification entered Dumbleton's natural philosophy as an elaboration of Aristotle's physics, it was quantification or measures of local motion, alteration, and augmentation/diminution that were most important.

Dumbleton's quantification of alteration, augmentation/diminution, and local motion

I come then, finally, to my central concern, namely to see how quantity and quality interacted in the natural philosophy of John Dumbleton. At the core of Dumbleton's treatment is a careful consideration of what is required for motion, and consequently its measurement, to be possible. According to Dumbleton, following Aristotle, for there to be real motion in any category there must be a distance or dimension in that category which may be gained over an interval of time by a subject that remains the same:

To explain this it should be noticed that many things are required for there to be real motion in any category... . It is also required that the transition from one contrary to the other occur through a continuous homogenous space in that category and that that same space have in act part outside part, as, in [the category of] quantity, quantity is the space of that category, and in [the category of] quality the latitude between degrees [is the space]... . Also it is necessary that the same thing in number remain under each terminus [of motion].[16]

As judged by these criteria, there cannot be motion in the dimension of substantial form, because substantial forms are exact and contain no indeterminateness that might constitute the dimension within which motion might occur – something is either a cat or not a cat, it cannot be more or less a cat. Of course, there is generation and corruption. A cat can die and no longer be a cat but only a collection of the materials from which the cat's body was composed. But this is not motion. Not only is there no dimension from being-a-cat to not-being-a-cat through which a subject can move, but also there is no single thing that is first a cat and then not a cat.

How, then, did Dumbleton quantify motion in the three categories in which it is possible? For motion in quality, according to Dumbleton, the real externally existing "distance" in quality to be traversed is the latitude of intensity of quality. In favor of the view that latitudes are really existing intensive distances, Dumbleton shows how such latitudes can be added when two lights shine on the same medium, causing an intensity that is the sum of the intensities they cause separately:

Note here that the reflected illumination, which is more intense than the illumination generating it, is caused by the fact that many surrounding parts of the medium receive illumination from the light source and that these parts produce in a single part many coextensive illuminations. From these coextensive illuminations

*an illumination is effected more intense than any of the illumina-
tions generating it.*[17]

Thus, for Dumbleton, latitudes, or qualitative distances, really exist in
external bodies and are the physical basis for the measurement of
motion of alteration. While other scholastics, for instance Walter Burley,
had supposed that in alteration an infinite series of separate indivisible
qualitative forms might be gained, Dumbleton thought such a discon-
tinuous set of indivisible forms provided no basis for measurement.[18] In
line with his belief, then, Dumbleton measured motion of alteration by
the maximum latitude gained by any part of the body altered and not
by the average increase in intensity as some later scholastics were to
do.[19]

To quantify motion with respect to quantity would perhaps seem
transparent – one should measure augmentation by the quantity
gained –, but it was not quite so simple, because of the criterion that in
motion there has to be a subject that remains the same in number from
the beginning of the motion to the end. For this reason, motion in quantity in the most proper sense applied only to animate things, for instance
the growth of a child into an adult or the growth of a tree, where,
through nutrition, not only the extension of the body but also its matter
increases, while the individual remains the same. Only in animate
beings is the same thing or substance first of one quantity and then of
another.

But the fact that augmentation, properly understood, occurs only in
animate things involved the problem that in animate things growth in-
volves an increase both in the amount of matter and in extension – in
measuring the growth of a child, we both weigh the child and measure
its height. In Aristotelian physics, on the other hand, quantification of
prime matter is essentially impossible, since prime matter has no char-
acteristics, unless it is position in space, by which one bit of prime matter can be distinguished from another. There is nothing like conserva-
tion of mass, in the sense of some measure of the quantity of matter
other than volume that is conserved. Prime matter has no intrinsic
weight: when water is evaporated and becomes air, the prime matter
that was previously the matter of something heavy is now the matter of
something absolutely light.[20]

Perhaps because of such intractable problems, scholastic Aristotelians almost always understood the quantity of a body solely in terms of
its extension, whether in one dimension or in three. Then to consider

the augmentation of inanimate bodies they broadened the definition of augmentation and diminution to apply to rarefaction and condensation rather than augmentation and diminution in the proper sense, because inanimate bodies do not augment and diminish in the proper sense. How could a cup of water, for instance, augment, gaining both matter and extension? If one pre-existing cup of water is added to another pre-existing cup of water, there is no augmentation, but only local motion, because neither of the individual cups of water grows, but they are only brought next to each other. Augmentation or diminution of inanimate things, therefore, was understood to occur when the same thing is expanded or contracted to fill a larger or smaller space.

At the beginning of his discussion, then, Dumbleton simply treated motion in quantity as if it were motion to a larger or smaller extension leaving open the question of whether more or less matter was involved. The examples he used involved animate bodies, but they were totally artificial, supposing, for example, that Socrates, who is now two feet, and Plato, who is now four feet, each gain an additional two feet in an hour.[21] The two main positions on measuring motion of augmentation discussed by Dumbleton are that it depends on the quantity added and that it depends on the ratio of the quantity added to the preexisting quantity.[22] William Heytesbury had preferred the latter position, which had in its favor the idea that quantities that are doubled or otherwise proportionally increased in an equal time period might be said to be equally augmented. Dumbleton, however, argued for the prior position, that augmentation should be measured simply by the absolute quantity gained, saying that every distance is referred to quantitative distance, but if motion in quantity does not depend simply on quantitative distance, neither, *a fortiori*, will motion in other categories depend on distance gained.[23]

In addition, Dumbleton argued, this position agrees with the views of Aristotle and Averroes that all motions, augmentations as well as alterations and local motions, depend on the ratio of force to resistance. From this it follows, he said, that all motions in any category are said to be equal when what is acquired is equal:

> *Therefore it should be understood universally that motion and its velocity depends precisely on what is acquired in every part by that motion, without reference to the quantity or the magnitude, nor to the composite of what is acquired and that to which it is added, nor to the proportional acquisition with respect to the*

*whole to which what is acquired is added, because otherwise it
would not be possible to have either uniform or difform motion
of augmentation, nor motion of any determinate or relative velocity.*[24]

Only after he had established this general rule for measuring motions
of augmentation did Dumbleton acknowledge that in fact in most cases,
at least for inanimate bodies, augmentation and diminution will occur
by rarefaction and condensation. If one thinks in terms of rarefaction
and condensation, then it will be true that for something to become
twice as rare it must become twice as large so that for uniform rarefaction the increase in quantity must constantly accelerate.[25] To reach
these results, Dumbleton first set out concepts of the latitudes of rarity
and density.

Thus Dumbleton's concept of latitudes as continuous dimensions
was apparently developed by analogy to distance in space, and his
favored positions for measures of alteration and augmentation seem to
have been modeled on measures of local motion, but, ironically, in the
Summa as I have found it, Dumbleton never explicitly discusses the distance traversed in local motion. One would assume that in uniform
local motion, the continuous, homogeneous, distance to be traversed
would be distance in its ordinary understanding, although, when the
Aristotelian concept of distance is thoroughly investigated, it becomes
clear that distance only exists in physical reality as the extension of bodies. For bodies whose parts did not all move at the same rate, there was
the additional problem whether the measure of distance traversed
should be taken to be the maximum linear distance traversed by any
part or point of the body or whether the relevant measure is the average distance traversed. Following Bradwardine, Dumbleton measured
non-uniform local motion by the greatest linear distance traversed by
any part or point of the body moved, rather than calculating an average
velocity for rotating bodies as Gerard of Brussels had done in the previous generation.[26] I must infer this, however, from what Dumbleton
says about measures of motion of alteration and augmentation, for, sur-
prisingly, he does not discuss the issue directly under the heading of
local motion where, by analogy, one would expect to find this information. There, instead, one finds a defense of Bradwardine's theory of the
relations of forces, resistances, and velocities applied to all sorts of
motions, after which Dumbleton moves into proving, among other
things, the well-known Merton College mean speed rule for uniformly

accelerated motion.[27] From what Dumbleton says about the mean speed rule, one can infer that local motions are measured by the distances traversed, measured, for instance, in feet, but he somehow forgets to mention this explicitly until he has moved on to talk about alterations.[28]

In sum, then, Dumbleton develops a quantitative natural philosophy with special attention to the requirements for quantification of motion, namely that there must exist a homogeneous continuum or "space" to be gained by the mobile, which mobile must persist from the beginning of the motion to the end. Although, from our point of view, distance in real world space seems to be the paradigm for such continuous distances, for Dumbleton it is the latitude of quality which seems to have paradigm status. Of course, it might be said that the paradigm of distance or space is the extension of Euclidean geometry and this may very well be the case for Dumbleton as well as for ourselves. Nevertheless, as an Aristotelian, Dumbleton is always looking for real world physical support for his quantifications, and, for him, the physical grounding for latitudes of quality is more firmly established than the physical grounding for distance in supposed empty space.

The problematic status of space for Dumbleton and the scholastics

Thus, it was perfectly reasonable for Dumbleton to consider that quantification especially applied to qualities. In the next section, I want to reinforce this picture, by showing that, if quantification of quality was easy for the scholastics, by contrast, quantification of distance in space was problematic.[29] "Space" itself was a muddled concept for many Aristotelians, because its definition made it nothing. As I have said, for most scholastic Aristotelians, everything that exists is a substance or dependent on a substance, except perhaps, miraculously, for the accidents of the transubstantiated Eucharist. Paradigmatically, substances are entities composed of matter and form. Among forms, some are substantial forms, while others are accidents. Quantity, including spatial extension, is an accident.

A common conception of space made it a three-dimensional extension considered apart from substance.[31] So space might be supposed to be an accident that did not inhere in any substance. This, however, was, for Aristotle, a contradiction in terms and, for the scholastics, something that at best did not occur naturally in the physical world. For Ockham and Dumbleton, quantity, unlike quality, could not exist separately, even miraculously, because, like motion, it was nothing beyond substance and quality – ordinarily quantity described the extension of parts of body or substance, and, miraculously, in the Eucharist, it applied to the extension of the qualities of bread or wine that did not inhere in any body – it was not anything else "added" to substance or quality.[31] In these circumstances, space, in the sense of extension in three dimensions, did not and could not exist separately except in the mind as an abstraction, or as something imagined.

Now, for Aristotle, "place" had played the role that might otherwise have been played by "space". In his *Physics*, Aristotle had included an extended discussion of "place". While some Greek philosophers had tended to the view that a body's place is the three-dimensional space that it occupies, Aristotle argued that this conception is incoherent.[32] Instead, he argued, place is the innermost unmoved surface of the body or medium surrounding an object.[33] If this definition was criticized in special cases, for instance with regard to the place of a ship at anchor in a river or with regard to milk in a pitcher, then Aristotelians modified their definitions to deal with such cases, so that a ship at anchor might be said to stay in the same place with reference to the river bank even if the river flowed by it and so that milk might be said to move or change its place with regard to some external reference when the pitcher of milk was moved, even though the innermost surface of the pitcher touching the milk did not change.[34] Thus, in its elaborated version, the Aristotelian definition of place involved both objects in the external world (ships, rivers, riverbanks, milk, pitchers, air) and also the mind's abstraction from those objects, to conceive, for instance, of an equivalent unmoved inmost surface around a ship as opposed to the water actually flowing past it. The concept of "space" was very little used.

While "space" was rarely mentioned in physics, medieval mathematicians of an Aristotelian bent did make use of "space", often as the equivalent of "distance". This they did, for instance, in the process of developing Euclid's geometry. In his *Categories*, Aristotle had divided the category of quantity into discrete quantity, such as is counted by numbers and dealt with in arithmetic, and continuous quantity, such as is dealt with by geometry. In Chapter 6 of the *Categories*, Aristotle said that the only fundamental types of continuous quantity are lines, surfaces, solids, time, and place.[35] All other continuous quantities are so only secondarily or derivatively. What Aristotle said elsewhere, how-

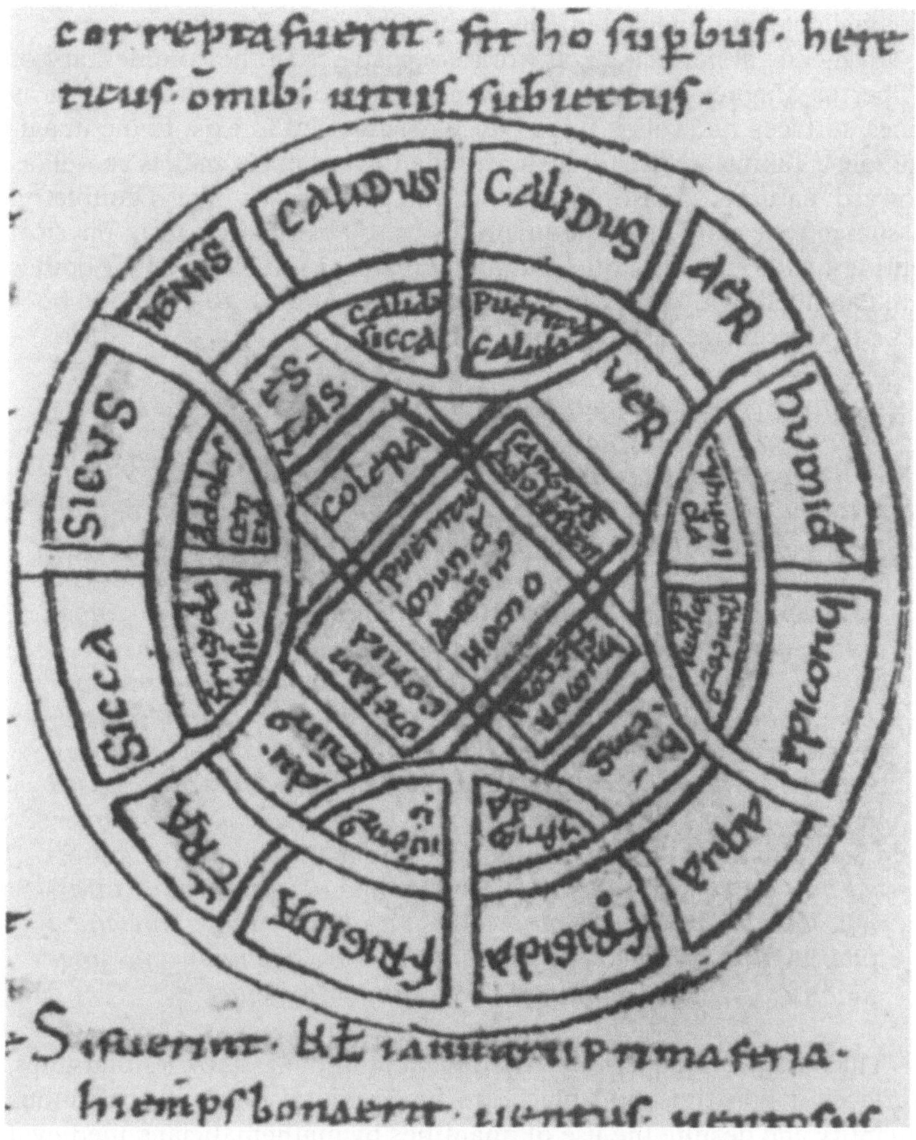

Fig. 1

Schematic representation of the four elements, the four seasons, the four humors, four qualities, and four ages of life, with the center reading, "pueritia", "mundus", "autumnus", and "homo". (From: Paris, Bibliothèque Nationale, MS lat. 5247, f. 9rb). For further comments on these relationships which go back to antiquity, see also the article by W. Burkert on page 38 f. and the plate on page 65.

ever, and what the scholastics built upon his views, is not always easily reconcilable with the statements of the *Categories*.[36]

In medieval mathematical work, for instance in the commentary of Albertus Magnus on Euclid's *Elements*, mathematical entities such as lines, surfaces, and solids, were typically supposed to exist in the imagination.[37] Taking an Aristotelian attitude toward mathematics as well as toward natural philosophy, scholastic Aristotelians like Dumbleton assumed that mathematical quantities were abstractions from physical entities. Although Aristotle and mathematicians might say that bodies are extended by quantity, in fact quantity is not prior to extended bodies, but the reverse. Thus Dumbleton wrote:

Quantity is not distinguished from the quantified thing, but any quantified thing is quantity... . Aristotle says in Book V of the Metaphysics *that a line is long* per se *and he implies that a body is long by a line that is separated in reality from body, as a quality is separated from the subject, because a line is quantified* per se, *and this is in the text of comment 19. And thus he expounds it as if longitude and latitude were quantities* per se *and other things, such as bodies, were quantified by these dimensions.*
For these and other arguments that may be alleged to the contrary, it should be said that Aristotle talks in Book V of the Metaphysics *explicating words as they are used in various sciences. Thus he speaks as a geometer, or he explicates the word as used by a geometer, and he does not talk like a natural philosopher. [But] a thing as it is understood in geometry is not to be admitted into other sciences unless for the sake of argument or information. Similarly, Grosseteste speaks understanding a line and a quantity as a geometer, as if quantities were distinct from things quantified, which, simply speaking, should be denied.*[38]

Thus despite the fact that Aristotle says in the *Categories* that lines, surfaces, solids, time, and place are fundamental types of continuous quantity and despite the use of quantities by mathematicians, medieval Aristotelians typically denied independent physical existence to all of the five types of continuous quantities mentioned by Aristotle. For some Aristotelians, surfaces, lines, and points do really exist if only as limits of solids or physical bodies, while for others, like Ockham and Dumbleton, surfaces, lines, and points are only terms used for simplicity of speech that do not refer to anything real in the physical world even as parts of bodies, while everything that really exists in the material world is a solid. In the Aristotelian conception of the relations of different sciences, then, mathematicians might speak as if points, lines, planes, etc., existed, but natural philosophers would understand that this did not imply an ontological commitment that carried over into natural philosophy.

In sum, place for scholastic Aristotelian natural philosophers was the innermost unmoving surface of the surrounding body, the cosmos was filled, and space was only a quasi-incoherent concept or else a mathematical concept abstracted by the mind from physical bodies. Extension, insofar as it existed in the outside world, was always and only the extension of bodies.

Incorporeal substances in the Christian Aristotelian cosmos

So the Aristotelian cosmos was filled with bodies composed of matter and form, whose quantity was their extension, mass not being clearly conceived. Outside of the cosmos there was nothing, not even empty space. If science was ever to move in the direction of Newtonian physics, then it had to be possible to admit three-dimensional extensions that do not inhere in any substance, since this is what Newtonian "space" seems to be. Instead of moving in the direction of conceiving non-substantial extensions, however, scholastic natural philosophy first moved to the elaboration of concepts of non-extended substances.

The celestial unmoved movers were the first exception to the Aristotelian general picture that nature is filled with extended substances composed of matter and form. Because they had to originate motion and to move without being moved, the celestial movers were supposed to be devoid of matter. Onto this Aristotelian system of bodies and prime movers, medieval Christian scholastic theologians grafted a number of additional entities that in some ways constituted modifications of the Aristotelian rules. The human soul, they thought, in addition to being the form of the human body, is also capable of continued existence after death separate from any matter. In the living human being, the soul is totally present in every part of the body. In the Eucharist, theologians said, the accidental forms of the bread and wine continue to exist although they do not inhere in any substance. On the other hand, the substance present in the transubstantiated Eucharist is the body of Christ. The human soul in the body and Christ in the Eucharist are in place, they said, differently from bodies, since they are totally at every point of the volume in which they exist, unlike bodies which have one part in one part of their place and another part in another part of that place. In this understanding, the soul and Christ in the Eucharist were said to be in place "definitively", while bodies are in place "circumscriptively".[39]

God, theologians said, like the soul and Christ in the Eucharist, is totally at every point of the place God is in, but, unlike the soul, God is not limited to any one place, but everywhere. By the fourteenth century this was taken to mean that God exists outside of the cosmos in some way, as well as being omnipresent within the cosmos.[40]

Imaginary space

Within this system of ideas, "imaginary space" fulfilled many roles that "absolute space" would fill within Newtonian physics, except that "imaginary space" depended in part upon a human being doing the imagining, where "imagining" implied forming an extended image, so that only those things that could be, so to speak, seen with the mind's eye were thought to be imagined.[41] Mathematicians might imagine lines, triangles, squares, etc., and might prove theorems about them. Natural philosophers could think of the extension of a body and visualize it while supposing that there was no body present and in this way would be thinking of imaginary space. One could imagine that, before the cosmos was created, there was a space in which God would place the created cosmos, as well as space in which God would not create anything. Outside the existing cosmos, one could imagine the space in which God had not chosen to create anything.

In the course of his argument that there must be a real intensive distance in quality and not just indivisible qualitative forms of differing degrees, John Dumbleton compared what would then happen in alteration to what would happen if a body moved locally but only the point where it was at any instant existed, the points already having been traversed ceasing to exist. Then there would be no way to measure how far the body had gone, every continuum containing just as many points as any other continuum (infinitely many points), so that no distance (number of points) traversed would be greater than any other. He also compares the situation to what would happen if a body were moved outside of the heavens:

...there is no true motion in this alteration unless it be imaginary, just as, although we might have imagined simple motion outside the heavens, nevertheless there would be no real motion there, since from our imagining (ex hoc) it does not follow that there is real motion outside the heavens, because things do not follow imaginations (res non sequuntur ymaginationes). Since, in the given alteration, there is nothing but an imagined space, it follows that there is no true motion, but imagined motion, just as if we were to understand, imagining, that point A moves in a straight line and acquires nothing in fact of a distance that is divisible in really distinct parts; then point A is in no way really moved unless according to imagination; so it is in the proposed case of uniform alteration.[42]

In a passage that seems tucked in out of order at the end of Part VI of the *Summa*, Dumbleton asks directly whether imaginary space exists outside the cosmos and answers that it does not:

And some, imagining, concede that outside of the heavens there is an infinite vacuum.
It is argued that this is not the case. Now outside the heaven there is something real in some category or nothing. If something, therefore a substance or an accident. The conclusion is false, because then beyond what is given is something else, and so forth in infinity, and consequently there would be an infinite body, since no quantified accident exists without a body. If nothing is outside of the heaven that has any existence except only an imaginary one, therefore it is not more to be said that there is an infinite outside the heaven than a finite, [neither] a divisible outside the heavens nor an indivisible, because since nothing is vacuum, according to the position, therefore an infinite vacuum is in a point outside the heavens, a false conclusion.
To this it should be said that outside of the heavens there is nothing, because although we cannot imagine nothing outside the heaven except by imagining a material reality negatively or affirmatively, nonetheless from this it does not follow that there is an infinite outside the heaven. In the same way, although we understand God by means of something material which is understood, nonetheless God is not material, for this position follows imagination and not intellect which is an abstractive power.[43]

This idea, that imaginary space depends essentially on the human doing the imagining was repeated in the 1640s in Thomas Hobbes's unpublished *Thomas White's De Mundo Examined*, and so was still "in the air" in Newton's time.[44]

God and space. Newton

So, for Dumbleton, infinite imaginary space does not exist outside the heavens though we may imagine it there. In the same passage, Dumbleton mentions conceptions of God in order to make his point about imaginary space, but he does not ask what the relation of God to this supposed extracosmic space might be. Of course Dumbleton was here writing a *Summa* of logic and natural philosophy, whereas the main locus for medieval discussions of the possibility of space outside the heavens was in theological works, in particular in commentaries on Peter Lombard's *Book of Sentences* with regard to the place of God. There, such scholastic theologians as Thomas Bradwardine and Jean de Ripa discussed God's existence in an infinite place outside the cosmos.[45] The difficulty is that the ubiquitous God was not thought to be in space in the same way as bodies or even other spiritual substances.

Thomas Bradwardine's discussion in his *De Causa Dei* of God's ubiquity both inside and outside the cosmos has been used by several previous historians in tracing the background of Newton's concept of absolute space.[46] Bradwardine says:

Therefore God is necessarily, eternally, and infinitely everywhere in an infinite imaginary position, whence he can be said to be truly omnipresent as he is omnipotent. For a similar reason he can be said to be in some way infinite, infinitely large, or of an infinite magnitude, and even in some way, although metaphysically and improperly, extensively. For he is inextensibly and undimensionally infinitely extended. He coexists all together wholly with an infinite magnitude and imaginary extension and with any of its parts. For this reason, he may similarly be said to be immense and not measured, nor measurable with any measure, and uncircumscribed, because he is not circumscribed by anything wholly circumscribing him. Nor can he be so circumscribed by anything, but he will circumscribe, contain, and surround everything... .[47]

Fig. 2

Correspondence between the microcosmos "homo" and the macrocosmos "mundus" as indicated on a so-called "Zodiac man". Assignment of various organs of the human body to different zodiacal signs or planets in an early fifteenth century manuscript from the Universitätsbibliothek Tübingen (Cod. Ms. M. d. 2). Similar representations are also found in other medieval manuscripts (cf. for example F. Boll, C. Bezold, W. Gundel: *Sternglaube und Sterndeutung*, [5]1966, plate X and XI, and J. E. Murdoch: *Album of Science: Antiquity and the Middle Ages*, 1984, p. 315 ff.).

Two points are essential here. First, for scholastic Aristotelians like Bradwardine God exists or may exist outside the cosmos in an infinite imaginary position. But, secondly, in this infinite imaginary position, there is no real extension or dimension. The infinite position exists because God is there, but God is totally everywhere: there are no parts of God distributed in different parts of an infinite space. Hence, neither God nor the infinite place outside the cosmos that God occupies has any parts outside parts, that is any extension. Neither in theory nor in practice can this place be measured. Like God, the place is "immense and not measured, nor measurable with any measure".

According to Anneliese Maier, Nicole Oresme may be the only fourteenth century scholastic who discusses the existence of God in infinite space outside the cosmos as part of his cosmology rather than his theology, and he also emphasizes God's non-extended presence in this infinite space:

The human mind consents naturally, as it were, to the idea that beyond the heavens and outside the world, which is not infinite, there exists some space whatever it may be, and we cannot easily conceive the contrary... . Thus outside the heavens, then, is an empty incorporeal space quite different from any other plenum or corporeal space... . Now this space of which we are talking is infinite and indivisible, and is the immensity of God and God Himself... . Likewise, since apperception of our understanding (cognoissance de nostre entendement) *depends upon our corporeal senses, we cannot comprehend nor conceive this incorporeal space which exists beyond the heavens. Reason and truth* (rayson et verité), *however, inform us that it exists.*[48]

In comparison to the scholastic conception of imaginary space, Isaac Newton's conception of absolute space seems intended by him to provide a secure foundation for a mathematized natural philosophy, but in reality he faced many of the same problems that Dumbleton, Bradwardine, and Oresme faced. In his early *De Gravitatione*, Newton tried to squirm out of the Aristotelian strait jacket that divided all existing things into substances and accidents, to conclude that space and time could be real and yet neither substance nor accident:

Perhaps now it may be expected that I should define extension as substance or accident or else nothing at all. But by no means, for it has its own mode of existence which fits neither substances nor accidents. It is not substance; on the one hand, because it is not absolute in itself, but subsists as it were as an emanent effect of God and a certain affection of every being; on the other hand, because it is not subject to the sort of proper affections that denote substance, namely actions, such as thoughts in the mind and motions in body... . Moreover, since we can clearly conceive extension existing as it were without any subject, as when we may imagine spaces outside the world or places empty of any bodies, and we believe [extension] to exist wherever we imagine there are no bodies, and we cannot believe that it would perish with the body if God should annihilate anything, it follows that [extension] does not exist in the mode of an accident inherent in some subject. And hence it is not an accident. And much less may it be said to be nothing, since it is more something than an accident, and approaches more nearly to the nature of substance. There is no Idea of nothing, nor has nothing any properties, but we have an exceptionally clear Idea of extension, by abstracting, that is, the affections and properties of body so that the uniform and unlimited stretching out of space in length, breadth and depth remains alone... .[49]

Because we have such a clear idea of extension without body, Newton seems to be saying, it must exist in reality. Fourteenth-century scholastics rejected such reasoning.

Summary and conclusions

To summarize, in scholastic Aristotelianism, intensities of qualities had a firm and objective ontological basis, because they existed in the cosmos irrespective of the existence of human senses, minds, or imaginations. Even in minimalist Ockhamistic ontologies, which supposed that the only separately existing entities in the world were substances and qualities, qualities existed with intrinsic degrees of intensity and these degrees were quantitative in the sense that they could be added and subtracted, as when more or fewer light sources illuminated the same medium, or more or fewer heating agents acted on the same body. An Aristotelian could admit that for something to feel warm there must be a sentient being doing the feeling so that warmth as something sensible is not entirely in the external world. On the other hand, for such an Aristotelian warmth is not only sensible, but also an active power: a fire will heat another body whether or not any being is there to sense it happening.[50] So for Aristotelians qualities exist objectively in the outside world and can be quantified and measured as such.

On the other hand, the entities that were quantified in Newtonian physics were much less open to quantification for the Aristotelians. Quantity of prime matter in the sense of mass was essentially impossible, because there was little or no way to distinguish one part of prime matter from another unless perhaps by its position in space. Moreover, space and time, for scholastic Aristotelians like Dumbleton, inextricably involve human perception, imagination, or intellection. The scholastic Aristotelian may say that outside of the cosmos there is no real extension, but only imaginary space, because even if God is immense and omnipresent inside and outside the cosmos, God has no intrinsic extension or distance: God is totally present everywhere. Because God has no extension, space outside the cosmos has no quantity, or only an imaginary quantity. From a twentieth-century relativistic point of view, we could say that Dumbleton was not entirely wrong to think that space must be tied to bodies. We can also see that when Newton attempted to jump from scholastic concepts of the omnipresence of God outside the cosmos to absolute space, he assumed the existence of entities and properties for which he had insufficient justification. Contrary to Newton, our having an idea of extended empty space does not necessarily imply that extended empty space, i.e. absolute space, exists.

As this study of scholastic science between quality and quantity shows, there is not an unbridgeable gap between so-called qualities, like illumination, and supposed quantities like distance as subjects for measurement. Although it was an historical fact that the quantification of mass and local motion was the basis for scientific advance in the seventeenth century, whereas the quantification of alteration or of augmentation was not, this was a contingent and not an inevitable occurrence. Quantification and measurement can be applied in most domains in which scientists are motivated to apply them, despite persistent epistemological difficulties. Seen from the perspective of Dumbleton and scholastic Aristotelians, Newton would appear not to have discovered that mass and motion are quantitative and mathematical whereas qualities are not so quantitative, but to have chosen to apply quantitative techniques in one area rather than another and to have done so on what were at times rather shaky foundations, such as the foundation of absolute space. While Newton himself, at least privately, engaged in speculation about the foundations of his physics, subsequent generations of scientists apparently came to believe, for instance, that there was an obvious real-world referent for the word "space" in the sense of Newton's absolute space, so that they erased from their consciousness the sorts of epistemological, metaphysical, and theological problems that Newton, no less than Dumbleton, faced.

In the late twentieth century, as the triumph of quantification, measurement, and analysis in science has been questioned and, in medicine, greater attention paid to consideration of the whole human being, including mind as well as body, so also have the myths of origin of modern science and medicine been opened to reconsideration. We now see that the Scientific Revolution was not a one step change, in which false scholastic Aristotelianism was replaced by the true modern physics of Newton, but rather, if the Scientific Revolution existed at all, it was many changes, not all in the same direction, in which, earlier, scholastic Aristotelianism in logic and natural philosophy, Galenism in medicine, Ptolemaic astronomy, and so forth, were attacked and undermined first by Renaissance Platonism and hermeticism and then by the likes of Peter Ramus, Francis Bacon, Paracelsus, Giordano Bruno, *et al.* Only later, after a period of cultural chaos, did new approaches arise in the cultural openings left both by the weakening of the old systems and by the political and religious upheavals going on at the same time.[51] After Copernican, Galilean, Cartesian, and Newtonian sciences were proposed, moreover, they were not simply accepted by the good scientists, but reasonable criticisms were levied against them by respected natural philosophers and mathematicians – for instance, in the criticism of Newton's views of space and time by G.W. Leibniz.[52]

In the period between the fourteenth and the seventeenth centuries, the revival of the ancient philosophies of Platonism, Neoplatonism, Stoicism, atomism, and the cabala reintroduced into European culture a broad range of competing concepts of mathematics and of physical reality, while various trends in Renaissance and Reformation religion, philosophy, and educational policy meant that some seventeenth century mathematicians and mechanicians were never taught scholastic philosophy or, if they were, did not take it seriously. In the multifarious development of early modern science, it often happened, nevertheless, that, despite historical discontinuities, the science coming out of the Scientific Revolution had affinities to what went in, perhaps more so than to what came in between. Thus, in some ways, Newtonian science was

more like scholastic Aristotelian science – for instance in its technical-
ity and rationality – than it was like the currents of humanism and
magic that came in between the two trends of thought. It has been said
that Thomas Bradwardine would have liked to have written the *Principia Mathematica Philosophiae Naturalis* of his century.[53] Although
John Dumbleton, a follower of Bradwardine in things physical, was not
as mathematically oriented as Bradwardine was in his *De proportionibus velocitatum in motibus*, Dumbleton's approach was not otherwise as
different from the later approach of Newton as might be supposed
given the prominent attention to quality in his work.

Notes

1   See, e.g., E. J. Dijksterhuis: *The Mechanization of the World Picture*, trans. E. J. Diks-
    hoorn (Princeton: Princeton University Press, 1986), p. 188: "It is a current concep-
    tion that one of the most characteristic differences between scholastic and more
    recent physics is that the former was of an exclusively qualitative nature, whereas in
    the latter the quantitative point of view predominates."
2   Carolyn Merchant: *The Death of Nature. Women, Ecology, and the Scientific Revo-
    lution* (San Francisco: Harper and Row, 1980), p. xvii: "In investigating the roots of
    our current environmental dilemma and its connections to science, technology, and
    the economy, we must reexamine the formation of a world view and a science that,
    by reconceptualizing reality as a machine rather than a living organism, sanctioned
    the domination of both nature and women."
3   Dijksterhuis himself goes on in the passage quoted in note 1: "This characterization
    is undoubtedly correct when it is intended to convey that in peripatetic science the
    concept of quality took a much more important place than in classical science, in
    which every effort is made to reduce qualitative to quantitative differences; it
    would, however, be less correct, at all events with respect to the fourteenth century,
    if it implied that in Scholasticism there was no tendency to treat qualities quantita-
    tively, while fully preserving their independent meaning. The whole theory of the
    intensio and *remissio* of quality-intensities urged men's minds in this direction, and
    the doctrine of the *Calculationes*, about which some details will now be given, may
    even be defined as an attempt to apply arithmetical and algebraic arguments not
    only to scientific but also to philosophical and theological problems of a general
    nature."
4   Merchant, ibid., pp. 100–102, mentions, but then neglects, distinctions between scho-
    lastic Aristotelianism and the other trends she describes: "Variations of the organic
    framework of the Renaissance shared certain presuppositions about nature. The
    Renaissance cosmos was a living unit, of which all parts were interconnected in a
    tightly organized system. The orthodox view inherited from the medieval interpre-
    tation of Aristotle was an earth-centered hierarchical cosmos extending upward
    from the four inanimate elements... . Together they comprised a living chain of
    being, each member a step in a stable, ordered, spherically-enclosed world... . With-

in this hierarchical system, Renaissance Neoplatonism revived a slightly less ortho-
dox, but widely held interpretation of nature as the soul of the world, a voluntary
and immanent source of change... . As cultural developments challenged Aristotelian authority and economic changes undermined the established social order, more
radical organic philosophies emerged, stressing change over structure and force
over form... ."

5   Time is perhaps the most thoroughly quantified entity in both Aristotelian and
Newtonian physics – for Aristotle and Dumbleton time, as the measure of motion,
not only *has* a quantity, it *is* a quantity. If a fourteenth-century Aristotelian speaks
simply of the quantity of motion, what is likely to be meant is the motion's duration
in time, while the motion's quality is its velocity.

6   In what follows, I translate from the *Summa Logicae et Philosophiae Naturalis* as it
is found in MS Cambridge, Peterhouse 272, with occasional corrections from other
manuscripts. Although there is no modern edition of the *Summa* available, in pre-
paring my 1970 doctoral dissertation – now published in Edith Sylla, *The Oxford
Calculators and the Mathematics of Motion, 1320–1350. Physics and Measurement by
Latitudes*, Harvard University Dissertations in History of Science (New York and
London: Garland Press, 1991) – I transcribed but did not edit Parts II–VI of the
Summa from the Cambridge Peterhouse manuscript and looked also at other man-
uscripts for crucial passages (there are approximately twenty extant manuscripts of
all or parts of the work). A detailed outline in Latin of the conclusions (largely in
Dumbleton's words) is included in the dissertation, pp. 565–625. For a general dis-
cussion of Dumbleton's conception of quantitative natural philosophy, see E. Sylla:
"The Oxford Calculators and Mathematical Physics: John Dumbleton's Summa
Logicae et Philosophiae Naturalis, Parts II and III", in Sabetai Unguru (ed.): *Phys-
ics, Cosmology and Astronomy, 1300–1700: Tension and Accommodation, Boston
Studies in the Philosophy of Science*, Vol. 126, (Dordrecht, Boston, London: Kluwer
Academic Publishers, 1991), pp. 129–161. Dumbleton was earlier studied by James
A. Weisheipl. See, for instance, his *Early Fourteenth-Century Physics and the Merton
"School" with special reference to Dumbleton and Heytesbury* (unpublished thesis,
Oxford University, 1957) and "The Place of John Dumbleton in the Merton School",
Isis **50** (1959), 439– 454.

7   For a general overview of the Oxford Calculators, see E. Sylla: "The Oxford Calculators", in Norman Kretzmann, Anthony Kenny, and Jan Pinborg (eds.): *The Cambridge History of Later Medieval Philosophy* (Cambridge: Cambridge University
Press, 1982), pp. 540–563, and eadem, "The Oxford Calculators in Context", *Science
in Context* **1** (1987), 257–279.

8   See A.C. Crombie: *Robert Grosseteste and the Origins of Experimental Science
1100– 1700* (Oxford: Clarendon Press, 1953) and "Quantification in Medieval Physics", *Isis* **52** (1961), 143–160.

9   See H. Lamar Crosby (ed.): *Thomas Bradwardine. Tractatus de proportionibus*
(Madison: The University of Wisconsin Press, 1955).

10 See Sylla: "The Oxford Calculators", in *The Cambridge History of Later Medieval
Philosophy*, pp. 540–563.

11 According to Marshall Clagett: *Nicole Oresme and the Medieval Geometry of Qualities and Motions* (Madison: University of Wisconsin Press, 1968), p. 56, n. 12; V. P.
Zoubov: "Traktat Nicolaia Orema ‹O konfiguratsii Kachestu›", *Istoriko-matemati-*

cheskie issletsovaniia, no. XI (Moskva, 1958), pp. 612–613, was the first to stress the possible importance of Galen's concept of the latitude of health and temperament in the development of the medieval concept of the latitude of form. See also Michael McVaugh: *The Medieval Theory of Compound Medicines* (Unpublished dissertation, Princeton University, 1965).

12 The fundamental work on this subject was done by Anneliese Maier in her five volume *Studien zur Naturphilosophie der Spätscholastik* (Rome: Edizioni di Storia e Letteratura), especially vol. 2: *Zwei Grundprobleme der Scholastischen Naturphilosophie*, 3rd. ed., 1968. See also Pierre Duhem: *Études sur Léonard de Vinci*, vol. 3 (Paris: Hermann, 1913); Marshall Clagett: *The Science of Mechanics in the Middle Ages* (Madison: The University of Wisconsin Press, corrected reprint 1961); and John Murdoch: "Mathesis in Philosophiam Scholasticam Introducta. The Rise and Development of the Application of Mathematics in Fourteenth Century Philosophy and Theology", *Actes du Quatrième Congrès International de Philosophie Médiévale* (Montreal: Institut d'Études Médiévales, 1969), pp. 215–254.

13 See Anneliese Maier: *Zwei Grundprobleme der Scholastischen Naturphilosophie.* Also Edith Sylla: "Medieval Quantifications of Qualities: The ‹Merton School›", *Archive for History of Exact Sciences* **8** (1971), 9–39, and "Medieval Concepts of the Latitude of Forms: The Oxford Calculators", *Archives d'Histoire Doctrinale et Littéraire du Moyen Âge* **40** (1973), 223–283.

14 The prime movers were exceptions to this generalization insofar as they lacked matter.

15 See Edith Sylla: "Autonomous and Handmaiden Science: St. Thomas Aquinas and William of Ockham on the Physics of the Eucharist", in John Emery Murdoch and Edith Dudley Sylla (eds.): *The Cultural Context of Medieval Learning: Proceedings of the First International Colloquium on Philosophy, Science, and Theology in the Middle Ages*, Boston Studies in the Philosophy of Science, Vol. XXVI (Dordrecht Holland/Boston U.S.A.: Reidel, 1975), pp. 349–396. A different group, including Thomas Aquinas, concluded that the three categories of substance, quality, and quantity can all correspond to separately existing entities, holding the theory that in the Eucharist quantity – in the sense of extension – miraculously plays the role of substance, being that in which the sensible qualities inhere after the substance of the bread or wine has been transubstantiated into the body and blood of Christ.

16 John Dumbleton: *Summa Logicae et Philosophiae Naturalis*, MS Cambridge, Peterhouse 272, f. 23ra, and Edith Sylla: *The Oxford Calculators and the Mathematics of Motion*, p. 575: "Sed pro istius explanatione est advertendum quod multa requiruntur ad hoc quod in alico predicamento sit verus motus… . [b.] Secundo quod illud quod recipit ista duo contraria sit compositum ex materia et forma. [c.] Item requiritur quod transitus ab uno contrario in aliud sit per spacium continuum omogeneum in illo predicamento et quod idem spacium habeat in actu partem extra partem, ut in quantitate quantitas est spacium illius predicamenti et in qualitate latitudo inter gradus. [d.] Item oportet quod idem numero maneat sub utroque terminorum." For reasons of space, I omit further Latin texts from the notes, but Latin texts can often be found in my dissertation.

17 See Edith Sylla: *The Oxford Calculators and the Mathematics of Motion*, pp. 247–248, n. 102; eadem, "Medieval Quantifications of Qualities: The ‹Merton School›", pp. 24–27; and Dumbleton, *Summa*, MS Cambridge, Peterhouse 272, f. 19rb. For a

modern scholastic discussion of some of these issues (but one which does not recognize that for the likes of Dumbleton intensities of quality were additive), see William A. Wallace: "The Measurement and Definition of Sensible Qualities", *The New Scholasticism* **39** (1965), 1–25.

18 A thorough investigation of the relations of continua and indivisibles relevant to such concerns was carried out in Thomas Bradwardine's extensive treatise *De Continuo*. See John Murdoch: *Geometry and the Continuum in the Fourteenth Century: A Philosophical Analysis of Thomas Bradwardine's Tractatus de Continuo* (unpublished Ph.D. Thesis, University of Wisconsin, 1957).

19 For Dumbleton, see Sylla: "Medieval Quantifications of Qualities", p. 30, and eadem, "The Oxford Calculators and Mathematical Physics: John Dumbleton's Summa Logicae et Philosophiae Naturalis, Parts I and II", p. 146. For later views, see Marshall Clagett: *The Science of Mechanics in the Middle Ages*, Chapter 6, and idem, *Nicole Oresme and the Medieval Geometry of Qualities and Motions*.

20 For medieval problems with quantifying matter and body, see Edith Sylla: "Godfrey of Fontaines on Motion with respect to Quantity of the Eucharist", in A. Maierù and A. Paravicini Bagliani (eds.): *Studi sul XIV Secolo in Memoria di Anneliese Maier* (Rome: Edizioni di Storia e Letteratura, 1981), pp. 105–141. Also Anneliese Maier: *Die Vorläufer Galileis im 14. Jahrhundert* (Rome: Edizioni di Storia e Letteratura, 1966), Chapter I.2, "Das Problem der quantitas materiae". Perhaps because of the tradition of identifying quantity of body and extension there is also a tendency to link extension and impenetrability. See e.g. Bartholomeus Amicus: *In Aristotelis libros De physico auditu*, 2 vols. (Naples, 1626–1629), vol. 2, p. 761, col. 1(A), as quoted in Edward Grant: *Much Ado About Nothing. Theories of Space and Vacuum from the Middle Ages to the Scientific Revolution* (Cambridge/New York: Cambridge University Press, 1981), p. 167 and note 97. Descartes also expresses this view, for instance, in his correspondence with Henry More. See Koyré: *From the Closed World to the Infinite Universe* (Baltimore: The Johns Hopkins University Press, 1957), p. 115.

21 Dumbleton: *Summa*, MS Cambridge, Peterhouse 272, f. 27vb.

22 Dumbleton: *Summa*, MS Cambridge, Peterhouse 272, f. 27vb–28ra. Cf. Sylla: *The Oxford Calculators and the Mathematics of Motion*, p. 582.

23 Dumbleton: *Summa*, MS Cambridge, Peterhouse 272, f. 27vb–28rb. Sylla: *The Oxford Calculators and the Mathematics of Motion*, p. 582.

24 Dumbleton: *Summa*, MS Cambridge, Peterhouse 272, f. 28ra–rb.

25 Dumbleton: *Summa*, MS Cambridge, Peterhouse 272, ff. 28va–29rb. Sylla: *The Oxford Calculators and the Mathematics of Motion*, pp. 583–584.

26 See Marshall Clagett: *The Science of Mechanics in the Middle Ages*, Chapters 3 and 4, and, for an emendation of Clagett's view of Gerard of Brussels, E. Sylla: *The Oxford Calculators and the Mathematics of Motion*, pp. 716–729. Dumbleton: *Summa*, MS Cambridge, Peterhouse 272, f. 27ra–rb.

27 For these subjects, see Marshall Clagett: *The Science of Mechanics in the Middle Ages*.

28 See Dumbleton: *Summa*, MS Cambridge, Peterhouse 272. Dumbleton talks about *ubi* (f. 22vb), *locus* (f. 23va), and *spacio* (f. 24vb) as what is gained in local motion, and measures what is gained in feet (f. 26ra).

29 It is difficult or impossible to know what the common sense of ancient or medieval
    people was like. Perhaps it was the case in ancient and medieval times as it is now,
    that distance in space is much more ready a concept in every day life than latitude
    of quality. What I am talking about here are the educated sensibilities and intuitions
    of natural philosophers or physicists.
30 See Aristotle: *Physics*, Book IV, Chapter 4, 211b7, and Averroes's comment 36.
31 See Sylla: "Autonomous and Handmaiden Science", pp. 365–366, 371.
32 See *Physics*, Book IV, Chapters 1–5 and following discussion of void; and Edward
    Grant: *Much Ado About Nothing*, pp. 5–6.
33 *Physics*, 212a20–21.
34 Descartes is thought to have adopted an Aristotelian definition of place and of
    movement in place, so that he could appease church authorities with the statement
    that the earth is at rest (in its vortex), while at the same time he believed that the
    earth-vortex system moved together around the sun. See, for instance, Alexander
    Koyré: *From the Closed World to the Infinite Universe*, p. 143 and Daniel P. Walker:
    Il concetto di spirito o anima in Henry More e Ralph Cudworth (Naples: Bibliopolis,
    1986), p. 38.
35 *Categories*, 4b23–24, 5a37–38.
36 Medieval commentators explained that what Aristotle said in the *Categories* was not
    said *ex professo*, but according to common opinions. See Edward Grant: *Much Ado
    About Nothing*, p. 9.
37 See P. M. J. E. Tummers: *Albertus (Magnus)' Commentaar op Euclides' Elementen
    der Geometrie*, 2 vols. Proefschrift Rijksuniversiteit Leiden (Nijmegen, 1984). Albert
    says, for instance (vol. 2, p. 19) just before listing the postulates: "...quia tota gyome-
    tria versatur circa quantitatem ymaginabilem et non circa continuum sensibile." See
    also vol. 2, pp. 104–109, "Status van de mathematische objecten; imaginatio."
38 Dumbleton: *Summa*, MS Cambridge, Peterhouse 272, f. 14va.
39 This distinction of terminology was frequently encountered in commenting on Peter
    Lombard's *Book of Sentences*. See Edward Grant: *Much Ado About Nothing*, p. 130.
40 See Grant: *Much Ado About Nothing*, pp. 105–115; also Anneliese Maier: *Die
    Vorläufer Galileis im 14. Jahrhundert*, p. 23, n. 30, and addendum, 315–316.
41 See Edward Grant: *Much Ado About Nothing*, pp. 116–147; and idem: "Medieval
    and Seventeenth-Century Conceptions of an Infinite Void Space beyond the Cos-
    mos", *Isis* **60** (1969), 52.
42 MS Cambridge, Peterhouse 272, f. 17va. See also Edith Sylla: *The Oxford Calcula-
    tors and the Mathematics of Motion, 1320–1350*, and eadem, "The Oxford Calcula-
    tors and Mathematical Physics: John Dumbleton's *Summa Logicae et Philosophiae
    Naturalis*, Parts II and III", pp. 142–146. The idea that things don't follow imagina-
    tions was suggested by Aristotle, at the end of Book 3 of the *Physics*, with regard to
    infinity, 208a15–16. See Averroes, comment 75 on this text.
43 Dumbleton: *Summa*, MS Cambridge, Peterhouse 272, f. 57va.
44 Thomas Hobbes: *Thomas White's De Mundo Examined*, Harold Whitmore Jones,
    trans. (London: Bradford University Press in association with Crosby Lockwood
    Staples, 1976), pp. 40–41: "Shall we, or shall we not, say that there is space outside
    the world? On the supposition of a finite world, of course there is no real space out-
    side it; but there is no imaginary space either, because we have excluded the pos-
    sibility of a being possessed of imagination."

45 See Grant: *Much Ado About Nothing*, pp. 129–144.

46 See Grant: *Much Ado About Nothing*, pp. 135–144.

47 Thomas Bradwardine: *De Causa Dei Contra Pelagium, et De Virtute Causarum* (London: Ioannes Billius, 1618; reprinted Frankfurt am Main: Minerva, 1964), pp. 178–179. My translation. Edward Grant has also translated this passage in his *Source Book in Medieval Science* (Cambridge, Mass.: Harvard University Press, 1974), pp. 555–568.

48 Albert D. Menut and Alexander J. Denomy (eds. and trans.): *Nicole Oresme. Le Livre du ciel et du monde* (Madison, Wisconsin: The University of Wisconsin Press, 1968), p. 177. I have altered the translation for purposes of terminological exactness. See also Maier: *Die Vorläufer Galileis*, pp. 23, 315–320. Oresme also discusses this extracosmic space in his questions on the *Physics*, where he says (Maier, p. 316), "sicut se habet locus ad immensitatem quae est extra caelum, ita tempus (ad aeternitatem).... . Unde sicut ipsa immensitas est Deus, in quo sunt omnia, ita ipsa aeternitas est ipse Deus, cui nihil est coaeternum".

49 A. Rupert Hall and Marie Boas Hall: *Unpublished Scientific Papers of Isaac Newton* (Cambridge: Cambridge University Press, 1962), pp. 131–132. After comparison with the discussion and translations in J. E. McGuire: "Existence, Actuality and Necessity: Newton on Space and Time", *Annals of Science* **35** (1978), 463–508, I have adapted the Halls' translation for greater fidelity to Newton's terminology.

50 In this sense so-called occult qualities are perfectly reasonable. Just as we would say that there is some electromagnetic radiation we can see, while other radiation, for instance ultraviolet light, has real physical effects even though we do not see it, so a medieval Aristotelian could reasonably argue on the basis of experience that there are some active accidental forms in bodies, for instance magnetism, that have effects on other bodies even though they are not sensed by humans.

51 See Sandra Harding: *The Science Question in Feminism* (Ithaca: Cornell University Press, 1986), Ch. 8–9. Also Edith Sylla: "The Fate of the Oxford Calculatory Tradition", in Christian Wenin (ed.): *L'Homme et Son Univers au Moyen Âge*. Actes du septième congrès international de philosophie médiévale (30 août – 4 septembre 1982), Philosophes Médiévaux, vol. 27, (Louvain-la-Neuve: Éditions de l'Institut Supérieur de Philosophie, 1986), pp. 692–698.

52 On the relativistic issues remaining, see, e.g., Alexandre Koyré: *From the Closed World to the Infinite Universe*, pp. 169–170, and Amos Funkenstein: *Theology and the Scientific Imagination from the Middle Ages to the Seventeenth Century* (Princeton: Princeton University Press, 1986), p. 94.

53 Anneliese Maier: *Die Vorläufer Galileis im 14. Jahrhundert*, p. 86, n. 10.

Der Arzt Paracelsus zwischen Physica und Virtus

Heinrich Schipperges

Einführung

«[Ich] setz' meinen Grund, den ich hab' und aus dem ich schreib', auf vier Säulen, als in die Philosophie, in die Astronomie, in die Alchemie und in die Tugend: Auf den vieren will ich fussen» (VIII, 54).[1] Mit diesem energischen Satz eröffnet Paracelsus – im Jahre 1530 in Beratzhausen vor Regensburg, im Schloss des Freiherren Hans Bernhard von Stauff – sein berühmtes Werk *Paragranum*, das den Untertitel trägt: «Liber quatuor columnarum artis medicae» (VIII, 133), von den vier Säulen der Heilkunst, dem Fundamente der Medizin.

Die erste Säule heisst «Philosophia» und ist offensichtlich mehr Naturkunde als Naturwissenschaft. Als «Astronomia» führt uns die Zeit-Kunde ganz und gar auf Gebiete der Geisteswissenschaft. «Alchimia» ist Stoff-Kunde und nur so Vorläufer der Organischen Chemie. Die vierte Säule aber heisst bei Paracelsus einmal «Physica», dann wieder auch «Virtus» und meint die «Tugend», das Taugen des Arztes im praktischen Alltag. Der alte scholastische Begriff «physica» dient dabei augenscheinlich als Symbol für Quantitatives, während die Qualität vertreten wird durch die «virtus».

Und damit wären wir schon am Thema und beim Titel! Wenn ich auch gestehen muss, dass es eigentlich heissen sollte: «Paracelsus – jenseits von Qualitas und Quantitas». Denn da sah er sein Amt, des Arztes Amt: Die Not zu wenden! Geradezu paracelsisch mutet denn auch die bekannte Auffassung Goethes an, dass «die Wissenschaft alle Ursache hat das Quantitative dem Qualitativen gleichzustellen»[2], wie Goethe überhaupt der Meinung war, «dass Quantität und Qualität als die zwei

Pole des erscheinenden Daseins gelten müssen».[3] Von diesen beiden
Polen soll fortan die Rede sein.

Doch zuvor noch ganz kurz zu Paracelsus selber: zu Leben und
Werk und zur Situation seiner Zeit. Theophrastus von Hohenheim, der
sich später erst nach der Manier der Humanisten Paracelsus nannte,
wurde 1493 an der Teufelsbrücke bei Einsiedeln geboren und starb
1541 – in der Blüte seiner Jahre – einsam und verarmt zu Salzburg.
Dazwischen liegt ein unstetes Wanderleben, das den jungen Arzt durch
die Bergwerke treibt und an die Hohen Schulen führt, über die Pilger-
strassen Spaniens und des Frankenreiches wie auf die Schlachtfelder
der Nordischen Kriege. Nach gescheiterter Praxis in Salzburg (1526)
und einem kurzen akademischen Intermezzo in Basel (1527/28) finden
wir ihn abermals auf den Landstrassen, als fahrenden Arzt, als polemischen Laienprediger, als einen nicht genügend gewürdigten Gesell-
schaftskritiker und Sozialreformer.

Mit wachsender Selbstsicherheit rühmt sich Paracelsus seiner einfachen, eindeutigen Sprache: «da ich mich» – schreibt er – «keiner Rhetorik und Subtilitäten rühmen kann, sondern nach der Zunge meiner
Geburt und Landessprache, der ich bin von Einsiedeln, des Lands ein
Schweizer, soll mir meine ländliche Sprache niemand verargen. Ich
schreib' nicht von der Sprache wegen, sondern von wegen der Kunst meiner Erfahrenheit» (X, 199).

Ein eigenständiges, ein abenteuerliches Leben, und nicht weniger
abenteuerlich sein Werk, ein noch längst nicht erschlossenes, ein giganti-
sches Bergwerk, aus dem hier die Grundlagen seiner Heilkunde herausgestellt seien.

Die Bereiche der Physica

Beginnen wir mit der «physica», dem alten Namen für die Medizin,
und dem «physicus», der lange Zeit allgemein für den Arzt stand, und
besinnen wir uns kurz auf die «physis» als ein Urphänomen, gleicher-
massen wichtig für die Philosophie wie für die Heilkunde, die ja immer
auch Naturkunde war und bleiben sollte.

Von einem ebenso modernen wie archaischen Philosophen wie Martin Heidegger ist die «physis» als das vorzüglich Anwesende bezeichnet
worden, ein Anwesendes, das in seinem Grunde unverborgen (alethēs) ist
und daher seiend.[4] Das Seiende als solches kann nur gedacht werden als
das Anwesende, das beständig Wachsende, jenes Wesen eben, das die

Alten «physis» nannten. Das Sein in seiner Unverborgenheit scheint wie selbstverständlich aber auch angewiesen auf Licht und auf «Lichtung», Erhellung. In diesem Sinne war «Seiendes» so etwas wie «eidos», auf Licht verwiesen und durchlichtet, war Apollon bereits der Gott der lichten Heilkunst.

Auf dieses Licht und damit auf die Lichtung der Welt verwiesen, sieht sich nun auch Paracelsus, wenn er fordert: «dass auch die Augen, die Ohren, die Stimme, der Atem in der Welt gefunden werde» (VIII, 145). Dann erst kann man sich mit Wissen und Gewissen auch dem inneren Menschen zuwenden. «Wir müssen in der Arznei bekennen, dass unsere Augen nit durch die Haut gehen. Darum wir nit sollen uns zu viel in die Spekulation begeben, sondern gewaltig den vier Elementen nachgründen, darin dann die Experienz liegt und der Anfang eines jeglichen gerechten Arztes» (VI, 286). Denn der Mensch und die Elemente, sie sind eines Geblütes und daher freundschaftlich einander zugetan. So allein wird der Arzt der Fachmann für die natürlichen Dinge (res naturales), wie auch für alle Dinge, die sich wider die Natur (res contra naturam) stellen. Er ist einfach der Fachmann für die Physica. Kühn und sicher konnte Paracelsus daher – im *Paragranum* (1530) – seinen Zeitgenossen zurufen, dass «Theophrastus noch der grösste Physikus» sei, «der in der Physik euch all noch mit Ruten streichen wird» (VIII, 157).

Der Arzt als Fachmann der Physica

Was in erster Linie den Arzt zum Sachwalter der Natur macht, das ist die «philosophia», die erste Säule der Medizin. «Es ist ein grob Ding an einem Arzt, der sich einen Arzt nennet und ist der Philosophie leer und kann ihr nit» (IX, 122). Zu wissen, was die Natur sei und wie sie es macht, das allein ist philosophisch gedacht und ärztlich gehandelt. Es ist der wissenschaftlich geschulte Medicus, der «die Konkordanz der Anatomie beider Fabrikation» – der «machina mundi» und der «physica corporis» – zusammenschaut, erkennt und versteht.

Der Grund der Heilkunst wird daher von der «sapientia», der weisen Einsicht, gelegt. «Und das ist sapientia, dass einer wisse und nit wähne» (XI, 171). Der Arzt muss alle Dinge dieser Welt verstehen lernen; darin allein liegt «der rechte Grund»; daraus allein führt «der rechte Weg».

Der Mensch steht aber nicht autonom oder isoliert in dieser Naturordnung; er ist vielmehr einem weiteren Kosmos anvertraut, dem «ast-
rum», was sicherlich auch eine höhere Naturordnung meint, mehr aber
noch den Ordnungsbereich der Zeit und damit die Geschichte, das biographische Szenarium. Auch dafür werden immer wieder neue Schlüs-
selbegriffe herangezogen wie «der Himmel» oder «das Gestirn» oder
das «Siderische» oder «Astralische»; Grundbegriffe, die eine weitere
Grundlage für die Medizin erfordern: die Astronomie.

Astronomia als Zeit-Kunde

An den Dimensionen der dahinfliessenden Zeit, die nicht weniger
vielschichtig sind als die Ordnungen des Raumes, wird erst deutlich, was
Heilkunde ihrem innersten Rang und Wesen nach zu sein hat: das Wissen nämlich um Werden und Verfallen innerhalb der Zeit und damit die
Sinngestalt einer befristeten Existenz. Im Prozess dieser ausreifenden
und verfallenden Zeit erst gewahren wir den vollen Reichtum der
Wirklichkeit «ohn' Unterlass bis zum Ende der Welt» (II, 317).

Wie der Raum, so ist auch die Zeit ein machtvoller Realzusammen-
hang, der in seiner eigenen Ordnung – eben der Geschichte – gesehen
werden muss, weniger ein Zeit-Raum als ein Prozess, der nur in seiner
Reifung, der «maturatio», der «Zeitigung», als «Erwartung der Zeit»
erfahren werden kann. Die Natur, das ist kein zeitlos in sich ruhendes,
kein statisches Gefüge, sondern eben eine wachsende, eine reifende
Ordnung.

Der Arzt soll daher nicht nur den «leiblichen Lauf der Natur» kennen, sondern auch den «Lauf des Himmels» in uns, des «Himmels
Inwurf», den «Eingang des Himmels in uns und dass er sich in uns solle
leiben», verleiblichen, verwirklichen. Denn «ein jeglich Ding, das durch
die Zeit gehet, das ist dem Himmel unterworfen» (VIII, 110); «daraus
folgt nun die Fäulung, die Zergehung und die ander Geburt»
(VIII, 173). Die Zeit ist es, die da «ursachet die Fäule der Dinge»
(VIII, 110). So übersetzt Paracelsus das berühmte scholastische Diktum
des Petrus Hispanus – des späteren Papstes Johannes XXI., des einzigen Mediziners bisher, der den Purpur trug –; ein Diktum, das lautet:
«Tempus est causa corruptionis».[5] Die Zeit ursachet die Fäule, zeitigt
aber auch die Heilung. Die Schöpfung ist noch nicht vollendet, aber sie
ist angesetzt, ist in Gang zu halten; sie lässt sich gängeln, leiten, stilisie-
ren, kultivieren: Der Mensch erst wird sie vollenden.

Alchimia als Kulturwerk

Die Schöpfung kunstgerecht zu vollenden, dazu dient eine weitere, die dritte Säule der Medizin, die Alchimia.

Ein Arzt braucht – so sahen wir – die Philosophie als die Kunde von der Natur der irdischen Dinge. «Noch ist kein Arzt da» (VIII, 37). Er braucht daher weiter die Astronomie als Kunde von den zeitlichen Prozessen. Zum Aufbau der Welt tritt der Ablauf der Zeit. Wachsen und Reifen ist alles: «Also der Magnet der Sinne sauget auch an sich vom Gestirn seine tägliche Vernunft wie eine Biene den Honig aus dem Kraut und Blumen» (XII, 164). Das alles kann er und soll er: «Noch ist kein Arzt da» (VIII, 37)! Zur vollen Heilkunst gehört daher noch ein drittes Prinzip: die Alchimia als eine Kunde von der Bereitung der Heilmittel.

Paracelsus nennt dieses Prinzip den «Archaeus», den Feuergott «Vulcanus», der alles Natürliche fügt und aufbereitet, auf dass es nach und nach komme «ad ultimam materiam». «Von der Natur nimmt's der Mensch in seine ultima materia, das ist, wo die Natur aufhört, da fanget der Mensch an; und ihre ultima materia ist des Menschen prima materia, und die Zerbrechung der Natur durch die Kunst ist des Menschen ultima materia» (III, 35). Einer wahren Heilkunde ist daher immer auch das grosse Kulturwerk aufgetragen, das im «opus magnum» deutlich wird und das als Aufgabe der Zukunft vor uns steht. Denn das grosse Werk der Schöpfung ist noch nicht zu Ende; der Mensch muss es vollenden «in sein letztes Wesen» – ad ultimum!

Abermals steht uns die Natur nicht als statisch abgeschlossene Schöpfung vor Augen, sondern als der vitale Auftrag des Menschen zur dramatischen Transfiguration der Welt. Es ist die Alchimia, welche die Welt der Naturstoffe umbildet zu einer Welt der Kunststoffe; aus der primitiven Natur wird die reiche Zivilisation. Dahinter steckt – was wir vielleicht erst heute so richtig begreifen – nicht nur eine geschlossene Philosophie der Arbeit, sondern auch eine überaus elegante Apologetik des scheinbar nur technokratischen Denkens.

Die Medizin als Physica

Mit diesen drei Säulen sind die Grundlagen des ärztlichen Denkens, Wissens und Handelns gelegt, die indes nicht zu ihrer letzten Verbindlichkeit kommen, ehe nicht auch die Prinzipien gerade der ärztlichen

Praxis noch einmal theoretisch begründet werden. Für diese Heilkunst wählt Paracelsus den Begriff «physica»; ihr qualitatives Motiv aber ist die «virtus». Diese seine «physica», sie weiss bei aller Kenntnis der Quantitäten dieser Welt ganz klar um das Subjekt in der Medizin, um das Gebrechlichste und doch Kostbarste, dessen Anwalt die «virtus» ist, die Trefflichkeit und mehr noch Redlichkeit, die Meisterschaft und darin eingeborgen ihr Innerstes und Intimstes: die Verantwortlichkeit.

Ohne diese qualitativen Prinzipien aber ist der Arzt – so Paracelsus – «nichts als ein Pseudomedikus und ein Errant eines fliegenden Geistes», ein Irrlicht.

Bei einem solchen qualitativen Umgang mit Wissen und Erfahrung im Licht der Natur erfährt man denn auch – wie der junge Goethe auf seiner *Reise in die Schweiz* bemerkte –, «dass eine vollständige Erfahrung die Theorie in sich enthalten muss».[6] Und noch einmal und gesteigert in den *Maximen und Reflexionen*, wo es – so ganz paracelsisch – heisst: «Es gibt eine zarte Empirie, die sich mit dem Gegenstand innigst identisch macht und dadurch zur eigentlichen Theorie wird»[7] – eine an Tiefsinn kaum auszulotende Bemerkung, die sich ihres Ranges durchaus bewusst zeigt, wenn Goethe schliesst: «Diese Steigerung des geistigen Vermögens aber gehört einer hochgebildeten Zeit an». Sie ist eben eine Sache des Niveaus und damit auch der Qualität!

Die Säule der Virtus

Von dieser «qualitas» soll nunmehr ausschliesslich die Rede sein, wobei beide Prinzipien – wie mir scheint, und damit wird die Sache erst spannend – nicht mehr dialektisch differenziert und polarisiert werden können, vielmehr zunehmend zu einer Konkordanz kommen, zur Integration. Auch dafür dient uns als Leitbild zunächst wieder das Licht der Natur.[8] Im «Licht der Natur» sollen wir immer weiter suchen und «nit ersaufen im Werk» (IX, 255). Die Dinge liegen nun einmal nicht offen an der Sonne, wollen vielmehr aus ihrem Grunde geholt werden, mit der Kraft der «virtus», mit aller «Wissenheit der Kunst» (VIII, 205). Das «Auftun der Augen» erst gibt uns wirkliche Erfahrung; die «magnalia», die Wunderwerke der vollen Wirklichkeit, sie wollen nun an den Tag.

Es ist sicherlich kein Zufall, dass Paracelsus die vierte und letzte Säule der Medizin einmal als «physica», dann wieder als «virtus» bezeichnet. Beide im Verbund erst bringen Erkenntnis und Interesse in die Hand des Arztes und machen die Medizin zur exemplarischen

Handlungswissenschaft. Ärztliches Eingreifen scheint für Paracelsus einfach nicht möglich ohne eine genuine, in sich ausgewogene Motivationstheorie. Der Mensch kann von Natur aus nicht «sein eigener Hirt» sein; er bedarf eines Helfers, ist angewiesen auf einen anderen. Vor allem der kranke Mensch braucht in seiner elementaren Not fundamentale Hilfe. Diese leistet der Arzt: mit der Kunst seiner «physica», in der Haltung der «virtus».

Was aber ist mit dieser Haltung, einem solchen Habitus gemeint? Da erscheint uns dieses merkwürdige Wort «virtus» zunächst einmal in einem überraschend vielschichtigen Geflecht. Da begegnet uns etwa – als ein Modell gleichsam – die «Tugend» im Heilkraut. Wunderbar erscheint diese Tugend im Kraut, «nicht weit von dem Grad des Balsams», was wiederum so viel wie Wirkkraft bedeutet. Wer also das Kraut in seinen Balsam bringt, «der hat einen trefflichen Schatz in der Natur Heimlichkeiten» (II, 12). Liegt doch in einem Kraut mehr Tugend und Kraft als in allen Folianten, die auf den Hohen Schulen gelesen werden.

«Tugend» meint ganz allgemein die Tauglichkeit, ganz im Sinne der scholastischen Tugendlehre, wobei «virtus» nach Thomas von Aquin das Äusserste eines Vermögens bedeutet, das ein «vir», ein Mann, in der «virtus» aufzubringen in der Lage ist.[9] Tugend meint in den Gesteinen die Wirkkräfte, in den Pflanzen den Nutzen und auch die Noxen, im Menschen «die Seele», das innere, geistige Sein, in allem aber das «arcanum», eine geheime Kraft oder – wie Paracelsus an anderer Stelle sagt – «eine Gabe aus Gott, darein eine Tugend ohne alle kreatürliche Hilfe aus Gott gegossen ist» (XIV, 223).

Es sind die Tugenden, die Wirkkräfte der Dinge da draussen, die der Arzt mit seinen eigenen Kräften in der Heilkunst verbinden soll. So wirken die Tugenden so wunderbarlich in allen Dingen, «dass sich der Mensch zum Grössten müsste verwundern, dass Gott ein solcher Künstler gewesen ist und noch ist, dass er in die Natur solche wunderbarlichen Dinge gelegt hat und das alles dem Menschen zu erforschen gab» (II, 132). Der Arzt ist mit dieser seiner «virtus» daher nicht so sehr der Komponist und schon gar nicht der Macher, vielmehr der Interpret einer in sich heilen Natur.

Vor dem Hintergrund einer derart umfassenden Begrifflichkeit von «virtus» begreift man erst, warum Paracelsus seine vierte Säule nicht nur als verobjektivierbare «physica» bezeichnet, sondern auch als «virtus», als jenen Habitus eben, der die Vortrefflichkeit im Behandeln ausmacht. In der Interaktion zwischen Arzt und Patient erst kommen

Erkenntnis und Handeln in einen Verbund. Ohne eine derart umfassende, personale Solidarität im ärztlichen Tun bliebe alles heiltechnische Wissen irrelevant und alles Tun ohne Effekt. Mehr noch: Es ist gerade die «virtus», die das leidenschaftliche Interesse auch des handelnden Arztes zu einem Prinzip der Wissenschaftlichkeit macht.

Die Heilkunde kann daher nicht rationalisiert, und sie darf nicht verobjektiviert werden. Die Medizin steht und fällt mit dem Kranken. Heilkunde setzt ein eminent personales Bezugsnetz voraus. «Dieser Kunst Übung liegt im Herzen». In der so einfachen wie eindringlichen Sprache des Paracelsus lautet das: «Ist dein Herz falsch, so ist auch der Arzt bei dir falsch; ist es gerecht, so ist auch der Arzt gerecht» (VIII, 266).

Sobald es nämlich um die praktischen Belange der Heilkunst geht, dieser Handlungswissenschaft sui generis, genügen die Kategorien der «physica» nicht mehr, bilden die Wissenschaften allein kein Motiv, weshalb Paracelsus denn auch bei der vierten Säule immer wieder die «virtus» gleichrangig ins Feld führt: Tugend als Taugen, als Redlichkeit, als die Wahrhaftigkeit. Hier ist von jener «Wahrheit» die Rede, von der Nietzsche – in einem Aphorismus übrigens mit dem schönen Titel *Paracelsi mirabilia* – gemeint hat, dass man dazu «nicht nur ein mutiges Herz wie ein Löwe» haben müsse, sondern auch die «unschuldige Geduld eines Lammes».[10]

Nun hat es aber – meint Paracelsus – zu allen Zeiten schon zweierlei Sorten von Ärzten gegeben, solche, die aus Liebe handeln, und solche, die ihren Eigennutz betreiben (XI, 147). Die ersteren nennt Paracelsus «Lammärzte» (VIII, 203), und dies in Hinblick auf Johannes den Täufer, der wiederum auf Christus hinwies, das wahre Lamm, den «Christus Medicus». «Denn wie ein Lamm und Schaf soll der Arzt sein, der da von Gott ist; wie ein Wolf ist der, der wider Gott seine Arznei braucht» (VIII, 203). Das sind jene «Wolfsärzte», die sich verhalten wie reissende Wölfe: Sie schneiden aus Lust, rein zur Vermehrung ihres eigenen Nutzens, und verachten das Liebesgebot. Sie arzneien, obschon sie wissen, dass sie nichts können und dass es nichts nutzt. «Und gleich als ein Schaf in des Wolfs Rachen, also sind auch diese Kranken in des Arztes Hand» (VIII, 204).

Was aber wären nun die Kennzeichen eines echten, des vertrauenswürdigen Arztes? Auch hier darf ich wieder einmal Paracelsus selber in seinem lapidaren Deutsch zur Sprache kommen lassen: «So wisset hierauf, dass ein Kranker Tag und Nacht seinem Arzt soll eingebildet sein und ihn täglich vor Augen tragen, all sein Sinn und Gedanken in des

Kranken Gesundheit stellen mit wohlbedachter Handlung» (VI, 41). Paracelsus geht so weit, dass er fordert: Ein Arzt soll seinem Patienten nachbarlich zugetan, ja ehelich verbunden sein. Er muss den Kranken Tag und Nacht vor Augen haben, er soll von ihm noch träumen. Er hat zu bedenken, dass er berufen ist, die Not zu wenden.

Wo auch gäbe es – schliesst Paracelsus – noch etwas Wichtigeres auf Erden, als dass man seinem Nächsten Liebe erweist, indem man seine Schmerzen nimmt und sein Leiden lindert durch die «Kraft der Arznei»! Und weiter: Die grösste Perle und der edelste Schatz ist die Heilung, so in der ganzen Heilkunst vermittelt wird, und es ist nichts auf Erden, das grösser sei, als Kranke zu heilen. Und noch ein letztes Mal: Bist du wirklich ein Arzt, so ist deine Perle der Kranke. Und er ist der Acker, in welchem der Schatz liegt. Alles soll daher der Arzt tun, um den Kranken gesund zu machen. «Also handelt die Liebe gegen den Nächsten» (XI, 147).

Für den Kranken notwendig – weil seine Not wendend – ist daher allein: «zu traktieren die Barmherzigkeit; denn sie ist das Werk der Liebe, aus welcher erlangt wird die Kunst» (VIII, 263). Das Ethos des Arztes liegt hier – und dies mit den gleichen Worten wie bei Hildegard von Bingen, der «Jungfer Hiltgart» des Paracelsus – nicht im Sanieren, im Heilmachen um jeden Preis, sondern in der Barmherzigkeit, jener «misericordia», die einer für den anderen aufzubringen bereit ist.

Barmherzigkeit ist ein «Herzwerk», das leider vielen Ärzten zum «Handwerk» wird. Manche haben auch ein «Maulwerk» daraus gemacht oder ein blosses «Fusswerk». All dieses Wallfahren aber und zu den Heiligen laufen, ist ein rein äusserliches Werk. Was in der Not nottut, notwendig wird, das ist: zum Nächsten laufen, um ihm zu helfen und Barmherzigkeit zu erweisen. Und noch einmal von dieses Herzens Amt: «Schwätzen, süss reden, blandieren ist des Mauls Amt; helfen aber, nütze sein, erschliesslich ist des Herzens Amt. Im Herzen wächst der Arzt, aus Gott geht er, des natürlichen Lichts ist er, der Erfahrenheit» (VIII, 321).

Das Tun des Arztes ist konkrete Philosophie

Mit diesen vier Säulen bildet der Arzt nun das Zentrum, jenen «Punkt des Zirkels, da alle Linien durchgehen und dann daraus gehen» (VIII, 326), ein grossartiger Anspruch an den Arzt, den Zeugen der grossen und kleinen Szenen des Lebens! Und auch diesen letzten

Gedankengang sollten wir noch begleiten, in dem Paracelsus nun aus dieser seiner ärztlichen Anthropologie den atemberaubenden Schluss zieht, die Medizin sei der Eckstein der Universität. Er begründet seine kühne These wie folgt: Der gebildete Arzt ist der Fachmann für den Menschen. Er hat den anderen Fakultäten den Eckstein zu legen. Erst nach ihm kommt der Theologe, der um den Leib wissen soll, ehe er seine Seele zum Teufel verdammt. Danach der Jurist, der solch edle Kreatur nicht wie eine Sau behandeln und wie ein Kalb aburteilen sollte. Und auch der praktische Arzt soll den Menschen nicht wie ein Vieh an die Fleischbank liefern, sondern das Bildnis im Menschen bedenken, sein Urbild im Licht der Natur, seine Bildung zum Heile (XII, 31).

Die Medizin also als Eckpfeiler der Universität – ein altes, ein utopisches Programm ganz gewiss – ein Bildungsprogramm, von dem Leibniz bereits geträumt hatte, der nur eine einzige Fakultät wollte,[11] von dem man in der deutschen Romantik noch schwärmen konnte, wo die Medizin als die Elementarwissenschaft eines jeden gebildeten Menschen bezeichnet werden sollte.[12]

Die Medizin – als Heilkunde und nicht nur als Heiltechnik – würde mit diesem Programm neben der Krankenversorgung auch eine Lehre von der Gesundheit vermitteln. Sie wäre somit – wie der junge Novalis dies gelegentlich nannte – eine «Lebensnaturlehre», die uns über die «Lebenskunstlehre» zu einer Natur wie Geist umspannenden «Lebensordnungslehre» führen könnte.

Die Lebensordnungslehre, das war bereits für Paracelsus nichts anderes als das scholastische «regimen sanitatis», sein «Regiment der Gesundheit», wie er das nannte, das «regimen» mit seinen klassischen Regelkreisen einer zivilisierten Lebensführung: dem gebildeten Umgang mit Licht und Luft, der Kultivierung von Speise und Trank, dem Rhythmus von Schlafen und Wachen, der Regulierung von Arbeit und Ruhe, dem innersekretorischen Gleichgewicht eines Stoffwechsels sowie einer Sexual- und Psychohygiene.[13] Es sind dies die uralten Themen der älteren Diätetik und Hygiene, einer Orthobiotik und Eubiotik, der Makrobiotik und einer Kalobiotik, der Kunst also, das Leben nicht nur zu verlängern, sondern auch zu vertiefen, zu verschönern, zu bereichern und dadurch allein sinnvoll zu machen.

Damit aber wird bei Paracelsus die Theorie der Lebensordnung, die «physica», zur Praxis der Lebensführung, zur «virtus». Das Tun des Arztes – mit seinem Amt, die Not zu wenden – ist eben konkrete Philosophie.[14]

Diese Art von «Tugend» – als konkrete Philosophie, als Habitus des Handelns im Alltag – , sie hat in der neueren Wissenschaftsgeschichte keine Folge gefunden. Das in sich so grandios geschlossene System des Theophrastus von Hohenheim ist von der modernen Medizingeschichte nur in Ansätzen wahrgenommen und in seiner vollen Tragweite keineswegs gewürdigt worden. Die paracelsische Heilkunde basiert auf einer umfassenden Naturphilosophie, die noch alle Phänomene der Geschichte wie der Gesellschaft umgreift. Daraus resultiert nun in keiner Weise – wie im 19. Jahrhundert – eine allgemein verbindliche «Einheitswissenschaft» mit ihrem methodischen Dogmatismus, zu dem in der Folge die psychosozialen Aspekte nur als kompensatorisches Prinzip oder als ein letzten Endes doch unzulängliches Korrektiv treten konnten.

Demgegenüber diente bei Paracelsus die «virtus» – im Verbund mit der «physica» – als ein allgemeines Bildungsprinzip, Bildungsinstrumentarium, ein Bildungselement, jene uralte pädagogische Dimension in der Medizin nämlich, die von den Heiltechnikern unserer modernen Geräte- und Rezepte-Medizin so leichtsinnig aufgegeben und an die «Aussenseiter» delegiert wurde, ein Bildungselement voll reicher psychologischer Erfahrungen und von feinstem pädagogischem Takt.

Dem eindimensionalen, rein ökonomischen Denken unserer Tage gegenüber hatte Paracelsus aber auch – und dies sollte abschliessend nicht vergessen werden – ein ökologisch ausgerichtetes Bildungsprogramm entworfen, das nirgendwo auf den Bereich individueller Leiblichkeit beschränkt blieb, vielmehr universelle Ausmasse annahm. Ist doch unser Amt in der Welt – nach Paracelsus – letzten Endes immer nur die «praeparatio mundi», eine Bildung der Natur, in welcher alle Welt aus ihrer «prima materia» nach und nach «ad ultimam» kommt. Etwas wie ein Magnet ist in uns, wie ein Schmied oder ein Koch, «der alle Dinge bereitet an ihre Statt, so wie sie sein sollen». Unsere Aufgabe ist nichts weniger als «dass wir die Welt bereiten sollen» (VII, 273). Der Mensch ist innerhalb dieser universellen Kultivierung das letzte Geschöpf: Mit ihm erst wird die Schöpfung zu Ende sein.

Anmerkungen

1   Zitiert wird mit römischer Bandzahl und arabischer Seitenzahl – unter leichter Modernisierung – nach: *Theophrast von Hohenheim, gen. Paracelsus. Sämtliche Werke. 1. Abteilung: Medizinische, naturwissenschaftliche und philosophische Schriften.* Herausgegeben von Karl Sudhoff, Bde. I–XIV. München 1922–1933.

2   Johann Wolfgang Goethe am 24.1.1826 an Karl Friedrich Naumann. In: *Gedenkaus-
    gabe der Werke, Briefe und Gespräche.* Herausgegeben von Ernst Beutler. Artemis,
    Zürich 1949, ²1964. Bd. 21, S. 675. Wird im folgenden zitiert als AGA, Bd. 21.
3   Goethe: *Maximen und Reflexionen*, Nr. 1286. AGA, Bd. 9, S. 661.
4   Martin Heidegger: Vom Wesen und Begriff der Physis. Aristoteles Physik B 1. In: *Il
    pensiero* **3** (1958), S. 131.
5   Petrus Hispanus: *De animalibus.* Cod. 1877 (s. XIII), BN Madrid. – Vgl. Heinrich
    Schipperges: Grundzüge einer scholastischen Anthropologie bei Petrus Hispanus.
    In: *Portugiesische Forschungen der Görresgesellschaft*, Bd. 7. Münster 1967.
6   Goethe: *Reise in die Schweiz 1797.* AGA, Bd. 12, S. 214.
7   Goethe: *Maximen und Reflexionen*, Nr. 565. AGA, Bd. 9, S. 573.
8   Heinrich Schipperges: *Paracelsus. Der Mensch im Licht der Natur.* Stuttgart 1974. –
    Vgl. auch Ders.: Vom Licht der Natur im Weltbild des Paracelsus. *Scheidewege* **6**
    (1976), 30–48.
9   Josef Pieper: *Kleines Lesebuch von den Tugenden des menschlichen Herzens.* Mün-
    chen 1951. – Vgl. auch Ders.: *Wahrheit der Dinge. Eine Untersuchung zur Anthropo-
    logie des Hochmittelalters.* München 1947.
10 Friedrich Nietzsche: Nachgelassene Fragmente, Nr. 111 (1881). In: *Kritische Stu-
    dienausgabe.* Herausgegeben von Giorgio Colli und Mazzino Montinari. München
    1980, Bd. 9, S. 480.
11 Gottfried Wilhelm Leibniz: Grundriß eines Bedenckens von aufrichtung einer
    Societät in Teutschland zu aufnehmen der Künste und Wissenschafften (1669). In:
    *Die Werke von Leibniz gemäß seinem handschriftlichen Nachlasse in der Königli-
    chen Bibliothek zu Hannover.* Herausgegeben von Onno Klopp. Reihe 1: Histo-
    risch-politische und staatswissenschaftliche Schriften, Bd. 1. Hannover 1864.
    S. 111–133.
12 *Novalis Schriften. Die Werke Friedrich von Hardenbergs.* Herausgegeben von Paul
    Kluckhohn und Richard Samuel. Bde. 1–4. Darmstadt 1960–1975, Bd. III, S. 474.
13 Vgl. im einzelnen: Heinrich Schipperges, Gerhard Vescovi, Bernhard Geue und
    Johannes Schlemmer: *Die Regelkreise der Lebensführung. Gesundheitsbildung in
    Theorie und Praxis.* Köln 1988.
14 Vgl. Heinrich Schipperges: Medizin als konkrete Philosophie. In: *Karl Jaspers. Phi-
    losoph, Arzt, politischer Denker.* Symposium zum 100. Geburtstag in Basel und Hei-
    delberg. Herausgegeben von Jeanne Hersch, Jan Milič Lochman und Reiner Wiehl.
    Serie Piper, Bd. 679. München, Zürich 1986. S. 88–111.

Literaturhinweise

Betschart, P. Ildefons: *Theophrastus Paracelsus. Der Mensch an der Zeitenwende.* Ein-
    siedeln, Köln 1941.
Domandl, Sepp (Hrsg.): *Kunst und Wissenschaft um Paracelsus.* Salzburger Beiträge zur
    Paracelsusforschung, Folge 23. Wien 1984.
Goldammer, Kurt (Hrsg.): *Paracelsus. Vom Licht der Natur und des Geistes. Eine Aus-
    wahl.* Stuttgart 1960.
Gundolf, Friedrich: *Paracelsus.* Berlin 1927.

Hemleben, Johannes: *Paracelsus. Revolutionär, Arzt und Christ.* Frauenfeld, Stuttgart 1973.

Pagel, Walter: *Das medizinische Weltbild des Paracelsus. Seine Zusammenhänge mit Neuplatonismus und Gnosis.* Wiesbaden 1962.

Schipperges, Heinrich: *Paracelsus. Der Mensch im Licht der Natur.* Stuttgart 1974.

Schipperges, Heinrich: *Die Entienlehre des Paracelsus. Aufbau und Umriss seiner Theoretischen Pathologie.* Berlin, Heidelberg, New York 1988.

Schipperges, Heinrich: *Paracelsus – heute. Seine Bedeutung für unsere Zeit.* Frankfurt 1994.

Strunz, Franz: *Theophrastus Paracelsus. Idee und Problem seiner Weltanschauung.* Salzburg 1937.

Sudhoff, Karl: *Paracelsus. Ein deutsches Lebensbild aus den Tagen der Renaissance.* Leipzig 1936.

Webster, Charles: *From Paracelsus to Newton. Magic and the Making of Modern Science.* Cambridge 1982.

Weimann, Karl-Heinz: *Paracelsus-Bibliographie 1932–1960. Mit einem Verzeichnis neu entdeckter Paracelsus-Handschriften (1900–1960).* Wiesbaden 1963.

Weinhandl, Ferdinand: *Paracelsus-Studien.* Herausgegeben von Sepp Domandl. Salzburger Beiträge zur Paracelsusforschung, Folge 10. Wien 1970.

Zekert, Otto: *Paracelsus. Europäer im 16. Jahrhundert.* Stuttgart, Berlin, Köln, Mainz 1968.

Qualität und Quantität in Keplers Weltharmonik

Ulrich Niederer †

[Bearbeitung durch Hans Bieri; Nachwort von Günter Scharf][1]

Einleitung

Keplers Weltharmonik liegt nicht mitten auf der Spur der grossen Werke, welche vom Mittelalter zur neuzeitlichen Wissenschaft führt. Gerade weil das Werk abseits liegt, weil es viele, heute als unwissenschaftlich geltende Züge aufweist, kann es aufschlussreich sein, es unter dem Aspekt Qualitas – Quantitas zu betrachten. Davon abgesehen kann sich die Beschäftigung mit dem Werk wegen seiner hohen gedanklichen Ästhetik auch um seiner selbst willen lohnen.

Teil 1: Vorstellung der Weltharmonik

1.1 Die Entstehung der Weltharmonik

Johannes Kepler ist den Wissenschaftern vor allem als Astronom bekannt. Aber in seinem Werk über die *Weltharmonik* von 1619 steckt – ausser dem dritten Keplerschen Gesetz – kaum (neue) Astronomie. Es geht vielmehr um Kosmologie, um den Aufbau der Welt, und dies im weitesten Sinne. Mit Ausnahme des dritten Keplerschen Gesetzes blieb die Weltharmonik ohne Einfluss auf die spätere Wissenschaft. Aber die Bedeutung dieses Gesetzes ist so gross, dass es allein schon Kepler zu einem berühmten Mann gemacht hätte.

Die Thematik der Weltharmonik findet sich bereits in Keplers erstem Werk, dem *Mysterium Cosmographicum*, dem Weltgeheimnis

von 1596.[2] Das Titelblatt zeigt, dass schon der junge Kepler an drei
Fragen interessiert war, nämlich an der Zahl der Planeten, der Grösse
der Abstände ihrer Bahnen und der darauf ablaufenden Bewegungen.[3] Diese Fragen wurden für Kepler zum Lebensprogramm, das ihn
nie mehr losliess.

In Keplers erstem Werk von 1596 bestimmten die fünf ineinandergeschachtelten regulären oder platonischen Körper die Zahl der Planeten und die Grösse ihrer Bahnen. Die fünf Körper, zwischen die Planetenbahnen eingefügt, ergeben die Sechszahl der damals bekannten
Planeten: Merkur, Venus, Erde, Mars, Jupiter und Saturn. In einer groben Näherung waren so auch ihre Abstände festgelegt. Noch fehlte
aber ein Bewegungsgesetz, welches die Umlaufzeiten der Planeten um
die Sonne erklären konnte. Die Idee der platonischen Körper ver-
knüpfte Kepler später mit der Idee der Sphärenharmonie, welche die
fehlende Begründung der Planetenbewegung liefern sollte. Diese Idee
aus der Antike wurde in der Renaissance zu neuem Leben erweckt.

Den Plan zur Weltharmonik hatte Kepler, wie aus seinen Briefen
hervorgeht, schon 1599 entworfen.[4] Die Ausführung indes verzögerte
sich um fast zwei Jahrzehnte. Das Jahr 1600 brachte mit seinem Aufent-
halt bei Tycho Brahe eine Verlagerung des Interesses auf die quantitativ beobachtende Astronomie. Dennoch gab Kepler den Plan nie auf,
darzulegen, wie die «Welt aus Harmonie gebaut» ist. Das ist umso
bemerkenswerter, als diese Idee ganz im Gegensatz zur Zeit und zur
persönlichen Erfahrung Keplers stand. Drei verfehdete christliche Kir-
chen, der Hexenprozess gegen seine Mutter und der 1618 ausbrechende
Dreissigjährige Krieg erweckten nicht den Anschein einer harmonischen Welt!

1.2 Die Weltharmonik im Überblick

Der Titel des 1619 in Linz erschienenen Buches lautet *Ioannis Keppleri Harmonices Mundi Libri V*. «Harmonices» ist der Genitiv des griechischen Adjektivs «harmoniké (téchne)», was «Lehre von den musikalischen Tönen» oder eben «Harmonielehre» bedeutet. «Mundus» heisst
Welt, entsprechend dem griechischen Kosmos, in dem auch die Bedeutungen «Ordnung» und «Schmuck» mitschwingen. Demnach heisst der
Buchtitel *Johannes Keplers fünf Bücher über die Weltharmonielehre*,
oder einfacher die *Weltharmonik*. Der Aufbau des Werkes ergibt sich
aus seinem Titelblatt (vgl. die nebenstehende Abbildung).

Ioannis Keppleri

HARMONICES
MVNDI

LIBRI V. QVORVM

Primus GEOMETRICVS, De Figurarum Regularium, quæ Proportiones Harmonicas conftituunt, ortu & demonftrationibus.

Secundus ARCHITECTONICVS, feu ex GEOMETRIA FIGVRATA, De Figurarum Regularium Congruentia in plano vel folido:

Tertius proprie HARMONICVS, De Proportionum Harmonicarum ortu ex Figuris; deque Naturâ & Differentiis rerum ad cantum pertinentium, contra Veteres:

Quartus METAPHYSICVS, PSYCHOLOGICVS & ASTROLOGICVS, De Harmoniarum mentali Effentia earumque generibus in Mundo; præfertim de Harmonia radiorum, ex corporibus cœleftibus in Terram defcendentibus, eiufque effectu in Natura feu Anima fublunari & Humana:

Quintus ASTRONOMICVS & METAPHYSICVS, De Harmoniis abfolutiffimis motuum cœleftium, ortuque Eccentricitatum ex proportionibus Harmonicis.

Appendix habet comparationem huius Operis cum Harmonices Cl. Ptolemæi libro III. cumque Roberti de Fluctibus, dicti Flud. Medici Oxonienfis fpeculationibus Harmonicis, operi de Macrocofmo & Microcofmo infertis.

Cum S. C. Mᵗⁱ. Priuilegio ad annos XV.

Lincii Auftriæ,

Sumptibus GODOFREDI TAMPACHII Bibl. Francof.. Excudebat IOANNES PLANCVS.

Anno M. DC. XIX.

Titelblatt der Originalausgabe von Keplers Weltharmonik mit Angaben zum Aufbau des Werkes und seiner fünf Bücher. Aus M. Caspar (Hrsg.), *Weltharmonik*, München/Berlin 1939, S. 2; deutsche Übersetzung siehe ebd., S. 3.

Im folgenden sollen die fünf Bücher in der gebotenen Kürze besprochen werden.

1.3 Erstes Buch der Weltharmonik: «Geometrisches»

Im ersten Buch der Weltharmonik wird die *geometrische* Basis des ganzen Werkes gelegt. Das sind die harmonischen Verhältnisse, die durch Teilung des Kreises entstehen. Kepler lehnt die *arithmetische* Grundlegung der Harmonien durch die Pythagoreer als Zahlenspekulation ab. Die umfassende Darlegung der harmonischen Kreisteilungen unter Verwendung der dreizehn Irrationalitäten aus Euklids zehntem Buch der *Elemente* hat freilich zur Folge, dass der Einstieg ins Werk abstossend schwierig ist. Kepler war sich dessen bewusst und entschuldigt sich dafür bei seinen Lesern![5]
Der Aufbau des geometrischen Buches erfolgt nach dem Vorbild und Stil Euklids in Definitionen und Sätzen über reguläre Polygone, Sterne und halbreguläre Figuren. Der Einfachheit halber lassen wir hier die Sterne und die halbregulären Figuren ausser Betracht. Regulär ist eine Figur nach Kepler dann, wenn sie lauter gleiche Seiten und gleiche, nach aussen gekehrte Ecken besitzt (Definition I) und dadurch mit allen ihren Ecken zugleich auf ein und denselben Kreis gelegt werden kann (Satz IV).[6] So entsteht ein Verhältnis der Seite zum Durchmesser des Kreises, das durch ein geometrisches Verfahren bestimmbar ist (Definition VI).[7] Der Kreisdurchmesser ist also das bekannte Mass, mit dem hier gemessen wird. Mit seiner besonderen Begrifflichkeit bezeichnet Kepler den Vorgang des Messens als «Wissen» (Definition VII).[8] Die nun folgende VIII. Definition ist vielleicht die wichtigste der Weltharmonik:

Wissbar (scibilis) ist, was entweder selbst unmittelbar messbar ist durch den Durchmesser, falls es sich um eine Strecke, oder durch sein Quadrat, wenn es sich um eine Fläche handelt, oder was wenigstens nach einem wohlbestimmten geometrischen Verfahren aus solchen Grössen gebildet wird, die, wenn auch in noch so langer Kette, schliesslich vom Durchmesser bzw. seinem Quadrat abhängen ...

Mit dem «wohlbestimmten geometrischen Verfahren» ist die Konstruktion mit Zirkel und Lineal gemeint.[9]

Kepler unterscheidet unter Verwendung der von Euklid in Buch X der *Elemente* entwickelten Theorie der Irrationalitäten acht Grade der Wissbarkeit, wovon aber hier nur die Unterklassen des «Aussprechbaren» behandelt werden sollen.

Der erste Grad der Wissbarkeit liegt vor, wenn eine Strecke dem Durchmesser gleich ist, oder wenn eine Fläche dem Quadrat des Durchmessers gleich ist.

Der zweite Grad der Wissbarkeit liegt vor, wenn eine Strecke ein rationales Vielfaches des Durchmessers ist, bzw. wenn eine Fläche ein rationales Vielfaches der Fläche über dem Durchmesser ist. Das Verhältnis ist dann «in Länge aussprechbar» oder rational. Der Begriff der Aussprechbarkeit stammt aus der angewandten Geometrie: «Denn die Zahl ist die Sprache der Geometer.»[10]

Der dritte Grad der Wissbarkeit liegt vor, wenn eine Strecke in Länge unaussprechbar, ihr Quadrat aber aussprechbar und vom 2. Grad ist. Das Verhältnis heisst dann «in Potenz aussprechbar». Alle weiteren Grade heissen «unaussprechbar»; das Verhältnis einer Strecke zum Durchmesser bleibt dann, selbst wenn man zu den Quadraten übergeht, nicht aussprechbar. Kepler lehnt den von den lateinischen Übersetzern gebrauchten Begriff «irrational» ab wegen der Gefahr von Missverständnissen.

Als nächstes klassifiziert Kepler die regulären Polygone. Alle sind einem Kreis einbeschrieben. Durch Winkelhalbierung lässt sich die Seitenzahl verdoppeln, z.B. von 3 auf 6, 12, 24 ... . Diese Polygone bilden *eine* Klasse. Er untersucht darauf klassenweise die Polygone und bestimmt, ob die Seitenlängen wissbar sind, was ja bedeutet, dass sie mit Zirkel und Lineal aus dem Durchmesser konstruierbar sind.

Konstruierbarkeit findet er für die Klassen der 2 (4...), 3 (6...), 5 (10...) und 15 (30...)-Ecke. Danach beweist er, dass die Seite des 7-Ecks nicht wissbar ist. Diesem Sachverhalt misst er unbedingte Wichtigkeit bei: «Denn hierin ist der Grund beschlossen, warum Gott das Siebeneck und die anderen Figuren dieser Gattung nicht wie die im vorausgehenden aufgeführten erkennbaren Figuren zum Schmuck der Welt verwendet hat».[11]

In diesem Zusammenhang setzt er sich mit dem Versuch der algebraischen («cossischen») Berechnung der 7-Eck-Seite durch Jost Bürgi auseinander.[12] Er hält diese neuartige Berechnungsweise für sinnlos, da sie keinen geometrischen Konstruktionsweg aufzeigt. Da man die Seite des Siebenecks nicht «wissen» kann, was eben bedeutet, dass sie mit Zirkel und Lineal aus dem Kreisdurchmesser nicht konstruierbar ist, ist das Siebeneck ein «Nicht-Ding» (non ens). Für Kepler typisch ist der Gedankengang am Schluss von Satz 45:

Es bleibt daher allen Einwänden und allen vergeblichen Versuchen gegenüber bestehen, dass die Seiten derartiger Figuren ihrer Natur nach unbekannt und unwissbar sind. Es ist also nicht verwunderlich, wenn das, was sich im Urbild der Welt nicht finden lässt, auch nicht in der Bildung der Teile der Welt ausgedrückt ist.[13]

Für Kepler macht die Geometrie Aussagen über das Urbild der Welt (*archetypus mundi*). Weil das Siebeneck nicht wissbar ist, tritt es im Bauplan der Welt nicht auf. In Verallgemeinerung seiner Überlegungen zum Siebeneck kommt er zum (falschen) Schluss, dass die n-Ecke mit n ungerade und grösser als 5 (ausser $n = 15$) nicht wissbar seien. Man kann sich vorstellen, wie schockiert Kepler gewesen wäre, wenn er erfahren hätte, dass das Siebzehneck konstruierbar ist!

1.4 Zweites Buch der Weltharmonik: «Architektonisches»

Schon beim Durchblättern dieses Buches erscheint es dem Betrachter als das visuell wohl schönste des ganzen Werkes. Kepler verbindet hier unter dem Stichwort «Kongruenz» mehrere reguläre Figuren miteinander; sie treten in Wechselwirkung zueinander. Kepler verknüpft linguistisch «congruentia» mit dem griechischen «harmonia» für Übereinstimmung, Zusammenpassen. Er folgt wiederum einem klassischen

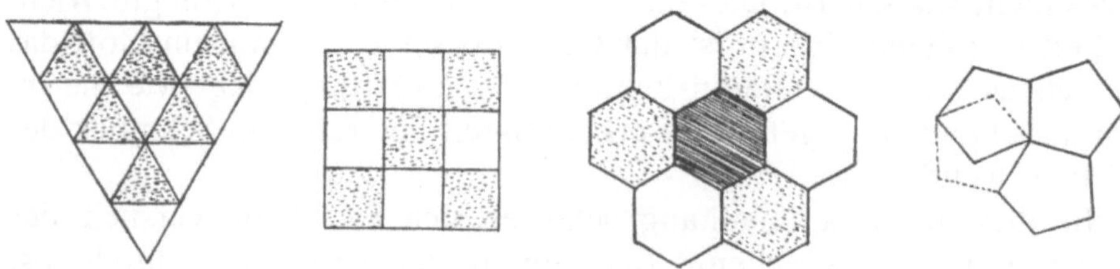

Fig. 1

Beispiele für ebene Kongruenzen mit einer Art von Figur sowie zur Inkongruenz des regulären Fünfecks (*Weltharmonik*, S. 67).

Aufbau in euklidischem Stil mit insgesamt dreissig Definitionen und Sätzen.[14]

Er unterscheidet zwei Typen von Kongruenz: Liegen die Figuren nebeneinander, haben wir ebene Kongruenzen, und es entstehen parkettähnliche Muster. Werden mit den Figuren Körper gebaut, haben wir räumliche Kongruenz, und es entstehen Polyeder.

Es stellt sich die Frage, mit welchen Figuren es Kongruenzen gibt. Kepler untersucht systematisch die Möglichkeiten der Kombinationen von Figuren zu Kongruenzen in der Ebene und zeigt, wie viele Möglichkeiten es gibt, wenn nur eine Art von Figur oder zwei bzw. drei Arten von Figuren zusammengefügt werden (vgl. Fig. 1).

Für das reguläre Fünfeck gibt es in der Ebene keine Kongruenz. Den Beweis, dass es insgesamt nur eine endliche Anzahl von Möglichkeiten für ebene Kongruenz gibt, liefert Kepler über die Winkelsummen. Es ist z.B. unmöglich, vier oder mehr verschiedene Figurenarten in *einer* Ecke zusammenstossen zu lassen; schon das 3-, 4-, 5- und 6-Eck bilden zusammen bereits eine Winkelsumme von $60 + 90 + 108 + 120 = 378$ Grad, also 18 Grad zuviel.

Über die räumlichen Kongruenzen schreibt er: «Vollkommenste und reguläre Kongruenzen von ebenen Figuren zur Bildung einer räumlichen Figur gibt es fünf.»[15] (vgl. Fig. 2).

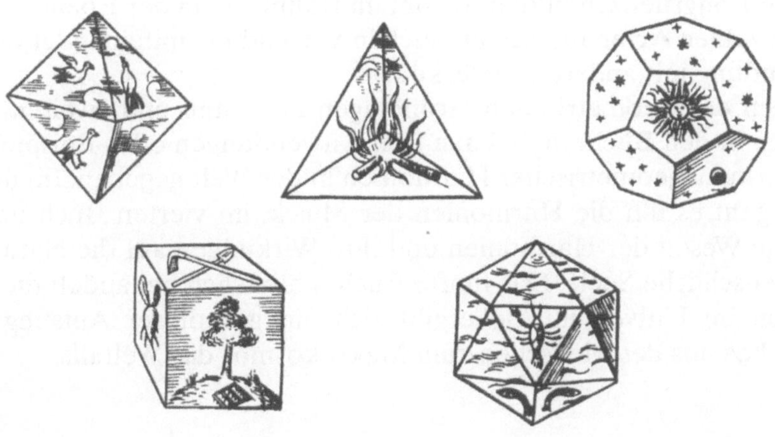

Fig. 2

Die antiken Elemente und ihre Zuordnung zu den regulären Körpern (*Weltharmonik*, S. 74).

Kepler beschreibt im folgenden den Aufbau der fünf regulären Körper aus ihren Seitenflächen und diskutiert deren Zuordnung zu den vier
sublunaren Elementen und dem fünften, dem Himmel. Dabei geht er
detailliert auf die Gemeinsamkeiten und Unterschiede zwischen den verschiedenen Auffassungen der alten Philosophen, einigen neueren
Gelehrten sowie seiner eigenen Lehre ein, wie er sie vor nunmehr 24 Jahren in seinem *Mysterium Cosmographicum* entwickelt hatte. Gleichzeitig
weist er darauf hin, dass er die fünf regulären Körper auch noch in einer
ganz anderen Weise als Strukturprinzipien des Kosmos aufgespürt habe,
indem diese, ineinandergeschachtelt, die Abstände der sechs himmlischen Sphären bestimmen (vgl. die nebenstehende Abb. und Fig. 4).[16]

Kepler selbst hat auch zwei neue reguläre Sternpolyeder entdeckt,
nämlich das Sterndodekaeder und das Sternikosaeder, die beide durch
gleichseitige Dreiecke begrenzt werden, sowie das Rhombentriakontaeder. Lässt man mehrere Arten von Begrenzungsflächen zu, so erhält
man die 13 archimedischen Körper, die von Kepler ebenfalls behandelt
werden.

Zusammenfassend ist festzuhalten, dass sich nach Keplers Schlussfolgerung 29 in Buch 2 nur insgesamt zwölf Figuren an der Bildung von
ebenen und räumlichen Kongruenzen beteiligen können, nämlich das 3-,
4-, 5-, 6-, 8-, 10-, 12- und 20-Eck sowie der 5-, 8-, 10- und 12-Eckstern.
Kepler unterscheidet dabei fünf verschiedene Grade der Kongruenz,
wobei der erste Grad allein dem Dreieck und dem Viereck zukommt,
«da sie Kongruenzen bilden sowohl im Raum wie in der Ebene, sowohl
die einzelnen Arten für sich als auch in Verbindung miteinander oder in
Verbindung mit anderen Vielecken.»[17]

Nach den geometrischen Grundlagen im ersten und zweiten Buch
werden in den Büchern 3–5 nun drei Anwendungen oder Beispiele für
die Wirkung geometrischer Harmonien in der Welt gegeben. Im dritten
Buch geht es um die Harmonien der Musik, im vierten Buch um das
geistige Wesen der Harmonien und ihre Wirkungen auf die Natur und
die menschliche Seele. Das fünfte Buch schliesslich behandelt die Harmonien im Universum. So ergibt sich ein grandioser Aufstieg vom
Mikrokosmos des Menschen zum Makrokosmos des Weltalls.

1.5 Drittes Buch der Weltharmonik: «Harmonisches»

Das dritte Buch entwickelt die Herleitung der musikalischen Harmonien. Die Musiktheorie (Harmonik) als Teil des Quadriviums war

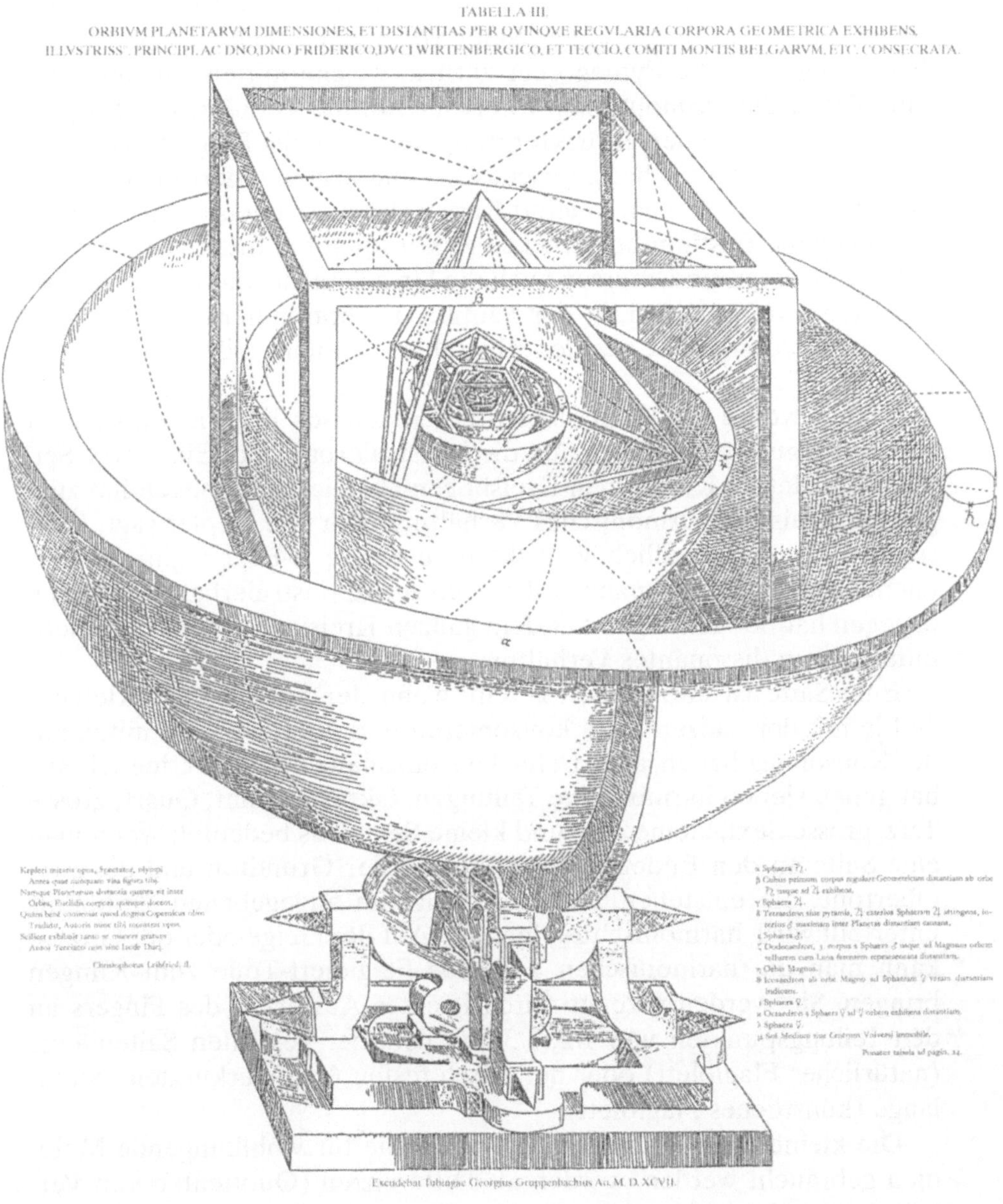

Keplers Weltmodell aus dem *Mysterium Cosmographicum* von 1596 (nach J. Kepler, *Gesammelte Werke*, Bd. 1, S. 26 f.).

auch noch zu Zeiten Keplers stark verbreitet; führender Kopf war Vincenzo Galilei (1520–1591), der Vater von Galileo Galilei. Die Musiktheorie geht auf die Pythagoreer zurück, welche mittels Messung der Saitenlänge die harmonischen Intervalle auf die Verhältnisse (Proportionen) kleiner Zahlen zurückführten. Stellt man die Frage, warum z.B. das Verhältnis 2:3 ein harmonisches sei, und argumentiert man wie die Pythagoreer mit Zahlen, so lehnt Kepler das als Zahlenspekulation ab: «Denn da die Bestimmungsstücke der konsonanten Intervalle kontinuierliche Grössen sind, müssen auch die Ursachen, die diese von den dissonanten unterscheiden, in der Familie der kontinuierlichen Grössen gesucht werden, nicht bei den abstrakten Zahlen, d.h. bei diskreten Grössen.»[18]

Kepler wollte die Harmonielehre geometrisch begründen. Er geht von den regulären n-Ecken aus, die konstruierbar sind. Eine ihrer Seiten schneidet im Kreis einen Kreisbogen ab. Dieser Teilbogen hat zum ganzen Kreis ein harmonisches Verhältnis, oder wie Kepler sagt, Konsonanz. Da es unendlich viele konstruierbare n-Ecken gibt, gibt es unendlich viele Konsonanzen. Bei den nichtkonstruierbaren n-Ecken dagegen hat der Teilbogen mit dem ganzen Kreis nach Kepler per definitionem ein dissonantes Verhältnis.

Eine Saite ist harmonisch geteilt, wenn der grössere und kleinere Teil je mit der ganzen Saite konsonieren und überdies auch miteinander Konsonanz haben, also dreifache Konsonanz herrscht. Eine Oktave hat genau sieben harmonische Teilungen: Oktave, Quint, Quart, grosse Terz, grosse Sext, kleine Terz und kleine Sext. Das bedeutet: Wenn man eine Saite an den Enden festhält, so sind der Grundton und die zwei Obertöne, die entstehen, wenn die Saite im angegebenen Verhältnis unterteilt wird, harmonisch zueinander. Auf der Geige oder der Gitarre kann man die harmonischen Töne als Flagiolett-Töne zum Klingen bringen. Sie werden erzeugt durch leichtes Aufsetzen des Fingers an den Teilungspunkten von 1/2, 1/3, 1/4 usw. der gesamten Saitenlänge (natürliches Flagiolett) oder der durch festen Griff verkürzten Saitenlänge (künstliches Flagiolett).

Die kleineren melodischen Intervalle, die für wohlklingende Melodien gebraucht werden, werden als Differenzen (Quotienten von Verhältnissen) eingeführt. So ergibt der Unterschied zwischen Quart und Quint den grossen Ganzton. Das zugehörige Teilungsverhältnis ergibt sich aus: Quint zu Quart = 2/3 : 3/4 = 2/3 · 4/3 = 8/9. Ebenso entsteht zwischen Quint und grosser Sext der kleine Ganzton 9/10, zwischen Quint und kleiner Sext der Halbton 15/16. Kleine und grosse Terz oder kleine und grosse Sext ergeben die Diesis 24/25. Damit kann Kepler nun die ganze Oktave aufbauen.[19]

Die Unterscheidung von Dur- und Moll-Tonleiter zeigt: Die kleine Terz der Moll-Tonleiter hat das Verhältnis 5:6, stammt also vom 6-Eck und ist deshalb hochgradig wissbar, was einen weichen, harmonischen Klang ergibt. Bei der Dur-Tonleiter hingegen hat die Terz das Verhältnis 4:5, stammt also vom 5-Eck, was einen harten Klang ergibt. Kepler hat ja im zweiten Buch nachgewiesen, dass die 5-Ecke in der Ebene keine Kongruenz haben können.

In ausführlicher Weise geht Kepler dann auf alle möglichen Feinheiten der Tonleitern beiderlei Geschlechter (Dur und Moll), deren charakteristische Intervalle und die Wirkung der Tonarten auf die Affekte ein. Am Schluss des harmonischen Buches steht ein Exkurs ins Politische, als Auseinandersetzung mit Jean Bodins Buch *De republica* von 1586.[20]

1.6 Viertes Buch der Weltharmonik: «Astrologisches»

Im vierten Buch geht es eigentlich um eine harmonikale Erklärung der Astrologie.[21] Es beginnt mit einer langen platonisierenden Einführung in das Wesen der Harmonien: Der Seele wohnen Urbilder der Harmonien ein, «harmoniae archetypales», Archetypen, die etwa den platonischen Ideen entsprechen. Sinnliche Harmonien entstehen, wenn die Seele zwei Dinge bezüglich einer Quantität in ein Verhältnis setzt und dieses mit den Urharmonien vergleicht. Dabei bedeutet «Seele» im dritten Buch die Seele des Menschen, im vierten aber auch die Weltseele.

Nach Keplers Idee kommt die astrologische Wirkung zustande durch die sogenannten Aspekte, d. h. die Lichtstrahlen zweier Planeten bilden im Auge des Beobachters auf der Erde bestimmte Winkel, die dann harmonisch und wirksam sind, wenn der gebildete Winkel die Seite einer wissbaren Figur einschliesst. Die Wirkung ist stark oder schwach je nach dem Grad der Wissbarkeit und der Kongruenz. Hingegen wird nirgends von guten oder schlechten Wirkungen gesprochen. Kepler nahm ursprünglich 7 wirksame Konfigurationen oder Aspekte an, kam dann aber durch weitere Beobachtungen auf 13 Aspekte[22] (vgl. Fig. 3).

Im *Epilog über die sublunarische Natur und die niederen Seelenvermögen, besonders jene, auf die sich die Astrologie stützt* legt Kepler seine

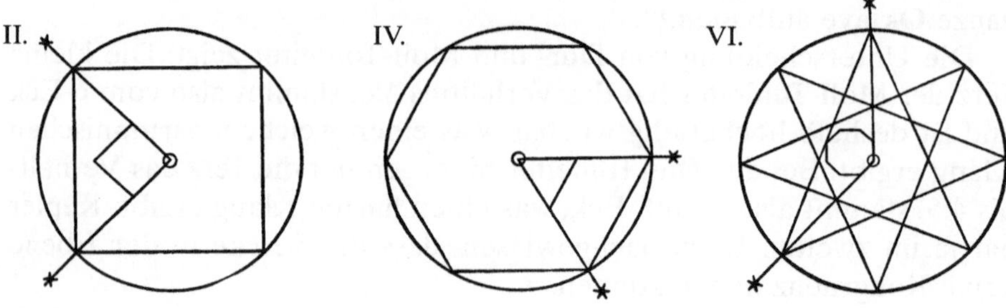

Fig. 3
Beispiele für harmonische Konfigurationen von Gestirnstrahlen (*Weltharmonik*, S. 233).

Haltung zur Astrologie dar.[23] Dass zwischen der sublunarischen Weltseele und den Wettererscheinungen auf der Erde ein Zusammenhang
besteht, glaubt Kepler durch Beobachtung gefunden zu haben. Die
Menschenseele nun nimmt die Harmonie der Gestirnstrahlen wahr und
reagiert darauf. Für Kepler ist wichtig, dass diese Wirkung nicht vom
Himmel, sondern von der Seele kommt, indem sie die Himmelserscheinungen wahrnimmt. Damit vermeidet er eine Fernwirkungstheorie, die
in der Wissenschaft lange Zeit verpönt war. So lehnte z. B. Galileo Galilei die Mondtheorie der Gezeiten als *qualità occulta* ab. Newton musste
sich gegen Vorwürfe wehren, seine universelle Gravitationstheorie sei
unwissenschaftlich.[24] Man konnte sich eine Wirkung im Prinzip nur
durch Berührung, also mechanisch, vorstellen, nicht aber durch den leeren Raum hindurch. [25]

Im Ganzen ist Kepler mindestens der traditionellen Horoskop-
Astrologie gegenüber eher skeptisch. Falls es Einflüsse der Gestirne auf
die Menschen gäbe, könne man sie sich durch die Harmonielehre der
Aspekte erklären, aber ob es sie gibt, sei ungewiss. Trotz dieser grossen
Unsicherheit war die Astrologie in der Renaissance weit verbreitet. So
mussten z. B. die Medizinstudenten Planetentheorien hören, damit sie
ihren Patienten das Horoskop stellen konnten.

1.7 Das fünfte Buch der Weltharmonik: «Astronomisches»

Im fünften Buch der *Weltharmonik* von 1619 nimmt Kepler den
Faden seines ersten Werkes *Mysterium Cosmographicum* mit den

regulären, ineinandergeschachtelten Polyedern wieder auf und verbindet sie mit den Harmonien zu einer umfassenden Kosmologie. Die Polyeder hatten ja die Anzahl der Planeten und näherungsweise die Grösse ihrer Abstände von der Sonne erklärt. Lediglich die Erklärung der Umlaufszeiten fehlte noch. Kepler berichtet hierzu:

Nachdem ich in unablässiger Arbeit einer sehr langen Zeit die wahren Intervalle der Bahnen mit Hilfe der Beobachtungen Brahes ermittelt hatte, zeigte sich mir endlich, endlich die wahre Proportion der Umlaufszeiten in ihrer Beziehung zu der Proportion der Bahnen ... Am 8. März dieses Jahres 1618, wenn man die genauen Zeitangaben wünscht, ist sie in meinem Kopf aufgetaucht. Ich hatte aber keine glückliche Hand, als ich sie der Rechnung unterzog, und verwarf sie als falsch. Schliesslich kam sie am 15. Mai wieder und besiegte in einem neuen Anlauf die Finsternis meines Geistes, wobei sich zwischen meiner siebzehnjährigen Arbeit an den Tychonischen Beobachtungen und meiner gegenwärtigen Überlegung eine so treffliche Übereinstimmung ergab, dass ich zuerst glaubte, ich hätte geträumt und das Gesuchte in den Beweisunterlagen vorausgesetzt. Allein es ist ganz sicher und stimmt vollkommen, dass die Proportion, die zwischen den Umlaufszeiten irgend zweier Planeten besteht, genau das Anderthalbe der Proportion der mittleren Abstände, d.h. der Bahnen selber, ist ...[26]

In moderner Formulierung ausgedrückt: Die Quadrate der Umlaufszeiten zweier Planeten verhalten sich wie die dritten Potenzen der grossen Halbachsen ihrer Ellipsenbahnen: $T_1^2 : T_2^2 = a_1^3 : a_2^3$.

Seit der Abfassung des *Mysterium Cosmographicum* (1596) war Kepler allerdings klar geworden, dass die Abstände nicht starr sein können;[27] deshalb gewinnt in der *Weltharmonik* das Suchen nach Harmonien zunehmend an Gewicht. Kepler beschreibt ausführlich seine Überlegungen: Sind die Umlaufszeiten der Planeten harmonisch? Oder lassen die Aphel- und Perihelabstände, bzw. deren Bogenlängen auf dem Exzenter, Harmonie erkennen (vgl. Fig. 4)?

Die lange gesuchten Harmonien in der Bahnbewegung findet Kepler schliesslich in den Geschwindigkeiten der Planeten in den Punkten grösster Sonnennähe (Perihel) und Sonnenferne (Aphel), den sogenannten Apsiden. Er bestimmt die Verhältnisse der scheinbaren Tagbögen (von der Sonne aus gesehen) und kann diese Verhältnisse wie im

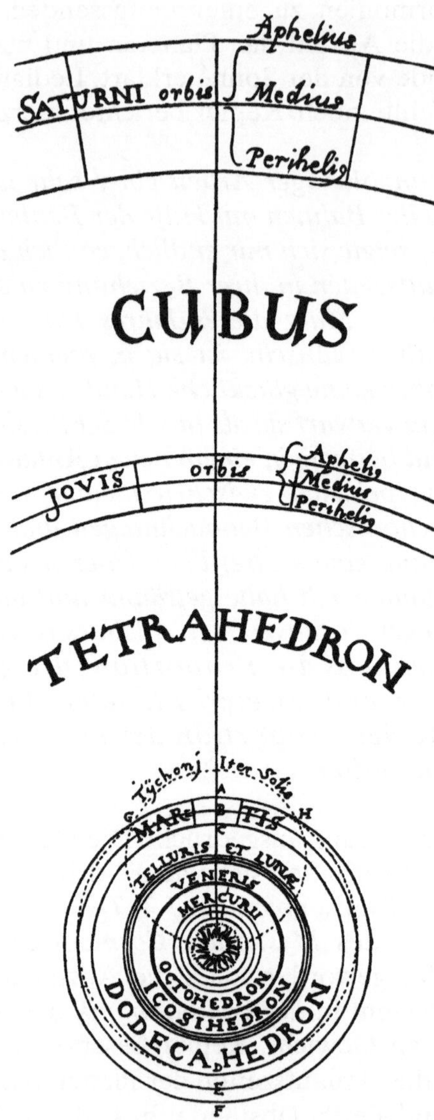

Fig. 4
Massstäbliche Darstellung der Abstände der sechs Planeten in Aphelius, Medius und Perihelis als Weiterführung des im *Mysterium Cosmographicum* entwickelten Weltmodells (*Weltharmonik*, S. 287).[28]

3. Buch als Tonintervalle deuten.[29] Er erhält fast zwei vollständige Tonleitern, eine in Dur und eine in Moll. Ohne eine explizite Darstellung der Keplerschen Musiktheorie lassen sich freilich seine weiteren Ausführungen hierzu nicht verstehen.

Dass Kepler das 3. Gesetz gerade im Zusammenhang mit den harmonischen Proportionen vorlegt, hat folgenden Grund: Wenn zwischen den Bewegungen der Planeten Harmonien herrschen, welche z.B. die Umlaufszeiten festlegen, dann sind vermöge des 3. Gesetzes die Abstände nicht mehr frei wählbar. Die Harmonien zusammen mit den als starr aufgefassten Polyederabständen würden das System überbestimmen; Kepler entgeht dieser Gefahr, indem er erklärt, die Polyederabstände seien nur annähernd eingehalten.[30] Wie er das 3. Gesetz gefunden hat, führt er freilich nicht näher aus.

Mit Satz 49 schliesst Kepler die Reihe der Sätze im 5. Buch ab:

Es ist ein schöner Zufall, dass wir gerade zu dem Quadrat 49 der Siebenzahl gelangt sind, so dass gleichsam ein Sabbat folgt, nachdem wir volle sechs mal acht Sätze über das Werk des Himmels vorausgeschickt haben. Mit Recht habe ich auch zu einem Schlusssatz gemacht, was mit den Axiomen hätte vorausgeschickt werden können. Denn auch Gott, nachdem er das Werk der Schöpfung vollbracht hatte, «sah alles, was er gemacht hatte, und siehe, es war sehr gut.»[31]

Teil 2: Beurteilung der Weltharmonik

2.1 Die Ergebnisse der Weltharmonik

Zweierlei an der Keplerschen Astronomie hatte Bestand:

1. Von allem Anfang an stiess Kepler astronomisch in die dritte Dimension vor, indem er sich für die Abstände der Planeten von der Sonne interessierte. Er löste sich damit von den bloss zwei Dimensionen der Länge und Breite auf der Himmelskugel. Nur über die Abstände fand er in seiner *Astronomia nova* von 1609 die ersten beiden Planetengesetze. Damit hielt der physikalische Realismus Einzug in die Astronomie.[32]

2. Die Kenntnis des 3. Keplerschen Gesetzes erlaubte später Newton sehr rasch den Übergang zum Gravitationsgesetz durch die Annahme

einer Zentralkraft, die sich ja schon aus dem 2. Keplerschen Gesetz, dem Flächensatz, ableiten lässt, gestützt auf die Beobachtung, dass die Planeten sich in Sonnennähe schneller bewegen als in Sonnenferne.[33]

Soweit hat die Entwicklung der Physik und Astronomie Kepler recht gegeben. Wie steht es aber mit dem ganzen Umfeld der Keplerschen Ideen? Wie gut «stimmen» die Harmonien in der Bahnbewegung? Ich habe die numerischen Fehler untersucht, um die die Verhältnisse Keplers von reinen Tönen abweichen. Wenn 100% der jeweils maximal mögliche Fehler (d.h. die Mitte zwischen zwei Tönen) ist, so beträgt der mittlere Fehler bei 16 Verhältnissen in Keplers Tabelle 57%. Das bedeutet, dass die harmonische Qualität nicht besser ist, als man für eine Reihe von 16 Zufallsverhältnissen erwarten könnte.[34]

Das Urteil der späteren Naturwissenschafter über Keplers Weltharmonik ist recht einhellig: Laplace äusserte sich 1821, es sei beschämend für den menschlichen Geist zu sehen, wie dieser grosse Mann sich mit seinen monströsen Spekulationen vergnügt. Wolfgang Pauli sah 1952 in der Weltharmonik «eine merkwürdige Zwischenstufe der frühen magisch-symbolischen und der modernen quantitativ-mathematischen Naturbeschreibung.»[35]

Paulis Urteil drückt aus, dass der Fortschritt in der Wissenschaft als Fortschritt von Qualitas zu Quantitas aufgefasst wird. Dabei wird «qualitativ» eher im negativen Sinn verstanden, als veraltet, magisch, animistisch, ja sogar als die verpönte *qualitas occulta*. Misst man die Weltharmonik mit dem Massstab der heutigen Naturwissenschaft, so erscheint sie als unwissenschaftlich und für die Wissenschaft irrelevant. Ein solches Urteil ist aber zu voreilig und zu unfair; es ist falsch, den Massstab der heutigen Zeit anzulegen. Beispielsweise gehören heute Musik und Astrologie nicht zu den Naturwissenschaften im Gegensatz zu Keplers Zeiten. Aus der Sicht der damaligen Zeit ist Keplers Werk durchaus ein wissenschaftliches Werk![36] Wir müssen deshalb versuchen, die Weltharmonik aus der damaligen Zeit heraus zu verstehen, indem wir die Frage stellen, ob sie im Selbstverständnis ihres Autors qualitativ oder quantitativ sei.

2.2 Die Quantitas bei Kepler

Zweifellos hätte Kepler die Weltharmonik als quantitatives Werk bezeichnet. Er war einer der bedeutendsten Mathematiker seiner Zeit, sowohl ein tiefsinniger und weitsichtiger Theoretiker wie auch ein hochbegabter Rechner, wovon viele seiner Werke Zeugnis ablegen. Wir geben ein Beispiel aus der *Astronomia nova* von 1609: Die Entdeckung der ersten beiden Gesetze aus den Marsbeobachtungen war vorwiegend quantitativ. Dagegen war der Versuch, mittels einer *physica coelestis* die Planetenbewegung durch herumwirbelnde Sonnenkraft zu erklären, voll qualitativ und scheiterte, weil er auf der ungenügenden aristotelischen Physik beruhte.[37] Die Weltharmonik war für Kepler ein quantitatives Werk, denn «… die Welt, die ehedem nicht war, [ist] von Gott geschaffen worden nach Gewicht, Mass und Zahl, d.h. nach Ideen gleich ewig wie Gott.»[38] In diese Richtung weist auch der von Kepler selbst ausgewählte Grabspruch:

Mensus eram coelos, nunc terrae metior umbras;
Mens coelestis erat, corporis umbra iacet.

In der Übersetzung von Max Caspar:

Himmel durchmass mein Geist, nun mess ich die Tiefen der Erde;
Ward mir vom Himmel der Geist, ruht hier der irdisch Leib.

Theoretische Grundlage zur Behandlung der Quantitäten ist für Kepler die Geometrie. Man kann wohl sagen, dass die Renaissance-Mathematiker einer regelrechten Euklidomanie verfallen waren. Die erste griechische Ausgabe der *Elemente* erschien 1533 in Basel durch Simon Grynäus, zusammen mit dem Kommentar des Proklos (412–485) zum ersten Buch Euklids. Beides war Kepler so wichtig, dass er einige Sätze daraus als Motto den Büchern der Weltharmonik voranstellte. Als Paradigma einer sauberen, logischen und wissenschaftlichen Arbeit galten Euklids Elemente bis ins zwanzigste Jahrhundert hinein. Grynäus hatte in der Einleitung gefordert, von nun an alle Disziplinen an der geometrischen Methode zu orientieren.

Neben den Elementen Euklids kannte Kepler durchaus auch die damals aufkommende Algebra, die sogenannte «Coss», z. B. von Jost Bürgi.[39] Kepler benutzte sie als rechnerisches Hilfsmittel, lehnte sie aber als Erkenntnismittel ab.

Geometrie handelt von Grössen, die auch kontinuierlich sein können (Längen, Flächen), und ist daher für eine allgemeine Darstellung von Quantitäten geeignet. Zahlen (d. h. damals «ganze Zahlen») sind diskret, zur Behandlung von Grössen untauglich. Was Kepler an der pythagoreischen Harmonielehre auszusetzen hatte, war die Begründung durch Zahlen. Für ihn waren die Zahlen qualitativ-spekulativ, die Geometrie hingegen quantitativ-wissenschaftlich. In Plato sah er den grossen Philosophen der Geometrie; man denke an den bekannten Spruch über der Eingangshalle der Akademie. Keplers eigene Überzeugung geht vielleicht am deutlichsten hervor in einer Bemerkung zum Rosenkreuzer Robert Fludd: «Man kann auch sehen, dass er [Fludd] seine Hauptfreude an unverständlichen Rätselbildern von der Wirklichkeit hat, während ich darauf ausgehe, gerade die in Dunkel gehüllten Tatsachen der Natur ins helle Licht der Erkenntnis zu rücken. Jenes ist Sache der Chymiker, Hermetiker und Parazelsisten, dieses dagegen Aufgabe der Mathematiker.»[40]

Dieser Anspruch Keplers, gerade für die im Spannungsbereich Qualitas-Quantitas angesiedelte Weltharmonik, erfordert ein differenziertes Urteil. Keplers Methodik, d.h. die Art, einen Gegenstand zu erforschen und dadurch Erkenntnis zu gewinnen, ist auch in der Weltharmonik beste quantitative Wissenschaft, ist sozusagen theoretische (mathematische) Physik. Sie steht in der Tradition, repräsentiert durch die mathematischen Werke der Pythagoreer, Platons *Timaios*, des Euklid und Archimedes, wie sie sich seit Galileo Galilei und Newton bis heute entwickelt hat.

Was heute überholt ist und auf uns unwissenschaftlich wirkt, sind einige der Grundlagen und Inhalte der Weltharmonik; nämlich

1. Die Fragestellung und die Forschungsmotive
2. Die zulässigen Erkenntnismittel.

Damit ist die Aufgabe gestellt, dem Unterschied zwischen Kepler und der heutigen Wissenschaft unter diesen Aspekten nachzuspüren.

2.3 Fragestellung und Motiv

Die heutige Sicht des Planetensystems ist gewissermassen durch die «Philosophie» der Differentialgleichungen gekennzeichnet. Die Zustände des Planetensystems sind restlos erklärbar, sofern eine Momentaufnahme bekannt ist. Anders ausgedrückt: Wenn die Bahnelemente gegeben sind, ist der Rest berechenbar.[41]

Die Frage hingegen, warum die Planetenabstände gerade so und nicht anders sind, wird ernsthaft kaum gestellt; denn das Problem der Kontingenz liegt kaum im Interessenbereich der heutigen Physik.[42]

Kepler aber war daran brennend interessiert. Sind die Bahnelemente Zufall, oder gibt es einen Grund, warum sie so und nicht anders sind? So hat Kepler gefragt, denn er lehnte den Zufallsbegriff ab: «Was ist eigentlich Zufall? Ohne Zweifel ist er ein äusserst abscheuliches Götzenbild und nichts anderes als eine Beleidigung des allmächtigen Gottes ... »[43] Das bedeutet für Kepler, dass die Abstände der Planeten einen Grund haben müssen, den er kennenlernen will. Keplers heuristisches Credo, welches für ihn das Motiv aller Naturwissenschaft sein muss, lautet, dass die Schöpfung der Welt im Geist des Menschen nachvollziehbar ist. Er will also die biblische Schöpfungsgeschichte mit dem Verstand erfassen.[44] Dieses Bemühen hat für ihn eine lange Geschichte. Schon Platons *Timaios* ist danach eine Art Kommentar zur Genesis. Kepler will diesen Versuch in zweierlei Hinsicht verbessern:

1. Die Geometrie liefert eine bessere und sicherere Grundlage als die pythagoreische Zahlenspekulation.
2. Die Verbesserung der Astronomie durch das heliozentrische System soll berücksichtigt werden.

Damit ist es möglich, Platons *Timaios* auf eine einwandfreie quantitative Grundlage zu stellen. Als Fazit ergibt sich, dass für Kepler das Hauptziel der Weltharmonik darin bestand, den Aufbau des Kosmos numerisch zu verstehen.

2.4 Zulässige Mittel für Kepler

Welche Mittel zur Erklärung und zur Erkenntnis waren in der Spätrenaissance zulässig? Für Kepler spielte die Unterscheidung von Wissbarkeit und Unwissbarkeit der Figuren eine entscheidende Rolle, z. B. der fundamentale Unterschied zwischen einem 4-Eck und einem 7-Eck. Letzteres ist mit Zirkel und Lineal nicht konstruierbar, daher nicht eigentlich wissbar, ja sogar nicht existent, ein gedankliches Unding.[45] Für uns heute ist diese Unterscheidung nicht mehr zentral. Aber die Mathematik brauchte lange, um diese Schwierigkeit zu überwinden.

Die Frage der Kausalität oder die Antwort auf die Frage «warum?» spielte eine wichtige Rolle. Heute wird als Begründung nur die *causa efficiens*, die Wirkursache zugelassen. Zu Keplers Zeiten war immer auch noch die Frage nach der *causa finalis*, nach der Zweckursache relevant. Die Frage «warum?» konnte durchaus auch lauten «wozu?». Hier spielt die Ästhetik hinein: Die Schönheit des Ergebnisses, seine Qualität, wäre eine wissenschaftlich legitime Begründung gewesen. Doch ist eine solche Fragestellung heute irrelevant. Für Kepler hingegen war es «gut, dass die räumlichen Figuren bei der Bildung der Abstände gegenüber den harmonischen Verhältnissen nachgeben mussten.» So beginnt die bereits zitierte Stelle aus dem Satz 49 im fünften Buch, um dann mit dem Bekenntnis zu schliessen: «Gott ... sah alles, was er gemacht hatte, und siehe, es war sehr gut.»[46] Das wäre heute als Schlusssatz einer wissenschaftlichen Abhandlung gänzlich undenkbar, war damals aber durchaus üblich und legitim.

Für Keplers Wissenschaft ist Gott ein wesentlicher Aspekt. Sein Gott ist ein christlicher Gott, aber mit sehr vielen platonischen (und neuplatonischen) Zügen. Gott arbeitet nach Urbildern oder Archetypen, wie Kepler sie selbst benennt. Wissenschaft betreiben heisst deshalb, den Urbildern Gottes nachzuspüren. Eine Aussage wie «Gott schuf etwas nach dem und dem Archetyp» genügte als wissenschaftliche Erklärung, sofern der Archetyp intelligibel war, wie z. B. die geometrisch fassbaren Harmonien. Physik und Astronomie sind für Kepler letztlich Gottesdienst: «Die Himmel erzählen die Ehre Gottes und die Feste verkündet seiner Hände Werk.» (Psalm 19, 1).

Dabei darf nicht übersehen werden, dass schon Kepler den Begriff des Archetyps benutzt hat und nicht erst C. G. Jung. Kepler versteht unter den Archetypen geistige Urbilder der menschlichen Seele, ähnlich den platonischen Ideen. Im Gegensatz zu Jung ist für Kepler die Geometrie der Inbegriff dieser Urbilder: «Die Geometrie, vor der Entstehung der Dinge von Ewigkeit her zum göttlichen Geist gehörig, Gott selbst (denn was ist in Gott, das nicht Gott selbst wäre), hat die Urbilder für die Erschaffung der Welt geliefert und mit dem Bild Gottes ist sie in den Menschen übergegangen, also nicht erst durch die Augen in das Innere aufgenommen worden.»[47]

Gott als Fundament der Wissenschaft ist heute kein zulässiges Erkenntnismittel mehr. So sagte Laplace zu Napoleon: «Je n'avais pas besoin de cette hypothèse.» Hier ist Gott zur unerwünschten, ja unnötigen Hypothese geworden, zum unerlaubten *deus ex machina* und zur *qualitas occulta* verkommen. Kepler dagegen war eben in vielem ein Wissenschafter der Renaissance. Das zeigt etwa auch der erwähnte Exkurs am Ende des dritten Buches über die drei Mittel der Politik. Er fügt sich in das Schema der Renaissancediskussionen, wo man vieles unter die Allmacht der Urbilder zu subsumieren versuchte.

Der Mensch als Ebenbild Gottes ist selbst zum Nachvollzug der Schöpfung Gottes befähigt. Dahinter steht die Anthropozentrik der Renaissance mit ihrem stolzen Menschenbild. Daraus leitete sich ein Machtanspruch ab, der Wille zur Bemächtigung der Welt im Handeln (Entdeckungsreisen) und im Wissen. Das letztere versucht Kepler zu verwirklichen, wenn er mit seinem geometrisch begründeten Harmonieprinzip Welt, Erde und Mensch als Schöpfung Gottes erklären, verstehbar machen will.[48]

Was zeigt die Weltharmonik schlussendlich? Sie ist ein Werk der Spätrenaissance und liegt damit im Übergang von Mittelalter und Neuzeit. Das Denken der Renaissance befreite sich von den Schranken der aristotelisch-scholastischen Wissenschaft, war aber auch noch nicht den Denkschemata der Aufklärung unterworfen mit dem Zwang der experimentellen Nachweisbarkeit und der mechanistischen Erklärung. Die Weltharmonik Keplers legt Zeugnis ab von einer geistigen Freiheit, die vielleicht weder vorher noch nachher je so gross gewesen ist. Vieles daraus wirkt heute unwissenschaftlich und wird als *qualitativ* abqualifiziert, oft nur, weil sich der wissenschaftliche Geschmack änderte, weil die Wissenschaft zwar *strenger*, aber letztlich auch *enger* geworden ist.

Anmerkungen

1 Der Autor hat den Vortrag im Rahmen des Wissenschaftshistorischen Kolloquiums von Universität und ETH Zürich am 7. November 1990 gehalten. Bedauerlicherweise konnte er ihn für den Druck nicht mehr selbst bearbeiten, da er am 30. März 1991 verschied. Deshalb hat es Hans Bieri übernommen, die Vortragsnotizen auszuarbeiten, mit Stellennachweisen und wissenschaftshistorischen Anmerkungen zu versehen und ein Literaturverzeichnis zu erstellen. Ulrich Niederers Notizen waren nicht in allen Einzelheiten ausgeführt und teilweise revisionsbedürftig. Er selbst hat sich noch dazu geäussert in dem Sinne, dass die Ausarbeitung zum Druck sehr viel Zeit beanspruche, über die er jetzt [d. h. im Winter 1990/91] nicht verfüge. Die Wiedergabe versucht, so nahe wie möglich am Wortlaut der Notizen zu bleiben. In den Anmerkungen ist bisweilen ein kritischer Unterton herauszuhören, dies jedoch ganz im Sinne der Diskussionen, die zwischen Ulrich Niederer und dem Verfasser dieser Anmerkungen in den Jahren 1986–1991 stattfanden.

2 Keplers Werke sind in den Originalsprachen herausgegeben als *Gesammelte Werke*, Bd. 1 ff. unter Leitung von Walther van Dyck und Max Caspar, München 1937 ff. Zitate und Stellennachweise unter der Abkürzung *Weltharmonik* beziehen sich auf: Johannes Kepler, *Weltharmonik*, übersetzt und eingeleitet von Max Caspar, Darmstadt 1967, unveränderter Nachdruck der Ausgabe München 1939. Die Abkürzung *Weltgeheimnis* bezieht sich auf: Johannes Kepler, *Das Weltgeheimnis*, übersetzt und eingeleitet von Max Caspar, München und Berlin 1936. Die Abkürzung *Briefe*, Bd. 1

bezieht sich auf *Johannes Kepler in seinen Briefen*, hrsg. von Max Caspar und Walther von Dyck, Band 1, München und Berlin 1930. Für weitere Angaben zur *Weltharmonik* siehe insbesondere Field 1988, Speiser 1945, Pauli 1952, Stephenson 1994 sowie das Literaturverzeichnis.

3   Nachfolgend geben wir hier den genauen deutschen Wortlaut des inhaltsreichen Titelblattes wieder: «Vorbote der kosmographischen Abhandlungen, das kosmographische Geheimnis enthaltend, über die wunderbare Proportion der himmlischen Kreise und über die Ursachen der Zahl, der Grösse und der regelmässigen Bewegungen, die den Sphären angeboren und zu eigen sind, bewiesen mit Hilfe der fünf regulären geometrischen Körper, von Magister Johannes Kepler aus Württemberg, Mathematiker der erlauchten Stände der Steiermark. Täglich sterbe ich und ich gebe es zu: aber solange mich mein Studium auf den ewigen Wegen des Himmels hält, berühre ich mit meinen Füssen die Erde nicht: sondern vor Gott labe ich mich am Nektar, an der göttlichen Ambrosia. Beigefügt ist die gelehrte Darstellung des Magisters Georg Joachim Rheticus über die Bücher der Revolutionen und die bewunderungswürdigen Hypothesen über die Zahl, die Ordnung und die Abstände der kosmischen Sphären des allerberühmtesten Mathematikers und Restaurators (Wiederherstellers) der ganzen Astronomie: Doktor Nikolaus Kopernikus. Tübingen gedruckt von Georg Gruppenbach im Jahre 1596.» (Übersetzung H. B.).
Aus dem Titelblatt geht deutlich hervor, dass der Begriff der Revolution rein astronomische Bedeutung hat, als eine Bewegung, die immer wieder auf die Ausgangsposition zurückführt. Inbegriff solcher Bewegung war seit der antiken Astronomie die Kreisbewegung. Vom Aussenseiter Aristarch von Samos (ca. 310–230 v. Chr.) und einigen wenigen anderen Gelehrten abgesehen, galt für die ganze Antike und das Mittelalter die Ruhelage der Erde im Mittelpunkt des Kosmos als selbstverständlich. Schliesslich entspricht es dem Augenschein, dass der Himmel mit all seinen Gestirnen täglich um die Erde kreist! Wenn Kopernikus die Sonne zum ruhenden Mittelpunkt des Kosmos machte, um den herum sich alles dreht, wollte er jenes alte Ideal der Kreisbewegung wiederherstellen. Er konnte nämlich zeigen, dass Stillstand und rückläufige Bewegung der Planeten reine Projektionsphänomene von der Erde aus sind und dass die Planeten sich in Wirklichkeit um die Sonne bewegen. Deshalb wird er auf dem Titelblatt im lateinischen Original als «Restaurator» bezeichnet, d.h. als Wiederhersteller des astronomischen Ideals der gleichförmigen himmlischen Kreisbewegung. Auffällig ist schliesslich, dass die Ausführungen des Kopernikus von Kepler «Hypothesen» genannt werden, also genau gleich, wie Osiander im anonymen Vorwort zum Hauptwerk des Kopernikus es getan hat: «Aufgabe des Astronomen ist es nämlich, die Geschichte der himmlischen Bewegungen mit gewissenhafter und kunstgerechter Beobachtung zusammenzutragen. Darauf die Ursachen derselben, oder, wenn er die wahren [Ursachen] durch keine Theorie erfassen kann, alle nur möglichen Hypothesen zu ergründen und auszudenken, auf Grund derer jene Bewegungen nach den Prinzipien der Geometrie sowohl für die Zukunft wie auch für die Vergangenheit sich richtig berechnen lassen ... Es ist nämlich nicht nötig, dass diese Hypothesen wahr, ja nicht einmal wahrscheinlich sind, sondern es genügt einzig, wenn sie mit den Beobachtungen übereinstimmende Berechnungen ergeben.» (Kopernikus, *De Revolutionibus*, München 1949, S. 403. Übersetzung H. B.).

4   Der Brief an Herwart vom 9./10. April 1599 enthält in Kurzform die ganze Thematik und den Aufbau der Weltharmonik von 1619. Vgl. Kepler, *Briefe*, Bd. 1, S. 101–109.

5   *Weltharmonik*, S. 17 f.

6   *Weltharmonik*, S. 19.

7   *Weltharmonik*, S. 20.

8   *Weltharmonik*, S. 20.

9   Vgl. Peters 1941 und Steele 1965.

10   *Weltharmonik*, S. 21.

11   *Weltharmonik*, S. 45.

12   *Weltharmonik*, S. 47 ff. Die Bezeichnung «Coss» leitet sich vom italienischen «cossa», heute «cosa» her. Kepler schrieb ein recht umfangreiches Werk (Kepler 1973) über die Coss von Jost Bürgi. Es enthält eine Darstellung algebraischer Methoden, erläutert, wie Sinus-Werte zu berechnen sind, und stellt die Winkelteilung und Auflösung von Gleichungen höheren Grades dar.

13   *Weltharmonik*, S. 53.

14   *Weltharmonik*, S. 64–84.

15   *Weltharmonik*, S. 73, Satz XXV.

16   Kepler schreibt: «Das sind jene fünf Körper, die die Pythagoreer, Plato und Proklus, der Kommentator Euklids, die Weltfiguren zu nennen pflegten. In welcher Weise diese Figuren auf die Weltkörper bezogen wurden, ist, wie ich in der Vorrede zum ersten Buch gesagt habe, ungewiss. Nach Aristoteles ist es allgemeine Überzeugung, jene Philosophen hätten sich entsprechend der Fünfzahl dieser Figuren nach fünf einfachen Weltkörpern umgeschaut, nämlich nach den vier Elementen Feuer, Luft, Wasser, Erde und der sogenannten Quintessenz oder Himmelsmaterie, indem sie die Eigenschaften der Figuren mit den Eigentümlichkeiten jener einfachen Körper in Zusammenhang brachten. So deutet in gewisser Weise der aufrechte Stand des Würfels auf seiner quadratischen Basis Festigkeit an, eine Eigenschaft, die auch der Erdmaterie zukommt. Diese strebt mit dem Gewicht der Schwere nach unterst [sic!], wie ja auch die ganze Erdkugel nach landläufiger Anschauung in der Weltmitte ruht. Ferner ist beim Oktaeder ...» (*Weltharmonik*, S. 75). In der Vorrede zum ersten Buch der *Weltharmonik* (S. 15 f.) setzt Kepler sich u.a. mit der sogenannten Geheimlehre der Pythagoreer auseinander. Kepler hält es nicht für ausgeschlossen, dass sie dasselbe gelehrt hätten wie er, nämlich die fünf regulären Körper nicht bloss als einzelne Elemente, aus denen alle verschiedenen Stoffe der Welt gebildet sind, aufzufassen, sondern als Ordnungsprinzipien der Weltsphären, d.h. der Reihenfolge und der Abstände der Planeten vom Zentralgestirn. In Wirklichkeit freilich war Kepler der erste, welcher die fünf regulären Körper in dieser Weise verwendet und im *Mysterium cosmographicum* 1596 dargelegt hat. Kepler bemerkt hierzu in seiner 1619 erschienenen *Weltharmonik* (S. 76): «Nun ist es eine wesentliche Eigenschaft jener fünf Figuren, dass sie mit ihren Ecken in eine Kugelfläche einbeschrieben und mit den Mittelpunkten ihrer Seitenflächen um eine solche umbeschrieben werden können, so dass jeder Figur ein bestimmter Abstand zwischen ihren beiden Kugeln zukommt. Was konnte daher plausibler erscheinen, als dass der Schöpfer die fünf Abstände zwischen jenen sechs himmlischen Sphären den fünf Figuren entnommen hat, und zwar in der Reihenfolge, dass zwischen den Sphären von Saturn und Jupiter der Würfel zu denken ist, zwischen Jupiter und Mars das Tetraeder, zwischen

Mars und Erde das Dodekaeder, zwischen Erde und Venus das Ikosaeder und zwischen Venus und Merkur das Oktaeder!»

17 *Weltharmonik*, S. 82.
18 *Weltharmonik*, S. 94.
19 *Weltharmonik*, S. 122 ff.
20 *Weltharmonik*, S. 175–195.
21 Für eine Zusammenstellung der wichtigsten Ausführungen Keplers zur Astrologie siehe Strauss/Strauss-Kloebe 1926, 2. Aufl.1981.
22 *Weltharmonik*, S. 230 ff.
23 *Weltharmonik*, S. 255–276.
24 Newton bemerkt hierzu: «Ich habe noch nicht dahin gelangen können, aus den [gravitationellen] Erscheinungen den Grund dieser Eigenschaften der Schwere abzuleiten, und Hypothesen erdenke ich nicht. Alles nämlich, was nicht aus den Erscheinungen folgt, ist eine H y p o t h e s e und Hypothesen, seien sie nun metaphysische oder physische, mechanische oder diejenigen der verborgenen Eigenschaften, dürfen nicht in die Experimentalphysik aufgenommen werden. In dieser leitet man die Sätze aus den Erscheinungen ab und verallgemeinert sie durch Induction. Auf diese Weise haben wir die Undurchdringlichkeit, die Beweglichkeit, den Stoss der Körper, die Gesetze der Bewegung und der Schwere kennen gelernt. Es genügt, dass die Schwere existire, dass sie nach den von uns dargelegten Gesetzen wirke, und dass sie alle Bewegungen der Himmelskörper und des Meeres zu erklären im Stande sei.» (Newton, *Mathematische Prinzipien der Naturlehre*, Ausgabe Darmstadt, 1963, S. 511). Wolfers legte seiner Übersetzung die 3. Auflage von Newtons *Principia* von 1726 zugrunde. In der 1. Auflage von 1687 fehlt der zitierte Passus, ist aber bereits in der 2. Auflage von 1713 zu finden.
25 Interessant ist, dass Galileo Galilei sich für das heliozentrische Weltbild einsetzte u.a. mit dem Argument: «… dass die Sonne als Instrument und höchster Diener der Natur gleichsam Herz der Welt, nicht allein, wie klar ersichtlich ist, Licht spendet, sondern auch allen Planeten, die sich um sie herum drehen, die Bewegung.» (Brief an Benedetto Castelli, 21.12.1613; in Galilei, *Opere*, Bd. V, S. 288. Übersetzung H.B.). Die Drehung der Sonne um sich selbst hatte Galileo Galilei aus der Bewegung der Sonnenflecken erschlossen. Was er der Sonne zugestand: eine Fernwirkung, mochte er – im Gegensatz zu Kepler – dem Mond nicht erlauben.
26 *Weltharmonik*, S. 291.
27 Im Grunde genommen war Kepler sich dessen bereits 1596 im *Mysterium Cosmographicum* bewusst, wo er das kopernikanische System zeichnerisch darstellt und dazu schreibt: «Bild I. Enthält die Ordnung der beweglichen himmlischen Sphären und gleichzeitig die wahre Proportion ihrer Grösse ebenso wie ihre mittleren Abstände.» (Kepler, *Gesammelte Werke*, Bd. 1, S. 20. Übersetzung H.B.). Kepler legt somit bereits im *Mysterium Cosmographicum* eine massstäbliche Zeichnung der Abstände vor. Damals nahm er noch wie Kopernikus Kreisbahnen mit Epizykeln an, und es musste ihm klar gewesen sein, dass sich nur die mittleren Bahnen zwischen den platonischen Körpern einfügen liessen und die Extrema von Sonnennähe und Sonnenferne den idealen Bedingungen nicht entsprachen. Deshalb differenziert er 1619 sein altes Modell. Einzig das Tetraeder berührt mit seinen Ecken die Perihelsphäre des Jupiter und mit den Mittelpunkten seiner Seitenflächen die Aphelsphäre des Mars genau. Für die anderen regulären Körper gilt diese Genau-

igkeit nicht. Sie durchdringen z.T. die Planetensphären oder erreichen sie nicht genau (*Weltharmonik*, S. 341).

28 Ulrich Niederer hat im Vortrag diese Zeichnung Keplers nicht berücksichtigt. Sie dennoch abzubilden scheint gerechtfertigt, weil sie die Theorie der fünf ineinandergeschachtelten regulären Körper wieder aufnimmt und durch die Angabe der Abweichungen von den mittleren Abständen in Perihel und Aphel ergänzt. Wie im *Mysterium Cosmographicum* gibt Kepler die Planetenabstände auch hier massstäblich wieder (vgl. Anm. 27). Nimmt man nach dem Modell die mittleren Abstände der Planeten von der Sonne und setzt den Abstand der Erde von der Sonne als 1, so ergeben sich folgende Abstände: Merkur 0,43; Venus 0,74; Mars 1,57; Jupiter 5,4; Saturn 9,74. Nach neueren Berechnungen betragen die Werte für Merkur 0,387; Venus 0,723; Mars 1,523; Jupiter 5,202; Saturn 9,538. Die Zeichnung enthält auch eine Andeutung des Weltsystems von Tycho Brahe. Zur Mondbahn bemerkt Kepler, sie sei zu klein, als dass sie im richtigen Massstab gezeichnet werden könne.

29 Den Begriff «scheinbare Tagesbögen» hat Ulrich Niederer aus der Übersetzung von Max Caspar übernommen (siehe z.B. *Weltharmonik*, S. 295). Der Begriff kommt in Kap. 3–5 des fünften Buches häufig vor. Auf Grund der anerkannten Zuverlässigkeit der Casparschen Übersetzung hat er Eingang gefunden in einen Teil der Literatur über Kepler. Was bedeutet jedoch «scheinbar»? Der Leser assoziiert als Gegensatz dazu «real, wirklich». Genau das hat z.B. Dickreiter getan: «Der endgültige Ansatz ... geht aber nicht von den realen Bahngeschwindigkeiten im Perihel ... und Aphel ... aus, sondern von den scheinbaren Geschwindigkeiten, so wie sie einem Beobachter in einem der Brennpunkte der Ellipsenbahn erscheinen würden» (Dickreiter 1973, S. 102). Keplers Formulierung lautet: «Anguli ad Solem seu arcus diurni apparentes veluti spectantibus ex Sole» (Kepler, *Gesammelte Werke*, Bd. 6, S. 306, Z. 9 f.). Die korrekte Übersetzung lautet: «Die Winkel zur Sonne oder die Tagbögen, wie sie sich beispielsweise Beobachtern von der Sonne aus zeigen». «Apparere» ist astronomischer Terminus technicus für das Erscheinen oder Sichtbarwerden eines Gestirns, eines Kometen etc. und hat nie die Bedeutung von «scheinbar». Ein Aufsatz über diese Zusammenhänge und die Übersetzung der entsprechenden Abschnitte in der *Weltharmonik* ist in Arbeit.

30 *Weltharmonik*, S. 288 f.

31 *Weltharmonik*, S. 347.

32 Diese Aussagen müssen präzisiert werden. Ulrich Niederer wollte nicht behaupten, vor Kepler sei den Astronomen die Dreidimensionalität des Kosmos nicht selbstverständlich gewesen. Allerdings spielten Versuche, die Entfernungen z.B. von Mond und Sonne zu bestimmen, eine relativ geringe Rolle, weil die Astronomie hauptsächlich Positionsastronomie war, die mit bloss zwei Dimensionen auskommt, wie das auch noch heute bei der modernen Sternkarte der Fall ist. Als Aufgabe der mathematischen Astronomie galt die Berechnung der Himmelsbewegungen, deren Kreisförmigkeit und Gleichmässigkeit aber durch die irregulären Planetenbewegungen empfindlich gestört wurden. Die griechischen Astronomen stellten verschiedene Theorien auf, um entgegen den Anomalien dennoch an der Kreisbewegung aller himmlischen Sphären festzuhalten. Man kann vermuten, dass Aristarch von Samos möglicherweise aus diesem Grund ein heliozentrisches Weltbild vertrat; jedenfalls hat Ptolemäus ihm attestiert, dass dadurch vielleicht die

Berechnungen einfacher würden, aus physikalischen Gründen sei jedoch die Erd-
bewegung ganz unmöglich, weil alles, was nicht niet- und nagelfest ist, davonfliegen
müsste (Ptolemäus, *Handbuch der Astronomie*, Ausgabe Leipzig 1963, Bd. 1, S. 19).
Wenn Distanzberechungen ausgeführt wurden, geschah das nicht in absoluten
Masszahlen, sondern in Verhältnissen; z.B. wurde gefragt, um wieviel grösser die
Distanz Mond-Erde sei als der Erddurchmesser. Hipparch kam auf den Faktor
33 2/3, Ptolemäus auf 29,12. Der heute geltende Wert ist 30,2 (Simonyi 1990, S. 100).
Kopernikus hat die Planetenabstände im Verhältnis zum Abstand Sonne-Erde
berechnet, im Prinzip genau gleich wie Ptolemäus, dem er öfters die gleichen
Resultate bescheinigt. Der Unterschied zwischen beiden besteht darin, dass für
Ptolemäus die Berechnungen den Beobachtungen zu entsprechen hatten, ohne
dass damit der Anspruch erhoben wurde, den realen, d.h. in antiker Terminologie
den physikalischen, Kosmos zu beschreiben. Kopernikus hingegen ist überzeugt
von der Realität seines Systems, oder anders ausgedrückt, er glaubt, dass es ihm
gelungen sei, die mathematische und die physikalische Beschreibung des Kosmos
zu vereinen. Das kopernikanische System war nicht genauer als das ptolemäische,
sondern «richtiger» (Krafft 1972, S. 418–467, bes. S. 444). Diesen Ansatz hatte Kepler übernommen und weiter ausgebaut, indem er fragte, warum die Abstände und
die Bewegungen so sind, wie sie sind. Es lässt sich nun zeigen, dass der entscheidende Anstoss für Kepler die Konsequenz war, die er aus dem kopernikanischen
Weltbild zog: Wird die Sonne zum Weltmittelpunkt, so ist es naheliegend, sie auch
zum Zentrum der Schwere zu erklären. Kopernikus freilich konnte den Schritt zu
solch einer physikalischen Interpretation der Sonne noch nicht tun. Das gelang erst
Kepler auf Grund seiner Frage nach der Ursache der Planetenbewegung und auf
dem Hintergrund der Beobachtung, dass die Planeten sich desto langsamer bewegen, je weiter sie von der Sonne entfernt sind. 1596 hatte er formuliert: «… entweder sind die bewegenden Seelen um so schwächer, je weiter sie von der Sonne entfernt sind, oder es gibt nur eine bewegende Seele im Mittelpunkt aller Bahnen, d. h.
in der Sonne, die einen Körper um so stärker antreibt, je näher er ihr liegt, bei den
entfernteren aber wegen des weiten Weges und der damit verbundenen Schwä-
chung der Kraft gewissermassen ermattet. Wie also in der Sonne die Quelle des
Lichtes liegt und der Ursprung der Bahn am Ort der Sonne, d. h. im Mittelpunkt,
sich befindet, so gehen nun Leben, Bewegung und Seele der Welt auf die Sonne
zurück.» (*Weltgeheimnis*, S. 126). 1621 gab Kepler sein Erstlingswerk unverändert,
aber mit Anmerkungen versehen, neu heraus. Zu den Seelen der Planeten merkt
er an: «Dass es solche nicht gibt, habe ich in den Marskommentaren [sc. *Astronomia nova*, 1609] bewiesen.» In der folgenden Anmerkung schreibt er: «Wenn man
statt des Wortes ‹Seele› das Wort ‹Kraft› setzt, hat man gerade das Prinzip, auf
dem die Himmelsphysik in den Marskommentaren grundgelegt und in der Epi-
tome IV vervollkommnet worden ist. Dereinst war ich nämlich des festen Glaubens, dass die die Planeten bewegende Ursache eine Seele sei, erfüllt von den Lehren des J. C. Scaliger über die bewegenden Seelenkräfte. Als ich aber darüber
nachdachte, dass diese bewegende Ursache mit der Entfernung nachlässt, genau
wie auch das Licht der Sonne mit der Entfernung von der Sonne schwächer wird,
zog ich den Schluss, diese Kraft sei etwas Körperliches, freilich nicht im eigentlichen Sinn, sondern nur der Bezeichnung nach, wie wir auch sagen, das Licht sei
etwas Körperliches, und damit eine von dem Körper ausgehende, jedoch immate-

rielle Spezies meinen.» (*Weltgeheimnis*, S. 129). Für weitere Angaben zum Kraftbegriff Keplers vgl. Jammer 1957, S. 81–93.

33 Keplers drei Planetengesetze wurden im 17. Jahrhundert nicht als physikalische
Naturgesetze anerkannt. Das änderte sich erst durch Newton, indem es ihm gelang,
die drei Gesetze aus seinem Gravitationsgesetz abzuleiten. Damit vollzog Newton
endgültig die Vereinheitlichung von himmlischer und irdischer Physik.

34 Diese Fehleranalyse bezieht sich auf die in der *Weltharmonik*, Kap. 4, S. 301 gegebene Tabelle der Apsidenbewegungen. Das in Kap. 9 gegebene Endergebnis (a.g.O.,
S. 344 ff.) weist dagegen eine weit bessere Übereinstimmung (maximal 1,2%) mit
den Braheschen Daten auf. Vgl. hierzu A. Beer in Beer/Beer 1975, S. 408–410. (Mitteilung von Rüdiger Plantiko).

35 Pauli 1952, S. 113 ff.

36 Allgemein dürfte bekannt sein, dass Galileo Galilei mit vielen von Keplers Ideen
Mühe hatte: «Ich habe Kepler immer geachtet wegen seines freien (und vielleicht
zu freien) und scharfen Verstandes, aber … mein Philosophieren ist grundver-
schieden von seinem, und … es kann sein, dass, wenn wir über dieselben Themen
schreiben … wir bisweilen in einem ähnlichen Gedanken Übereinstimmung gefunden haben, doch ziemlich wenig, worüber wir einem wirklichen Effekt dieselbe
wirkliche Erklärung zuschreiben; das aber kommt von hundert meiner Gedanken
nicht *einmal* zustande …» (Brief an Fulgenzio Micianzio in Venedig, 19. Nov. 1634;
Galilei, *Opere*, Bd. XVI, S. 163. Übersetzung H. B.). Die Ablehnung bereits der
Grundgedanken des *Mysterium cosmographicum* kam sehr früh von seiten von
Freunden Keplers. Ende Mai 1596 hebt Mästlin in einem Schreiben an Prorektor
Hafenreffer der Universität Tübingen zwar rühmend die a priori Bestimmung der
Planetenabstände auf Grund des Keplerschen Modells hervor. Eine Veröffentlichung wäre wünschenswert, jedoch sollte Kepler seine Darstellung klarer und ver-
ständlicher machen (Kepler, *Briefe*, Bd. 1, S. 38–40). Ein knappes Jahr später
schreibt Mästlin an Kepler, seine Spekulationen über Seele und bewegende Kraft
könnten zum Ruin der Astronomie führen: «… ich meine, im Ganzen sei von dieser Spekulation sparsamer und massvoller Gebrauch zu machen. Und um aufrich-
tig zu sein, was ich empfinde: ich verwerfe sie nicht, aber meine Zustimmung ist in
der Tat sehr lau, sehr viel spricht für mich dagegen …» (Kepler, *Gesammelte Werke*,
Bd. 13, S. 111. Übersetzung H. B.). Hafenreffer andrerseits teilt Kepler am 12. April
1598 mit: «… ich meine nämlich, ein Mathematiker erreiche sein Ziel, wenn er solche Hypothesen aufstellt, die den Phänomenen aufs exakteste entsprechen: und ich
denke, dass Du selbst Dich dem unterordnen wirst, der bessere Hypothesen vor-
bringt.» (Kepler, *Gesammelte Werke*, Bd. 13, S. 203. Übersetzung H. B.). Auch Tycho
Brahe äussert sich kritisch, wenn auch mit einem gewissen Wohlwollen über Keplers Spekulationen. Er schreibt am 21. April 1598 an Mästlin, Kepler habe «… in
geistvoller Weise den Versuch gemacht, die Planetenbahnen nach der kopernikanischen Form in harmonischer Weise mit den fünf regulären Körpern in Beziehung
zu setzen … Wenn die Verbesserung der Astronomie eher a priori mit Hilfe der
Verhältnisse jener regulären Körper bewerkstelligt werden soll als auf Grund von
a posteriori gewonnenen Beobachtungstatsachen … so werden wir schlechterdings
allzulange, wenn nicht ewig umsonst darauf warten, bis jemand dies zu leisten vermag. Da sich die Verwendung der Masse der regulären Körper, falls sie durchgän-
gig zu gestatten ist, auf vorausgehende Beobachtungen stützen und von ihnen

bestätigt werden muss, so kann man, ausser den allgemeineren Beziehungen …
keine Einzelheiten mit der nötigen Genauigkeit daraus ableiten.» (Kepler, *Briefe*,
Bd. 1, S. 64 f.).

37 Die Wirbeltheorie hat bei Aristoteles einen andern Zusammenhang. Sie gehört in
die Erklärung des gewaltsamen Wurfs: Warum fliegt ein geworfener Körper überhaupt noch, nachdem er die werfende Hand verlassen hat? Der Körper verdrängt
das Medium der Luft, die sich hinter ihm wieder zusammenfindet und durch die entstehenden Wirbel den Körper vorantreibt (vgl. dazu etwa: Aristoteles, *Physik*, Buch
IV, Kap. 8, 215a 14–19). Die von Kepler angesprochene Wirbeltheorie hingegen ist
eine kosmologische Theorie und als solche z. B. bei Anaxagoras nachweisbar: «Auch
die gesamte Kreisbewegung beherrscht der Geist, so dass sie überhaupt stattfindet.
Und zuerst begann sie vom Kleinen her zu kreisen; dann aber kreist sie über einen
weiteren Bereich hin und wird über einen noch weiteren Bereich hin kreisen.
… alles hat der Geist arrangiert – ebenso wie die Kreisbewegung, in der jetzt die
Sterne, die Sonne und der Mond kreisen sowie die Luft und der Äther, die sich aus-
sondern. Eben diese Kreisbewegung bewirkt das Sichaussondern.» (Aus Anaxagoras, Fragment 12, in: Kirk/Raven/Schofield 1994, S. 397 f.). Kepler steht in genau dieser Tradition: «Sodann ist die Annahme mit der Natur wohl verträglich, dass die
ätherische Luft zusammen mit den Sternen herumgerissen wird …» (28. März 1605
an Herwart, in: Kepler, *Briefe*, Bd. 1, S. 225–236, spez. S. 230). Die Wirbeltheorie
erklärte mit der Drehbewegung die Trennung der verschiedenen Elemente, des
Leichten vom Schweren, des Warmen vom Kalten etc. Durch die Kreis- oder Wir-
belbewegung steigt bei der Trennung das Leichte nach oben, das Schwere bleibt
unten, weshalb die Erde unten und z. B. die Sonne oben ist. Für die Griechen war
die Materie, wie immer man sie auch auffasste, von Natur aus träge und unbeweg-
lich. Um sie zu bewegen, bedurfte es des Geistes (nous) oder, bei Aristoteles, der die
Materie prägenden Form. Der Begriff der Seele als anima motrix enthält im wesentlichen dieselben Vorstellungen.

38 *Weltharmonik*, S. 76.

39 siehe Anmerkung 12.

40 *Weltharmonik*, S. 362.

41 Als Aufgabe der Astronomie hatte z. B. auch Osiander (siehe Anm. 3) formuliert, es
sei nicht nötig, dass sie die wahren Ursachen der Himmelsbewegungen finde, sondern dass sie jene Bewegungen nach den Lehrsätzen der Geometrie für die Zukunft
und die Vergangenheit richtig berechne, wobei «richtig» hier bedeutet, «mit den
Beobachtungen übereinstimmend».

42 In der zweiten und dritten Auflage seiner *Principia* von 1713 (bzw. 1726) geht
Newton auf das Kontingenzproblem folgendermassen ein: «… die Planeten und
Kometen … werden nach den Gesetzen der Schwere in ihren Bahnen verharren,
aber die ursprüngliche und regelmässige Lage der letztern konnten sie nicht durch
diese Gesetze erlangen.» (Newton, *Mathematische Prinzipien der Naturlehre*, Ausgabe Darmstadt 1963, S. 508). Er löst dann das Kontingenzproblem theologisch:
«Diese bewundernswürdige Einrichtung der Sonne, der Planeten und Kometen hat
nur aus dem Rathschlusse und der Herrschaft eines alles einsehenden und allmächtigen Wesens hervorgehen können.» (a.g.O., S. 508).

43 De stella nova; in: Kepler, *Gesammelte Werke*, Bd. 1, S. 284, Z. 18–20 (Übersetzung
H. B.).

44 Das ist eines der zentralen Motive der christlichen Theologie im Mittelalter. Hier sei
    bloss auf Thomas von Aquin verwiesen, der das menschliche Erkennen mit dem
    göttlichen vergleicht. Der Mensch erkennt *diskursiv*, d. h. er schreitet vom Bekann-
    ten zum Unbekannten (lateinisch: discurrere); sein Erkennen hat also zeitliche
    Dimension. Im Unterschied dazu ist Gottes Erkennen ohne Fortschritt, oder wie
    Thomas formuliert: «In scientia divina nullus est discursus.» Vgl. hierzu Aquin,
    Summa theologica 1, 14 ad 7; zum ganzen Problem siehe Imbach 1976, S. 83 et pas-
    sim.

45 Was in der Geometrie gilt, gilt für Kepler folgerichtig auch in der Harmonie: Kon-
    sonanzen sind wissbar, Dissonanzen dagegen unwissbar: «Denn wenn sie wissbar
    sind, können sie auch in den Geist gelangen und zur Gestaltung des Urbildes her-
    angezogen werden. Wenn sie aber unwissbar sind …, sind sie ausserhalb des Geistes
    des ewigen Weltschöpfers geblieben …» (*Weltharmonik*, S. 94). Damit stellt sich
    natürlich die Frage, woher denn die Dissonanzen und in der Geometrie die vielen
    unwissbaren Verhältnisse kommen, wenn sie zwar nicht im Geist des Schöpfers sind,
    jedoch wohl im Geist des Geschöpfes, das sie ja in ihrer Nicht-Wissbarkeit zur
    Kenntnis nimmt? Kepler hat darauf keine befriedigende Antwort.

46 *Weltharmonik*, S. 347.

47 *Weltharmonik*, S. 214. Interessant sind in diesem Zusammenhang die Darlegungen
    Galileo Galileis zur Bedeutung der Geometrie. Im Dialog über die beiden haupt-
    sächlichsten Weltsysteme lässt er am Schluss des ersten Tages Salviati die zweierlei
    Weisen des Verstehens erörtern, das intensive und das extensive: «Extensive, d. h.
    bezüglich der Menge der zu begreifenden Dinge, deren Zahl unendlich ist, ist der
    menschliche Verstand gleich Nichts … Nimmt man aber das Verstehen intensive,
    insofern dieser Ausdruck die Intensität d. h. die Vollkommenheit in der Erkenntnis
    irgend einer einzelnen Wahrheit bedeutet, so behaupte ich, dass der menschliche
    Intellekt einige Wahrheiten so vollkommen begreift und ihrer so unbedingt gewiss
    ist, wie es nur die Natur selbst sein kann. Dahin gehören die rein mathematischen
    Erkenntnisse, nämlich die Geometrie und die Arithmetik. Freilich erkennt der gött-
    liche Geist unendlich viel mehr mathematische Wahrheiten, denn er erkennt sie alle.
    Die Erkenntnis der wenigen aber, welche der menschliche Geist begriffen, kommt
    meiner Meinung an objektiver Gewissheit der göttlichen Erkenntnis gleich; denn
    sie gelangt bis zur Einsicht ihrer Notwendigkeit, und eine höhere Stufe der Gewiss-
    heit kann es wohl nicht geben.» (Galilei, *Dialog über die beiden hauptsächlichsten
    Weltsysteme*, Ausgabe Stuttgart 1982, S. 108). Galileis Idee kann hier direkt mit der
    Keplers verglichen werden: «Für Gott liegen in der ganzen Körperwelt körperliche
    Gesetze, Zahlen und Verhältnisse vor … Wir wollen daher über das Himmlische
    und Unkörperliche nicht mehr zu erforschen suchen, als uns Gott geoffenbart hat.
    Jene Gesetze liegen innerhalb des Fassungsvermögens des menschlichen Geistes;
    Gott wollte sie uns erkennen lassen, als er uns nach seinem Ebenbilde erschuf,
    damit wir Anteil bekämen an seinen eigenen Gedanken. Denn was steckt im Geiste
    des Menschen ausser Zahlen und Grössen? Diese allein erfassen wir in richtiger
    Weise, und zwar ist dabei, wenn es die Frömmigkeit zu sagen erlaubt, unser Erken-
    nen von der gleichen Art wie das göttliche, wenigstens soweit wir in diesem sterbli-
    chen Leben etwas davon zu erfassen vermögen. Nur Toren fürchten, dass wir damit
    den Menschen zu einem Gott machen; denn die Ratschlüsse Gottes sind uner-
    forschlich, nicht aber seine körperlichen Werke.» (9./10. April 1599 an Herwart; in:

Kepler, *Briefe*, Bd. 1, S. 103; vgl. auch Anmerkung 4). Die Übereinstimmung zwischen Galileo Galilei und Kepler ist überraschend! Am Begriff der Körperwelt lässt
sich der fundamentale Unterschied zwischen der antiken Kosmosauffassung und
Kepler zeigen. Z. B. würde Plato niemals wie Kepler sagen, die Ideen der Geometrie lägen in der ganzen Körperwelt vor. Für Plato sind die Ideen etwas Unkörper-
liches, in der Körperwelt niemals Verwirklichtes. Keplers diesbezügliche Auffassung
ist geprägt vom biblischen Verständnis der Welt als gute Schöpfung Gottes, gerade
auch in ihrer Körperlichkeit. Ein weiterer Unterschied zum antiken Weltverständ-
nis besteht darin, dass nach jüdisch-christlich-islamischer Auffassung die Welt nicht
ewig, sondern als geschaffene zeitlich ist. Zur Bedeutung des biblischen Schöp-
fungsverständnisses für den Wandel der antiken Kosmosauffassung siehe Behler
1965.

48 Vorzüglichstes Hilfsmittel, die Schöpfung verstehbar zu machen, ist für Kepler die
Geometrie, freilich in einer Auffassung, die sich von heutigen Konzepten unterscheidet. Das wird deutlich, wenn Kepler z. B. in Bezug auf die fünf regulären Körper das Verhältnis der einbeschriebenen zu den umbeschriebenen Kugeln untersucht. Dieses Verhältnis ist nur beim Tetraeder aussprechbar. Es beträgt hier 1:3;
beim Würfel 1:$\sqrt{3}$, währenddem es beim Dodekaeder unaussprechbar ist, etwas
grösser als 4:5 (*Weltharmonik*, S. 285). Nach heutiger Terminologie sind diese Verhältnisse, ausser beim Tetraeder, irrational. Für Kepler hingegen sind sie teilweise
zwar (arithmetisch) unaussprechbar, aber da sie mit Zirkel und Lineal konstruierbar sind, sind sie (geometrisch) wissbar und «... durch die besten Gründe (rationes)
in ihrem Bestand gesichert ...» (*Weltharmonik*, S. 22). Kepler bedauert in der Vorrede (S. 13), dass Proklos in seiner Rolle als theoretischer Philosoph der Mathematik bloss das erste Buch Euklids kommentiert hat und nicht auch das zehnte;
«... mich selber [Kepler] hätte er dann auch der Mühe völlig enthoben, die Unterschiede der geometrischen Dinge auseinanderzusetzen.» Zu diesem Versuch Keplers siehe Peters 1940 und 1941.

Literatur

A. Quellen

Aristoteles: *Physik*. Übersetzt, mit einer Einleitung und mit Anmerkungen herausgege-
ben von Hans Günter Zekl. Philosophische Bibliothek, Bde. 380 & 381. Meiner,
Hamburg, 1987 und 1988.
Galilei, Galileo: *Le opere di Galileo Galilei*. Nuova ristampa della edizione nazionale:
Barbèra, Firenze, 1968.
Galilei, Galileo: *Dialog über die beiden hauptsächlichsten Weltsysteme, das ptolemäische
und das kopernikanische*. Aus dem Italienischen übersetzt und erläutert von Emil
Strauss. Mit einem Beitrag von Albert Einstein sowie einem Vorwort zur Neuaus-
gabe und weiteren Erläuterungen von Stillman Drake. Herausgegeben von Roman
Sexl und Karl von Meyenn. B. G. Teubner, Stuttgart, 1982.
Kepler, Johannes: *Johannes Kepler in seinen Briefen*. Herausgegeben von Max Caspar
und Walther von Dyck. Bd. 1: Oldenbourg, München und Berlin, 1930.

Kepler, Johannes: *Das Weltgeheimnis*. Übersetzt und eingeleitet von Max Caspar. Oldenbourg, München und Berlin, 1936.

Kepler, Johannes: *Gesammelte Werke*. Herausgegeben im Auftrag der Deutschen Forschungsgemeinschaft und der Bayerischen Akademie der Wissenschaften unter Leitung von Walther von Dyck † und Max Caspar. Beck, München, 1937 ff.

Kepler, Johannes: *Weltharmonik*. Übersetzt und eingeleitet von Max Caspar. Oldenbourg, München und Berlin, 1939. Reprint: Wissenschaftliche Buchgesellschaft, Darmstadt, 1967.

Kepler, Johannes: *Die Coss von Jost Bürgi in der Redaktion von Johannes Kepler*. Ein Beitrag zur frühen Algebra. Bearbeitet von Martha List und Volker Bialas. Bayerische Akademie der Wissenschaften, Mathematisch-naturwissenschaftliche Klasse, Abhandlungen, Neue Folge, Heft 154. Beck, München, 1973.

Kirk, Geoffrey S.; Raven, John E.; Schofield, Malcolm: *Die vorsokratischen Philosophen: Einführung, Texte und Kommentare* (dt. Übersetzung Karlheinz Hülser). Metzler, Stuttgart/Weimar, 1994.

Coppernicus, Nicolaus: *Über die Kreisbewegungen der Weltkörper*. Übersetzt von C. L. Menzzer. Lambeck, Thorn, 1879.

Kopernikus, Nikolaus: *De Revolutionibus Orbium Caelestium Libri Sex*. Herausgegeben von Franciscus Zeller und Carolus Zeller. Oldenbourg, München, 1949.

Newton, Isaac: *Philosophiae naturalis Principia mathematica*. London, 1687; 2. Aufl., Cambridge, 1713; 3. Aufl., London, 1726.

Newton, Isaac: *Mathematische Principien der Naturlehre*. Mit Bemerkungen und Erläuterungen herausgegeben von J. Ph. Wolfers. Oppenheim, Berlin, 1872. Unveränderter fotomechanischer Nachdruck: Wissenschaftliche Buchgesellschaft, Darmstadt, 1963. [Die Übersetzung Wolfers basiert auf der 3. Auflage von Newtons *Principia*, London 1726].

Newton, Isaac: *Mathematische Grundlagen der Naturphilosophie*. Ausgewählt, übersetzt, eingeleitet und herausgegeben von E. Dellian. Philosophische Bibliothek, Bd. 394. Meiner, Hamburg, 1988.

Proclus Diadochus: *Procli Diadochi in primum Euclidis Elementorum Librum Commentarii* ex recognitione G. Friedlein. Teubner, Leipzig 1873. Nachdruck: Olms, Hildesheim/Zürich/New York, 1992.

Proclus Diadochus: *Kommentar zum ersten Buch von Euklids Elementen*. Übersetzt von P. Leander Schönberger, herausgegeben von Max Steck. Halle, 1945.

Ptolemaei, Claudii: *Syntaxis Mathematica*, (ed. J. L. Heiberg), Lipsiae, in aedibus B. G. Teubneri, Pars I, Libros I–IV continens, 1898; Pars II, Libros VII–XIII continens, 1903.

Ptolemäus: *Handbuch der Astronomie*, 2 Bde. Deutsche Übersetzung und erläuternde Anmerkungen von K. Manitius, Vorwort und Berichtigungen von O. Neugebauer. Teubner, Leipzig, 1963.

B. Bibliographien

Bibliographia Kepleriana. Im Auftrag der Bayerischen Akademie der Wissenschaften unter Mitarbeit von Ludwig Rothenfelder herausgegeben von Max Caspar, 2. Aufl., besorgt von Martha List. Beck, München, 1968. [Umfasst die gedruckten Schriften Keplers bis 1634; die späteren Ausgaben, Veröffentlichungen aus dem Nachlass, Briefe, Übersetzungen von 1635 bis 1967, die Schriften über Kepler bis 1967, Nummern 1–574].

List, Martha: Kleine Kepler-Bibliographie. In: Naturwissenschaftlicher Verein Regensburg (Hrsg.), *Kepler-Festschrift 1971*. Acta Albertina Ratisbonensia, Bd. 32. Mittelbayerische Druckerei- und Verlagsgesellschaft, Regensburg, 1971, S. 266–273.

List, Martha: Bibliographia Kepleriana 1967–1975. In: A. Beer und P. Beer (eds.), *Kepler: Four Hundred Years*. Vistas in Astronomy, vol. 18. Pergamon Press, Oxford etc., 1975, S. 955–1003. [Ergänzungen zur Bibliographie von 1968; Fortsetzung der Sekundärliteratur, Nrn. 575–945].

List, Martha: Bibliographia Kepleriana. Supplements and continuation 1975–1978. *Vistas in Astronomy*, vol. 22. Pergamon Press, Oxford etc., 1978, S. 1–18. [Ergänzungen zur Bibliographie von 1975; Fortsetzung der Sekundärliteratur, Nrn. 945–988. Die Numerierung erfolgt irrtümlich ab Nr. 945, unter der in der Bibliographie von 1975 ein anderes Werk aufgeführt ist].

Hamel, Jürgen: *Bibliographia Kepleriana. Ergänzungsband zur zweiten Auflage*. Beck, München, 1998.

Totok, Wilhelm: *Handbuch der Geschichte der Philosophie*. Bd. 3: Klostermann, Frankfurt am Main, 1980 [über Johannes Kepler: S. 388–395].

C. Sekundärliteratur in Auswahl

Adam, Paul; Wyss, Arnold: *Platonische und Archimedische Körper, ihre Sternformen und polaren Gebilde*. Haupt, Bern/Freies Geistesleben, Stuttgart, 1984.

Aiton, Eric John: The Elliptical Orbit and the Area Law. In: A. Beer und P. Beer (eds.), *Kepler: Four Hundred Years*. Vistas in Astronomy, vol. 18. Pergamon Press, Oxford etc., 1975, S. 573–583.

Ansermet, Ernest: *Die Grundlagen der Musik im menschlichen Bewusstsein*. Piper, München, 5. Aufl. 1991.

Atteln, Horst: *Das Verhältnis Musik – Mathematik bei Johannes Kepler. Ein Beitrag zur Musiktheorie des frühen 17. Jahrhunderts*. Dissertation Erlangen-Nürnberg, 1970.

Barbour, Julian B.: *Absolute or Relative Motion?* Vol. 1: *The Discovery of Dynamics*. University Press, Cambridge, 1989 [über Johannes Kepler: S. 264–351].

Baumann, Arthur; et al.: *Lexikon der Astronomie*, 2 Bde., Einführung von H. Elsässer. Herder, Freiburg i. Br., 1989–1990.

Beer, Arthur; Beer, Peter (eds.): *Kepler: Four Hundred Years*. Proceedings of Conferences held in honour of Johannes Kepler. Vistas in Astronomy, vol. 18. Pergamon Press, Oxford etc., 1975.

Behler, Ernst: *Die Ewigkeit der Welt*. Problemgeschichtliche Untersuchungen zu den Kontroversen um Weltanfang und Weltunendlichkeit in der arabischen und jüdischen Philosophie des Mittelalters. Schöningh, München/Paderborn/Wien, 1965.

Bialas, Volker: Die Bedeutung des dritten Planetengesetzes für das Werk von Johannes Kepler. In: *Philosophia Naturalis*, Bd. 13, 1971, S. 42–55.

Blaser, Harry: *Regelmässige Kreisteilungen und Kreisketten*. Haupt, Bern/Stuttgart, 1991.

Brooke, John: Der Gott Isaac Newtons. In: John Fauvel et al. (Hrsg.), *Newtons Werk. Die Begründung der modernen Naturwissenschaft*. Birkhäuser, Basel/Boston/Berlin, 1993, S. 217–235.

Burke Hubbard, Barbara; Hubbard, John: Gesetz und Ordnung im Universum: Die KAM-Theorie. In: *Spektrum der Wissenschaft*, Heft 12/1994, S. 86–96.

Caspar, Max: *Johannes Kepler*. Kohlhammer, Stuttgart, 3. Aufl. 1958.

Cassirer, Ernst: *Individuum und Kosmos in der Philosophie der Renaissance*. Wissenschaftliche Buchgesellschaft, Darmstadt, 1963.

Cassirer, Ernst: *Das Erkenntnisproblem in der Philosophie und Wissenschaft der neueren Zeit*. Nachdruck der 3. Auflage von 1922: Wissenschaftliche Buchgesellschaft, Darmstadt, 1994 [über Kepler: Bd. 1, S. 328–377].

Cohen, I. Bernard: *Introduction to Newton's ‹Principia›*. University Press, Cambridge, 1971.

Dessauer, Friedrich: *Mensch und Kosmos*. Eranos Jahrbuch, 1947, Bd. 15, S. 75–147.

Dickreiter, Michael: *Der Musiktheoretiker Johannes Kepler*. Neue Heidelberger Studien zur Musikwissenschaft, Bd. 5. Francke, Bern/München, 1973.

Dickreiter, Michael: Der Musiktheoretiker Johannes Kepler. In: Rudolf Haase (Hrsg.), *Kepler-Symposion zu Johannes Keplers 350. Todestag*. Linzer Veranstaltungsgemeinschaft, Linz, 1980, S. 19–27.

Einstein, Albert: *Mein Weltbild*. Querido, Amsterdam, 1934. Neue, vom Verfasser durchgesehene und wesentlich erweiterte Auflage: Ullstein Buch Nr. 65, Frankfurt am Main, 1955.

Falk, Gottfried: *Physik – Zahl und Realität*. Birkhäuser, Basel/Boston/Berlin, 1990.

Fauvel, John; et al. (Hrsg.): *Newtons Werk. Die Begründung der modernen Naturwissenschaft*. Birkhäuser, Basel/Boston/Berlin, 1993.

Field, Judith V.: *Kepler's Geometrical Cosmology*. University of Chicago Press, Chicago, 1988.

Frank, Erich: *Plato und die sogenannten Pythagoreer*. Zweite, unveränderte Auflage, Wissenschaftliche Buchgesellschaft, Darmstadt, 1962.

Gerlach, Walther: Johannes Kepler, in: *Die Grossen der Weltgeschichte*, Kindler, Zürich, Bd. 5 (1974), S. 524–565.

Gierer, Alfred: *Die gedachte Natur – Ursprung, Geschichte, Sinn und Grenzen der Naturwissenschaft*. Piper, München/Zürich, 1991.

Gingerich, Owen: The Origins of Kepler's Third Law. In: A. Beer and P. Beer (eds.), *Kepler: Four Hundred Years*. Vistas in Astronomy, vol. 18. Pergamon Press, Oxford etc., 1975. S. 595–601.

Gloy, Karen: *Das Verständnis der Natur*. Band 1: Die Geschichte des wissenschaftlichen Denkens. Beck, München, 1995.

Goebel, Karl: *Über Keplers astronomische Anschauungen und Forschungen. Ein Beitrag zur Entdeckungsgeschichte seiner Gesetze*. Verlag der Buchhandlung des Waisenhauses, Halle, 1871.

Gouk, Penelope: Die harmonischen Wurzeln von Newtons Wissenschaft. In: John Fauvel et al. (Hrsg.), *Newtons Werk. Die Begründung der modernen Naturwissenschaft*, Birkhäuser, Basel etc., 1993, S. 135–165.

Gribbin, John; Rees, Martin: *Ein Universum nach Mass. Bedingungen unserer Existenz*. Insel Taschenbuch, Nr. 1579. Insel, Frankfurt am Main/Leipzig, 1994.

Haase, Rudolf: Marginalien zum 3. Keplerschen Gesetz. In: Naturwissenschaftlicher Verein Regensburg (Hrsg.), *Kepler Festschrift 1971*, Acta Albertina Ratisbonensia, Bd. 32, Mittelbayerische Druckerei- und Verlagsgesellschaft, Regensburg, 1971, S. 159–165.

Haase, Rudolf: Die Bedeutung von Analogie und Finalität für Kepler und die Gegenwart. In: Rudolf Haase (Hrsg.), *Kepler-Symposion zu Johannes Keplers 350. Todestag*. Linzer Veranstaltungsgemeinschaft, Linz, 1980, S. 37–44.

Haase, Rudolf: *Johannes Keplers Weltharmonik. Der Mensch im Geflecht von Musik, Mathematik und Astronomie*. Diederichs gelbe Reihe, Bd. 145. Diederichs, München, 1998.

Holton, Gerald: Über die Hypothesen, welche der Naturwissenschaft zugrunde liegen. *Eranos Jahrbuch*, 1962, Bd. 31, S. 351–425.

Illmer, Markus M.: *Die göttliche Mathematik Johannes Keplers. Zur ontologischen Grundlegung des naturwissenschaftlichen Weltbildes*. Diss. Innsbruck 1989. EOS-Verlag, St. Ottilien, 1991.

Imbach, Ruedi: *Deus est intelligere*. Studia Friburgensia, Neue Folge 53. Universitätsverlag, Freiburg, 1976.

Jammer, Max: *Concepts of Force*. Harvard University Press, Cambridge Mass., 1957.

Jammer, Max: *Das Problem des Raumes*. Wissenschaftliche Buchgesellschaft, Darmstadt, 1960.

Jammer, Max: *Der Begriff der Masse in der Physik*. Wissenschaftliche Buchgesellschaft, Darmstadt, 1964.

Kayser, Hans: Die Harmonie der Welt. *Eranos Jahrbuch*, 1958, Bd. 27, S. 425–451.

Koyré, Alexandre: *La révolution astronomique. Copernic, Kepler, Borelli*. Hermann, Paris, 1961. Reprint 1974.

Krafft, Fritz: Ptolemäus. In: *Die Grossen der Weltgeschichte*, Kindler, Zürich, Band 2 (1972), S. 418–467.

Krafft, Fritz: Kreis, Kugel. In: *Historisches Wörterbuch der Philosophie*, Schwabe, Basel, 1971 ff., Bd. 4 (1976), Sp. 1211–1226.

Krafft, Fritz; Meyer, Karl; Sticker, Bernhard (Hrsg.): *Internationales Kepler-Symposium Weil der Stadt 1971*. Gerstenberg, Hildesheim, 1973.

Krafft, Fritz: Die Keplerschen Gesetze im Urteil des 17. Jahrhunderts. In: Rudolf Haase (Hrsg.), *Kepler-Symposion Linz*, Linzer Veranstaltungsgemeinschaft, Linz, 1980, S. 75–98.

Krafft, Fritz: *Das Selbstverständnis der Physik im Wandel der Zeit*. Physik Verlag und Verlag Chemie, Weinheim, 1982.

Mahnke, Dietrich: *Unendliche Sphäre und Allmittelpunkt. Beiträge zur Genealogie der mathematischen Mystik*. Niemeyer, Halle/Saale, 1937.

Mayer-Kuckuk, Theo: *Der gebrochene Spiegel – Symmetrie, Symmetriebrechung und Ordnung in der Natur*. Birkhäuser, Basel/Boston/Berlin, 1989.

Mazzola, Guerino: *Geometrie der Töne – Elemente der mathematischen Musiktheorie*. Birkhäuser, Basel/Boston/Berlin, 1990.

Meier, Carl Alfred (Hrsg.): *Wolfgang Pauli und C. G. Jung, ein Briefwechsel 1932–1958*. Springer, Berlin etc., 1992.

Niederer, Ulrich: Physik und Symmetrie. Antrittsrede vom 17. Juni 1978. In: *Neue Zürcher Zeitung*, 11. Okt. 1978, Nr. 236 [leicht gekürzte Fassung].

Niederer, Ulrich: Galileo Galilei und die Entwicklung der Physik. In: *Vierteljahrsschrift der Naturforschenden Gesellschaft in Zürich*, Bd. 127, 1982, S. 205–229.

Niederer, Ulrich: Kometen, Monde, Neue Sterne. Der Einfluss der Beobachtungen auf die kopernikanische Revolution. In: *Vierteljahrsschrift der Naturforschenden Gesellschaft in Zürich*, Bd. 134, 1989, S. 33–54.

Oeser, Erhard: *Wissenschaftstheorie als Rekonstruktion der Wissenschaftsgeschichte*, 2 Bde. Oldenbourg, Wien/München, 1979. [Zu Keplers Planetengesetzen: Bd. 1, S. 149–183].

Pauli, Wolfgang: Der Einfluss archetypischer Vorstellungen auf die Bildung naturwissenschaftlicher Theorien bei Kepler. In: *Naturerklärung und Psyche*, Studien aus dem C.G. Jung-Institut Zürich IV, Rascher, Zürich, 1952, S. 109–194.

Peters, Illo: *Die mathematischen und physikalischen Grundlagen der Musik*. Mathematisch-physikalische Bibliothek, Bd. 55. Teubner, Leipzig/Berlin, 1924.

Peters, Theodor: *Jo. Kepleri Harmonices Mundi Liber I. Ein Beitrag zur Geschichte der Mathematik*. Diss. Berlin, 1940.

Peters, Theodor: Über Näherungskonstruktionen und Mechanismen im ersten Buch der Harmonik Keplers und seine Forderung nach Beschränkung der Konstruktionsmittel allein auf Zirkel und Lineal. In: *Deutsche Mathematik*, Jg. 6 (1941), S. 118–132.

Peterson, Ivars: *Was Newton nicht wusste – Chaos im Sonnensystem*. Birkhäuser, Basel/Boston/Berlin, 1994.

Petroni, Angelo Maria: *I modelli, l'invenzione e la Conferma – Saggio su Keplero, la rivoluzione copernicana e la «New philosophy of science»*. Angeli, Milano, 1990.

Pietschmann, Herbert: Die Sicherheit der Naturgesetze: Polarität von Mensch und Kosmos, *Eranos Jahrbuch*, 1986, Bd. 55, S. 85–108.

Sachs, Eva: *Die fünf platonischen Körper*. Weidmannsche Buchhandlung, Berlin, 1917.

Sambursky, Schmuel: Von Kepler bis Einstein: Das Genie in der Naturwissenschaft, *Eranos Jahrbuch*, 1971, Bd. 40, S. 201–238.

Sambursky, Schmuel: Wahrnehmungen, Theorien und reale Aussenwelt. *Eranos Jahrbuch*, 1973, Bd. 42, S. 163–203.

Sambursky, Schmuel: Leitmotive wissenschaftlicher Theorienbildung, *Eranos Jahrbuch*, 1979, Bd. 48, S. 1–33.

Samsonow, Elisabeth von: *Die Erzeugung des Sichtbaren – Die philosophische Begründung naturwissenschaftlicher Wahrheit bei Johannes Kepler*. Die Geistesgeschichte und ihre Methoden, Bd. 12. Fink, München, 1986.

Schimank, Hans: *Epochen der Naturforschung, Leonardo – Kepler – Faraday*. Moos, München, 1964.

Schüling, Hermann: *Die Geschichte der axiomatischen Methode im 16. und beginnenden 17. Jahrhundert*. Olms, Hildesheim/New York, 1969.

Simonyi, Károly: *Kulturgeschichte der Physik*. Deutsch, Thun/Frankfurt am Main, 1990.

Speiser, Andreas: *Die mathematische Denkweise*. Rascher, Zürich, 1932. [Kepler und die Lehre von der Weltharmonie, S. 110–135].

Speiser, Andreas: Ton und Zahl. *Eranos-Jahrbuch*, 1961, Bd. 30, S. 127–142.

Steele, Arthur Donald: Über die Rolle von Zirkel und Lineal in der griechischen Mathematik. Teil II und III. In: O. Becker (Hrsg.), *Zur Geschichte der griechischen*

Mathematik, Wege der Forschung, Bd. 33, Wissenschaftliche Buchgesellschaft, Darmstadt, 1965, S. 146–202.

Stephenson, Bruce: *The Music of the Heavens: Kepler's Harmonic Astronomy*. Princeton University Press, Princeton, 1994.

Strauss, Heinz Artur; Strauss-Kloebe, Sigrid: *Die Astrologie des Johannes Kepler. Eine Auswahl aus seinen Schriften*. 1. Auflage, Oldenbourg, München/Berlin, 1926; 2. Auflage: Bonz, Fellbach, 1981.

van der Waerden, Bartel Leendert: *Die Astronomie der Griechen. Eine Einführung*. Wissenschaftliche Buchgesellschaft, Darmstadt, 1988.

Weyl, Hermann: Wissenschaft als symbolische Konstruktion des Menschen. *Eranos Jahrbuch*, 1948, Bd. 16, S. 375–431.

Wilson, Curtis: Keplers Entdeckung der ersten beiden Planetengesetze. In: E. Seibold und W. Neuser (Hrsg.), *Newtons Universum*, Spektrum der Wissenschaft, Heidelberg, 1990, S. 60–73.

Wollgast, Siegfried: *Philosophie in Deutschland zwischen Reformation und Aufklärung 1550–1650*. Akademie-Verlag, Berlin, 1988. [Kap. 4: Das philosophische Weltbild Johannes Keplers, S. 221–262].

Nachwort
von Günter Scharf

Es war stets ein Anliegen unseres zu früh verstorbenen Kollegen Ulrich Niederer, bei historischen Themen die Brücke zur Gegenwart zu schlagen. Als Wissenschaftshistoriker ist man hierbei in einer vorzüglichen Lage, um die einen die Historiker anderer Richtungen nur beneiden können: Man kann vom heutigen Stand der Fachwissenschaft her sicher beurteilen, welches der Kern von Wahrheit ist im Werke eines Alten. Solches Urteil setzt tiefes Verständnis der Fachwissenschaft voraus, wie es Wissenschaftshistoriker nicht immer besitzen. U. Niederer hat solche Kenntnisse als theoretischer Physiker in hohem Masse besessen.

Nach seinem Vortrag, den er am 7.11.1990 an der Universität Zürich gehalten hatte, diskutierte ich mit ihm eben diese Frage, welches nun der Kern von Wahrheit in Keplers Weltharmonik wäre. Da ist natürlich sofort das 3. Keplersche Gesetz zu nennen. Ist das aber alles? Keineswegs. Interessanterweise ist in neuerer Zeit, d.h. nach 350 Jahren, gerade Keplers Hauptfrage, warum die Planetenabstände gerade so sind, wie sie sind, und nicht anders, ins Zentrum der Forschung gerückt. Das war erst möglich, nachdem Methoden entwickelt werden konnten, um die Stabilität von Planetenbahnen zu untersuchen. Wie im Leben, so ist Stabilität auch hier der Schlüsselbegriff.

Man kann die Frage heute etwa wie folgt diskutieren: Das Sonnensystem ist sehr alt, die Erde hat es vor mehr als 3 Milliarden Jahren schon gegeben. Die klimatischen Verhältnisse und damit der Abstand von der Sonne müssen damals schon recht ähnlich gewesen sein. Wenn die Erde mehr als 3 Milliarden Umläufe um die Sonne ohne Schaden überlebt hat, muss sie auf einer äusserst stabilen Bahn laufen. Auch die anderen (grösseren) Planeten müssen sich auf sehr stabilen Bahnen befinden, sonst hätten sie die Erdbahn stören können. Andererseits wissen wir heute, dass viele Bahnen instabil sind. Somit sind die wirklichen Planetenbahnen in der Gesamtheit aller möglichen Bahnen durch ein Höchstmass an Stabilität ausgezeichnet; von Zufall kann keine Rede sein. Es ist eine grosse Herausforderung an die mathematische Physik, das streng zu beweisen. Erste Resultate wurden in den letzten 40 Jahren erhalten (Theorie von Kolmogorov, Arnold und Moser). Ähnlich wie ein altes Auto bei bestimmten Geschwindigkeiten durch Resonanzen zu klappern anfängt und sogar zu Bruch gehen kann, so sind Bahnen mit rationalen Frequenzverhältnissen instabil. Bahnen mit irrationalen Verhältnissen sind umso stabiler, je schlechter sie sich durch rationale Verhältnisse approximieren lassen. Die ineinandergeschachtelten Polyeder von Kepler führen nun auf solche Irrationalzahlen, die sich schlecht durch rationale annähern lassen, ergeben also sehr stabile Bahnen! Zur grössten Überraschung enthält also auch der mystische und viel kritisierte Teil von Keplers Werk einen Kern von Wahrheit. Diesen Gedanken hat kürzlich schon W. Thirring in seinem *Lehrbuch der Mathematischen Physik* (Band 1, 2. Auflage, Springer Verlag 1988) geäussert. Ich bin sicher, dass U. Niederer ihn in die schriftliche Fassung seines Vortrags aufgenommen hätte.

Farbenlehre bei Newton und Goethe

Huldrych M. Koelbing

Es ist nun etwas mehr als 200 Jahre her, dass Johann Wolfgang Goethe Anfang 1790, vierzig Jahre alt, jenes fulminante Erlebnis hatte, das am Beginn seiner intensiven Beschäftigung mit den Farben stand. Er selbst hat es als unmittelbare *Erleuchtung* beschrieben; von einem andern Standpunkt her kann man es aber auch als *Verblendung* bezeichnen.

Angeregt durch seinen Umgang mit Malern und ihren Werken – vor allem in Italien – hatte Goethe beschlossen, sich «von Seiten der Physik den Farben zu nähern»[1], und sich zu diesem Zweck von Professor Christian Wilhelm Büttner[2] in Jena einen Satz Prismen ausgeliehen. Doch wie es so geht, er liess die Gläser zunächst liegen und kam nicht dazu, in seinen Fensterladen das kleine Loch zu bohren, mit dem Isaac Newton seinerzeit seine Untersuchung der Prismenfarben unternommen hatte. Büttner forderte schliesslich ultimativ sein Eigentum zurück; sein Bote, der den Mahnbrief nach Weimar brachte, sollte den Prismenkasten gleich mitnehmen und nach Jena zurückbringen. Doch da geschah es:

Schon hatte ich den Kasten hervorgenommen, um ihn dem Boten zu übergeben, als mir einfiel, ich wolle doch noch geschwind durch ein Prisma sehen, was ich seit meiner frühsten Jugend nicht getan hatte. Ich erinnerte mich wohl, dass alles bunt erschien, auf welche Weise jedoch, war mir nicht mehr gegenwärtig. Eben befand ich mich in einem völlig geweissten Zimmer; ich erwartete, als ich das Prisma vor die Augen nahm, eingedenk der Newtonischen Theorie, die ganze weisse Wand nach verschiedenen Stufen gefärbt, das von da ins Auge zurückkehrende Licht in so viel farbige Lichter zersplittert zu sehen.
Aber wie verwundert war ich, als die durchs Prisma angeschaute Wand nach wie vor weiss blieb, dass nur da, wo ein Dunkles

*dran stiess, sich eine mehr oder weniger entschiedene Farbe
zeigte, dass zuletzt die Fensterstäbe am allerlebhaftesten farbig
erschienen, indessen am lichtgrauen Himmel draussen keine
Spur von Färbung zu sehen war. Es bedurfte keiner langen
Überlegung, so erkannte ich, dass eine Grenze notwendig sei, um
Farben hervorzubringen, und ich sprach wie durch einen
Instinkt sogleich vor mich laut aus, dass die Newtonische Lehre
falsch sei. Nun war an keine Zurücksendung der Prismen mehr
zu denken.*[3]

Dieses Bekenntnis Goethes – er selbst nennt es so – macht es vollkommen klar: Es war für ihn geradezu eine *Offenbarung*, was er da
sah. Der Göttinger Germanist Albrecht Schöne spricht in seinem köst-
lichen, gescheiten Buch über *Goethes Farbentheologie* – in religiöser
Terminologie – von einer *Erweckung*.[4] Von da an hat sich Goethe
unermüdlich mit der Farbenlehre in ihren verschiedenen Aspekten
befasst und mehr als 2000 Druckseiten darüber geschrieben; dazu
kommen 80 grossenteils farbige Tafeln und 390 Entwürfe im «Corpus
der Goethezeichnungen».[5] Durch die ganzen 42 Jahre hin, die er noch
zu leben hatte, blieb Goethe unbeirrbar bei seiner Überzeugung, dass
Newtons Theorie des Sonnenspektrums, dieses glänzende Ergebnis der
quantitativen Analyse einer Naturerscheinung, von Grund auf verfehlt
sei, während er selbst mit seiner *qualitativen* Betrachtung das einzig
Wahre erkannt habe. Er, Goethe, verfocht die Lehre des «reinen, weissen Lichtes»[6] gegen den Irrlehrer Newton, der dieses himmlische
Licht zu einem «ungeordneten Gemenge bunter Lichtstrahlen»[7] her-
abgewürdigt hatte.

*Ich erkannte das Licht in seiner Reinheit und Wahrheit, und ich
hielt es meines Amtes, dafür zu streiten,*[8]

sagte der Vierundsiebzigjährige am 4. Januar 1824 zu Eckermann,
und als fast Achtzigjähriger kanzelte er am 19. Februar 1829 seinen
treuen Helfer und Begleiter ab, als dieser sich einen Einwand erlaubte:

*Es geht mir mit meiner Farbenlehre gerade wie mit der christli-
chen Religion. Man glaubt eine Weile, treue Schüler zu haben,
und ehe man es sich versieht, weichen sie ab und bilden eine
Sekte. Sie sind ein Ketzer wie die andern auch [...].*[9]

Johann Peter Eckermanns Reaktion verdient es ebenfalls, in Erinnerung behalten zu werden:

Ich trat zu ihm und drückte ihm die Hand; denn wenn er auch schalt, ich liebte ihn, und dann hatte ich das Gefühl, dass das Recht auf meiner Seite und er der leidende Teil sei.[10]

Wissenschaftlich gesehen war Goethes intuitive und vehemente Stellungnahme gegen Newton an jenem Januar- oder Februartag des Jahres 1790 umso weniger begründet, als er etwas ganz anderes tat, als Newton getan hatte. Goethe blickte *durch* das Prisma auf eine helle Fläche mit dunkler Begrenzung. Newton dagegen schaute *vom Prisma weg* auf das Spektrum, das jenes auf einer Wand im verdunkelten Zimmer entwarf. Newton analysierte ein *objektives Bild*, Goethe wurde von einer *subjektiven Wahrnehmung* in Bann geschlagen. Ein ärgerlicher Zufall? Wohl kaum: Newton konzentriert sich auf das isolierte Strahlenbündel, Goethe schaut in die Welt hinaus.

Im folgenden wollen wir uns zuerst Newtons Entdeckung vergegenwärtigen und dann versuchen, uns Goethes wütenden Widerspruch dagegen zu erklären. Danach möchte ich den wissenschaftlichen Gehalt von Goethes Farbenlehre hervorheben und schliesslich in aller Kürze und Bescheidenheit versuchen, das Ganze im Lichte heutiger wissenschaftlicher Vorstellungen zu würdigen.

Newtons Analyse des Sonnenspektrums

Am 6. Februar 1672 legte der neunundzwanzigjährige Isaac Newton, Mathematikprofessor in Cambridge, in einem langen Brief der Royal Society in London seine «Neue Theorie über Licht und Farben» vor; schon am 19. Februar wurde der Text in den *Philosophical Transactions* gedruckt.[11] Newton hatte sich ein dreikantiges Glasprisma verschafft, «um damit die berühmten Farberscheinungen auszuprobieren» – ‹to try therewith the celebrated Phaenomena of Colours›.[12] Er brachte das Prisma vor ein kleines, rundes Loch im Fensterladen und liess im sonst dunklen Raum das durch das Prisma gebrochene Lichtstrahlenbündel auf die 22 Fuss – ca. 6,7 Meter – entfernte, gegenüberliegende Wand fallen. Dass das so entstehende Bild farbig sein würde, hatte er im voraus gewusst; was ihn dagegen in Staunen setzte, das war eine quantitative Veränderung:

*Ich war überrascht, sie [die Farben] in einer länglichen Form ange-
ordnet zu sehen – ‹to see them in an oblong form› –, während diese
Form doch, wie ich gemäss den anerkannten Gesetzen der Licht-
brechung erwartete, hätte kreisrund sein müssen. [...] Die Länge
dieses farbigen Spektrums mit seiner Breite vergleichend, fand ich
sie rund fünfmal grösser; ein so ausgefallenes Missverhältnis – ‹a
disproportion so extravagant› – erregte in mir eine ungemeine
Neugier, zu untersuchen, woher dies kommen könnte.*[13]

Schon bei Newton steht also am Beginn der Farbenlehre die Überraschung durch eine unerwartete Beobachtung, deren Ursache er nun
unbedingt nachgehen musste. Er schloss zunächst jede Möglichkeit
einer zufälligen Verformung des Lichtbündels, z.B. durch mangelhafte
Glasqualität, sorgfältig aus und gewann so die Gewissheit, dass er es mit
einer gesetzmässigen, in der Natur des Lichtes selbst begründeten
Erscheinung zu tun hatte. Über zahlreiche Messungen und Abwand-
lungen des Versuches kam Newton schliesslich zu seinem entscheidenden Experiment, seinem *Experimentum Crucis*.[14] Dabei isolierte er
jeweils einen kleinen, möglichst einfarbigen Teil des Spektrallichtes,
liess dieses Strahlenbündel durch ein zweites Prisma brechen und sah
nun, dass das violette oder das blaue Licht, das vom einen Ende des
Spektrums kam, stärker gebrochen wurde als das vom andern Ende
stammende rote Licht.

*Und so wurde die wahre Ursache für die Länge jenes Spektral-
bildes entdeckt. Sie ist nichts anderes, als dass das Licht aus unterschiedlich brechbaren Strahlen besteht [...] – ‹Light consists of
Rays differently refrangible›,*[15]

oder etwas anders formuliert:

*Das Licht selbst ist eine heterogene Mischung unterschiedlich
brechbarer Strahlen – ‹Light itself is a Heterogeneous mixture of
differently refrangible Rays›.*[16]

Auf diese Weise löste Newton das *quantitative* Problem, das ihn alar-
miert hatte, nämlich die längliche Verformung eines runden Lichtbündels durch prismatische Brechung; zugleich und vor allem gewann er
eine neue, epochemachende Einsicht in das Wesen des Sonnenlichtes
und der Farben.

Der besonderen Brechbarkeit, ‹*refrangibility*›, eines jeden Lichtstrahls – wir sagen heute: seiner Wellenlänge – entspricht seine spezifische Farbe. Newton betont, dass es sich dabei um eine ursprüngliche, sozusagen angeborene Eigenschaft der Lichtstrahlen handelt – ‹*original and connate Properties*›[17] –, und nicht um Veränderung farbloser Strahlen durch Brechung oder Spiegelung, wie seine Zeitgenossen annahmen. Die von uns wahrgenommenen Farben der Dinge beruhen darauf, dass diese Dinge bestimmte Strahlen stärker als andere reflektieren.[18]

Doch was ist denn nun das natürliche, weisse oder farblose Sonnenlicht? Weisse Lichtstrahlen gibt es nicht; das weisse Licht setzt sich vielmehr auf wunderbare Art aus den Spektralfarben zusammen. Newton erklärt:

But the most surprising, and wonderful composition was that of Whiteness.[19]
Weiss ist die gewöhnliche Farbe des Lichtes; denn das Licht ist ein ungeordnetes Gemenge von Strahlen, die, mit allen Arten von Farben ausgestattet und durcheinander gemischt, von den verschiedenen Teilen leuchtender Körper weggeschleudert werden.[20]

Damit stellte Newton allerdings die Interpretation unserer alltäglichen, anscheinend unbestreitbaren Sinneserfahrung auf den Kopf: Nicht das normale, farblose Licht, in dem wir leben, ist das Primäre, Ursprüngliche, sondern der farbige Lichtstrahl, der aus jenem doch nur durch Kunstgriffe isoliert werden kann!

Aus Newtons Beschreibung seiner Entdeckung geht mit aller Deutlichkeit hervor, dass der Weg dazu durch ein messend analysierendes, abstrahierendes Denken in *quantitativen* Ordnungen gebahnt wurde. Die Natur des Lichtes hat sich Newton, der grosse Erforscher der Mechanik, natürlich korpuskulär gedacht.

Jahrzehnte später erweiterte Newton die Darlegung seiner optischen Versuche und Überlegungen zur grossen Monographie. Seine *Opticks, or a Treatise of the Reflections, Refractions, Inflections & Colours of Light* erschien erstmals 1704, ihre abschliessende 4. Auflage postum 1730. Hier relativiert Newton die Idee, die Lichtstrahlen und ihre Farben seien substantiell ein und dasselbe:

Denn um es richtig zu sagen – ‹to speak properly› –, sind die Strahlen nicht farbig. Es ist in ihnen nichts anderes als eine

gewisse Kraft und Disposition, die Empfindung dieser oder jener
Farbe zu erregen.[21]

Newton unterscheidet hier subtil zwischen dem äusseren, physikalischen Phänomen und seiner Wahrnehmung durch unser Sensorium. Er
spricht daher im weiteren mit Vorliebe nicht mehr von roten und an-
dersfarbigen Lichtstrahlen, sondern von rotmachenden ‹Rubrifick or
red-making› usw. Zum besseren Verständnis verweist er auf den Klang
einer Glocke oder einer Saite: ihre durch die Luft übertragenen
Schwingungen – «eine zitternde Bewegung», ‹a trembling motion› – bewirken in uns die Empfindung der Töne.[22] Die quantitative Erfassung
der Phänomene liegt für den Physiker in beiden Fällen nahe; Newton
stellt ausdrücklich die Übereinstimmung des siebenfarbigen Spektrums
(rot, orange, gelb, grün, blau, indigo, violett) mit der Tonleiter fest.[23]

Goethes Kampf gegen Newton

Goethe hat seinen Widerspruch gegen Newton nicht nur in seinen
wissenschaftlichen Schriften und in Gesprächen geäussert, sondern ihn
auch dichterisch in Versen formuliert.[24] Schillers *Musenalmanach* für
1797 enthielt u.a. die zwei folgenden Distichen:

Die Zergliederer
Spaltet immer das Licht! Wie öfters strebt ihr zu trennen,
*   Was euch allen zum Trutz Eins und ein Einziges bleibt.*

Triumph der Schule
Welch erhabner Gedanke! Uns lehrt der unsterbliche Meister
*   Künstlich zu teilen den Strahl, den wir nur einfach gekannt.*

Ein weiteres, böseres Verspaar aus der gleichen Zeit blieb damals
ungedruckt:

Zweifel des Beobachters
Das ist ein pfäffischer Einfall! Denn lange spaltet die Kirche
*   Ihren Gott sich in drei wie ihr in sieben das Licht.*

Die theologische Dimension von Goethes Farbenlehre, die Schöne
herausgearbeitet hat, wird hier besonders deutlich. Goethe fasste seine

Theorie zwar durchaus als Naturwissenschaft auf, aber im Grunde ging
es ihm noch um mehr: Die Einheit des weissen, reinen Sonnenlichtes zu
leugnen, war für ihn geradezu eine Gotteslästerung, eine Sünde wider
die göttliche Natur. Für Goethe ist das weisse Licht das Primäre; aus
ihm gehen die Farben hervor. Sie sind «Taten des Lichts, Taten und Leiden»[25], und nicht dessen Elemente wie in Newtons Lehre. Die Farben
sind für Goethe gedämpfte «Halblichter» oder erhellte «Halbschatten».[26] Diese Idee kam Goethe schon bei seinem ersten Prismenver-
such, wo er intuitiv zu erkennen glaubte, «dass eine Grenze notwendig
sei, um Farben hervorzubringen», die Grenze zwischen Hell und Dunkel. Goethe erklärte das Phänomen der farbigen Ränder, die man beim
Blick durch ein Prisma wahrnimmt, auf eine recht eigentümliche Weise:
Das Prisma «verrücke», verschiebe das helle Bild über seine dunkle
Begrenzung hinaus, oder umgekehrt die dunkle Grenzfläche über das
helle Bild. In Richtung der brechenden Prismenkante wird nach
Goethe das helle Bild über den dunklen Rand hinübergezogen und
erzeugt so den blau-violetten Randstreifen. Auf der Seite der Prismen-
Basis soll sich dagegen der dunkle Rand über das helle Bild schieben
und so den gelb-roten Grenzstreifen bewirken. Ist die helle Fläche zwischen den beiden Rändern schmal genug, so vereinigt sich in der Mitte
das Gelb der einen mit dem Blau der andern Seite zum Grün. Diese
Annahme ist mit den Gesetzen der geometrischen Optik nicht zu vereinen; der Mathematiker und Goethe-Kommentator Andreas Speiser
hat sie als eine «etwas abenteuerliche» Erklärung bezeichnet.[27] Newton
dagegen hatte die Erscheinung durchaus richtig interpretiert: Da das
Prisma die verschiedenfarbigen Strahlen ungleich stark bricht und
ablenkt, erscheinen beim Blick durch das Prisma die scharfen Ränder
des hellen Bildes farbig aufgelöst. Auf der einen Seite treten die stärker
gebrochenen, blauen und violetten Strahlen hervor, auf der andern
Seite die schwächer gebrochenen, gelben und roten.[28]

Im zweiten, dem «Polemischen Teil» seiner *Farbenlehre* kommentiert Goethe das erste Buch von Newtons *Optik* auf seine Weise. Andreas
Speiser sagt darüber:

*Das prachtvolle Newtonsche Werk ‹Opticks› wird zerpflückt und
mit den gröbsten Invektiven versehen, wobei sich aber zeigt, dass
Goethe fast alles missverstanden hat.*[29]

Es scheint jedoch eher, dass Goethe Newton gar nicht mehr verstehen *wollte*, nachdem er selber von *seiner* Wahrheit inspiriert worden

war und es somit ein für alle Mal besser wusste. Er anerkennt nicht einmal Newtons Bemühen, die Spektralfarben zu verstehen und zu erklären. Er schreibt vielmehr, Newton scheine seine Versuche «vorsätzlich und mit Bewusstsein» ausgesucht zu haben, um den Leser zu täuschen. Von Newtons *Experimentum crucis* (das wir oben referiert haben) behauptet Goethe, Newton habe dabei die Natur auf die Folter gespannt, «um sie zu dem Bekenntnis dessen zu nöthigen, was er schon vorher bei sich festgesetzt hatte». Newton wird ausdrücklich als Inquisitor bezeichnet, welcher der Natur eine falsche Aussage unterschoben habe; aber nun ist Goethe gekommen, um sich der gekränkten Unschuld anzunehmen.[30] Das ist vielleicht hinreissend gesagt, aber der Stil einer wissenschaftlichen Auseinandersetzung ist es nicht. Es ist weit mehr die Redeweise eines Glaubenseiferers.

Solche Ausfälle gegen den grossen Experimentator Newton haben etwas Groteskes, besonders wenn man daran denkt, dass Goethe das *Experiment* als solches nicht etwa ablehnte, sondern als «Vermittler von Objekt und Subjekt»[31] für gut und notwendig hielt und feststellte:

Die Vermannigfaltigung eines jeden einzelnen Versuches ist also die eigentliche Pflicht eines Naturforschers.[32]

Goethe hat selber zahlreiche optische Experimente mit Linsen, Prismen und planparallelen Glasplatten ausgeführt, von denen kein Geringerer als Hermann von Helmholtz bestätigte, sie seien «genau beobachtet und lebhaft beschrieben» und unbestreitbar richtig. Allerdings fügt er bei:

Es sind diese Goetheschen Darstellungen eben nicht als physikalische Erklärungen, sondern nur als bildliche Versinnlichungen des Vorganges aufzufassen.[33]

Helmholtz bringt damit zum Ausdruck, dass Goethes Experimentieren im Zeichen der *Qualitas* stand. Newtons auf dem Fragen nach *quantitativen* Verhältnissen aufgebaute Experimentiermethodik hielt er von vornherein für ein untaugliches Mittel zur Erforschung der Farbenwelt:

Durch eine sonderbare Verknüpfung von Umständen ist die Farbenlehre in das Reich, vor den Gerichtsstuhl des Mathematikers gezogen worden, wohin sie nicht gehört.[34]

Warum denn nicht? Emil Staiger bemerkt hiezu in seiner Goethe-Biographie:

Denn was ihn verdross, das war das Erlöschen der Farben in Brechungswinkeln und Zahlen, die Übersetzung *der Phänomene in die Sprache der Mathematik.*[35]

Goethes Feindschaft gegen den ja schon längst verstorbenen Newton und seine Entdeckung kann letzten Endes auf drei Wurzeln zurückgeführt werden.

Erstens verletzte Newtons experimentell messende Analyse des Lichtes Goethes geradezu religiöse Verehrung der von ihm als göttlich verstandenen Natur. Schöne hat durchaus recht, wenn er Goethes Kampf gegen Newtons Lehre einen Glaubenskampf nennt.

Eng verbunden damit ist ein Zweites: Goethes unerschütterliches Vertrauen in die Verlässlichkeit unserer Sinneswahrnehmung – was unsere Sinne *wahr*-nehmen, das *ist* wahr! Die offenkundige Realität des weissen Sonnenlichtes in Farbstrahlen von unterschiedlicher Brechbarkeit aufzulösen, das konnte nur Künstelei und Irrtum sein, wenn nicht gar Bosheit und Betrug.

Drittens hatte Goethe auch ein Gespür für die versteckte Gefährlichkeit der modernen Naturforschung. Das hemmungslose Eindringen des kalten Intellektes in die Natur, mit ausgeklügelten Versuchsanordnungen und dem Isolieren einzelner Phänomene, mit Messen, Wägen und Rechnen, mit Quantifizieren und Abstrahieren, war ihm unheimlich. Mit einem Blick auf Goethes *Faust* und dessen Pakt mit Mephisto schrieb treffend Werner Heisenberg:

Der Weg, der aus dem natürlichen Leben heraus in die abstrakte Erkenntnis führt, kann also beim Teufel enden. Das war die Gefahr, die Goethes Haltung der naturwissenschaftlich-technischen Welt gegenüber bestimmte. Goethe spürte die dämonischen Kräfte, die in dieser Entwicklung wirksam werden, und er glaubte, ihnen ausweichen zu sollen. Aber, so wird man vielleicht antworten müssen, so leicht kann man dem Teufel nicht ausweichen.[36]

Goethes eigener Zugang zur wissenschaftlichen Erfassung der Natur im allgemeinen und der Welt der Farben im besonderen war nicht die *quantifizierende* und abstrahierende Analyse, sondern die ruhige, aufmerksame Anschauung, die die Erscheinungen in ihrer unverstellten *Qualitas* auf sich einwirken lässt. Er selbst war sich dessen bewusst, als er – mit 77 Jahren, am 1. Februar 1827 – Eckermann gegenüber erklärte:

Ich habe mich in den Naturwissenschaften so ziemlich nach allen Seiten hin versucht; jedoch gingen meine Richtungen immer nur auf solche Gegenstände, die mich irdisch umgaben und die unmittelbar durch die Sinne wahrgenommen werden konnten.[37]

Diese Art der Zuwendung zur Natur hat Goethe in der Farbenlehre zu Einsichten geführt, die in ihrer Art ebenso grundlegend und gültig sind wie Newtons Analyse des Sonnenspektrums, freilich nicht in kosmischen, wohl aber in menschlichen Dimensionen.

Zum wissenschaftlichen Gehalt von Goethes Farbenlehre

Nach zwanzig Jahren des Forschens und Denkens lag 1810 das dreiteilige Werk *Zur Farbenlehre* vollendet vor. Goethe liess dem *Didaktischen Teil* den gegen Newton gerichteten *Polemischen Teil* folgen und fügte als drittes den *Historischen Teil* hinzu, der beinahe so umfangreich ist wie die beiden andern zusammen; denn es lasse sich «wohl behaupten, dass die Geschichte der Wissenschaft die Wissenschaft selbst sei.»[38] Wir beschränken uns hier auf einige Aussagen des *Didaktischen Teils*; in der klaren, anschaulichen Darlegung seiner Auffassungen hat Goethe gleichzeitig einen wissenschaftlichen Text und ein Kunstwerk geschrieben. An den Anfang stellt er die *physiologischen Farben*, die Farben, «insofern sie dem Auge angehören und auf einer Wirkung und Gegenwirkung desselben beruhen.»[39] Es folgen als zweites die *physischen Farben*, die mittels farbloser Medien – beispielsweise durch Refraktion – hervorgebracht werden, und als drittes die *chemischen Farben*, die den Gegenständen angehören. Die physiologischen Farben sind «unaufhaltsam flüchtig», die physischen vorübergehend, die chemischen haltbar «bis zur spätesten Dauer.» Reich an Beobachtungen, Gedanken und Einsichten ist der Schlussabschnitt (die sechste Abteilung) über die «Sinnlich-sittliche Wirkung der Farbe»; es ist dies eine eigentliche *Farb-Psychologie*, auf die wir hier jedoch nicht eingehen können.
Da wir bereits Goethes Ablehnung der analytischen Spektrallehre Newtons erörtert haben, gehen wir nun zuerst nochmals auf seine eigene Erklärung der «physischen Farben» ein (vgl. oben S. 135). Aus

dem Zusammenwirken von Hell und Dunkel, Licht und Nichtlicht entspringen die Farben «als Halblichter, als Halbschatten».[40]

*Zunächst am Licht entsteht uns eine Farbe, die wir Gelb nennen,
eine andere zunächst an der Finsternis, die wir mit dem Worte
Blau bezeichnen.*[41]

Anders ausgedrückt:

*Das Blaue erschien gleichsam als Schleier des Schwarzen, wie
sich das Gelbe als ein Schleier des Weissen bewies.*[42]

Die beiden Farben bilden einen Gegensatz, den Goethe, ganz im
Geiste der Zeit, als *Polarität* bezeichnet; unter der Wirkung der Naturphilosophie des jungen Schelling (1775–1854) war die Polarität zum
grossen Ordnungsprinzip aller Naturerscheinungen, von der Physik bis
zur Medizin, geworden. Nach Goethe ist nun *Gelb* ein *Plus*, es verkörpert Wirkung, Licht, Kraft, Wärme, Nähe, es stösst ab und ist mit Säuren verwandt. *Blau* dagegen ist ein *Minus*, es entspricht Beraubung,
Schatten, Schwäche, Kälte und Ferne, es zieht an und ist mit Alkalien
verwandt.[43]
Die Vermischung der beiden physischen Grundfarben Gelb und
Blau ergibt Grün. In entgegengesetzter Richtung gewinnen sie durch
«Verdichtung» und «Steigerung» einen zunehmend rötlichen Schim-
mer, werden zu Gelbrot (Orange) resp. Blaurot (Violett) und treffen
sich im reinen Rot, «das wir oft, um seiner hohen Würde willen, den
Purpur genannt haben.»[44] Damit ist Goethes *sechsteiliger Farbenkreis*
vollständig. Jede Farbe hat darin ihre *Gegenfarbe*: gelb/violett,
blau/orange, rot/grün. Für den Maler, nicht aber für den Naturforscher,
anerkennt Goethe als dritte Grundfarbe auch das Rot.
Einleuchtender als die eigenartige Unterscheidung zwischen Farb-
Mischung und Farb-Steigerung ist Goethes Schilderung, wie durch
trübe Medien («*Mittel*»), die der Helle oder dem Dunkel vorgelagert
sind, die Farben erzeugt werden; hier finden wir das Kernstück seiner
Lehre von den physischen Farben:

*150. Das höchstenergische Licht, wie das der Sonne, des Phos-
phors in Lebensluft [Sauerstoff] verbrennend, ist blendend und
farblos. So kommt auch das Licht der Fixsterne meistens farblos
zu uns. Dieses Licht aber durch ein auch nur wenig trübes Mittel*

gesehen, erscheint uns gelb. Nimmt die Trübe eines solchen Mittels zu, oder wird seine Tiefe vermehrt, so sehen wir das Licht nach und nach eine gelbrote Farbe annehmen, die sich endlich bis zum Rubinroten steigert.

151. Wird hingegen durch ein trübes, von einem darauffallenden Lichte erleuchtetes Mittel die Finsternis gesehen, so erscheint uns eine blaue Farbe, welche immer heller und blässer wird, je mehr sich die Trübe des Mittels vermehrt, hingegen immer dunkler und satter sich zeigt, je durchsichtiger das Trübe werden kann, ja bei dem mindesten Grad der reinsten Trübe als das schönste Violett dem Auge fühlbar wird.[45]

Dies sind nach Goethe die beiden sich gegensätzlich ergänzenden «*Urphänomene*» der Farbenwelt. Andreas Speiser hat Goethes Sicht in den folgenden prägnanten Sätzen festgehalten:

Eine erleuchtete Trübung vor der Finsternis gibt Blau bis Violett, dagegen gibt eine Trübung vor der Helle Gelb bis Rot. Beide [Phänomene] stellt uns die Natur an einem klaren Tag wunderbar vor die Augen. Der blaue Himmel zeigt hell vor Schwarz, der Sonnenauf- und Untergang mit seiner Röte zeigt trüb vor hell. Stets betrachtete sie Goethe mit Ehrfurcht.[46]

Und Speiser, der Mathematiker, urteilt schliesslich:

Goethe hat darin recht, dass die jedermann bekannten Phänomene, wie der blaue Himmel, die Morgenröte, die blaue und braune Farbe desselben Rauches, je nachdem der Hintergrund dunkel oder hell ist, und vieles andere durch Newton gar nicht erklärt wurden. Es dauerte über zweihundert Jahre, bis sie der Wissenschaft erfassbar wurden,[47] *während Goethe sie ohne irgendwelche Schwierigkeit aus den beiden Urphänomenen herleiten konnte. Die Urphänomene sind auch heute noch die weitaus besten Regeln für die bei normalem Lichte erscheinenden Farben.*[48]

Dagegen fand Goethe Zeit seines Lebens keine befriedigende Erklärung für den *Regenbogen*. «Er hat Goethe schwere Sorgen bereitet, denn er ist ja der leibhaftige Newton», schreibt Speiser.[49]

In den Urphänomenen sah Goethe, der Schauende, die letzte und höchste Stufe der uns Menschen zugänglichen Erkenntnis und forderte deshalb:

Der Naturforscher lasse die Urphänomene in ihrer ewigen Ruhe und Herrlichkeit dastehen [...][50]

Ein solcher Verzicht auf die weitere, notwendigerweise auch quantitative Analyse der Phänomene ist für die Naturforschung nicht annehmbar, auch nicht für einen Forscher wie Heisenberg, der bereit ist, mit Goethe eine göttliche Ordnung in der Natur anzuerkennen, aber einwenden muss:

Mag es nicht sein, dass gerade, was Goethe als die göttliche Ordnung der Naturerscheinung empfindet, erst in der höheren Abstraktionsstufe in voller Klarheit vor uns steht?[51]

Doch nun zu Goethes *physiologischen Farben*, die von der Tätigkeit «des Auges» abhängig sind. Es handelt sich nun um die Farben, so wie wir sie tatsächlich sehen. Goethes Ausdruck «das Auge» steht dabei für das ganze visuelle System unseres Hirns. In dieser ersten Abteilung seiner *Farbenlehre* liegt Goethes wichtigster Beitrag zum wissenschaftlichen Verständnis unserer Farbwahrnehmung. Bisher habe man die hier untersuchten Farberscheinungen – so schreibt er – «als ausserwesentlich, zufällig, als Täuschung und Gebrechen betrachtet»; in Tat und Wahrheit gehören sie jedoch dem gesunden Auge an und bilden «die notwendigen Bedingungen des Sehens». Die physiologischen Farben sind es, «welche das Fundament der ganzen Lehre machen und uns die chromatische Harmonie, worüber so viel gestritten wird, offenbaren.»[52] Besonders wichtig sind hier die *farbigen Nachbilder*, namentlich die Tatsache, dass das Betrachten lebhafter Farben in unserem Auge Nachbilder in den Komplementärfarben, die im Farbenkreis den angebotenen gegenüberliegen, hervorruft. Ein Beispiel:

52. Als ich gegen Abend in ein Wirtshaus eintrat und ein wohlgewachsenes Mädchen mit blendend weissem Gesicht, schwarzen Haaren und einem scharlachroten Mieder zu mir ins Zimmer trat, blickte ich sie, die in einiger Entfernung vor mir stand, in der Halbdämmerung scharf an. Indem sie sich nun darauf hinwegbe-

*wegte, sah ich auf der mir entgegenstehenden weissen Wand ein
schwarzes Gesicht, mit einem hellen Schein umgeben, und die
übrige Bekleidung der völlig deutlichen Figur erschien von einem
schönen Meergrün.*[53]

Es braucht doch wohl einen Forscherblick, um angesichts der fes-
selnden Wirklichkeit noch das optische Nachbild mit solcher Genauigkeit zu registrieren!
Ebenso wie die sukzessiven hat Goethe die *simultanen Kontraste*
wahrgenommen und analysiert: Jede Farbe, die wir sehen, fordert vom
Auge die Gegenfarbe.

*Das Auge verlangt dabei ganz eigentlich Totalität und schliesst in
sich selbst den Farbenkreis ab.*[54]

Nach diesem Gesetz erklärte Goethe die Wahrnehmung *farbiger
Schatten,* wie sie z.B. Horace-Bénédict de Saussure bei seiner Mont-
Blanc-Besteigung 1787 fasziniert hatten. Goethe selbst gibt uns eine
sehr schöne Beschreibung dieses Phänomens:

*75. Auf einer Harzreise im Winter stieg ich gegen Abend vom
Brocken herunter, die weiten Flächen auf- und abwärts waren
beschneit, [...] die Sonne senkte sich eben gegen die Oderteiche
hinunter.*
*Waren den Tag über, bei dem gelblichen Ton des Schnees, schon
leise violette Schatten bemerklich gewesen, so musste man sie nun
für hochblau ansprechen, als ein gesteigertes Gelb von den be-
leuchteten Teilen widerschien.*
*Als aber die Sonne sich endlich ihrem Niedergang näherte und
ihr durch die stärkeren Dünste höchst gemässigter Strahl die
ganze mich umgebende Welt mit der schönsten Purpurfarbe über-
zog, da verwandelte sich die Schattenfarbe in ein Grün, das nach
seiner Klarheit einem Meergrün, nach seiner Schönheit einem
Smaragdgrün verglichen werden konnte. Die Erscheinung ward
immer lebhafter, man glaubte sich in einer Feenwelt zu befinden,
denn alles hatte sich in die zwei lebhaften und so schön überein-
stimmenden Farben gekleidet, bis endlich mit dem Sonnenunter-
gang die Prachterscheinung sich in eine graue Dämmerung, und
nach und nach in eine mond- und sternhelle Nacht verlor.*[55]

Das Zusammenwirken von Licht und Auge kommt in diesem Text besonders schön zum Ausdruck.

Goethe besass ohne Zweifel ein besonders feines Sensorium für solche dem Auge angehörenden Bilder, denn er schreibt:

Übrigens werden sich diese Erscheinungen dem Aufmerksamen überall, ja bis zur Unbequemlichkeit zeigen.[56]

Schliesslich bezog Goethe auch *abnorme Farbwahrnehmungen*, namentlich die *Farbenblindheit*, als «*pathologische Farben*» in seine Diskussion ein, denn die «krankhaften Phänomene deuten gleichfalls auf organische und physische Gesetze.»[57] Nach Wolfgang Jaeger war Goethe der erste, der – in den Jahren 1798/99 – systematische Untersuchungen mit Farbenblinden durchführte und protokollierte.[58]

Abschliessende Gedanken

Die Texte, die wir zitiert und besprochen haben, lassen uns die ganz verschiedenen Denkweisen Newtons und Goethes erkennen: Im Zeichen der *Quantitas* analysierend erscheint uns Newton, die *Qualitas* betrachtend Goethe. Wir haben die beiden Männer in ihrer unterschiedlichen Forscherwelt beobachtet: Newton in seiner Dunkelkammer messend, Goethe in die Weite der Welt hinaus blickend.

In seiner engen Kammer machte Newton seine Entdeckung, die unser Verständnis der äusseren Welt in dem wichtigen Bereich des Lichtes von Grund auf verändert hat. *Die Entdeckung der spektralen Zusammensetzung des Sonnenlichtes* ist eine der grössten in der ganzen Geschichte, auch wenn uns das kaum mehr bewusst wird. Sie hat der späteren Naturforschung gewaltige Möglichkeiten erschlossen; die *Spektralanalyse* mit ihren weiteren Entwicklungen dient der Untersuchung vielfältiger Naturerscheinungen von der Astronomie bis zur Medizin. Newton zeigte seine Grösse, indem er sich durch eine recht banale Beobachtung – den in die Länge gezogenen Lichtfleck des Sonnenspektrums – beunruhigen liess und darauf den Weg zu einem völlig neuen Verständnis des Lichtes unbeirrt beschritt.

Goethe dagegen schaut sich mit seinem aufmerksam forschenden Blick in der lichten und farbigen Welt um und findet – sehr gelinde gesagt – Newtons Spektraltheorie nicht eben hilfreich zum Verständnis dessen, was er sieht. Nüchtern betrachtet ist es grotesk, dass er darauf zum zornigen Angriff gegen Newton schritt, dessen Erkenntnis sich seit über hundert Jahren bewährt hatte. Wir haben die Gründe dafür erörtert (S. 137): seine religiöse Verehrung der göttlichen Natur, des reinen Lichtes; sein Vertrauen in die menschliche Sinneswahrnehmung; sein Misstrauen gegen eine respektlos und kalt die Natur zergliedernde Forschung.

Doch seine Lehre der farblichen *Urphänomene* und vor allem seine Theorie der physiologischen Farben steht auf dem festen Grund der soliden Beobachtung. Goethe betonte *die aktive Rolle des Auges, des Gesichtssinnes bei der Wahrnehmung der Farben*, und er hat diese seine Einsicht breit und fest untermauert.

In der Sinnesphysiologie dominierte freilich bis weit in unser Jahrhundert hinein der quantitativ analysierende Gesichtspunkt. Thomas Young und Hermann Helmholtz bewiesen, dass die Netzhaut unseres Auges nur drei verschiedene Arten farbempfindlicher Sinneszellen braucht, um das gesamte Farbspektrum aufzunehmen. George Wald (Nobelpreis 1967) konnte schliesslich die Existenz der drei verschiedenen Rezeptorsubstanzen in den Zapfenzellen der Retina chemisch nachweisen.

Schon gegen Ende des 19. Jahrhunderts fand indessen der Physiologe Ewald Hering, dass mit der Young-Helmholtzschen Theorie nicht alles erklärt sei. Er nahm zwar ebenfalls drei Arten visueller Rezeptoren in der Netzhaut an, postulierte aber, dass sie – durch ein Zusammenspiel von Erregung und Hemmung – auf die gegensätzlichen Farbpaare Rot-Grün, Gelb-Blau und Schwarz-Weiss ansprächen. Beweisen konnte er seine Hypothese jedoch nicht.

Die Erforschung der Sehvorgänge im Auge und im Hirn haben nun in den letzten Jahrzehnten zu der überraschenden Erkenntnis geführt, dass beide Theorien ihre Berechtigung haben und sich nicht ausschliessen, sondern ergänzen. In der Netzhaut gilt die Drei-Farben- oder Drei-Reize-Theorie; da herrschen sozusagen Newton, Helmholtz und Wald. Doch auf den übergeordneten Stufen der Reiz-Verarbeitung im Nervensystem verlaufen die Dinge nach Herings Gegenfarben-Theorie, und da kommt auch Goethes Idee der Polarität zu ihrem Recht. Die mitschaffende Tätigkeit des Auges und des Hirns beim Sehen und namentlich beim Farbensehen gewinnt immer mehr an Gewicht in der Wissenschaft. Der Physiologe Edwin H. Land und seine Mitarbeiter haben gezeigt, dass unser Gesichtssinn aus geradezu rudimentären Farbreizen die Welt der natürlichen Farben rekonstruieren kann.[59] Einer Übersichtsarbeit von Rüdiger von der Heydt entnehme ich, dass manche Untersucher des Farbensehens demgemäss zwischen Antworten des Nervensystems auf Wellenlängen (‹*wave-length responses*›) und Antworten auf Farben (‹*colour responses*›) unterscheiden.[60] So treffen sich heute in der Wissenschaft des Farbensehens *quantitativ* messende und *qualitativ* betrachtende Naturforschung.

Anmerkungen

1   Goethe, Johann Wolfgang: *Zur Farbenlehre* (auch: Entwurf einer Farbenlehre). Zitiert nach der *Gedenkausgabe der Werke, Briefe und Gespräche*, hg. von Ernst Beutler. Zürich, Artemis, 1949, [2]1964. Bd. 16, Naturwissenschaftliche Schriften, Erster Teil, S. 706. Wird im folgenden zitiert als AGA 16.

2   Christian Wilhelm Büttner (1716–1801) war Sprach- und Naturforscher, vor allem Botaniker, Professor in Göttingen und seit 1783 in Jena.

3   Goethe: *Historischer Teil der Farbenlehre*. AGA 16, S. 708 f.

4   Schöne, Albrecht: *Goethes Farbentheologie*. München, Beck, 1987.

5   *Goethes Farbenlehre*, ausgewählt und erläutert von Rupprecht Matthaei. Ravensburg, Maier, 1987. S. 5.

6   So oder in Abwandlung wiederholt von Goethe gebrauchter Ausdruck, vgl. Schöne (siehe Anm. 4).

7   A Letter of Mr. Isaac Newton, Mathematick Professor in the University of Cambridge; containing his New Theory about Light and Colors [...]. In: *Philosophical Transactions* **80**, 19. Feb. 1671/72 (1672 nach unserem Gregorianischen Kalender), S. 3075–3087. Faksimile-Nachdruck: München, Fritsch, 1965, [2]1967 (*Historiae Scientiarum Elementa* 2). Zitat von S. 3083.

8   Eckermann, J[ohann] P[eter]: *Gespräche mit Goethe in den letzten Jahren seines Lebens*. Berlin, Knaur, 1924. S. 373.

9   Op. cit., S. 238.

10 Ibid.

11 Newton (siehe Anm. 7).

12 Op. cit., S. 3075f.

13 Op. cit., S. 3076. Eigene Übersetzung.

14 Op. cit., S. 3078f.

15 Op. cit., S. 3079.

16 Ibid.

17 Op. cit., S. 3081.

18 Op. cit., S. 3084.

19 Op. cit., S. 3083.

20 Ibid. Eigene Übersetzung.

21 Newton, Isaac: *Opticks, or a Treatise of the Reflections, Refractions, Inflections & Colours of Light*. Based on the fourth edition London 1730. Preface by Bernard Cohen. New York, Dover, 1979. Buch I/2, S. 124f.

22 Op. cit., S. 125.

23 Op. cit., S. 126–128.

24 Zusammengestellt bei Schöne (siehe Anm. 4). Zitate von S. 180.

25 Goethe: *Vorwort zur Farbenlehre.* AGA 16, S. 9.

26 *Einleitung zum Didaktischen Teil der Farbenlehre.* AGA 16, S. 23.

27 Speiser, Andreas, in der Einführung zu AGA 16, S. 943.

28 Newton: *Opticks* (siehe Anm. 21). Buch I/2, S. 161–165.

29 Speiser (siehe Anm. 27). AGA 16, S. 944.

30 Goethe: *Zur Farbenlehre. Polemischer Teil*, Paragraph 114. *Sophien-Ausgabe der Werke.* II. Abt., Bd. 2. Weimar, Böhlau, 1890. S. 68f. Reprint Deutscher Taschenbuch Verlag 1987. Bd. 65.

31 AGA 16, S. 844–855.

32 Op. cit., S. 852.

33 Helmholtz, Hermann v.: *Handbuch der physiologischen Optik.* Bd. 2. Hamburg und Leipzig, Voss, [3]1911. S. 96.

34 Goethe: *Einleitung zum Didaktischen Teil der Farbenlehre.* AGA 16, S. 25.

35 Staiger, Emil: *Goethe.* Bd. 2. 1786–1814. Zürich, Atlantis, 1956, [4]1970, S. 421.

36 Heisenberg, Werner: Das Naturbild Goethes und die technisch-naturwissenschaftliche Welt. In: *Die Grossen der Weltgeschichte.* Bd. 7. Zürich, Kindler, 1976. S. 64–73. Zitat von S. 66.

37 Eckermann (siehe Anm. 8), S. 175.

38 Goethe: *Vorwort zur Farbenlehre.* AGA 16, S. 13.

39 *Einleitung zum Didaktischen Teil der Farbenlehre.* AGA 16, S. 22.

40 Op. cit., S. 23. Ähnlich auf S. 45: «Die Farbe selbst ist ein Schattiges (skierón).»

41 Op. cit., S. 22f.

42 *Historischer Teil der Farbenlehre.* AGA 16, S. 710.

43 *Didaktischer Teil der Farbenlehre.* 4. Abt.: *Allgemeine Ansichten nach innen.* AGA 16, S. 188.

44 Op. cit., S. 189.

45 AGA 16, S. 63.

46 Speiser (siehe Anm. 27). AGA 16, S. 942.

47 1871 erklärte Lord John W. S. Rayleigh (1842–1919) das Himmelsblau durch Streuung der kurzwelligen Sonnenstrahlen in der Atmosphäre.

48 AGA 16, S. 970.

49 AGA 16, S. 947.

50 AGA 16, S. 69.

51 Heisenberg (siehe Anm. 36), S. 69.

52 AGA 16, S. 27.

53 AGA 16, S. 39.

54 AGA 16, S. 43.

55 AGA 16, S. 47.

56 AGA 16, S. 42.

57 AGA 16, S. 53.

58 Jaeger, Wolfgang: Goethes Untersuchungen an Farbenblinden. In: *Heidelberger Jahrbücher* **23** (1979), S. 27-38.

59 Land, Edwin H.: Color vision and the natural image. In: *Proceedings of the National Academy of Sciences of the USA* **45** (1959), S. 115–129, 636–644.

60 von der Heydt, Rüdiger: Approaches to visual cortical function. In: *Reviews of Physiology, Biochemistry and Pharmacology* **108** (1987), S. 69–150.

Laboratoriumspraxis, Quantitäten und die Produktion von Erkenntnis

Transformationen der Chemie zwischen Lavoisier und Liebig

Christoph Meinel

Die zunehmende Verwendung quantifizierender Verfahren und das gleichzeitige Zurücktreten bloss qualitativer Wesensbestimmungen ist ein Spezifikum neuzeitlicher Wissenschaft. Seit dem 17. Jahrhundert drängen die empirischen Wissenschaften zur Präzision quantitativer Begriffe. Der Umschlag von einer qualitativen in eine quantitative Methodologie der Forschung gilt meist als Wendepunkt in der Entwicklung eines Faches zur Wissenschaftsform der Moderne.

Die Chemie hat diesen Schritt merkwürdig spät vollzogen, misst man sie am Stand von Astronomie und Physik. Herbert Butterfield hat deshalb auch von einer «postponed scientific revolution in chemistry» sprechen können.[1] Erst die Chemische Revolution des ausgehenden 18. Jahrhunderts entwickelte ein Forschungsprogramm, das in die moderne chemische Wissenschaft führte. Es war dies ein Prozess von enormer Dynamik. Zwischen 1770 und 1840 trat die Chemie sichtbar ins Bewusstsein der Öffentlichkeit. Jahrhundertelang der alchemistischen Obskurität oder der plattesten Empirie verdächtigt, stieg sie nun binnen weniger Jahrzehnte geradezu zu einer Modewissenschaft auf.[2] Damit hielt ein Fach neuen Typs Einzug in die traditionellen Institutionen der Gelehrsamkeit. Von Anfang an auf Praxis hin orientiert, schuf sich die Chemie einen Ort, wie ihn kein anderes Fach bis dahin besass: das Forschungslaboratorium. Der Botaniker, der Zoologe, der Mineraloge kannten dergleichen nicht. Was sie hatten, waren Schausammlungen nach Art der alten Naturgeschichte. Dort wurde aufbewahrt und vorgezeigt, dort wurden Belegstücke der äusseren Welt unter die Topologie des Systems subsumiert. Auch physikalische Kabinette, wie die Universitäten sie anlegten, dienten meist weniger der Forschung als der Demonstration des Bekannten. Die Chemie hingegen besass Werkstätten, in denen Neues geschaffen wurde: Stoffe und Mischungen, wie die Natur sie nicht anzubieten hatte, samt dem dazu benötigten Handlungswissen. Damals wie heute muss die Chemie die Mehrzahl ihrer Gegenstände erst herstellen, bevor sie sie zum Objekt praktischer und theoretischer Untersuchungen macht, und kann sie nicht dem vorfindlichen Repertoire natürlicher Gegenstände entnehmen. Dies hat Folgen für unsere Fragestellung.

Die Chemische Revolution des 18. Jahrhunderts und die Wandlung der Chemie zu ihrer modernen Gestalt wird nun gern mit der konsequenten Verwendung messender und zählender Verfahren in Verbindung gebracht, die von entsprechender Instrumentation unterstützt aus einer bloss empirischen und qualitativen «Kunst» eine exakte «Wissenschaft» haben entstehen lassen. Das Kantsche Verdikt, die Chemie sei der Mathematisierung und Deduktion prinzipiell unzugänglich,[3] entsprach einer verbreiteten Auffassung der Zeit um 1800, die in Leistungen vom Schlage der Laplaceschen Himmelsmechanik ihr Methoden- und Exaktheitsideal verkörpert sah. So wollten denn auch kleinere Geister wie Maximus Imhof, Professor für Experimentalphysik und Chemie an der Kurfürstlichen Akademie der Wissenschaften zu München, nicht zurückstehen und die empirische Chemie wegen ihrer fehlenden Logizität und Mathematisierbarkeit nur als «uneigentliche Wissenschaft» gelten lassen.[4]

Die Chemiker haben diese Herausforderung an ihr wissenschaftliches Selbstverständnis und soziales Prestige rasch angenommen. Kants Forderung die Reverenz zu erweisen, gehörte bald zum festen Bestand der Rhetorik von Vorworten chemischer Lehrbücher. Friedrich Albert Gren, der seine Hochschulkarriere in Halle als Assistent am Lehrstuhl für Mathematik und Physik begonnen hatte, hat sich darin besonders hervorgetan.[5] Die Zeitgenossen sahen den Wandel von qualitativer zu quantitativer Forschung und Begrifflichkeit als Voraussetzung für den Wandel der Chemie zu einer modernen Wissenschaft, und die historiographische Tradition ist ihnen in dieser Einschätzung weitgehend gefolgt. So geht Ferenc Szabadváry in seiner *Geschichte der Analytischen Chemie* sogar so weit zu behaupten, in der Fachhistoriographie werde die Epoche, die mit Lavoisier begann, das «Zeitalter der quantitativen Chemie» genannt, und diese Benennung sei seither allgemein üblich geworden.[6]

Umso erstaunlicher mutet es an, dass dieser Prozess zunehmender Quantifizierung in der historischen Forschung kaum je im einzelnen untersucht oder auch nur als besonders untersuchungsbedürftig angesehen worden ist. Es ist fast, als verstünde er sich von selbst und sei der Moderne gewissermassen geschuldet. Henry Guerlac, einer der grossen Männer der positivistisch geprägten Chemiegeschichtsschreibung, sah gar im gegenwärtigen Aufbau des Chemiestudiums, also in der zeitlichen Abfolge von qualitativer und quantitativer Analyse, eine Rekapitulation der Phylogenese des Faches.[7] Der Übergang von der *Qualitas* zur *Quantitas* erhält damit geradezu den Status eines biologischen Entwicklungsgesetzes der Wissenschaft. Und doch wird man das Stichwort «Quantifizierung» in den meisten allgemeinen Darstellungen der Chemiegeschichte vergebens suchen; und sieht man gar auf die konkrete Praxis chemischer Forschung noch in der zweiten Hälfte des 19. Jahrhunderts, so hat man durchaus nicht den Eindruck, als habe das Interesse an den Quantitäten das Interesse an den Qualitäten der Stoffe abgelöst. Ist das «Zeitalter der quantitativen Chemie» am Ende ein Mythos der um Mythen selten verlegenen Wissenschaftsgeschichte? Oder ist der Vorgang, um den es sich hier handelt, bloss falsch charakterisiert, wenn man ihn als Übergang von der *Qualitas* zur *Quantitas* beschreibt, und bedürfte er einer ganz anderen und differenzierteren Betrachtungsweise?

Es ist meine These, dass sich der Wandlungsprozess der Chemie nicht global als ein in eine eindeutige Richtung verlaufender Quantifizierungsprozess beschreiben lässt. Vielmehr haben offensichtlich ganz unterschiedliche Quantifizierungsprogramme miteinander konkurriert, von denen sich nur die wenigsten in erfolgreiche Laboratoriumspraxis umsetzen liessen, während dies anderen nicht oder erst sehr viel später und in einem ganz anderen Kontext gelungen ist. Forschungsprogramme sind nämlich nur dann erfolgreich, wenn sie Daten oder Ergebnisse liefern, die die Wissenschaftlergemeinschaft auch als gültig anerkennt. Es ist Teil meiner These, dass die Anerkennung von Daten als gültige Daten damit zu tun hat, ob es gelingt, eine bestimmte experimentelle Vorgehensweise der Datenproduktion in die Laboratoriumspraxis und in die Organisation der wissenschaftlichen Arbeit umzusetzen. Was nun die einzelnen, seit dem 18. Jahrhundert miteinander konkurrierenden Quantifizierungsprogramme auszeichnet und ihre Bedeutung für die Chemiegeschichte ausmacht, liegt nicht so sehr in der Zunahme quantifizierender Verfahren und auch nicht im Fortschritt von Methodik und Instrumentation. Viel entscheidender ist die

Tatsache, dass es gelang, eine Laboratoriumspraxis zu etablieren, die
Fakten ganz neuer Art, nämlich quantitative Fakten hervorbrachte, und
dass damit Zahlen als quantitative Fakten in der Chemie Status und
Geltung erlangten, in einem Ausmass wie sie dies bis dahin nicht besessen hatten. Drei grosse Problemfelder bestimmten diese konkurrierenden Ansätze einer Quantifizierung: Da gab es (i) die im Grunde das
gesamte 18. Jahrhundert dominierenden Versuche, die Newtonsche
Physik als Wissenschaft quantifizierbarer Kräfte auf die Chemie auszudehnen; (ii) die von Lavoisier eingeleitete Anwendung physikalischer
Messverfahren in Verbindung mit seiner Methode der Bilanzierung von
Gewichtsänderungen innerhalb geschlossener Systeme; und (iii)
schliesslich die Entwicklung der chemischen Elementaranalytik im
Bereich der organischen Chemie.

Versuchen wir zunächst, dem globalen Bild der Chemie des ausgehenden 18. Jahrhunderts Feinstruktur zu geben. Denn im Grunde gibt
es *die* Chemie zu jener Zeit überhaupt nicht. Was uns begegnet, sind
Traditionen ganz unterschiedlicher Art, deren jede ihre spezifischen
Problemstellungen, spezifischen Methodologien und spezifische Praxis
besassen. Drei Richtungen sind hier zu nennen: (i) die Chemie als
Hilfswissenschaft der Medizin, der Arzneimittelbereitung verpflichtet
und an die Ausbildung der Medizinstudenten angebunden, (ii) die
mineralogisch-metallurgische Tradition, auf gewerbliche Anwendung
zielend, im Bergbau und im Hüttenwesen praktisch bewährt, und (iii)
dann eine Chemie, die sich als Teil der allgemeinen Naturwissenschaft
verstand, auf Ursachenforschung und Gesetzmässigkeiten aus war und
zunehmend vom Einfluss der Experimentalphysik geprägt wurde. Nicht
in allen diesen Traditionen waren Quantifizierungsprogramme in gleichem Masse wichtig und erfolgreich.

Pharmazeutische Chemie

Im medizinisch-pharmazeutischen Bereich ist der Gebrauch der
Waage und exakter Masse durch eine weit zurückreichende textliche,
bildliche und gegenständliche Überlieferung belegt. Arzneimittel wurden in vorgeschriebenen Mischungsverhältnissen aus Einzeldrogen
bereitet. Deren Reinheitsprüfung und Standardisierung erfolgte in
der Regel durch Prüfung nach Augenschein, Geruch, Geschmack und
äusseren Eigenschaften. Wichtiger war die Standardisierung mit Hilfe
der peinlich genau einzuhaltenden Herstellungsanweisung. Die

Rezeptur war empirisch erprobt und gehorchte pharmakologischen oder galenischen Erfordernissen. Mass und Gewicht mussten innerhalb mehr oder minder scharfen Grenzen eingehalten werden. Auch Handgriffe und Operationen spielten eine wichtige Rolle. Doch von dem hohen Stand der chemischen Analytik findet sich in den Pharmakopöen noch des 18. Jahrhunderts kaum etwas wieder.[8] Sie lieferten Vorschriften zur Herstellung von Präparaten, und befolgte man diese, war die korrekte Zusammensetzung garantiert. Der Zahlenwert, welcher Gewichtsmengen und Mischungsverhältnis, Temperatur und Zeitmass angab, blieb äusseres Bestimmungsmerkmal. Über den Stoff selbst und seine chemische Beschaffenheit besagte er nichts. Eine (wie auch immer geartete) Theorie des Arzneimittels war ohne Einfluss auf das Zahlenverhältnis der Mischung. Eher kommt hier ein anderer Aspekt zum Tragen: der kaufmännische. Arzneimittel werden, wie andere Waren auch, nach Mass und Gewicht taxiert. Mass und Gewicht sind die Grundlage der Kalkulation. Seit der frühen Neuzeit trat die Taxe mit verbindlichen Abgabepreisen als wichtigstes Buch des Apothekers zur Pharmakopöe hinzu. Der Umstand, dass hier quantitative Grössen in einen stabilen Kontext herstellenden und ökonomischen Handelns eingebettet sind, erklärt, weshalb dieses System über Jahrhunderte Bestand hatte und sich auch dem konkurrierenden Quantifizierungsprogramm der chemischen Analytik lange verschliessen konnte. Auf diese Weise trat im pharmazeutisch-chemischen Bereich trotz der verbesserten Mess- und Wägetechnik ein grundsätzlicher Wandel in der Einstellung zur Quantität nicht ein. Quantifizierung diente hier in erster Linie der Rezeptur oder der Bewertung. Man könnte dies als synthetische oder kaufmännische Quantifizierung bezeichnen. Für diese war kein besonderer Grad an Präzision erforderlich. Mass und Zahl traten in Form von Handlungsanweisungen oder ökonomischen Daten auf, ohne Aussagen über die Natur stofflicher Vorgänge zu treffen oder gar in die Theorie der Substanz einzugehen.

Mineralogische Chemie

Dies gilt in ähnlicher Weise für die mineralogisch-metallurgische Richtung.[9] Das naturgeschichtliche Interesse an der Bestimmung und Klassifizierung der in der Natur vorkommenden Stoffe hatte eine enorme Vielfalt von Erzen und Mineralien verfügbar gemacht. Die wirtschaftliche Bedeutung der Bodenschätze war dabei ein entscheidendes Motiv. Die Ökonomie des 18. Jahrhunderts, zumal in der Version des deutschen Kameralismus, wies den Bodenschätzen eine Schlüsselrolle für die Wirtschaft eines Landes zu. Wo geeignete Rohstoffe fehlten, war es Aufgabe der Wissenschaft und zumal der Chemie, Ersatzstoffe zu finden oder die vorhandenen Ressourcen besser zu nutzen. So besass Schweden bereits seit dem 17. Jahrhundert chemische Laboratorien bei den staatlichen Berg- und Hüttenwerken. Sie dienten zunächst der Arzneimittelversorgung, kamen dann aber zunehmend in die Hand von Mineralogen und Chemikern und entwickelten sich in der Folge zu führenden Forschungsstätten für chemische Analytik. Ihre Aufgabe war es, den Metallgehalt von Erzen im Hinblick auf deren Abbauwürdigkeit zu prüfen. Auch hier stand also der ökonomische Aspekt im Vordergrund und nicht etwa die Frage nach den Gesetzen der Körperwelt und der inneren Beschaffenheit der Materie. Dennoch erforderte die analytische Quantifizierung – wie wir sie im Unterschied zur kompositorischen und kaufmännischen nennen könnten – ein höheres Mass an Präzision und methodologisch-instrumentellem Aufwand. Doch reichte es in der Regel vollkommen aus, prozentuale Zusammensetzungen anzugeben, wie dies etwa Torbern Bergman in seinen *Chemiske foreläsingar* von 1775 getan hat. Gleichzeitig ging man daran, die Mineralien, die bisher ausschliesslich nach äusseren Merkmalen wie etwa der Kristallform charakterisiert worden waren, nun auch nach inneren Merkmalen, insbesondere nach ihrer chemischen Zusammensetzung, zu unterscheiden. Als einer der ersten entwarf der schwedische Mineraloge Axel Frederik Cronstedt ein Mineralsystem auf chemischer Grundlage.[10] Doch auch in diesem Fall geschah dies von ökonomischem Interesse geleitet und keineswegs mit Blick auf eine Theorie der Zusammensetzung oder aufgrund bestimmter Vorstellungen über das Wechselverhältnis von quantitativen und qualitativen Merkmalen. Die quantifizierende Methode der mineralogischen Chemie beschränkte sich auf ein Akzidens. Sie lieferte verbesserte, z.T. bereits sehr genaue Resultate, benutzte die Quantitäten aber in erster Linie als ein zusätzliches Ordnungsmittel innerhalb eines Klassifikationsrasters, das nach wie vor grundsätzlich von Qualitäten bestimmt war.

So blieb die Chemie in den wichtigsten Bereichen ihrer beruflichen und akademischen Wirklichkeit bis zum Ende des 18. Jahrhunderts einer qualitativ ausgerichteten Wissenschaftspraxis verhaftet, die weitgehend, wenn nicht gar vollständig, auf quantitative Konzepte, d.h. die

Annahme eines wesens- oder gar gesetzmässigen Zusammenhanges zwischen Quantität und Qualität, verzichten konnte, ohne deswegen minder erfolgreich zu sein. Zwar bediente sie sich quantifizierender Vorgehensweisen im Interesse der Anwendung, zwar entwickelte sie Mess- und Bestimmungsverfahren von immer höherer Präzision und Reproduzierbarkeit; doch blieb die *Quantitas* eine Hilfsgrösse und ging nicht in die Theorie der Substanz ein.

Physische Chemie

Zur pharmazeutischen und mineralogischen Tradition trat nun seit der Mitte des 18. Jahrhunderts eine neue Richtung der Chemie, die sich als *Chemia physica*, als Teil der allgemeinen Naturwissenschaft verstand. Und «Wissenschaft» hiess im Verständnis der Zeit nur die auf Ursachenforschung, nicht auf herstellende Tätigkeit gerichtete Wissenschaft. Die Tradition der alten Physica aber war eindeutig nicht-mathematisch. Ihr Gegenstand war der Naturkörper, der Stoff in seinen qualitativen Veränderungen. Die alte Frage nach Substanz und Qualität stand im Vordergrund. Dabei wirkte der scholastische Grundsatz nach, Substanz lasse sich nicht unter Begriffe der Quantität fassen («substantia non tollitur magis vel minus»). Zwar heisst es noch 1739 in Zedlers *Universal-Lexikon* unter dem Lemma «Natur=Lehre, Natur=Kunde, Natur=Wissenschaft, Physick», «aus der Relation der Quantitäten und Qualitäten der natürlichen Dinge kan man die Verknüpfung der Mathematick mit der Physick sehen»; doch stellte der Autor im gleichen Atemzuge fest, die Mathematik frage nach Grössen, die Physik aber nach Ursachen des Körpers, so dass zwar «die Physici auch die mathematischen Principien, aber nur in gewissen Fällen, nicht als wenn sich ihre Lehre darauf gründen müsste» zu benutzen hätten.[11] Nach dieser Auffassung von Naturwissenschaft berührten Zahlen nur einen äusseren Aspekt der Dinge; zur wirklichen Kenntnis der Stoffe und der Ursachen ihrer Beschaffenheit, der eigentlichen Aufgabe von Naturwissenschaft also, trügen sie nichts bei. Soweit sie sich aus den Traditionen der aristotelischen Naturphilosophie herleitete, die an den europäischen Universitäten bis ins 18. Jahrhundert hinein durchaus lebendig waren, stand die Physische Chemie für die nicht-, ja antimathematische Tradition der Naturwissenschaft. Und doch ist es genau dieser Traditionsstrang, in dem sich quantitative Konzepte und quantifizierende Verfahren durchsetzten und damit eine grundsätzliche Wandlung im

Wissenschaftsverständnis des Faches einleiten sollten. Diesen Vorgang
wollen wir im folgenden genauer betrachten.

Newtons Traum

Das umfangreichste und grossartigste Forschungsprogramm einer
vollständig quantifizierbaren und mathematisierbaren Chemie, das das
18. Jahrhundert hervorgebracht hat, steht in der Tradition des Newtonianismus. Durchdrungen von der Idee einer gesetzmässigen Einheit der
Natur und der Analogie als Leitidee physikalischer Forschung, hatte
Newton bereits in den *Principia* von 1687 vermutet, sämtliche Erscheinungen der Natur könnten sich auf Anziehungs- und Abstossungskräfte
zwischen Körpern zurückführen lassen. Weitergedacht in *De natura aci-
dorum* von 1710 ging diese Idee schliesslich in die *Queries* der *Opticks*
ein, wo es heisst, «there are [...] agents in nature able to make the particles of bodies stick together by very strong attractions. And it is the busi-
ness of experimental philosophy to find them out.»[12] Was Newton hier
vorschwebte, war eine Mikrodynamik, eine quantifizierbare Physik von
Massen, Kräften und Bewegungen im submikroskopischen Bereich. Den
Gegenpart zur Himmelsmechanik der *Principia* bildend, wäre damit die
gesamte Natur auf mathematische Prinzipien zurückgeführt. Als
«Newtonscher Traum» ist dieser wahrlich grandiose Entwurf in die
Geschichte eingegangen. Auf die Chemie des ganzen 18. Jahrhunderts hat
seine Programmatik einen kaum zu überschätzenden Einfluss gehabt.
Am eindrücklichsten spricht sie aus einer Rede *De Mathesi et Chemia
earumque mutuo auxilio*, die Johannes David Hahn 1768 anlässlich der
Einweihung des neuen Theatrum Physicum in Utrecht gehalten hat.[13]
Darin beschwor dieser explizit die Vorstellung eines neuen Newton, der
auf empirischer Grundlage die *Principia mathematica* der Chemie
begründen könnte. Um sämtliche stofflichen Veränderungen auf zwei
komplementäre, kurzreichweitige Grundkräfte, auf Anziehung und Ab-
stossung zwischen Materieteilchen zu reduzieren, wären nach Hahn die
magnitudines attractionum zu bestimmen und aufgrund der *quantitas
materiae* ein *calculus qualitatum*, ein infinitesimales Berechnungsverfah-
ren für stoffliche Eigenschaften, zu entwickeln. Das damit abgesteckte
Forschungsprogramm hat das 18. Jahrhundert überdauert und ist selbst
von der Chemischen Revolution nicht erschüttert worden. Vielmehr war
auch Lavoisier unter explizitem Bezug auf das Laplacesche Ideal einer
vollständig mathematisierbaren Naturwissenschaft von der «application

du calcul à la chimie» überzeugt, die es letztlich erlauben werde, «d'exprimer par des nombres la force des affinités des différents corps»:

Peut-être, un jour, la précision des données sera-t-elle amenée au point que le géomètre pourra calculer, dans son cabinet, les phénomènes d'une combinaison chimique quelconque, pour ainsi dire de la même manière qu'il calcule le mouvement des corps célestes.[14]

Und noch eine Generation später hoffte Humphry Davy, «dass der Zeitpunkt nicht mehr fern sey, in welchem die ganze Wissenschaft der Erläuterung durch mathematische Grundsätze fähig sein werde».[15] Doch wie die erforderten Daten ermitteln, wie ein solches Programm in die Forschungspraxis des Laboratoriums umsetzen?

Der Newtonsche Ansatz führte nämlich auf ein doppeltes Dilemma: Während die chemische Affinität substanzspezifisch ist, bestimmte Stoffe bevorzugt, andere meidet und obendrein einen Sättigungspunkt aufweist, wirkt die Gravitation unterschiedslos auf alle Substanzen gleichmässig ein. Zudem irritierte, dass zwischen Gravitationskräften einerseits, die über grosse Entfernungen wirken, und der chemischen Affinität bzw. Bindung der Teilchen andererseits, die überhaupt erst bei minimalen Abständen auftritt, kein Übergang existierte. Im submikroskopischen Bereich schien also ein anderes Anziehungsgesetz zu gelten als im makroskopischen. Dies aber hiesse, das für die Newtonsche Physik fundamentale Analogieprinzip zu verletzen und das Ideal einer einheitlichen und in ihren Grundgesetzen mathematisch beschreibbaren Natur preiszugeben.

Um das Problem der scheinbar ungleichförmigen Attraktion bei grossen und kleinen Abständen in den Griff zu bekommen, suchte Roger Joseph Boscovich 1758 einen mathematischen Ausweg, indem er ausdehnungslose Materiepunkte als Kraftzentren einführte und der Kraftfunktion abstandsabhängig attraktive und repulsive Werte gab, bis diese für grosse Distanzen schliesslich in die allgemeine Gravitation gemäss $1/r^2$ überging.[16] Substanzspezifische Eigenschaften liessen sich damit als charakteristische Abstände der Materiepunkte definieren. Es fehlte aber sowohl an Kriterien, um aus der Unzahl mathematisch möglicher Kraftfunktionen bestimmte herauszugreifen, als auch an Möglichkeiten, diese empirisch zu verifizieren. Trotz der hohen Aufmerksamkeit, die Boscovichs originelle und elegante Theorie in der modernen Forschung erfahren hat, dürfte sie von den empirischen

Naturforschern des 18. Jahrhunderts eher als kuriose mathematische Spielerei empfunden worden sein. Chemische Forschungsprogramme, die sich auf Boscovich hätten berufen können, sind nicht bekannt.

Als Empiriker setzten die Chemiker bei einem anderen und leichter zu handhabenden Phänomenbereich an: dem der physikalischen Adhäsion und chemischen Affinität. In beiden erblickten die Zeitgenossen verwandte Erscheinungen, und mit der Messung von Adhäsionskräften war man seit langem vertraut. Schon im Kreis der Newtonianer um Francis Hauksbee war nämlich eine Methode erprobt worden, kurzreichweitige Kräfte über Adhäsionskräfte zu messen.[17] Zu diesem Zweck wurde ein geeignet geformter Schwimmer an einem Waagschenkel so aufgehängt, dass er die Oberfläche einer Flüssigkeit berührte. Am freien Schenkel der Waage liess sich das Gewicht des Schwimmers genau kompensieren. Durch Erhöhung des Auflagegewichts konnte man nun diejenige Kraft ermitteln, die erforderlich war, um den Schwimmer gerade von der Flüssigkeitsoberfläche zu lösen. Diese Kraft wurde der Adhäsionskraft gleichgesetzt, die zwischen dem Material des Schwimmers und dem der Flüssigkeit wirksam war. Ein solcher Schluss war freilich nur dann legitim, wenn Adhäsion nicht, wie dies damals üblich war, als Ergebnis des Atmosphärendrucks, sondern als Resultat kurzreichweitiger Kräfte aufgefasst wurde.[18] Es bedurfte daher erst der Autorität eines Georges Buffon, um der Newtonschen Auffassung zum Durchbruch zu verhelfen, wonach sich sämtliche Naturkräfte, und so auch Kohäsion und Adhäsion, als gravitationsanaloge Kräfte beschreiben lassen sollten.[19] Unter dieser Voraussetzung hat Guyton de Morveau, einer der bedeutendsten Chemiker Frankreichs, 1777 die Hauksbeesche Anordnung benutzt, um chemische Affinitäten zu bestimmen.[20] Er mass die Ablösekraft einer Scheibe von der Oberfläche verschiedener Flüssigkeiten und fand substanzspezifische Differenzen, ganz ähnlich wie bei chemischen Wechselwirkungen. Mit Scheiben aus Glas, Talg und verschiedenen Metallen, die in Wasser oder Quecksilber tauchten, glaubte Guyton, eine der chemischen Affinität proportionale Adhäsions- bzw. Trennkraft messen zu können. Freilich blieb das Verfahren auf die Phasengrenze fest/flüssig beschränkt, und die Ergebnisse waren keineswegs überzeugend. Guytons Streben, im makroskopischen und submikroskopischen Bereich einheitliche Naturkräfte nachzuweisen, liess ihn gelegentlich grosszügig über die Tatsachen chemischer Erfahrung hinwegsehen. Sein quantifizierendes Forschungsprogramm lieferte daher keine eindeutigen Daten und liess sich nicht in die Praxis des Laboratoriums umsetzen.

Affinitäten

Die Mehrzahl der Chemiker versuchte stattdessen, aus dem Verlauf chemischer Reaktionen ein Mass für die jeweilige Affinität der Reaktanden zu gewinnen. Mit Affinität oder Chemischer Verwandtschaft bezeichnete man ja das Bestreben von Stoffen, miteinander zu reagieren. Es war bekannt, dass bestimmte Säuren von anderen Säuren aus ihren Salzen freigesetzt werden und bestimmte Salze andere Salze aus ihren Lösungen ausfällen. So liessen sich Reihen von analogen Stoffen aufstellen, die durch andere Stoffe aus ihren Verbindungen verdrängt werden. Die Ergebnisse konnte man tabellarisch erfassen. Typbildend wurden die Affinitätstafeln, die Etienne François Geoffroy 1718 vorgelegt und *Tables des rapports* genannt hatte, um den newtonianisch vorbelasteten Begriff der *attraction* oder der Kraft zu vermeiden. Geoffroys Tafeln wurden rasch rezipiert und erweitert. Den Höhepunkt erreichten diese Bemühungen in Torbern Bergmans *Disquisitio de attractionibus electivis*[21] aus dem Jahre 1775. Mit immensem experimentellem Aufwand sind hier Säuren, Salze und Alkalien in 59 Kolumnen zu je 50 Positionen nach ihrem Reaktionsverhalten zusammengestellt. Zur Ausfüllung sämtlicher Plätze, so gestand Bergman freimütig ein, wären weitere 30 000 Versuche notwendig gewesen. Grundprinzip aller Affinitätstafeln war die topologische Anordnung der Substanzen in vertikalen Reihen aufgrund ihrer qualitativ-chemischen Analogie. Die Position innerhalb einer Reihe gab dann das relative Mass für die Reaktivität eines Stoffes an. Ohne hier auf die Einzelheiten der Affinitätslehre[22] eingehen zu können, sei daran erinnert, dass sie – unbeschadet der ihr jeweils zugrundeliegenden Erklärungsmodelle – bis zum Ende des 18. Jahrhunderts *das* zentrale Paradigma der Chemie blieb, und es ist daher kein Zufall, dass das Affinitätskonzept noch 1809 Titel und Stoff hergab zu einem der grossen Romane der Weltliteratur: zu Goethes *Wahlverwandtschaften.*[23]

Das empirische Verfahren bei der Aufstellung der Tafeln bestand, wie gesagt, in der Ermittlung relativer Reaktivitäten. Doch waren die Chemiker im Grunde überzeugt, darüber hinaus zu absoluten Affinitätswerten für jede einzelne Substanz gelangen zu können, so dass zumindest im Prinzip *ab-initio*-Berechnungen möglich sein sollten. Schon im *Traité élémentaire de chimie* von 1789 hatte Lavoisier – trotz des weitgehenden «état d'imperfection où est encore la chimie» – die Affinitätslehre, wenngleich unter dem Vorbehalt eines vorsichtigen «vielleicht», «la partie de la chimie la plus susceptible, peut-être, de devenir un jour une science exacte» genannt und die Überzeugung geäussert, «la science des affinités est d'ailleurs à la chimie ordinaire ce que la géométrie transcendante à la géométrie ordinaire.»[24] Wenig später stellte Sigismund Friedrich Hermbstädt anlässlich seiner Amtseinführung als Professor der Chemie und Pharmazie am Berliner Collegium Medico-Chirurgicum fest:

Ohne sie [die Lehre von der Wahlverwandtschaft] würde die Chemie bloß eine mechanische Kunst seyn, sie würde nicht den Namen einer so erhabenen Wissenschaft verdienen, den man ihr zugestanden hat. [...] Durch sie wird sie [...] immer mehr fähig gemacht werden, dasjenige Erstaunen in dem menschlichen Geiste zu erregen, dessen sich seiner bemächtiget, wenn er siehet, wie man zwischen der Möglichkeit und Unmöglichkeit der Naturwirkungen bestimmte Grenzen setzen, wie man Erfolge durch Berechnung finden kann, die mit den Thatsachen so genau übereinstimmen.[25]

Doch die Rhetorik der Zahl und der Quantität sollte nicht darüber hinwegtäuschen, dass sich der Fortentwicklung der Affinitätslehre unüberwindliche Schwierigkeiten entgegenstellten. Den Zeitgenossen war dies natürlich nicht verborgen geblieben. Denn bereits bei den einfachen Relationstafeln hatten sich vielfältige Abhängigkeiten vom Reaktionsweg, vom Lösungsmittel und von der Temperatur gezeigt, wo man doch Substanzspezifität erwartet hatte. Auch andere Anomalien traten auf. Eindeutige, für bestimmte Substanzen charakteristische Affinitätsdaten liessen sich unter diesen Voraussetzungen nicht gewinnen, und je komplexer die Tafeln wurden und je mehr Nebeneffekten sie Rechnung trugen, um so weniger waren sie für die Praxis zu brauchen, und um so problematischer wurde die ursprüngliche, newtonianische Prämisse des gesamten Forschungsprogramms.

Dieses hätte sich denn auch zunächst nicht an relationalen, sondern an absoluten Zahlenwerten für die chemische Affinität bewähren müssen. Seit Geoffroy aber war die Affinitätsforschung auf relationale Daten aus. Andere Werte liessen sich mit der gewöhnlichen Methode der Verdrängung eines Stoffes durch einen anderen aus seiner Verbindung ja auch gar nicht gewinnen. Die Hoffnung auf eine wirkliche Mathematisierung der Chemie, das hiess aber auch auf die Möglichkeit der apriorischen Berechnung ihrer Phänomene, schien damit in weite Ferne gerückt. Immanuel Kant fasste die berechtigte Skepsis seiner Zeitgenossen zusammen, als er in den *Metaphysischen Anfangsgründen der Naturwissenschaft* von 1786 unter Bezug auf die Affinitätslehre feststellte:

> *So lange also noch für die chymischen Wirkungen der Materien auf einander kein Begriff ausgefunden wird, der sich konstruieren läßt, d.i. kein Gesetz der Annäherung oder Entfernung der Teile angeben läßt, nach welchem etwa in Proportion ihrer Dichtigkeiten u.d.g. ihre Bewegungen samt ihren Folgen sich im Raume* a priori *anschaulich machen und darstellen lassen (eine Forderung, die schwerlich jemals erfüllt werden wird), so kann Chymie nichts mehr als systematische Kunst, oder Experimentallehre, niemals aber eigentliche Wissenschaft werden, weil die Prinzipien derselben bloß empirisch sind und keine Darstellung* a priori *in der Anschauung erlauben, folglich die Grundsätze chymischer Erscheinungen ihrer Möglichkeit nach nicht im mindesten begreiflich machen, weil sie der Anwendung der Mathematik unfähig sind.*[26]

Setzt man die prinzipielle Unfähigkeit voraus, mit Hilfe der traditionellen Affinitätsmessung zu absoluten Zahlenwerten zu gelangen, so schien der Vorschlag des Freiberger Metallurgen Carl Friedrich Wenzel, Reaktionsgeschwindigkeiten als Mass für die Affinität zu nehmen,[27] methodisch einen neuen Zugang zu eröffnen. Wenzels Ansatz war zudem in höchstem Masse unkonventionell, galt doch die chemische Verbindungsbildung seit der Antike als ein Prozess, der momentan erfolgt und keine zeitliche Dauer besitzt. Wenzel liess sich jedoch von dem mechanischen Analogon leiten, eine Last werde umso rascher bewegt, je stärker die bewegende Kraft ist.[28] Experimentell versuchte er, die Zeit zu messen, in der sich Metalle in Säuren auflösen. Doch die Ergebnisse, die er erhielt, wollten sich der bekannten Affinitätsreihe nicht recht einfügen.

Bezog man stattdessen, der Newtonschen Tradition folgend, die Gewichtsverhältnisse der Reaktanden in die Überlegungen ein, ergab sich ein anderes Bild. Gewicht oder Masse galt ja gewissermassen als die Quantität schlechthin. So schlug Richard Kirwan vor, die zur Sättigung erforderlichen Stoffmengen als Affinitätsmass zu verwenden, und veröffentlichte 1783 Untersuchungen zu den Äquivalentgewichten bei Neutralisationsreaktionen. Den gleichen Weg schlug auch Jeremias Benjamin Richter ein.[29] Als gelehrigem Schüler Kants ging es Richter nicht zuletzt darum, die Chemie vom Verdacht des bloss Handwerklichen zu befreien und ihr Prestige als akademisches Fach zu heben. In jeder Naturwissenschaft, so hatte Kant bekanntlich behauptet, könne nur so viel eigentliche Wissenschaft angetroffen werden, als Mathematik in ihr anzutreffen sei.[30] Was Richter daher wollte, war, die Chemie zu einem Zweig der angewandten Mathematik zu machen. Diesen nannte er «Stöchyometrie oder Messkunst chymischer Elemente».[31] Er verstand darunter das Verfahren zur Bestimmung der Gewichtsverhältnisse, nach denen Stoffe miteinander reagieren. Grundlegend war Richters Entdeckung, dass neutrale Salze sich wieder zu neutralen Verbindungen umsetzen. So liess sich für jede Säure und jede Base ein fester Gewichtsanteil angeben, der in allen Neutralsalzen konstant blieb. Auf diesem Wege gelangte Richter zu verschiedenen arithmetischen oder geometrischen Reihen, nach denen sich die elementaren Bestandteile miteinander verbinden sollten. Wo die Natur die der Formel entsprechenden Glieder vermissen liess, nahm Richter an, es müsse sich um bisher noch nicht aufgefundene Substanzen handeln. Überzeugt, in dieser Form der numerischen Repräsentation einem fundamentalen Naturgesetz auf der Spur zu sein, dehnte er seinen Ansatz auch auf andere Bestimmungsgrössen wie den Zusammenhang von Dichte und Affinität aus. Die Übereinstimmung mit den bekannten Affinitätstafeln liess freilich zu wünschen übrig. Oft genug liefen Richters Zahlen der Erfahrung schlichtweg zuwider. Hilfshypothesen, korrigierende Parameter, seitenlange Rechnungen und ein eigenwillig konfuser Stil machen das, was Richter eigentlich gemessen und berechnet haben will, kaum nachvollziehbar. Umso verblüffender, wenn er am Ende immer wieder auf eine einfache Formel kam. So warnte schon Jakob Fries in einer Rezension der Richterschen *Stöchyometrie*, es hiesse Kant gründlich missverstehen, wolle man aus empirischen Daten eine mathematische, d.h. notwendig apriorische Wissenschaft konstruieren, und in Richters Zahlenreihen witterte der Rezensent gar «eine rein rhapsodische Stöchiometrie» von eher fiktionalem Charakter.[32] In der Tat musste auch Richter schliesslich zugeben, dass sein Ansatz, der das Newtonsche Paradigma so schön mit der Kantschen Forderung verbunden hätte, angesichts der komplizierten Verhältnisse bei chemischen Reaktionen zumindest vorerst undurchführbar bleiben musste.

Damit war das alte Forschungsprogramm der Quantifizierung von Affinitäten um 1800 in eine Sackgasse geraten. Der Newtonsche Traum schien am Ende. Mit keinem der experimentellen Verfahren, die man versucht hatte, war es gelungen, eindeutige, substanzspezifische Daten für das chemische Reaktionsverhalten zu ermitteln.

Das Ende des Traums

In dieser Situation nahm die Affinitätsforschung eine unerwartete Wendung. Die Grundannahme Richters, die Konstanz der Äquivalentmassen in Verbindungen, war nämlich keineswegs konsensfähig. Zwar hatte Claude-Louis Proust 1797 festgestellt, dass sich die Bestandteile gewisser Verbindungen stets in festen Mengenverhältnissen vereinigen und dass, wenn zwei Elemente miteinander mehrere Verbindungen eingehen, sich die Proportionen in regelmässigen Sprüngen ändern; doch war Proust nicht in der Lage gewesen, einen Grund für dieses Verhalten anzugeben. Auch sprach der empirische Befund eher dagegen. Nur für die wenigsten Verbindungen war ein einfaches und konstantes Gewichtsverhältnis der Elemente zweifelsfrei nachgewiesen. Diesen stand eine unübersehbare Zahl von Mineralien, Erzen und organischen Stoffen gegenüber, deren Zusammensetzung man nur ungefähr anzugeben wusste. Hinzu kam eine Fülle von – wie wir heute wissen – tatsächlich nichtstöchiometrisch zusammengesetzten Mineralien. Auch war es nicht üblich, exakt zwischen Verbindung, Lösung und Mischung zu unterscheiden. So konnte der Eindruck entstehen, die Gewichtsverhältnisse bei chemischen Verbindungen seien innerhalb gewisser Grenzen stetig veränderlich, und feste Zahlenverhältnisse seien in der Chemie eher die Ausnahme denn die Regel. Diese Auffassung vertrat Claude Louis Berthollet, der Altmeister der Pariser Chemikergemeinschaft. Berthollet hatte beim Studium chemischer Affinitäten nämlich gefunden, dass der Verlauf einer Reaktion auch von den beteiligten Stoffmengen oder präziser den Konzentrationen der Reaktionspartner abhängt. Mit anderen Worten: Die Affinität ist niemals die einzige Triebkraft einer Umsetzung, sondern deren Verlauf hängt von etwas ab, was Berthollet unter der Bezeichnung «chemische Masse» als das Produkt von Affinität und Stoffmenge definierte. Es bestand für ihn daher keine Notwendigkeit anzunehmen, dass Stoffe nur in diskreten Mengen miteinander reagieren sollten. Eine quantitative Veränderung bei den Reaktanden bewirkte nachweislich qualitative Veränderungen bei den Reaktionsprodukten, ja konnte sogar zur Umkehrung des Reaktionsverlaufs führen. Damit war der traditionellen Affinitätstheorie der Boden entzogen, da diese ja stets vollständig verlaufende, irreversible Reaktionen vorausgesetzt und als deren einzige Ursache konstante, stoffspezifische Affinitäten angenommen hatte. Die klassischen Methoden zur Affinitätsbestimmung waren damit gegenstandslos geworden. Diese beruhten ja auf der Verdrängung eines Bestandteils aus seiner

gelösten Verbindung unter Ausfällung eines Niederschlags. Den
Bestandteilen des Niederschlags wurde eine höhere Wahlverwandt-
schaft zugeschrieben als denjenigen des gelösten Stoffes. Beim Studium
von Konzentrationen und Gleichgewichtslagen hatte Berthollet aber
eingesehen, dass das unlösliche Produkt in solchen Systemen gar nicht
mehr am Reaktionsgeschehen teilnimmt, das überkommene Verfahren
der Affinitätsmessung also im wesentlichen bloss Löslichkeiten gemessen hatte. Der Zusammenbruch des alten Affinitätsprogramms war per-
fekt. Lapidar stellte der Mecklenburger Chemiker Carl Karsten 1803
fest:

*Alle unsere bisher angenommenen Verwandtschaftsgesetze, alle
Verwandtschaftstafeln, die Frucht vieler thatenvoller Jahre des
vorigen Jahrhunderts, können [...] nicht mehr bestehen. Wenn
wir sonst, durch die richtige Bestimmung der Verwandtschafts-
folgen, unseren Untersuchungen irgend eines Körpers die Krone
aufgesetzt zu haben glaubten, [...] so bleibt uns jetzt nur die
traurige Gewißheit, daß alle unsere bisher über diesen Gegenstand angestellten Untersuchungen, alle Bemühungen vieler, zum
Theil der größten und ausgezeichnetsten Chemiker um diesen
wichtigen Theil der Chemie, vergebens unternommen wurden;
daß die Verhandlungen darüber zum großen Theil unnützer
Weise unsere Archive füllen [...].*[33]

Dies war das Ende des Newtonschen Traums. Die Hoffnung des 18.
Jahrhunderts, chemische Reaktivität als die Wirkung von Kräften zwischen Teilchen substanzspezifisch zu quantifizieren und damit die Chemie aus einer qualitativen in eine quantitative Wissenschaft verwandeln
zu können, hatte sich als nicht realisierbar erwiesen.

Einheiten der Quantifizierung

Es war nicht Lavoisier, sondern John Dalton, der die Chemische
Revolution vollenden und das Programm einer quantitativen Chemie
aus jener methodologischen und theoretischen Sackgasse herausführen
sollte.[34] Dabei kam dem britischen Amateurforscher zugute, dass er
kein Chemiker war und die zeitgenössische Debatte um die Affinitäten
vermutlich nicht einmal kannte. Aufgewachsen in der Tradition eines in
England populären Newtonianismus, der sich die Materie korpuskular

und in hierarchischen Ordnungen zusammengesetzt vorstellte, galt Daltons Interesse der Mathematik und der Meteorologie. Wetterbeobachtungen waren seit jeher eine Domäne der Amateure. Beim Studium der Luftfeuchtigkeit war Dalton zu der Überzeugung gelangt, dass es sich bei der Luft um ein Gasgemisch handeln müsse und nicht um eine, wenn auch lose, chemische Verbindung, wie dies noch Lavoisier angenommen hatte. Die fehlende Entmischung der Luftbestandteile sowie die Druckabhängigkeit der Löslichkeit eines Gases deutete Dalton als rein physikalische Phänomene. Er nahm an, dass die Materie aus unveränderlichen, kugelförmigen Atomen besteht, die von einer repulsiv wirkenden Wärmehülle umgeben sind. Jedes chemische Element besitzt genau eine Art von Atomen, die sich vor allem durch ein definiertes Gewicht auszeichnet. Indem Dalton das Lavoisiersche Konzept des chemischen Elements mit der Atomtheorie verband, erhielt er eine Theorie der chemischen Verbindungsbildung, die sich erfolgreich in die analytisch-chemische Praxis umsetzen liess. Mit dem Atomgewicht als charakteristischer Grösse besass der Experimentator eine Messgrösse, die sich im Laboratorium bestimmen liess. Ziel der chemischen Forschung war es nach Dalton, Atomgewichte sowie die Anzahl der elementaren Teilchen in einer Verbindung zu ermitteln.[35] Da das Atomgewicht eines Elements auch in dessen Verbindungen konstant bleibt, musste das Verbindungsgewicht die Summe der Atomgewichte der Elemente sein. Weil aber nicht ohne weiteres entscheidbar war, in welchem Zahlenverhältnis die Atome zu Verbindungen zusammentreten, machte Dalton drei Annahmen: (i) Die Elemente sind einatomige Stoffe. (ii) Wird aus zwei Elementen nur eine Verbindung erhalten, ist diese zweiatomig. (iii) Lassen sich aus zwei Elementen unterschiedliche Verbindungen erhalten, so stehen deren Bestandteile zueinander im Verhältnis ganzer Zahlen. Indem Dalton die relativen Atomgewichte auf den Wasserstoff mit der Einheit 1 bezog, ergaben sich nun auf einmal höchst einfache Verhältnisse und liess sich auch das von Proust gefundene «Gesetz der konstanten Proportionen» sowie dessen Erweiterung zum «Gesetz der multiplen Proportionen» theoretisch begründen.

Die entscheidende Wendung, die Dalton mit seinem *A New System of Chemical Philosophy* von 1808 dem Quantifizierungsprogramm gegeben hatte, bestand genau darin, dass es ihm nicht darum ging, Anziehungskräfte zu quantifizieren, sondern darum, die Massen der chemischen Elementarbausteine zu bestimmen. Damit war die Auseinandersetzung um die Möglichkeit einer quantitativen Chemie von der Frage nach dem Reaktions*mechanismus* (der Frage nach dem *Warum* einer Reaktion) auf die Frage nach den *Einheiten* einer Reaktion (der Frage nach dem *Was* und nach dem *Wieviel*) verschoben. Der Newtonsche Traum, das fruchtlose Bemühen um eine Quantifizierung chemischer Kräfte, war durch das Programm einer gewichtsmässigen Quantifizierung der chemischen Einheiten abgelöst worden. Nicht ganz zu Unrecht hat Humphry Davy die Leistung Daltons mit der Keplerschen Wende in der Astronomie verglichen.[36] Daltons Atomtheorie ist deshalb gelegentlich auch als die eigentliche Chemische Revolution bezeichnet worden. Doch wäre die Daltonsche Revolution in der Chemie nicht möglich gewesen ohne diejenige Vorgängerin, die sich mit dem Namen von Lavoisier verbindet, wie auch umgekehrt das Lavoisiersche Forschungsprogramm ohne Daltons Atomtheorie nicht hätte vollendet werden können.

Lavoisiers «balance sheet approach»

Anders als die Mehrzahl der Chemiker seiner Zeit war Lavoisier vornehmlich mathematisch und physikalisch geschult. Sein Verdienst liegt denn auch vor allem in der konsequenten Einführung physikalischer Methoden in die chemische Forschung.[37] Präzisionsmessungen hatten ihn beschäftigt, noch bevor er sich chemischen Fragen zuwandte. Er hat die Waage in der Chemie systematisch benutzt und die Resultate der Wägung als fundamental für die Deutung der Versuche angesehen. Seit dem berühmten Experiment von 1770 über die vorgebliche Umwandlung von Wasser in Erde[38] hatte er es sich zum Grundsatz gemacht, sämtliche Reaktionspartner vor und nach einer Umsetzung zu wägen. Auf diese Weise liess sich der Verlauf einer Reaktion quantitativ bilanzieren. Man hat diesen «balance sheet approach» mit der ökonomischen Theorie jener Zeit und der Praxis kaufmännischer Buchhaltung in Verbindung gebracht.[39] In seiner monumentalen Biographie hat Larry Holmes an Lavoisiers Untersuchungen zur Fermentation und zur Physiologie des Atmungsprozesses nachgewiesen, dass die Produktion quantitativer Daten für Lavoisier alles andere als triviale Routine war.[40] Das Zentrum seiner Kreativität lag – so die Erkenntnis des Biographen – tatsächlich in jenen «balance sheets» und ihren unendlichen Rechnungen. Die Schwierigkeiten, denen Lavoisier begegnete, kamen weniger aus der genauen Wägung als aus der Entscheidung, welche Gewichtsbestimmungen signifikant, welche indirekten Verfahren zur Ermittlung nicht direkt messbarer Gewichtsänderungen erlaubt, welche rechnerischen Korrekturen zulässig und welche Fehlergrenzen zu erwarten waren. Mit Lavoisier erhielt die Zahl, erhielten quantitative Daten einen völlig neuen Stellenwert in der Chemie.

Elementaranalytik

Vollenden sollte sich dieser Ansatz in einem Teilaspekt der Lavoisierschen Forschungstradition: bei der Analyse der pflanzlichen und tierischen Stoffe. Lavoisier hatte nämlich erkannt, dass diese Substanzen aus einer relativ kleinen Zahl von Elementen – Kohlenstoff, Wasserstoff und Sauerstoff – zusammengesetzt sind und dass es darauf ankäme, das relative Mengenverhältnis dieser Elemente zu bestimmen. Dies war der Beginn der organischen Elementaranalyse. Mit ihrer Hilfe sollte es im Verlauf des 19. Jahrhunderts gelingen, die enorme Vielfalt der organischen Chemie zu systematisieren und einer gezielten Synthese zugänglich zu machen. Bis dahin war es jedoch ein langer Weg. Die Analytik beschränkte sich im allgemeinen auf den nassen Aufschluss der Probe in Mineralsäuren, die trockene Destillation oder die Veraschung mit anschliessender Bestimmung der anorganischen Bestandteile im Glührückstand. Im Bereich der physiologischen Chemie verwandte man unsägliche Mühe darauf, auf diese Weise dem Chemismus pathologischer Veränderungen auf die Spur zu kommen. Die Resultate blieben enttäuschend. Wenn etwa aus einer Gewebswucherung die Prozentanteile von «klarem butterartigem Fett», «löslicher tierischer Substanz», «Phosphor- und kohlensaurer Kalkerde», «Schleim», «Eisenoxyd» und «Wasser» ermittelt waren, hatte man weder über die chemische Natur der Stoffe noch über den Krankheitsprozess selbst das mindeste gesagt.

Auch Lavoisiers Versuche zur Analyse der elementaren Zusammensetzung organischer Stoffe waren wenig erhellend und nur bedingt reproduzierbar. Er verbrannte die Probe in voluminösen Glaszylindern in reinem Sauerstoff, fing das entstehende Gasgemisch auf, bestimmte die Volumenverminderung nach Absorption des Kohlendioxidanteils und mass das Volumen des bei der Verbrennung entstandenen Wassers. Daraus liess sich der Prozentgehalt von Kohlenstoff und Wasserstoff ermitteln. Die Apparatur kostete ein Vermögen, doch die Resultate waren recht unbefriedigend, und das Verfahren blieb fast zwei Jahrzehnte lang unbeachtet. Erst um 1810 gelang es

Gay-Lussac und Thenard, die Lavoisiersche Apparatur zu verkleinern, ihre Dichtigkeit zu verbessern und eine definierte Menge Oxidationsmittel einzuführen. So konnten etwa 20 organische Proben analysiert werden. Doch wenn man bedenkt, dass Gummi arabicum, Eichenholz, Buchenholz, Wachs, Gallerte und Faserstoff zu den untersuchten Substanzen gehörten, wird man sich vom Ergebnis nicht allzuviel erwarten dürfen. Zudem war das Verfahren noch immer kompliziert, störanfällig und nur bedingt reproduzierbar. Eine entscheidende Verbesserung führte erst der Schwede Jöns Jakob Berzelius ein, indem er das bei der Verbrennung entstehende Wasser in Calciumchlorid absorbierte und wog und damit also die Volumenbestimmung durch die sehr viel präzisere Methode der Gravimetrie, der Gewichtsbestimmung, ersetzte.

Instrumentation und Organisation

Es war bekanntlich Justus Liebig, dem es gelang, ältere Verfahren der Elementaranalyse organischer Verbindungen zu einer reproduzierbaren Methode zu vereinigen, die selbst in den Händen von Anfängern brauchbare Resultate lieferte. Seine Apparatur, 1831 beschrieben,[41] besass drei entscheidende Vorteile: (i) Erhitzt wurde über glühender Kohle, wobei durch Unterteilung des Glutbehälters bestimmte Abschnitte des Verbrennungsrohrs gezielt erreicht werden konnten. (ii) Wasserdampf und Kohlendioxid kamen in getrennten, herausnehmbaren Teilen der Apparatur zur Absorption, das umständliche Einbringen eines Absorptionsmittels in das entstandene Gasgemisch entfiel. (iii) Das Kohlendioxid wurde nicht mehr volumetrisch bestimmt, sondern in Kalilauge absorbiert und anschliessend gewogen. Dazu hatte Liebig einen speziellen «Fünfkugelapparat» entwickelt, der kompakt genug war, um auf einer Waagschale Platz zu finden.

Man griffe jedoch zu kurz, wollte man in Liebigs Analyseapparatur bloss ein verbessertes Instrument sehen. Es ging ihm nicht um die Perfektionierung einer einzelnen Methode, sondern darum, mit ihrer Hilfe die Forschungspraxis zu reorganisieren.[42] Die Apparatur zur Elementaranalyse erlaubte es, mit vertretbarem Aufwand und innerhalb kürzester Frist den Gehalt einer Probe an Kohlenstoff, Wasserstoff und Stickstoff mit grosser Zuverlässigkeit und Genauigkeit zu bestimmen, ohne dass es dazu der Erfahrung und der Arbeitszeit eines Spezialisten bedurfte. Auf diese Weise liess sich die Analytik in ein Instrument verwandeln, dessen Handhabung an Hilfskräfte delegiert werden konnte.

Analysenergebnisse stellten nun nicht mehr das letzte Ziel der Arbeit dar, sondern lieferten Daten, mit deren Hilfe sich der Forschungsprozess lenken liess. Die Apparatur produzierte Fakten und besorgte das Feedback. So wurde sie unter Liebigs Hand zum zentralen Steuerungsmechanismus einer Laboratoriumspraxis, die sich zunehmend arbeitsteilig organisierte, in der sich die Rollen von Arbeitsgruppenleiter, Assistent, Forschungsstudent und Labordiener herausdifferenzierten; einer Laboratoriumspraxis, in der die grossbetriebliche Organisationsform der Universitätsinstitute (um Max Webers Wort zu zitieren) ihren Ausgang nahm und die, dem Forschungsimperativ der Zeit gehorchend,[43] auf einen immer rascheren Ausstoss publizierbarer Daten und Ergebnisse zielte. Der Zeittakt wissenschaftlicher Produktivität hing an der Leistungsfähigkeit des Analyseinstrumentariums. Als Kontroll- und Referenzinstrument bei der Produktion chemischen Wissens nahm es einen zentralen Platz im Giessener Laboratorium ein: jederzeit erreichbar und jederzeit sichtbar – tatsächliches und symbolisches Zentrum der Arbeit. Von hier aus liess sich Forschung organisieren, zentral kontrollieren, arbeitsteilig funktionalisieren und zur routinemässigen Produktion von Daten verwenden. Als Liebig 1840 eine umfangreiche Untersuchung über die fetten Körper, an der sechs Mitarbeiter beteiligt waren, zum Abschluss brachte, sprach er von der «kolossalsten Arbeit, die jemals gemacht wurde,» und fuhr fort: «Es ist gewiss ein Glück, solche Kräfte zu seiner Verfügung zu haben. Mit ihrer Hilfe lassen sich die kühnsten Entdeckungen fabrikmässig machen.»[44] Das ist die Metaphorik industrieller Produktion: Naturerkenntnis wird am Ort der wissenschaftlichen Forschung, im Laboratorium geschaffen. Liebigs geniale Fähigkeit, wissenschaftliche Manpower um analytische Arbeitsprogramme und damit um eine bestimmte instrumentelle Methode herum zu organisieren, trug entscheidend zu seinem Erfolg bei.[45]

Das Problem der Faktizität, der wissenschaftlichen Tatsache, stellt sich dar als Problem der Fabrikation von Erkenntnis. Deutlicher als in jeder anderen Wissenschaft tritt in der Chemie der Aspekt der Wissens*produktion* hervor. Denn hier erweist sich das wissenschaftliche Resultat, der Analysenwert, die neue Substanz, in aller Regel als ein hergestelltes, unter bestimmten Bedingungen und mit bestimmten Absichten erzeugtes *factum*, und nicht etwa als ein *datum*, als eine Gegebenheit der bereits vorfindlichen Natur. Man sollte die Etymologie ruhig beim Wort nehmen, wenn Liebig und seine Zeitgenossen stets von «wissenschaftlichen *Tat*sachen» sprachen.

Das wissenschaftliche Resultat als ein Faktum, als eine *Tat*sache, ist von der Praxis seiner Erzeugung nicht zu trennen. In diese gehen Organisationsprinzipien der Arbeit ebenso ein wie das, was die Wissenschaftstheorie als *tacit knowledge*, als ein den Apparaturen und Methoden implizites Wissen, bezeichnet. Im Fall der Elementaranalytik ist dies besonders evident. So entbrannten heftige Kontroversen um apparative Details, die sich über technisch-instrumentelle Verbesserungen allein nicht lösen liessen. Berzelius etwa warf Liebig vor, beim Durchsaugen der Luft durch das Verbrennungsrohr gelange atmosphärisches CO_2 in den Absorber und täusche einen höheren Kohlenstoffgehalt der Probe vor. Er empfahl daher, die Luft zuvor durch Kalilauge zu leiten, um alles CO_2 zu entfernen. Dies war zwar grundsätzlich korrekt, hätte jedoch praktisch zu falschen Resultaten geführt, weil in Liebigs Vorgehensweise das atmosphärische Kohlendioxid genau diejenige Menge kompensierte, die auch bei sorgfältigster Ausführung nicht vollständig absorbiert wurde. Auch ein Detail wie die Frage, ob man die Apparatur mit Kork oder den neu eingeführten Kautschukröhrchen abdichten sollte, blieb kontrovers, da beide Materialien bei der Wägung unterschiedliche Gewichtskonstanz aufwiesen und hygroskopische Effekte mitunter ganz gelegen kamen, um mitgerissene Feuchtigkeit zu kompensieren.

Doch war es Liebig nicht um apparative Details zu tun, so sehr er auch auf diesem oder jenem Konstruktionsmerkmal insistierte. Es ging ihm um mehr: um die Organisation der Forschungsarbeit mit Hilfe einer instrumentellen Methode. In dieser Hinsicht darf sein Giessener Institut als Keimzelle des modernen Forschungslaboratoriums angesehen werden. Auf den Einwand, auch Berzelius' Analyseverfahren liefere brauchbare Resultate, antwortete Liebig in bezeichnender Deutlichkeit:

Ich habe nicht gesagt, daß seine Methode nicht gut wäre, im Gegenteil, sie ist sehr gut; allein der Mann kann mich schlechterdings nicht begreifen, weil er unsere Art von Arbeiten nicht kennt. Er hat 18 Monate mit seinen Analysen der organischen Säuren zugebracht, es sind im ganzen 7, mit den Wiederholungen wollen wir sagen 21. Ich bitte Dich, lieber Freund, in unseren letzten Arbeiten sind im ganzen in drei Monaten 72 Analysen gemacht worden, von denen keine einzige mißlang. Daran hätte Berzelius mit seinem alten Apparat fünf Jahre gearbeitet. Um alle 14 Tage eine Verbrennung zu machen, ist sein Verfahren nicht zurückste-

hend, allein um jeden Morgen eine zu machen, kann es meiner Methode, welche nicht weniger genaue und scharfe Resultate gibt, nicht vorgezogen werden. Dies wird er nie begreifen können. Ich habe gegen sein Verfahren gesprochen, weil es nur einer sehr geringen Zahl von Experimentatoren zugänglich ist. Um ein großes Haus zu bauen, brauchen wir aber viele Arbeiter.[46]

Quantitative Fakten

Leitidee des Liebigschen Forschungsprogramms war nicht der Begriff der Theorie. In dieser Hinsicht begegnen wir einem ausgeprägten Positivismus *avant la lettre*. Den Zahlen, die die Elementaranalyse lieferte, sollte eine besondere Aufgabe zufallen. «Die Analysen», schrieb Liebig 1838, «sollen aber in der organischen Chemie Interpretationen der Erscheinungen sein, weiter nichts, keineswegs Gegenstände zu theoretischen Spekulationen.»[47] Und kurz darauf: «Es wird einem ganz schlecht von den Theorien, die sich auftun. Alle Tatsachen, die wir als Basis zu theoretischen Grundlagen benutzen, werden morgen als unwichtig oder unter einem anderen Gesichtspunkte dargestellt. [...] Ich will in meiner Organischen Chemie nichts der Art bringen, sondern mich strenge an den Ausdruck der Tatsachen halten.»[48] Leitidee seines Forschungsprogramms war auch nicht die Vorstellung von Naturgesetzen; der Begriff kommt, soweit ich sehe, überhaupt nicht vor. Leitidee war vielmehr der Begriff der Ordnung, in der Sprache Liebigs die Aufgabe, etwas «ins reine zu bringen», das «Chaos der Erscheinungen» an einem Zipfel zu packen und von daher aufzuwickeln. Dieser Ordnungsbegriff meinte jedoch nicht die hierarchisch-klassifikatorischen Systeme der Naturgeschichte. Ordnung ergab sich eher als praktische Notwendigkeit bei der Organisation des Labors und der Benennung seines Inventars. Ordnung ist stets auch zentrales Problem beim Schreiben von Hand- und Wörterbüchern, und zwar in doppelter Weise: als Ordnung der Sachen und der Wörter. Nicht die geringsten Leistungen der Chemie jener Zeit verdanken sich bekanntlich solchen Ordnungsproblemen.

Ordnungselement war für Liebig die Zahl, und zwar die Zahl als ein chemisches Faktum neuen Typs. Dies hinzunehmen, fiel nicht leicht in einer Wissenschaft, die es Jahrhunderte hindurch mit Qualitäten zu tun hatte und an Quantitäten nur insofern Interesse zeigte, als diese ein Mass für die Eigenschaften der Stoffe lieferten. Nun aber traten Zahlen

in einer Form auf, die zwar etwas über die innere Konstitution eines
Stoffes, doch nichts mehr über dessen wahrnehmbare Eigenschaften
besagte. Selbst Friedrich Wöhler, als Schüler von Berzelius mit der
Mineralanalyse bestens vertraut, bekannte, nachdem er Liebigs neue
Methode kennengelernt hatte: «Wenn ich doch so keine Scheu vor
Wägen und Zahlen hätte: Ich versichere Dich, Deine Arbeiten machen
mir wahre Pein, demütigen mich sowohl durch diese Leichtigkeit,
womit Du die schwierigsten Analysen ausführst, und durch die Menge
von Zahlen [...]».[49] In seiner Entgegnung verwies Liebig darauf, dass
Zahlen das eigentlich Bleibende und den Kern chemischer Arbeiten
ausmachten und genau diese Einsicht ihn veranlasst habe, «eine förmli-
che Jagd darnach anzustellen»[50].

Die Wandlung von der qualitativen zur quantitativen Betrachtungsweise in der Chemie sollte man sich also nicht so vorstellen, als sei
lediglich eine neue, präzis geeichte Messlatte an die bisher bloss qualitativ bestimmten Eigenschaften angelegt worden; als habe man längst
gewusst, dass Schwefel in der Hitze schmilzt, und benutze nun ein Ther-
mometer, um den genauen Schmelzpunkt zu ermitteln. Was die einzelnen, seit dem 18. Jahrhundert miteinander konkurrierenden Quantifizierungsprogramme auszeichnet, ist eben nicht die allmähliche
Zunahme messender und zählender Verfahren, nicht die fortschrei-
tende Verfeinerung der Methoden und Instrumente, sondern die Tatsache, dass es gelang, in der Chemie ein Verfahren zu etablieren, das Fakten völlig neuer Art, nämlich quantitative Fakten hervorbrachte, und
dass es gelang, diese in die Laboratoriumspraxis und eine entsprechende Organisation der Forschung einzubetten. Erst damit aber
erlangten sie Geltung in der Wissenschaft.

Anmerkungen

1   Herbert Butterfield: *The Origins of Modern Science*. 2. Aufl. London 1957, Kap. xi.
2   Karl Hufbauer: *The Formation of the German Chemical Community, 1720–1795*.
    Berkeley, Los Angeles, London 1982.
3   Immanuel Kant: *Metaphysische Anfangsgründe der Naturwissenschaft* [1786], Vor-
    rede, in: *Immanuel Kant Werke*, hrsg. von Wilhelm Weischedel, Bd. 8. Darmstadt
    1975, S. 15/A X.
4   Maximus Imhof: *Anfangsgründe der Chemie*. München 1802, S. 4.
5   Friedrich Albert Carl Gren: *Systematisches Handbuch der gesammten Chemie*,
    3 Bde. Halle 1787–1790; ders.: *Grundriss der Chemie*, 2 Bde. Halle 1796–1797.
6   Ferenc Szabadváry: *Geschichte der Analytischen Chemie*. Braunschweig 1966,
    S. 101.

7   Henry Guerlac: «Quantification in Chemistry». *Isis* **52** (1961), 194–214, hier S. 195.

8   Wolfgang Schneider: *Geschichte der pharmazeutischen Chemie*. Weinheim 1972, S. 169.

9   Anders Lundgren: «The Changing Role of Numbers in 18th-Century Chemistry», in: Tore Frängsmyr, John L. Heilbron, Robin E. Rider (eds.), *The Quantifying Spirit in the Eighteenth Century*. Berkeley 1990, S. 245–266.

10 David Oldroyd: «A Note on the Status of A.F. Cronstedt's Simple Earths and his Analytical Method». *Isis* **65** (1974), 506–512.

11 Johann Heinrich Zedler [Verleger]: *Grosses vollständiges Universal-Lexikon aller Wissenschaften und Künste*, Bd. 23. Halle 1739, Sp. 1148–1149.

12 Isaac Newton: *Opticks*, (Query 31 der Fassung von 1717, S. 369); Arnold Thackray: *Atoms and Powers: An Essay on Newtonian Matter-Theory and the Development of Chemistry*, Harvard Monographs in the History of Science. Cambrigde 1970.

13 Johannes David Hahn: *Praelectio academica de Mathesi et Chemia earumque mutuo auxilio*. Utrecht 1768.

14 Antoine Laurent Lavoisier: «Mémoire sur l'affinité du principe oxygine». *Mémoires de l'Académie des Sciences 1782*, 530–540; auch in: *Oeuvres de Lavoisier*, Tome 2. Paris 1862, S. 546–556, hier S. 550.

15 Humphry Davy: *Elemente des chemischen Theiles der Naturwissenschaft*, übers. von Friedrich Wolff. Berlin 1814, S. 49; zit. nach Bettina Haupt: *Deutschsprachige Chemielehrbücher, 1775–1850*, Quellen und Studien zur Geschichte der Pharmazie 35. Stuttgart 1987, S. 108.

16 Roger Joseph Boscovich: *Theoria philosophiae naturalis*. Venedig 1758; Englische Übersetzung: *A Theory of Natural Philosophy*, ed. J. M. Child. Chicago, London 1922.

17 Henry Guerlac: «Francis Hauksbee: expérimentateur au profit de Newton». *Archives Internationales d'Histoire des Sciences* **16** (1963), 113–128.

18 E. C. Millington: «Theories of Cohesion in the Seventeenth Century». *Annals of Science* **5** (1941/47), 253–269.

19 Georges Buffon: *Histoire naturelle*, Tome 13. Paris 1765, S. xiii.

20 William A. Smeaton: «Guyton de Morveau and Chemical Affinity». *Ambix* **11** (1963), 55–64.

21 Torbern Bergman: «De attractionibus electivis disquisitio», in: ders.: *Opuscula physica et chimica*, Bd. 3. Uppsala 1783, S. 291–470; oder ders.: *Dissertation on Elective Attractions*, ed. J. A. Schufle. New York, London 1968.

22 Martin Carrier: «Die begriffliche Entwicklung der Affinitätstheorie im 18. Jahrhundert: Newtons Traum – und was daraus wurde». *Archive for the History of Exact Sciences* **36** (1986), 327–389.

23 Jeremy Adler: ‹*Eine fast magische Anziehungskraft*›: *Goethes ‹Wahlverwandtschaften› und die Chemie seiner Zeit*. München 1987.

24 Antoine Laurent Lavoisier: *Traité élementaire de chimie* [1789], Discours préliminaire, in: *Oeuvres de Lavoisier*, Tome 1. Paris 1864, S. 5–6. Allerdings hat gerade das Fehlen aller Grunddaten («données principales») Lavoisier bewogen, die Affinitätslehre aus dem Traité ganz herauszunehmen.

25 Sigismund Friedrich Hermbstädt: *Rede über den Zweck der Chemie*. Berlin 1792, S. 26–27.

26 Kant: *Metaphysische Anfangsgründe* (vgl. Anm. 3), S. 15/A X.

27 Carl Friedrich Wenzel: *Lehre von der Verwandtschaft der Körper*. Dresden 1777.

28 Hier wirkt natürlich der aristotelische, lebensweltliche und im Grunde bereits obsolete Kraftbegriff nach.

29 James Riddick Partington: «Jeremias Benjamin Richter and the Law of Reciprocal Proportions». *Annals of Science* **7** (1951), 172–198; **9** (1953), 289–314.

30 Kant: *Metaphysische Anfangsgründe* (vgl. Anm. 3), S. 14/A VIII.

31 Jeremias Benjamin Richter: *Anfangsgründe der Stöchyometrie oder Messkunst chymischer Elemente*. Breslau 1792–1794.

32 Frederick Gregory: «Romantic Kantianism and the End of the Newtonian Dream in Chemistry». *Archives Internationales d'Histoire des Sciences* **34** (1984), 108–123.

33 Gustav Karsten: «Bemerkungen über Berthollets chemische Affinitätslehre». *Allgemeines Journal der Chemie* **10** (1803), 135–156, hier S. 136–137.

34 Arnold Thackray: «Quantified Chemistry – The Newtonian Dream», in: *John Dalton and the Progress of Science*. Manchester, New York 1968, S. 92–108; Robert Siegfried, Betty Jo Dobbs: «Composition: A neglected Aspect of the Chemical Revolution». *Annals of Science* **24** (1968), 275–293.

35 John Dalton: *A New System of Chemical Philosophy*. London 1808, Bd. 1, S. 237.

36 Humphry Davy: *The collected Works*. London 1839–1840, Bd. 7, S. 95.

37 C. E. Perrin: «Research Traditions, Lavoisier, and the Chemical Revolution». *Osiris* **4** (1988), 53–81; Evan M. Melhado: «Chemistry, Physics, and the Chemical Revolution». *Isis* **76** (1985), 195–211.

38 Antoine Laurent Lavoisier: «Sur la nature de l'eau et sur les expériences par lesquelles on a prétendu prouver la possibilité de son changement en terre». *Mémoires de l'Académie des Sciences* 1770, S. 73 ff; in: *Oeuvres de Lavoisier*, Tome 2. Paris 1862, S. 1–28.

39 Charles B. Gillispie: *The Edge of Objectivity: An Essay in the History of Scientific Ideas*. Princeton 1960, S. 231–232.

40 Frederick Lawrence Holmes: *Lavoisier and the Chemistry of Life: An Exploration of Scientific Creativity*. Madison 1985.

41 Justus Liebig: «Über einen neuen Apparat zur Analyse organischer Körper». *Annalen der Physik und Chemie* **21** (1831), 1–43.

42 Frederic L. Holmes: «The Complementarity of Teaching and Research in Liebig's Laboratory». *Osiris* **5** (1989), 121–164, bes. S. 132–145.

43 R. Steven Turner: «The Growth of Professorial Research in Prussia, 1818 to 1848 – Causes and Context». *Historical Studies in the Physical Sciences* **3** (1971), 137–182.

44 Liebig an Wöhler (12. Juli 1840). Die von August Wilhelm Hofmann herausgegebene Auswahl *Aus Justus Liebig's und Friedrich Wöhler's Briefwechsel in den Jahren 1829–1873* (Braunschweig 1888) ist so unzuverlässig, dass hier und im folgenden nach den Handschriften in der Bayerischen Staatsbibliothek, Liebigiana, zitiert wird.

45 Jack B. Morrell: «The Chemist Breeders: The Research Schools of Liebig and Thomas Thomson». *Ambix* **19** (1972), 1–46; Joseph S. Fruton: *Contrasts in Scientific Style: Research Groups in the Chemical and Biochemical Sciences*, American Philosophical Society Memoirs, 191. Philadelphia 1990, S. 16–71, bes. S. 34–35.

46 Liebig an Wöhler (21. März 1838), Bayerische Staatsbibliothek, Liebigiana.

47 Liebig an Wöhler (24. Oktober 1838), ebd.

48 Liebig an Wöhler (18. November 1839), ebd.

49 Wöhler an Liebig (31. Juli 1831), ebd.

50 Liebig an Wöhler (6. August 1831), ebd.

Die Einheit von Mikro- und Makrokosmos

Quantität und Qualität in der Physik

Herwig Schopper

Was gilt als wahr in der Physik?

Die Rolle, die die Physik als Teil der menschlichen Kultur spielt, kommt häufig zu kurz, da sie im allgemeinen bloss als Basis für die Technik von morgen gerechtfertigt wird. Hinzu kommt, dass die Arbeitsweise der Physiker als rein reduktionistisch, «kalt rechnend» und bar menschlicher Werte gilt. Die folgenden Ausführungen wollen versuchen, diese weitverbreitete Fehleinschätzung richtigzustellen. Anhand der neuesten Ergebnisse der Elementarteilchen- und Astrophysik soll gezeigt werden, dass der Fortschritt der Physik sowohl an qualitativ Neues – neue Ideen, neue «first principles» – wie auch an quantitative Beobachtungen gebunden ist.

Um die Ausstrahlung der Physik über den engeren naturwissenschaftlichen Rahmen hinaus bewusstzumachen, scheint mir auch ein intensiverer Dialog zwischen Philosophen und Naturwissenschaftlern dringend nötig zu sein. Er wird allerdings durch eine gewisse Sprachbarriere erschwert. Ich werde mich daher bemühen, jeden physikalischen Laborjargon zu vermeiden, aber ich bitte auch um Nachsicht, wenn ich philosophische Fachwörter umgehe, denn erstens fühle ich mich auf diesem Gebiet nicht kompetent und zweitens sind diese für uns Physiker häufig unverständlich und daher suspekt.

Eines der wesentlichen – meiner Meinung nach das wichtigste – Ziel der «exakten» Naturwissenschaften und damit auch der Physik besteht darin, dem Menschen die Umwelt, in die er eingebettet ist, verständlich zu machen und ihn damit vom Aberglauben zu befreien. «Verständlich machen» bedeutet hier nicht mehr, als Zusammenhänge zwischen zunächst vollkommen getrennt erscheinenden Phänomenen herzustellen und damit die in der Natur bestehende, wundervolle Einheit aufzuzeigen. Die Hoffnung besteht natürlich, dass sich aus der Erkenntnis dieser Einheit auch ein Sinngehalt ergibt.

Die Methode der Physik (und damit der exakten Naturwissenschaften) wird häufig so dargestellt, dass sie versucht, die Erscheinungen durch quantifizierende Messungen zu erfassen, die Resultate zu «geometrisieren» (d.h. auf Raum-Zeit-Struktur zurückzuführen), wobei sie sich schliesslich in ihrer Mathematisierung erschöpft – eine sicher unvollständige Charakterisierung. Wichtig erscheint mir vielmehr, was wir in der Physik als «wahr» bezeichnen. Als wahr gelten Aussagen nur dann, wenn sie an jedem beliebigen Ort und zu jeder beliebigen Zeit verifiziert werden können.[1] Einmalige Ereignisse (wie etwa Wunder) entziehen sich damit prinzipiell der naturwissenschaftlichen Untersuchung, wobei die kosmische Entwicklung einen Sonderfall darstellt. Die Mathematik ist zwar die einfachste und effizienteste Sprache, um die Naturgesetze zu formulieren, ich bin aber nicht der Meinung, dass sie das Wesen der Physik ausmacht. Dabei sei zugegeben, dass zu allen Zeiten auch grosse Physiker von der Schönheit und Einfachheit der mathematischen Formulierung fasziniert waren, aber ein Argument für die Richtigkeit eines Naturgesetzes ist dies nicht. Es besteht allerdings eine enge Wechselwirkung zwischen der Entwicklung der Physik und der Mathematik, die dazu führte, dass die notwendigen mathematischen Werkzeuge (Differentialgleichungen, Gruppentheorie, Topologie etc.) im richtigen Augenblick für die Physik zur Verfügung standen.

Das Grundprinzip, dass als wahr nur das gilt, was experimentell verifiziert werden kann, hat auch zur Folge, dass persönliche Autoritäten bei der Erkenntnisgewinnung keine Rolle spielen. Das experimentelle Ergebnis eines jungen Studenten kann wichtiger sein als eine Äusserung Newtons. Diese unterschiedliche Einstellung zu «Autoritäten» erschwert leider oft den Dialog zwischen Geistes- und Naturwissenschaftlern.

Wie vollzieht sich der Fortschritt in der Physik? In der Physik gibt es keine letzte, absolute Wahrheit – ein wesentlicher Unterschied zu den absoluten, offenbarten Wahrheiten der Religionen. Die Suche nach neuen Wahrheiten in der Physik führt aber nicht zu einem willkürlichen Umherirren, sondern die naturwissenschaftliche Methode gestattet es, eine «bessere» Wahrheit von einer «schlechteren» zu unterscheiden und liefert damit die Möglichkeit, sich asymptotisch einer «letzten» Wahrheit zu nähern, ohne sie allerdings je zu erreichen. Ein wesentliches Kriterium besteht darin, ob eine neue Theorie – ein neues Naturgesetz – einen grösseren Bereich von Erfahrungen beschreibt oder nicht. Ausserdem wird erwartet, dass Vorhersagen gemacht werden, die experimentell überprüfbar sind. (Ein Umstand, der von vielen Nichtphysikern übersehen wird!) Auch durch die umwälzendsten Neuerungen werden die früheren Naturgesetze nicht ungültig, sondern es wird nur ihr Gültigkeitsbereich eingeschränkt. Es ist daher falsch, von Revolutionen in der Physik zu sprechen.

Auch in einer anderen Beziehung wird der Fortschritt in der Physik oft falsch dargestellt. Häufig besteht die Auffassung, dass die Erforschung der Natur mit dem Wegziehen eines Vorhanges von einem in seiner ganzen Schönheit bereits existierenden Bild zu vergleichen sei, wobei die Vielfalt der Erscheinungen, der «Müllhaufen der Tatsachen», mehr oder weniger routinemässig durch mathematische Formulierungen in Zusammenhang gebracht wird. Tatsächlich handelt es sich jedoch um einen viel kreativeren Prozess. Die Formulierung der Naturgesetze (Quantitäten) setzt die Bildung der dafür geeigneten Begriffe (Qualitäten) voraus. Dies erfordert ein Abstrahieren von den unmittelbar den Sinnen zugänglichen Erscheinungen. Um sein berühmtes erstes Gesetz zu formulieren, musste Newton zunächst erkennen, dass ein mit konstanter Geschwindigkeit bewegter Körper entgegen der Alltagserfahrung keine Kraftwirkung benötigt, und er musste eine saubere Definition von Kraft und Masse einführen. Die grössten Fortschritte in der Physik sind meist mit der Einführung neuer Begriffe verbunden, eine Tatsache, die häufig auch den damit aktiv arbeitenden Wissenschaftlern nicht bewusst ist. Dabei muss die Begriffsbildung natürlich Hand in Hand mit der Erweiterung unserer Sinne durch immer leistungsfähigere und raffiniertere Experimentiereinrichtungen (riesige Beschleuniger für die Elementarteilchenphysik sowie grosse Teleskope und teure Satelliten für die Astrophysik) gehen.

Es ist eine interessante, nicht geklärte Frage, ob die Physik den Weg nehmen musste, den sie einschlug, oder ob es alternative, eventuell nicht-mathematische Beschreibungen der Natur mit Hilfe anderer Begriffe gibt. Dies kann nicht ausgeschlossen werden, aber es erscheint unvermeidlich, dass die Entwicklung wegführt von unserer unmittelbaren Anschauung und immer mehr Abstraktion erfordert. Dabei ändert sich aber auch unsere Einstellung zur Abstraktion. Die Erforschung der Elektrizität zum Beispiel erforderte die Einführung von abstrakten Begriffen wie elektrische Ladung, elektromagnetisches Feld – Begriffe, die mit unseren Sinnen nicht mehr wahrnehmbar sind. Der tägliche Umgang mit elektrischen Geräten, sei es in der Küche, im Auto oder bei Radio und Fernsehen, haben ihnen inzwischen den Schrecken des Abstrakten genommen. Wie wir sehen werden, erfordert eine Vereinheitlichung der Beschreibung der Phänomene im Makro- und Mikrokosmos eine weitere unvermeidliche Abstraktion, die aber im Laufe der Zeit hoffentlich auch ihren Schrecken verlieren wird.

Die allgemeine Bedeutung der Speziellen Relativitätstheorie und der Quantenmechanik

Im Dialog zwischen Physik und Philosophie spielen diese beiden Theorien eine grosse Rolle, wobei ihre Faszination für Nichtphysiker offenbar daher rührt, dass sie unmittelbare philosophische Konsequenzen haben. Darüber ist schon so viel geschrieben worden, dass es hier nicht das Ziel sein kann, dies alles nochmals zusammenzufassen. Es gibt jedoch mehrere Missverständnisse, und die folgenden Bemerkungen sollen dazu beitragen, diese nach Möglichkeit auszuräumen.

Die Relativitätstheorie[2] hat einen grossen Mangel: ihren Namen. Er hat zu der Meinung beigetragen, hier werde alles relativiert, es gäbe keine festen Bezugspunkte oder Aussagen mehr. Das Gegenteil ist richtig! Sie sagt zwar aus, dass die Beobachtung eines Vorgangs von verschieden bewegten Systemen aus zu verschiedenen Messzahlen führt, aber eines ihrer Hauptziele besteht darin, jene physikalischen Grössen ausfindig zu machen, die unabhängig vom Standort und der Bewegung eines Beobachters sind. Man nennt sie *relativistische Invarianten*, und ein besserer Name wäre daher «Invariantentheorie». Von einer allgemeinen Relativierung kann jedenfalls keine Rede sein.

Allerdings führt die Relativitätstheorie zu Aussagen, die unserer täglichen Erfahrung bei kleinen Geschwindigkeiten (d.h. sehr klein gegenüber der Lichtgeschwindigkeit) drastisch widersprechen. So die Aussagen, dass es keine absolute Gleichzeitigkeit gibt (mit der Konsequenz, dass Uhren in gegeneinander bewegten Bezugssystemen verschieden schnell gehen), oder dass Materie nicht unzerstörbar ist. Nach der berühmten Einsteinschen Beziehung $E = m \cdot c^2$ kann Masse m in Energie E verwandelt werden (wobei c für die Lichtgeschwindigkeit steht), oder umgekehrt kann Masse aus «reiner» Energie entstehen. Die Relativitätstheorie lässt auch die Existenz von Antimaterie zu und erlaubt es, dass sich Teilchen und Antiteilchen gegenseitig vernichten. Dabei hat die Relativitätstheorie die klassische Mechanik nicht für ungültig erklärt, sondern sie enthält diese als Grenzfall für kleine Geschwindigkeiten.

Ich erhalte häufig Zuschriften, in denen die Relativitätstheorie für völlig falsch erklärt wird, da sie offensichtlich unserer Alltagserfahrung widerspricht. Hier wird leider die grosse Bedeutung der Physik für die Entwicklung unserer Denkweise verkannt. Die millionenfach experimentell bestätigte Relativitätstheorie ist ein hervorragendes Beispiel dafür (und wir werden weitere kennenlernen), dass die Erforschung der Natur uns dazu zwingt, unsere Anschauung, unser Begriffssystem, ja unsere Denkweise zu ändern. Hier liegt die grosse Bedeutung der Physik für die menschliche Kultur – es geht hier um neue Qualitäten und nicht nur um kümmerliche Routinen mit Messzahlen.

Auch die Quantenmechanik enthält die klassische Physik als Grenzfall. Sie ist ein Gedankengebäude, «erzwungen» durch die Beobachtungen bei Grössenordnungen, die sehr klein sind gegenüber alltäglichen Massen, d.h. im atomaren Bereich. Auch sie verlangt neue Denkweisen gegen den Augenschein. Die Komplementarität von Welle und Korpuskel, die unseren logischen Grundanschauungen zu widersprechen scheint, ist viel diskutiert worden. Am meisten philosophische Gedankengänge hat aber wohl die statistische Interpretation der Gesetze der Quantenmechanik ausgelöst, weil dadurch die strenge Determiniertheit des Universums durchbrochen scheint. Dies wurde manchmal dahin ausgelegt, dass nun auch die Physik nicht mehr im Widerspruch zum freien Willen steht. Für die Existenz des freien Willens (oder gar die Existenz Gottes) hat es aber keineswegs der Quantenmechanik bedurft. Dazu nur zwei Argumente:

In der klassischen Physik setzt eine strenge Vorhersagbarkeit eine genaue Kenntnis der Anfangsbedingungen voraus, die in aller Strenge nicht erreicht werden kann. Dies wird besonders eindrücklich demonstriert durch die sogenannten chaotischen Systeme[3], die gegenüber einer winzigen Änderung der Anfangsbedingungen äusserst empfindlich sind und im einzelnen konkrete Vorhersagen praktisch nicht erlauben. Das populäre Beispiel ist der «Schmetterlingseffekt», bei dem der Flügelschlag eines Falters in China einen Sturm in Amerika auslösen soll. Wichtiger ist aber das Argument, dass die Physik mit der oben beschriebenen Methodik stets nur einen bestimmten Bereich der Wirklichkeit erfassen kann und zu Fragen nach der Existenz eines freien

Willens oder zu ethischen und ästhetischen Problemen prinzipiell keine
Aussagen machen kann.

Die Relativitätstheorie und die Quantenmechanik gehören ohne
Zweifel zu den grössten Errungenschaften der Wissenschaft, vergleichbar mit den Erkenntnissen Keplers, Galileis und Newtons. Dennoch
möchte ich ihre Bedeutung im folgenden Sinne relativieren. Die Spezielle Relativitätstheorie gibt kinematische Regeln an, wie bei Vorgängen
mit grossen Geschwindigkeiten (d.h. nahe der grösstmöglichen, der
Lichtgeschwindigkeit) verfahren werden muss. In ähnlicher Weise lehrt
uns die Quantenmechanik, wie die Regeln der klassischen Physik
erweitert werden müssen, wenn wir es mit Vorgängen in sehr kleinen,
d.h. atomaren Grössenordnungen zu tun haben. Beide Theorien
machen aber keinerlei Aussage über die eigentliche Physik, die durch
die Kräfte (oder die Wechselwirkungen, wie die Physiker lieber sagen)
und die Objekte, zwischen denen diese wirken, bestimmt ist.

Während es sich bisher nicht als nötig erwies, an dem durch Relativitätstheorie und Quantenmechanik gegebenen «Rahmen» der Physik
etwas zu ändern, so wurden in den vergangenen Jahrzehnten grosse
Fortschritte in der eigentlichen Physik, d.h. im Verständnis der Grundbausteine der Materie und bei den Kräften, erzielt. Es ist viel zu wenig
in das allgemeine Bewusstsein gedrungen, dass es sich dabei nicht nur
um physikalische «Details» handelt, sondern dass qualitativ neue
Ergebnisse erzielt wurden, die eine Änderung der Paradigmen erzwin-
gen. Davon soll im folgenden die Rede sein.

Was die Welt im Innersten zusammenhält

Am Beispiel der Physik der letzten Jahrzehnte soll aufgezeigt werden, dass nur eine Kombination von neuen, ungewöhnlichen Ideen
(neuen Qualitäten) und von raffinierten und präzisen Beobachtungs-
techniken und Messungen (neuen Quantitäten) eine durchschlagende
Erweiterung unserer Kenntnisse über die Natur, in die wir eingebettet
sind, ermöglichte. Sprechen wir zunächst über den Mikrokosmos, wobei
eine Beschränkung auf die wesentlichsten Ergebnisse und Konzepte
unvermeidlich ist.

Seit der Antike beschäftigt die Menschheit die Frage, ob es letzte,
unzerstörbare Grundbausteine der Materie gibt, und wenn ja, welches
ihre Eigenschaften sind. In den vergangenen Jahrzehnten baute man
immer grössere Beschleuniger, die auch als «Atomzertrümmerer»

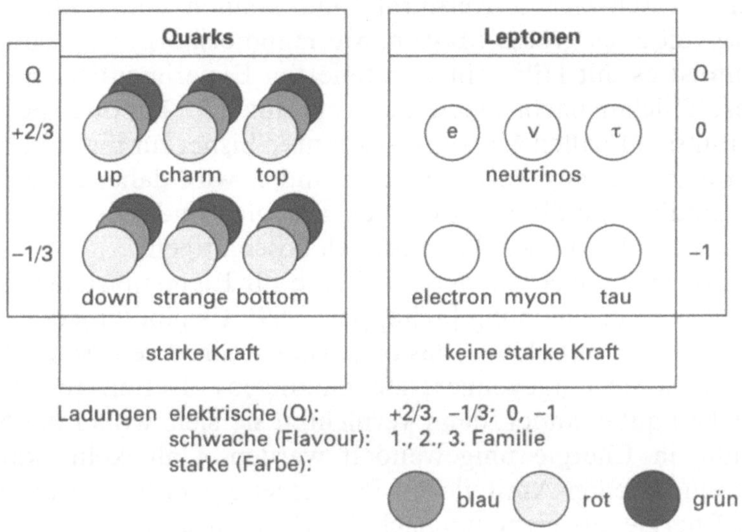

Fig. 1.
Das «Periodische System» der Elementarteilchen. Die Struktur der Teilchen wird
durch Quantenzahlen (Ladungen) bestimmt.

bekannt wurden, denn sie dienten zunächst dazu, die Bausteine der
Materie in immer kleinere Teile zu zerlegen. Von den Atomen der Chemiker über die Atomkerne, die ihrerseits aus Protonen und Neutronen
bestehen, gelangte man zu den Quarks und Leptonen, die man heute als
die kleinsten Bausteine der Materie ansieht. Die beiden Teilchenfami-
lien unterscheiden sich dadurch, dass die Quarks der starken Kernkraft
unterliegen, die Leptonen dagegen nicht. Diese Grundbausteine der
Materie lassen sich in eine Art *«Periodisches System» der Elementarteilchen* einordnen (Fig. 1) [Fritzsch 1981, Schopper 1989]. Es bestehen
zwischen den Quarks und den Leptonen eine Reihe von Symmetriebe-
ziehungen; so gibt es zu jedem Quark-Paar ein entsprechendes Lepton-
Paar. Die fundamentale Frage, wie viele Paare es jeweils gibt, war bis
vor kurzem offen. Die Experimente am LEP[4] konnten jedoch zeigen,
dass es nur drei Neutrinosorten und damit nur drei Lepton-Paare und
wegen der Lepton-Quark-Symmetrie auch nur drei Quark-Paare gibt
[Schopper 1991].[5] Dieses bisher wichtigste Ergebnis des LEP hat auch
für die Kosmologie grosse Bedeutung.

Die *Neutrinos* sind merkwürdige Gesellen. Diese Teilchen unterliegen nur der schwachen Kernkraft und können daher ohne grosse Schwierigkeit auch grosse Massen, wie Himmelskörper, durchdringen. Trotzdem ist es mit Hilfe einer raffinierten Experimentierkunst möglich, diese Teilchen nachzuweisen und mit ihnen im Labor Experimente durchzuführen. In allen Messungen konnten bisher für ihre Massen nur obere Grenzwerte angegeben werden, und es wird daher oft vermutet, dass sie ähnlich wie die Lichtquanten masselos sind. Diese Frage wird uns bei der Evolution des Weltalls noch beschäftigen.

Die Existenz von *Antimaterie* ist heute für Elementarteilchenphysiker eine Alltagserscheinung [Schopper 1989]. Es gibt zu jedem Quark und Lepton ein Antiteilchen, das in gewissem Sinne sein Spiegelbild ist (z.B. besitzen sie entgegengesetzte Ladungen). Treffen Teilchen und Antiteilchen aufeinander, dann vernichten sie sich, wobei die Massen vollständig in Energie umgewandelt werden. Umgekehrt kann aus Energie ein Teilchen-Antiteilchen-Paar erzeugt werden, vorausgesetzt, dass die Energie ausreicht, um nach der Einsteinschen Formel $E = m \cdot c^2$ ein Teilchen und ein Antiteilchen mit jeweils der Masse m zu erzeugen (c = Lichtgeschwindigkeit). Materie verliert damit ihre Qualität von etwas Ewigem, Unzerstörbarem, und benötigt eine abstrakte Definition.

Die Erzeugung und Vernichtung von Materie ist nicht nur eine hypothetische Möglichkeit, sondern sie wird in den grossen Speicherringen der Elementarteilchenphysik praktisch benutzt. So entsteht bei Zusammenstössen und der gegenseitigen Vernichtung von Elektronen und ihren Antiteilchen, den Positronen, im LEP für einen winzigen Augenblick eine hohe Konzentration von Energie, eine Art Feuerball. Anschliessend wandelt sich diese Energie wieder in Materie um, wobei Teilchen erzeugt werden, die zum Teil unbekannt sind. Die heutigen Grossanlagen der Elementarteilchenphysik [Schopper 1989] sind daher in erster Linie keine Atomzertrümmerer mehr, sondern sie dienen dazu, neue Formen der Materie herzustellen und sie der Untersuchung zugänglich zu machen. Die Feuerbälle stellen dabei eine Art Urknall dar, und es gelingt damit, Materiezustände zu untersuchen, wie sie kurze Zeit nach dem kosmischen Urknall existierten. Die Vernichtung und Erzeugung von Materie spielte, wie wir sehen werden, auch in verschiedenen Phasen der kosmischen Entwicklung eine wichtige Rolle.

Zwischen den Elementarteilchen wirken *Kräfte* (Fig. 2). Wir kennen heute vier verschiedene Kräfte [Schopper 1989], von denen zwei erst in diesem Jahrhundert entdeckt wurden, und es ist nicht ausgeschlossen,

Die Kräfte in der Natur			
Art	**Stärke** (bei niedrigen Energien)	**Bindeteilchen** (Feldquanten)	**Vorkommen**
Kernkraft	~ 1	Gluonen (masselos)	Atomkern
Elektromag- netische Kraft	~ $\frac{1}{1000}$	Photon (masselos)	Atomhülle Elektrotechnik
Schwache Kraft	~ $\frac{1}{100000}$	Bosonen Z° (schwer) W^+, W^-	Radioaktiver β-Zerfall
Gravitation	~ 10^{-38}	Graviton?	Himmelskörper, Schwerkraft

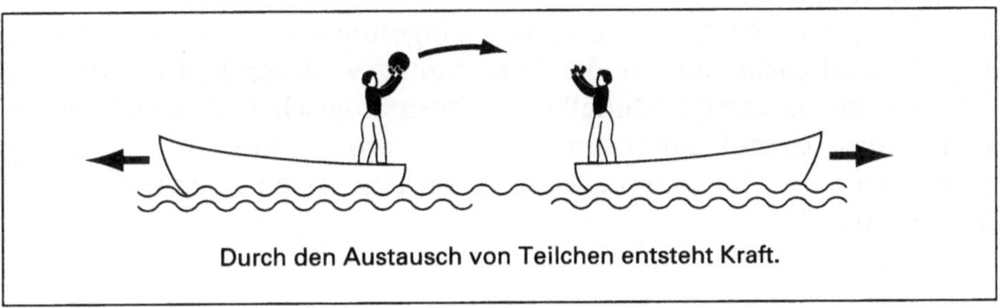

Fig. 2.
Die Kräfte in der Natur, geordnet nach ihrer Stärke. Die Kraftwirkung zwischen Quarks und Leptonen kommt durch das «Ballspiel» mit den Feldquanten zustande.

dass die Natur weitere Überraschungen für uns bereithält. Eine lange diskutierte Frage betrifft den Mechanismus, mit dessen Hilfe sich die Kräfte im leeren Raum fortpflanzen. Nachdem der Lichtäther durch die Relativitätstheorie abgeschafft worden war, blieb diese Frage lange Zeit offen. Die Quantenfeldtheorie liefert folgende Erklärung: Die Elementarteilchen senden und empfangen in einer Art Ballspiel die Quanten der Kraftfelder, wobei eine Kraftwirkung zustande kommt. Die Kräfte unterscheiden sich in der Art der Quanten: das Photon für die elektromagnetische Kraft, das Gluon für die starke Kernkraft und die massereichen Bosonen (W- und Z-Teilchen) für die schwache Kernkraft. Auch für die Gravitation wird die Existenz eines bisher nicht nachgewiesenen Gravitons postuliert.

Im vergangenen Jahrhundert gelang es, zwei zunächst getrennte Kräfte, die elektrische und die magnetische, zu einer einzigen Kraft, der elektromagnetischen Kraft, zu verschmelzen, und diese wurde zur Grundlage unserer heutigen Elektrotechnik. Es liegt nahe zu versuchen, weitere Kräfte zu vereinigen – ja vielleicht alle Kräfte zu einer Urkraft zusammenzufassen, die alles Geschehen im Kosmos erklären könnte. Auf diesem langen und beschwerlichen Weg ist es in der letzten Dekade gelungen, einen grossen Fortschritt durch die Vereinigung der elektromagnetischen und der schwachen Wechselwirkungskraft zur «elektroschwachen Kraft» zu erzielen. Der Nachweis der W- und Z-Teilchen beim CERN war dazu ein entscheidender Schritt. Durch eine Vielzahl von Messungen konnte in den letzten Jahren mit Hilfe der LEP-Experimente die Gültigkeit dieser Vereinigungstheorie, dem sogenannten Standardmodell, mit grosser Genauigkeit nachgewiesen werden [Schopper 1991]. Die dazu neu eingeführten Vorstellungen und Begriffe sind nicht nur für die Vereinigung weiterer Kräfte, sondern auch für die neuesten Modelle des kosmologischen Geschehens so wichtig, dass darauf näher eingegangen werden muss. Wie so häufig erscheinen neue Gedanken allerdings auf den ersten Blick ungewöhnlich und fremd.

Symmetrien als Grundlage unseres Naturverständnisses

Als neues «first principle» (Grundprinzip) setzt sich in der Physik immer mehr der *Symmetriebegriff* durch. Naturgesetze sollen bei gewissen Symmetrieoperationen unverändert bleiben. So sollte eine Vertauschung aller positiven und negativen elektrischen Ladungen zu keiner Änderung der Naturgesetze führen, da die Natur ja nicht «weiss», wie wir die Bezeichnungen für plus und minus gewählt haben. Ähnlich verhält es sich bei einer Vertauschung von Materie mit Antimaterie. Besonders wichtig sind sogenannte *Eichsymmetrien*, durch welche die Eigenschaften der verschiedenen Kraftfelder bestimmt werden. Die mathematische Formulierung der Eichsymmetrien kann hier nicht behandelt werden. Die jeweiligen Symmetrien werden durch mathematische Gruppensymbole (z.B. U(1), SU(2), SU(3)) bezeichnet, wie sie etwa von den Kristallklassen aus der Mineralogie bekannt sind.

Der grundlegende Mechanismus zur Vereinigung der Kräfte läuft folgendermassen ab: Bei einer gewissen Energie (d.h. Temperatur) soll eine bestimmte Symmetrie gelten, und sie bedingt eine vereinigte Kraft (z.B. die elektroschwache Kraft). Beim Übergang zu einer niedrigeren Energie wird diese Symmetrie gebrochen (was gleich erläutert werden soll), und die vereinigte Kraft spaltet sich auf in zwei getrennte Kräfte (in unserem Beispiel in die elektromagnetische Kraft und in die schwache Kernkraft).

Dies sei an einem bekannten Beispiel erläutert. Erhitzt man ein Stück magnetisiertes Eisen bis zu einer bestimmten Curie-Temperatur, dann verliert es den Magnetismus, alle Raumrichtungen sind gleichberechtigt, es herrscht hohe räumliche Symmetrie. Unterschreitet man die Curie-Temperatur, dann tritt bei einem Stück Weicheisen eine Magnetisierung auf, deren Richtung sich ohne äusseres Magnetfeld willkürlich einstellt. Eine Raumrichtung ist nun ausgezeichnet, die Symmetrie ist gebrochen. Da nicht vorhersagbar ist, welche Raumrichtung die Magnetisierung wählen wird, spricht man von einer *spontanen Symmetriebrechung*.

Beim Magnetismus sind die Effekte, die zu einer Symmetriebrechung und damit zum Übergang in einen neuen Zustand führen, wohlbekannt. Welche Phänomene spielen aber in der Teilchenphysik die entscheidende Rolle bei der Symmetriebrechung, die zur Trennung von Kräften führt? Auf diese Frage haben wir noch keine endgültige Antwort, aber ein Erklärungsmechanismus gewinnt immer mehr Überzeugungskraft, wenn auch der entscheidende experimentelle Beweis noch fehlt. Es handelt sich um das sogenannte *Higgs-Feld*, das nicht nur in der Elementarteilchenphysik eine wichtige Rolle spielt, sondern neuerdings auch bei den «Inflations-Szenarien» der kosmischen Entwicklung neue Einsichten vermittelt.

Man postuliert, dass im leeren Raum, im Vakuum, ständig ein Feld vorhanden ist, das Higgs-Feld. Es besitzt die merkwürdige Eigenschaft, dass der tiefste Energiezustand, den die Natur stets bevorzugt, dann eingenommen wird, wenn die Feldstärke nicht Null ist, denn sonst würde das Feld ja verschwinden. Wesentlich ist, dass die Energie nicht nur ein, sondern mehrere Minima besitzt, und da sich nicht vorhersagen lässt, welches der Minima die Natur auswählt, wird die Symmetrie «spontan» gebrochen.

Die Existenz eines Higgs-Feldes würde aber nicht nur einen Mechanismus zur Vereinigung der Kräfte liefern, sondern sie würde eine andere fundamentale Frage beantworten, die nach dem Ursprung der Teilchenmassen – ein bisher völlig ungelöstes Problem. Wie jedes quantenmechanische Feld besitzt auch das Higgs-Feld Feldquanten, die *Higgs-Teilchen*, und auf ihre Entdeckung konzentrieren sich gegenwärtig gewaltige experimentelle Anstrengungen. Vor Inbetriebnahme des LEP gab es so gut wie keine Informationen über deren Existenz oder

Nichtexistenz. Die LEP-Experimente haben mit verschiedenen Methoden danach gesucht. Bisher mit negativem Ergebnis, wobei aber immerhin gezeigt werden konnte, dass die Higgs-Teilchen mindestens 60mal schwerer sein müssen als ein Proton. Solange das Higgs-Teilchen nicht nachgewiesen ist, können allerdings andere Mechanismen für die Symmetriebrechung und damit für den Ursprung der Massen nicht ausgeschlossen werden.

Der Erfolg bei der Vereinigung von elektromagnetischer und schwacher Kraft lässt die Hoffnung aufkommen, dass eine weitere Vereinigung mit den anderen bekannten Kräften möglich sein sollte – vielleicht sogar eine «grosse Vereinigung» aller Kräfte? Dies wollte Heisenberg mit seiner «Weltformel» vor mehr als 30 Jahren in einem Schritt erreichen, was nicht gelang. Man geht nun schrittweise vor. Nach der Vereinigung der elektromagnetischen und der schwachen Kraft versucht man die starke Kernkraft in die Vereinigung einzubeziehen. Dies sollen die *Supersymmetrie-Theorien* (SUSY) leisten. Hierbei geht man davon aus, dass eine vollkommene Symmetrie zwischen den Materiebausteinen (Quarks und Leptonen) und den Kraftfeldern (charakterisiert durch die Feldquanten) bestehen soll. Solche SUSY-Theorien haben eine experimentell nachprüfbare Konsequenz. Sie fordern, dass es zu jedem «normalen» Teilchen einen supersymmetrischen Partner gibt. Danach wird an den meisten Hochenergie-Beschleunigern gesucht, und besondere Hoffnungen richten sich wieder auf das LEP. Wenn es bisher auch nicht gelang, solche SUSY-Teilchen direkt nachzuweisen, so liefern die neuesten LEP-Resultate [Schopper 1991] aber doch den nachfolgenden indirekten Hinweis zugunsten der SUSY-Theorien.

Die Stärke der Kräfte wird durch die jeweilige Elementarladung, bzw. eine daraus abgeleitete Grösse, die Kopplungskonstante, charakterisiert. Der Name ist aber irreführend, denn es zeigt sich, dass die Stärke der Kräfte gar nicht konstant ist, sondern von der Energie, bei der ein Prozess stattfindet, abhängt. Mit Hilfe sehr gut fundierter Theorien (Renormierungstheorie) lassen sich die Kopplungskonstanten über den heute experimentell zugänglichen Bereich zu höheren Wechselwirkungsenergien hin extrapolieren (Fig. 3a). Man fand zunächst, dass innerhalb der vor einigen Jahren noch beträchtlichen Messfehler die Kopplungskonstanten bei einer sehr hohen Energie (etwa 10^{15} GeV) den gleichen Wert annahmen, d.h. alle drei Kräfte werden gleich stark, und dies gab Anlass zu der Hoffnung, dass eine Vereinigung der drei Kräfte (elektromagnetische, schwache und starke Kernkraft) ohne SUSY-Theorie möglich sein sollte.

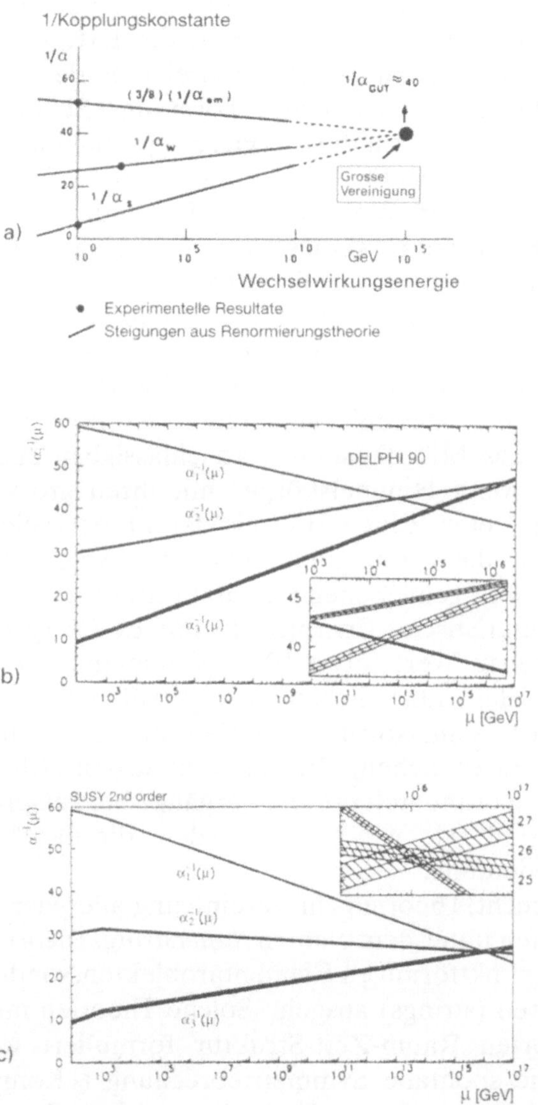

Fig. 3.
Die reziproken Werte der Kopplungskonstanten für die elektromagnetische ($1/\alpha_{em}$), schwache ($1/\alpha_w$) und starke ($1/\alpha_s$) Kernkraft als Funktion der Wechselwirkungsenergie. (Nach der Renormierungstheorie ergibt sich ein geradliniger Verlauf. $1/\alpha_{Gut}$ ist die Kopplungskonstante für die vereinigte Kraft.)
a) Ältere Resultate vor den LEP-Experimenten,
b) Resultate der LEP-Experimente mit Standardmodell,
c) Resultate der LEP-Experimente mit SUSY-Theorie ausgewertet.

Präzisionsmessungen am LEP haben aber gezeigt, dass bei Verwendung der alten Theorie (Standardmodell) die Extrapolation nicht zu einem gemeinsamen Schnittpunkt der drei Geraden führt (Fig. 3b). Benutzt man jedoch die einfachste Form der SUSY, dann ist ein gemeinsamer Schnittpunkt möglich (Fig. 3c) [Amaldi et al. 1991]. Dies ist zwar noch kein Beweis für die Gültigkeit der SUSY, aber vielleicht ein erster Hinweis für ihre reale Existenz. Die endgültige Entscheidung würde erst die Entdeckung wenigstens eines SUSY-Teilchens bringen, und die Jagd danach geht unvermindert weiter.

Es bleibt ein letzter Schritt: Auch die Gravitation muss in die Vereinigung einbezogen werden. Dies stellt noch grössere Schwierigkeiten dar, was nicht zuletzt daran liegt, dass die Schwerkraft so ausserordentlich schwach ist verglichen mit den anderen Kräften. Infolgedessen ist sie im Bereich des Mikrokosmos vernachlässigbar und kommt erst dann ins Spiel, wenn Himmelskörper mit ihren grossen Massen in Wechselwirkung treten. Einen Hinweis darauf, bei welchen Energien die Gravitation in die Vereinigung einbezogen werden kann, erhalten wir aus der im Labor gemessenen Gravitationskonstanten. Aus ihr lässt sich eine charakteristische Energie, die *Planck-Energie*, ableiten, die einen extrem hohen Wert (etwa 10^{19} Protonenmassen) hat, ein vom Standpunkt der Elementarteilchen aussergewöhnlich hoher Betrag. Es wird nie möglich sein, solche Energien im Labor mit Hilfe von Beschleunigern zu erreichen, aber indirekt lassen sich die Vorgänge vielleicht doch experimentell prüfen. Vorgänge bei entsprechend hohen Temperaturen sind, wie wir sehen werden, für das kosmische Geschehen von Bedeutung.

Man hat versucht, Theorien zur Vereinigung aller vier Kräfte zu entwickeln. Sie laufen unter dem Namen *Superstring-Theorien*, da man bei ihnen nicht von punktförmigen Elementarobjekten, sondern von fadenartigen Strukturen (strings) ausgeht. Solche Theorien müssen in einer vieldimensionierten Raum-Zeit-Struktur formuliert werden, wobei diese durch eine spontane Symmetriebrechung («Kompaktifizierung des Raumes») auf die uns geläufige 4-dimensionale Raum-Zeit-Struktur zurückgeführt wird. Da solche Theorien alle Kräfte und damit auch alle Elementarteilchen zu beschreiben versuchen, spricht man manchmal halb scherzhaft von der «Theory of Everything», TOE.

Die verschiedenen Stufen der Symmetriebrechungen liefern ein Schema, die *Hierarchie der Symmetrien* (Fig. 4), das die Basis für unser Naturverständnis liefern soll. Bei sehr hohen Energien (hohen Temperaturen) herrscht die vollständigste Symmetrie, die alle Kräfte verei-

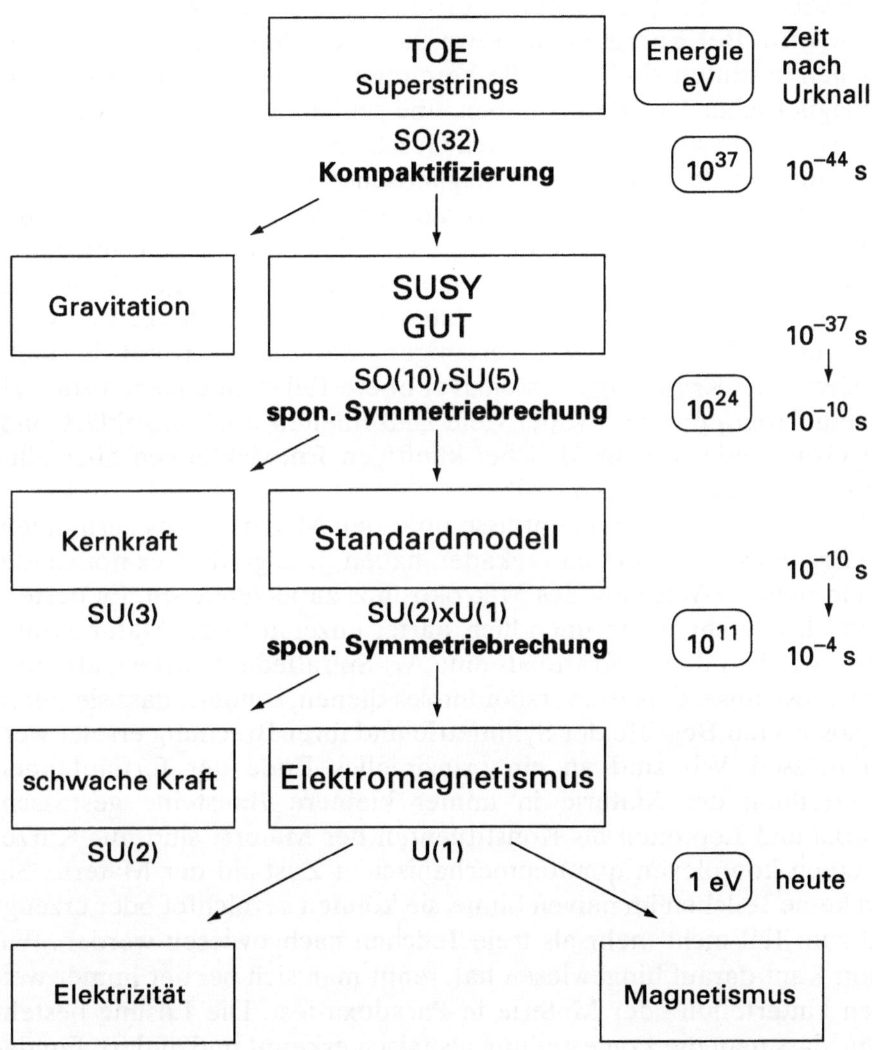

Fig. 4.
Die Hierarchie der Symmetrien und ihre Brechung als Funktion der Energie (Temperatur).

nigt. Bei abnehmender Energie wird bei der Planck-Energie durch eine erste Symmetriebrechung die Schwerkraft abgespalten. Die nächste Stufe wird bei der GUT-Energie erreicht, bei der die Kernkraft abgetrennt wird. Bei Energien, die etwa durch die Massen der W- und Z-Teilchen bestimmt sind, wird die Vereinigung von schwacher und elektromagnetischer Kraft aufgehoben, und schliesslich spricht man in der klassischen Physik (d.h. bei kleinen Geschwindigkeiten) noch von einer Trennung der elektrischen und magnetischen Kraft.

Dieses grandiose Szenario, das auf dem Paradigma der Symmetrie und ihrer Brechung aufgebaut ist, wurde im unteren Teil von Fig. 4 durch Experimente bestätigt. Durch immer leistungsfähigere Beschleuniger hat man sich im Laufe der letzten Jahrzehnte nach oben vorgearbeitet und dabei die Tür zur Vereinigung der Kernkraft mit der elektroschwachen Kraft aufgestossen. Der obere Teil stellt dagegen zur Zeit nur ein Programm dar, wobei viele Einzelheiten noch ungeklärt sind. Die Grundgedanken werden bei künftigen Entwicklungen aber aller Voraussicht nach erhalten bleiben.

Fassen wir unsere Erkenntnisse über den Mikrokosmos zusammen. Die Ergebnisse der letzten Dekaden haben gezeigt, dass es notwendig ist, ein neues «Weltbild» des Mikrokosmos zu akzeptieren. Es besteht darin, dass nicht mehr unendlich harte, unzerstörbare Materieklötzchen, zwischen denen Kräfte als eine Art Spiralfedern wirken, als «first principles» unseres Naturverständnisses dienen, sondern dass sie durch die abstrakten Begriffe der Symmetrie und ihrer Brechung ersetzt werden müssen. Wir sind an ein prinzipielles Ende der fortlaufenden Unterteilung der Materie in immer kleinere Bausteine gestossen. Quarks und Leptonen als Konstituenten der Materie sind nur Kürzel für einen komplexen quantenmechanischen Zustand der Materie. Sie sind keine Teilchen im naiven Sinne, sie können vernichtet oder erzeugt und zum Teil nicht mehr als freie Teilchen nachgewiesen werden. Wie schon Kant darauf hingewiesen hat, rennt man sich bei der immer weiteren Unterteilung der Materie in Paradoxa fest. Die Lösung besteht darin, dass man die Fragestellung als falsch erkennt und ändert. Fundamentaler als die Frage nach den Grundbausteinen der Materie ist das Verständnis der Kraftfelder und der sie bestimmenden Symmetrien.

Ob es je eine *Theory of Everything* geben wird, muss allerdings bezweifelt werden. In einem gewissen Erfolgsrausch verkünden einige Theoretiker, dass bald das Ende der Physik in Sicht sei, da mit einer solchen Theorie alle Fragen gelöst wären. Ich bin anderer Meinung. Zu oft wurde schon das Ende der Physik vorausgesagt, aber die Natur erwies sich stets als viel einfallsreicher, als unser Menschenverstand sich dies träumen liess. Wie bereits ausgeführt wurde, ist das eigentlich kreative Element im Fortschritt der Physik die Bildung neuer Begriffe. Dies – zusammen mit der experimentellen Entdeckung neuer Phänomene – ermöglicht es uns, immer weitere Bereiche der Natur der Erforschung zugänglich zu machen.

Die kosmische Entwicklung

Zu unserer grossen Überraschung stellen wir fest, dass das Schema der Hierarchie der Symmetrien, das zur Erklärung der Welt des unendlich Kleinen entwickelt wurde, im zeitlichen Ablauf der kosmischen Entwicklung ebenfalls realisiert ist. Das in letzter Zeit allgemein akzeptierte kosmische Standardmodell geht davon aus, dass Raum und Zeit mit einem Urknall begannen [Fritzsch 1983]. Dieser Urknall stellte eine unendlich hohe Energiekonzentration dar, d.h. es herrschte eine unvorstellbar hohe Temperatur. Anschliessend begann sich das Weltall auszudehnen, wobei die Temperatur ständig abnahm.

Den überzeugendsten Beweis für die Ausdehnung des Kosmos liefert die Beobachtung der Sternenflucht. Die Verschiebung der von den Sternen ausgesandten Spektrallinien (Doppler-Effekt) zeigt, dass sich alle Sterne von uns entfernen, und zwar umso schneller, je weiter sie schon entfernt sind (Hubble-Effekt). Dies bedeutet aber nicht, dass wir uns im Zentrum des Kosmos befinden, im Gegenteil! Ähnlich wie sich alle Punkte auf der 2-dimensionalen Oberfläche eines Luftballons, der aufgeblasen wird, voneinander entfernen, so lässt sich die Beobachtung der Sternenflucht durch eine dauernde Aufblähung des 3-dimensionalen Kosmos deuten. Dabei ist kein Punkt im Weltall ausgezeichnet, alle Standorte eines Beobachters sind gleichberechtigt. Rechnet man von der heutigen Grösse des Weltalls mit der gemessenen Ausdehnungsgeschwindigkeit zurück auf den Beginn der Ausdehnung, dann ergibt sich ein Weltalter von etwa 15 bis 20 Milliarden Jahren. Dieser Zeitpunkt wird dem heissen Urknall zugeordnet, und von da an beginnt zunächst unsere Zeitzählung.

Beim Urknall-Modell erheben sich zwei fundamentale Fragen: Wie kam der Urknall zustande, und wie geht die Ausdehnung weiter? Bis vor kurzem waren diese Fragen gänzlich offen, wobei gelegentlich die Meinung geäussert wurde, dass die Expansion des Kosmos ständig weitergehen und er im Kältetod enden würde. Heute haben wir neue Infor-

mationen bezüglich des künftigen Schicksals des Kosmos, und auch auf
die Frage, was es vor dem Urknall gab, werden wir noch eingehen.

Wesentliche Etappen in der Entwicklung des Kosmos können wir
mit Hilfe der aus der Elementarteilchenphysik gewonnen Ergebnisse
verstehen. Bei der Abkühlung durchläuft der Kosmos die drei Energieschwellen, bei denen eine spontane Symmetriebrechung eintritt (Fig. 4)
und bei denen sich daher das Verhalten der Kräfte drastisch ändert. Die
diesen Energieschwellen entsprechenden Temperaturen sind in Fig. 5
durch horizontale Striche angedeutet. Weitere Zäsuren treten dadurch
ein, dass die Energie, d.h. die Temperatur, so weit abfällt, dass eine
Reaktion energetisch nicht mehr möglich ist und sich dadurch Reaktionspartner aus dem Reaktionsgleichgewicht verabschieden. Sie nehmen dann am allgemeinen Geschehen nicht mehr teil, sie entkoppeln.
Hier können nur die wichtigsten dieser Etappen besprochen werden
(Fig. 5).

Unmittelbar nach dem Urknall herrschte vollständige Symmetrie,
alle Kräfte waren zu einer Urkraft vereinigt. Nach der unvorstellbar
kurzen Zeit von 10^{-44} Sekunden wurde die Planck-Energie erreicht, die
Gravitation spaltete sich ab, und die Supersymmetrie begann ihre Herrschaft. Der Kosmos war erfüllt von einem Urbrei aus Quarks, Leptonen
und anderen Teilchen. Alle diese Teilchen wandelten sich ständig ineinander um, und es bestand ein dynamisches Gleichgewicht. Wegen der
Symmetrie zwischen Materie und Antimaterie sollte es gleich viele
Quarks und Antiquarks bzw. Leptonen und Antileptonen geben.

Es trat aber ein zu jener Zeit unbemerkt gebliebenes Phänomen auf
(wenn Beobachter die grosse Hitze ausgehalten hätten!), das später
eine wichtige Konsequenz haben sollte – die Möglichkeit unserer Existenz. Durch Laborversuche konnte nachgewiesen werden, dass die
elektroschwache Kraft die Symmetrie zwischen Materie und Antimaterie ein ganz klein wenig verletzte. Dadurch wurde das Gleichgewicht
zwischen Quarks und Antiquarks minimal zugunsten der ersteren verschoben, was etwas später grosse Wirkungen haben sollte.

Die Vorgänge laufen weiterhin mit unvorstellbarer Geschwindigkeit
ab. Etwa 10^{-32} Sekunden nach dem Urknall ist die Temperatur soweit
gefallen, dass die SUSY gebrochen und die Kernkraft von der elektroschwachen Kraft getrennt wurde. Die Temperatur ist noch so hoch,
dass Quarks und Gluonen keine Bindung eingehen können, sie schwirren getrennt in dem sogenannten Quark-Gluon-Plasma herum. Dieser
Zustand dauert bis etwa 10^{-10} Sekunden nach dem Urknall, immer noch
eine winzig kurze Zeit.

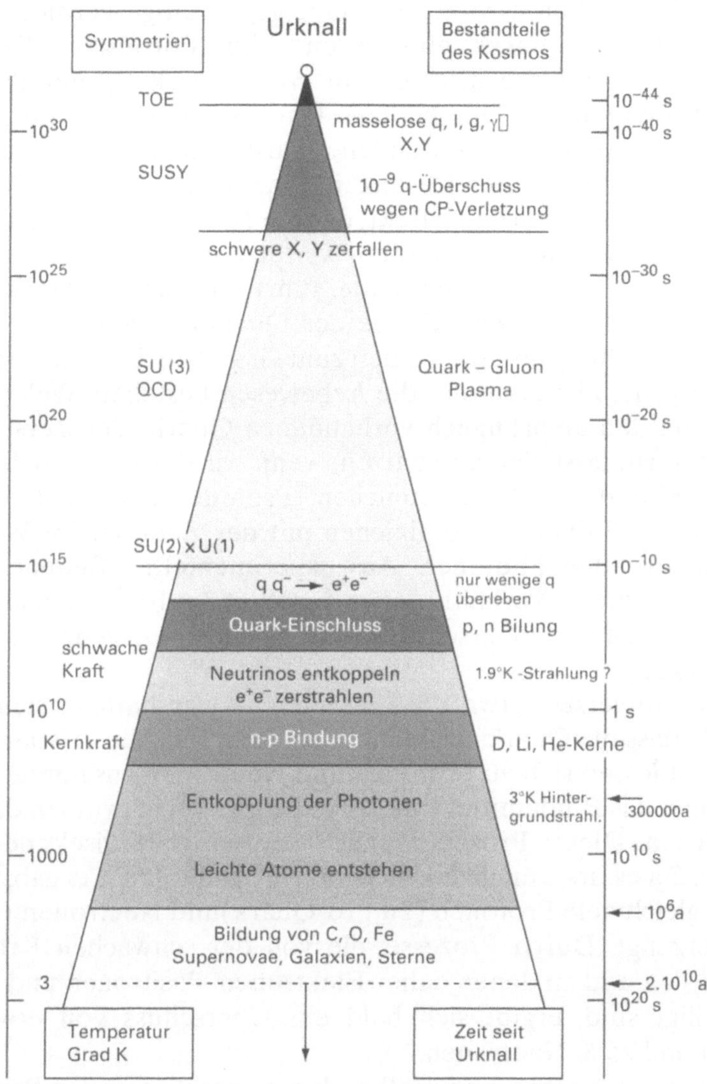

Fig. 5.
Die Entwicklung des Kosmos nach dem Urknall. Die drei obersten waagrechten Linien geben Zeitpunkte von Symmetriebrechungen an (s für Sekunden, a für Jahre).

Dann ist die Abkühlung soweit fortgeschritten, dass die schwache von der elektromagnetischen Kraft durch eine spontane Symmetriebrechung abgespalten wird. Es setzt eine gegenseitige Vernichtung von Quarks und Antiquarks ein, deren «Abfallprodukt» Elektron-Positron-Paare sind, die ihrerseits in Wechselwirkung mit Photonen und Neutrinos stehen. Durch diese Prozesse wird fast die gesamte Materie in Strahlung umgewandelt. Warum aber wurde nicht alle Materie zerstrahlt und der Kosmos in eine Strahlensuppe überführt? Der oben genannte winzige Effekt, der die Materie-Antimaterie-Symmetrie in einem früheren Stadium verletzt und zu einem geringen Überschuss an Quarks geführt hatte, führt nun für uns Menschen zu essentiellen Konsequenzen! Einige der Quarks finden keine Partner für die Zerstrahlung, und sie werden zum Grundstock für den Stoff, aus dem die Sterne, Planeten und die Lebewesen bestehen. Welcher Prozentsatz von den ursprünglich vorhandenen Quarks der Zerstrahlung entkommen ist, lässt sich abschätzen, wenn wir die Zahl der heute im Kosmos vorhandenen Materieteilchen (Protonen und Neutronen bestehend aus je 3 Quarks) vergleichen mit der Zahl der im Weltraum herumschwirrenden Photonen. Aus experimentellen Beobachtungen ergibt sich für dieses Verhältnis etwa der Wert 3×10^{-10}, also ein in der Tat winziger Materieüberschuss. Eine winzige Ursache, aber eine grosse Wirkung!

Als das Universum etwa 100 Sekunden alt war, hatte es sich soweit abgekühlt, dass die Quarks nicht mehr als freie Teilchen existieren können. Sie schliessen sich zu Protonen und Neutronen zusammen, wobei die Gluonen das Bindemittel sind, und auch sie verschwinden daher als freie Teilchen. Dieser Prozess ist nach etwa einer Millisekunde abgeschlossen. Da es ursprünglich gleich viele u- und d-Quarks gab, werden zunächst gleichviele Protonen (2u-, 1d-Quark)und Neutronen (1u-, 2d-Quark) erzeugt. Durch Prozesse, die von der schwachen Kraft ausgelöst werden und an denen daher Elektronen, Positronen und Neutrinos beteiligt sind, ergibt sich bald ein Überschuss von etwa 75% Protonen und 25% Neutronen.

Auch in der nächsten, unmittelbar daran anschliessenden Periode ist die schwache Kraft wesentlich. Die Temperatur ist nun so weit abgesunken, und die Materiedichte des Kosmos hat sich durch die Expansion so stark verdünnt, dass die Neutrinos sich aus dem Reigen der gegenseitigen Umwandlung abkapseln. Seit dieser Zeit schwirren sie in grosser Zahl im Weltraum herum. Obwohl Tausende von ihnen jede Sekunde unseren Körper durchqueren, merken wir davon nichts, denn sie haben eine äusserst geringe Wechselwirkung mit Materie. Wegen der Expansion ist ihre ursprünglich beträchtliche Energie auf eine Temperatur von etwa 1,9 Grad über dem absoluten Nullpunkt abgefallen. Die Beobachtung dieser *Neutrino-Hintergrundstrahlung* wäre das früheste Signal, das wir vom Urknall erhalten könnten. Für so niederenergetische Neutrinos kennt man aber gegenwärtig leider keine Nachweismethode.

Kurz nach der Entkoppelung der Neutrinos zerstrahlen die Elektronen mit ihren Antiteilchen, den Positronen, in Photonen, denn die Photonenenergie reicht nicht mehr aus, um in umgekehrter Reaktionsrichtung Elektron-Positron-Paare zu erzeugen. Elektronen und Positronen sterben aus, bis auf einen winzigen Rest von Elektronen, der genau dem Protonenüberschuss entspricht.

Nach Ablauf von ungefähr drei Minuten hat sich die Temperatur auf unter 900 Millionen Grad verringert. Die Protonen und Neutronen stossen nun relativ häufig zusammen und vereinigen sich zu *leichten Atomkernen* wie Deuterium, Helium und Lithium. Der Kern des Heliums, bestehend aus je 2 Protonen und 2 Neutronen, erweist sich als besonders stabil, was dazu führt, dass kurze Zeit nach Einsetzen der Heliumsynthese praktisch alle Neutronen in Heliumkernen eingefangen sind. Aus der vorhandenen Zahl von Protonen und Neutronen lässt sich leicht berechnen, dass man einen Heliumanteil von 23% an der kosmischen Materie erwartet, und dieser Wert entspricht den Beobachtungen. Die kosmische Materie besteht also überwiegend aus Wasserstoffkernen (Protonen) und zu etwa einem Viertel aus Heliumkernen. Auch die relativ geringen Häufigkeiten für Deuterium und Lithium lassen sich abschätzen, und auch sie stimmen mit den astronomischen Messungen überein. Die Häufigkeiten der leichten Elemente sind also direkte Zeugen für die Vorgänge im Kosmos wenige Sekunden nach dem Urknall,[6] und sie bestätigen das Urknall-Modell [Fritzsch 1983].

Nach dieser rasanten Entwicklung geht es nun nach menschlichen Massstäben sehr langsam weiter. Fast 300 000 Jahre passierte nicht viel. Als die Temperatur auf etwa 1000 °K abgefallen war, trat eine entscheidende Wende ein. Die herumfliegenden Protonen und Heliumkerne fangen Elektronen ein, und es entstehen elektrisch neutrale Wasserstoff- und Helium-Atome: Es beginnt das *atomare Zeitalter* mit einer wichtigen Konsequenz. Ein Gemisch aus ionisierten Atomen und Elektronen, ein «Plasma», ist für Licht fast undurchdringlich, während ein Gas aus neutralen Atomen (wie die Luft) weitgehend transparent ist. Als Folge der Bildung von Atomen entkoppeln nun auch die Photonen

von der Materie und fliegen bis heute ungehindert im Weltraum umher.
Da sie an der Expansion des Kosmos teilnehmen, kühlen auch sie sich
ab, und ihre ursprüngliche Temperatur von einigen 1000 °K fällt auf 2,7
Grad über dem absoluten Nullpunkt. Das ursprünglich heisse Licht ist
zu kaltem Licht geworden. Diese *kosmische Hintergrundstrahlung*
wurde 1964 von A. Penzias und R. Wilson zum ersten Mal beobachtet.
Sie ist bis heute der direkteste Zeuge des Urknalls, sein «Echo». Echo
deshalb, weil sie nicht über den Zustand des Lichtes beim Urknall
selbst, sondern erst 300 000 Jahre danach Aufschluss gibt. Die detaillierten Beobachtungen der Hintergrundstrahlung sind eines der wichtigsten Hilfsmittel, um grundlegende Erkenntnisse über den frühen
Kosmos zu gewinnen.

Seither ist die Materie weitgehend sich selbst überlassen, und die im
Weltraum umherschwirrenden Neutrinos und Lichtquanten haben sich
verselbständigt. In dieser Epoche, die etwa 1 Million Jahre nach dem
Urknall begann und nun schon mehr als 15 Milliarden Jahre andauert,
spielte die Schwerkraft bei der Bildung der Strukturen die entscheidende Rolle. Unter dem Einfluss dieser Kraft ballte sich die Materie zu
Sternen, Planeten, Galaxien und noch grösseren Strukturen zusammen.
Wie es zu dieser Zusammenballung bei einer im Kosmos anfangs homogen verteilten Materie kommen konnte, wirft viele Fragen auf, für die
sich neuerdings unerwartete Aspekte ergeben haben. Dabei ist es allerdings nötig, sich über das Geschehen vor dem Urknall Gedanken zu
machen.

Kosmische Rätsel

Das bisher geschilderte Standardmodell der kosmischen Entwicklung, das auf einer Verschmelzung von Elementarteilchen-, Kern- und
Astrophysik basiert, stellt einen Triumph menschlichen Forschens dar,
denn es gelang, Kenntnisse über Vorgänge in unvorstellbar grossen
Entfernungen und zu unglaublich kurzen Zeiten nach dem Urknall zu
gewinnen, wobei dieses Modell aber einige fundamentale Probleme
ungelöst lässt, wie zum Beispiel:

– Woher kommt der Urknall? Handelt es sich um einen Schöpfungsakt? Gibt es etwas vor dem Urknall? Physikalisch gesehen stellt er
  eine Singularität (unendlich hohe Energie) dar, und solche kommen
  sonst in der Natur nicht vor.

– Wie sieht die Zukunft des Kosmos aus? Setzt sich die Expansion ewig fort und führt sie zum Kältetod?

Wir wollen uns zunächst mit der zweiten Frage befassen. Die Explosion des Urknalls erteilte der Materie einen Schwung, der zur Expansion führte. Diesem anfänglichen Schwung setzt die Schwerkraft einen wachsenden Widerstand entgegen, und es fragt sich, wer schliesslich die Oberhand behält. Dies hängt davon ab, wieviel Materie es insgesamt im Kosmos gibt, da dadurch die Gesamtstärke der Massenanziehung bestimmt wird. Gibt es nur wenig Materie im Weltraum, dann überwiegt der Expansionsschwung, und die Ausdehnung des Weltalls wird ewig zunehmen. Gewinnt dagegen die Massenanziehung, dann wird sich zu einer bestimmten Zeit die Expansion umkehren, das Weltall zieht sich zusammen und kollabiert schliesslich. Es kann zu einem neuen Urknall («big crunch») kommen, und das Spiel wiederholt sich. Dazwischen gibt es einen besonderen Fall: Die Gesamtmasse im Kosmos ist gerade so gross, dass es zu einem Gleichgewicht zwischen Expansionsschwung und Anziehung kommt, die Ausdehnung des Weltalls verlangsamt sich stetig, und sein Radius wächst nur noch asymptotisch (vgl. Fig. 6 auf S. 200).

Ein solcher Gleichgewichtszustand wird bei einer bestimmten Materiedichte im Kosmos erreicht, die man die *kritische Materiedichte* ρ_c nennt. Sie hängt einerseits vom Hubble-Parameter ab, der den Expansionsschwung kennzeichnet, und andererseits von der im Labor messbaren Gravitationsstärke. Benutzt man die experimentell ermittelten Werte, dann erhält man für die kritische Materiedichte des Kosmos den winzigen Wert von etwa 10 Protonen (oder Neutronen) pro Kubikmeter.

Die tatsächliche Materiedichte im Kosmos lässt sich durch astronomische Beobachtungen annähernd bestimmen, indem man z.B. die Sterne, Milchstrassen und überhaupt alle sichtbaren, d.h. leuchtenden Objekte, zählt und ihre Massen abschätzt. Diese ungeheure und viel Geduld erfordernde Aufgabe konnte von den Astronomen gelöst und eine Zahl für die mittlere Massendichte der leuchtenden Materie gewonnen werden. Der Einfachheit halber wird sie in Einheiten der kritischen Dichte angegeben, und man spricht von der *reduzierten Massendichte* $\Omega = \rho/\rho_c$. Für die sichtbare Materiedichte wurde ein Wert $\Omega_{\text{sichtbar}} \approx 0{,}007$ gefunden. Er liegt also weit unterhalb der kritischen Dichte, und man könnte den Schluss ziehen, dass das Universum sich immer weiter ausdehnen wird.

Dies ist aber nicht das Ende der Geschichte. Die Betrachtung von Spiralgalaxien gibt den unmittelbaren Eindruck, dass sie sich drehen, und dies konnte in der Tat durch Beobachtungen bestätigt werden. Rechnungen zeigen, dass die dabei auftretende Zentrifugalkraft die Galaxien längst hätte auseinandertreiben müssen, da die sichtbaren Massen nicht für genügend Anziehung sorgen. Die genaueren Untersuchungen liessen keinen anderen Schluss zu, als dass die Galaxien durch unsichtbare Materie beisammen gehalten werden. Man kann abschätzen, dass die gesamte in solchen Galaxie-Halos vorhandene *dunkle Materie* den Dichtewert $\Omega_{\text{Halo}} \approx 0,007$ besitzt. Es gibt also etwa genausoviel dunkle, unsichtbare Materie wie strahlende. Aber auch diese Materie genügt nicht, um die stetige Expansion des Weltalls zu stoppen. Geht man von den Galaxien zu noch grösseren Strukturen über, so trifft man auf Haufen von Galaxien. Studiert man deren Bewegungen, dann stellt sich heraus, dass die sichtbare und die dunkle Materie in den Halos der Galaxienhaufen nicht ausreicht, um die Galaxienhaufen beisammen zu halten. Um ihre Stabilität zu garantieren, benötigt man auch hier dunkle Materie mit $\Omega_{\text{Haufen}} \approx 0,1$ bis 0,3. Galaxienhaufen sind nicht die grössten bekannten Strukturen im Kosmos. Es gibt Superhaufen, die «grosse Mauer» (eine Struktur mit einer Ausdehnung von etwa 500 Millionen Lichtjahren), und die neuesten von dem eigens zur Messung der kosmischen Hintergrundstrahlung gestarteten Satelliten COBE erhaltenen Messungen weisen auf Superstrukturen hin, die noch etwa 3mal grösser sind [Riordan und Schramm 1991, Börner 1992].

Man hat Hinweise dafür, dass auch diese Strukturen dunkle Materie enthalten. Wenn diese Untersuchungen auch erst in ihren Anfängen stecken, so scheint doch vieles darauf hinzudeuten, dass unser Universum sich in der Nähe des Grenzfalles der asymptotischen Expansion befindet. Dies ist sehr erstaunlich, denn es gibt zunächst keinerlei physikalische oder kosmologische Gründe, weshalb der Wert für Ω nahe bei 1 liegen sollte. Er hätte 1 Million mal grösser oder kleiner sein können. Die Tatsache, dass der Kosmos nahe bei dem Grenzfall liegt, wirft die Frage auf, ob dies ein reiner Zufall ist oder ob eine tiefere Bedeutung dahintersteckt.

Zunächst wollen wir aber fragen, woraus die dunkle Materie bestehen könnte. Hierbei kommt die Elementarteilchenphysik wieder voll ins Spiel. Die naheliegendste Vermutung wäre, dass die dunkle Materie aus dem gleichen Stoff wie die Erde und wir besteht. Dies ist aber nicht so, was sich mit folgender Argumentation zeigen lässt. Man kann die gesamte Menge der aus normalen Teilchen entstandenen Materie, die sich später in leuchtende und dunkle trennte, abschätzen. Das Standardmodell des Kosmos besagt nämlich, dass die Häufigkeit des ursprünglich gebildeten Heliums (und der anderen leichten Atomkerne) durch die gesuchte Materiedichte, die Temperatur, die zu jener Zeit herrschte, und die Zahl der Neutrinosorten bestimmt wurde. Die Temperatur lässt sich nach den thermodynamischen Grundgesetzen berechnen. Die Zahl der Teilchensorten war bis vor kurzem nicht genau bekannt, aber die LEP-Experimente ergaben, dass es nur drei Neutrinosorten gibt. Damit kann nun erstmals die «normale» Materiedichte eindeutig aus der beobachteten Häufigkeit der leichten Atomkerne berechnet werden, und man erhält die Abschätzung $\Omega_{normal} \leq 0{,}11$.[7]

Dies ist nun ein äusserst bedeutsames Resultat: Nur ungefähr 10% der Materie im Weltall besteht aus der uns bekannten Materie, während der grösste Teil aus einer unbekannten Materieart zusammengesetzt ist [Steigman 1990]. Dies kommt einer zweiten kopernikanischen Wende nahe, denn danach würde unsere Materie, aus der die Erde, die Sonne und wir selbst bestehen, einen exotischen Sonderfall darstellen. Der Mensch steht also weder im Mittelpunkt des Kosmos, noch ist der Stoff, aus dem er besteht, typisch für das Weltall.

Woraus könnte die dunkle Materie bestehen? Hier muss die Elementarteilchenphysik weiterhelfen. Es wurden verschiedene Teilchensorten als mögliche Kandidaten vorgeschlagen [Raffelt 1991]. Es könnte sich um die von den SUSY-Theorien geforderten zusätzlichen Teilchen handeln, die bisher aber nicht nachgewiesen werden konnten. Sie und andere schwere Teilchen, die sich langsam bewegen, werden als *kalte dunkle Materie* bezeichnet. Es könnte aber auch eine der Neutrinoarten eine von Null verschiedene Masse besitzen, wobei schon eine Masse von etwa 4/100 000 der Elektronenmasse genügen würde, um die dunkle Materie zu erklären. Da Teilchen mit einer so kleinen Masse sich praktisch mit Lichtgeschwindigkeit bewegen, spricht man in diesem Fall von *heisser dunkler Materie*. Der beste Kandidat ist gegenwärtig das Tau-Neutrino, dessen Masse bis jetzt nicht genau bekannt ist. Es ist interessant, dass damit die Antwort auf die obige kosmologische Frage durch Experimente im Labor gegeben werden kann.

Weitere offene Fragen beim kosmologischen Standardmodell

Ausser den genannten Problemen (Wie kam es zum Urknall? Weshalb liegt die Materiedichte des Kosmos so nahe bei der kritischen Dichte? Woraus besteht die dunkle Materie?) lässt das Urknallmodell einige weitere fundamentale Fragen offen, so etwa:

– Warum ist die Materieverteilung im Kosmos über grosse Entfernungen gemittelt so homogen (Homogenitäts- oder Horizont-Problem)? Inhomogenitäten in der Materieverteilung müssten sich in einer Inhomogenität der Hintergrundstrahlung bemerkbar machen. Durch viele Messungen, insbesondere aber durch die Ergebnisse des COBE-Satelliten, wurde festgestellt, dass die Temperatur der aus verschiedenen Richtungen einfallenden Strahlung innerhalb einer Genauigkeit von einem Zehntel Prozent die gleiche Temperatur (2,735 °K) besitzt. Wie ist es möglich, dass Raumgebiete, die sehr weit auseinanderliegen und keinen kausalen Zusammenhang haben können, voneinander «wissen» und die gleiche Temperatur annehmen?
– Wie können aus einer anfänglich homogen verteilten Materie Strukturen (Galaxien und Galaxienhaufen, Sterne, Planeten usw.) entstehen?

Es zeigte sich nämlich, dass sich durch die Gravitation nur dann Masseklumpen bilden können, wenn von Anfang an kleine Inhomogenitäten in der Massenverteilung vorhanden sind. Inhomogenitäten, die zu Strukturen aller Grössenordnungen führen, wurden ad hoc vorgeschlagen (Harrison-Zeldovitsch-Verteilung [Zeldovich und Novikov 1983]). Solche Dichteschwankungen sollten sich jedoch in der Hintergrundstrahlung bemerkbar machen, die aber mit den ersten Messungen des COBE-Satelliten nicht nachgewiesen werden konnten. Ihre Abwesenheit wurde zunächst sogar als Argument gegen das gleich zu besprechende inflationäre Modell vorgebracht.

Die Nachricht schlug daher wie eine Bombe ein, als im April 1992 verbesserte Messungen von COBE [Wright et al. 1992] bekannt wurden, die zeigten, dass es doch kleine Inhomogenitäten in der Hintergrundstrahlung gibt. Die gemessenen mittleren Temperaturunterschiede betragen nur (30 ± 5) Mikrograd. Sie liegen in der erwarteten Grössenordnung und stimmen ausgezeichnet mit den Erwartungen aus der Harrison-Zeldovitsch-Verteilung überein. Da diese Fluktuationen der Massendichte etwa 10^{-35} Sekunden nach dem Urknall auftraten, liefern die COBE-Messungen die früheste experimentelle Information aus der Geschichte des Kosmos. Die Messungen sind auch sehr gut verträglich mit der Annahme dunkler Materie, wobei bei der gegenwärtig erreichten Messgenauigkeit noch verschiedene Modelle akzeptabel sind. Diese und einige weitere Beobachtungen können durch das klassische Urknallmodell nicht erklärt werden.

Der inflationäre Kosmos

Ein erstaunlicher Durchbruch gelang in der letzten Dekade, als durch die Theorie des *inflationären Universums* eine Antwort auf die genannten Probleme und einige weitere, hier nicht besprochene Fragen wenigstens im Prinzip gegeben werden konnte [Guth 1981, Linde 1987]. Die Grundlage der neuen Betrachtungsweise besteht darin, dass auf das früheste Stadium des Kosmos wegen seiner Kleinheit die für den Mikrokosmos entwickelte Quantentheorie angewandt werden muss [Halliwell 1991]. Insbesondere wird der für die Symmetriebrechung bei der Vereinigung der Kräfte erfundene Begriff eines Higgs-Feldes in die Kosmologie eingeführt. Hier zeigen sich wohl am deutlichsten die engen Zusammenhänge zwischen Elementarteilchenphysik und Kosmologie, insbesondere was die Übertragung der Begriffe von einem Gebiet auf das andere angeht.

Auf die verschiedenen Versionen der Theorie des inflationären Kosmos kann hier nicht eingegangen werden, und wir müssen uns auf die wesentlichen Gedankengänge beschränken. Am Anfang, also noch vor dem Urknall, soll ein «wahres Vakuum» existiert haben, das weder Energie noch Materie enthielt, in dem es aber ein Higgs-Feld gibt. In diesem Vakuum können nach den Regeln der Quantenmechanik Fluktuationen auftreten, die zu einem bestimmten Augenblick und an einem bestimmten Ort im Raum zu einer Überhitzung und damit zu einer Instabilität des Vakuums führen («falsches Vakuum»). Als Folge dieser Instabilität dehnt sich der Raum von anfangs winzigen Dimensionen mit einer unvorstellbaren Geschwindigkeit aus und erreicht innerhalb von 10^{-35} Sekunden die Grössenordnung von Metern. Diese Expansion ist unvergleichlich viel schneller als die im klassischen Urknallmodell angenommene (daher der Name «inflationäre Expansion»). Sie verstärkt die ursprüngliche lokale Überhitzung, die schliesslich an die Stelle des Urknalls tritt. Nach 10^{-35} Sekunden läuft dann alles so ab, wie es im klassischen Urknallmodell vorgesehen ist. Durch diese Theorie

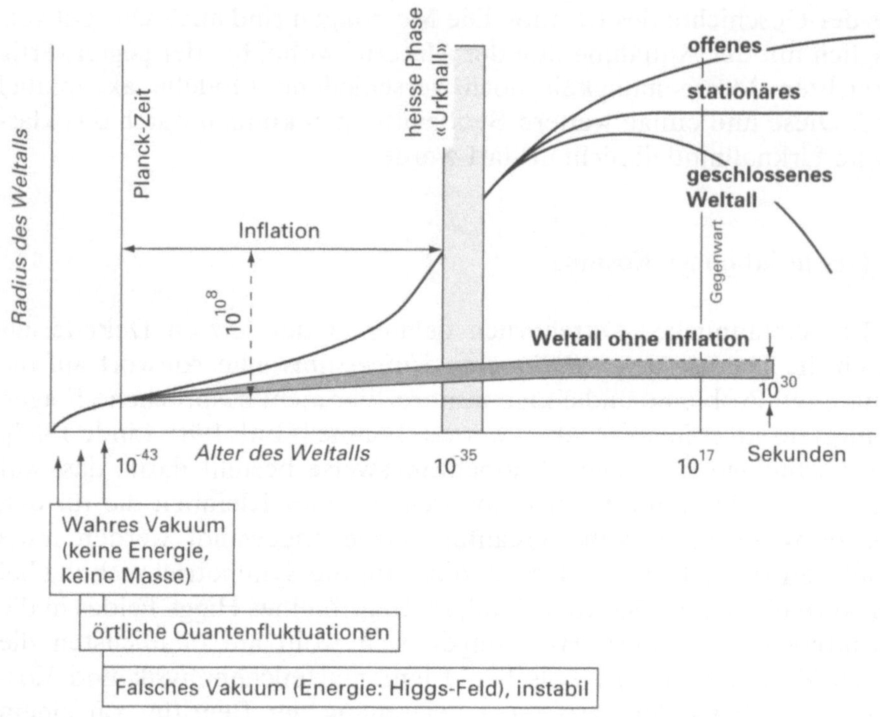

Fig. 6.
Die Ausdehnung des Weltalls im Verlaufe der Zeit für verschiedene kosmologische Modelle.

wird der eigentliche Urknall mit seiner unschönen Singularität beseitigt, und durch die ungeheuer schnelle Expansion wird eine «Glättung» des Raumes erreicht, die sowohl die Homogenität der Massenverteilung als auch die asymptotische Expansion des Kosmos erklärt (Fig. 6).

Ist unser Universum einzigartig?

Das inflationäre Weltallmodell führt zu Konsequenzen, die in die Philosophie reichen. Im Gegensatz zum klassischen Urknall, der ein singuläres Ereignis war, mit dem Raum und Zeit erschaffen wurden, kann die inflationäre Überhitzung zu verschiedenen Zeiten und an verschiedenen Orten stattfinden. Es ist also möglich, dass es neben unserem Kosmos andere, allerdings nicht beobachtbare gibt, die sich in früheren oder späteren Entwicklungsstadien befinden. In Spekulationen, die allerdings den gesicherten Boden der experimentellen Beweisbarkeit verlassen, spricht man von einem *Blasenuniversum*, in dem sich wie in einer kochenden Flüssigkeit verschiedene Blasen entwickeln, die sich ausdehnen, platzen oder schrumpfen [Riordan und Schramm 1991]. Dieses Bild eröffnet völlig neue Perspektiven über den Anfang und das Ende des Universums. Das Entstehen und Vergehen von Blasen kann seit allen Zeiten und in alle Zukunft vonstatten gehen; ein in Raum und Zeit festgelegter Anfang, ein Schöpfungsakt, ist nicht erforderlich.

Eine fundamentale Frage, die offen bleibt, betrifft die Einzigartigkeit unseres Kosmos. Ist es möglich, dass in anderen Kosmen andere Naturgesetze gelten als bei uns? Unsere Naturgesetze sind bestimmt durch die Art der Symmetrien und ihrer Brechungen. Diese könnten in anderen «Blasen» durchaus verschieden von unseren sein. Wäre es vorstellbar, dass auch unsere Naturgesetze eine andere Gestalt haben könnten? Es wurde häufig darauf hingewiesen, dass auch nur kleinste Änderungen in den Gesetzen oder den Naturkonstanten die Entwicklung organischen Lebens verhindert hätten. Ist demzufolge die klassische Haltung, dass dem Menschen keinerlei Rolle bei der Beobachtung und Erklärung der Natur zukommt, sondern dass er nur objektiver Beobachter ist, falsch, und muss sie ersetzt werden durch ein subjektivistisches Erklärungsmuster, das unter der Bezeichnung *Anthropisches Prinzip* [Barrow und Tipler 1986] bekannt wurde und das davon ausgeht, dass kausale Beziehungen zwischen den inneren Eigenschaften des Menschen und den Naturgesetzen bestehen? In den Kontroversen über das Anthropische Prinzip herrscht zum Teil deshalb Verwirrung, weil es ganz verschiedene Formulierungen gibt [Kanitscheider 1989], auf die aber nicht weiter eingegangen werden kann.

Die Verbindung unserer Kenntnisse über den Mikro- und Makrokosmos liefert uns ein – allerdings noch etwas verschwommenes – Bild von der Einheit der Natur. Das Ergebnis beruht nicht, wie manchmal fälschlicherweise behauptet wird, auf reinem Reduktionismus, abgeleitet von quantitativen «geistlosen» Messungen. Unkonventionelle Ideen, neue Paradigmen, d.h. qualitativ Neues musste entwickelt werden. Konrad Lorenz sprach einmal in einem Vortrag davon, dass das neue Denken der Physik ein Antrieb der Evolution sein könnte, die ja nicht mehr nur auf Stillen des Hungers oder der Fortpflanzung basieren kann. Lassen Sie mich abschliessend noch einmal betonen, dass es heute wohl keinen Physiker mehr gibt, der glaubt, die gesamte Realität könne durch die Naturwissenschaften allein erfasst werden. Die Physik kann mit ihrer Methodik, so wie sie am Anfang dieses Beitrags beschrieben wurde, nur eine Projektion der Wirklichkeit darstellen, neben vielen anderen Projektionen wie Kunst, Philosophie, Religion. Nur alle Projektionen vereint könnten uns eine Ahnung vom Ganzen vermitteln. In diesem Sinne gehört die Erforschung des unendlich Kleinen und des unvorstellbar Grossen zu den edelsten Tätigkeiten des Menschen und ist Teil seiner Kultur.

Anmerkungen

1   Die Invarianz der Naturgesetze gegenüber der Standortwahl, der Drehung des Beobachtungssystems und der Wahl des Zeitnullpunktes bei einer Beobachtung hat weitreichende Konsequenzen. Sie impliziert die Erhaltungssätze für Impuls, Drehimpuls und Energie.

2   Hier soll nur von der Speziellen Relativitätstheorie gesprochen werden, die sich mit Vorgängen bei Geschwindigkeiten nahe der Lichtgeschwindigkeit befasst; sie ist zu unterscheiden von der Allgemeinen Relativitätstheorie, die die Wirkung der Schwerkraft auf die Struktur von Raum und Zeit zurückzuführen versucht.

3   Auch hier wurde ein Name eingeführt, der bei Nichtphysikern zu Missverständnissen führen kann. Bei chaotischen Systemen handelt es sich keineswegs um völlig ungeordnete, der rationalen Untersuchung nicht zugängliche Systeme. Zu ihrer Beschreibung werden allerdings nicht-lineare Gleichungen benötigt. Wegen ihrer leichteren Handhabung hat sich die Physik seit Galilei vorwiegend mit linearen Gleichungen befasst, so dass das neuerliche Interesse an nicht-linearen Systemen einen neuen, faszinierenden Bereich der Forschung eröffnet hat, dessen Untersuchung aber den rationalen Spielregeln der Physik voll unterworfen ist.

4   LEP (Large Electron Positron Collider) wurde in den 80er Jahren beim CERN in Genf gebaut und ist mit seinen 27 km Umfang das grösste Forschungsinstrument, das je realisiert wurde. In einer Vakuumröhre kreisen, von Magnetfeldern geführt, Elektronen und Positronen im entgegengesetzten Umlaufsinn. An vier Stellen treffen sie aufeinander, und vier Arbeitsgruppen, an denen 1200 Physiker aus aller Welt beteiligt sind, beobachten die dabei ablaufenden Vorgänge. Die Eigenschaften des Speicherrings und der Detektoren erlauben es, eine bis dahin nicht erzielte Präzision der Resultate zu erreichen. Für weitere Angaben siehe [Schopper 1990].

5   Das Top-Quark konnte erst kürzlich am TEVATRON-Protonbeschleuniger in den USA entdeckt werden [CDF collaboration, DO collaboration 1995]. Aus den LEP-Ergebnissen konnte seine Masse zwar indirekt bestimmt werden, aber die Energie reichte nicht aus, um das Top-Quark, das etwa 135mal schwerer als ein Proton ist, zu erzeugen. Für weitere Angaben hierzu siehe [Grassman et al. 1995].

6 Die schweren Elemente (Kohlenstoff, Sauerstoff, Metalle etc.), die die Grundlage für das organische Leben bilden, wurden erst in einem viel späteren Stadium des kosmischen Geschehens mit einer Häufigkeit von nur etwa 1% erzeugt.

7 «Normal» bedeutet, dass es sich um Materie handelt, die aus Protonen und Neutronen besteht. Man spricht auch von «baryonischer» Materie. Es lässt sich nur ein oberer Grenzwert angeben, da zu späteren Zeiten zusätzliche leichte Elemente entstanden sein können.

Literaturverzeichnis

U. Amaldi et al.: Comparison of grand unified theories with electroweak and strong coupling constants measured at LEP, *Physics Letters B* **260** (1991), 447–455.

J. D. Barrow und F. J. Tipler: *The Anthropic Cosmological Principle.* Clarendon Press 1986.

W. de Boer und J. H. Kühn: Supersymmetrie am Horizont? *Physikalische Blätter* **47** (1991), 995–997.

G. Börner: Die grossräumige Struktur der Galaxienverteilung. *Nova Acta Leopoldina* NF **67** (1992), Nr. 281, 121–136.

H. Fritzsch: *Quarks – Urstoff unserer Welt.* Piper 1981.

H. Fritzsch: *Vom Urknall zum Zerfall. Die Welt zwischen Anfang und Ende.* Piper 1983.

H. Grassman et al.: Der erfolgreiche Nachweis des Top-Quarks. *Physikalische Blätter* **51** (1995), 516–517.

A. H. Guth: Inflationary universe: A possible solution to the horizon and flatness problems. *Physical Review D* **23** (1981), 347–356.

J. J. Halliwell: Quantum cosmology and the creation of the universe. *Scientific American*, Dezember 1991, 28–35.

B. Kanitscheider: Das Anthropische Prinzip – ein neues Erklärungsschema der Physik? *Physikalische Blätter* **45** (1989), 471–476.

A. D. Linde: Particle physics and inflationary cosmology. *Physics Today*, September 1987, 61–68.

A. D. Linde: *Particle Physics and Inflationary Cosmology.* Contemporary Concepts in Physics, vol. 5. Harwood Academic Publishers 1990.

G. G. Raffelt: *Dark matter candidates and methods of detecting them.* MPI für Physik, München MPI-PAE/PTh 21/91, April 1991.

G. G. Raffelt: *Stars as Laboratories for Fundamental Physics: The Astrophysics of Neutrinos, Axions, and Other Weakly Interacting Particles.* University of Chicago Press 1996.

M. Riordan und D. N. Schramm: *The Shadows of Creation: Dark Matter and the Structure of the Universe.* W. H. Freeman 1991.

H. Schopper: *Materie und Antimaterie. Teilchenbeschleuniger und der Vorstoss zum unendlich Kleinen.* Piper 1989.

H. Schopper: Construction, operation and first results of LEP. In: J. Kaczér (ed.), *Proceedings of the 8th General Conference of the European Physical Society.* Amsterdam, September 4–6, 1990. 203–225.

H. Schopper: Die Einheit von Mikro- und Makrokosmos. *Physikalische Blätter* **47** (1991), 43–46.

H. Schopper: Die Ernte nach einem Jahr LEP-Betrieb. *Physikalische Blätter* **47** (1991), 907–913.

G. Steigman: The abundances of deuterium, helium and lithium test and constrain the standard model of cosmology. In: K. Sato und J. Audouze (eds.), *Primordial Nucleo-synthesis and Evolution of Early Universe*. Proceedings of the International Conference on «Primordial Nucleosynthesis and Evolution of Early Universe» held in Tokyo, Japan, September 4–8, 1990. 3–21.

E. L. Wright et al.: Interpretation of the cosmic microwave background radiation anisotropy detected by the COBE Differential Microwave Radiometer. *Astrophysical Journal Letters* **396** (1992), no. 1, pt. 2, L13–18. Siehe auch *Physics Today*, June 1992, 17–20.

Ya. B. Zeldovich und I. D. Novikov: *Relativistic Astrophysics*, Vol. 2: *The Structure and Evolution of the Universe*. University of Chicago Press, 1983.

Qualitas und Quantitas und die beiden Hirnhälften

Konrad Akert

Diese Themenstellung mag vom Verdacht auf Reduktionismus nicht ganz frei sein. Davon möchte ich mich jedoch gänzlich distanzieren. Wenn es also weiter unten etwa heisst: die linke Hemisphäre «denkt» oder «handelt», dann setze ich voraus, dass Hirnstrukturen eine notwendige, aber nicht unbedingt ausreichende Grundlage für psychische Vorgänge bilden. Ein zweites: Ich fühle mich unter erheblichem Erwartungsdruck, der klassischen Dichotomie «Qualitas-Quantitas» in Wahrnehmung und Denken eine ebenso prägnante und eindeutige Zweiteilung der cerebralen Hemisphärendominanz gegenüberstellen zu müssen. Diesem möchte ich nur so wenig wie möglich nachgeben.

Entdeckung der Asymmetrie

Allgemein anerkannt ist heute die Tatsache, dass die paarig angelegten Hemisphären sowohl strukturelle als auch funktionelle Asymmetrien aufweisen. Ausgeprägte Gehirnasymmetrien sind ein Merkmal der Menschenaffen und des Menschen. Seit Urzeiten kennt man die Rechts- bzw. Linkshändigkeit. Bereits der Australopithecus hat mehrheitlich die rechte Hand benützt, um Pavianen den Schädel einzuschlagen, und in den Felsmalereien der Cro-Magnon-Zeit vor 30–50 000 Jahren deutet die konsequente Abbildung der linken Hand darauf hin, dass zum Zeichnen vorwiegend die rechte Hand benützt wurde. Eine der ersten schriftlichen Überlieferungen über die Sonderstellung linkshändiger Krieger verdanken wir dem Alten Testament (Buch der Richter 20, 15–16). Seit der Barockmedizin weiss man von Autopsiebefunden an Hemiplegikern – nicht zuletzt durch den berühmten Schaffhauser Arzt Johann Jacob Wepfer (1620–1695) –, dass zwischen Körper- und Gehirnhälften eine gekreuzte Relation besteht, also bei Rechtshändern die linke Hirnhälfte das oberste Kontrollorgan der Hand beinhaltet und umgekehrt. Trotz derartigen Wissens blieb man aber noch lange Zeit der Ansicht, dass die beiden Hemisphären funktionell gleichwertige Gebilde seien. Die Entdeckung der Sprachdominanz der linken Hemisphäre gelang erstmals dem französischen Landarzt Marc Dax (1836). Obgleich von der Medizinischen Gesellschaft zu Montpellier veröffentlicht, blieb seine Beobachtung längere Zeit unbeachtet. Erst Paul Broca (1861) und Carl Wernicke (1874) erregten durch ihre Wiederentdeckung der linksseitigen Sprachzentren die Aufmerksamkeit der medizinischen Welt. Auch der 35jährige Sigmund Freud beschäftigte sich damit und schrieb ein Buch über Aphasie (1891), das er für seine beste neurologische Leistung hielt. Da Patienten mit linksseitigen Lähmungen, d.h. Läsionen der rechten Hemisphäre, kaum nennenswerte Sprachstörungen aufwiesen, entstand das ominöse Bild der Linksdominanz bei den Grosshirnhemisphären. Die Bedeutung der rechten Hirnhälfte trat deutlich in den Hintergrund und blieb fortan auch wissenschaftlich stark vernachlässigt.

Die ersten verlässlichen Anzeichen dafür, dass auch die rechte Hemisphäre spezifische Kompetenzen aufweist, verdanken wir wiederum der klinischen Neurologie und Neuropathologie, und zwar vor allem in der Zeit nach den beiden Weltkriegen durch Untersuchungen bei Hirnverletzten (Kleist 1934, Hécaen 1978, Luria 1980). Es zeigte sich, dass zwar die Sprache bei Rechtsgeschädigten in den meisten Fällen weitgehend erhalten blieb, dass aber Schwierigkeiten in der Wahrnehmung (Hemiagnosien) vor allem im räumlich-visuellen Bereich auftraten, die von der Gegenseite nicht kompensiert werden konnten. Ein eifriger Wettstreit um die rechte, sogenannte nicht-dominante Hemisphäre setzte nun ein. Er wurde durch leistungsfähige, z. T. quantifizierende Untersuchungsmethoden überaus spannend. Eine bahnbrechende Rolle spielten die Forschungsarbeiten von Roger Sperry (1974) und seinen Mitarbeitern in Pasadena. Erstmals konnte durch ihn die Bedeutung der interhemisphärischen Verbindungen via Balken (*Corpus callosum* mit um die 200 Millionen Nervenfasern der umfangreichste Verbindungsstrang des menschlichen Gehirns) aufgeklärt werden. Diese Entdeckung führte zu den sogenannten Hirnspaltoperationen, zuerst im Tierversuch und anschliessend bei Patienten zur Eindämmung therapieresistenter epileptischer Anfälle. Sperry entwickelte mit Hilfe seiner Mitarbeiter scharfsinnige psychologische Tests unter Verwendung der lateralisierten Reizeingabe, um die funk-

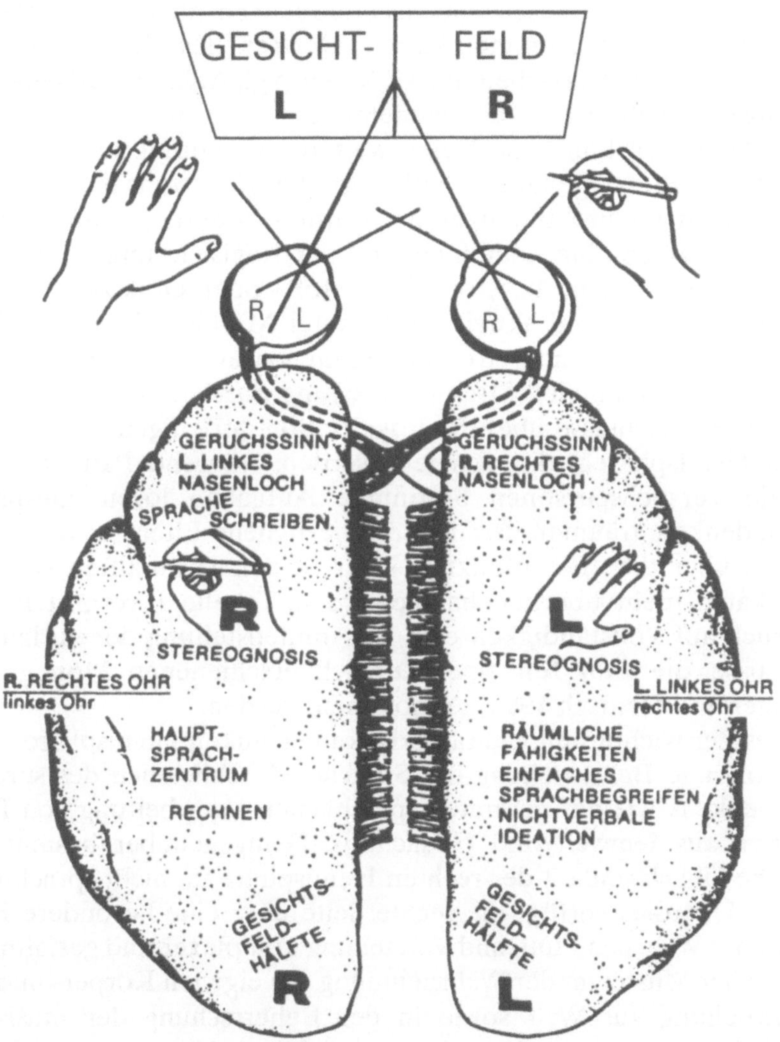

Abb. 1
Lateralisierte Reizeingabe nach Durchtrennung des *Corpus callosum* nach Sperry 1974 und Eccles 1975. Das Schema zeigt, wie aufgrund der partiellen Kreuzung der Sehnerven das linke Gesichtsfeld auf die rechte Sehrinde – und das rechte auf die linke – projiziert wird. Die anderen sensorischen Eingänge erreichen ebenfalls die gegenüberliegende Hemisphäre. Beachte die Lateralisierung der Sprache, des Schreibens und Rechnens auf die linke, und der räumlichen Fähigkeiten auf die rechte Seite. Zu den funktionellen Unterschieden der beiden Hirnhälften aufgrund klinischer und experimenteller Befunde vgl. Tabelle 1.

tionellen Beiträge der getrennt arbeitenden Hirnhälften im Bereich von Wahrnehmung, Kommunikation, Denken, Handeln, Emotionen und Gedächtnis herausarbeiten zu können (vgl. Abb. 1). Für seine Entdeckungen erhielt er 1981 den Nobelpreis.

In letzter Zeit kam eine Reihe weiterer Verfahren auf, mit denen eine überraschend genaue lokalisatorische Funktionsdiagnostik am menschlichen Gehirn durchgeführt werden konnte. Gemeint ist die Computertomographie kombiniert mit der Registrierung der regionalen Hirndurchblutung, bzw. des Sauerstoff- oder Glukoseverbrauchs der Hirnzellen, anhand aktivitätsrelevanter Markiersubstanzen. Diese Methoden können schmerzfrei und im Gegensatz zur Röntgentechnik mit einer nur minimalen Strahlenbelastung durchgeführt werden. Sie erlauben Rückschlüsse über die Lokalisation derjenigen Hirnzellen in beiden Hemisphären, die aktiviert werden, während Patienten oder normale Versuchspersonen bestimmte Aufgaben lösen, Gespräche führen, denken, träumen usw. Die diesbezügliche Literatur der letzten 20 Jahre über die «Eigenfunktion» der beiden Hirnhälften ist inzwischen kaum mehr überblickbar geworden. Tabelle 1 vermittelt ohne Anspruch auf Vollständigkeit eine Zusammenstellung der vorläufigen Ergebnisse, die zum Teil einer kürzlich erschienenen Monographie (Springer und Deutsch 1993) entnommen wurden.

Eines der wichtigsten Charakteristika der linken Hemisphäre ist die monopolartige Beherrschung der Sprache, einschliesslich des sprachlichen Denkens wie der gesamten sprachlichen Verarbeitung von Informationen aus Umwelt und Gedächtnis. Demgegenüber besteht eine deutliche Überlegenheit der rechten Hemisphäre im nicht-sprachlichen Bereich. Überdies verfügt die rechte Seite über eine besondere Begabung in der Wahrnehmung und Vorstellung komplexer und gestaltmässiger visueller Muster, in der Wahrnehmung des eigenen Körpers und dessen Beziehung zur Welt sowie in der Beherrschung der musischen Sphäre. Insgesamt erscheinen die beiden Hirnhälften wie zwei Individuen mit verschiedenen Möglichkeiten, sich eine Wirklichkeit aufzubauen (Levy 1988).

Eine solche Gegenüberstellung der hemisphärischen Spezialisierungen hat den Nachteil jeder didaktischen Vereinfachung. Zunächst ist die Lateralisierung kein Alles-oder-Nichts-Phänomen, sondern ein *Kontinuum*. In Wirklichkeit gibt es deshalb beträchtliche individuelle Unterschiede in der Lateralisation, die durch Erbanlagen und postnatale Reifungs- und Lernprozesse zustandekommen und das menschliche Gehirn als buntes Mosaik rechts- und linkshemisphärischer Funktions-

Tabelle 1: Funktionelle Unterschiede der beiden Hirnhälften aufgrund klinischer und experimenteller Befunde aus der neueren Literatur.*

(*Fälle mit Rechts-Sprachdominanz kombiniert mit Linkshändigkeit sind nicht berücksichtigt.)

Linke Hemisphäre	Rechte Hemisphäre
1. Fundamentale Dominanzen	
– Sprache bei 95% Rechts- und 70% Linkshändern	– Paralinguistische Kommunikation
– Händigkeit rechts bei 85–90%	– Händigkeit links bei 10–15%
– Zeitliches Auflösungsvermögen in Wahrnehmung und Handlung	– Räumlich-visuelle Wahrnehmungs- und Handlungsprädisposition
2. Kommunikation	
Verbale Kommunikation:	Nichtverbale Kommunikation:
– Phonetik, Syntax	– Gestik, Mimik
– Wort- und Satzverständnis	– Emotionale Intonation der Sprache
– Schreiben	– Sinn für Humor
– Lesen (auch Musiknoten)	– Verständnis für Metaphern
– Verbales Gedächtnis und Lernen	– Prosodische Sprachkomponente
– Versmass, Reime, Anagramme	
3. Wahrnehmung und Vorstellung	
– Verbale Umsetzung	– Nicht-verbale Umsetzung
– Einzelmerkmale	– Gestaltanalyse, komplexe Muster
– Zeitwahrnehmung (Dauer, Sequenzen)	– Raumwahrnehmung, Pfade finden
– Fingererkennung	– Körperschema, Gesichter erkennen
– Links-Rechtsidentifikation	– Objekte aus ungewöhnlicher Perspektive erkennen und nachbilden
– Bildsequenzen	– Topographische Karten lesen
– Farbbenennung	– Musikalität
– Tonrhythmen	
4. Emotionalität	
– Analyse und Verbalisierung emotionaler Äusserungen	– Unreflektierte emotionale Äusserungen (nichtverbal)
– Reflektierte Bewertung und Zensurierung emotionaler Reaktionen, z.B. im sozialen Kontext	– Bewertung nicht-verbalisierter emotionaler Wahrnehmungen
– Tendenz euphorisch, kontemplativ	– Tendenz dysphorisch, impulsiv
– Sympathie	– Antipathie

Tabelle 1 (Fortsetzung)

Linke Hemisphäre	Rechte Hemisphäre
5. Denkstil	
– verbal	– nichtverbal
– analytisch	– synthetisch
– logisch, kausal, deduktiv	– intuitiv, induktiv
– realistisch	– phantasievoll, kreativ
– funktionell	– morphologisch
– quantitativ (?)	– qualitativ (?)
– in Zeitbegriffen (Vergangenheit, Zukunft)	– in Raumbegriffen (Umsetzung von Zeit in Raum)
– Umgang mit Zahlen und Zahlenreihen	– Transformation geometrischer Gebilde
	– Intuitives Begreifen mathematischer Probleme
6. Motorik und Handeln	
– Motorische Sequenzen	– Schwierige Manipulationen (z.B. Kleider anziehen, sich selbst und anderen)
– Handeln nach verbalen Vorstellungen und Programmen	– Lösen schwieriger Probleme durch Zeichnen und Konstruieren
– Zeitliche Ordnung beim Planen und Handeln	– Emotionale Ausdrucksmotorik
7. Bewusstsein	
– Verbindung zum Bewusstsein	– Beziehung zum «Unbewussten» (?)
– Verbal vermitteltes Sich-Durchsetzen	– Wertsetzende Lenkung der Aufmerksamkeit
– Lenkung der Aufmerksamkeit	

bezirke erscheinen lassen. Dazu kommen Unterschiede zwischen den Geschlechtern sowie zwischen Rechts- und Linkshändern, die teilweise ebenfalls variieren können. So gibt es Hinweise, dass Frauen und Linkshänder weniger lateralisiert sind als Männer und Rechtshänder; aber auch hier sind in der Regel die interindividuellen Unterschiede grösser als diejenigen zwischen den genannten Gruppen. Der Versuch, Kulturen und Gesellschaften in «links- bzw. rechtshemisphärische» einzuteilen, erscheint unter diesem Aspekt als unzulässig, insbesondere wenn Wertungen damit verbunden werden. Deshalb muss z.B. vor einer übergewichtigen Umstellung von Schulprogrammen zur Förderung der im

Westen angeblich «vernachlässigten» rechten Hemisphäre gewarnt werden. Solche Massnahmen wären nur auf individueller Basis angezeigt.

Wettstreit und Komplementarität

Mindestens ebenso wichtig wie die Gegensätzlichkeit der Kompetenzen der beiden Hirnhälften ist deren Komplementarität. Die Stärke der einen Seite kann sich angesichts der Schwäche der andern vermehrt Geltung verschaffen, weil die *Konkurrenz* wegfällt. Statt dessen können sich beide Hemisphären gemeinsam an der Lösung von Problemen beteiligen, sofern dazu je verschiedenartige Ansätze der Informationsverarbeitung vorhanden sind. Je weniger lateralisiert ein Gehirn ist, desto mehr steigt die Gefahr von interhemisphärischem Wettstreit, d.h. von gegenseitiger Hemmung oder dem «Dreinreden». Es gibt Anhaltspunkte, aber bisher keine stichhaltigen Beweise dafür, dass solche Situationen z.B. bei Sprachstörungen und vielleicht auch bei gewissen Geisteskrankheiten vorliegen könnten. Schwache Lateralisation kann aber auch erhöhte Kapazität und höhere Fähigkeiten bedeuten. Darauf kann hier nicht näher eingegangen werden. Wichtig in unserem Zusammenhang ist vor allem die Frage, wie die interhemisphärische *Kooperation* zustande kommt. Wer gibt die Einsätze? Sitzt gewissermassen ein «Homunkulus» rittlings auf dem Balken (Levy 1988), der die Prioritäten setzt? Wir wissen es nicht. Sicher spielt das *Corpus callosum* eine eminent wichtige Rolle; es handelt sich dabei aber nur um einen Übertragungskanal, nicht um die übergeordnete Befehlsinstanz. Da man bisher kein entsprechendes «Metazentrum» finden konnte, sucht man nach anderen Modellen. Eine einleuchtende Hypothese lautet, dass die beiden Hemisphären während der Hirnreifeperiode «antiautoritativ» lernen, der für die gegebene Situation geeigneteren Hirnhälfte den «Vortritt» zu gewähren. Beim wechselnden Einsatz funktionsspezifischer Areale könnten nach Singer (siehe Engel et al. 1991) auch bestimmte Hirnstromrhythmen eine Rolle als koordinierende Schrittmacher oder Trägerfrequenzen übernehmen, entweder direkt, d.h. von der Reizkonstellation ausgehend, oder indirekt von bestimmten Hirnstammzentren aus, welche mit dem limbischen Motivationssystem in Verbindung stehen und zu beiden Hemisphären Zugang haben.

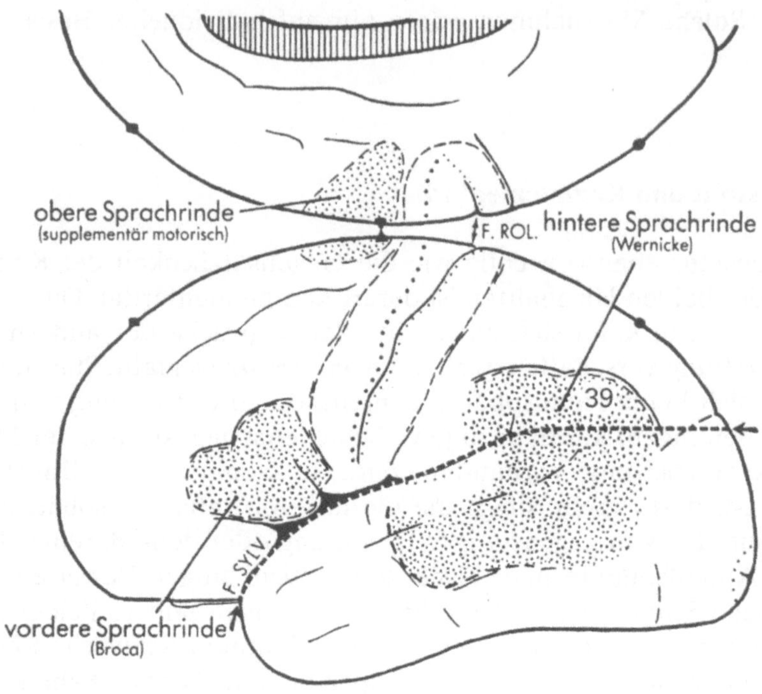

Abb. 2
Lokalisation der Sprachgebiete im Bereich der linken Hemisphäre nach Eccles 1975.
Die kritische Stelle für das Rechnen befindet sich im hinteren Sprachgebiet, ungefähr
im Cortex-Areal 39.

Quantitatives und qualitatives Denken

Auch wenn man davon ausgeht, dass es sich bei einer solchen
Gegenüberstellung um legitime Kategorien des Denkens handelt, so
gilt es dabei Stufen zunehmender Komplexität zu berücksichtigen,
wobei besonders auf höherer Stufe *kontinuierliche Übergänge und
Komplementaritäten* zwischen den beiden zu erwarten sind.

Zum «quantitativen» Denken:
Dadurch, dass die *linke* Hemisphäre eine besondere Affinität zur
Sprache hat, ist ihr auch der Zugang zu und die Beherrschung von Zah-

len und Zahlenreihen (natürlich auch zu Buchstaben und deren Umgang in der Arithmetik und Algebra) gegeben. Deshalb darf man in einer ersten Annäherung annehmen, dass die linke Hirnhälfte der quantitativen Sphäre zugeordnet werden könnte (vgl. Abb. 2).

Zahlreiche Erfahrungen bei Hirnschlagpatienten unterstützen die Annahme von Beziehungen des Rechnens zur linken Hemisphäre. Die sogenannte *Acalculie*, d.h. die Unfähigkeit zu rechnen, wird häufig bei Aphasikern beobachtet, die ja eine linksseitige Grosshirnläsion aufweisen. Acalculie kommt aber auch isoliert, d.h. ohne Sprachstörung vor, wenn eine bestimmte, relativ eng umschriebene Region im Grenzbereich des *linken* Parieto-Okzipitallappens (Gyrus angularis, Area 39 in Abb. 2) betroffen ist (Kleist 1934).

Demgegenüber werden Rechenstörungen bei Defekten der rechten Hemisphäre eher selten beschrieben; gegebenenfalls betreffen diese weniger die Kodierung oder Dekodierung von Zahlen als vielmehr die Wahrnehmung räumlicher Beziehungen, die allerdings bei der Handhabung von alten (z.B. Abakus) und neuen Rechnern notwendig sein dürfte.

Die Urform des Zählens dürfte auf Fingergebärden beruhen (Ivanov 1983), die bei Rechtshändern ebenfalls von der linken Hemisphäre kontrolliert werden. In diesen Zusammenhang gehört vermutlich die Tatsache, dass bei linkshemisphärischen Läsionen zusammen mit dem Rechnen gelegentlich auch die Erkennung der eigenen Finger gestört ist (sogenannte Fingeragnosie).

Das einfache Rechnen ist wohl zur Hauptsache eine Repräsentation par excellence des quantitativen Denkens. Ob das aber für die mathematische Logik auch noch zutrifft, bleibt fraglich. Mit Zahlensystem und Einmaleins ist wohl noch lange kein linksseitiges Monopol für das quantitative Denken zu begründen. Der Umgang mit Zahlen hat vor allem in der höheren Mathematik kaum ausschlaggebende Bedeutung. Unter mathematisch überdurchschnittlich talentierten Studierenden findet man mehr als doppelt soviele Linkshänder wie in der Durchschnittsbevölkerung und auch auffallend viele musikalisch Begabte. In beiden Fällen spielt die rechte Hemisphäre eine wichtige Rolle. Zudem kann die rechte Hemisphäre viel besser mit geometrischen Problemen und mehrdimensionalen Abstraktionen umgehen als die linke. Andererseits ist allgemein bekannt, dass gerade mathematische Genies nicht selten schlechte Kopfrechner waren.

Hinweise aus neueren Untersuchungen an normalen Versuchspersonen zeigen, dass nicht nur auf höherer mathematischer Ebene, sondern schon beim Kopfrechnen beide Hemisphären beteiligt sind (Roland und Friberg 1985). Dabei wird die Aktivität der an einer Rechenaufgabe (50 – 3 – 3 – 3 …) engagierten Hirnareale mittels computergesteuerter Registrierung der regionalen Blutversorgung und indirekt des Energieverbrauchs sichtbar gemacht (vgl. Abb. 3A). Zur nicht geringen Überraschung weisen *beide* Hemisphären Aktivitätsherde auf, wobei die rechte mindestens gleichwertig engagiert zu sein scheint. Die entsprechenden Zellkollektive liegen nur z.T. symmetrisch; im obgenannten Bereich des «Rechenzentrums» (Gyrus angularis) verzeichnet die linke Seite erwartungsgemäss höhere Werte. Bemerkenswert sind die Aktivitätsherde im Stirnhirn, die z.T. deutlich asymmetrische Lokalisationen aufweisen. Über deren funktionelle Bedeutung liegen nur Vermutungen vor. Es wäre z.B. durchaus denkbar, dass die Mitbeteiligung der rechten Hemisphäre beim Kopfrechnen vor allem in der Entgegennahme und Bewertung der von der linken Seite übermittelten Resultate bestünde. Wie dem auch sei, wenn schon beim einfachen Kopfrechnen beide Hemisphären beteiligt sind, wie viel eher muss dies der Fall sein beim Lösen schwierigerer mathematischer Probleme. Es ist durchaus anzunehmen, dass Problemstellungen der modernen Mathematik sowie bereits die Bewältigung komplexer geometrischer Aufgaben rechtshemisphärische Funktionen in Anspruch nehmen.

Zum «qualitativen» Denken:
Wie weit lässt es sich mit der *rechten* Hemisphäre in Beziehung bringen? Die rechte Hemisphäre nimmt bekanntlich vor allem im visuellen, räumlichen und auditiven Bereich der Wahrnehmung eine Vorzugsstellung ein. Andererseits weiss man von den erwähnten Untersuchungen Sperrys wie auch von jenen über schachspielende Aphasiker, dass nicht nur die sprachmächtige linke Seite, sondern auch die rechte, nichtsprachliche Hemisphäre denken kann: ein Denken, das der *pensée sauvage* von Lévi-Strauss (1962) ähnlich sein dürfte, dem die differenziertere Wahrnehmung und Einbildungskraft der rechten Hemisphäre als Nährboden dient. Die vermutete Überlegenheit der rechten Seite im qualitativen Bereich hat sich denn auch in zahlreichen Denk- und Assoziationstests bestätigen lassen. Dazu kommt, dass die rechte Hirnhälfte eine engere Beziehung zur Emotionalität aufweist als die linke (Regard und Landis 1988), was ihr besonders auf höherer Stufe eine besondere Qualität des Denkens verleiht. So wurde, als Gegenbeispiel zum Rechentest (vgl. Abb. 3A), die lokale Gehirnaktivität bei einer Aufgabe gemessen, die als Repräsentant qualitativen Denkens gelten

A: Rechenaufgabe «50–3»

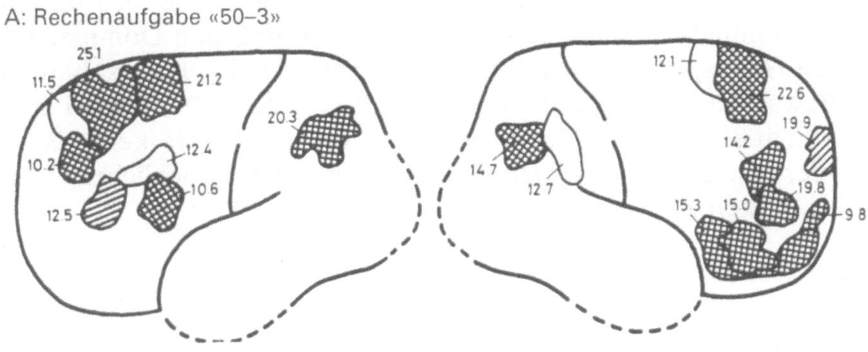

B: Vergegenwärtigung einer Route

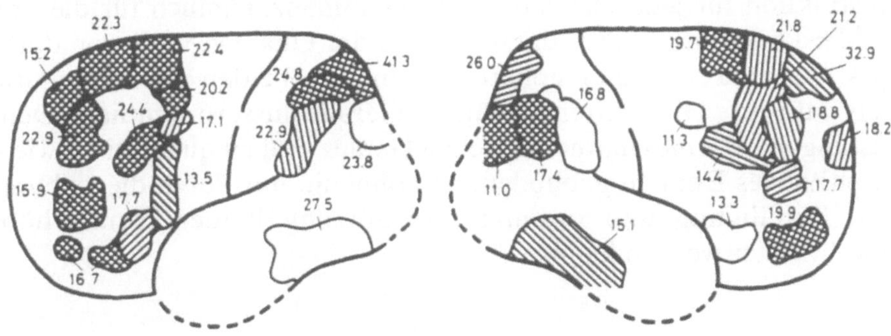

Abb. 3
Gehirnaktivität bei Denkaufgaben: Die im Computertomogramm sichtbar gemachten Areale zeichnen sich durch eine infolge geistiger Arbeit erhöhte regionale Hirndurchblutung aus (Xenon[133]-Technik). *A: Rechenaufgabe «50 – 3»*. Die normale Versuchsperson rechnet leise (also ohne zu sprechen) während dreissig Sekunden: 50 – 3 – 3 – 3 … und gibt am Ende der Registrierung an, wie weit sie im Subtrahieren gekommen ist. *B: Vergegenwärtigung einer Route*, also z.B. von zu Hause bis zur Hochschule, wobei die Umwelt möglichst genau aus dem Gedächtnis abgerufen werden soll, wiederum ohne zu sprechen. Die linke Hemisphäre ist links, die rechte Hemisphäre rechts abgebildet. Man beachte, dass bei beiden Aufgaben *beide* Hemisphären mit multiplen Foci beteiligt sind, obwohl nach der gängigen Lateralisierungshypothese die Rechnung «50 – 3» schwergewichtig der linken, die Erinnerung an die «Route» der rechten Seite zugerechnet werden müsste. Grössere Unterschiede zwischen den beiden Hemisphären bestehen vor allem im Bereich des Stirnhirns. Nach Roland und Friberg 1985.

darf, nämlich die aus der Erinnerung abgerufene Beschreibung der Umwelt während eines Spaziergangs. Dabei handelt es sich um eine visuell-räumliche Problematik, wie sie der spezifischen Dominanz der rechten Hemisphäre entspricht. Wiederum sind beide Hemisphären an der Bewältigung dieser Aufgabe beteiligt (vgl. Abb. 3B). Dabei dürfte die Aktivität der linken Hemisphäre vor allem deren stärkeren Beachtung der landschaftlichen Details, aber auch deren sprachlicher Umsetzungsfähigkeit zuzuschreiben sein.

Schlussfolgerung

So kommt man zum Schluss, dass zwar auf einer tieferen Ebene der Abstraktion für jede Hirnhäfte eine Dominanz, nämlich für die linke die der Quantitas und für die rechte die der Qualitas, vorliegen dürfte; dass sich aber auf einer höheren Ebene die beiden Denkkategorien stets auf beide Hirnhälften abstützen. Gerade ausserordentliche Denkleistungen z.B. eines mathematischen Genies sind an qualitatives wie an quantitatives Denken gebunden, was ohnehin nur durch die reibungslose Beteiligung und optimale Ausnützung beider Hemisphären gewährleistet werden kann.

Einführende Literaturangaben

Eccles, J. C.: *Das Gehirn des Menschen. Sechs Vorlesungen für Hörer aller Fakultäten.* Übersetzung aus dem Amerikanischen. Piper, München/Zürich, 1975. 4., völlig überarbeitete und erweiterte Neuausgabe: Piper, München/Zürich, 1979.

Engel, A. K.; König, P.; Kreiter, A. K.; Singer, W.: Interhemispheric synchronization of oscillatory neuronal responses in cat visual cortex. *Science* **252** (1991), 1177–1179.

Hécaen, H.; Albert, M. L.: *Human Neuropsychology.* Wiley, New York etc., 1978.

Ivanov, V. V.: *Gerade und Ungerade – Die Asymmetrie des Gehirns und der Zeichensysteme.* Aus dem Russischen übersetzt. Hirzel, Stuttgart, 1983.

Kleist, K.: *Gehirnpathologie vornehmlich auf Grund der Kriegserfahrungen.* Barth, Leipzig, 1934.

Levy, J.: Cerebral asymmetry and aesthetic experience. In: Rentschler, I.; Herzberger, B.; Epstein, D. (eds.). *Beauty and the Brain. Biological Aspects of Aesthetics.* Birkhäuser, Basel etc., 1988, 219–242.

Lévi-Strauss, C.: *La pensée sauvage.* Plon, Paris, 1962.

Luria, A. R.: *Higher Cortical Functions in Man.* Authorized translation from the Russian by B. Haigh. Second edition, revised and expanded: Basic Books, New York, 1980.

Regard, M.; Landis, Th.: Beauty may differ in each half of the eye of the beholder. In: *Beauty and the Brain. Biological Aspects of Aesthetics.* Birkhäuser, Basel etc., 1988, 243–256.

Roland, P. E.; Friberg, L.: Localization of cortical areas activated by thinking. *Journal of Neurophysiology* **53** (1985), 1219–1243.

Sperry, R. W.: Lateral specialization in the surgically separated hemispheres. In: Schmitt, F. O.; Worden, F. G. (eds.). *The Neurosciences. Third Study Program.* MIT Press, Cambridge Mass./London, 1974, 5–19.

Springer, S. P.; Deutsch, G.: *Linkes – rechtes Gehirn. Funktionelle Asymmetrien.* Aus dem Amerikanischen übersetzt. Spektrum der Wissenschaft, Heidelberg, 1987. 4. Auflage: 1993.

Rechnen und Unterscheiden

Qualität und Quantität zwischen Philosophie und Wissenschaft

Jürgen Mittelstrass

Vorbemerkung

Die Titelstichworte Rechnen und Unterscheiden und der erläuternde Hinweis auf Qualität und Quantität zwischen Philosophie und Wissenschaft scheinen auf den ersten Blick das Thema der Vorlesungsreihe «Wissenschaft zwischen Qualitas und Quantitas» nur zu variieren. Wiederholungen ist da Tür und Tor geöffnet, auch wenn das «zwischen» hier nicht zwischen Qualitas und Quantitas, sondern zwischen Philosophie und Wissenschaft steht (von diesem gleichwohl bedeutsamen Unterschied wird noch die Rede sein). Das Thema zeugt denn auch weniger vom Willen, zusammenzufassen oder die Besonderheiten anderer Beiträge in einem allgemeinen Finale irgendwo in der Nähe des absoluten Geistes miteinander zu verbinden, als vielmehr von einer gewissen Einfallslosigkeit und Hilflosigkeit angesichts einer Unterscheidung, die mal blass, mal grell erscheint, und bei der es, wie so oft im Märchen und im Spiel, um alles oder nichts geht. Alles wäre gemeint, wenn sich die Wirklichkeit (nicht nur der Wissenschaft) der Unterscheidung zwischen Qualitas und Quantitas fügte, nichts wäre gemeint, wenn wir es hier (wieder einmal) nur mit einer Unterscheidung zu tun hätten, die die Wissenschaft und die Wirklichkeit, auf die sich Wissenschaft beschreibend, analysierend, erklärend und konstruierend bezieht, kalt lässt. Kalt oder nicht kalt, bedeutsam oder nicht, auch davon soll im Folgenden die Rede sein.

1. Erkenntnistheoretische Stichworte

Wo in einem Atemzug von Qualität und Quantität auf der einen Seite und von Philosophie und Wissenschaft auf der anderen Seite gesprochen wird – wobei nicht die Qualität von Philosophie und Wissenschaft angesichts ihres quantitativen Reichtums gemeint ist (auch dies wäre ein hübsches Thema) –, da stehen nicht irgendwelche Aspekte, sondern Grundlagenaspekte zur Diskussion. Gefragt wird nach dem qualitativen oder quantitativen Wesen der Wissenschaft und/oder der Wirklichkeit, die sie erforscht. Eben das ist auch mit dem Rahmenthema «Wissenschaft zwischen Qualitas und Quantitas» gemeint.

Von einer derartigen, grundlagenrelevanten Bedeutung zeugt z.B. die Rede von einer *Mathematisierung der Naturwissenschaft* bzw. einer *Mathematisierung der Natur*, die in einem keineswegs beliebigen, sondern in einem konstitutiven Sinne den Anfang der (Natur-)Wissenschaft in ihrer neuzeitlichen Form markieren soll. Gegensatz ist ein als qualitativ bezeichnetes, nicht-mathematisches Wissenschaftsideal, das sich eng mit der Aristotelischen Tradition in Wissenschaft und Philosophie verbindet. Dieser Vorstellung hat in unserem Jahrhundert vor allem der Phänomenologe Edmund Husserl philosophischen Ausdruck verschafft. Husserl spricht von einer «neuen Idee der Universalität der Wissenschaft»[1] und identifiziert diese mit der «Galileischen Mathematisierung der Natur»[2]. In dieser «Mathematisierung der Natur» wird «diese selbst unter der Leitung der neuen Mathematik idealisiert, sie wird – modern ausgedrückt – selbst zu einer mathematischen Mannigfaltigkeit»[3]. An anderer Stelle spricht Husserl kritisch von einer sich schon bei Galilei vollziehenden «Unterschiebung der mathematisch substruierten Welt der Idealitäten für die einzig wirkliche, die wirklich wahrnehmungsmässig gegebene, die je erfahrene und erfahrbare Welt – unsere alltägliche Lebenswelt»[4]. Mathematisierbarkeit bzw. Quantifizierbarkeit wird hier in Husserls Analyse mit Wissenschaftsfähigkeit, Quantifizierung mit Verwissenschaftlichung gleichgesetzt.

Den historischen Anlass einer derartigen Gleichsetzung bildet Galileis berühmte Bemerkung über das in mathematischer Sprache geschriebene Buch der Natur: «Die Philosophie ist in dem grossen Buch niedergeschrieben, das vor unseren Augen liegt; ich meine das Universum. Aber wir können es erst lesen, wenn wir die Sprache gelernt haben und mit den Zeichen vertraut sind, in denen es geschrieben ist. Es ist in der Sprache der Mathematik geschrieben, und seine

Zeichen sind Dreiecke, Kreise und andere geometrische Figuren. Ohne deren Kenntnis ist es dem Menschen unmöglich, auch nur ein einziges Wort zu verstehen.»[5] Was hier wie eine Aussage über die Natur, ihre Struktur klingt, ist gleichwohl eine Aussage über die Methode der Naturwissenschaften. Diese bzw. jede Aussage über die Natur beruht nach Galilei auf der Messung geometrischer Grössen, und zwar in der Weise, dass als ein physikalisches Faktum nur bestimmbar ist, was im Rahmen dieses Vorgehens als geometrische Grösse behandelt werden kann. Der von Galilei formulierte Primat einer *Theorie des Messens* führt zu einer Geometrisierung der Naturwissenschaft, d.h. ihrer Methoden, und erst in einem *metaphorischen* Schritt zu einer Mathematisierung der Natur. Was im Rahmen dieser Metapher als eine ursprüngliche Eigenschaft der Natur – gemeint ist hier die physikalische Welt – erscheint, ist strenggenommen (und auch schon bei Galilei) eine Eigenschaft des wissenschaftlichen Vorgehens, d.h. der «Sprache» der Wissenschaft. Nicht das Buch der Natur, das Buch der neuen Wissenschaft soll in mathematischer Sprache geschrieben sein.

Das Beispiel macht deutlich, dass nicht nur in einem historischen, sondern auch in einem systematischen Sinne die Frage nach dem qualitativen oder quantitativen Wesen der Wissenschaft und/oder der Wirklichkeit, welche die Wissenschaft erforscht, eine entscheidende Rolle spielt. Was als Kontroverse über das von Galilei wirklich Gemeinte erscheinen mag, ist auch eine *erkenntnistheoretische* (oder wissenschaftstheoretische) Kontroverse. Hinter ihr steht die Frage, ob Qualität und Quantität sachliche Gegensätze, Gegensätze in der Sache, sind, oder Gesichtspunkte – auch und gerade methodischer Art –, mit denen wir und die Wissenschaft einen Zugang zu den Sachen gewinnen. Im ersten Fall entscheiden die Sachen über die «Wahrheit» von Qualitas oder Quantitas, im zweiten Fall ein Forschungsprogramm oder ein Erkenntnisinteresse. Im ersten Fall gibt es einen natürlichen Unterschied zwischen qualitativen und quantitativen Phänomenen, dem dann auch unsere Methoden folgen müssten, im zweiten Fall gibt es diesen Unterschied nicht, sondern nur Gesichtspunkte und Methoden, die etwas einmal als qualitativ, ein andermal als quantitativ bestimmt erscheinen lassen. Qualitas und Quantitas wären keine Gegensätze, sondern, zumindest in einigen Fällen, komplementäre Zugangsweisen. Das aber würde auch bedeuten, dass wissenschaftliche Welt und Lebenswelt, die Husserl in Galileis «Mathematisierung der Natur» auseinanderfallen sieht, doch *eine* Welt sein könnten, *eine* Welt, die wir nur unter verschiedenen

Gesichtspunkten sähen und auch so, dass wir von einer Welt in die andere gehen könnten.

Kein Zweifel, dass dies bereits erkenntnistheoretische Betrachtungen sind, die aus der Wissenschaft und ihrem Umgang mit den Begriffen Qualitas und Quantitas auf direktem Wege in die Philosophie führen. Da gehören sie auch hin, doch soll das nicht bedeuten, dass im Folgenden nur noch von philosophischen Dingen – von denen die Wissenschaftler oft ohnehin meinen, dass sie wissenschaftliche Undinge sind – die Rede sein wird. Der Unterschied zwischen Qualitas und Quantitas ist ein *philosophischer* Unterschied, aber sein Sinn muss sich vor allem in der *Wissenschaft,* d.h. im wissenschaftlichen Umgang mit Sachen und Methoden, erweisen.

2. Aristotelische Anfänge

Dass es mit der Unterscheidung zwischen Qualität und Quantität – bezogen auf die Frage, ob wir es hier mit unterschiedlichen Dingen oder unterschiedlichen Betrachtungsweisen zu tun haben – seine besondere Bewandtnis hat, wird bereits dort deutlich, wo diese Unterscheidung zum ersten Mal in methodischer Klarheit getroffen wird, nämlich in der Aristotelischen Kategorienschrift. Nach Aristoteles sind Kategorien oberste, irreduzible Prädikationstypen, d.h. Bedeutungsbereiche, die logisch einem Prädikator übergeordnet sind. «Qualität» fungiert in diesem Sinne als Kategorie prädikativer Bestimmungen wie «gebildet», «hart» oder «romantisch». Ausgangspunkt ist (in der *Topik*) eine sprachkritische Erörterung mit dem Ziel, «Kategorienfehler» zu vermeiden. Diese treten immer dann auf, wenn Sätze gleicher (korrekter) grammatischer Struktur durch unzulässige kategoriale Verknüpfung mit der mehrsinnigen Kopula «ist» einmal sinnvoll, ein andermal sinnlos werden.[6] Die logische Bestimmung der Kategorien als oberste irreduzible Prädikationstypen stellt eine Systematisierung dieser sprachkritischen Bestimmung dar.

Ausgangspunkt ist die Frage: Welches sind die Formen, in denen Aussagen über einen Gegenstand gemacht werden? Beantwortet wird diese Frage anhand eines konkreten Gegenstandes, im Aristotelischen Beispielfall anhand eines Menschen namens Koriskos. So wird z.B. gefragt, *was* Koriskos sei (die Antwort lautet: ein Mensch), *wie,* d.h. welcher Beschaffenheit, er sei (die Antwort lautet: gebildet), *wo* Koriskos sei (die Antwort lautet: im Peripatos), *was* Koriskos tue (die Antwort lautet: er schneidet). Fragen dieser Art leiten die Bestimmungen eines (konkreten) Gegenstandes und führen in dem genannten Sinne zu den Kategorien der Substanz, der Quantität, der Qualität, der Relation, des Ortes, der Zeit, der Lage, des Habens, des Wirkens und des Leidens. Diese Kategorien werden dann selbst näher bestimmt. So lautet die Bestimmung der Qualität (ποιόν), sie sei das, «vermöge dessen man so oder so beschaffen heisst»[7], die Bestimmung der Quantität (ποσόν), sie sei das, «was so in Bestandteile zerlegbar ist, dass jeder davon, zwei oder mehrere, seiner Natur nach ein Eines und bestimmtes Einzelnes ist».[8]

Doch nicht diese Definitionen und die diese Definitionen weiterführenden Unterscheidungen – im Falle der Quantität etwa zwischen dem Diskreten und dem Kontinuierlichen[9], dem an sich selbst Quantitativen und dem nur akzidentell Quantitativen[10] – sind hier das Entscheidende, sondern der Umstand, dass nach Aristoteles Kategorien zunächst nichts anderes als *Gesichtspunkte* sind, unter denen wir über Gegenstände sprechen. Diese Gesichtspunkte fassen mögliche Prädikationen (Urteilsformen) zusammen, ohne dass damit in irgendeiner Weise Vollständigkeit beansprucht oder, mehr noch, Übereinstimmung mit der Struktur der Wirklichkeit behauptet würde. Zwar treten auch derartige Vorstellungen und mit ihnen der Übergang von einer eigentlich sprachphilosophischen und erkenntnistheoretischen Verwendung der Kategorien zu ihrer ontologischen Verwendung bei Aristoteles auf – erkennbar z.B. in der eben erwähnten Unterscheidung zwischen dem an sich selbst Quantitativen und dem nur akzidentell Quantitativen –, doch zeugen derartige Vorstellungen eher von einer Verselbständigung semantischer Analysen in Form von ontologischen Analysen denn von einer konsequenten Fortsetzung der diesen Analysen zugrundeliegenden Intentionen.

Diese Intentionen sind allein methodischer Art. Weder ist die Angabe eines vollständigen Rasters möglicher Prädikationen, noch die Wiedergabe einer Struktur der Wirklichkeit, die sich demnach z.B. in Qualitatives und Quantitatives oder in Wirkendes und Leidendes zerlegen würde, ins Auge gefasst. Kants harsche Kritik, dass Aristoteles seine Kategorien «aufgerafft» habe und dass er «kein Principium hatte», aus dem er sie hätte ableiten können[11], trifft so gesehen genauer auf die ursprünglichen Aristotelischen Bemühungen zu, als Kant dies vermutet haben mag, nur eben in einem anderen Sinne: Aristoteles hebt gerade die Abhängigkeit der Ordnung der Kategorien, auch ihre Anzahl, von möglichen, für sich genommen nicht abschliessbar voll-

ständigen Gesichtspunkten hervor, unter denen Gegenstände Objekte
unserer Bestimmungen werden.

Diese sehr modern, zumindest (trotz Kants Kritik) sehr Kantisch
anmutende, erkenntnistheoretische Orientierung setzt sich bei Aristoteles bis in die Physik hinein fort. Gemeint ist die Aristotelische Elementenlehre, wobei sich in diesem Zusammenhang sogar bereits die
Unterscheidung zwischen *primären* und *sekundären* Qualitäten findet.
Von primären Qualitäten ist, wie zu Beginn der neuzeitlichen Physik,
hinsichtlich der haptischen Sinnesqualitäten die Rede; sie beziehen sich
im primären Sinne auf die körperliche Welt[12], und zwar in Form der
Gegensatzpaare warm/kalt, trocken/feucht, schwer/leicht, dicht/dünn,
rauh/glatt, hart/weich, zäh/spröde.[13] Unter diesen Gegensatzpaaren
erfüllen nur die beiden ersten eine Aktivitätsbedingung, die besagt, dass
sie fähig sein müssen, qualitative Veränderungen herbeizuführen. Körper, die warm, kalt, nass oder trocken sind, können diese Eigenschaften
auf andere Körper übertragen; von den Eigenschaften der anderen
Gegensatzpaare gilt dies nicht. Dies ist auch der Grund dafür, dass
diese Eigenschaften im engeren Sinne als primäre Qualitäten bezeichnet werden und dass die Aristotelische Elemententheorie darauf
beruht, dass zwei Paare konträrer physikalischer Eigenschaften in jeder
möglichen Weise miteinander kombiniert werden (womit zugleich der
Übergang der Elemente ineinander seine Erklärung findet). Ferner
wird an dieser Stelle deutlich, dass es die Kategorie der *Qualität* ist, die
nunmehr eine fundamentale Rolle im Aufbau der Aristotelischen Physik zu spielen beginnt.

Nun gibt es bei Aristoteles keine einheitliche Elemententheorie,
vielmehr unterschiedliche Konzeptionen, die sich zum Teil ergänzen,
zum Teil aber einander auch widersprechen. Neben die eben erwähnte
Konzeption eines Systems vierer sphärenförmig angeordneter Elemente mit jeweils zwei verschiedenen Eigenschaften tritt in *De caelo*
eine Konzeption, in deren Rahmen die Elemente und ihre Zahl nicht
im Hinblick auf äussere Eigenschaften, sondern durch die Analyse
zusammengesetzter Körper bestimmt werden sollen. In derselben
Schrift (Δ1–5) finden sich noch zwei weitere Ansätze, die auf eine *kine-
tische* Theorie der Elemente, ausgehend von der Auszeichnung soge-
nannter «natürlicher» Bewegungsformen, zielen. Schliesslich wird,
ebenfalls in *De caelo* (A1–4), die Vier-Elemente-Theorie zur Fünf-Ele-
mente-Theorie erweitert; neben die «irdischen», sublunaren Elemente
der bisherigen Konzeptionen tritt ein «himmlisches», supralunares Element, der spätere Äther.[14]

Der Eindruck des Unfertigen, Unentschiedenen, Bruchstückhaften
drängt sich auf. Vieles spricht dafür, dass Aristoteles hier wie auch an
anderen Stellen seines Werkes mit alternativen Konzeptionen operiert,
keine zu einem definitiven Ende bringt, immer wieder vor neuen
Schwierigkeiten steht. Es könnte aber auch ganz anders sein; so nämlich, dass sich Aristoteles wie in seiner Kategorienlehre so auch hier von
unterschiedlichen Gesichtspunkten leiten lässt und Theorien, fertige
wie unfertige, als Entwürfe betrachtet, die problembezogen jeweils eine
besondere Sicht der Dinge zum Ausdruck bringen. Eine qualitative Physik, die in den Aristotelischen Überlegungen zu einer Elemententheorie
ihren Anfang nimmt, teilte – auch inhaltlich mit ihr über den Begriff der
Qualität verbunden – das Schicksal einer Kategorienlehre, die ursprünglich weder auf Vollständigkeit noch auf «ontologische» Übereinstimmung mit der (Struktur der) Wirklichkeit angelegt war. Und nach Aristotelischer Überzeugung wäre dies womöglich gar kein Makel, sondern
gerade Ausdruck einer Rationalität, die sich ihres *konstruktiven* Charakters bewusst zu werden beginnt.

3. Quantitas versus Qualitas?

In der Wissenschaftsgeschichtsschreibung markiert, wie bereits
unter Hinweis auf Husserlsche Bemerkungen hervorgehoben, eine
Mathematisierung der Naturwissenschaft bzw. eine Mathematisierung
der Natur die Wasserscheide zwischen Aristotelischer und neuzeitlicher
Physik. Dabei wird etwas Richtiges gesehen und doch eine falsche
Unterscheidung getroffen. Richtig ist, dass die Aristotelische Physik
qualitativ orientiert ist, d.h., sie zeichnet, wie anhand der Aristotelischen Elemententheorie dargelegt, in einem Grundlagenkontext qualitative Unterscheidungen aus. Falsch ist, dass diese Auszeichnung gegen
quantitative Betrachtungsweisen gerichtet ist und eben diese konzeptionelle Entscheidung die Wirksamkeit eines quantitativen Denkens in
der Geschichte der Aristotelischen Physik (und einer Aristotelischen
Wissenschaft allgemein) verhindert hat. Die Wirklichkeit dieser
Geschichte sieht ganz anders aus. Das mag hier exemplarisch durch
einen kurzen Hinweis auf die sogenannte Merton School deutlich werden.
Der Name «Merton School» dient in der Wissenschaftsgeschichte als
Bezeichnung für die im 14. Jahrhundert im Merton College in Oxford
entwickelten und ausserordentlich einflussreichen kinematischen Vor-

stellungen, in deren Rahmen die Idee einer Mathematisierung der Mechanik zum ersten Mal, und zwar innerhalb des herrschenden Aristotelismus, klaren Ausdruck gewinnt.[15] Diese Vorstellungen, deren Vertreter wegen ihrer Verwendung arithmetisch-algebraischer Methoden auch als «Calculatores» bezeichnet wurden, setzen mit einer Reformulierung des Aristotelischen Bewegungsgesetzes ein und kulminieren in der Formulierung der sogenannten *Merton-Regel*. Nach dieser Regel ist – auf dem Hintergrund der scholastischen Diskussion über die «intensio» und «remissio» von Bewegungsformen bzw. Qualitätsintensitäten und der Vorstellung, dass eine «uniformiter difforme» Qualität mit ihrem mittleren Grad übereinstimmt – der von einem gleichförmig beschleunigten Körper zurückgelegte Weg gleich dem von einem Körper mit konstanter Geschwindigkeit zurückgelegten Weg, wenn diese Geschwindigkeit gleich ist der Momentangeschwindigkeit des beschleunigten Körpers nach der Hälfte der Zeit.

Mit dieser Regel werden beschleunigte Bewegungen auf gleichförmige Bewegungen zurückgeführt. Sie tritt zum ersten Mal bei William Heytesbury im Rahmen einer quantitativen Analyse der Bewegung bzw. der Veränderung, bezogen auf die Aristotelischen Kategorien der Quantität, der Qualität, der Zeit und des Raumes, auf, desgleichen eine erste Formulierung des sogenannten Strecken-Satzes.[16] Nach diesem Satz, der später von Galilei bewiesen wird[17], verhalten sich bei gleichförmiger Beschleunigung eines Körpers die in gleichen Zeiten zurückgelegten Strecken wie die ungeraden Zahlen 1, 3, 5, … . Die Merton-Regel, die irrtümlich oft auch als «Satz von Oresme» bezeichnet wird, wurde um 1350 von Nikolaus von Oresme, möglicherweise unabhängig von den kinematischen Arbeiten der Merton School, in dessen Theorie der «latitudines», d.h. in *geometrischen* Darstellungen von Intensitätsverteilungen einer Qualität in einem Körper (heute spricht man von einem skalaren Feld), graphisch in einem v-t-Diagramm wiedergegeben. Dieses dient damit der Bestimmung einer *quantitas qualitatis*. In der Idee einer «Mechanisierung der Qualitäten» verbinden sich auf Aristotelischem Boden, d.h. im Rahmen einer noch immer Aristotelischen Physik, die Kategorien der Qualität und der Quantität zu einem zukunftsträchtigen Programm.

Das gilt auch für die Unterscheidung zwischen primären und sekundären Qualitäten, die üblicherweise als ein wesentliches Moment einer nicht-Aristotelischen Physikkonzeption bezeichnet und mit den Namen Galilei, Descartes und Boyle verbunden wird. Nun wurde schon hervorgehoben, dass auch diese Unterscheidung auf die Aristotelische Elementenkonzeption zurückgeht; und mit dieser bleibt sie auch vor dem historischen Auftreten einer mechanistischen Naturphilosophie, vermutlich über die lateinische Übersetzung des Physikkommentars von Averroes, präsent.[18] Im 14. Jahrhundert gehört die Unterscheidung zum festen Bestandteil auch anderer Aristoteles-Kommentare. Neu ist dann wiederum innerhalb der Konzeption einer mechanistischen Naturphilosophie das, was man einmal als die «Objektivierung der primären und Subjektivierung der sekundären Qualitäten» bezeichnet hat. Das heisst: Die primären Qualitäten, gemeint sind die geometrisch-mechanischen Qualitäten, gelten als objektiv, als wahrnehmungsunabhängige Bestandteile des physischen Körpers, die sekundären Qualitäten als subjektiv, als Bezeichnung für subjektive Empfindungen bei physischen Prozessen. Die primären Qualitäten existieren in der physischen Realität, die sekundären Qualitäten im Bewusstsein.

Was hier als Fortschritt, missverständlich auch als die Überwindung der qualitativen Aristotelischen Physik, verstanden wird, ist in Wahrheit eine begriffliche und konzeptionelle Unklarheit. Man stellt sich vor, dass das, was hier (als sekundäre Qualität) «im Bewusstsein» ist, «z.B. die Empfindung der Wärme, durch einen Zustand des betreffenden Körpers verursacht wird, der durch Vermittlung der Sinne die mit dem Worte warm umschriebene Empfindung in uns erweckt; dieser Zustand muss nun wieder durch geometrisch-mechanische Kennzeichen, z.B. Form und Bewegung spezieller Atome, charakterisiert werden. In diesem Sinne, also auf der Seite des Objektes, werden die sekundären Qualitäten mechanisiert: die primären sind von Anfang an mechanischer Art, und die sekundären werden darauf zurückgeführt. Dass die primären Qualitäten Grösse, Gestalt, Bewegung uns doch auch nur in der sinnlichen Wahrnehmung gegeben sind, und dass also die ganze Unterscheidung eigentlich keinen Sinn hat, wird nur selten bemerkt. Die Illusion, dass wir in der Mathematik und der Mechanik scheinbar ohne Berufung auf die sinnliche Erfahrung eine so umfangreiche und vom Gefühl der Evidenz begleitete Kenntnis der geometrisch-mechanischen Qualitäten erwerben können, führt unwiderstehlich dazu, diesen eine ganz gesonderte Stellung zuzubilligen»[20]. Wohin das wiederum führt, macht das Beispiel Descartes deutlich.

Descartes beginnt dort, wo er von der Galileischen Physik lernen konnte, dass nämlich alle (physikalischen) Aussagen über die Natur auf der Messung geometrischer Grössen beruhen, folglich (wie schon zu Beginn im Zusammenhang mit Husserls Beurteilungen hervorgehoben) als eine «physikalische Entität» nur erfassbar ist, was sich als eine geometrische Grösse behandeln lässt. Daraus schliesst Descartes aber, dass die Natur selbst durch die geometrische Eigenschaft der Ausdehnung eindeutig bestimmt ist, d.h., dass Ausdehnung keine Eigenschaft der Materie, sondern deren Wesen ist.[21] Das bedeutet, dass hier die Beschreibung eines Verfahrens mit einer Aussage über die Struktur seines Gegenstandes identifiziert wird. Und mehr noch: Diese Identifikation wird von Descartes so dargestellt und begründet, als folge der erste Schritt (die Rückführung physikalischer Aussagen auf Aussagen über die Messung geometrischer Grössen) aus dem zweiten Schritt (der Identifikation dieser Aussagen mit Aussagen über die Struktur des physikalischen Gegenstandes). Das ist, was Husserl, allzu Descartes-gläubig, mit der Wendung «Mathematisierung der Natur» meinte, und genau das könnte man als den Sieg der Philosophie über die Physik bezeichnen: Aus *Methodologie der Physik* wird wieder (Aristoteles lässt grüssen) *Metaphysik der Natur.*

Übersehen wird, dass dieser Sieg, der sich im Rahmen der mechanistischen Naturphilosophie auch als Sieg der Quantitas über die Qualitas darzustellen sucht, durch qualitative Einbussen schwer erkauft wird. Der forsche Antiaristotelismus der «Neuen Wissenschaft» (wie sie sich selber nennt) ist strenggenommen, wenn man ihren cartesischen Bahnen folgt, dem Fortschritt der Physik eher hinderlich als förderlich gewesen. Zumindest führt er in (unnötige) Schwierigkeiten, die sich nicht zuletzt auch in der Durchführung des Programms einer Mechanisierung der Qualitäten zur Geltung bringen.

Von diesen Schwierigkeiten soll hier nicht weiter die Rede sein. Stattdessen einige kurze Bemerkungen zur weiteren philosophischen Karriere der Qualität-Quantität-Unterscheidung: Diese Karriere steht zunächst unter dem (unglücklichen) Stern der mechanistischen Naturphilosophie. Sie setzt vor allem mit Locke ein, der zwar ausdrücklich das Fehlen einer physikalischen Alternative zur Mechanisierung der Qualitäten bedauert, diese dann aber doch für unersetzbar hält[22], und setzt sich in den eher skeptischen Stellungnahmen Berkeleys und Humes fort. Dabei steht vor allem die Unterscheidung zwischen primären und sekundären Qualitäten im Mittelpunkt des philosophischen, nunmehr seine Aristotelische Geschichte aus den Augen verlierenden Interesses.

Ein neues Kapitel wird erst wieder bei Kant aufgeschlagen; dies aber charakteristischerweise in einem Buch, das auch Aristoteles als Autor haben könnte. Kant greift nämlich explizit das Thema Kategorienlehre wieder auf, kritisiert in der schon erwähnten Weise die traditionelle

Konzeption in ihrer Aristotelischen Form und sucht seinerseits erstmals dem (bei Aristoteles so gar nicht auftretenden) Anspruch der Vollständigkeit einer Kategorientafel zu genügen. Als Leitfaden zur Bestimmung («Deduktion») der Kategorien dienen dabei wiederum die (in einer Urteilstafel zusammengestellten) logischen Urteilsformen. Deren Einteilung nach ihrer Quantität in allgemeine, besondere und einzelne (singulare) Urteile entsprechen die (quantitativen) Kategorien der Einheit, Vielheit und Allheit und diesen wiederum die *Axiome der Anschauung*, da alle Anschauungen nach Kant *extensive Grössen* sind[23]: «Da die blosse Anschauung an allen Erscheinungen entweder der Raum, oder die Zeit ist, so ist jede Erscheinung als Anschauung eine extensive Grösse, indem sie nur durch sukzessive Synthesis (von Teil zu Teil) in der Apprehension erkannt werden kann.»[24] Entsprechend geht in der Geometrie die räumliche Ausdehnung auf Linien und Punkte zurück («Ich kann mir keine Linie, so klein sie auch sei, vorstellen, ohne sie in Gedanken zu ziehen, d.i. von einem Punkte alle Teile nach und nach zu erzeugen, und dadurch allererst diese Anschauung zu verzeichnen»[25]), in der Arithmetik die Bildung der Zahlen auf die sukzessive Herstellung von Einheiten in der Zeit (die Zahl ist «nichts anders, als die Einheit der Synthesis des Mannigfaltigen einer gleichartigen Anschauung überhaupt, dadurch, dass ich die Zeit selbst in der Apprehension der Anschauung erzeuge»[26]). Geometrie und Arithmetik bilden dann wiederum die Grundlage einer messenden Physik.

Den gleichen Gesichtspunkten folgt Kants Behandlung der Kategorie der Qualität. Entsprechend der Einteilung der logischen Urteilsformen ihrer Qualität nach in bejahende, verneinende und unendliche Urteile unterscheidet Kant zwischen den (qualitativen) Kategorien der Realität, Negation und Limitation und ordnet diesen wiederum die *Antizipationen der Wahrnehmung* zu: «In allen Erscheinungen hat das Reale, was ein Gegenstand der Empfindung ist, intensive Grösse, d.i. einen Grad.»[27] Dem Begriff der extensiven Grösse in der Anschauung entspricht der Begriff der *intensiven Grösse* in der Empfindung, oder anders ausgedrückt: Während die extensiven Grössen der Quantität aus abzählbaren (diskreten) Einheiten zusammengesetzt sind, bilden unter dem Gesichtspunkt der Qualität die intensiven Grössen die Einheiten wiederum kontinuierlicher Grössen («quanta continua»[28]). Qualität und Quantität erweisen sich daher auch in der Analyse Kants als komplementäre Gesichtspunkte; ein «System» der Quantitäten und Qualitäten wird nicht der Realität, sondern in Form der Kategorien als reiner Verstandesbegriffe dem Verstand entnommen. Das gilt auch für die

Unterscheidung zwischen primären und sekundären Qualitäten, die nunmehr auch erkenntnistheoretisch ihre Bedeutung verliert: Kant zählt ausdrücklich «die übrigen Qualitäten der Körper, die man primarias nennt, die Ausdehnung, den Ort, und überhaupt den Raum, mit allem was ihm anhängig ist (Undurchdringlichkeit oder Materialität, Gestalt etc.), auch mit zu blossen Erscheinungen»[29], als Gegenstände der empirischen Erkenntnis.

Ein mit den Begriffen der Qualität und der Quantität formuliertes, zuletzt in einer Mechanisierung der Qualitäten mit einer nicht-Aristotelischen, mechanistischen Naturphilosophie verbundenes Programm kehrt in seinen ursprünglichen philosophischen Rahmen zurück. Und das gilt nicht nur unter dem Gesichtspunkt der Deduktion und der Vollständigkeit von Kategorien, wie wir ihn bei Kant antreffen, sondern auch in vielfältiger anderer Weise, z.B. bei Hegel, hier sogar in Wiederaufnahme von Elementen einer qualitativen Aristotelischen Physik (Kritik an der Quantifizierbarkeit des Bewegungsbegriffs), oder bei Engels mit der Formulierung eines Gesetzes «des Umschlagens von Quantität in Qualität und umgekehrt»[30]. Dabei wird, zumindest von Marx, nach wie vor die *Einheit* von Qualität und Quantität im Sinne unterschiedlicher, komplementärer Betrachtungsweisen betont: «Jedes nützliche Ding, wie Eisen, Papier usw., ist unter doppeltem Gesichtspunkt zu betrachten, nach Qualität und Quantität. Jedes solches Ding ist ein Ganzes vieler Eigenschaften und kann daher nach verschiedenen Seiten nützlich sein.»[31] Was in einer kruden materialistischen Erkenntnistheorie (etwa bei Engels) als Teil einer physischen Wirklichkeit («Dialektik der Natur») erscheint, wird hier unter Konstitutionsgesichtspunkten in unseren erkennenden und verändernden Umgang mit den Dingen zurückgenommen. Auch diesen «Leitfaden» zu den Begriffen Qualität und Quantität finden wir bei Kant.

4. Zwischen Qualitas und Quantitas

Die zu Beginn gestellte Frage, ob Qualität und Quantität Gegensätze in der Sache sind oder Gesichtspunkte, womöglich komplementäre Gesichtspunkte, mit denen wir einen selbst der Veränderung unterworfenen Zugang zu den Sachen gewinnen, ist durch die vorausgegangenen wissenschafts- und philosophiehistorischen Analysen zugunsten des perspektivischen Charakters der Unterscheidung beantwortet worden. Diese Analysen sprechen gegen die auch heute noch alltägliche Auffassung, dass es einen natürlichen Unterschied zwischen qualitativen und quantitativen Phänomenen gebe. Nach dieser Auffassung gibt es Phänomene, die von Natur aus quantitativ, und solche, die von Natur aus qualitativ sind. Zu den quantitativen Phänomenen werden typischerweise die physikalischen Objekte und Phänomene gerechnet, zu den qualitativen Phänomenen z.B. die geistig-seelischen Zustände. Merkmale wie die Leistung eines Autos oder die Ladung von Elektronen lassen sich quantitativ präzise erfassen, der Empfindungszustand eines Menschen hingegen nicht. Also gibt es Eigenarten, die sich einer Quantifizierung fügen, und Eigenarten, die sich gegen eine Quantifizierung gleichsam zur Wehr setzen.

Tatsächlich haben die historischen Analysen ergeben, dass es keinen natürlichen Unterschied zwischen quantitativen und qualitativen Phänomenen gibt; und wenn es ihn gäbe, so fiele er z.B. nicht mit dem Unterschied zwischen den erwähnten physikalischen und psychologischen Eigenschaften zusammen. Die Wandelbarkeit der Abgrenzung zwischen quantitativen und qualitativen Phänomenen ist ein schlagendes (historisches) Argument gegen die Existenz einer natürlichen Abgrenzung; ausserdem wird durch die Wissenschaft eine zunehmend umfassendere und tiefgreifendere Quantifizierung aller Phänomene erreicht. Neben das historische Argument tritt ein systematisches, den Wissenschaften selbst entlehntes. Dazu, bevor auf die Unterscheidung zwischen qualitativen und quantitativen Begriffen näher eingegangen wird, drei Beispiele.

Erstes Beispiel: *Psychologie*, hier die Messung der menschlichen Intelligenz. Die Idee, Intelligenz systematisch zu messen, geht auf den englischen Statistiker Sir Francis Galton (1822–1911) zurück. Dieser hat sich in der Psychologie besonders um die empirische Persönlichkeitsforschung mit Hilfe von Tests und Fragebögen sowie deren statistischer Auswertung verdient gemacht. Sein Zugang zu einer Messung der Intelligenz hat allerdings vom heutigen Standpunkt aus betrachtet nurmehr Unterhaltungswert – und eben deswegen soll er hier nicht unerwähnt bleiben. Galton ging von der Vorstellung aus, dass sich Intelligenz in körperlichen Eigentümlichkeiten manifestiert. Zwei dieser Eigentümlichkeiten hielt er für besonders relevant: die Grösse des Kopfes und die körperliche Energiegeladenheit. Diese innere Energie sollte sich an der Festigkeit des Händedrucks erkennen lassen. Als begeisterter Empiriker ging Galton daran, diese Hypothesen praktisch nachzuprüfen. Er stellte bei nicht weniger als 9 000 Besuchern der Londoner Weltausstellung von 1884 den Kopfumfang und die Festigkeit des

Händedrucks fest. Zu seiner Enttäuschung ergab sich allerdings keine Beziehung zwischen diesen Ergebnissen und anderen, näherliegenden Intelligenzindikatoren; insbesondere hatten die herausragenden englischen Wissenschaftler der Zeit weder einen besonders grossen Kopf noch einen überdurchschnittlich kräftigen Händedruck.

Der erste funktionierende Intelligenztest wurde dann 1905 von Alfred Binet (1857–1911) entwickelt. Binets Problem war es, auf verlässliche Weise geistig zurückgebliebene Kinder von normal entwickelten zu unterscheiden. Dazu legte er den Kindern Fragen vor, deren Beantwortung Überlegung erforderte. Weiterhin ging Binet davon aus, dass Intelligenz mit dem Lebensalter zunimmt. Entsprechend gründete er seine Intelligenztests auf Problemlösungsaufgaben, die von Kindern mit zunehmendem Alter immer besser bewältigt werden konnten. Die Fähigkeit, solche Problemstellungen erfolgreich zu behandeln, legt ein sogenanntes Intelligenzalter fest; das Verhältnis von Intelligenzalter zu Lebensalter bestimmt den Intelligenzquotienten. Dieser ist so normiert, dass ein IQ-Wert von 100 anzeigt, dass Intelligenzalter und Lebensalter einander entsprechen, womit durchschnittliche Intelligenz vorliegt.

Bei einer grossen Gruppe von Testpersonen verteilen sich die Resultate auf einer sogenannten Gaussschen Glockenkurve mit einer Standardabweichung von 15. Das heisst, wer einen IQ von 115 hat, ist intelligenter als 85 Prozent der Bevölkerung; ein IQ von 130 macht ihn oder sie gar intelligenter als 97 Prozent. Binets erste Versuche bzw. Aufgabenstellungen wurden im Laufe der folgenden Jahrzehnte beträchtlich verbessert und modifiziert. Das zentrale Kriterium für die Angemessenheit spezieller Testvarianten war dabei, ob deren Ergebnisse eine Verbindung mit dem schulischen Erfolg des jeweils getesteten Kindes aufwiesen und zur Prognose der Schulleistungen tauglich waren. Obwohl die Genauigkeit und Verlässlichkeit von Intelligenztests noch einige Probleme im Detail aufwerfen, stellt die Intelligenz insgesamt sicher das am besten und präzisesten messbare geistige Merkmal dar.[32]

Aus der praktischen Verfügbarkeit eines zumindest halbwegs funktionierenden Instruments zur quantitativen Erfassung einer geistigen Eigenschaft ergibt sich, dass solche Eigenschaften einem quantifizierenden Zugang nicht prinzipiell entzogen sind. Umgekehrt bedarf es kaum der Erwähnung, dass es *qualitative* Unterschiede zwischen Merkmalen in der physikalischen Natur gibt. Die Entropie ist qualitativ verschieden von der Masse; elektromagnetische Wellen sind etwas qualitativ anderes als Atomkerne. Man kann also mit Recht von psychischen Quantitäten und physikalischen Qualitäten sprechen.

Auch hieraus ergibt sich: Da sich die Grenze zwischen dem Qualitativen und dem Quantitativen historisch in beträchtlichem Ausmass verschoben hat, und da sie überdies nicht – wie es auf den ersten Blick vielleicht nahegelegen hätte – mit der Grenzlinie zwischen dem Mentalen und dem Körperlichen zusammenfällt, liegt der Schluss nahe, dass die Grenze zwischen Qualität und Quantität keinen naturgegebenen Unterschied markiert. Die Quantitäten kommen nicht den Phänomenen selbst, sondern allein unserer Beschreibung der Phänomene zu. Qualität und Quantität trennen nicht bestimmte Wirklichkeitsbereiche voneinander, sondern bestimmte Zugangsweisen zur Wirklichkeit.[33] Erneut wird klar, dass der Unterschied zwischen Qualitas und Quantitas nicht natürlichen Ursprungs ist, sondern unseren Forschungsprogrammen und Methoden folgt, d.h., dass er von uns gemacht oder konstruiert ist.

Zweites Beispiel: *Physik.* Bei den Kausalrelationen, an die wir uns im täglichen Leben längst gewöhnt haben, liegt ein zumindest näherungsweise linearer Zusammenhang zwischen der Ausprägung der Ursache und der Ausprägung der Wirkung vor. Wenn wir vorsichtig auf das Gaspedal eines Autos treten, beschleunigen wir ein wenig; drücken wir das Gaspedal kräftig durch, beschleunigen wir stark. Es gibt jedoch auch Beispiele anderer Art. In solchen Fällen hat eine kleine Änderung der Ursache eine erhebliche Veränderung in der Wirkung zur Folge. Bereits vor mehr als hundert Jahren hat der Physiker Maxwell darauf hingewiesen, dass es Systeme gibt, die sich in einem «kritischen Zustand» befinden. Dieser kritische Zustand ist dadurch charakterisiert, dass ein winziger Anstoss ausreicht, um ein gänzlich andersartiges Systemverhalten hervorzubringen: «Beispiele sind der Felsblock, der durch den Frost gelockert wurde und auf einem singulären Punkt des Bergabhangs in der Schwebe hängt, der kleine Funken, der den grossen Wald in Brand setzt, die kleine Äusserung, die die Welt in den Krieg stürzt [...]. An diesen Punkten können Einflüsse, deren physische Stärke zu geringfügig ist, als dass ein endliches Wesen sie erfassen könnte, Resultate von der grössten Bedeutung hervorrufen.»[34] An diesen kritischen Punkten lenkt also eine kleine Änderung in den Anfangs- oder Randbedingungen das Zeitverhalten des entsprechenden Systems in eine gänzlich neue Richtung. Anders ausgedrückt (und ohne damit der materialistischen Dialektik von Engels das Wort zu reden): Quantitativ kleine Änderungen bringen einen qualitativen Sprung zustande.

Kritische Punkte im Zusammenhang eines Systems sind demnach durch einen nicht-linearen Zusammenhang zwischen Ursache und Wirkung gekennzeichnet. Die sogenannte irreversible Thermodynamik hat dafür in den letzten zwei bis drei Jahrzehnten eine Fülle von faszinierenden Beispielen zutage gefördert. Es gibt zahlreiche Phänomene, bei denen eine kleine Ursache eine grosse Wirkung zur Folge hat. Und wenn man will, kann man dies, mit wenig Philosophie, als einen Umschlag von Quantität in Qualität beschreiben. Und doch lässt sich auch das, was hier wie ein Umschlag von Quantität in Qualität erscheint, *quantitativ* behandeln, nämlich als starke Nicht-Linearität zwischen Ursache und Wirkung. Das heisst: (1) Der «Umschlag» (wenn man denn so reden will) ist etwas, das unsere Beschreibung an die Phänomene heranträgt; (2) eine quantitative Beschreibung «qualitativer Sprünge» ist möglich.

Ein interessantes Beispiel für den Umstand, dass kleine Ursachen grosse Wirkungen zur Folge haben können, ist die Entstehung der Eiszeiten. Nach unserem gegenwärtigen wissenschaftlichen Kenntnisstand beruhen diese letztlich auf einer verhältnismässig geringfügigen Abkühlung der Erdatmosphäre. Diese geht ihrerseits auf eine leicht verringerte Sonneneinstrahlung zurück, die sich aus Besonderheiten der irdischen Bahnbewegung um die Sonne, nämlich ihrer variierenden Exzentrizität sowie der variierenden Orientierung und Neigung der Erdachse, ergibt. Der entscheidende Punkt ist, dass diese geringfügige Abkühlung zu einer Veränderung der Strömungsverhältnisse im Nordatlantik zu führen scheint. Insbesondere wird eine warme Strömung, die bei Island an die Meeresoberfläche tritt und für die vergleichsweise milden Winter in Europa verantwortlich ist, umgelenkt. Dies hat zur Folge, dass die Winter auf der Nordhalbkugel beträchtlich strenger werden; und dies wiederum bewirkt eine weltweite Abkühlung von erheblichem Ausmass.[35]

Worauf es in diesem Beispiel ankommt, ist eben der Umstand, dass hier eine verhältnismässig kleine Veränderung der vorherrschenden Randbedingungen eine unverhältnismässig grosse Veränderung des entsprechenden Systemzustandes bewirkte. Und natürlich liegt die Befürchtung nahe, dass uns im Zusammenhang mit der zunehmenden Erwärmung der Erdatmosphäre durch den Treibhauseffekt ein ähnliches Ereignis, das man auch wieder als Umschlag von Quantität in Qualität bezeichnen kann, bevorsteht. Insofern ist aber das Thema «Qualität und Quantität» nicht nur unter wissenschaftlichen und philosophischen sowie wissenschaftshistorischen und philosophiehistori-

schen Aspekten interessant, sondern auch von einer bedrückenden
Aktualität.

Drittes Beispiel: *Ökonomie*, hier der Unterschied zwischen einem
quantitativen und einem qualitativen Wachstum. Wo, wie man heute
weiss, mit einem enormen quantitativen (wirtschaftlichen) Wachstum
auch unsere Probleme wachsen (ohne Wachstum allerdings ebenso),
kommt es offenbar auf ein richtiges Mass des Wachstums an, eben auf
ein «qualitatives» Mass. Wesentliche Elemente des wirtschaftlichen
Systems sollen verbessert werden, obgleich das System im bisherigen
Sinne nicht mehr wächst. Was dabei auf den ersten Blick wie eine Rückkehr vom Quantitativen zum Qualitativen erscheint, erweist sich, wie
gleich deutlich werden wird, auf den zweiten Blick als Quantifizierung
einer Qualität, nämlich des ökologiekonformen Wirtschaftens oder der
Lebensqualität.

Dabei ist der Begriff des qualitativen Wachstums selbst keineswegs
so klar, wie er vielfach erscheint. Die einen verbinden ihn mit ökologischen Argumenten, die anderen mit dem Begriff der Lebensqualität,
der seinerseits oft nicht klar ist. Ökologische Argumente sind in diesem
Fall die einfacheren. Während das quantitative wirtschaftliche Wachstum auf einem exponentiellen Wachstum des Sozialprodukts und des
Verbrauchs der Natur beruht, sucht ein als qualitativ bezeichnetes
Wachstum die mittlere Linie zwischen einem quantitativen Wirtschaftswachstum und einer radikalen ökologischen Strategie zu halten. Diese
mittlere Linie verfolgt eine «*Reduktion der Wachstumsraten* des Res-
sourcen- und Umweltverbrauchs, *nicht* aber des schon erreichten
Anspruchsniveaus»[36]. Es geht bei diesem Begriff des qualitativen
Wachstums also um das Erreichen und die Aufrechterhaltung eines
(wirtschaftlichen) Sättigungszustands auf hohem Niveau.

Qualität bedeutet in diesem Fall Steigerung und Begrenzung –
Steigerung der Qualität der Produkte und der Produktionsweisen und
Begrenzung eines allein an Kategorien des Quantitativen, der Expansion und des Naturverbrauchs orientierten Wachstums. Die Ideologie
des quantitativen Wachstums, so die Botschaft des Begriffs des qualitativen Wachstums, führt sich selbst ad absurdum: Wachstum wird zu
einer Maschine, die nicht nur ein immer grösseres Sozialprodukt pro-
duziert, sondern in eins damit einen ständig wachsenden Anteil dieses
Produkts selbst verbraucht. Der Schriftsteller Kishon weiss zu berichten: «In Amerika wurde eine landwirtschaftliche Maschine erfunden,
die allerdings noch verbessert werden muss, weil sie zuviel Raum ein-
nimmt. Sie pflanzt Kartoffeln, bewässert sie, erntet sie, wäscht sie, kocht

sie und isst sie auf.»[37] Gemeint ist die moderne Wachstumswirtschaft.
Diese wiederum droht zum Schicksal der modernen Welt zu werden.
Leben, so lautet die Parole, heisst wachsen. Die Frage ist nur: Sollen wir
alle zu Riesen werden? Hat Lebensqualität allein etwas mit Grösse zu
tun? Lebensqualität bezeichnet ein Mass, das sich z.B. in Kategorien
der Versorgung, der Gesundheit, der Freizeit und der Umwelt misst.
Dabei wird allerdings auch Lebensqualität zumeist in quantitativen
Massen gemessen, womit zugleich die Begriffe Qualität und Quantität
in diesem Zusammenhang ihre scheinbar klaren Konturen verlieren. So
kann etwa «eine quantitativ gute Versorgung mit Ärzten, Kranken-
hausbetten, Lehrern, Wohnraum und dergleichen [...] mit inhumanen
Erscheinungen wie Minuten- und Apparatemedizin, schlechten Curri-
cula und Schulorganisationsformen, Isolierung» einhergehen.[38]

Hier zeigt sich, dass der Begriff des Qualitativen keineswegs so eindeutig ist, wie es die Rede von einem qualitativen Wachstum nahelegt,
und dass auch dieser Begriff des Qualitativen wesentliche Elemente des
Quantitativen einschliesst. Zudem gilt, dass es kein qualitatives Wachstum ohne ein quantitatives Wachstum gibt, desgleichen kein quantitatives Wachstum ohne ein qualitatives Wachstum. Wer quantitativ nicht
zulegt, dem wird auch qualitativ der Atem ausgehen; und wer nicht in
die Qualität investiert, wird auch quantitativ nicht wachsen. Dies ist die
Logik des Marktes, und auch deshalb lässt sich zwischen einem qualitativen und einem quantitativen Wachstum nicht trennscharf unterscheiden. Weil Wachstum in Heller und Pfennig gemessen wird, trägt auch
das Qualitative quantitative Züge.

5. Einschränkungen

Die angeführten Beispiele machen deutlich, dass Qualität und
Quantität nicht nur aus historischen Gründen Begriffe sind, die keinen
Unterschied in der (Struktur der) Wirklichkeit betreffen, sondern einen
Unterschied in der (wissenschaftlichen und philosophischen) *Sprache*,
die selbst Ausdruck unterschiedlicher Perspektiven, Forschungspro-
gramme und Methoden ist.

In der Wissenschaftstheorie wird dieser Unterschied durch die Unterscheidung zwischen *qualitativen* und *quantitativen* bzw. *metrischen*
Begriffen ausgedrückt, ergänzt um das Instrument der *komparativen*
Begriffe. Qualitative Begriffe sind Klassenbegriffe – sie dienen der Einteilung vorliegender Gegenstandsbereiche. Quantitative bzw. metrische

Begriffe sind Ordnungsbegriffe – sie beruhen auf der Messung von Grössen und damit auf der Einführung einer Skala für eine empirische Struktur. Komparative Begriffe schliesslich treten dort auf, wo noch keine quantitativen Begriffe zur Verfügung stehen; sie schaffen eine (relative) Ordnung, die qualitative Begriffe allein nicht leisten können. Der Übergang von komparativen Begriffen zu quantitativen Begriffen ist fliessend, insofern es in beiden Fällen um die Einführung abstufungsfähiger Unterscheidungen geht: «Der Gedanke des ‹mehr oder weniger› eines bestimmten Attributs kann in quantitativen Termen ausgedrückt werden, wenn z.B. die klassifikatorische Unterscheidung zwischen heiss, kalt etc. durch den Begriff der Temperatur in Grad Celsius ersetzt wird. Begriffe wie Länge in Zentimetern, Zeitdauer in Sekunden, Temperatur in Grad Celsius usw. werden quantitative oder metrische Begriffe, oder kurz Quantitäten genannt: sie ordnen jedem Gegenstand in ihrem Anwendungsbereich eine bestimmte reelle Zahl zu, der Wert der Quantität für diesen Gegenstand. Zusätzlich zu diesen sogenannten Skalarquantitäten, deren Werte einzelne Zahlen sind, gibt es andere metrische Begriffe, deren Werte eine Menge mehrerer Zahlen sind; unter diesen sind Vektoren wie Geschwindigkeit, Beschleunigung, Kraft usw. Die Grundprobleme der Metrisierung betreffen die Einführung von Skalaren [...].»[39]

Die Vorteile eines Übergangs zu quantitativen oder metrischen Begriffen liegen in deren besseren Handlichkeit und grösseren Differenziertheit – die Alternative wäre ja, eine grosse Zahl von Unterscheidungen, z.B. die auf einer Temperaturskala, durch qualitative Ausdrücke wiederzugeben –, ferner zeigen sie sich bei der Formulierung von Gesetzen.[40] In diesem Sinne machen Quantifizierung und Metrisierung einen wesentlichen Teil der *Wissenschaftsfähigkeit* von Wissensbildungsprozessen aus. Und so verstanden mag dann wiederum auch die Rede von einer Mathematisierung der Naturwissenschaft, selbst die Rede von einer Mathematisierung der Natur, ihren methodischen, historisch schon bei Galilei belegbaren Sinn haben. Die Grenze zwischen Qualitas und Quantitas ist eine *methodische*, keine inhaltliche oder ontologische Grenze. Sie trennt, noch einmal, nicht Wirklichkeitsbereiche, sondern – in wissenschaftlichen wie in nicht-wissenschaftlichen Kontexten – Gesichtspunkte und Methoden.

Nun liesse sich einwenden, der Übergang von qualitativen zu quantitativen Begriffen, d.h. eine Quantifizierung, sei zwar immer möglich, oft jedoch insofern unangemessen, als eine Quantifizierung die mit einem Phänomen verbundenen Qualitäten nicht adäquat auszudrücken vermöchte. Durch die quantitative Beschreibung, so ein möglicher Einwand, gehen die Qualitäten verloren.

Dieser Einwand ist zwar im Kern unzutreffend, enthält jedoch einen wahren Aspekt. Er ist unzutreffend, insofern die Qualitäten durch eine angemessen durchgeführte Quantifizierung nicht verschwinden; sie nehmen nur eine andere Form an. Man denke z.B. an die Musik. Es ist klar, dass der musikalische Eindruck durch die Ton- und Klang*qualitäten* hervorgerufen wird; in diesem Sinne ist Musik ein *qualitatives* Phänomen. Anders verhält es sich, wenn man die Form betrachtet, in der diese unterschiedlichen Qualitäten in einer Compact Disc (CD) auftreten. Auf einer CD sind die Klangqualitäten binär kodiert, also in einer Folge von Materialerhebungen und Materialvertiefungen ausgedrückt. Offenbar sind hier die Qualitäten quantitativ beschrieben. Und dass die Qualitäten durch ihre quantitative Beschreibung nichts von ihrer Qualität eingebüsst haben, lässt sich mit jedem CD-Player leicht überprüfen.[41]

Nun ist aber auch klar, dass die Qualitäten aus der quantitativen Beschreibung zwar wiedergewinnbar (wie das Beispiel zeigt), aber doch nicht direkt in dieser enthalten sind. Keine optische, haptische oder sonstwie geartete Untersuchung einer CD wird das Fliessen der «Moldau» oder das Pochen der Schicksalssymphonie zu Tage fördern. Durch die Quantifizierung werden bestimmten Qualitätsunterschieden Zahlen zugeordnet; ebendies bedeutet aber nicht, dass die Zahlen die Natur der Qualitäten erfassen. Wir ordnen einem Phänomen (also der Ausprägung einer besonderen Qualität) ein anderes, zahlenmässig leicht erfassbares Phänomen (z.B. ein binäres Muster) zu, so dass die Unterschiede des einen durch die Unterschiede des anderen ausgedrückt werden. Man kann daher von letzterem, von quantitativen Unterschieden, auf ersteres, auf qualitative Unterschiede, schliessen. Daraus folgt aber nicht, dass man auch die qualitative Natur des angezeigten Phänomens durch die Ausprägung des Indikators erfasst hat. Selbstverständlich beinhaltet die quantitative Angabe «7° Celsius» nicht die qualitative Natur des entsprechenden Wärmegefühls.[42]

Der korrekte Aspekt des erwähnten Einwands besteht also in dem Hinweis darauf, dass man durch die quantitative Erfassung eines Phänomens seine qualitative Beschaffenheit keineswegs zwangsläufig miterfasst hat. Auch wenn man sagen kann, dass alle Phänomene im Grundsatz einer quantitativen Beschreibung zugänglich sind, heisst dies nicht, dass die Natur aller Phänomene durch Zahlen adäquat ausgedrückt werden kann. Im Gegenteil: Beklagenswert oft treffen wir auf

Fälle, bei denen die Quantifizierung an die Stelle einer sachhaltigen Untersuchung tritt und entsprechend eine angemessene Behandlung eher behindert als befördert. Als Beispiel dafür kann sogar die Wissenschaftstheorie selbst dienen. So beschreibt der sogenannte wissenschaftstheoretische Strukturalismus[43] die Struktur und die Entwicklung der Wissenschaft mit einem überaus hohen formalen Aufwand, bedient sich also selbst extensiv (mathematisch) quantitativer Konzepte. Dies hat unter anderem zur Folge, dass der dabei erforderliche mathematische Aufwand nur noch Spezialisten zugänglich ist, die dann wiederum, allein noch befasst mit mathematischen «Strukturen», den Blick für die Eigenarten des der wissenschaftstheoretischen Behandlung zugrundeliegenden Gegenstandsbereichs verlieren. Die Analysen sind entsprechend durch eine extrem quantitative Behandlung äusserst wirklichkeitsferner Fälle gekennzeichnet. Hier wie in anderen Fällen ist also stets im Auge zu behalten, dass eine quantitative Behandlung eine inhaltliche («qualitative») Analyse nicht ersetzen kann.

Damit bleibt die *philosophische* Unterscheidung zwischen Qualität und Quantität auch eine *wissenschaftlich* relevante Unterscheidung. Die Wissenschaft, zumal in ihren empirischen Formen, setzt auf den Begriff des Quantitativen, aber sie setzt, wenn sie inhaltliche Analysen nicht aus dem Blick verlieren will, das Qualitative mit dem Quantitativen nicht gleich. Die Philosophie wiederum setzt auf den Unterschied zwischen dem Qualitativen und dem Quantitativen, z.B. in Form einer Kategorienlehre, und sie wird selbst um so wissenschaftlicher, je deutlicher sie in der Quantifizierung den Kern des Wissenschaftlichen sieht, und um so philosophischer, je mehr sie in («qualitativen») Unterscheidungen denkt. Das bedeutet hier: Qualität und Quantität zwischen Philosophie und Wissenschaft. Aus der Sicht der Philosophie mag dabei das Quantitative, wie dies Hegel einmal ausgedrückt hat, «die schon negativ gewordene Qualität», nämlich als reine Grösse, sein.[44] Es genügt festzuhalten, dass für die Wissenschaft das Leibnizsche «calculemus»[45] («lasst uns rechnen!») gilt, für die Philosophie aber nach wie vor «distinguamus» («lasst uns unterscheiden!»).

Anmerkungen

1 E. Husserl: *Die Krisis der europäischen Wissenschaften und die transzendentale Phänomenologie*, ed. W. Biemel, Haag ²1962 (Husserliana VI), S. 18.
2 A.a.O., S. 20.
3 Ebd.

4   A.a.O., S. 49.

5   *Il Saggiatore* 6, *Opere di Galileo Galilei*, Edizione Nazionale, I–XX, Florenz 1890–1909, VI, S. 232; vgl. Brief vom Januar 1641 an F. Liceti, *Opere* XVIII, S. 295.

6   Vgl. G. Wolters: *Kategorie*, in: J. Mittelstrass (Ed.): *Enzyklopädie Philosophie und Wissenschaftstheorie* II, Mannheim/Wien/Zürich 1984, korr. Nachdruck: Stuttgart/Weimar 1995, S. 368f.; ferner, am gleichen Ort, K. Lorenz, *Kategorienfehler*, S. 370f.

7   Aristoteles, *Kategorien*. 8b25.

8   Aristoteles, *Metaphysik*. Δ13.1020a7–8.

9   *Met*. Δ13.1020a8–14.

10 *Kat*. 5a38–5b10. Als an sich selbst Quantitatives gelten z.B. Linie, Fläche, Körper, Raum und Zeit, da diese Träger quantitativer Bestimmungen sind, als akzidentell Quantitatives quantitative Bestimmungen wie das Weisse, sofern dieses einen derartigen Träger, in diesem Falle eine Fläche, voraussetzt. Zur weitergehenden Unterscheidung zwischen einem wesenhaft Quantitativen (z.B. der Linie) und einer (quantitativen) Bestimmtheit dieses Quantitativen (z.B. dem Breiten und Schmalen) vgl. Met. Δ13.1020a17–26. Dazu F. P. Hager, Quantität I, in: J. Ritter/K. Gründer (Eds.): *Historisches Wörterbuch der Philosophie* VII, Basel 1989, S. 1792–1796.

11 I. Kant: *Kritik der reinen Vernunft* (KrV) B 107.

12 Vgl. Aristoteles, *De gen. et corr*. B2.324b7–11.

13 *De gen. et corr*. B2.324b7–330a29.

14 Zu den unterschiedlichen Konzeptionen der Aristotelischen Elementenlehre vgl. G. A. Seeck: *Über die Elemente in der Kosmologie des Aristoteles. Untersuchungen zu «De generatione et corruptione» und «De caelo»*, München 1964 (Zetemata 24); ferner J. Mittelstrass: Die Kosmologie der Griechen, in: J. Audretsch/K. Mainzer (Eds.): *Vom Anfang der Welt. Wissenschaft, Philosophie, Religion, Mythos*, München 1989, S. 52ff.

15 Vgl. dazu und zum Folgenden M. Clagett: *The Science of Mechanics in the Middle Ages*, Madison 1961, S. 255ff.; ferner J. Mittelstrass: *Neuzeit und Aufklärung. Studien zur Entstehung der neuzeitlichen Wissenschaft und Philosophie*, Berlin/New York 1970, S. 188ff. Die Wiedergabe der sogenannten Merton-Regel folgt hier der Darstellung in: J. Mittelstrass: Merton School, in: ders. (Ed.): *Enzyklopädie Philosophie und Wissenschaftstheorie* II, S. 854f.

16 *Probationes conclusionum*, in: M. Clagett, a.a.O., S. 288f.

17 *Discorsi e dimostrazioni matematiche intorno a due nuove scienze* III (1638), *Opere* VIII, S. 210ff.

18 Vgl. W. Hübener: Qualität II 3, in: J. Ritter/K. Gründer (Eds.): *Historisches Wörterbuch der Philosophie* VII, S. 1758–1766.

19 E. J. Dijksterhuis: *Die Mechanisierung des Weltbildes*, Berlin/Göttingen/Heidelberg 1956, S. 482.

20 E. J. Dijksterhuis: a.a.O., S. 482 f. Vgl. ferner L. Krüger: Materie für uns und an sich – Was sind primäre Eigenschaften?, *Jahrbuch der Akademie der Wissenschaften in Göttingen 1989*, Göttingen 1990, S. 69–89.

21 R. Descartes: *Le monde*, *Oeuvres*, I–XII, ed. C. Adam/P. Tannery, Paris 1897–1910, XI, S. 23.

22 Vgl. J. Locke: *An Essay Concerning Human Understanding* IV 3, § 16, I–II, ed. J. W. Yolton, London 1961, 1964, II, S. 153; IV 3, § 11, a.a.O., II, S. 150.

23 *KrV* B 202. Vgl. die knappe, informative Darstellung bei K. Mainzer: Quantität IV, in: J. Ritter/K. Gründer (Eds.): *Historisches Wörterbuch der Philosophie* VII, S. 1818–1820.

24 *KrV* B 203f.

25 *KrV* B 203.

26 *KrV* B 182.

27 *KrV* B 207.

28 Vgl. *KrV* B 211f., B 555.

29 I. Kant: *Prolegomena zu einer jeden künftigen Metaphysik, die als Wissenschaft wird auftreten können,* § 13, Anm. II, *Werke in sechs Bänden,* ed. W. Weischedel, Frankfurt/Darmstadt 1956–1964, III, S. 152.

30 F. Engels: *Anti-Dühring. Dialektik der Natur,* in: K. Marx/F. Engels: *Werke XX,* Berlin 1972, S. 348.

31 K. Marx: *Das Kapital. Kritik der politischen Ökonomie* I, in: K. Marx/F. Engels: *Werke XXIII,* Berlin 1972, S. 49.

32 Zur Entwicklung von Intelligenztests vgl. E. R. Hilgard/R. C. Atkinson/R. L. Atkinson: *Introduction to Psychology,* New York etc. [6]1975, S. 403–410.

33 Vgl. dazu in einem wissenschaftstheoretischen Zusammenhang M. Carrier/J. Mittelstrass: *Geist, Gehirn, Verhalten. Das Leib-Seele-Problem und die Philosophie der Psychologie,* Berlin/New York 1989, S. 92 (engl. [erweitert] *Mind, Brain, Behavior. The Mind-Body Problem and the Philosophy of Psychology,* Berlin/New York 1991, S. 87f.).

34 Zitiert bei I. Prigogine/I. Stengers: *Dialog mit der Natur. Neue Wege naturwissenschaftlichen Denkens,* München/Zürich [4]1983, S. 80.

35 Vgl. W. S. Broecker/G. H. Denton: Ursachen der Vereisungszyklen, *Spektrum der Wissenschaft* H. 3, 1990, S. 88–98.

36 H. Ch. Binswanger: Qualitatives Wachstum – Strategie und Ausgestaltungsprobleme, in: H. Müller-Witt (Ed.): *Arbeitsplätze kontra Umwelt?,* Freiburg 1980, S. 53.

37 Zitiert bei H. Ch. Binswanger, a.a.O., S. 60.

38 F. Kambartel: Lebensqualität, in: J. Mittelstrass (Ed.): *Enzyklopädie Philosophie und Wissenschaftstheorie* II, S. 556.

39 C. G. Hempel: *Fundamentals of Concept Formation in Empirical Science,* Chicago/London 1952, S. 55 (dt. *Grundzüge der Begriffsbildung in der empirischen Wissenschaft,* Düsseldorf 1974, S. 54). Zur Unterscheidung zwischen qualitativen, komparativen und quantitativen Begriffen vgl. ferner R. Carnap: *Philosophical Foundations of Physics,* New York 1966, S. 51–121 (dt. *Einführung in die Philosophie der Naturwissenschaft,* München [3]1976, S. 59–124); W. Stegmüller: *Probleme und Resultate der Wissenschaftstheorie und Analytischen Philosophie* II (*Theorie und Erfahrung*), Berlin/Heidelberg/New York 1970, S. 15–109; G. Böhme: Quantität/Qualität, in: J. Speck (Ed.): *Handbuch wissenschaftstheoretischer Begriffe* II, Göttingen 1980, S. 529f.

40 Vgl. W. Stegmüller, a.a.O., S. 98ff.

41 Vgl. R. Carnap, a.a.O., S. 113f. (dt. S. 117f.).

42 Terminologisch ausgedrückt heisst dies, dass die Quantifizierung *supervenient* zu dem gemessenen Phänomen sein muss: Jedem Unterschied im Phänomen muss ein Unterschied im Indikator entsprechen. Die Quantifizierung von Qualitätsunterschieden bedeutet aber gerade keine Quantifizierung der Qualität selbst.

43 Vgl. J. D. Sneed: *The Logical Structure of Mathematical Physics*, Dordrecht 1971,
    [2]1979; W. Stegmüller: *Probleme und Resultate der Wissenschaftstheorie und Analyti-
    schen Philosophie* II/2 (*Theorienstrukturen und Theoriendynamik*), Berlin/Heidel-
    berg/New York 1973.
44 G. W. F. Hegel: *Wissenschaft der Logik* I (*Die objektive Logik*), *Sämtliche Werke.
    Jubiläumsausgabe*, I–XXVI, ed. H. Glockner, Stuttgart 1927–1940, IV, S. 85.
45 G. W. Leibniz: Entwurf zu den Initia et Specimina Scientiae generalis, *Die philoso-
    phischen Schriften*, I–VII, ed. C. I. Gerhardt, Berlin 1875–1890, VII, S. 65, 125.

Für vielfältigen Rat und produktive Kritik danke ich meinem früheren Konstanzer Kollegen Martin Carrier (Heidelberg).

Gibt es eine Wiedergeburt der Qualität in der Mathematik?

Egbert Brieskorn

Bis zum Beginn der mathematischen Moderne war Mathematik die Wissenschaft «von Zahlen und Figuren». In Verkennung dieses Doppelcharakters ihres Gegenstandes wurde sie von denen, die diese Wissenschaft nicht von innen her kannten, überwiegend als die Wissenschaft der Zahl verstanden: ihr Reich war das Reich der Quantität. Etwa mit dem Beginn der mathematischen Moderne entstanden jedoch durch die Schöpfungen bedeutender Mathematiker neuartige Strukturen, die von ihren Schöpfern bewußt als eine Art «qualitativer» Mathematik verstanden wurden. Diese Tendenz hat sich bis in unsere Gegenwart fortgesetzt und noch verstärkt, so daß bisweilen sogar von einer «Wiedergeburt der Qualität in der Mathematik» die Rede ist. Ich bin mit dieser Rede nicht ganz einverstanden, und ich habe deswegen daraus eine Frage gemacht. Zum einen finde ich, daß man «Wiedergeburt» nur etwas nennen sollte, was wirklich mit dem Wunder der Geburt vergleichbar ist. Zum andern meine ich, daß das, was mutmaßlich mit «Wiedergeburt der Qualität in der Mathematik» gemeint ist, nicht stattgefunden hat, und es wird meine Aufgabe sein, dies auseinanderzusetzen. Schließlich wird auch zu fragen sein, was denn mit dem Wort «in» gemeint ist, wenn von «Qualität in der Mathematik» geredet wird. Mit dieser letzten Frage will ich beginnen.

* * *

Wer über «Wissenschaft zwischen Qualitas und Quantitas» nachdenken will, der kann sich dabei nicht auf die disziplinäre Struktur heutiger Wissenschaft und schon gar nicht auf rein innerdisziplinäre Fragen beschränken. Vielmehr ist die Frage nach dem Verhältnis von Qualität und Quantität im Bezug auf unser Wissenschaftssystem als Ganzes und auf die Stellung der einzelnen Disziplinen in diesem Funktionszusammenhang zu erörtern, und diese disziplinäre Struktur ist als historisches Ergebnis der zweieinhalbtausendjährigen Entwicklung abendländischer Wissenschaft zu begreifen.

In dieser Entwicklung hat die Mathematik immer eine ganz besondere
Rolle gespielt. Griechische Mathematik war der Versuch, war jedenfalls auch
der Versuch, durch unzweifelhaft wahres Wissen Welt als Kosmos zu begreifen, und eben dieser pythagoreisch-platonische Wille zum Kosmos bestimmte
auch die Stellung der Mathematik in der neuzeitlichen Naturwissenschaft.
Moderne Naturwissenschaft ist ohne Mathematik nicht denkbar, aber darüber hinaus durchdringt heute mathematisches Denken auch zahlreiche wissenschaftliche Disziplinen außerhalb der Naturwissenschaft. Ja, es ist sogar
so, daß für viele, jedenfalls für viele Mathematiker, die Mathematik das eigentlich Wissenschaftliche an der Wissenschaft ist. Man beruft sich dabei
gerne auf ein Diktum von Kant:

Ich behaupte aber, daß in jeder besonderen Naturlehre nur so viel
eigentliche Wissenschaft angetroffen werden könne, als darin Mathematik *anzutreffen ist. Denn nach dem Vorhergehenden erfordert eigent-*
liche Wissenschaft, vornehmlich der Natur, einen reinen Theil, der dem
empirischen zum Grunde liegt, und der auf Erkenntniß der Naturdinge
a priori *beruht.* [1]

Kants Auffassung mathematischer Erkenntnis als in einer reinen Anschauung begründetes Wissen, das in synthetischen Urteilen a priori ausgesprochen
wird, wird in dieser Form heute wohl nur von wenigen Mathematikern akzeptiert werden, wohl aber jene Abtrennung eines reinen Teils eigentlicher
Wissenschaft, eben der «reinen Mathematik».

Die historische Entwicklung hat zu dem gegen Ende des vorigen Jahrhunderts deutlich hervortretenden und auf den ersten Blick paradoxen Ergebnis
geführt, daß die Mathematik selbstreferentiell geworden ist, daß also gerade
das universell anwendbare, allen anderen Wissenschaften zur Verfügung stehende Wissen der Mathematiker sich explizit nur auf sich selbst bezieht. Was
hiermit gemeint ist, ist allerdings noch genauer zu erläutern. Jedenfalls wird
diese Selbstbezüglichkeit der heutigen Mathematik als ein charakteristischer
Zug der mathematischen Moderne angesehen. [2]

Möglich wurde diese Entwicklung durch eine schöpferische Tat von höchstem Rang, die Schaffung der Mengenlehre durch Georg Cantor. Vollzogen
wurde sie dann durch die Anwendung der axiomatischen Methode von David
Hilbert.

Eine explizite Definition dessen, was er mit einer Menge oder auch Mannigfaltigkeit meinte, hat Cantor zuerst 1883 gegeben:

Unter einer «Mannigfaltigkeit» oder «Menge» verstehe ich nämlich allgemein jedes Viele, welches sich als Eines denken läßt, d. h. jeden Inbegriff bestimmter Elemente, welcher durch ein Gesetz zu einem Ganzen verbunden werden kann, und ich glaube hiermit etwas zu definieren, was verwandt ist mit dem Platonischen $\varepsilon \tilde{\iota} \delta o \varsigma$ oder $\iota \delta \acute{\varepsilon} \alpha$, *wie auch mit dem, was* Platon *in seinem Dialoge «Philebos oder das höchste Gut»* $\mu \iota \kappa \tau \acute{o} \nu$ *nennt. Er setzt dieses dem* $\overset{\backprime}{\alpha} \pi \varepsilon \iota \varrho o \nu$, *d. h. dem Unbegrenzten, Unbestimmten, welches ich Uneigentlich-unendliches nenne, sowie dem* $\pi \acute{\varepsilon} \varrho \alpha \varsigma$, *d. h. der Grenze entgegen und erklärt es als ein geordnetes «Gemisch» der beiden letzteren. Daß diese Begriffe* Pythagoreischen *Ursprungs sind, deutet* Platon *selbst an; man vergleiche* A. Boeckh, *Philolaos des Pythagoreers Lehren. Berlin 1819.* [3]

Cantors Unterscheidung von Eigentlich-unendlichem und Uneigentlich-unendlichem ist seine Konsequenz aus der Einsicht, daß der Versuch, gewisse Vielheiten als Einheit zu denken, zu Widersprüchen führt. So schreibt Cantor in einem Brief an Dedekind 1899:

Gehen wir von dem Begriff einer bestimmten Vielheit (eines Systems, eines Inbegriffs) von Dingen aus, so hat sich mir die Notwendigkeit herausgestellt, zweierlei Vielheiten (ich meine immer bestimmte *Vielheiten) zu unterschieden.*

Eine Vielheit kann nämlich so beschaffen sein, daß die Annahme eines «Zusammenseins» aller ihrer *Elemente auf einen Widerspruch führt, so daß es unmöglich ist, die Vielheit als eine Einheit, als «ein fertiges Ding» aufzufassen. Solche Vielheiten nenne ich* absolut unendliche *oder* inkonsistente Vielheiten.

Wie man sich leicht überzeugt, ist z. B. der «Inbegriff alles Denkbaren» eine solche Vielheit; später werden sich noch andere Beispiele darbieten.

Wenn hingegen die Gesamtheit der Elemente einer Vielheit ohne Widerspruch als «zusammenseiend» gedacht werden kann, so daß ihr Zusammengefaßtwerden zu «einem Ding» möglich ist, nenne ich sie eine konsistente Vielheit *oder eine «Menge».* [4]

1895 hat Cantor dann in seiner Abhandlung *Beiträge zur Begründung der Transfiniten Mengenlehre* die folgende berühmte Definition von Mengen gegeben:

Unter einer «Menge» verstehen wir jede Zusammenfassung M *von bestimmten wohlunterschiedenen Objekten* m *unsrer Anschauung oder unseres Denkens (welche die «Elemente» von* M *genannt werden) zu einem Ganzen.* [5]

Diese Definition wurde und wird immer noch als die Grundlage der naiven Mengenlehre dafür verantwortlich gemacht, daß in der Mengenlehre Antinomien auftraten, etwa dann, als man versuchte, die «Menge aller Mengen» zu betrachten. Es läßt sich zeigen, wie wenig eine solche Wertung den Intentionen Cantors gerecht wird. [6] Da es gelang, das Auftreten von Antinomien durch eine Axiomatisierung der Mengenlehre zu vermeiden, glaubte man und glauben viele Mathematiker immer noch, in einem solchen Axiomensystem eine bessere Definition von Mengen zu besitzen als in der «naiven» Definition von Cantor. Richtig ist natürlich, daß einstweilen Axiomensysteme wie das von Zermelo und Fränkel für das zuverlässige Operieren mit mengentheoretischen Konstruktionen eine Basis liefern, die für die Forschungsarbeit der meisten Mathematiker ausreicht. Aber wir wissen natürlich heute, daß jedes derartige Axiomensystem nicht bestimmen kann, welche Aussagen über Mengen wahr sind, und daß wir darüber hinaus eine große Freiheit bei der Wahl von höheren Axiomen der Mengenlehre haben, so daß wir uns also in einer Reihe von Fällen vom rein logischen Standpunkt aus sowohl für ein bestimmtes Axiom entscheiden könnten als auch für sein Gegenteil.

Allerdings wird fast die gesamte mathematische Forschung unserer Zeit von dieser Problematik nicht berührt. Nachdem die von Cantor geschaffene Mengenlehre in einem für ihre Zwecke ausreichenden Axiomensystem kodifiziert ist, steht eine präzise und einheitliche Sprache zur Verfügung, die es erlaubt, alle mathematischen Definitionen und Aussagen als Definitionen für und Aussagen über Mengen zu formulieren. Es gibt nur eine fundamentale Relation: «m ist Element von M», in Zeichen:

$$m \in M.$$

Auf dieser Grundlage steht ein bewunderungswürdiger Bau aus verschiedenartigsten mathematischen Strukturen, deren jede durch Axiome für die zwischen ihren Elementen angenommenen Relationen charakterisiert werden kann. Urbild eines solchen Axiomensystems war die berühmte Abhandlung *Grundlagen der Geometrie* von David Hilbert aus dem Jahre 1899. [7]

Hilbert stellt seiner Abhandlung einen sehr bekannten Satz Kants aus der *Kritik der reinen Vernunft* voran:

So fängt denn alle menschliche Erkenntniß mit Anschauungen an, geht von da zu Begriffen und endigt mit Ideen. [8]

In der sehr kurzen Einleitung sagt Hilbert dann, die Aufgabe der Aufstellung der Axiome der Geometrie und die Erforschung ihres Zusammenhanges laufe auf «die logische Analyse unserer räumlichen Anschauung hinaus». Seine Untersuchung sei «ein neuer Versuch, für die Geometrie ein *einfaches* und *vollständiges* System voneinander *unabhängiger* Axiome aufzustellen und aus denselben die wichtigsten geometrischen Sätze in der Weise abzuleiten, dass dabei die Bedeutung der verschiedenen Axiomgruppen und die Tragweite der aus den einzelnen Axiomen zu ziehenden Folgerungen möglichst klar zu Tage tritt.»

Die Abhandlung selbst beginnt dann mit den folgenden Sätzen:

Erklärung. *Wir denken drei verschiedene Systeme von Dingen: die Dinge des* ersten *Systems nennen wir* Punkte *und bezeichnen sie mit* A,B,C, ...; *die Dinge des* zweiten *Systems nennen wir* Gerade *und bezeichnen sie mit a,b,c, ...; die Dinge des* dritten *Systems nennen wir* Ebenen *und bezeichnen sie mit* α, β, γ, ...; *die Punkte heissen auch die* Elemente der linearen Geometrie, *die Punkte und Geraden heissen die* Elemente der ebenen Geometrie *und die Punkte, Geraden und Ebenen heissen die* Elemente der räumlichen Geometrie *oder* des Raumes.

Wir denken die Punkte, Geraden, Ebenen in gewissen gegenseitigen Beziehungen und bezeichnen diese Beziehungen durch Worte wie «liegen», «zwischen», «parallel», «congruent», «stetig»; *die genaue und vollständige Beschreibung dieser Beziehungen erfolgt durch die* Axiome der Geometrie. [9]

Es werden dann die von Hilbert gewählten Axiome formuliert und, wie angekündigt, die wichtigsten geometrischen Sätze in einer Weise abgeleitet, welche die Bedeutung der verschiedenen Axiomgruppen oder der aus ihnen abgeleiteten Sätze hervortreten läßt. Mit «Bedeutung» einer Aussage ist aber eben hier immer nur die Bedingung der Möglichkeit gemeint, aus dieser Aussage im Rahmen des gewählten Systems gewisse andere Aussagen ableiten zu können. Explizit jedenfalls richtet sich die Frage stets nur auf die Beweisbarkeit von Sätzen oder die Bedingungen der Lösbarkeit oder Unlösbarkeit von Problemen oder ganzen Problemgruppen, wie Hilbert im Schlußwort der Abhandlung selbst hervorhebt. Von unserer räumlichen Anschauung, die «logisch analysiert» werden soll, ist nirgendwo die Rede, so daß man annehmen muß, daß eine solche Analyse der Anschauung, wenn überhaupt, vor dem Verfassen der Abhandlung stattgefunden hat. Implizit geht die Abhandlung allerdings selbstverständlich davon aus, daß der Leser ebenso wie der Verfasser in der zweieinhalbtausendjährigen Tradition europäischer Mathematik steht, im Kontext der zeitgenössischen Forschung ebenso wie in der Tradition der euklidischen Geometrie. An dieses Wissen um den Kontext wird durch die Wahl der Namen für Begriffe appelliert, die im Rahmen der axiomatischen Entfaltung der Theorie neu eingeführt werden. Doch hält sich deren Definition streng innerhalb dieses axiomatischen Rahmens. Ein besonders krasses Beispiel ist Hilberts Definition von «Figur». Im lateinischen «figura» stecken als mitschwingende Bedeutungen nicht nur die mathematische Figur im engeren Sinne, der im Griechischen vielleicht am ehesten $\sigma\chi\tilde{\eta}\mu\alpha$ entspräche, sondern auch Bildung, Gestalt, schöne Gestalt, Gebilde, Bild, Erscheinung und, im philosophischen Sinne, Urbild, als lateinischer terminus technicus für das griechische $i\delta\acute{\epsilon}\alpha$. Das ganze Feld von Bedeutungen ist also ähnlich dem des griechischen $\epsilon\tilde{i}\delta o\varsigma$. Und nun die Definition von Hilbert:

Erklärung. *Irgend eine endliche Anzahl von Punkten heisst eine* Figur; *liegen alle Punkte der Figur in einer Ebene, so heisst sie eine* ebene Figur. [10]

Welcher ungeheure Verlust an Bedeutung! Aber auch: welcher Gewinn an Eindeutigkeit, Bestimmtheit, Sicherheit, Zuverlässigkeit, Präzision! Jahrtausendelang war Mathematik die Wissenschaft von Zahlen und Figuren – und mit einem Federstrich wird hier, am Beginn der mathematischen Moderne, das alte Wort entwertet. An seine Stelle tritt ein neues Zauberwort: «Struktur». Mathematik wird, im Verständnis der Vertreter der mathematischen Moderne, die Wissenschaft von den Strukturen.

Das lateinische «structura» meint die geordnete Zusammenfügung, die Konstruktion, den Bau, die Ordnung, zum Beispiel die der Knochen im Körper. Boshaft gesagt, verhält sich also die Figur zur Struktur wie die Gestalt zum Skelett.

Während beim Gebrauch des Wortes «Struktur» die Vorstellung von der durch die jeweilige Intention bestimmten weitgehenden Auswechselbarkeit der Strukturelemente und die Wählbarkeit ihrer Relationen mitschwingt, werden im Gebrauch des Wortes «Figur» eher Gestalten als etwas durch Erscheinung in der Anschauung Gegebenes begriffen. So beriefen sich denn die Vertreter der mathematischen Gegenmoderne auch dann, wenn sie in der Mitteilung ihrer Ergebnisse dem Vorbild Hilberts folgten, bei der Erklärung der Bedeutung von Mathematik auf Anschauung, Gestalt und Intuition. [11]

Nach meiner Meinung ist der Gegensatz von Figur und Struktur kein absoluter Gegensatz. Ein Zitat von L. Brunschvicg aus dem Jahre 1912, das die Mathematik noch mit ihrem alten Namen nennt, aber Mathematik im Grunde bereits als Untersuchung von Strukturen begreift, mag dies belegen:

Daß das Denken eine auflösende Funktion hat, daß es mit Hilfe der Wissenschaft von den Zahlen und Figuren ausgeübt wird, und daß es ihm in zunehmendem Maße gelingt, in dem verwickelten Geflecht der Erscheinungen die Ordnung mathematischer Relationen zu entdecken, diese Konzeption ist in gewissem Sinne ein und dasselbe wie Platonismus. [12]

Insbesondere werden wir bestimmte mathematische Strukturen von unverwechselbarer Eigenart vielleicht doch als so etwas wie Figuren neuer Art ansehen dürfen und danach fragen dürfen, ob diese Figuren eine besondere Qualität haben oder ob in diesen Figuren in irgendeinem Sinne Qualität oder Qualitatives zu sehen ist. Carl Friedrich von Weizsäcker hat einmal gesagt: «Struktur ist eine moderne Übersetzung für eidos oder idea.» [13]

Eine Identität wird damit wohl nicht behauptet. «Struktur» ist – so meine ich – ein Wort des eisernen Zeitalters, so wie $\varepsilon\tilde{\iota}\delta o\varsigma$ eins des goldenen war. Wir sollten die Position der mathematischen Moderne nicht überinterpretieren. Gewiß ist es tatsächlich so, daß sich die formelle Mitteilung der Ergebnisse mathematischen Denkens im Prinzip nur noch auf die logische Richtigkeit der Ableitungen aus den Axiomen, welche bei der Untersuchung der jeweiligen Struktur zugrundegelegt wurden, berufen kann, und daß sie auch nicht mehr tun muß, um ihre Richtigkeit zu beweisen.

Aber in Wirklichkeit sind ja diese so formell mitgeteilten mathematischen Definitionen und Propositionen die Erzeugnisse des Denkens und des Gedankenaustauschs der Mathematiker, und das sind lebendige Wesen, die in vielfältigen Zusammenhängen stehen. Jeder einzelne Mathematiker steht zuerst einmal in der geschichtlichen Kontinuität seiner Wissenschaft und im aktuellen Zusammenhang der mathematischen Forschung. Innerhalb dieses Zusammenhanges wird er, sofern er verantwortlich handelt, seine Arbeit auf jeden Fall sehen müssen. Und in diesem Zusammenhang wird seine Arbeit auch von anderen Mathematikern bewertet, die seine Ergebnisse aufnehmen und in ihre eigene Arbeit eingehen lassen wollen.

Darüber hinaus aber steht die ganze Mathematik in viel umfassenderen Zusammenhängen der Wechselwirkung mit anderen Wissenschaften, in Zusammenhängen der Anwendung und Verwertung, und in Zusammenhängen der verschiedensten Diskurse. Dazu gehören auch die Diskurse der Philosophie, und nur ein Mißverständnis der selbstreferentiell gewordenen Mathematik könnte die Verweigerung der Teilnahme an solchen Diskursen gerechtfertigt erscheinen lassen.

Georg Cantor hat hinsichtlich der Realität mathematischer Begriffe zwischen zwei Arten von Realität unterschieden: der «intrasubjektiven» oder «immanenten Realität» und der «transsubjektiven» oder «transienten Realität». Erstere verweist auf ihre Wirklichkeit in unserem Denken, letztere auf ihre Wirklichkeit als «Abbild von Vorgängen und Beziehungen in der dem Intellekt gegenüberstehenden Außenwelt». [14] Es war Cantors philosophische Überzeugung, daß jeder im Sinne der immanenten Realität existierende Begriff auch transiente Realität besitze. Aus diesem Zusammenhang von immanenter und transienter Realität ergibt sich bei Cantor für die Mathematik eine sehr wichtige Konsequenz,

> *daß nämlich letztere bei der Ausbildung ihres Ideenmaterials* einzig *und* allein *auf die* immanente *Realität ihrer Begriffe Rücksicht zu nehmen und daher* keinerlei *Verbindlichkeit hat, sie auch nach ihrer* transienten *Realität zu prüfen. Wegen dieser ausgezeichneten Stellung, die sie von allen anderen Wissenschaften unterscheidet und die eine Erklärung für die verhältnismäßig leichte und zwanglose Art der Beschäftigung mit ihr liefert, verdient sie ganz besonders den Namen der* freien Mathematik, *eine Bezeichnung, welcher ich, wenn ich die Wahl hätte, den Vorzug vor der üblich gewordenen «reinen» Mathematik geben würde.* [15]

Da die mathematische Forschung in der immanenten Realität, in dem Kriterium der Fruchtbarkeit mathematischer Begriffsbildung ihr eigenes Regulativ hat, ist jede Verpflichtung auf transiente Realität unnötig, ja möglicherweise gefährlich, denn – so das berühmte Dictum – «das *Wesen* der *Mathematik* liegt gerade in ihrer *Freiheit*». [16]

Für Cantorianer hat Cantor mit seiner Mengenlehre ein Reich der Freiheit geschaffen, von dem David Hilbert 1925 sagte:

> *Aus dem Paradies, das Cantor uns geschaffen, soll uns niemand vertreiben können.* [17]

Man mag sich daran reiben, daß Wissenschaftler glauben, im Paradies zu sein, daß sie sich – vermeintlich oder tatsächlich – der kritischen Reflexion über Probleme der Fundierung, der Bedingungen und der Folgen ihres Forschens enthoben sehen. Wichtiger ist, das Phänomen der Entstehung einer solchen selbstreferentiellen Mathematik in seiner historischen Notwendigkeit und seinen Konsequenzen zu begreifen.

Aus dem bisher Gesagten ergibt sich für die Frage nach dem Verhältnis von Qualitas und Quantitas in der Mathematik zunächst einmal, daß sich die Sinnhaftigkeit der Frage nicht schon wegen der Sonderstellung der modernen Mathematik als einer selbstreferentiellen Wissenschaft bestreiten läßt. Jedoch wird, dem besonderen Charakter der modernen Mathematik entsprechend, zwischen dieser und der alten Mathematik der Zahlen und Figuren zu differenzieren sein. Bei der modernen Mathematik wird zunächst zwischen dem Denken der Mathematiker und seinem Ergebnis, den Theorien der verschiedenen Strukturen, zu unterscheiden sein, sodann nach innermathematischen und außermathematischen Bezügen. In Hinsicht auf die letzteren gewinnt das Thema sein philosophisches Interesse vor allem durch die Fundierungsproblematik, die durch den Aufbau der ganzen Mathematik auf dem Fundament der Mengenlehre an die äußersten Grenzen verschoben wird, bis hin zum philosophischen Problem der Konstitution des Gegenstandes der Erkenntnis überhaupt, das in der Philosophiegeschichte ja mit dem Problem der Kategorien und insbesondere der Kategorie der Qualität eng verbunden ist.

Seine Aktualität aber hat das Fragen nach Qualitas und Quantitas in der Mathematik durch das weit verbreitete Bewußtsein von der Ambivalenz moderner Naturwissenschaft und Technik, deren härtesten Kern eben nichts anderes bildet als die Mathematik.

* * *

Die Vorstellung der Mathematiker, im Paradies zu sein, wird von der Mathematik etwas ferner Stehenden nicht allgemein geteilt. Solchen Außenstehenden, aber vielleicht Betroffenen, könnte wohl eher ein anderes Bild in den Sinn kommen, das man in einer bitter ernsten Satire aus dem Jahre 1726 findet, in dem Roman *Gullivers Reisen* von Jonathan Swift. Dort leben die Mathematiker am Hofe des Königs von Balnibarbi, und zwar in Laputa, einer kreisrunden Insel mit einer Basis aus Diamant, die in der Luft über dem Lande Balnibarbi schwebt. Der König und sein Hofstaat, weltabgewandt und nur der Mathematik, der Astronomie und der Musik zugetan, nehmen von den Problemen des täglichen Lebens und des unglücklichen Landes Balnibarbi kaum Notiz. Dessen Unglück vergrößert sich ständig durch die Tätigkeit von Projektoren, die sich bei kurzen Aufenthalten in Laputa einige ganz oberflächliche Kenntnisse der Mathematik angeeignet haben und nun in ihren in allen größeren Städten des Landes eingerichteten Akademien ihre Projekte verfolgen. Deren Realisierung entspricht allerdings nicht ganz den Erwartungen, und der Zustand des Landes ist die sich daraus ergebende Folge.

Werden dann die Bürger einer Stadt unbotmäßig, dann kann es schon einmal geschehen, daß man die diamantene Insel sinken läßt, um die Stadt mit ihren Menschen zu zerquetschen.

Am 6. August 1945 um 8 Uhr, 15 Minuten und 17 Sekunden fiel aus einem Flugzeug am Himmel über der Stadt Hiroshima eine Bombe. Sie detonierte 43 Sekunden später und tötete einen großen Teil der Menschen in der Stadt.

Am 9. August 1945 um 11 Uhr und 2 Minuten fiel eine zweite tödliche Bombe auf die Stadt Nagasaki.

Die beiden Bomben waren Produkte des Manhattan-Projektes, des bis dahin größten wissenschaftlich-technischen Projektes in der Geschichte der Menschheit.

Dessen Leiter in Los Alamos, Robert Oppenheimer, zitierte nach der Zündung der ersten Atombombe am 16. Juli 1945 einen Vers aus der Bhagavadgita:

Ich bin der Tod, der alles raubt. [18]

In der Tat, auch heute noch, fünfzig Jahre nach diesem Ereignis, leben wir immer noch mit dieser tödlichen Bedrohung. Die aufgehäuften Arsenale atomarer Waffen genügen, um die Grundlagen des Lebens auf der Erde weitgehend zu vernichten.

Das Manhattan-Projekt war systematisch organisierte Zusammenarbeit von Tausenden von Wissenschaftlern, Ingenieuren, Arbeitern, von Wissenschaft, Industrie, Militär und Politik. Es war insofern Baconische Wissenschaft. Und es vergrößerte die Macht der Mächtigen ins Ungeheuerliche. Aber diese Entwicklung war nur möglich als Ergebnis der jahrhundertelangen Entwicklung der von Kepler und Galilei konzipierten Verbindung von Mathematik und Naturwissenschaft. Das ist von Oppenheimer und anderen am Manhattan-Projekt teilnehmenden Wissenschaftlern mehrfach betont worden. Noch deutlicher, schärfer, formuliert Carl Friedrich von Weizsäcker:

Von Galilei führt ein schnurgerader Weg zur Atombombe. [...] Die Naturwissenschaft ist die größte Bewußtseinsveränderung der Menschheit seit dem Kommen der Hochreligionen und der Kulturen des ersten vorchristlichen Jahrtausends; ich nenne sie gern den harten Kern der Neuzeit. Sie gibt uns eine nie dagewesene intellektuelle, folglich technische, folglich politische Macht. Es ist undenkbar, daß die Menschheit sich durch diese Macht nicht selbst zerstört, wenn sie nicht eine ebenso radikale moralische Wandlung durchmacht. [19]

Oppenheimer hat sich zu diesem machtförmigen Charakter der Naturwissenschaft bekannt. Aber er hat in diesem Zusammenhang auf einen paradoxen Gegensatz zwischen den Motiven der Wissenschaftler und denen derer, die Macht wollen, hingewiesen:

We regard it as proper and just that the patronage of science by society is in large measure based on the increased power which knowledge gives. If we are anxious that the power so given and so obtained be used with wisdom and with love of humanity, that is an anxiety we share with almost everyone. But we also know how little of the deep new knowledge which has altered the face of the world, which has changed – and increasingly and ever more profoundly must change – man's views of the world, resulted from a quest for practical ends or an interest in exercising the power that knowledge gives. For most of us, in most of those moments when we were most free of corruption, it has been the beauty of the world of nature and the strange and compelling harmony of its order, that has sustained, inspirited, and led us. That also is as it should be. And if the forms in which society provides and exercises its patronage leave these incentives strong and secure, new knowledge will never stop as long as there are men. [20]

Diese Sätze sollte man sehr aufmerksam lesen – nicht nur daraufhin, welches Selbstverständnis und welche Sicht der Gesellschaft und der Welt darin zum Ausdruck kommt, sondern auch, um die Untertöne zu vernehmen.

Harmonie und Ordnung der Natur – das ist die Grundanschauung des pythagoreisch-platonischen Weltbildes. Aber die Klangfarbe ist eine andere als in Platons *Timaios* oder in Keplers *Harmonice mundi.* «Strange and compelling» ist die Harmonie, seltsam und zwingend. Der scholastischen Philosophie galten Harmonien als Qualitäten. Hat sich hier die Qualität der Harmonie der Welt verändert?

Es war die in ihrer Bedeutung gar nicht zu überschätzende grundlegende Erkenntnis der Pythagoreer, daß Harmonien den einfachen Verhältnissen ganzer Zahlen entsprechen. Und nun kommt die ganz große Verallgemeinerung. In einem Fragment des Philolaos von Kroton ist sie so formuliert:

Und in Wahrheit hat überhaupt alles, was erkannt wird, Zahl. Denn ohne diese kann etwas, wie beschaffen auch immer es sei, weder im Denken erfaßt noch erkannt werden. [21]

Zahlen waren allerdings bei den Pythagoreern eng verbunden mit Figuren, vor allem bei den figurierten Zahlen. So wurde die Tetraktys, die Vierheit, durch das «vollkommene Dreieck» dargestellt, das heißt die folgende Figur. [22]

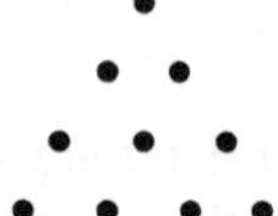

Fig. 0

Die Zahl 5 war mit dem Pentagramm verbunden.

Fig. 1

Das Teilungsverhältnis seiner Seiten nennen wir heute den goldenen Schnitt. Es ist kein Verhältnis ganzer Zahlen, aber als Verhältnis von Längen von Strecken mit Zirkel und Lineal konstruierbar. Diese Konstruktion war eine wichtige Vorstufe zur Konstruktion der fünf platonischen Körper. Dies sind Figuren von größter Regelmäßigkeit, und daher für die Pythagoreer von größter Schönheit.

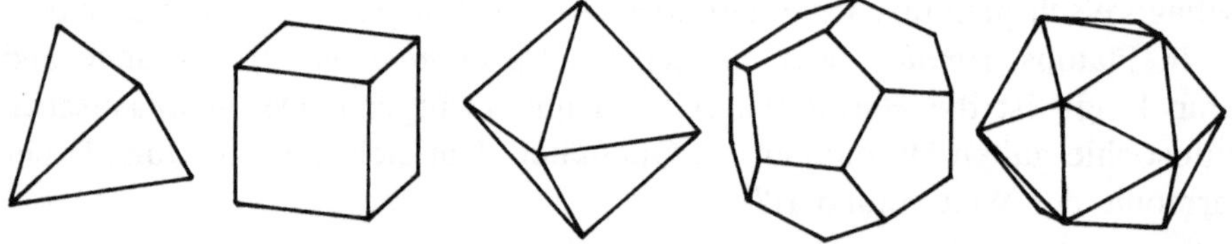

Fig. 2

Es ist ein im wesentlichen schon in den *Elementen* des Euklid bewiesener mathematischer Satz, daß dieses die einzigen regulären 3-dimensionalen konvexen Polyeder sind. Zerlegt man die Flächen dieser Polyeder durch baryzentrische Unterteilung in Dreiecke, dann erhält man nur drei Arten von Dreiecken. Sie sind durch besonders einfache ganzzahlige Verhältnisse ihrer Winkel ausgezeichnet: 1:1:2 bzw. 1:2:3 bzw. 2:3:5. Aus diesen drei

Arten von Elementen kann man die 5 Figuren nach einem für jede einzelne charakteristischen Schema wieder aufbauen. Diese Tatsachen bilden den mathematisch-rationalen Kern der Kosmologie in Platons *Timaios*. [23]

Diese platonische Kosmologie hat über die Jahrhunderte ihre Wirkung in der sich entfaltenden abendländischen Wissenschaft gehabt. Dabei muß man nicht nur an den Beginn neuzeitlicher Naturwissenschaft denken, an Keplers *Mysterium cosmographicum* oder *Harmonice mundi*. Als Beleg zitiere ich einige Sätze von Werner Heisenberg:

Wenn in einer musikalischen Harmonie oder einer Form der bildenden Kunst die mathematische Struktur als Wesenskern erkannt wird, so muß auch die sinnvolle Ordnung der uns umgebenden Natur ihren Grund in dem mathematischen Kern der Naturgesetze haben. Diese Überzeugung findet ihren ersten Ausdruck in der Lehre der Pythagoreer von der Sphärenharmonie und in der Zuordnung der regulären Körper zu den Elementen – Plato erklärt im Timaios die Atome von Erde, Feuer, Luft und Wasser als Kubus, Tetraeder, Oktaeder, Ikosaeder. Letzten Endes beruht aber die ganze mathematische Naturwissenschaft auf dieser Überzeugung. [24]

Die Erfolge dieser Naturbetrachtung, die zum Teil zu einer wirklichen Beherrschung der Naturkräfte geführt hat und damit in die Entwicklung der Menschheit entscheidend eingreift, haben dem Glauben der Pythagoreer in einem nicht vorhersehbaren Maße recht gegeben. Das Vertrauen in den einfachen mathematischen Kern aller gesetzmäßigen Zusammenhänge in der Natur, auch derer, die wir noch nicht durchschauen, ist daher auch in der modernen Wissenschaft noch so lebendig, daß die mathematische Einfachheit als das oberste heuristische Prinzip bei der Auffindung der Naturgesetze in einem durch neue Experimente erschlossenen Gebiet gilt. Ein neuer Erfahrungsbereich erscheint uns erst dann in seinem inneren Zusammenhang verstanden, wenn die ihn bestimmenden Gesetze einfach mathematisch formuliert sind.

Dieses aus der Antike übernommene Suchen nach der mathematischen Struktur der Erscheinungen hat freilich den Vorwurf auf sich gezogen, daß es nur eine bestimmte und nicht die wesentlichste Seite der Natur ans Licht bringe, während es für ein unmittelbares und allgemeines Verständnis der Natur eher hinderlich sei. Diesem Vorwurf kann aber am besten durch den Hinweis auf den Ausgangspunkt der Pythagoreischen Lehre begegnet werden. Das bewußte Verständnis der rationalen Zahlenverhältnisse, die der musikalischen Harmonie zu

> *Grunde liegen, ist für den notwendig, der ein Instrument bauen oder*
> *Musik tätig hervorbringen will. Der eigentliche Inhalt der Musik aber*
> *erschließt sich uns im unbewußten geistigen Aufnehmen jener ratio-*
> *nalen Verhältnisse. In ähnlicher Weise ist die bewußte Kenntnis der*
> *mathematisch formulierten Naturgesetze die Voraussetzung für ein ak-*
> *tives, auf den praktischen Nutzen gerichtetes Eingreifen in die materi-*
> *elle Welt. Es gibt aber dahinter noch ein unmittelbares Verstehen der*
> *Natur, das diese mathematischen Strukturen unbewußt empfängt und*
> *im Geist nachbildet, und das sich allen den Menschen erschließt, die*
> *zu einer innigeren, aufnehmenden Beziehung zur Natur bereit sind.* [25]

Dies ist ein Glaubensbekenntnis, und eines, das gewiß von vielen großen
Naturwissenschaftlern und Mathematikern geteilt wird. Aber es ist zugleich
die Verkündigung eines so umfassenden, im Wissen letzter Wahrheit hinter
den Erscheinungen begründeten Anspruchs auf Herrschaft, daß es in Frage
gestellt werden muß. Es muß in Frage gestellt werden angesichts des grau-
enhaften Vernichtungspotentials einer solchen Wissenschaft.

> *Eine Erkenntnis, die sich dadurch bezeugt, daß sie das, was erkannt*
> *werden soll, vernichtet, kann nicht wahr sein.* [26]

Ich erinnere mich an einen wunderbaren Frühlingsabend. Die Luft war erfüllt
von Fliederduft, und in den blühenden Apfelbäumen vor meinem Fenster
sang eine Amsel so wunderschön, daß ich es nie vergessen werde. Empfing
ich dort unbewußt eine mathematische Struktur? Ganz gewiß nicht!

Und wenn ich Robert Schumanns Liederkreis höre, vielleicht gesungen
von einem großen Künstler, von Dietrich Fischer-Dieskau, und wenn dann
in dem Liede «Mondnacht» jene unendlich schöne letzte Strophe kommt:

> *Und meine Seele spannte*
> *Weit ihre Flügel aus,*
> *Flog durch die stillen Lande,*
> *Als flöge sie nach Haus,*

fühlt sich die Seele in ihrer Heimat. Sie sucht nicht mehr nach einem Schlüssel in Zahlen und Figuren.

Der Versuch, das Wesen der Musik, auch nur der des Abendlandes, in
ihrem pythagoreischen Element zu sehen, verfehlt sein Ziel. Musik ist etwas
anderes als «musica», «musica» etwas anderes als μουσική. Und älter als
dieses Wort, älter auch als die Lehren des Pythagoras, ist die Sage von
Orpheus, dem Sohn der Kalliope, der durch seine Kunst ins Reich des Todes
drang und mit seinem Gesang auch die Tochter der Demeter gnädig stimmte.

Heisenbergs Apologie des pythagoreisch-platonischen Weltbildes wurde
1937 geschrieben, ein Jahr vor Otto Hahns Entdeckung der Kernspaltung
des Urans durch Beschuß mit langsamen Neutronen. Nach Hiroshima war
die Frage nach diesem Bild der Natur neu zu stellen. Bedeutende Physiker
und Mathematiker, die an der Entwicklung der Bombe mitgewirkt hatten,
hatten vorher in Göttingen und Frankfurt in den von Max Born geleiteten
Instituten gearbeitet oder an der Arbeit dort teilgenommen, unter anderen
Oppenheimer, Fermi, von Neumann, Teller, Wigner. Max Born schrieb 1963:

*Obwohl ich an der Anwendung naturwissenschaftlicher Kenntnis für
zerstörerische Zwecke, wie die Herstellung der A-Bombe oder der H-
Bombe, nicht teilgenommen habe, fühle ich mich verantwortlich.* [27]

Born sah die selbstzerstörische Entwicklung unserer Zivilisation in einem
vollkommenen Zusammenbruch der Ethik begründet. Die Tatsache, daß seine
Schüler, die sich der Beziehungen zwischen der Arbeit des theoretischen Physikers und dem philosophischen Denken durchaus bewußt waren, zwischen
der Begeisterung für ihre Tätigkeit und deren Nützlichkeit für die Menschheit nicht genügend unterschieden, hing für ihn damit zusammen, daß die
wissenschaftliche Haltung geeignet ist,

*Zweifel und Skeptizismus zu erzeugen gegenüber überlieferter unwis-
senschaftlicher Erkenntnis und sogar gegenüber natürlichen, unverfälschten Handlungsweisen, von denen die menschliche Gesellschaft
abhängt.* [28]

Den Grund dafür sah Born in der Beschränkung der Naturwissenschaft auf intersubjektiv mitteilbare und kontrollierbare Sinneseindrücke als Erfahrungsbasis.

*Wenn die Einschränkung, ausschließlich solche Feststellungen zu ver-
wenden, angenommen wird, erhält man ein objektives, wenn auch farbloses und kaltes Bild der Welt.* [29]

Dies lese ich als die Feststellung, daß in diesem Weltbild wesentliche Qualitäten fehlen, also als einen Vorwurf von der gleichen Art wie den, welchen
Heisenberg für das von ihm entworfene pythagoreisch-platonische Weltbild
zurückweist. Aber Heisenbergs Verteidigung ist offenbar nichts als eine pe-
titio principii.

Ich meine: Die Beschränkung auf reine Naturerkenntnis durch die Verbindung von Experiment und theoretischer Beschreibung mit Hilfe mathematischer Strukturen ist die subjektive Bedingung der Möglichkeit der Entfaltung

dieser Wissenschaft als Macht. Die Entwicklung der Mathematik als selbst-
referentielle Wissenschaft verstärkt die Machtförmigkeit der Wissenschaft
insgesamt. So interpretiere ich den folgenden Satz von Henri Poincaré:

> *Je mehr sich diese Spekulationen von den gebräuchlicheren Vorstellun-
> gen, und folglich von der Natur und von den Anwendungen entfernen,
> um so besser zeigen sie uns, was der menschliche Geist zu leisten
> vermag, wenn er sich mehr und mehr der Tyrannei der äußeren Welt
> entzieht, um so besser werden wir folglich in der Lage sein, das Wesen
> dieses Geistes zu erkennen.* [30]

Daß der Mensch sich der Wirklichkeit bemächtigt, daß er sie sich zurecht-
macht, gehört zu seinem Wesen. Darüber soll man nicht traurig sein, wohl
aber darüber, daß die Verführung der Macht unsere Menschlichkeit zu zer-
stören droht. Und die Sorge darum ist es, die uns heute nach der Gültigkeit
der Prinzipien unserer Wissenschaft neu fragen läßt. So verstehe ich jedenfalls den allgemeinen Hintergrund der Frage nach Qualitas und Quantitas
in der Mathematik. Die Frage nach der Qualität in der Mathematik ist also
auch im Hinblick auf die Machtförmigkeit der Wissenschaft zu prüfen. Es
ist zu prüfen, ob, wenn es etwas wie Qualität in der Mathematik gibt, diese
ebenfalls zu solcher Machtförmigkeit beiträgt, und es ist zu fragen, ob, wie
heute viele außerhalb der Mathematik Stehende zu glauben scheinen, von
einer neuen, qualitativen Mathematik ein besseres Bild unserer so verwirrten
Wirklichkeit zu erwarten ist als von der alten, quantitativen.

* * *

Konrad Lorenz hat einmal, in einer bemerkenswert widersprüchlichen Formulierung, Quantität die «un-anthropomorphste» aller Kategorien genannt. [31]
Daß die moderne Naturwissenschaft ein «farbloses und kaltes Bild der Welt»
erzeugt, liegt das daran, daß sie glaubt, «jenes Buch, das ständig offen vor
unseren Augen liegt», sei «in mathematischer Sprache geschrieben», [32] und
daß die Mathematik nur von Quantität spricht?

Daß Mathematik das Wissen der Zahl sei, das Reich der Quantität, ist
jedenfalls ein weit verbreitetes Urteil, verbreitet bei solchen, die – wie Kant
– eine hohe Meinung von der mathematischen Wissenschaft haben, wie auch
bei solchen, die in starker Weise das Ungenügen mathematisch-naturwissenschaftlicher Naturerkenntnis empfunden haben.

Christian Morgenstern etwa, dem Wissenschaft nichts *erklärte*, der in ihr
nur eine «Zählmaschine» sah, ein «Spielzeug» für Kinder, das diese beruhigt,
und durch das die Furchtbarkeit des Daseins seine Gewalt verliert, Christian
Morgenstern sagte:

Ich habe zuweilen einen abgründigen Haß auf die Zahl. Sie ist die absurdeste Fälschung der «Wirklichkeit», die dem Menschen wohl je gelungen ist, und doch baut sich auf ihr «unsere ganze heutige Welt» auf. [33]

Statt «Wirklichkeit» könnte für Morgenstern auch «Natur», «Welt», «Leben» oder ein anderes die Grenzvorstellungen bezeichnendes Wort stehen. Für ihn war Wissenschaft zwar eine «gewaltige und fruchtbare Übung des Menschengeistes», aber nicht etwas, «das ihm wirkliche Wesensaufschlüsse über Welt und Leben gibt». [34]

Auch der Baum, auch die Blume warten nicht bloß auf unsere Erkenntnis. Sie werben mit ihrer Schönheit und Weisheit aller Enden um unser Verständnis. [35]

Ein anderer, dem es darum ging, die «lebendigen Bildungen als solche zu erkennen, ihre äußern sichtbaren, greiflichen Teile im Zusammenhange zu erfassen, sie als Andeutungen des Innern aufzunehmen und so das Ganze in der Anschauung gewissermaßen zu beherrschen», dem es darum zu tun war, auf die unendliche Mannigfaltigkeit des Seins und Werdens mit unendlicher Ausbildung der Empfänglichkeit zu antworten, dem die «Gestalt» der «Komplex des Daseins eines wirklichen Wesens» war, Johann Wolfgang von Goethe, sah solches Anschauen der Erscheinungen als Gegenpol zum Versuch des Begreifens durch Quantität: [36]

Der Mathematiker ist angewiesen aufs Quantitative, auf alles was sich durch Zahl und Maß bestimmen läßt, und also gewissermaßen auf das äußerlich erkennbare Universum. Betrachten wir aber dieses, insofern uns Fähigkeit gegeben ist, mit vollem Geiste und aus allen Kräften, so erkennen wir, daß Quantität *und* Qualität *als die zwei Pole des erscheinenden Daseins gelten müssen; daher denn auch der Mathematiker seine Formelsprache so hoch steigert, um, insofern es möglich, in der meßbaren und zählbaren Welt die unmeßbare mit zu begreifen.* [37]

Es läßt sich zeigen, daß diese Sätze genau den Kern der fundamentalen Differenz zwischen der neuzeitlichen Naturwissenschaft und jener Naturbetrachtung, die Goethe wollte und vollzog, auf eine kurze Formel bringen. Ich verweise dazu auf den sehr lesenswerten Essai von Ernst Cassirer *Goethe und die mathematische Physik. Eine erkenntnistheoretische Betrachtung.* [38] Hier kann ich nur versuchen, durch einige Zitate aus Goethes Schriften zur Naturwissenschaft und einige verbindende Sätze den Sinn der zitierten Formel zu verdeutlichen, die jene fundamentale Differenz als Differenz von Quantität und Qualität zu fassen sucht. [39]

Um einem verbreiteten Mißverständnisse vorzubeugen, soll zunächst deutlich gesagt werden, daß sich Goethes Kampf gegen den Anspruch mathematischer Naturwissenschaft auf universale Geltung nicht gegen die Mathematik an sich gerichtet hat. Goethe war zwar den Mathematikern gram, weil sie im Kampfe zwischen seiner Farbenlehre und Newtons Theorie auf der Seite Newtons standen [40], und er bekannte auch, daß er «sich keiner Kultur von dieser Seite rühmen» konnte, aber gerade dies war ihm schon Grund genug, die Mathematik sehr hoch zu schätzen. [41] Wie hoch diese Wertschätzung war, zeigt ein Fragment aus dem Nachlaß, wo Goethe sagt, «ein durchdringender Mathematiker vor dem Sternenhimmel» erscheine «gottähnlich». [42] Goethe mag dabei an Kepler gedacht haben, in dessen Schriften er bei seinen historischen Studien zur Farbenlehre gelesen hat. Kepler wollte ja wirklich in den Zahlenverhältnissen, welche für ihn die Harmonie der Welt begründen sollten, weltbildende Verhältnisse finden und damit die Möglichkeit, die Schöpfergedanken Gottes nachzudenken.

Goethe jedenfalls sah in der Mathematik ein weltbildendes Vermögen, einen «inneren Sinn» oder ein «herrliches Organ» des Menschen, das es dem damit Begabten ermöglicht, sich eine innere Welt zu bilden und auch – dies aber in problematischer Weise – die äußere Welt zu «gewältigen». [43]

Obwohl Goethe zum Reiche der Mathematik keinen Zugang hatte, und obwohl seine Abneigung gegen die mathematischen Formeln, die ihm oft als Selbstzweck und auch als «Zauberformeln» erschienen [44], ihn nie verließ, wußte Goethe doch recht wohl, was die Kriterien der Vollkommenheit in dieser Wissenschaft sind: Die Schönheit des Wahren, Reinheit, Klarheit, Durchsichtigkeit, Genauigkeit, Gründlichkeit, aber auch Anmut und sogar Eleganz. [45]

In ihrem Reich – und das war für Goethe das Reich von Zahl und Maß im weitesten Sinne – soll die Mathematik unumschränkt herrschen. [46] Dort muß sie sich

unabhängig von allem Äußern erklären, ihren eigenen großen Geistesgang gehen und sich selber reiner ausbilden als es geschehen kann, wenn sie wie bisher sich mit dem Vorhandenen abgibt und diesem etwas abzugewinnen oder anzupassen trachtet. [47]

Mathematik wird hier als ein Reich der Freiheit beschrieben, das sein Recht und seine Würde in sich selbst hat. Man fühlt sich an Georg Cantors Worte von der Freiheit als dem Wesen der Mathematik erinnert. Aber es gibt eine

Differenz. Für Cantor konnte sich die Mathematik auf ihre immanente Realität beschränken, weil derselben immer auch eine transiente Realität korrespondiert. Gerade in dieser transienten Realität aber sah Goethe die Gefahr, und ihretwegen wollte er die Mathematik als reine Mathematik auf ihre immanente Realität beschränken. Ich zitiere jetzt den Text, von dem wir eben nur einen Ausschnitt gesehen haben, als Ganzes.

Als getrennt muß sich darstellen: Physik von Mathematik. Jene muß in einer entschiedenen Unabhängigkeit bestehen, und mit allen liebenden verehrenden frommen Kräften in die Natur und das heilige Leben derselben einzudringen suchen, ganz unbekümmert was die Mathematik von ihrer Seite leistet und tut. Diese muß sich dagegen unabhängig von allem Äußern erklären, ihren eigenen großen Geistesgang gehen und sich selber reiner ausbilden als es geschehen kann, wenn sie wie bisher sich mit dem Vorhandenen abgibt und diesem etwas abzugewinnen oder anzupassen trachtet. [47]

Mit «Physik» ist hier offenbar etwas anderes gemeint als die mathematische Physik der neuzeitlichen Naturwissenschaft. Denn diese würde durch die Forderung der Trennung von der Mathematik in ihrem innersten Kern getroffen, wie auch auf der anderen Seite die Mathematik mit dem Austausch neuer, noch kaum geborener Ideen zwischen Physikern und Mathematikern Wesentliches verlieren, ja vielleicht unfruchtbar werden würde. Und dies gilt gerade heute und gerade auch für die selbstreferentiell gewordene Mathematik in ihrer modernen Gestalt. Goethe wollte dieser mathematischen Physik ihr Recht auf Existenz nicht bestreiten – er sah, daß es im Gesamtbereich der Erforschung der Natur Gebiete gibt, in denen die Mathematik für die Forschung unentbehrlich ist. [48] Aber Goethe bestritt immer und immer wieder jeden universalen Herrschaftsanspruch dieser mathematischen Naturwissenschaft und bekämpfte sie dort, wo sie nach seinem Verständnis die Grenzen überschritt, die ihr durch ihre eigene Methode gesetzt sind. [49] Einseitigkeit und Reduktionismus der mathematischen Naturwissenschaften waren ihm Anzeichen einer großen drohenden Gefahr. Goethe sah, daß gerade die Wissenschaft, die in ihrer inneren Entwicklung die Gefahr des Irrtums sorgfältiger vermeidet als jede andere, die Mathematik, im Momente ihrer Anwendung

sogleich bei jedem Schritte periklitiert und eben so gut, wie jede andere ausgeübte Maxime, zum Irrtum verleiten, ja den Irrtum ungeheuer machen und sich künftige Beschämungen vorbereiten kann. [50]

Wegen eben dieser Gefahr eines ungeheuren Irrtums mußte Goethe jeden universalen Herrschaftsanspruch der Naturwissenschaften bekämpfen, die Mathematiker als «Universal-Gilde» und «Universalmonarchen» angreifen, die «alles für nichtig, für inexakt, für unzulänglich» erklären, «was sich nicht dem Kalkül unterwerfen läßt». [51]

Was ist nun aber mit jener anderen, von der Mathematik getrennten «Physik» gemeint? Was ist mit dem Qualitativen gemeint, das quantitativ nicht faßbar ist? Wo verläuft die Grenze des Reiches von Maß und Zahl? Was ist das andere, dem Gewalt angetan wird, wenn diese Grenze überschritten wird? Nachdenken darüber führt zu letzten Fragen nach unserem Dasein in der Welt, Fragen, auf die es letzte Antworten wohl nicht geben kann. Wir können nur versuchen, die Antwort, die ein anderer für sich gefunden hat, zu verstehen und vielleicht etwas davon für uns selber anzunehmen.

Es wäre wohl nicht angemessen, wollten wir versuchen, den Sinn von Goethes Unterscheidung des Quantitativen und des Qualitativen dadurch zu begreifen, daß wir diese auf ein bestimmtes philosophisches System beziehen, etwa eines, das Quantität und Qualität einen bestimmten Platz in einer Kategorienlehre zuweist. Friedrich Schiller hat zwar 1798 in einem Briefwechsel mit Goethe versucht, mit Hilfe der Kategorientafel aus Kants *Kritik der reinen Vernunft* Goethe zu einer kritischen Reflexion des Schemas seiner Farbenlehre zu bewegen, dasselbe einer «Kategorienprobe» zu unterwerfen, [52] und Goethe kannte die *Kritik der reinen Vernunft* gerade in dem auf die Kategorien bezüglichen Teile schon seit 1791. [53] Es soll auch nicht die Beziehung zwischen dieser Philosophie und Goethes Denken irgendwie geleugnet werden, aber der Sinn jener Unterscheidung von Qualität und Quantität bei Goethe erschließt sich uns dennoch gewiß am ehesten in Goethes eigenem persönlichen Zeugnis.

Vielleicht nähern wir uns Goethes Idee einer anderen Wissenschaft am leichtesten, indem wir eines ihrer wesentlichen Motive nachvollziehen, das auch in unserer Zeit in vielen Menschen, die unserer heutigen Naturwissenschaft kritisch gegenüberstehen, lebendig ist: Sehnsucht nach Ganzheit. Goethe berichtet über die Umstände, die dazu führten, daß er und Schiller endlich doch in ein näheres Verhältnis traten, daß dazu die Unzufriedenheit mit einer gewissen Art von Naturforschung ihrer Zeit gehörte und die gemeinsame Meinung, daß «eine so zerstückelte Art die Natur zu behandeln, den Laien, der sich gern darauf einließe, keineswegs anmuten könne». Und Goethe berichtet weiter, er habe geäußert, «daß sie den Eingeweihten selbst vielleicht unheimlich bleibe, und daß es doch wohl noch eine andere Weise geben könne die Natur nicht gesondert und vereinzelt vorzunehmen, sondern sie wirkend und lebendig, aus dem Ganzen in die Teile strebend darzustellen.» Indes habe Schiller Zweifel hierüber nicht verborgen. [54]

Die Möglichkeit einer solchen Darstellung versteht sich in der Tat durchaus nicht von selbst. Dreizehn Jahre nach diesem Gespräch schreibt Goethe im Rahmen von Betrachtungen über die Farbenlehre der Alten dazu die folgenden Sätze:

Da im Wissen sowohl als in der Reflexion kein Ganzes zusammengebracht werden kann, weil jenem das Innre, dieser das Äußere fehlt; so müssen wir uns die Wissenschaft notwendig als Kunst denken, wenn wir von ihr irgend eine Art von Ganzheit erwarten. Und zwar haben wir diese nicht im Allgemeinen, im Überschwänglichen zu suchen, sondern wie die Kunst sich immer ganz in jedem einzelnen Kunstwerk darstellt, so sollte die Wissenschaft sich auch jedesmal ganz in jedem einzelnen Behandelten erweisen.

Um aber einer solchen Forderung sich zu nähern, so müßte man keine der menschlichen Kräfte bei wissenschaftlicher Tätigkeit ausschließen. Die Abgründe der Ahndung, ein sicheres Anschauen der Gegenwart, mathematische Tiefe, physische Genauigkeit, Höhe der Vernunft, Schärfe des Verstandes, bewegliche sehnsuchtsvolle Phantasie, liebevolle Freude am Sinnlichen, nichts kann entbehrt werden zum lebhaften fruchtbaren Ergreifen des Augenblicks, wodurch ganz allein ein Kunstwerk, von welchem Gehalt es auch sei, entstehen kann. [55]

Diese Sätze machen eines mit wundervoller Eindringlichkeit deutlich: Ort der Darstellung von Einheit und Zusammenhang der Mannigfaltigkeit der Erscheinungen kann nur der Mensch selbst mit der ganzen Vielfalt seiner menschlichen Kräfte sein, die nur in ihm ihre Einheit, aber auch ihre jeweils besondere Individualität haben.

Darum kann es nicht ohne Folgen bleiben, wenn ein menschliches Vermögen, etwa einer unserer Sinne, aus diesem lebendigen Zusammenhange isoliert wird, wenn die Einheit in der Vielfalt der ihm zugehörigen Erscheinungen aufgelöst und die Vielfalt reduziert wird, wenn so die Totalität des Phänomens zerstört und es selbst durch etwas ganz anderes dargestellt wird, durch ein ens rationis, ein Gedankenwesen. Wenn ein solches Gedankenwesen dann ein mit mathematischen Begriffen beschreibbares Strukturelement einer wissenschaftlichen Theorie wird, dann ist spätestens dies der Moment, wo Qualität verloren und durch Quantität ersetzt wird.

Immer wieder hat Goethe diesen Prozeß der Umwandlung des in unserer Natur uns gegebenen Phänomens in einen quantifizierbaren Bestandteil einer

Theorie beschrieben, einer Theorie, die etwas hinter den Erscheinungen Lie-
gendes sucht, um diese zu erklären, und dabei die Vielfalt der Phänomene
verkümmern, das einzelne Phänomen dem Umfang nach abnehmen und in
seinen subjektiven Aspekten schließlich sogar ganz verschwinden läßt. [56]

Das beginnt gerade dort, wo das pythagoreisch-platonische Weltbild seinen Anfang nahm.

*Dafür steht ja aber der Mensch so hoch, daß sich das sonst Undar-
stellbare in ihm darstellt. Was ist denn eine Saite und alle mechanische
Teilung derselben gegen das Ohr des Musikers; [...]* [57]

*Denn wenn uns der Ton deswegen begreiflicher zu sein scheint als
die Farbe, weil wir mit Augen sehen und mit Händen greifen können,
daß eine mechanische Impulsion Schwingungen an den Körpern und
in der Luft hervorbringt, deren verschiedene Maßverhältnisse harmonische und disharmonische Töne bilden; so erfahren wir doch dadurch
keinesweges was der Ton sei, und wie es zugehe, daß diese Schwingungen und ihre Abgemessenheiten, das was wir im allgemeinen Musik
nennen, hervorbringen mögen.* [58]

*Pythagoräische Symbolik. Das Nichtmeßbare soll durch Messung,
das Nichtzählbare soll durch Zahlverhältnisse bezwungen werden.* [59]

Wie beim Ton, so bei der Farbe:

*Wenige Experimente sollen beweisen, alle übrigen Bemühungen un-
nötig machen, und eine über die ganze Welt ausgebreitete Naturerscheinung soll aus dem Zauberkreise einiger Formeln und Figuren
betrachtet und erklärt werden.* [60]

Während sich dies auf Newton bezieht, findet Goethe bei Kepler, daß er die
Farbe «nur im Vorbeigehen behandelt, weil sie ihm, dem alles Maß und Zahl
ist, von keiner Bedeutung sein kann.» [61] Und von Galilei heißt es:

*Sich über die Farbe zu erklären lehnt er ab, und es ist nichts natürli-
cher, als daß er, geschaffen sich in die Tiefen der Natur zu senken, er,
dessen angebornes eindringendes Genie durch mathematische Kultur
ins Unglaubliche geschärft worden war, zu der oberflächlichen, wechselnden, nicht zu haschenden, leicht verschwindenden Farbe wenig
Anmutung haben konnte.* [62]

Und wie bei der Farbe, so ist es auch bei dem anderen großen Thema der Naturwissenschaft Goethes, bei der Gestalt. So denkt Goethe etwa über die Schönheit und Vollkommenheit organischer Gestalten nach und findet alles Lebendige vollkommen in dem Sinne, daß die Gestalt die Lebensweise eines jeden Geschöpfes bestimmt und es ihm möglich macht, sein Dasein zu genießen und es zu erhalten. [63] Wenn er aber dann dem nachsinnt, warum uns einzelne Gestalten des Lebendigen besonders schön erscheinen, findet er den Grund dafür darin, daß wir bei dem Anblick eines solchen vollkommen organisierten Wesens «denken können, daß ihm ein mannigfaltiger freier Gebrauch aller seiner Glieder möglich sei, sobald es wolle». [64] Will man die Schönheit einer Gestalt durch den Begriff des harmonischen Verhältnisses ihrer Glieder fassen, wie es die Griechen taten, dann wären dazu jedenfalls «geistige» Formeln nötig und nicht solche der Quantität:

Wenn ich also sage dies Tier ist schön, so würde ich mich vergebens bemühen diese Behauptung durch irgend eine Proportion von Zahl oder Maß beweisen zu wollen. [65]

Gestalt in diesem Sinne ist eben anderes als mathematische Figur. Beide können Gegenstand geistigen Schauens sein, aber diese ist ens rationis, Gedankengebilde, jene «Komplex des Daseins eines wirklichen Wesens». Die mathematische Figur ist in jedem Augenblick ein Bestimmtes, Begrenztes, ist $\pi\acute{\varepsilon}\varrho\alpha\varsigma$, auch wenn der Prozeß des Erkennens sie in eine andere verwandeln kann.

Die Gestalt ist ein bewegliches, ein werdendes, ein vergehendes. Gestaltenlehre ist Verwandlungslehre. Die Lehre der Metamorphose ist der Schlüssel zu allen Zeichen der Natur. [66]

Ich denke, es ist nun hinreichend deutlich, worin jene fundamentale Differenz zwischen mathematischer Naturwissenschaft und der Goetheschen Idee einer anderen Naturwissenschaft besteht, die Goethe mit dem Gegensatz von Quantität und Qualität auf eine Formel bringt.

Mathematische Naturwissenschaft bildet die Vielfalt der Erscheinungen auf ein konstruktiv aufgebautes System von entia rationis ab. Dieses System hat trotz zunehmender Differenzierung die Tendenz, sich zu vereinheitlichen. Diese Vereinheitlichung beruht auf der gesetzmäßigen Darstellung der Folge der Erscheinungen unter Verwendung mathematischer Strukturen, von Erzeugnissen einer trotz zunehmender innerer Differenzierung auf einheitlichen Grundlagen aufgebauten und durch die Entdeckung tiefliegender Beziehungen ihrer Teilgebiete immer neu vereinheitlichten Mathematik. Bedingung

der Möglichkeit dieser Vereinheitlichung durch mathematische Struktur ist
die Quantifizierung, der Übergang von qualitativ wahrgenommenen Erscheinungen zu ihrer Beschreibung als Systeme von meßbaren Größen. Durch
diesen Übergang von Qualität zu Quantität wird aus der erlebbaren Welt der
von uns Menschen mit unseren natürlichen Sinnen wahrnehmbaren Erscheinungen ein System von objektiv beschreibbaren Prozessen, die mindestens
bis zu einem gewissen Grade berechenbar und beherrschbar sind oder doch
scheinen.

Naturbetrachtung im Goetheschen Sinn geht einen anderen Weg. Sie sucht
die Einheit der Phänomene unmittelbar anschaulich sichtbar werden zu lassen, ohne den Umweg über die Umwandlung von Qualität in Quantität, ohne
begriffliche Darstellung der Elementarphänomene, beschreibend, ohne den
individuellen Gehalt der sinnlichen, wahrnehmenden, anschauenden menschlichen Erfahrung anzutasten. Sie sieht in der einzelnen Gestalt die Erscheinung eines lebendigen Wesens, in der sich die Einheit des Lebendigen zeigt.
Sie sucht so den Weg von den einzelnen, individuellen Erscheinungen zum
Urphänomen des Lebens, in dem sich zeigt, was ist.

> *Freuet euch des wahren Scheins,*
> *Euch des ernsten Spieles.*
> *Kein Lebendges ist ein Eins,*
> *Immer ist's ein Vieles.* [67]

Angesichts einer solchen Sicht der fundamentalen Differenz zwischen Qualität und Quantität, in der das Wesen der Mathematik die Repräsentation
von Qualität durch Quantität gleichsam erzwingt, kann es nicht verwundern, wenn Goethe immer wieder an die Mathematiker denkt, wo es um den
grundlegenden Unterschied in der Haltung gegenüber der Natur geht: Auf
der einen Seite stehen jene, denen «es um das Leben selbst zu tun ist», auf
der anderen die, die «durchdringen, feststellen, anordnen und beherrschen»
wollen [68], und die «der Natur zu Leibe gehen». [69]

Nach all diesem ist wohl klar, daß uns die Frage nach der Stellung der
Mathematik im Bezug auf das Verhältnis von Qualitas und Quantitas mit
großem Ernst gestellt ist.

* * *

Es wäre wenig weise, eine solche vor einem vielleicht «ungeheuren Irrtum»
warnende Stimme als Rede eines Dichters abzutun, eines großen Menschen
gewiß, aber eben doch eines Mannes, dessen Arbeit zum Fortschritt der
Wissenschaft wenig beigetragen habe. Dafür ist der Irrtum inzwischen zu
groß geworden, dafür ist man der Natur nun doch zu sehr «zu Leibe gegangen». Und im übrigen fehlt es gewiß nicht an Äußerungen bedeutender

Naturwissenschaftler, die belegen, daß in der Tat in der Physik das «anthropologische», das rein «menschliche» Element der Empfindung immer mehr zurückgedrängt und durch die «am wenigsten anthropomorphe Kategorie» der Quantität ersetzt wird. Da es hier um die Rolle der Mathematik in diesem Prozeß geht, will ich einen scharfsinnig denkenden Mathematiker zitieren, der diesen Prozeß in sehr prägnanter Weise beschrieben hat.

Der Text, den ich zitieren will, stammt aus einem merkwürdigen Buch, das der Mathematiker und Astronom Felix Hausdorff 1898 unter dem Pseudonym Paul Mongré veröffentlicht hat. Der Titel des Buches war: *Das Chaos in kosmischer Auslese. Ein erkenntniskritischer Versuch.* [70] Hausdorff geht es in diesem Versuch einer radikalen Metaphysikkritik um den Nachweis, daß aus der kosmischen Ordnung unserer Erfahrungswelt nicht auf eine Ordnung der Dinge an sich geschlossen werden kann, über die irgendwelche apriorischen Aussagen möglich wären. Eine seiner Methoden, um die transzendente Welt ihres kosmischen Charakters zu entkleiden, besteht darin, sie in eine Reihe ähnlicher Welten einzugliedern und dadurch ihre qualitative Sonderstellung aufzuheben. Und eben dabei kommt ihm die Quantifizierung unserer qualitativen Erfahrungswelt durch die Naturwissenschaft zu Hilfe. Denn die Gleichungen dieser mathematisch beschriebenen Welt kann man im Gedankenexperiment leicht ändern und erhält so unendlich viele mögliche Welten, unter denen unsere wirkliche eben nur noch irgendein Spezialfall ist. Nach diesen einleitenden Bemerkungen folgt also jetzt der Text.

Aber wir wollten die Dequalification der Welt bezüglich solcher Qualitäten durchführen, die eine Übersetzung ins Quantitative gestatten, und haben uns so ungebührlich lange auf mechanischem Gebiet aufgehalten, wo eigentlich das Quantitative als Ursprache herrscht. Andererseits fürchte ich die Geduld meiner Leser zu ermüden, wenn ich Betrachtungen, die ohnehin nichts definitiv Überzeugendes haben, auf die ganze Reihe empirischer Qualitäten ausdehnen wollte, die dem beschreibenden Naturforscher, dem Physiker, dem Physiologen, dem Beobachter geistigen und socialen Lebens vor Augen treten. Es genüge die Bemerkung, dass es wenige, und mit fortschreitender Erkenntniss immer weniger, Qualitäten giebt, die nicht zum mindesten ein der quantitativen Abstufung fähiges Merkmal darböten. Wir brauchten noch gar nicht zu wissen, dass die physicalischen Farben bestimmten Wellenlängen der Aetherschwingungen entsprechen: die einfache Entwerfung des Spectrums und Anlegung eines linearen Massstabs würde bereits genügen, jeder chromatischen Qualität eine bestimmte Quantität zuzuordnen, d. h. die Mannigfaltigkeit der Farben in eine

Zahlenmannigfaltigkeit zu übersetzen. Die qualitas occulta, die Leben
heisst, ist uns unbekannt; aber einige ihrer Wirkungen und Functio-
nen, wie Stoffwechsel, Energieumsatz, Muskelthätigkeit, vermögen wir
doch der exacten Messung zu unterwerfen. So wird immer, wenn auch
nur an der äussersten Aussenseite, eine Handhabe zu finden sein, die
Qualität ins quantitative Gebiet hinüberzuziehen, und die Aussagen
der Wissenschaft über die Besonderheiten und Eigenschaften der em-
pirischen Welt werden schliesslich die Form mathematischer Urtheile,
die Form von Gleichungen *annehmen. Die Dequalification der Welt*
würde sich alsdann darauf beschränken können, dass man in diesen
Gleichungen das Gleichheitszeichen streicht. [71]

Das hier Vorgetragene war, wie gesagt, als Argument gegen die Erkenn-
barkeit eines an sich seienden Kosmos gedacht, als Argument dafür, daß
die kosmische Struktur unserer Erfahrungswelt untrennbar von der Funktion
des menschlichen Bewußtseins ist. Als solches mag das Argument überzeugen oder auch nicht, wobei es immerhin interessant ist, daß Kosmologen
heute Überlegungen anstellen, die zumindest von ferne an Hausdorffs Argument erinnern: In Gedanken werden die Gleichungen und Ungleichungen,
die zwischen verschiedenen kosmologischen Konstanten bestehen, abgeändert, um andere mögliche Universen zu erzeugen. Es zeigt sich – wenigstens
nach Meinung einiger Physiker – daß schon kleine Änderungen die Existenz
komplexer Organisationsformen der Materie unmöglich machen würden. So
sehen dann einige Physiker eine Erklärung dafür, daß die Beziehungen zwischen den Konstanten sind, wie sie sind, im «anthropischen kosmologischen
Prinzip»: Sie müssen so sein, damit es ein menschliches Bewußtsein als
Beobachter dieses Kosmos geben kann. [72]
Was auch immer der wissenschaftliche Status solcher erkenntniskritischen
Argumente und solcher kosmologischen Spekulationen sein mag, eins ist sicher: Hausdorffs Text läßt sich auch als eine sehr prägnante Beschreibung
des ständig und tatsächlich stattfindenden Prozesses der Dequalifikation der
uns gegebenen empirischen Anschauungswelt durch mathematische Naturwissenschaft lesen. Und der scharfe Gegensatz zu einer Haltung, der es um
das Leben selbst zu tun ist, wird mit aller wünschenswerten Deutlichkeit
formuliert:

Die qualitas occulta, die Leben *heisst, ist uns unbekannt.*

Welche Haltung zum Verhältnis von Wissenschaft und Leben dieser scharf
geschliffene Satz denn nun eigentlich ausdrückt, ist wohl nicht leicht mit wenigen Worten zu sagen. Es ist aber nicht unwichtig, dies zu wissen, weil wir

Hausdorff im Hinblick auf seine mathematische Arbeit als typischen Vertreter der mathematischen Moderne ansehen dürfen, der – und dies ist untypisch – die Bedingungen seiner Existenz und seines Tuns als Wissenschaftler reflektiert hat. Seine teils in aphoristischer Form und mit Ironie vorgetragenen Gedanken sind aber nicht leicht zu verstehen, und die folgende Interpretation steht unter dem Vorbehalt, daß ich mich sehr wohl irren kann.

Die scharfe Grenzziehung zwischen wissenschaftlicher Erkenntnis und Leben als einer qualitas occulta hat eine mehrfache Wirkung.

Zunächst einmal schützt sie die Wissenschaft vor irrationaler Kritik, die von der Wissenschaft verlangt, was sie nicht leisten kann und will, und von der Wissenschaft fordert, sich in grundlegender Weise zu ändern. Solche Kritik wurde um die Jahrhundertwende vorgebracht, und Hausdorff hat darauf vehement reagiert. [73] Wenn ich es recht verstehe, ist Hausdorff, von Nietzsche herkommend, der Meinung, daß begriffliches wissenschaftliches Denken, das seinen Gegenstand bestimmen und festmachen muß, immer schon die fließende Wirklichkeit des Werdens nicht so darstellen konnte, wie sie ist. Aber dieses Zurechtmachen auch in wissenschaftlichen Begriffen ist eben eine Notwendigkeit des Lebens, und die Aufgabe des Mathematikers ist es, durch sorgfältigste begriffliche Analyse feste und zuverlässige Formen zu schaffen, die den notwendigen Zugriff auf die Wirklichkeit möglich und wirksam machen.

Zum andern schützt diese Grenzziehung aber auch die qualitas occulta Leben vor jenem Übergriff des Denkens, der sie ihrer Rätselhaftigkeit berauben möchte. Damit ist nun aber nicht gemeint, daß «Physik in eine neue Religion des Lebens münden solle», daß der wissenschaftlich Denkende sich «in agnostischer Demut vor der Sphinx niederwerfen solle», daß er, wie «die Dichter, diese andächtigen Seelen», sich damit helfen solle, das Leben anzubeten. Dies sind Formulierungen Hausdorffs aus einem Artikel mit dem Titel «Andacht zum Leben», der mit dem Satz schließt:

Nein, ihr Anbeter des Lebens: das Leben ist eine heillose und rätselhafte Sache, auf die man keinen dithyrambischen Toast ausbringen soll! [74]

Hier wird für einen, allerdings weit herausragenden modernen Wissenschaftler gefordert und verwirklicht, was, wenn auch in weniger ausgeprägter Form, die Lebenswirklichkeit der meisten modernen Naturwissenschaftler prägt: Die strenge Trennung zwischen der quantifizierenden Funktion der wissenschaftlichen Erkenntnis und der ganzen reichen qualitativen Vielfalt des Lebens, das als rätselhaft und heillos und vielleicht in Momenten auch

als Glück erlebt werden kann, das aber dem wissenschaftlich Erkennenden
so verborgen bleibt, daß er sagen muß: Es ist mir nicht bekannt.

In seiner wissenschaftlichen Arbeit schuf Felix Hausdorff in seinem
Hauptwerk *Grundzüge der Mengenlehre* mit der axiomatischen Entwicklung
des Begriffs des topologischen Raumes eine festgefügte Grundlage für einen außerordentlich allgemeinen, auf die verschiedenartigsten Situationen
anwendbaren Raumbegriff [75]. Diese neuartige mathematische Struktur, die
Struktur eines topologischen Raumes, wurde zur Grundlage gewisser moderner mathematischer Theorien, in denen zumindest einige Mathematiker eine
Möglichkeit zur Darstellung von Qualität sehen. In welchem Sinne dies zu
verstehen ist, werden wir an Beispielen zu prüfen haben.

* * *

Eine ernsthafte Untersuchung der Frage nach dem Verhältnis von Mathematik
und Qualität erfordert selbstverständlich eine Erklärung darüber, in welchem
Sinne das Wort «Qualität» gebraucht werden soll. Der einfachste, aber auch
mit Sicherheit unzureichende Ansatz dazu wäre, den heutzutage weitgehend
unreflektierten Sprachgebrauch der Mathematiker und Naturwissenschaftler
schlicht zu übernehmen. Etwas mehr wäre von einer Analyse dieses Sprach-
gebrauchs zu erwarten, zu der allerdings schon ein über das zu Analysierende
hinausgehendes Vorverständnis des Problems erforderlich wäre. Eine solche
Analyse allein würde jedoch angesichts der Beschaffenheit des zu Analysie-
renden, des Sprechens und Denkens der Mathematiker, zu kurz greifen, denn
dieses ist sich seiner weit in der Vergangenheit liegenden Ursprünge kaum
noch bewußt. Es sind aber gerade diese Ursprünge, aus denen unser Problem
entstanden ist.

Ich meine deswegen, daß eine ernsthafte Untersuchung des Verhältnisses von Mathematik und Qualität dieses Problem von der vorsokratischen
griechischen Philosophie und Mathematik durch die ganze europäische Phi-
losophie- und Wissenschaftsgeschichte bis zur Gegenwart verfolgen müßte,
um begreiflich zu machen, wo wir sind und wie wir dahin gekommen sind.
Ich stelle mir dabei nicht eine rein philosophiegeschichtliche Untersuchung
des Begriffs der Qualität vor, sondern einen Rückblick auf zweieinhalb Jahrtausende europäischer Geschichte des Versuchs, Natur wissenschaftlich zu
erkennen, und zwar aus einer Perspektive, die das Scheitern dieses Versuchs
zumindest als Möglichkeit in Betracht zieht. Das Bemühen um eine solche
umfassende Schau sehe ich zum Beispiel in der großen Natur-Vorlesung von
Georg Picht. [76] Ich selber bin zu einer solchen umfassenden Untersuchung
in keiner Weise berufen. Was folgt, sind winzige Bruchstücke, die vielleicht
geeignet sind, einige Punkte des zu überschauenden Bereiches zu markieren.

Das lateinische «qualitas» entspricht dem griechischen $\pi o \iota \acute{o} \tau \eta \varsigma$. Dieses Wort wird als philosophischer Terminus wohl zuerst von Platon gebraucht, und zwar in seinem Dialog *Theaitetos*. Dieser Dialog fragt nach dem Wesen der Erkenntnis. Ohne selbst eine endgültige Antwort zu geben, prüft er kritisch mögliche Antworten, die auf frühere Philosophen zurückgehen, vor allem auf den großen sophistischen Philosophen Protagoras und, über ihn zurückgreifend, auf Heraklit. Platon läßt in seinem Dialog den Theaitetos als Vertreter des Protagoras die These aufstellen, Erkenntnis sei Wahrnehmung. Dieser Satz beinhaltet eine Relativierung des Begriffs der Wahrheit, denn Wahrnehmung ist notwendig individuell, und der jeweils gegenwärtige Zustand jedes Wahrnehmenden, aus dem die Wahrnehmungen und die sich auf sie beziehenden Vorstellungen entstehen, ist zeitlich fließend. Die These des Protagoras schließt damit an die Grundstellung von Heraklit an:

SOKRATES: *Herakleitos sagt doch, daß alles davongeht und nichts bleibt, und indem er alles Seiende einem strömenden Flusse vergleicht, sagt er, man könne nicht zweimal in denselben Fluß steigen.* [77]

Platon faßt als Bewegung, als Fließen im Sinne Heraklits, nicht nur den Ortswechsel auf, sondern auch die qualitative Veränderung. In diesem Zusammenhang nun wird das Wort $\pi o \iota \acute{o} \tau \eta \varsigma$ eingeführt, das man im Deutschen am besten mit «Beschaffenheit» übersetzt:

SOKRATES: *Ziehe nur auch dieses von ihnen in Erwägung. Sagten wir nicht, daß sie die Entstehung der Wärme oder der Röte oder was du sonst willst ungefähr auf diese Art erklärten, jedes von diesen bewege sich während der Wahrnehmung zwischen dem Wirkenden und dem Leidenden, und das Leidende werde alsdann ein Wahrnehmendes, nicht aber eine Wahrnehmung, und das Wirkende ein Wiebeschaffenes, nicht aber eine Beschaffenheit. Doch «Beschaffenheit» ist dir vielleicht ein wunderliches Wort und du verstehst es nicht so ganz im allgemeinen ausgedrückt. So höre es denn im einzelnen. Das Wirkende nämlich wird weder Wärme noch Röte, sondern ein Warmes, ein Rotes und so auch im übrigen. Denn du erinnerst dich doch aus dem Vorigen, daß wir so sagten, nichts sei ein Eins selbst für sich selbst, also auch nicht das Wirkende und Leidende, sondern nur, durch beider Zusammenkunft die Wahrnehmung und das Wahrnehmbare erzeugend, werde das eine ein Wiebeschaffenes, das andere ein Wahrnehmendes.* [78]

Die Schwierigkeit, die sich ergibt, wenn Wahrnehmung und Erkenntnis gleichgesetzt werden, wird am Beispiel der farblichen Beschaffenheit erläutert:

> SOKRATES: *Da aber auch dieses nicht einmal beharrt, daß das Fließende als Rotes fließt, sondern es gleichfalls wechselt, so daß es auch von eben diesem, der Röte, einen Fluß gibt und Übergang zu einer andern Farbe, damit es nicht auf diese Art als ein Beharrendes ertappt werde; ist es nun wohl möglich, daß man als ein etwas eine Farbe benennt, so daß man sie richtig benenne?*
> THEODOROS: *Wie sollte man wohl, o Sokrates, und ebensowenig irgend etwas Ähnliches, da ja alles dem Redenden unter den Händen entschlüpft, als immer fließend.* [79]

Mir scheint, daß hier schon der zentrale Punkt benannt ist, welcher die Kategorie der Qualität so schwierig für den macht, der sie als Aspekt des Erkenntnisproblems festmachen und begreifen will. Und es ist dies auch der Punkt, der eine mathematische Darstellung von Qualitäten sehr schwer und erst auf einer hohen Entwicklungsstufe möglich macht. Denn wenn es eine Wissenschaft gibt, die mehr als alle anderen versucht, ihren jeweiligen Gegenstand so weit als irgend möglich festzustellen und darüber von Zeit und individuellem Bewußtsein unabhängige, sichere Erkenntnis zu gewinnen, dann ist es die Mathematik. Es wird zu zeigen sein, daß es dennoch der modernen Mathematik möglich ist, gewisse Aspekte des fließenden Charakters von Qualitäten in ihrer zeitlosen Sprache darzustellen.

Wichtiger aber scheint mir, sich klarzumachen, daß vielleicht der nun zweieinhalb Jahrtausende währende Versuch, die Erscheinungen der Natur ausschließlich im Denken als Sein der Dinge erkennen zu wollen, selbst das Problem ist. Heraklit und Protagoras stellen das Problem der Wahrnehmung in den weitesten möglichen Horizont, den Horizont der Zeit und damit unseres zeitlichen Erlebens. Eben dies ist, jedenfalls in der Interpretation Platons, der Sinn der berühmten Formel des Protagoras,

> *der Mensch sei das Maß aller Dinge, der seienden, daß sie sind, der nichtseienden, daß sie nicht sind.* [80]

Mehr als zweitausend Jahre später, als das Ende der abendländischen Metaphysik des Seins verkündet wurde, glaubte jedenfalls Friedrich Nietzsche, die Geschichte habe der philosophischen Kultur der griechischen Sophisten gegen Plato Recht gegeben:

– und, sie hat schließlich Recht bekommen: jeder Fortschritt der erkenntnißtheoretischen und moralistischen Erkenntniß hat die Sophisten restituirt ...

*unsere heutige Denkweise ist in einem hohen Grade heraklitisch, demokritisch und protagoreisch ... es genügte zu sagen, daß sie pro*tagoreisch ‹sei›, *weil Protagoras die beiden Stücke Heraklit und Demokrit in sich zusammennahm.* [81]

* * *

Wenn Nietzsche glauben konnte, seine eigene Denkweise sei heraklitisch, so darf mit Recht bezweifelt werden, gleiches treffe auf «unsere heutige Denkweise» im allgemeinen zu. Erinnern wir uns: Wenige Jahre, bevor Nietzsche dieses Fazit aus der Geschichte europäischen Denkens zog, hatte Cantor seinen Begriff der Menge, der zum Fundament der gesamten modernen Mathematik geworden ist, in die Tradition der späten Philosophie Platons gestellt. Er hatte ihn dem $\mu\iota\kappa\tau\acute{o}\nu$, dem «Gemischten» verglichen, das Platon in seinem Dialog *Philebos* als Drittes dem $\mathring{\alpha}\pi\epsilon\iota\varrho o\nu$, dem Unbegrenzten, Unbestimmten, Unendlichen, und dem $\pi\acute{\epsilon}\varrho\alpha\varsigma$, der Grenze, der Bestimmung, der Endlichkeit gegenüberstellt. Die Frage, um die es dabei geht, ist die Frage nach dem gewordenen Sein.

SOKRATES: *Als Erstes also nenne ich das Unbegrenzte, als Zweites die Grenze, dann als Drittes aus diesen das gemischte und gewordene Sein; [...]* [82]

Als Beispiele für das Unbegrenzte oder Unbestimmte nennt der Text den unbestimmt fließenden Charakter von Wärmerem und Kälterem, Trockenerem und Feuchterem, also Qualitäten, von Mehr und Weniger, von Schnellerem und Langsamerem und Größerem und Kleinerem, also von Bewegungs- und Raumgrößen. Und ganz allgemein fällt für ihn das «Mehr und Minder» unter den Begriff des Unbestimmten und Unbegrenzten.

Weiter beschreibt der Dialog dann, wie durch das Hineinbringen des Bestimmten in die unbestimmte Vielheit und durch beider Vermischung Maß, Ordnung und Schönheit erzeugt wird, so wie etwa aus der unbestimmten Vielheit der hohen und tiefen Töne durch die Zahlenverhältnisse der Harmonien eine vollkommene Darstellung der Tonkunst entsteht. Und in diesem Sinne heißt es zu dem $\mu\iota\kappa\tau\acute{o}\nu$:

Unter dem Dritten aber, sage nur, meinte ich, das gesamte Erzeugnis dieser beiden als eines *setzend, das Werden zum Sein aus den mit der Grenze bewirkten Maßen.* [83]

Es ist unverkennbar, daß in dieser Philosophie, die der Mathematik eine Mittelstellung zwischen der intelligiblen Welt der Ideen und der sinnlich wahrnehmbaren Welt des Werdens zuweist, die Auseinandersetzung mit grundlegenden Problemen der griechischen Mathematik jener Zeit eine Rolle spielt. Angesichts der Vieldeutigkeit der Worte $\pi\acute{\epsilon}\varrho\alpha\varsigma$ und $\overset{,}{\alpha}\pi\epsilon\iota\varrho o\nu$ und des Charakters der Texte ist es allerdings keine eindeutig lösbare Aufgabe, diesen mathematischen Hintergrund genauer zu bestimmen.

Es ist die These vertreten worden, daß gewisse Stellen in den Dialogen *Philebos* und *Sophistes* belegten, Platon habe mit seiner Methode der $\delta\iota\alpha\acute{\iota}\varrho\epsilon\sigma\iota\varsigma$ auch eine Diairesis des Räumlichen gemeint und seine Einführung der «unteilbaren Linien» als einer Art von letzten geometrischen Elementen sei ein Versuch einer Theorie des Kontinuums. [84] Für diese These spricht die Auseinandersetzung des Aristoteles mit diesen geometrischen Atomen Platons im Rahmen seiner eigenen Überlegungen zu Problemen des Kontinuierlichen.

Die zitierten Sätze Georg Cantors zeigen aber, daß die späte platonische Philosophie auch noch in ganz anderer und vielleicht viel tieferer Weise in der Geschichte der Mathematik gewirkt haben könnte. Es wäre auch darum ein Fehler, die grundlegende ontologische Bedeutung der Axiome der Mengenlehre als Problem zu ignorieren.

* * *

Während sich der Terminus $\pi o\iota\acute{o}\tau\eta\varsigma$, wie gesagt, schon bei Platon findet, beginnt das systematische Fragen danach, welche Bedeutung die Frage nach der Beschaffenheit von Dingen hat, mit Aristoteles. Dieses Problem gehört für ihn zu der allgemeineren Frage nach den Kategorien.

Die Kategorien erörtert Aristoteles in einer ganzen Reihe von Schriften, u. a. in der *Physik*, in der *Metaphysik*, in der *Kategorienschrift* und in der *Topik*. [85] Man kann die Stellung der Kategorien in der Philosophie des Aristoteles und insbesondere die Frage nach dem Verhältnis der Kategorie der Qualität zur Begrifflichkeit der Mathematik und zum Denken der Mathematiker natürlich nur dann adäquat erörtern, wenn man dies Problem in den Gesamtzusammenhang der jeweiligen Schrift einordnet. Das ist mir kaum möglich. Dem Charakter der Fragestellung dieses Aufsatzes entspricht es wohl am ehesten, wenn ich mich in dieser Hinsicht auf die Physik des Aristoteles beschränke. Das wenige, was ich dazu sagen kann, kommt – bis auf mögliche Mißverständnisse – nicht von mir. Ich verdanke es dem Buche *Die aristotelische Physik* von Wolfgang Wieland. [86] Dieses Buch ist in unserem Zusammenhang vor allem wegen seiner relativ sorgfältigen Untersuchung der Behandlung der Probleme des Kontinuierlichen in Aristoteles' Physik interessant. Mit deren Ergebnissen und Wertungen stimme ich allerdings zum Teil nicht überein. Ich werde dazu eigene Gedanken vortragen, von denen ich hoffe, daß sie nicht nur die Mathematiker überzeugen. Zum Ansatz von Wielands Aristoteles-Interpretation und zu seiner Verteidigung gegen mögliche Kritik muß ich auf das Buch selbst verweisen.

Die Physik des Aristoteles ist eine Untersuchung der Grundlagen der Wissenschaft von der Natur. Es geht ihr – der Intention nach – um Grundstrukturen in unserem Bemühen um Erkenntnis der natürlichen Welt. Diese Welt ist eine Welt der Bewegung, des Wandels, der Veränderung, des Entstehens und Vergehens von Dingen, von Wesen, von Lebewesen. Es geht dabei um die Möglichkeit einer von geistigen Prinzipien geleiteten Erkenntnis dieser werdenden natürlichen Welt. Es geht – hier, in Aristoteles' Physik – nicht um einzelwissenschaftliche Forschung, schon gar nicht um naturwissenschaftliche Forschung im modernen Sinne – sondern um allgemeine, grundlegende Strukturen unserer Erfahrung der natürlichen Welt, die dann in der Erforschung einzelner Bereiche jeweils noch zu konkretisieren sind.

Die Art und Weise, wie Aristoteles diese Suche nach Prinzipien und deren Erörterung betreibt, ist – dies ist die These Wielands – de facto bis zu einem gewissen Grade Sprachanalyse und damit implizit auch Sprachkritik, auch wenn Aristoteles dies nicht so sagt und nicht so sagen kann, weil für ihn das Sprechen von den Dingen als solches noch gar nicht problematisch ist.

Der Unterschied Sprache–Sache ist ein Gegenstand der Reflexion; phänomenologisch existiert er in der natürlichen Einstellung nicht: im Sprechen haben wir immer schon unmittelbar mit den Dingen zu tun, von denen wir sprechen, ohne daß uns dabei ein Gegensatz von Sprache und Sache bewußt wäre. In der natürlichen Einstellung weiß das Sprechen nichts von sich selbst und seinen eigenen Strukturen.

Um diese vorreflexive Stufe jedoch handelt es sich, wenn Aristoteles seine Grundlagenuntersuchung an der Sprache orientiert. [...] Indem er sprachliche Formen untersucht, analysiert er also zugleich die Strukturen der Wirklichkeit – nur eben, daß es sich bei dieser Wirklichkeit um die Lebenswelt des natürlichen Bewußtseins handelt und nicht um eine bewußtseinstranszendente «Außenwelt». [87]

Bei dieser Prinzipienforschung geht es also um keine völlig abstrakten Prinzipien, sondern um Prinzipien der Dinge unserer natürlichen Erfahrungswelt,

und auch nicht um Prinzipien eines absoluten Anfangs, sondern um Prinzipien, bei denen von dem in der Sprache enthaltenen Vorverständnis unserer
Erfahrung ausgegangen wird, das uns in gewissem Sinne schon bekannt ist.

> *Was uns zunächst bekannt und deutlich ist, ist immer eine Vielheit*
> *von Bestimmungen, ein «Zusammengegossenes». Es ist nicht von uns*
> *zusammengefügt; wir finden die Dinge unserer Erfahrung vielmehr*
> *schon so vor, daß wir sie in verschiedener Hinsicht und auf ihre ver-*
> *schiedenen Bestimmungen hin ansprechen können. So können wir bei-*
> *spielsweise ein und dieselbe Sache auf ihr Was, ihr Wie-groß, ihr*
> *Wie-beschaffen, ihr Wo, ihr Wann u. dgl. hin ansprechen. Damit ge-*
> *langen wir zur Ordnung der Kategorien. Wir können aber diese Sache*
> *auch auf das, was ihr zu sein, zu tun oder zu erleiden möglich ist,*
> *ansprechen im Gegensatz zu dem, was sie in Wirklichkeit ist, tut oder*
> *erleidet. So kommen wir zur Ordnung von Vermögen ($\delta\acute{u}\nu\alpha\mu\iota\varsigma$) und*
> *Wirklichkeit ($\grave{\epsilon}\nu\tau\epsilon\lambda\acute{\epsilon}\chi\epsilon\iota\alpha$). Schließlich können wir eine Sache auch*
> *auf das hin ansprechen, was alles zusammenwirken muß, damit sie*
> *so, wie sie ist, existiert: woraus sie gemacht ist, was sie ist, wozu sie*
> *dient und was den Anstoß zu ihrer Entstehung gibt. So kommt man zur*
> *Ordnung der vier Ursachen.* [88]

Eine solche Auffassung der aristotelischen Prinzipienforschung, welche diese als Untersuchung unseres Sprechens von den Dingen sieht und dieses
nicht einer Untersuchung über das Sein der Dinge gegenüberstellt, läßt sich
auch gegen die von Kurt von Fritz vertretene Auffassung verteidigen, welche
die scheinbare Heterogenität der aristotelischen Kategorientafel mit einem
zweifachen Ursprung der Kategorienlehre in Zusammenhang bringt, einem
logischen, der möglicherweise die Auflösung eristischer Trugschlüsse und
falscher logischer Theorien verschiedener sokratischer Schulen zum Ziel gehabt habe und einem ontologischen, der in der Auseinandersetzung mit der
platonischen Ideenlehre zu suchen sei. [89]
Jedenfalls ist offensichtlich, daß die aristotelische Kategorienlehre auf
der in vielen Sprachen gegebenen grammatischen Differenz von Subjekt und
Prädikat aufbaut, wobei die erste Kategorie der $o\grave{u}\sigma\acute{\iota}\alpha$ mit der Frage «was»
das Subjekt thematisiert und die übrigen Kategorien verschiedene Weisen
des Prädizierens. Die wichtigsten Kategorien sind thematisierte Pronomina
oder Adverbien: das Wie-beschaffen ($\tau\grave{o}\ \pi o\iota\acute{o}\nu$), das In-bezug-auf-welches
($\tau\grave{o}\ \pi\varrho\acute{o}\varsigma\ \tau\iota$), das Wie-groß ($\tau\grave{o}\ \pi o\sigma\acute{o}\nu$), das Wo ($\tau\grave{o}\ \pi o\acute{u}$), das Wann
($\tau\grave{o}\ \pi o\tau\acute{\epsilon}$). Es ist offensichtlich, daß von diesen Kategorien die ersten bei-
den, die Kategorien der Qualität und der Relation, eine unbegrenzte Vielzahl

von Konkretisierungen zulassen, so viele, wie von der Vielfalt natürlicher menschlicher Möglichkeiten der Erfahrung in der Sprache gegeben sind.

Im 8. Kapitel der *Kategorienschrift* gibt Aristoteles Beispiele für verschiedene Arten von Qualitäten, beziehungsweise für verschiedene Weisen, Arten von Qualitäten zu unterscheiden. Beispielsweise unterscheidet er nach der Dauer Qualitäten, die ein Habitus sind, d.h. eine bleibende Eigenschaft, von solchen, die nur eine Disposition sind, ein für kürzere Zeit vorliegender Zustand. Zu den Qualitäten zählen für Aristoteles insbesondere die Sinnesqualitäten, die er passive Qualitäten nennt, weil sie in den Sinnen ein Leiden bewirken. Für den Mathematiker interessant ist der folgende Text:

> *Eine vierte Gattung von Qualität endlich ist die Figur und die die Dinge umkleidende Form, überdies Gradheit und Krummheit u. dgl. Denn in Rücksicht auf alles dieses läßt man die Dinge so und so beschaffen sein. Man sagt von dem Dreieck und Viereck und dem Graden oder Krummen, daß es so oder so beschaffen ist. Auch läßt man die Dinge in Rücksicht auf ihre Form so und so beschaffen sein.* [90]

Da nach Ansicht des Aristoteles die Mathematik von den quantitativen Bestimmungen und die Geometrie von den räumlichen Eigenschaften der Dinge handelt, wobei sie allerdings davon absieht, daß es sich um Eigenschaften natürlicher Dinge handelt, und da geometrische Eigenschaften von Linien-, Flächen- und Raumstücken nach Aristoteles Qualitäten sind, so ist offensichtlich, daß nach Meinung des Aristoteles die Mathematik es zum mindesten auch mit gewissen Qualitäten zu tun hat. Dabei kommt es Aristoteles aber auf eine sorgfältige Teilung der Aufgaben zwischen Mathematiker und Naturforscher an. [91] Der Mathematiker befaßt sich mit mathematischen Formen, die er im Denken von dem Werden der natürlichen Dinge abgelöst und verselbständigt behandelt, ohne sie zu verdinglichen. Der Naturforscher hingegen interessiert sich für die mathematischen Formen gerade, insofern sie ein Naturverhältnis darstellen können.

Es ist nicht so, wie es lange Zeit und immer wieder behauptet wurde, daß die aristotelische Physik der Mathematik fremd gegenüberstünde. Aber es ist wohl so, daß sie die Kompetenz der Mathematik für die Erforschung der Natur beschränkt. Sie beschränkt sie auf die rein mathematische Untersuchung quantitativer Beziehungen und geometrischer Formen. Diese Beschränkung entspricht zunächst einmal dem Entwicklungsstand der Mathematik jener Zeit.

Die Mathematik unserer Zeit verfügt jedoch über einen unvergleichlich größeren Vorrat an mathematischen Formen und über eine so hoch entwickelte Fähigkeit zur Definition und Analyse neuer mathematischer Strukturen, daß es schwer ist, prinzipielle Grenzen des mathematisch Möglichen auszumachen. Damit soll natürlich weder die Existenz ungelöster mathematische Probleme noch die mit der Komplexität der Strukturen zunehmende Schwierigkeit der Analyse geleugnet werden. Aber aus der Verbindung von Experiment und einer auf einen stets wachsenden Vorrat von mathematischen Strukturen zugreifenden Theoriebildung ist eben in der Neuzeit eine machtvolle Naturwissenschaft hervorgegangen, welcher der aristotelische Entwurf einer Naturforschung mit einer viel beschränkteren Rolle der Mathematik als überholt erscheinen mußte – erst recht in Anbetracht der Art der Vermittlung dieses Entwurfs durch den Aristotelismus des Mittelalters.

In dieser Situation ist es schwierig, an den Text der aristotelischen Physik eine Frage von aktueller Bedeutung zu stellen, die sich auf unser Problem bezieht, inwieweit die Mathematik es noch oder wieder mit Qualitäten zu tun hat und wo vielleicht die Grenzen ihrer Kompetenz sind.

Eine Frage, die mir legitim zu sein scheint, ist die folgende: Gibt es in der aristotelischen Untersuchung der Grundlagen der Naturforschung vielleicht begriffliche Probleme, die zwar der griechischen Mathematik noch unzugänglich waren, zu deren Klärung aber heute die Mathematik einen Beitrag leisten kann?

Ich meine, daß ein solches Problem in Aristoteles' Untersuchung des Begriffs der Kontinuität vorliegt. Es ist ziemlich offensichtlich, daß die Fragestellungen der aristotelischen Physik von vielen Seiten her auf dies Problem führen mußten. Eine Untersuchung des substantialen Werdens wie der zeitlichen Änderung akzidentieller Qualitäten eines gegebenen Substratums, eine Untersuchung räumlicher Formen wie eine Erörterung von Zeit, alles dies setzt eine Klärung des Begriffes des Kontinuierlichen voraus. Diese Klärung muß über die Untersuchung der in der Sprache durch Worte wie «Stetigkeit» und «Zusammenhang» gefaßten Vorstellungskomplexe hinausgehen und zu klaren begrifflichen Bestimmungen dieser universalen Grundstruktur unserer Erfahrung gelangen, wenn die Rede vom Zusammenhang und vom Fluß des Werdens für die Naturforschung mehr als metaphorische Bedeutung haben soll.

Was Aristoteles in dieser Hinsicht geleistet hat, ist in der Tat bewunderungswürdig, wenngleich es vielleicht doch ein wenig hoch gegriffen scheint, wenn Wieland feststellt:

[...] daß die Kontinuitätslehre des Aristoteles wie kaum ein anderes Stück seiner Philosophie inhaltlich so unveraltet ist, daß man sich auch

*heute noch mit ihren sachlichen Problemen genau so unmittelbar wie
mit einem modernen Beitrag zu den Grundfragen der neuzeitlichen
exakten Wissenschaft auseinandersetzen kann. [. . .]
[. . .] Das Problemniveau dieser Lehre wurde im übrigen auch in der
Mathematik höchstens in den Grundlagenforschungen dieses Jahrhunderts (Hilbert, Weyl, Brouwer, Lorenzen) wieder erreicht; weit darunter
bleibt das Problemniveau, auf dem die Infinitesimalrechnung begründet wurde, selbst das der mathematischen Grundlagenforschung des
19. Jahrhunderts.* [92]

Wenn es dem Philosophen erlaubt ist, solche Vergleiche anzustellen, dann
ist es dem Mathematiker auch erlaubt. Und dies gilt ungeachtet der Tatsache, daß Aristoteles in der Tat Kontinuität nicht als mathematisches Problem
behandelt, sondern als Problem der Physik. Es ist selbstverständlich unbestreitbar, daß die Kontinuität eines konkreten natürlichen Prozesses, etwa des
Werdens eines Lebewesens, im Sinne der aristotelischen Physik außerhalb
der Kompetenz des Mathematikers ist. Aber es ist für den, der den Text
der Physik mit den Augen des Mathematikers liest, offensichtlich, daß die
Sequenz von begrifflichen Bestimmungen, mit denen Aristoteles Zusammenhängendes definieren will, am Material der Mathematik seiner Zeit orientiert
ist. Ich meine sogar, daß sie ohne diesen Bezug nicht zu verstehen ist. Nur
ist es eben so, daß Aristoteles' Konzeption von Naturforschung derart weit
war, daß die Mathematik seiner Zeit keinen adäquaten Beitrag dazu leisten
konnte. Ich denke, es läßt sich zeigen, daß die Dinge heute anders liegen.
Dazu muß man den Text der aristotelischen Physik auch einmal mit den Augen eines Mathematikers des 20. Jahrhunderts lesen. Dabei genügt es nicht,
an die mathematischen Grundlagenforschungen zu denken, welche die meisten philosophischen Kommentatoren und offenbar auch Wieland im Sinn
haben, also an die Problematik der Begründung des Linearkontinuums. Aber
wenn man das schon tut, dann muß man auch bereit sein, die zum Beispiel
von Otto Toeplitz gestellte Frage zu erwägen, ob nicht Plato im Begriff war,
die griechische Mathematik «zu dem heutigen Zahlbegriff hinzuführen», und
ob nicht «Aristoteles mit seinem Kampf dagegen die griechische Mathematik
von diesem Wege abgedrängt hat.» [93]
In der Tat zeigt sich für den geschulten Blick des heutigen Mathematikers,
der nicht nur die moderne mathematische Grundlagenproblematik kennt, sondern auch den Reichtum konstruktiver Leitideen in der modernen geometrischen Topologie, daß die Stärke des aristotelischen Denkansatzes gerade
nicht im Versuch einer Begründung des Linearkontinuums liegt, sondern in
etwas ganz anderem. Allerdings bedurfte es einer sehr langen Entwicklung,

bis die durch diesen Ansatz prinzipiell eröffneten reichen Möglichkeiten in präzisen mathematischen Konstruktionen realisiert werden konnten.

Um diese Sicht der aristotelischen Kontinuumslehre zu explizieren, muß ich die Sequenz von Begriffsbestimmungen skizzieren, die zu Aristoteles' Begriff des Kontinuierlichen – auch: des Zusammenhängenden – führen. Es soll gezeigt werden, daß dadurch das konkrete, einzelne, zusammenhängende ganze Ding als etwas aufgefaßt wird, das in einem konstruktiven Prozeß aus Teilen gebildet werden kann, wobei dieser Prozeß nicht mit dem Ding als solchem gegeben ist, sondern – durch Unterteilung – auch anders gewählt werden kann.

Die erste Stelle in der *Physik,* wo von dem Zusammenhängenden ($\tau\grave{o}$ $\sigma\upsilon\nu\varepsilon\chi\acute{\varepsilon}\varsigma$) die Rede ist, steht im Zusammenhang einer Diskussion des Verhältnisses von Ganzem und Teilen. Aristoteles prüft verschiedene Bedeutungen des Ausdrucks «eines ist das Ganze», und sagt dazu unter anderem das Folgende:

> *Sollte es im Sinne von Zusammenhang gemeint sein, so wird das Eine zu einer Vielheit; denn das Zusammenhängende ist ins Unendliche teilbar. – Es gibt aber auch noch eine Schwierigkeit bezüglich des Verhältnisses von* Teil *und* Ganzem, *– vielleicht gehört sie nicht zu dieser Untersuchung, aber sie besteht an und für sich: Sind Teil und Ganzes eins oder mehreres?* [94]

Aristoteles löst diese Schwierigkeit hier und auch anderswo in der *Physik* nicht auf. Er geht, solange er ganz allgemein bleibt, über die Darstellung des dialektischen Verhältnisses von Teilen und Ganzem kaum hinaus.

So heißt es im Zusammenhang einer Diskussion der verschiedenen Bedeutungen der Redewendung «eines in einem Anderen»:

> *[...] und allgemein, der Teil ist «in dem Ganzen» ⟨enthalten⟩. Auf eine andere so: Das Ganze ⟨besteht⟩ «in seinen Teilen»; denn neben seinen Teilen gibt es ein Ganzes gar nicht.* [95]

Es wäre interessant, diese Stelle gegen eine entsprechende Stelle in Platons *Parmenides* zu halten. Dort heißt es:

> *Wenn nun weder in mehreren noch in einem noch in allen Teilen das Ganze ist, muß es nicht notwendig entweder in irgendeinem Andern sein oder gar nirgends sein? – Notwendig.* [96]

Ist es ein Fortschritt gegenüber Aristoteles, was man dazu bei Hegel lesen kann?

Das Verhältnis des Ganzen und der Teile *ist das unmittelbare, daher das gedankenlose Verhältnis und Umschlagen der Identität-mit-sich in die Verschiedenheit. Es wird vom Ganzen zu den Teilen und von den Teilen zum Ganzen übergegangen, und in einem der Gegensatz gegen das andere vergessen, indem jedes für sich, das eine Mal das Ganze, das andere Mal die Teile, als selbstständige Existenz genommen wird. Oder indem die Teile* in *dem Ganzen und dieses aus* jenen *bestehen soll, so ist das eine Mal das eine, das andere Mal das andere das Bestehende und ebenso jedesmal das andere desselben das* Unwesentliche. [97]

Etwas konkreter wird die Dialektik von Teilen und Ganzem bei Aristoteles im Kontext der Kontinuumsproblematik. So sagt er dazu in der *Metaphysik* im Kontext einer Diskussion verschiedener Bedeutungen von Teil und Ganzem:

In der anderen Weise dagegen ist Ganzes das Zusammenhängende und Begrenzte, wenn aus mehreren immanenten Teilen eine Einheit geworden ist, besonders, wenn die Teile nur dem Vermögen nach existieren, doch auch, wenn der Wirklichkeit nach. [98]

Wesentlich konkreter wird Aristoteles in Beispielen. Ich beschränke mich im folgenden auf die Beispiele, für die der Mathematiker kompetent ist, auf Gegenstände der Mathematik, genauer: auf die Frage nach den Teilen individueller, einzelner mathematischer Figuren, etwa den Teilen einer bestimmten Linie, eines Kreises, eines Dreiecks. Als Teile einer geraden Linie, d. h. – in heutiger Terminologie – einer Strecke, nennt Aristoteles die Teilstrecken, als Teile einer Kreislinie die Segmente. [99] Hingegen sind die Punkte einer Kreislinie oder einer geraden Linie für Aristoteles nicht Teile dieser Linie. [100] Wenn Aristoteles die Auffassung erwägt, die Linie könne aus Punkten bestehen, stellt er sie immer als problematisch dar, insbesondere dann, wenn er sich mit dem problematischen Gebilde der platonischen Mathematik auseinandersetzt, der «unteilbaren Linie». [101] Vom Standpunkt der heutigen mengentheoretisch fundierten Mathematik aus ist vielleicht die folgende Stelle aus der *Metaphysik* am interessantesten:

Diese also lassen aus solchem Stoff die Größen entstehen, andere dagegen aus dem Punkt (der Punkt nämlich ist nach ihrer Ansicht nicht Eines, sondern wie das Eine) und aus einem anderen Stoff, welcher ist wie die Menge, aber welcher nicht die Menge selbst ist. Diese Ansicht führt um nichts weniger zu denselben Zweifeln. [102]

Gegen das «Entstehen aus Punkten» einer Linie wird ihr «Bestehen aus Teilen» gesetzt, gegen den Punkt als Element ($\sigma\tau o\iota\chi\varepsilon\tilde{\iota}o\nu$) der durch Teilung entstehende Teil ($\mu\acute{\varepsilon}\varrho o\varsigma$). Die Linie ist nicht die Menge ($\pi\lambda\tilde{\eta}\vartheta o\varsigma$) ihrer Punkte. Menge ist für Aristoteles nur Vielheit, die geteilt werden kann. [103] Die Frage aber, was denn im Sinne des aristotelischen Hylemorphismus bei den mathematischen Gegenständen $\H{\upsilon}\lambda\eta$ ist, also Stoff, und was $\mu o\varrho\varphi\acute{\eta}$, also Form, diese Frage bleibt offen oder findet nur eine unklare Antwort. Eine Stelle aus der *Physik* gibt – obwohl kurz vorher auch von $\sigma\tau o\iota\chi\varepsilon\tilde{\iota}\alpha$, nämlich Buchstaben von Silben, die Rede ist – Anlaß zu der Vermutung, die Teile machten die stoffliche Seite aus:

Die eine Seite dieser (Zusammensetzungen ist ursächlich) im Sinne des Zugrundeliegenden, z.B. die Teile; die andere Seite im Sinne des «was-es-wirklich-ist», nämlich das Ganze, die Zusammensetzung, die Form. [104]

Der Versuch, mathematische Gegenstände konstruktiv mit Hilfe der Zusammensetzung aus ihren Teilen zu konstituieren, und die Ablehnung der unendlichen Menge der Punkte einer Linie als Stoff korrespondieren der Stellung von Aristoteles gegen das aktual Unendliche, das er im Gegensatz zum potential Unendlichen für überflüssig hält:

Es nimmt diese Darlegung auch den Mathematikern ihre Anschauungsweise nicht fort, indem sie die Vorstellung wegräumt, es gebe Unbegrenztes in dem Sinne, daß es in tatsächlicher Wirklichkeit vorkomme, in Richtung auf Anwachsen nicht zu durchlaufen: sie brauchen ja auch so das (wirklich) Unendliche nicht – jedenfalls benutzen sie es nicht –, sondern (was sie brauchen) ist nur die Möglichkeit, daß eine begrenzte (Linie) immer so groß sein können muß, wie sie es verlangen. [...] Im Hinblick auf das mathematische Beweisverfahren macht es für sie also gar nichts aus, ob es das (die tatsächliche Unbegrenztheit) unter den vorkommenden Größen gibt. [105]

Für die heutige Mathematik macht es sehr wohl etwas aus, ob man die Existenz unendlicher Mengen annimmt oder nicht. Das Recht zu dieser Annahme ist zwar auch im 19. und im 20. Jahrhundert von Konstruktivisten, Intuitionisten und Finitisten verschiedener Richtungen bestritten worden, darunter auch von einigen sehr bedeutenden Mathematikern, die sich freilich in der Praxis dennoch des aktual Unendlichen bedient haben. Nicht zu bestreiten ist jedoch, daß ohne diese Annahme von der Mathematik nur ein

Torso übrigbleibt und daß außerdem dieser Rest so kompliziert wird, daß er – trotz möglicher Zugewinne an Konstruktivität – für die Bedürfnisse einer auf klare, einfache, durchsichtige mathematische Theorien angewiesenen Naturwissenschaft nicht nur unzureichend, sondern auch unbrauchbar ist. Ich werde daher diesen Rest in der folgenden Diskussion ignorieren. Wenn ich von moderner Mathematik spreche, meine ich die heute tatsächlich existierende, ungeheuer vielfältige und doch einheitliche, auf der Cantorschen Mengenlehre aufgebaute Mathematik. Sie akzeptiert das aktual Unendliche und regelt den Umgang damit durch Axiome.

Wenn man die Mengenlehre als Grundlage der Mathematik akzeptiert, kann man das Verhältnis der mathematischen Element- und Teil-Relationen genau diskutieren. Die Element-Relation wird durch das Peanosche Zeichen $\in$ symbolisiert, die mengentheoretische Teilmengenrelation durch das Zeichen $\subset$. Die Aussage $y \in x$, in Worten: y ist Element von x, ist sorgfältig von der Aussage $y \subset x$ zu unterscheiden, also der Aussage: y ist Teilmenge von x. Die Element-Relation ist die grundlegende Relation der Mengenlehre. Das $\in$-Symbol genügt, um zusammen mit den Symbolen für die logischen Junktoren und Quantoren, den Symbolen für Variable und für die leere Menge und den Klammersymbolen, eine formale Sprache zu bilden, in der die mengentheoretischen Axiome – etwa die von Zermelo und Fraenkel – formuliert werden können. Die Teilmengenrelation ist demgegenüber eine abgeleitete Relation: $y \subset x$ bedeutet, daß alle Elemente von y auch Elemente von x sind. Formal:

$$(y \subset x) \iff (\forall z(z \in y \Rightarrow z \in x)) \, .$$

Umgekehrt ist es jedoch nicht möglich, unter Verzicht auf die $\in$-Relation nur mit Hilfe der $\subset$-Relation ein Axiomensystem der Mengenlehre von hinreichender Stärke zu formulieren.

Natürlich ist damit nur eine erste, ganz grundsätzliche Orientierung zum Verhältnis von Element- und Teilbegriff in der Mathematik gegeben. Für die meisten Typen mathematischer Strukturen wird ein jeweils spezifischer Begriff von «Teil» eingeführt, der in der Tat dialektisch mit dem «Ganzen» der jeweiligen Struktur verbunden ist. Das ändert jedoch nichts an der grundlegenden Tatsache, daß bei allen Strukturen, bei denen das Unendliche eine wesentliche Rolle spielt, und das gilt insbesondere für alle Arten von Kontinua, der Versuch einer Konstitution der Gegenstände der jeweiligen Theorien unter völligem Verzicht auf den Elementbegriff allein mit Hilfe des Teilbegriffs von vornherein zum Scheitern verurteilt ist. So bleiben eben auch in Aristoteles' Theorie des Kontinuierlichen die Teile, aus denen die Kontinua bestehen, als begrifflich nicht weiter reduzierte Momente übrig. Natürlich

enthält jede Theorie solche nicht weiter reduzierbaren Bestandteile. Hier ist
es aber so, daß – entgegen der Behauptung von Wieland – die Teile der Kontinua bei Aristoteles so unbestimmt bleiben, daß ein verläßliches Operieren
mit ihnen auf dieser Grundlage nicht möglich und auch für die Zwecke der
mathematischen Physik nicht ausreichend ist. Andererseits zeigt die moderne
Begründung der Theorie der reellen Zahlen und damit des Linearkontinuums
durch Cantor und Dedekind, daß eine präzise mengentheoretische Definition
sehr wohl möglich ist, wenn man bereit ist, die Punkte als Elemente einer
Menge zu akzeptieren, welche dem Linearkontinuum zugrundeliegt. Vielleicht könnte man zugespitzt sagen, daß gerade nicht die Teile den Stoff eines mathematischen Kontinuums bilden, sondern daß das Zugrundeliegende,
das $\upsilon\pi o\kappa\varepsilon\iota\mu\varepsilon\nu o\nu$, die Menge der Punkte des Kontinuums ist. Jedenfalls
sprechen die Mathematiker bei solchen und vielen anderen Strukturen von
der «zugrundeliegenden Menge».

Wenn auch die Elementrelation die grundlegende Relation der Mathematik
ist, so ist doch andererseits auch die Teilmengenrelation für die Beschreibung
der allermeisten mathematischen Strukturen unentbehrlich. Das ließe sich an
einer Fülle von Beispielen zeigen. Eines soll genügen, und zwar dasjenige,
welches heute die Grundlage von allem bildet, was irgendwie mit Stetigkeit
zu tun hat: das Beispiel der topologischen Räume. Ein topologischer Raum
ist nach Definition ein Paar $(X, \mathcal{T})$. Dabei ist X eine Menge, und $\mathcal{T}$ ist eine
Menge von Teilmengen von X, das heißt $\mathcal{T} \subset \mathcal{P}(X)$. Die Elemente von
X heißen die «Punkte» des topologischen Raumes, und die Elemente von
$\mathcal{T}$ heißen die «offenen Teilmengen» des topologischen Raumes. Das Paar
$(X, \mathcal{T})$ ist genau dann ein topologischer Raum, wenn es die folgenden drei
Bedingungen erfüllt:

$$(i) \quad \emptyset \in \mathcal{T} \text{ und } X \in \mathcal{T}.$$

$$(ii) \quad U \in \mathcal{T} \text{ und } V \in \mathcal{T} \text{ impliziert } U \cap V \in \mathcal{T}.$$

$$(iii) \quad \mathcal{S} \subset \mathcal{T} \text{ impliziert } \bigcup_{U \in \mathcal{S}} U \in \mathcal{T}.$$

Das heißt: Die leere Menge $\emptyset$ und die ganze Menge X sind offen, der
Durchschnitt von je zwei offenen Mengen ist offen, und die Vereinigung
einer beliebigen Menge von offenen Mengen ist offen. Weder X alleine
noch $\mathcal{T}$ alleine genügen. Erst beide zusammen, die Menge X der Punkte
und die Menge $\mathcal{T}$ der offenen Teilmengen, konstituieren einen topologischen
Raum.

Für einen Kreis oder eine Gerade beispielsweise ist X die Menge der
Punkte des Kreises oder der Geraden, und $\mathcal{T}$ ist die Menge derjenigen Teilmengen von X, welche Vereinigungsmengen von offenen Kreissegmenten

bzw. Geradenstrecken sind. Damit wird der Zusammenhang der topologischen Struktur mit den von Aristoteles betrachteten Teilen deutlich. Nur kann, wer das aktual Unendliche ablehnt, natürlich nicht die Existenz der Menge $\mathcal{T}$ annehmen. Er ist deswegen gezwungen, sein Heil in einer endlichen Konstruktion zu suchen. Im Falle des kompakten Kreises gelingt das, im Falle der nicht-kompakten Geraden gelingt es nicht, so daß diese nur als potentiell unbegrenzt weiter konstruierbar vorgestellt werden kann, so wie ja für Aristoteles auch hinsichtlich der Zahlenreihe gilt:

[...] ihre Unendlichkeit hat keinen Bestand, sondern wird *immer nur, so wie die* Zeit *und ihre Zählung auch.* [106]

Es ist, wie Felix Hausdorff gelegentlich bemerkt hat, eine bemerkenswerte Tat der Begründer der Mengenlehre, daß sie jede Vorstellung von Zeit von der Theorie der unendlichen Mengen ferngehalten haben.

Der erste grundlegende Aspekt der gesuchten Konstruktionen ist, wie nun ausführlich dargelegt worden ist, die Dialektik von Teil und Ganzem. Ein zweiter ebenso wichtiger Aspekt ist die Dialektik von $\pi\acute{\varepsilon}\varrho\alpha\varsigma$ und $\overset{\,\prime}{\alpha}\pi\varepsilon\iota\varrho\sigma\nu$. Dies ist natürlich ein weites Feld, und ich will mich hinsichtlich der verschiedenen Bedeutungen von $\pi\acute{\varepsilon}\varrho\alpha\varsigma$, die Aristoteles erörtert, auf die eine beschränken, welche in unserem Kontext relevant ist, und das ist die der Begrenzung von Raum-, Flächen- und Linienstücken.
Für Aristoteles ist ein Körper als allseitig «durch eine Oberfläche begrenzt» definiert. [107] Entsprechend sind Flächenstücke allseitig durch Linien begrenzt und Linienstücke durch ihre Endpunkte. Für die gewöhnliche alltägliche Anschauung körperlicher Dinge scheint diese Bedeutung von $\pi\acute{\varepsilon}\varrho\alpha\varsigma$ klar genug. Für eine mathematische Strukturtheorie hingegen ist je nach Strukturtyp genau zu definieren, was in der jeweiligen Theorie unter Grenze im Sinne von Rand zu verstehen ist. Für das Folgende denkt man am besten an das Beispiel der Ränder von Mannigfaltigkeiten als einer solchen konkreten, genauen Fassung des Begriffes Rand. Der Begriff einer Mannigfaltigkeit mit Rand läßt sich natürlich streng erst dann definieren, wenn man über eine Theorie des Linearkontinuums und über die grundlegenden Begriffe der mengentheoretischen Topologie verfügt – anschaulich damit operieren konnte man schon vorher. Bei Aristoteles finden sich zum Begriff von Grenze im Sinne von Rand allenfalls einigermaßen unbestimmt gehaltene Überlegungen dazu, daß bei einem so Begrenzten die Möglichkeit eines «Durchgangs» ($\delta\iota\acute{\varepsilon}\xi\sigma\delta\sigma\varsigma$) in Richtung auf die Grenze hin gegeben sein müsse. [108] Mathematische Konkretisierungen dieses Prinzips wurden natürlich erst durch die Einführung des Grenzwertbegriffs im 19. Jahrhundert möglich. Heute verfügt

die Mathematik über ein weites Spektrum von Methoden zur Beschreibung
der Annäherung an Ränder von Gebieten im weitesten Sinn.

Nachdem nun «Teil» im Sinne des Bestehens eines Ganzen aus Teilen und
«Grenze» im Sinne von Rändern von Teilen erörtert ist, kann man die Sequenz von Definitionen zu verstehen suchen, die bei Aristoteles zum Begriff
des Kontinuierlichen führen. Sie stehen, obwohl gewöhnlich das Buch Z der
Physik als dasjenige angesehen wird, welches der Kontinuität gewidmet ist,
bereits im Buch E. Die gleiche Sequenz findet sich verkürzt im Buch K der
Metaphysik. [109] Aristoteles kündigt diese Reihe von Definitionen wie folgt
an:

> *Danach wollen wir vortragen, was* «beisammen» *bedeutet und* «getrennt», *und was* «berühren», *was* «inmitten», *was* «in Reihe folgend»,
> *was* «anschließend» *und* «zusammenhängend», *[...]* [110]

Es handelt sich bei allen diesen Bestimmungen um Relationen zwischen
mehreren Teilen. Ich lese sie soweit möglich als Mathematiker mit der Absicht, sie als Relationen zwischen Teilen eines mathematischen Kontinuums
zu konkretisieren.

Sehr leicht ist das bei den Relationen «inmitten» und «in der Reihe folgend». Die mathematische Konkretisierung geschieht durch den von Georg
Cantor eingeführten Begriff der geordneten Menge. Sind a, b, c Elemente
einer durch die Relation $<$ geordneten Menge, dann ist «inmitten» interpretierbar als die dreistellige Relation $a < b < c$, also: b liegt zwischen a und
c. «In der Reihe folgend» ist interpretierbar als die zweistellige Relation des
«unmittelbaren Nachfolgers»: c ist unmittelbarer Nachfolger von a, wenn
$a < c$ gilt und es kein b zwischen a und c gibt.

Aristoteles benötigt diese Begriffe, weil er offenbar von einer Ordnung
der Menge der Teile ausgeht, deren Zusammenhang bestimmt werden soll.
Der Zusammenhang entsteht, in moderner mathematischer Interpretation, dadurch, daß einander entsprechende Randstücke von unmittelbar aufeinanderfolgenden Teilen identifiziert werden. Die mengentheoretische Operation der
Identifikation von zwei Mengen X und Y erfordert die Vorgabe einer bijektiven Abbildung $X \to Y$. Dieser Begriff wurde erst von Dedekind und
Cantor eingeführt und war natürlich für Aristoteles noch gar nicht denkbar,
ganz abgesehen davon, daß er die Ränder der Raum- oder Flächenstücke
nicht als Punktmengen sehen wollte. Aber auch in der Mathematik wurde
mit diesem Identifikationsprozeß schon vor der Bereitstellung exakter mengentheoretischer Grundlagen unter Benutzung der räumlichen Anschauung
gearbeitet.

Das beginnt mit der epochemachenden Dissertation von Bernhard Riemann im Jahre 1851, in welcher die Flächen eingeführt werden, die man heute Riemannsche Flächen nennt. Den «Zusammenhang» solcher Flächen untersucht Riemann, indem er die Flächen durch «Schnitte» in «Stücke» zerlegt und die Stücke «durch Herstellung der Verbindung» längs gewisser Randlinien wieder zusammenfügt. [111] Riemanns Dissertation war die erste mathematische Arbeit, in der eine neue mathematische Wissenschaft, die «Topologie», ihre Fruchtbarkeit für andere Gebiete der Mathematik am Beispiel der Theorie der Funktionen einer komplexen Veränderlichen in glänzender Weise unter Beweis stellte.

Wenige Jahre davor, 1847, hatte ein Schüler von Gauß, Johann Benedict Listing, diese neue Wissenschaft auf den Namen «Topologie» getauft und ihr mit seinen «Vorstudien zur Topologie» die Geburtsurkunde ausgestellt. [112]

Listing beginnt seinen Aufsatz wie folgt:

Bei der Betrachtung räumlicher Gebilde können zwei allgemeine Gesichtspunkte oder Kategorien unterschieden werden, nämlich die Quantität und die Modalität. Die Untersuchungen der Geometrie in ihrer heutigen Ausbildung, so verschieden sie auch ihrem Gegenstande wie ihrer Methode nach sein mögen, haben der ersteren dieser Kategorien immer den Vorrang gelassen und demgemäß ist die Geometrie von jeher als ein Theil der Größenwissenschaft oder der Mathematik betrachtet worden, wie sich denn auch ihr Name mit Recht auf den Begriff des Messens beruft. [113]

Demgegenüber bestimmt Listing dann die Aufgabe der neuen Wissenschaft «Topologie» wie folgt:

Unter der Topologie *soll also die Lehre von den modalen Verhältnissen räumlicher Gebilde verstanden werden, oder von den Gesetzen des Zusammenhangs, der gegenseitigen Lage und der Aufeinanderfolge von Punkten, Linien, Flächen, Körpern und Theilen oder ihren Aggregaten im Raume, abgesehen von den Maß- und Größenverhältnissen.* [114]

Statt von «modalen Verhältnissen» könnte man mindestens ebensogut von tiefliegenden Qualitäten räumlicher Gebilde sprechen, die in unserer räumlichen Anschauung gegeben, aber quantitativ und – wie Listing hervorhebt – auch sprachlich schwer faßbar sind. Bei «räumlichen Gebilden» denkt Listing, wie seine Beispiele zeigen, nicht nur an mathematische Figuren, sondern auch an von menschlicher Kunst geschaffene Gebilde und an Bildun-

gen der Natur: Zöpfe, Knoten, gewundene Hörner, Stengel der Schlingpflan-
zen und Schneckenhäuser, und er zitiert sogar Alexander Brauns berühmte
Abhandlung über Phyllotaxis [115], die Goethe noch mit Bewunderung zur
Kenntnis genommen hat [116] und auf deren Entstehung seine Schrift «Die
Metamorphose der Pflanzen» [117] eingewirkt hatte. [118]

Daß im Moment der Entstehung der neuen mathematischen Disziplin
Topologie nicht nur an reine Mathematik gedacht wurde, sondern an die
Möglichkeit der mathematischen Darstellung gewisser Qualitäten physischer
Dinge, ist wohl ebenso offensichtlich wie die Verwandtschaft der mathematischen Behandlung von Zusammenhangseigenschaften in Riemanns Inauguraldissertation mit der Erörterung des Zusammenhängenden bei Aristoteles. Diese konnte nur eine Abstraktion unserer natürlichen Anschauung
davon sein, wie aus zunächst räumlich getrennten physischen Teilen ein Zusammenhängendes entsteht: Sie werden zusammengeführt, bis sie sich längs
eines Teiles ihrer Randflächen berühren, und dann miteinander verbunden.
Aristoteles spricht von der Zusammenfügung ganz anschaulich: «durch Na-
gel, Leim, Gelenkverbindung, Anwachsen» [119], und auch die Topologen von
heute sprechen von «Zerschneiden» und «Zusammenkleben». Das also ist,
wie gesagt, der anschauliche Sinn von Aristoteles' abstrakt vorgetragener
Folge von Definitionen:

> «Beisammen» *also nenne ich das im Hinblick auf Ort, was im genauen
> Sinn an einem Ort sich befindet;* «getrennt» ⟨ist⟩ *dagegen das, was an
> verschiedenem* ⟨Ort ist⟩; *von* «berühren» ⟨rede ich bei den Dingen⟩,
> *deren Ränder beisammen sind. [...]*

> «Anschließend» *ist, was in Reihe folgt und in Berührung steht. [...]*
> «Zusammenhängend» *ist einerseits ein besonderer Fall von* «an-
> schließend», *ich sage aber dagegen,* «zusammenhängend» *liege dann
> vor, wenn die Grenze beider, da wo sie sich berühren, eine und die-
> selbe geworden ist und, wie der Name ja schon sagt, zusammenge-
> halten wird. Dies kann es aber so lange nicht geben, wie die beiden
> Ränder zwei sind.* [120]

Überblicken wir diese aristotelische Erörterung des Kontinuierlichen bis zu
diesem vorläufigen Abschluß als Ganzes, so stellt sie sich uns als Verflech-
tung einer dreifachen Dialektik dar, der Dialektik von $\ddot{o}\lambda o\varsigma$ und $\mu\acute{e}\varrho o\varsigma$,
Ganzem und Teil, von $\pi\acute{e}\varrho\alpha\varsigma$ und $\ddot{\alpha}\pi\varepsilon\iota\varrho o\nu$, Grenze und Unbegrenztem,
und von $\delta\iota\alpha\acute{\iota}\varrho\varepsilon\sigma\iota\varsigma$ und $\sigma\acute{\upsilon}\nu\vartheta\varepsilon\sigma\iota\varsigma$, von Zerlegung und Zusammensetzung.
Sie ist eine bewunderungswürdige Leistung, auch wenn man bedenkt, daß
in Platons Darstellung der Zerlegung der Oberfläche der regulären Polyeder

in elementare Dreiecke und umgekehrt ihres Aufbaus aus solchen Dreiecken im *Timaios* ein wundervolles Vorbild zur Verfügung stand.

Ich will die Möglichkeiten, die aus heutiger mathematischer Sicht in Aristoteles' Ansatz zur Behandlung von Kontinua liegen, zunächst an einem Beispiel erläutern. Die beigegebene Figur 3, eine Ikone der dahinterstehenden Theorie, soll dies Beispiel veranschaulichen.

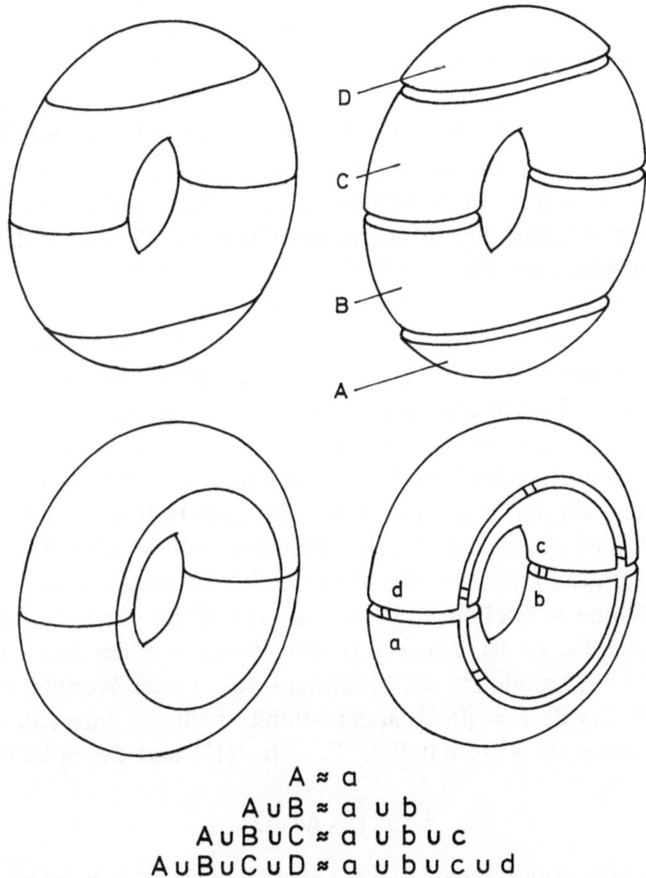

Fig. 3

Wir denken uns eine Ringfläche M im 3-dimensionalen euklidischen Raum E. Wir werden diese Fläche in einer bestimmten Weise in vier Flächenstücke A, B, C, D zerlegen.

Die griechischen Mathematiker der alexandrinischen Periode nannten eine solche Ringfläche $\sigma\pi\varepsilon\tilde{\iota}\varrho\alpha$. Das lateinische «spira» und das deutsche «Spirale» sind davon entlehnt. Eine Art, eine solche Ringfläche zu erzeugen, ist die folgende. Man wählt eine Ebene F in E und in F eine Gerade L und einen Kreis K, der L nicht trifft. Dann läßt man in E den Kreis K um die Achse L rotieren. Dadurch entsteht die Ringfläche M.

Wir betrachten nun die Menge $\mathscr{F}$ aller zu F parallelen Ebenen, welche M treffen. In dieser Menge gibt es vier ausgezeichnete Ebenen F_0, F_1, F_2, $F_3 \in \mathscr{F}$. Sie sind dadurch ausgezeichnet, daß sie die Fläche M nicht nur treffen, sondern sogar berühren. Und zwar berühren sie diese jeweils in einem einzigen Punkt x_0, x_1, x_2, x_3. Zwei von diesen Ebenen, etwa F_0 und F_3, treffen M nur in diesem Berührpunkt. Die anderen beiden, F_1 und F_2, treffen M in einer 8-förmigen Kurve, einer Doppelschleife – auch Lemniskate genannt – deren Doppelpunkt gerade der Berührpunkt ist. Solche Kurven, die durch Schnitt einer Ringfläche mit einer Ebene entstehen, waren schon in der Antike als «spirische Schnitte» bekannt. Sie wurden anscheinend zuerst von einem griechischen Mathematiker namens Perseus untersucht, der uns nur durch einen Bericht von Proklus bekannt ist. [121]

Wir werden die Fläche M in die vier Stücke A, B, C, D durch Schnitt mit drei Ebenen aus $\mathscr{F}$ zerlegen, die wir jeweils zwischen den vier Ebenen F_0, F_1, F_2, F_3 wählen. Um die spätere Verallgemeinerung auf die Untersuchung beliebiger Flächen und noch allgemeiner beliebiger Mannigfaltigkeiten vorzubereiten, beschreiben wir diese Zerlegung wie folgt.

Wir definieren für jeden Punkt $x \in E$ als $h(x)$ den Abstand von x zu der Ebene F_0. Dies definiert eine Funktion h auf dem Halbraum mit Rand F_0, in dem M liegt, und induziert durch Beschränkung auf M eine differenzierbare reellwertige Funktion $f : M \to \mathbb{R}$. Anschaulich können wir uns F_0 als eine horizontale Ebene vorstellen und $f(x)$ als die Höhe eines Punktes $x \in M$ über der Ebene F_0. Es ist $f(x_0) = 0$, und $f(x_3) = \delta$ der Durchmesser der Ringfläche M und zugleich das Maximum von f; der Wertebereich von f ist also das Intervall $I = [0, \delta]$. Jedem Punkt t dieses Intervalls entspricht genau eine Ebene $F_t \in \mathscr{F}$, nämlich $F_t = h^{-1}(t)$, und der spirische Schnitt des Perseus

$$f^{-1}(t) = M \cap F_t$$

ist die Höhenlinie zum Niveau t. Für jedes Niveau $t \in I$ betrachten wir den Teil M^t der Fläche, der unterhalb dieses Niveaus liegt:

$$M^t = \{x \in M \mid f(x) \leq t\} \, .$$

Außerdem betrachten wir für Teilintervalle $[s, t] \subset I$ den Teil M_s^t von M, der zwischen den Niveaus s und t liegt:

$$M_s^t = \{x \in M \mid s \leq f(x) \leq t\} \, .$$

Offenbar gilt für $s < t$:

$$M^t = M^s \cup M_s^t \, .$$

M^t entsteht also aus M^s durch Anfügen des Stückes M_s^t längs der Schnittlinie $M \cap F_s$.

Die Höhenfunktion $f : M \to \mathbb{R}$ hat vier kritische Niveaus $t_0 < t_1 < t_2 < t_3$, nämlich die Niveaus der 4 berührenden Ebenen F_0, F_1, F_2, F_3. Die Berührpunkte x_0, x_1, x_2, x_3 sind die kritischen Punkte von f. Es sind nichtentartete kritische Punkte. Und zwar hat f in x_0 ein Minimum, in x_3 ein Maximum und in x_1, x_2 Sattelpunkte.

Wir wählen nun drei reguläre Werte α, β, γ zwischen diesen kritischen Niveaus:

$$0 = t_0 < \alpha < t_1 < \beta < t_2 < \gamma < t_3 = \delta \, .$$

Dadurch wird das Intervall $I = [0, \delta]$ in vier Teilintervalle zerlegt:

$$[0, \alpha], \ [\alpha, \beta], \ [\beta, \gamma], \ [\gamma, \delta] \, .$$

Entsprechend zerlegen die drei Ebenen $F_\alpha, F_\beta, F_\gamma$ die Fläche M in vier Stücke:

$$A = M_0^\alpha, \ B = M_\alpha^\beta, \ C = M_\beta^\gamma, \ D = M_\gamma^\delta \, .$$

Die ganze Ringfläche entsteht aus diesen vier Stücken, indem die unmittelbar aufeinanderfolgenden Teile längs ihres gemeinsamen Randes zusammengefügt werden.

Der obere Teil von Figur 3 illustriert dies: Links zeigt sie die zusammengefügten, rechts die getrennten Teile. Ich meine, dieses Beispiel zeigt sehr gut, wie hier eine räumliche Gestalt im aristotelischen Sinne entsteht. Entstehung kann man dabei in zweifacher Weise verstehen. Zum einen so, daß beim Durchlaufen des Intervalles I die unvollständigen Flächen M^t sich der vollständigen, vollendeten Fläche M nähern, wenn t gegen den Endpunkt δ des Intervalls strebt. Zum andern so, daß dieser Prozeß in die den vier Intervallen entsprechenden Teilprozesse zerlegt wird und entsprechend M in die vier Teile A, B, C, D, aus denen umgekehrt durch Zusammenfügen wieder M entsteht.

Es wurde schon gesagt, daß es für Aristoteles' Konzeption des Kontinuierlichen wesentlich ist, daß die Teile eines Kontinuums weiter unterteilbar sind. Man ist also nicht starr an eine einmal gewählte Teilung gebunden. Eine gegebene Teilung kann durch Unterteilung abgeändert und eventuell vereinfacht werden, und zwei verschiedene gegebene Teilungen besitzen unter Umständen eine gemeinsame Unterteilung. Beispielsweise gibt es auch bei der Ringfläche zusätzlich zu der oben konstruierten Unterteilung eine andere Teilung in vier Stücke a, b, c, d, welche mit der ersten Teilung in gesetzmäßiger Weise zusammenhängt. Sie ist in der unteren Hälfte von Figur 3 dargestellt. Der Zusammenhang zwischen beiden Teilungen ist der folgende: Die Vereinigung von ein, zwei, drei oder vier aufeinanderfolgenden Stücken A, B, C, D der ersten Teilung ist topologisch äquivalent – d.h. homöomorph – zur Vereinigung der gleichen Anzahl von aufeinanderfolgenden Stücken a, b, c, d der zweiten Zerlegung.

Der wesentliche Vorteil der zweiten Zerlegung ist, daß die Teilstücke außerordentlich einfach sind. Sie sind sogenannte *Henkel*. Ein n-dimensionaler Henkel vom Index k ist einfach ein Produkt $B^k \times B^{n-k}$ von zwei Vollkugeln der Dimensionen k und $n - k$.

Die Bedeutung der hier beispielhaft dargestellten Ideen geht über dieses einfache Beispiel weit hinaus. Das Beispiel illustriert nämlich die leitenden Ideen von zwei wichtigen, miteinander zusammenhängenden, modernen mathematischen Theorien. Die eine ist die «Morse-Theorie» [122], und die andere ist die «Henkelkörpertheorie» [123]. Die Morse-Theorie liefert für jede kompakte differenzierbare n-dimensionale Mannigfaltigkeit M und jede differenzierbare Funktion $f : M \to \mathbb{R}$ mit nur nichtentarteten kritischen Punkten einen Aufbau als «Henkelkörper». Ist t ein kritisches Niveau mit nur einem kritischen Punkt vom Index k und $\varepsilon > 0$ eine hinreichend kleine positive Zahl, dann entsteht $M^{t+\varepsilon}$ aus $M^{t-\varepsilon}$ durch Ankleben eines k-Henkels $B^k \times B^{n-k}$ längs des Randstücks $(\partial B^k) \times B^{n-k}$. Die Henkelkörpertheorie lehrt, wie man durch geeignete Modifikationen einen solchen Aufbau aus Henkeln umbauen und vereinfachen und dadurch gewisse Mannigfaltigkeiten von hinreichend einfacher Art klassifizieren kann. Sie ist eine der wichtigsten Methoden zur Untersuchung der globalen Struktur von Mannigfaltigkeiten.

Diese Theorie ist nicht die einzige mathematische Konkretisierung des Prinzips, ein Kontinuum als Ganzes aus einfachen Teilen aufzubauen. Ein anderes Beispiel liefert die Theorie der stückweise linearen Mannigfaltigkeiten, in der Mannigfaltigkeiten als simpliciale Komplexe aus Simplices aufgebaut werden, ein weiteres die Zellenzerlegung von CW-Komplexen. In gewissem Sinne folgt ja auch noch die Definition einer Mannigfaltigkeit als einer Vereinigung von lokalen Koordinatenumgebungen diesem Prinzip, wenngleich hier die Durchschnitte, längs deren die Teile verklebt werden, nicht mehr auf deren Rand liegen, sondern offene Mengen sind. Das Gemeinsame aller dieser Theorien ist, daß sie es in konstruktiver Weise ermöglichen, die globale Struktur gewisser Arten von Kontinua anzugeben, deren lokale Struktur einfach ist und durch die Art der Teile festgelegt ist, während die besondere Qualität der jeweiligen globalen Struktur durch das jeweils besondere Schema der Zusammenfügung der Teile gegeben wird.

Hierin liegt aus mathematischer Sicht zuallererst der qualitative Aspekt von Aristoteles' Kontinuumstheorie – jedenfalls dann, wenn es um die Qualität mathematischer Objekte geht. Wie dann solche Kontinua zur Darstellung von anderen Qualitäten oder Prozessen qualitativer Veränderung dienen können, wäre noch zu erörtern.

$$* \quad * \quad *$$

Qualitative Veränderung oder Eigenschaftsveränderung ($\dot{\alpha}\lambda\lambda o\acute{\iota}\omega\sigma\iota\varsigma$) fällt für Aristoteles unter den allgemeineren Begriff der Veränderung oder Bewegung überhaupt ($\kappa\acute{\iota}\nu\eta\sigma\iota\varsigma$), diese wiederum unter den noch allgemeineren Begriff des Wandels oder der Umwandlung ($\mu\varepsilon\tau\alpha\beta o\lambda\acute{\eta}$). Als Unterbegriff von Wandel ist Veränderung bestimmt als Wandel aus einem Zugrundeliegenden zu einem Zugrundeliegenden. Für sich selbst ist Veränderung wie folgt bestimmt:

> *Das endliche Zur-Wirklichkeit-Kommen eines bloß der Möglichkeit nach Vorhandenen, insofern es eben ein solches ist – das ist (entwickelnde) Veränderung; [...]* [124]

Den Kategorien der Qualität, der Quantität und des Ortes entsprechend unterscheidet Aristoteles drei Formen der Veränderung:

> *Die des* Wiebeschaffen; *die des* Wieviel; *die nach dem* Ort. [125]

Die Veränderung nach dem Ort ist das, was wir heute Bewegung nennen, während $\kappa\acute{\iota}\nu\eta\sigma\iota\varsigma$ – beziehungsweise motus in der Scholastik – die viel weitere Bedeutung von Veränderung hat. Die Veränderung nach der Quantität umfaßt insbesondere die nach der Größe der räumlichen Ausdehnung, das Wachsen und Schwinden. In der Scholastik hieß die räumliche Ausdehnung extensio, ihre Größe magnitudo. Die qualitative Veränderung oder Eigenschaftsänderung hat viele Gattungen und diese wiederum viele Arten, entsprechend der Vielfalt der Qualitäten. Bei gewissen Arten von Qualitäten gibt es Abstufungen des «Mehr oder Weniger». Dazu sagt Aristoteles:

> *Der Wandel innerhalb einer und derselben Art zu Mehr oder Weniger hin ist Eigenschaftsveränderung; [...]* [126]

Die Steigerung einer solchen des Zu- und Abnehmens fähigen Qualität hieß in der Scholastik intensio, die Abnahme remissio, die jeweilige Stufe gradus.

Ein – modernes – Beispiel für eine nicht-intensive Qualitätsänderung wäre eine Änderung des Farbtons, Beispiele für intensive Änderungen die Änderung der Sättigung oder der Helligkeit bei gleichbleibendem Farbton.

Für Aristoteles ist «jede Veränderung zusammenhängend». [127]
Der Zusammenhang ist ein wesentliches Moment in der Begründung der
Einheit eines Bewegungsablaufs. Daraus und aus dem Zusammenhang der
Zeit, in der jede Veränderung stattfindet, resultiert die große Bedeutung der
Problematik des Kontinuierlichen. Auf der Zeitstruktur der Bewegungsphä-
nomene beruht auch die Verschränkung der Modalkategorien in Aristoteles'
Definition der Veränderung als Zur-Wirklichkeit-Kommen des Möglichen.
Wirklich ist immer nur das, was gerade gegenwärtig ist. Aber der Zeitraum,
in dem eine $\kappa\acute{\iota}\nu\eta\sigma\iota\varsigma$ stattfindet, besteht nicht aus Zeitatomen, aus «Jetz-
ten». Und so besteht auch die $\kappa\acute{\iota}\nu\eta\sigma\iota\varsigma$ nicht aus Bewegungsatomen, aus
$\kappa\acute{\iota}\nu\eta\mu\alpha\tau\alpha$:

*Weder setzt sich die Zeit aus den Jetzten zusammen noch die Linie aus
Punkten noch die Bewegung aus Bewegungseinheiten.* [128]

Diese Auffassung des Aristoteles von der Natur aller zeitlichen Veränderung
führt zu sehr ernsten Schwierigkeiten, wenn man sie auf die mathematische
Darstellung solcher Veränderungen zu übertragen sucht. Entsprechendes ist
hinsichtlich der Kontinuumsproblematik schon ausgeführt worden. Die ge-
schichtliche Entwicklung zeigte, wie wir sehen werden, daß der Versuch der
mathematischen Darstellung qualitativer Veränderung auf den Funktionsbegriff führt, und dieser ist eben ohne die Element-Relation nicht definierbar.

Eine zweite Schwierigkeit ist damit verbunden: Jede Funktion hat einen
Definitionsbereich und einen Wertebereich. In der mathematischen Darstellung etwa der räumlichen Verteilung einer Qualität entsprechen die Elemente
des Definitionsbereiches hypostasierten Elementen des quale, die Elemente
des Wertebereichs einfachen Qualitäten oder deren Intensitäten. Die Trennung der beiden Bereiche setzt eine ontologische Scheidung von quale und
Qualitas voraus, in der die Qualitas ontologisch selbständig wird. Diese in der
Scholastik sich vollziehende Entwicklung unterscheidet den mittelalterlichen
Aristotelismus von der aristotelischen Physik des einzelnen, individuellen,
so und so beschaffenen Wesens.

Schließlich bleibt als die größte Differenz zwischen einer Physik des zeitlichen Wandels natürlicher Dinge und insbesondere der qualitativen Veränderung und einer Mathematik, die versucht, diese darzustellen, daß in jener
Physik im Begriff des Kontinuierlichen Zeit schon immer mitgedacht ist,
während Mathematik die Zeit aus ihren Grundbegriffen unbedingt fernhalten
muß, um auf einer so gewonnenen Grundlage zeitliche Prozesse in geeigneten Strukturen verläßlich darzustellen.

* * *

Es ist glücklicherweise nicht meine Aufgabe, die vielfältigen ontologischen und logischen Dispute der scholastischen Philosophen darzustellen, in deren Zusammenhang die uns hier interessierende Entwicklung der Mathematik der Formlatituden gehört. Ich kann dazu auf drei ausgezeichnete Arbeiten von Anneliese Maier verweisen: «Das Problem der intensiven Größe» [129], «Die Mathematik der Formlatituden» [130] und «Das Problem der Quantität oder der räumlichen Ausdehnung» [131].

Im zweiten Viertel des 14. Jahrhunderts entwickelte sich, ausgehend von Fortschritten der Arithmetik, insbesondere von der Einführung der Buchstabenrechnung, eine eigentümliche neue Methode der Behandlung theologischer, philosophischer und naturphilosophischer Probleme mit quasi logisch-rechnerischen Methoden, mit «calculationes». Zu den calculatores gehörte vor allem ein Kreis von Oxforder Logikern und Naturphilosophen, die neben denen aus der Pariser Buridanschule die wichtigsten Repräsentanten der neuen Naturphilosophie sind. Ihr *doctor* wurde Thomas Bradwardine mit seinem Traktat *De proportionibus velocitatum* von 1328. Zu diesem Kreis von calculatores aus dem Merton College gehörte auch John Dumbleton mit seiner *Summa logicae et philosophiae naturalis* und Richard Swineshead mit dem *Liber calculationum*, einer Enzyklopädie der gesamten Calculationes-Wissenschaft.

Ich zitiere nun A. Maier:

Etwa um die Mitte des 14. Jahrhunderts, als die Wissenschaft der Calculationes in voller Blüte stand – und vermutlich um dieselbe Zeit, als Suissets Liber calculationum geschrieben wurde –, hat sich von ihr, anknüpfend an eine bestimmte Begriffs- und Problemgruppe, eine neue Sonderwissenschaft abgezweigt, die sich dann unter dem Namen einer Scientia oder Mathematica de latitudinibus formarum *bald verbreitet hat. Ihr Begründer ist Nicolaus von Oresme, der zweifellos genialste Naturphilosoph des 14. Jahrhunderts, der uns schon aus anderen Zusammenhängen bekannt ist. Über seine Mathematik der Formlatituden hat er sich in zweien seiner Werke ausgesprochen: in dem Traktat De configurationibus intensionum, der um 1350 entstanden sein dürfte, und ausserdem in den Quaestionen über Euklids Geometrie, die bisher unbekannt waren und die wir in zwei vatikanischen Handschriften gefunden haben.* [132]

Obwohl Anneliese Maier den Nicolaus von Oresme einen genialen Naturphilosophen nennt, wird sie ihm nicht wirklich gerecht, und dies trotz ihrer hervorragenden Kenntnis der spätscholastischen Naturphilosophie. Der

Grund dafür ist vermutlich darin zu suchen, daß bei ihr die Mathematik der Formlatituden ständig mit der Mathematik der quantifizierenden neuzeitlichen Naturwissenschaft verglichen wird, ohne deren erst im 19. Jahrhundert deutlich an den Tag tretende qualitative Aspekte zu begreifen, die uns ja hier gerade interessieren. Auch aus diesem Grund will ich auf Nicolaus von Oresme ein wenig ausführlicher eingehen.

Der Traktat des Nicolaus von Oresme liegt inzwischen in einer sehr guten kommentierten Ausgabe von M. Clagett vor, nach der ich zitieren werde. [133] Bevor ich auf die Ideen in diesem Traktat eingehe, muß ich den schon vorher entwickelten Gedanken der latitudo erklären.

Die calculatores waren bereit, sich eine Qualitätsveränderung als einen Übergang von einer Bestimmung der Qualität zu einer anderen durch einen zusammenhängenden Raum vorzustellen. So gibt John Dumbleton in seiner *Summa* als eine notwendige Bedingung für eine Eigenschaftsveränderung die folgende an:

Desgleichen wird es für nötig gehalten, daß der Übergang von einem Gegensatz zum andern sich durch einen zusammenhängenden homogenen Raum in jener Kategorie vollzieht und daß die Teile dieses Raumes bei dieser Bewegung auseinander und nebeneinander liegen, so, wie bei der Quantität die räumliche Ausdehnung der Raum dieser Kategorie ist und bei einer Qualität die Ausdehnung [latitudo] der Bereiche zwischen den Graden. [134]

Wir wollen die Worte «zusammenhängender homogener Raum» zunächst ganz ahistorisch von einem modernen, strukturtheoretischen Standpunkt aus interpretieren. Als «zusammenhängender homogener Raum» einer bestimmten Art von Qualität, etwa der Farben, könnte vom modernen Standpunkt aus etwa eine zusammenhängende Mannigfaltigkeit dienen, für die Farben etwa eine solche von drei Dimensionen. Bei Qualitäten, die einer Intension fähig sind, kommt aber noch eine zusätzliche Struktur ins Spiel: das «Mehr oder Weniger». Modern wäre dies durch eine Ordnungsstruktur auf dem zusammenhängenden homogenen Raum zu fassen. Selbstverständlich wird man heute explizit eine Bedingung formulieren, wie diese Ordnungsstruktur mit der topologischen Struktur des homogenen Raumes zusammenhängt. Eine natürliche Bedingung wäre die, daß die zu der Ordnung gehörige Ordnungstopologie mit der Topologie der Mannigfaltigkeit identisch ist. Daraus folgt sofort, daß die Mannigfaltigkeit die Dimension 1 hat. Die Bedingung ist natürlich für die Ordnung des Linearkontinuums erfüllt, aber das Linearkontinuum ist nicht die einzige mathematische Struktur, welche diese

Eigenschaft hat: Auch die sogenannte «lange Gerade» von Alexandroff erfüllt diese Bedingung. [135] Diese lange Gerade $\mathcal{L}$ ist auch homogen in dem Sinne, daß alle ihre Teile von gleicher Art sind. Mit Teilen sind hier Intervalle $AB = \{X \in \mathcal{L} \mid A \leq X \leq B\}$ gemeint, wo $A, B \in \mathcal{L}$ und $A < B$. Homogenität bedeutet, daß je zwei solche Intervalle ordnungserhaltend isomorph sind. [136] Natürlich kann man von einem modernen Standpunkt aus eine Struktur wie die lange Gerade durch eine geeignete Forderung an die Topologie der Mannigfaltigkeit ausschließen, etwa die Existenz einer abzählbaren Basis der Topologie. Doch wäre diese Unterscheidung zwischen «abzählbar unendlich» und «überabzählbar unendlich», die wir Cantor verdanken, völlig jenseits des Horizontes der scholastischen Philosophie. Es gibt jedoch einen anderen Weg, der zur euklidischen Geraden L führt und durchaus mit anschaulichen Vorstellungen der antiken Mathematik gangbar ist. Allerdings führt dieser Weg mit Notwendigkeit auf ein Mehr an Struktur, als mit der Kontinuität und der Ordnung des «Mehr oder Weniger» und der Homogenität intendiert ist, nämlich auf Meßbarkeit. Dazu wird postuliert, daß es für die Intervalle als Teile von L, welche aneinandergefügt werden können, eine Kongruenzrelation $\equiv$ gibt, welche symmetrisch, reflexiv und transitiv ist und den folgenden Bedingungen genügt (vgl. Fig. 4):

Fig. 4

(a) Ist $AB \equiv PQ$ und $BC \equiv QR$, so ist auch $AC \equiv PR$.
(b) Ist AB eine beliebige Strecke und $P \in L$ ein beliebiger Punkt, so gibt es genau einen Punkt $O < P$ und genau einen Punkt $Q > P$ derart, daß $AB \equiv OP$ und $AB \equiv PQ$.

Die Bedingungen (a) und (b) entsprechen den Axiomen IV.3 bzw. IV.1 in David Hilberts berühmter Abhandlung *Grundlagen der Geometrie*. [137] Felix Hausdorff hat in seiner Vorlesung «Zeit und Raum» von 1903 gezeigt, daß dieses Meßbarkeits-Postulat zusammen mit der obigen Homogenitätsforderung für eine im Dedekindschen Sinne zusammenhängende totalgeordnete Punktmenge L genügt, um zu zeigen, daß L mit dieser Struktur ordnungstreu isomorph zur Menge $\mathbb{R}$ der reellen Zahlen ist und daß ein solcher Isomorphismus bis auf eine affine Abbildung $x' = ax + b$ von $\mathbb{R}$ auf sich selbst bestimmt ist. Fixiert man noch einen Punkt von L, welcher der Null entsprechen soll, so ist $b = 0$, und es ist nur noch die lineare Transformation $x' = ax$ möglich.

Diese moderne Strukturanalyse soll im nachhinein, also im Rückblick, eine Tatsache verständlich machen, welche manchmal von den Kommenta-

toren der Texte der spätscholastischen Naturphilosophen als Inkonsequenz
betrachtet wird: die Tatsache nämlich, daß diese Autoren die Meßbarkeit
intensiver Qualitäten als selbstverständlich voraussetzen, ohne über irgendwelche Vorschriften zur Messung zu verfügen, wie sie dann später von der
neuzeitlichen Naturwissenschaft entwickelt wurden. Den Naturphilosophen
der Scholastik stand eben als einzige mathematische Struktur zur Beschreibung einer stetig variierenden intensiven Größe das euklidische Linearkontinuum zur Verfügung, und in dessen Begriff ist bei Euklid in den Postulaten
zur Kongruenz und in der Proportionenlehre die Meßbarkeit stets mitgedacht. Das Problem, das ein moderner Naturwissenschaftler hat, wenn er
eine Meßskala für eine intensive Qualität bestimmen will, konnte daher damals so gar nicht gestellt werden: Eine Reskalierung durch eine nichtlineare
Transformation kam nicht in Betracht.

Man konnte also nur postulieren, daß jedem Grad einer stetig variierenden
intensiven Qualität eine Strecke auf einer Geraden entsprach, die man auf der
Geraden von einem fest gewählten Punkt aus in einer bestimmten Richtung
abtrug. Diese Strecken hießen die «latitudines» der Qualitäten oder auch der
Formen.

Den *calculatores* vor Nicolaus von Oresme war auch schon klar, daß
ein körperlich ausgedehntes Ding eine intensive Qualität an verschiedenen
Stellen mit verschiedener Intensität annehmen kann. So kann ein Körper an
verschiedenen Stellen mehr oder weniger warm sein. Und bei einer Veränderung einer solchen Qualität kann eine solche Intensität zu verschiedenen
Zeiten eine verschiedene sein. War die Intensität überall die gleiche, nannte
man sie eine qualitas uniformis, andernfalls difformis. Und bei letzteren unterschied man zwischen gleichmäßig – d. h. in heutiger Sprache: linear –
verteilten Qualitäten, die man uniformiter difformis nannte, und allen anderen, die difformiter difformis hießen.

Uns Heutigen ist klar, daß solche räumlichen und zeitlichen Intensitätsverteilungen durch Funktionen zu beschreiben sind. Wir machen uns gewöhnlich
nicht klar, welche ungeheure Errungenschaft der allgemeine Funktionsbegriff
darstellt und wie lang der Weg bis zu diesem Begriff war. Der moderne, vollkommen allgemeine Begriff der Funktion oder auch Abbildung wurde 1888
von Richard Dedekind definiert:

*Erklärung: Unter einer Abbildung φ eines Systems S wird ein Gesetz
verstanden, nach welchem zu jedem bestimmten Element s von S ein
bestimmtes Ding gehört, welches das Bild von s heißt und mit $\varphi(s)$
bezeichnet wird; [...]* [138]

In mengentheoretischer Sprache wird die Zugehörigkeit von $\varphi(s)$ zu s dadurch ausgedrückt, daß man das geordnete Paar $(s, \varphi(s))$ bildet. Sind S und T irgendwelche Mengen, so nennt man die Menge aller geordneten Paare (s, t) mit $s \in S$ und $t \in T$ das «cartesische Produkt» von S und T und bezeichnet sie mit $S \times T$. Der Name «cartesisches Produkt» verweist natürlich auf René Descartes, dessen in seiner *Geometrie* von 1637 angewandte Methode zur Bestimmung von Punkten der Ebene durch ein Paar (x, y) von zwei Größen x und y wir heute so auffassen, daß damit die Ebene als cartesisches Produkt von zwei Geraden dargestellt wird. Für eine Abbildung φ von S mit Werten $\varphi(s) \in T$, kurz, für eine Abbildung φ von S nach T, ist also die Menge der Paare $(s, \varphi(s))$ eine Teilmenge von $S \times T$. Vom rein mengentheoretischen Standpunkt ist die Abbildung φ nichts anderes als diese Teilmenge. Damit hat man schließlich die folgende mengentheoretische Definition einer Abbildung: Eine Abbildung φ von S nach T ist eine Teilmenge $\varphi \subset S \times T$, so daß für jedes $s \in S$ genau ein $t \in T$ existiert, für welches $(s, t) \in \varphi$ gilt.

Das und sonst nichts ist mit «Gesetz» in Dedekinds Definition gemeint, aber es brauchte eine lange Zeit, bis sich diese Position durchgesetzt hat. Lange Zeit haben bedeutende Mathematiker die Position vertreten, daß nur gewisse Klassen von Funktionen mit besonderen Eigenschaften zugelassen werden sollten. Diese Haltung wirkt auch heute noch nach, so daß auch heute noch manche sich unter einer Funktion etwas anderes vorstellen als eine Teilmenge $\varphi \subset S \times T$ eines cartesischen Produkts. Diese Teilmenge wird dann der «Graph» der Funktion genannt. Aber von dem hier eingenommenen Standpunkt aus ist dieser Graph identisch mit der Funktion. Er ist die Funktion!

Sind S und T Geraden, dann ist eine Abbildung $\varphi : S \to T$ also eine Teilmenge der Ebene $S \times T$, und zwar unter geeigneten Voraussetzungen eine Linie. Diese Linie in der Ebene kann man durch eine Zeichnung graphisch darstellen, und die durch eine solche graphische Darstellung gewonnene Anschauung von gestaltlichen Qualitäten der Linie, also der Funktion, unterstützt und ergänzt in sehr wirksamer Weise ihre analytische Untersuchung.

Nicolaus von Oresme ist der Entdecker dieser Methode. Lange, bevor durch Eulers *Introductio in analysin infinitorum* klar wurde, daß die Aufgabe der mathematischen Analysis die Untersuchung von Funktionen ist, und lange, bevor man den Funktionsbegriff streng fassen konnte, hat dieser geniale Naturphilosoph bei der Untersuchung intensiver Qualitäten eine Methode zur graphischen Darstellung von Funktionen entwickelt, die der heutigen im wesentlichen äquivalent ist und auf dem Wege über die Mathematik der Renaissance zu der auch heute noch verwendeten Darstellung von Funktionen geführt hat. Er hat dies in dem klaren Bewußtsein getan, daß der Wert dieser Methode darin liegt, daß die sinnliche Anschauung der Figuren, welche die Funktionen repräsentieren, die Analyse komplexer Situationen ergänzen und erleichtern kann. Und er hat klar erkannt, daß es eine notwendige Vorbedingung für die Einführung der neuen mathematischen Methode war, gewisse Positionen der aristotelischen Physik nicht auf die Mathematik zu übertragen. Das wird gleich in den allerersten Sätzen seines Traktates mit aller Deutlichkeit ausgesprochen:

Jedes meßbare Ding mit Ausnahme der Zahlen wird in der Art einer kontinuierlichen Quantität bildlich vorgestellt. Daher ist es angebracht, sich für dessen Messung Punkte, Linien und Flächen oder deren Eigenschaften vorzustellen, denn ursprünglich – so die Meinung des Philosophen – findet man Maß und Proportion eben bei diesen Gegenständen. Bei anderen Gegenständen aber sieht man diese [Maß und Proportion] in der Ähnlichkeit ⟨similitudo⟩ bei ihrer Zurückführung auf jene [die geometrischen Gegenstände] durch den Intellekt. Auch wenn unteilbare Punkte oder Linien nichts sind, ist es dennoch zweckdienlich für die Messung von Dingen und die Untersuchung ihrer Proportionen, dieselben mathematisch zu fingieren. Daher ist jede Intensität, die sukzessiv angenommen werden kann, durch eine gerade Linie bildlich vorzustellen, welche in einem Punkt des Raumes oder Subjektes jenes intensiblen Dinges – beispielsweise einer Qualität – senkrecht errichtet wird. [139]

Das zweifache «oportet» zeigt deutlich das Bewußtsein der Notwendigkeit, in der mathematischen Darstellung geometrische Räume mit Punkten als Elementen zu benutzen. Die Differenz zur aristotelischen Physik der Dinge wird in dem «mathematice fingere» klar ausgesprochen. Auch die Differenz zwischen der Meßbarkeit geometrischer Dinge und aller anderen wird durch das «in similitudine» betont; zwischen beiden wird durch den Intellekt eine Beziehung hergestellt. A. Maier hat unterstellt, Oresme habe Qualitäten physischer Dinge mit Qualitäten mathematischer Figuren identifiziert oder doch beinahe identifiziert. [140] Diese Auffassung ist schon von Clagett widerlegt worden. [141] Da es sich hier aber um einen wichtigen Aspekt unseres Themas «Qualität in der Mathematik» handelt, will ich darauf näher eingehen. Maier stützt ihre These u. a. auf die Tatsache, daß Oresme fast immer von «imaginari per figuram» spricht, während er nur selten von «designare» oder ähnlichem spreche. Es gibt jedoch Stellen, wo Oresme «ymaginatur sive designatur per aliquam figuram» in einem Atemzug sagt. [142] «Designare» bedeutet unter anderem «im Umriß darstellen, nachbilden», und «imaginari» bedeutet: «sich etwas in ein Bild bringen, in der Seele vergegenwärtigen, sich ausmalen, sich vorstellen.» Dies trifft genau die Intention des Nicolaus von Oresme – es handelt sich bei seiner Methode um eine besondere Form der Darstellung von etwas Nichtmathematischem, von durch eine Qualität informierten Subjekten, durch etwas Mathematisches, nämlich eine Funktion und ihre graphische Darstellung durch eine Figur, deren gestaltliche Wahrnehmung durch das «imaginari» beschrieben wird. Von einer Identifizierung der Sache mit der Vorstellung ist keine Rede. Im Gegenteil: Gleich im 1. Kapitel von Buch I heißt es:

> *In Wahrheit erstreckt sich eine derartige Intensitätslinie, von der gerade gesprochen wurde, von einem Punkt oder dem Subjekt aus nicht in Wirklichkeit, sondern nur in der Vorstellung ⟨non [...] secundum rem sed solum secundum ymaginationem⟩ [...]* [143]

Außerdem setzt sich Oresme selbst mit dem möglichen Einwand auseinander, daß eine linienhaft verteilte Qualität und die sie darstellende Flächen-Figur von verschiedener Natur seien und deswegen nicht verglichen werden könnten. Er gibt die Verschiedenartigkeit durchaus zu, meint aber trotzdem, daß in gewissen Hinsichten Vergleiche möglich seien:

> *Hinsichtlich der Folgerung [eines Argumentes, das die Vergleichbarkeit einer linienhaft verteilten Qualität mit einer Fläche bestreitet] sage ich: Zwischen einer Fläche und einer Qualität gibt es keinen eigentlichen Vergleich derart, daß wir in eigentlichem Sinne sagen könnten, die Fläche sei gleich der Qualität oder die Linie gleich der Intensität, aber es gibt dabei dennoch Vergleichbarkeit in dreifacher Hinsicht. Zum ersten ist das Verhältnis der Qualitäten in der Weise wie das Verhältnis der Flächen, in der wir auch in der Musik sagen, das Verhältnis von Ton zu Ton sei wie das von Saite zu Saite und so weiter. Zum zweiten sind Ähnlichkeit und Unähnlichkeit von Qualitäten hinsichtlich Intensität und Extension so wie die Ähnlichkeit und Unähnlichkeit von Flächen, was aus dem schon Gesagten offensichtlich hervorgeht und aus dem noch zu Sagenden weiter hervorgehen wird. Zum dritten gibt es eine gewisse Intensität, die so durch eine Linie vorzustellen ist, daß es unmöglich ist, sie durch eine längere oder kürzere vorzustellen.* [144]

Der erste Aspekt des Vergleichs wird in Parallele zu der Beziehung zwischen Harmonien und Zahlenverhältnissen gesetzt. Das «est sicud» bedeutet offenbar keine Gleichsetzung, sondern einen Vergleich. Und das gilt auch für das «est sicud» des zweiten Vergleichs. A. Maier liest den Text einfach falsch, wenn sie schreibt: «Mit der behaupteten similitudo zwischen Figur und Qualität, die aus dem schon Gesagten und künftig zu Sagenden hervorgehen soll, die aber nicht näher erklärt wird, ist natürlich der Knoten einfach zerhauen.» [145] Es wird keine similitudo zwischen Figur und Qualität behauptet, sondern es wird gesagt, eine similitudo von nach Ausdehnung intensiv verteilten Qualitäten sei wie die similitudo entsprechender Figuren. Man muß sich hier an das erinnern, was Aristoteles in der *Kategorienschrift* über die Ähnlichkeit als das der Kategorie der Qualität Eigentümliche sagt:

Von den angeführten Bestimmungen ist keine der Qualität eigentümlich. Dagegen spricht man von ähnlich und unähnlich nur bei den Qualitäten. Denn etwas ist einem anderen nur insofern ähnlich und unähnlich, als es qualitativ ist. So muß es denn der Qualität eigentümlich sein, daß man bei ihr von ähnlich und unähnlich spricht. [146]

Unsere Fähigkeit, von ähnlich oder unähnlich zu sprechen, ist etwas sehr Wunderbares. Was wir damit meinen, können wir im Einzelfall näher erklären. Aber dies Wunder selbst werden wir, glaube ich, nie erklären können.

Daß Oresme bei der Anwendung seiner Darstellung der Intensitätsverteilungen von Qualitäten zum Zwecke der Erklärung von Wirkungen dieser Qualitäten von dem für das mittelalterliche Denken charakteristischen Prinzip einer symbolhaften Korrelation zwischen Figur und Wirkung ausgeht, wie A. Maier betont [147], soll nicht bestritten werden. Dies ändert nichts an der Richtigkeit des Grundgedankens: Von unterschiedlichen Intensitätsverteilungen können unterschiedliche Wirkungen ausgehen, und da verschiedenen Intensitätsverteilungen auch verschiedene figurative Darstellungen entsprechen, korrespondieren die Unterschiede der Wirkungen auch den Unterschieden der Figuren.

Der eine Aspekt einer Qualitätsverteilung ist die intensio, der andere die extensio. So wie es sich bei der Darstellung der intensio durch die latitudo um eine mathematische Darstellung von etwas Physischem handelt, so handelt es sich auch bei diesem zweiten Aspekt um eine mathematische, nämlich geometrische Darstellung einer physischen Realität, nämlich der räumlichen Ausgedehntheit körperlicher Dinge. Von der extensio einer qualitas extense sagt Oresme:

[...] die Extension wird durch eine dem Subjekt einbeschriebene Linie dargestellt, und senkrecht darauf wird die Linie der Intensität der Qualität desselben errichtet. [148]

Da in jedem Punkt dieser Linie senkrecht zu ihr die linea intensionis errichtet wird und die Punkte mathematische Fiktionen sind, ist klar, daß das «designatur per lineam» die Darstellung der Ausdehnung durch eine geometrische Linie benennt. Andererseits war es im 14. Jahrhundert – und auch noch lange Zeit danach – nicht möglich, in dieser Hinsicht den Gegensatz zwischen Dargestelltem und Darstellung mit der Schärfe zu formulieren, mit der wir das heute tun müssen.

Heute hat die euklidische Geometrie ihre ausgezeichnete Stellung verloren. Es gibt viele Geometrien, und es gibt mathematische Räume aller möglichen Arten. Heute scheiden wir scharf zwischen den mathematischen Teilen einer physikalischen Theorie, dem Bereich dessen, was als grundlegende reale Gegebenheit angesehen und mit Hilfe der Mathematik durch Hypothesen zum «Wirklichkeitsbereich» dieser Theorie erweitert wird, und den Anwendungsvorschriften für die Anwendung der mathematischen Theorie auf den Wirklichkeitsbereich. [149] Insbesondere scheiden wir streng zwischen dem mathematischen Bild von Raum und Zeit und der physikalischen Wirklichkeit, die mit diesen Worten bezeichnet wird. Der Versuch der Deutung physikalischer Experimente und die aus dem Bewußtsein der Differenz zwischen physikalischer Wirklichkeit und mathematischer Darstellung hervorgegangene Frage nach der Eignung verschiedener mathematischer Räume für die Darstellung räumlicher Wirklichkeit führten zu einer vertieften Reflexion über die Messung räumlicher Ausdehnung. Das Ergebnis war zunächst – in der speziellen Relativitätstheorie – die Verschmelzung von Raum und Zeit, die zusammen im 4-dimensionalen Minkowskischen Raum-Zeit-Kontinuum dargestellt werden, und dann – in der allgemeinen Relativitätstheorie – die Verschmelzung der Geometrie der Raumzeit mit der Materieverteilung, die mathematisch in Einsteins Feldgesetz der Gravitation dargestellt wird. In diesem Gesetz kommt nach Einsteins Worten zum Ausdruck, daß

das geometrische Verhalten der Körper nicht selbständig *ist, sondern von der Verteilung der Massen abhängt* [150].

Aus dieser Sicht sind der absolute Raum und die absolute Zeit der Newtonschen Mechanik ebenso überholte Fiktionen wie die starren Körper, die sich in diesem absoluten Raum und in dieser absoluten Zeit bewegen.

Die aristotelische Physik wie die scholastische Philosophie und Naturphilosophie haben einen solchen Raum nicht gekannt. Aber in den Begriffen des

Körpers und der geometrischen Größe der aristotelischen Physik wie in den
scholastischen Begriffen der extensio und der quantitas continua permanens
waren das physikalische Moment der Raumerfüllung durch Materie und das
rein geometrische Moment trotz des Bewußtseins vom Unterschied zwischen
Mathematik und Physik miteinander vermischt. Dies führte dazu, daß entgegen der traditionellen scholastischen Auffassung von Petrus Johannis Olivi
und von Wilhelm Ockham die Berechtigung einer unabhängigen Kategorie
der Quantität neben den Kategorien der Substanz und der Qualität bestritten
wurde. Richard von Mediavilla, ein Gegner Olivis, formuliert dessen Position
so:

*So ist die Quantität der Substanz nichts anderes [. . .] als die Substanz,
insofern als sie auseinanderliegende, nicht voneinander getrennte Teile
hat. Und die kontinuierliche Quantität einer Qualität ist die Qualität
selbst, insofern als sie auseinanderliegende, tatsächlich nicht von einander getrennte Teile hat.* [151]

Ockhams Position wurde von spätscholastischen Naturphilosophen wie Buri-
dan und Oresme bestritten. Für Oresme ist im Sinne der Extension «dimensio
alia a praedictis qualitatibus».

Es liegt nahe zu vermuten, daß es für die Idee einer geometrischen Darstellung von Qualitäten als räumliche und zeitliche Intensitätsverteilungen
günstiger ist, für die Trennung der Kategorie der Quantität von den Kategorien der Substanz und der Qualität zu votieren. Jedoch berühren diese sehr
tiefliegenden ontologischen Probleme kaum noch die Methode der Darstellung selbst, wenn einmal die Trennung von intensio und extensio vollzogen
ist.

Oresme kann sogar, obwohl das Problem der räumlichen Ausdehnung für
die scholastische Philosophie im Vergleich zum Problem der Intensität der
Qualitäten das schwierigere war, im Blick auf unsere Erfahrung die extensio
als das für die sinnliche Wahrnehmung und die Erkenntnis Näherliegende
ansehen:

*[. . .] die Extension [. . .] ist eher als die Intension zu ertasten und
gleichsam mit Händen zu greifen, und von beiden ist sie als Erste in
unserer Wahrnehmung und Erkenntnis und vielleicht auch in der Natur
[. . .]* [152]

Die extensio der Linie, durch welche die räumliche Ausdehnung einer extensiven Qualität oder des durch sie informierten Subjekts dargestellt wird, nennt

Oresme in Übereinstimmung mit dem Sprachgebrauch seiner Zeit longitudo. Diese «linea in subiecto quali protracta» hat, das ist die stillschweigend gemachte idealisierende Hypothese, die den Übergang zur Mathematisierung ermöglicht, eine «qualitas linearis». Insbesondere ist jedem Punkt dieser Linie eine bestimmte intensio der Qualität und damit eine bestimmte latitudo zugeordnet. Das bedeutet, wenn wir nun das Wort verwenden, das Leibniz und Jacob Bernoulli im letzten Jahrzehnt des 17. Jahrhunderts dafür eingeführt haben, das Wort «functio», nichts anderes, als daß die latitudo einer qualitas linearis eine Funktion der longitudo ist. [153] Über die Darstellung dieser Funktion sagt Oresme im 4. Kapitel:

> *Die Quantität irgendeiner linearen Qualität ist bildlich durch eine Fläche vorzustellen, deren longitudo oder basis – wie im vorigen Kapitel gesagt – eine im so beschaffenen Subjekt gezogene Linie ist und deren latitudo oder Höhe durch eine Linie dargestellt wird, die gemäß dem, was im zweiten Kapitel festgelegt wurde, senkrecht auf der Basis errichtet wird. Und unter einer linearen Qualität verstehe ich die Qualität irgendeiner Linie in einem Subjekt, das von einer Qualität informiert ist ⟨in subiecto informato qualitate⟩.* [154]

Die so entstehende flächenhafte Figur wird – im allgemeinen – von vier Linien begrenzt: der basis, den zwei latitudines, die den beiden Endpunkten der basis zugeordnet sind, und der linea summitatis. Ein Beispiel ist die folgende Figur, die zur Darstellung, zur «figuratio» einer «qualitas difformiter difformis» geeignet wäre.

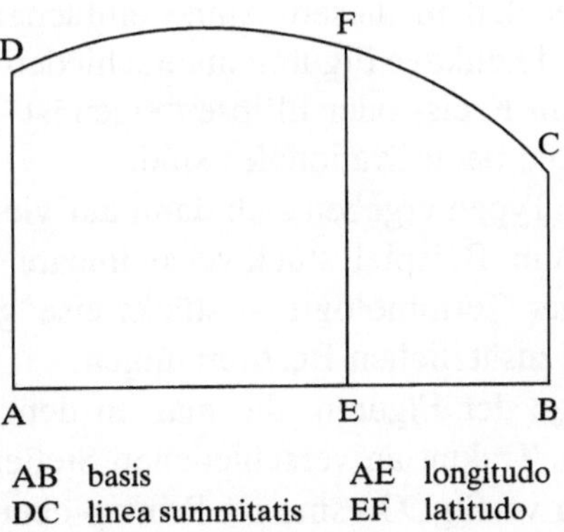

Fig. 5

Die linea summitatis ist – wenn die darzustellende Funktion stetig ist – genau die Linie, die auch heute noch zur graphischen Darstellung einer

Funktion dient. Für Oresme ist die Darstellung durch eine flächenhafte Figur natürlicher, da er intensio und extensio bzw. latitudo und longitudo als die zwei Dimensionen der darzustellenden qualitas linearis ansieht. Der Unterschied zwischen der Darstellung durch die Fläche und der durch die linea summitatis ist – entgegen der Ansicht mancher Kommentatoren – unerheblich.

Oresme verfügt damit zwar nicht über einen abstrakten Funktionsbegriff, aber über eine Klasse von Figuren, die begrifflich so bearbeitet werden können wie Funktionen. Eine der ersten sich dabei stellenden Aufgaben ist die Definition besonders einfacher Typen von Funktionen und die Definition und Klassifikation komplexer, aus den einfachen Typen zusammengesetzter Funktionen.

Die einfachsten Funktionen sind die konstanten Funktionen. Sie sind «uniformis». Alle anderen sind «difformis». Davon sind die einfachsten die linearen Funktionen. Sie sind «uniformiter difformis». Die anderen sind «difformiter difformis». Bei diesen wird zwischen einfachen und zusammengesetzten unterschieden. Die einfachen werden wie folgt eingeführt:

Eine difformitas difformis ist also einfach, wenn sie durch eine Figur darstellbar ist, deren Gipfellinie oder Intensitätslinie ein einziger Linienzug ist, nicht aus mehreren zusammengesetzt. [155]

Die Figuren in den Manuskripten machen deutlich, daß damit in etwa gemeint ist, daß die linea summitatis eine glatte Kurve sein soll, wobei die weitere Präzisierung durch Differenzierbarkeitsbedingungen natürlich anachronistisch wäre. Bei den in diesem Sinne einfachen Funktionen werden dann noch konvexe und konkave Figuren unterschieden und solche, bei denen die linea summitatis ein Kreis- oder Ellipsenbogen ist – sie heißen rationales – von allen anderen, die dann irrationales sind.

Aus den einfachen Typen ergeben sich dann auf vielfältige Weise zusammengesetzte Arten, zum Beispiel stückweise lineare Funktionen oder allgemeiner – in heutiger Terminologie – stückweise glatte Funktionen mit gewissen qualitativen zusätzlichen Bestimmungen.

Figur 6 zeigt einige der Figuren, die man in den verschiedenen Handschriften von Oresmes Traktat an verschiedenen Stellen finden kann. [156]

Mit diesen Figuren verfügt Oresme im Prinzip über einen sehr allgemeinen, konstruktiv geometrischen Funktionsbegriff. Dieser Funktionsbegriff ist z.B. allgemeiner als der analytische Funktionsbegriff im ersten Band von Eulers *Introductio*. [157] Erst im zweiten Band führt Euler die graphische Darstellung von Funktionen ein, und dort betrachtet er außer Linien, die einer

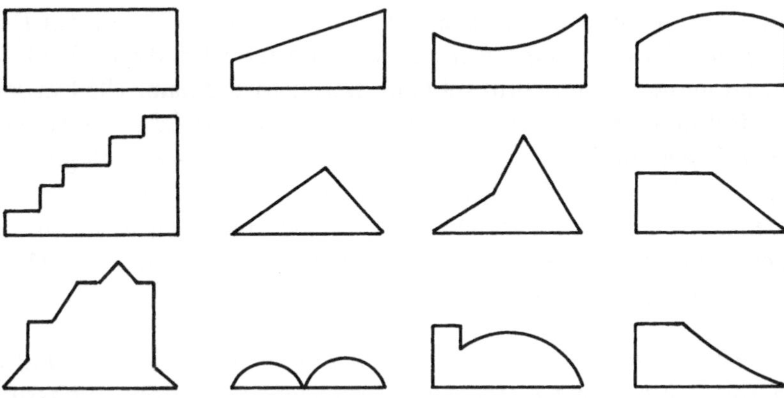

Fig. 6

einzigen analytischen Funktion entsprechen, auch lineas mixtas aus mehreren Stücken, die mehreren analytischen Funktionen entsprechen. [158] Natürlich ermöglicht die Beschränkung auf analytische Funktionen die Entfaltung von Eulers hochentwickelter Kunst der Analysis, von der zu Oresmes Zeiten selbstverständlich noch nichts vorhanden war. Umso mehr ist es natürlich, wenn Oresme angesichts der unbeschränkten Vielfalt der Möglichkeiten den Wert der Anschauung seiner Figuren hervorhebt:

Aus dem Gesagten geht auch klar genug hervor, daß wir zur Kenntnis der Unterschiede dieser Arten von Difformität von Qualitäten oder anderen Dingen kaum anders gelangen können als auf dem Wege ähnlicher Nachbildung und bildlicher Vorstellung durch Figuren. [159]

Für physische Qualitäten macht Oresme nirgendwo einen Ansatz zu einer echten Quantifizierung. Anders ist es bei einer Qualität mathematischer Figuren, der Krümmung von Kurven und Flächen. Hier diskutiert er ohne definitive Antwort mehrere Ansätze zur Definition der Intensität der Krümmung einer ebenen Kurve und gelangt dahin, die Krümmung von Kreisen als gleichförmig zu erkennen und durch das Reziproke des Radius zu messen. [160] Sehr viel später erst gibt es bei Kepler und Descartes Ansätze zur quantitativen Bestimmung des Krümmungsmaßes von Kegelschnitten und von ebenen algebraischen Kurven in einem ihrer Punkte durch einen die Kurve in diesem Punkt berührenden Kreis. 1671/72 beschreibt Isaac Newton allgemein die Krümmung ebener Kurven als die Krümmung des Schmiegkreises. Die Untersuchung der Krümmung von Flächen, die in gewissem Sinne auf die Untersuchung der Krümmung ebener Kurven zurückgeführt wird, beginnt 1760 mit Leonhard Eulers Arbeit *Recherches sur la courbure des surfaces*. Ein weiterer entscheidender Schritt wird 1827 mit den *Disqui-sitiones generales circa superficies curvas* von Carl Friedrich Gauß getan. Den letzten und größten Schritt tut dann Bernhard Riemann 1854 in seinem genialen Habilitationsvortrag *Über die Hypothesen, welche der Geometrie zu Grunde liegen*, in dem er – in heutiger Terminologie – den Begriff der *n*-dimensionalen Riemannschen Mannigfaltigkeit einführt und ihre Krümmung durch den Riemannschen Krümmungstensor beschreibt. Am Schluß dieses Vortrages stellt Riemann die «Frage nach dem innern Grunde der Massver-hältnisse des Raumes». Und er schreibt dann:

> *Die Entscheidung dieser Fragen kann nur gefunden werden, indem man von der bisherigen durch die Erfahrung bewährten Auffassung der Erscheinungen, wozu* Newton *den Grund gelegt, ausgeht und diese durch Thatsachen, die sich aus ihr nicht erklären lassen, getrieben all-mählich umarbeitet; solche Untersuchungen, welche, wie die hier ge-führte, von allgemeinen Begriffen ausgehen, können nur dazu dienen, dass diese Arbeit nicht durch die Beschränktheit der Begriffe gehin-dert und der Fortschritt im Erkennen des Zusammenhangs der Dinge nicht durch überlieferte Vorurtheile gehemmt wird.*
>
> *Es führt dies hinüber in das Gebiet einer anderen Wissenschaft, in das Gebiet der Physik, welches wohl die Natur der heutigen Veranlas-sung nicht zu betreten erlaubt.* [161]

Auf die Frage nach dem inneren Grunde der Maßverhältnisse des Raumes gab Albert Einstein 1915 mit den Feldgleichungen der Allgemeinen Relati-vitätstheorie eine Antwort:

$$G_{ik} = -\kappa T_{ik} \ .$$

Der aus dem Riemannschen Krümmungstensor abgeleitete Einstein-Tensor G_{ik} ist proportional zu dem Energieimpuls-Tensor T_{ik}, der die Materiever-teilung beschreibt.

Über 500 Jahre mathematischer Denkarbeit waren nötig, um diesen Fort-schritt physikalischer Erkenntnis zu ermöglichen, von Oresmes ersten, ta-stenden Überlegungen zur Quantifizierung einer Qualität, der Krümmung von Kurven, bis zur Definition des Riemannschen Krümmungstensors und zur Entwicklung des Tensorkalküls der Differentialgeometrie durch Levi-Civita und Ricci. Die wenigen gerade gegebenen Andeutungen geben kaum eine Ahnung von der Komplexität dieser Entwicklung, zu der ja auch noch die ganze Geschichte der Entwicklung des Mannigfaltigkeitsbegriffs hinzu-zuzählen ist. [162]

Wenn man diese für den Fortschritt der Naturerkenntnis so bedeutsame Geschichte mathematischen Denkens kennt, wird man in schmerzlicher Weise an die Kluft erinnert, die heute unsere geistigen Kulturen trennt, wenn man die folgenden Sätze liest, mit denen A. Maier Oresmes Gedanken über die Krümmung abhandelt:

[...] die Krümmung selbst wird – nicht ganz im Einklang mit Aristoteles und der üblichen Auffassung der Scholastik – als intensible Qualität betrachtet und die Frage erörtert, ob diese Intensität auch in derselben Weise dargestellt werden kann. Die Überlegung führt ganz in mathematische Sphären und interessiert uns nicht im einzelnen. [163]

Die Konzeption von Oresme geht über das, was bis jetzt berichtet wurde, noch wesentlich hinaus. Zunächst wird der Ansatz der figurativen Darstellung von der «qualitas linearis» auf irgendeine «qualitas superficialis» und dann auf eine «qualitas corporea» erweitert. Die qualitas superficialis kann eine gekrümmte mit einer intensiblen Qualität informierte Fläche sein, die zum Zwecke der Darstellung als ebene Fläche rektifiziert vorgestellt wird und an die Stelle der Basislinie tritt. An die Stelle der «linea summitatis» tritt die «superficies summitatis», das, was heute als Graph einer Funktion von zwei Variablen bezeichnet wird. Diese beiden Flächen beranden zusammen mit der von den Latituden über dem Rand der Basis gebildeten Fläche eine 3-dimensionale Figur, welche die qualitas superficialis darstellt. Eine qualitas corporea würde in analoger Weise auf eine 4-dimensionale Figur führen, die nicht mehr unmittelbar anschaulich vorstellbar ist. Man konnte sich zwar vorstellen, daß man durch Bewegung eines Punktes zu einer Linie, durch Bewegung einer Linie zu einer Fläche und durch Bewegung einer Fläche zu einem Körper übergehen kann, aber nicht durch Bewegung eines Körpers zu einer wiederum andersartigen – nämlich vierdimensionalen – räumlichen Größe.

Von einem Körper aus geschieht kein Übergang zu einer anderen Größe [...]

schreibt Thomas von Aquin in seiner Auslegung von Aristoteles' *De caelo* I, 268a 30–b 3, auf die sich auch Oresme bezieht. [164]

Oresme ist daher gezwungen, eine qualitas corporea mit Hilfe von Flächen in diesem Körper darzustellen:

Bei der Darstellung der Qualität eines Körpers [...] folgt man der Darstellung der flächenhaften Qualitäten dieses Körpers. [165]

In diesem Sinne ist es Oresme möglich, 1-, 2- und 3-dimensionale räumliche Verteilungen intensibler Qualitäten darzustellen und anschaulich vorzustellen. Im zweiten Teil seines Traktats geht er dann aber noch einen Schritt weiter. Denn es geht ihm um die Darstellung von Bewegung, sowohl von motus alterationis als auch von motus localis. Bei der ersteren etwa geht es um die zeitliche Veränderung einer intensiblen Qualität, die punktartig, linien-, flächen- oder raumartig verteilt ist. Die zeitliche Veränderung der Intensität in einem Punkt ist eine Funktion der Zeit und wird wiederum durch eine flächenartige Figur dargestellt, wobei jetzt die longitudo die Zeit mißt. Die zeitliche Veränderung einer qualitas linearis wird so dargestellt wie die räumliche Verteilung einer qualitas superficialis, also als eine räumliche Figur mit einer flächenhaften Basis. In dieser Basis gibt es jetzt aber zwei extensiones, eine für das lineare Subjekt der Qualität, die andere für die Zeit, und davon sagt Oresme:

Die zwei Extensionen aber können in einer bestimmten Weise so vorgestellt werden, daß sie einander in der Art eines Kreuzes rechtwinklig schneiden [...] [166]

Ein Achsenkreuz, mehr als zweihundertachtzig Jahre vor Descartes' Geometrie! Bei der Darstellung der zeitlichen Veränderung flächenhaft oder räumlich verteilter intensibler Qualitäten würde wieder das Problem der Beschränkung der Anschauung auf höchstens drei Dimensionen auftreten. Es ist nun hochinteressant, daß Oresme hierzu eine ganz neue Idee entwickelt, und zwar in Teil II, Kapitel xiii. Er diskutiert dort sehr allgemeine Formen zeitlichen Wandels. Er zieht dabei nicht nur die zeitliche Veränderung einer einem körperlichen Subjekt inhärierenden intensiblen Qualität in Betracht, sondern auch einen Wandel der substantialen Form durch geometrisch-quantitative zeitliche Änderung ihrer Teile, wobei bei alledem die Einheit des Ganzen in der Sukzession der Formen gewahrt bleibt. Für ein sich so änderndes Subjekt, das von einer zeitlich variierenden intensiblen Qualität informiert wird, ändert sich im zeitlichen Flusse auch der Definitionsbereich der Funktion, welche zu einem gegebenen Zeitpunkt die räumliche Intensitätsverteilung beschreibt. Wenn ich es recht verstehe, ist es Oresmes Idee, diese ganze Funktion als neue latitudo anzusehen, d.h. als Funktion der Zeit, welche die longitudo ist:

Bei allen solchen ganz oder teilweise sukzessiv sich ändernden Dingen wird daher die Sache, die sich in einer Sukzession befindet, bei der sie in einem Teil der Zeit mehr oder weniger intensiv ist als in

> *einem anderen, oder auch uniform und difform größer oder kleiner,*
> *auch selbst dementsprechend verschiedenartig gemäß den vorher auf-*
> *gestellten bildlichen Vorstellungen in der Art einer zeitlichen Diffor-*
> *mität einer Geschwindigkeit veränderlich dargestellt, von der vorher*
> *die Rede gewesen ist, so daß für ein so veränderliches Ding die Zeit*
> *die longitudo ist und dessen Intensität oder Größe seine latitudo.* [167]

Eine Funktion, deren Werte Funktionen sind, das wäre eine wahrhaft moderne Idee. Denn wenn man sie weiterdenkt, führt sie dazu, Funktionenräume
als mögliche Wertebereiche einzuführen, Mengen von Funktionen mit einer
Struktur, etwa einer topologischen Struktur, die sie zu einem Raum macht.
Das ist ein Gedanke, der zuerst in Riemanns Dissertation auftritt und dann
in seinem Habilitationsvortrag zur Idee unendlichdimensionaler Mannigfaltigkeiten führt:

> *Solche Mannigfaltigkeiten bilden z.B. die möglichen Bestimmungen*
> *einer Function für ein gegebenes Gebiet, die möglichen Gestalten einer*
> *räumlichen Figur u.s.w.* [168]

Nicolas Bourbaki hat einmal über ein anderes Werk des Nicolaus von Oresme
gesagt:

> *[...] die Vorstellungen von Oresme waren der Mathematik seiner Zeit*
> *so weit voraus, daß sie auf seine Zeitgenossen kaum einen Einfluß*
> *ausübten, und sein Werk sank schnell in Vergessenheit.* [169]

Das gilt ebenso für den *Tractatus de configurationibus qualitatum et motuum.*
Allerdings gilt dies für die verschiedenen Aspekte von Oresmes Werk in un-
terschiedlichem Maße, wobei die Gewichtung natürlich von der Interpretation
seiner Intentionen abhängig ist. So kommen etwa A. Maier und M. Clagett in
ihrer Darstellung der Wirkung von Oresmes Lehre nur teilweise zu überein-
stimmenden Wertungen. [170] Unstreitig ist zweierlei. Zum einen, daß Oresmes
Versuche der Anwendung seiner Methode zur Erklärung der Wirkungen von
Qualitäten im Sinne einer symbolhaften Korrespondenz kaum Wirkung gehabt haben, und daß seine metaphysischen und ontologischen Überlegungen
in der neuzeitlichen Naturwissenschaft nicht fortgeführt wurden. Zum anderen ist unstreitig nachweisbar, daß die Methode der graphischen Darstellung
von Funktionen sich von Paris aus im 14. und 15. Jahrhundert nach Italien,
Mittel- und Osteuropa ausbreitete, vermittelt vor allem durch einen Oresmes
Werk auf den rein mathematischen Gehalt reduzierenden, 1390 oder früher
entstandenen *Tractatus de latitudinibus formarum,* der vermutlich von einem

gewissen Jacobus de Sancto Martino verfaßt wurde, und durch die *Questiones super tractatum de latitudinibus formarum* des Blasius von Parma. Man kann mit einiger Sicherheit davon ausgehen, daß die Oresmeschen Figuren Galilei und Descartes bekannt gewesen sind.

Es ist jedoch meines Erachtens unzureichend, in der so fortwirkenden Methode Oresmes nur eine mathematische Technik oder gar, wie A. Maier «nur noch Handwerkszeug» zu sehen. Erstens gehört die Idee, den zeitlichen Ablauf natürlicher Prozesse mathematisch durch die zeitliche Entwicklung von Funktionen darzustellen, zum härtesten Kern der neuzeitlichen Naturwissenschaft. Dabei bestimmte allerdings diese Naturwissenschaft die Funktionen von Raum und Zeit nicht qualitativ-geometrisch, sondern quantitativ-analytisch als Lösungen von Differentialgleichungen, die als mathematischer Ausdruck von Naturgesetzen verstanden wurden. Zweitens enthielt der praktische Umgang der Mathematiker und Physiker mit den graphisch dargestellten Funktionen ein kaum bewußt reflektiertes qualitatives Moment der Gestaltwahrnehmung, das genau dem von Oresme sehr bewußt herausgestellten Wert der sinnlichen Anschaubarkeit seiner Figuren entspricht.

Es gibt einen Bericht über ein Gespräch zwischen drei Physikern, der das eindrucksvoll illustriert. Es fand am 5. Februar 1939 in Princeton statt. Die Physiker waren Niels Bohr, George Placzek und Léon Rosenfeld, Gegenstand der Unterhaltung waren unverstandene Phänomene bei der Kernspaltung von Uran. Placzek forderte Bohr heraus, im Rahmen seiner Modellvorstellungen vom Atomkern zu erklären, warum Uran und Thorium zwar hinsichtlich ihrer Wirkungsquerschnitte beim Einfang von Neutronen in Abhängigkeit von deren Energie ähnliche Resonanzen haben und auch ähnliche Schwellenwerte für schnelle Neutronen, aber dennoch auf langsame Neutronen unterschiedlich hinsichtlich der Kernspaltung reagieren. Bohr verließ daraufhin die Gesprächsrunde. Rosenfeld berichtet, daß er sich Bohr anschloß, der «schweigend und in tiefe Meditation versunken» gewesen sei. Man ging in Bohrs Arbeitszimmer. «Kaum hatten wir das Arbeitszimmer betreten», berichtet Rosenfeld, «da eilte [Bohr] an die Tafel und sagte dabei zu mir: ‹Jetzt hören Sie zu: Ich habe alles.› Und er begann – wieder wortlos –, Linien auf die Tafel zu zeichnen.» [171]

Bohr zeichnete drei Linien, etwa wie in der folgenden Figur 7.
Die Kurven stellten hypothetisch Wirkungsquerschnitte von Thorium, Uran 238 und Uran 235 als Funktion der Neutronenenergie dar. Dabei bezieht sich bei den Kurven für Thorium und Uran 238 der linke Teil auf den Wirkungsquerschnitt für die Absorption von Neutronen nicht zu hoher Energie, der rechte Teil auf den Wirkungsquerschnitt für die Spaltung durch schnelle Neutronen. Die dritte Kurve zeigt nur einen Wirkungsquerschnitt, und zwar für

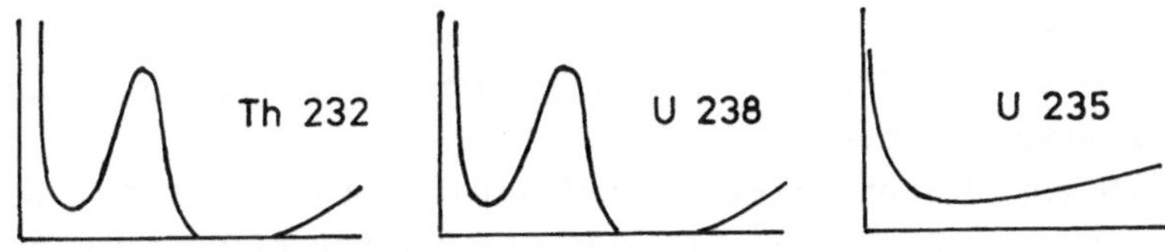

Fig. 7

das seltene Uranisotop U 235. Das bedeutet, daß Neutronen aller Energien, schnelle und langsame, die Kerne von U 235 zur Spaltung anregen können.

Nachdem Bohr die drei Figuren gezeichnet hatte, erläuterte er, wie damit – und natürlich mit sehr viel Kernphysik – das unterschiedliche Verhalten von Thorium und Uran bei der Kernspaltung erklärt werden könnte. Zwei Tage später schickte er diese Erklärung als Brief an die *Physical Review*. [172] Es war ein sorgfältig formulierter Aufsatz von 1800 Wörtern – die Figuren sind darin nicht mehr zu finden.

* * *

Das aristotelische Schema der Kategorien hat, in der Vermittlung durch den scholastischen Aristotelismus, eine bis weit in die neuzeitliche Philosophie und Naturwissenschaft hineinreichende Wirkung entfaltet. Im Verlauf dieses Prozesses hat sich dieses Schema in seinem ursprünglichen Funktionszusammenhang aufgelöst, ist aber in verwandelten Formen dennoch auch heute wirksam.

Es ist nicht möglich, diese These hier durch eine Darstellung der behaupteten, sehr komplexen historischen Prozesse zu explizieren. Einige fast nur zufällige Bemerkungen dazu sollen nur den Abgrund der Zeit markieren, der zwischen jenen ersten Ansätzen und dem Heute liegt, einem Heute, in dem nichts mehr einfach ist.

Wenn man akzeptiert, daß die aristotelische Reflexion über die Erkenntnis der Dinge von der Sprache ausgeht, dann ist die weitreichende Wirkung dieser Philosophie auf den ersten Blick nicht so erstaunlich. Denn der Sprache bedürfen wir – nun, nicht immer, denn es gibt auch das sprachlich nicht mehr vermittelte Verhältnis des Ich zum Du, es gibt auch die Musik und den Tanz – aber doch dann, wenn wir anderen etwas über die Dinge unserer Welt mitteilen wollen. Daß es in dieser Welt eine Sonne gibt, die unserer Erde Licht und Wärme sendet, daß es in dieser Welt Berge und Seen gibt, Bäume und Blüten und bunte Schmetterlinge, dieses Wunder ist uns jeden Tag gegeben. Die Reflexion über die Strukturen unserer Sprache, besonders über die Subjekt-Prädikat-Struktur, bringt zum Vorschein, wie tief unser Glaube ist, daß es Dinge gibt, und daß diese Dinge Eigenschaften haben. Die Kategorien der οὐσία und des τὸ ποιόν, der Substanz und der Qualität, waren Ausdruck dieses Glaubens.

Die Sprachphilosophie unseres Jahrhunderts hat uns gelehrt, daß unser Sprechen über die Dinge und ihre Eigenschaften unendlich viel komplexer ist, als es in den ersten Anfängen der Reflexion darüber scheinen mochte. Nehmen wir nur das so naheliegende und auf den ersten Blick einfach scheinende Beispiel für eine Sinnesqualität, die Gattung der Farben. Ludwig Wittgenstein hat in Hunderten von Sprachspielen nach der Logik unserer Farbbegriffe gefragt, nach den «Schwierigkeiten, die wir beim Nachdenken über das Wesen der Farben empfinden (mit denen Goethe in der Farbenlehre sich auseinandersetzen wollte)». [173] Der Vergleich verschiedener Vorstellungen verschiedener Individuen in komplexen Situationen der Wahrnehmung von Farben, die Schwierigkeiten beim Bestimmen und Bezeichnen von Farbtönen, Phänomene wie Transparenz, Glanz, Leuchten, ja sogar das Weiße, die albedo der Scholastiker, dies und vieles andere erweist sich als überaus komplex.

Die Logik der Farbbegriffe ist eben viel komplizierter, als es scheinen möchte. [174]

Eine von Wittgensteins Fragen nach unseren Farbbegriffen wird wie folgt gestellt:

66. «Kann man sich nicht denken, daß gewisse Menschen eine andere Farbengeometrie als die unsere hätten?» Das heißt doch: Kann man sich nicht Menschen mit andern Farbbegriffen als den unsern denken? Und das heißt wieder: Kann man sich nicht vorstellen, daß Menschen unsere Farbbegriffe nicht haben und daß sie Begriffe haben, die mit unsern Farbbegriffen auf solche Art verwandt sind, daß wir sie auch «Farbbegriffe» nennen würden? [175]

In welche Tiefen die Frage nach der Logik der Farbbegriffe führen muß, zeigen auch die psychologischen Untersuchungen zu gewissen Formen von Aphasie, die in den zwanziger Jahren unseres Jahrhunderts von Gelb und Goldstein durchgeführt wurden. [176] Patienten, die unter solchen Sprachstörungen leiden, können konkrete farbige Gegenstände nicht mit einem abstrakten Farbnamen, z.B. «Rot», benennen. Sie können durchaus etwa Gegenstände gleicher Farbe zusammenstellen und über Farben im Sinne konkreter Beispiele sprechen, wenn etwa von «kirschrot», «grasfarben» oder «wie eine

Orange» die Rede ist. Aber sie verfügen nicht über abstrakte allgemeine Farbnamen als Repräsentanten eines Gefüges von kategorialen Funktionen. In seinen Reflexionen über die Anatomie des Bewußtseins interpretiert der Mediziner und Neurophysiologe Israel Rosenfield diesen Verlust wie folgt:

Patienten mit Aphasie, die Worte wiederholen, aber nicht benutzen können (ein häufiges Phänomen), haben den Selbstbezug für die Kategorien verloren, die von diesen Worten repräsentiert werden. [...] die aphasischen Worte sind wie fremde Gegenstände.

Bedeutung und Verstehen sind demnach selbstbezogen: Sie ergeben sich aus dem Selbstbezug und werden im Hinblick auf ihn strukturiert. Veränderungen der Subjektivität, also des Bezugsrahmens, verändern die Bedeutung und das Wissen im allgemeinen. Ein Patient in einem subjektiven Zustand, den Gelb und Goldstein als «konkret» bezeichnen, kann Worte nicht abstrakt verstehen. Die Bedeutung eines Wortes stammt ursprünglich aus der subjektiven Welt des einzelnen; sie ist nie absolut; sie hat eine unmittelbare Beziehung zum Körperbild einer Person und zu der Art, wie dieses Bild eingesetzt wird, um bestimmte körperliche Ziele zu erreichen. Ein abstrakteres Gefühl für die Bedeutung erfordert ein abstrakteres Gefühl für das Körperbild und seine Beziehung zu Handlungen. Durch Sprache kann ich mit einem anderen eine gemeinsame Grundlage schaffen und zu gegenseitigem Verstehen gelangen, weil wir die Lautäußerungen und Handlungen des anderen so begreifen können, daß sie nach den Maßstäben unserer eigenen subjektiven Welt und dessen, was wir daraus abstrahieren, etwas bedeuten. [177]

Aber, was ist das: «unsere eigene subjektive Welt»? Dazu seien noch einmal Fragen Wittgensteins aus seinen «Bemerkungen über die Farben» zitiert:

313. «Die Welt der physikalischen Gegenstände und die Welt des Bewußtseins.» Was weiß ich von dieser? Was mich meine Sinne lehren? Also, wie das ist, wenn man sieht, hört, fühlt etc. etc. – Aber lerne ich das wirklich? Oder lerne ich, wie das ist, wenn ich jetzt sehe, höre etc. und glaube, daß es auch früher so war?

314. Was ist eigentlich die ‹Welt› des Bewußtseins? Da möchte ich sagen: «Was in meinem Geist vorgeht, jetzt in ihm vorgeht, was ich sehe, höre, ...». Könnten wir das nicht vereinfachen und sagen: «Was ich jetzt sehe.» –

315. Die Frage ist offenbar: Wie vergleichen wir physikalische Gegenstände – wie Erlebnisse?

316. Was ist eigentlich die ‹Welt des Bewußtseins›? – Was in meinem Bewußtsein ist: was ich jetzt sehe, höre, fühle ... – Und was, z.B., sehe ich jetzt? Darauf kann die Antwort nicht sein: «Nun, alles das», mit einer umfassenden Gebärde. [178]

Aus der fraglos einen Welt der Dinge unseres alltäglichen Lebens sind durch Forschung und Reflexion zwei Welten geworden: Die objektive Welt der physikalischen Gegenstände und die subjektive Welt des Bewußtseins. Die Kategorie der Substanz hat sich dabei aufgelöst. Ein Wendepunkt in diesem Prozeß ist die Umdeutung des Substanz-Akzidens-Verhältnisses in der kritischen Philosophie Kants. In der zweiten Auflage der *Kritik der reinen Vernunft* formuliert Kant den «Grundsatz der Beharrlichkeit der Substanz» wie folgt:

Bei allem Wechsel der Erscheinungen beharrt die Substanz, und das Quantum derselben wird in der Natur weder vermehrt noch vermindert. [179]

Die Formulierung dieses Grundsatzes in der 1. Auflage läßt den Zusammenhang mit der Tradition wie auch die Differenz deutlicher erkennen:

Alle Erscheinungen enthalten das Beharrliche (Substanz) als den Gegenstand selbst und das Wandelbare als dessen bloße Bestimmung, d.i. eine Art, wie der Gegenstand existirt. [180]

Substanzen sind jetzt nicht mehr ontologisch verstandene Träger von Eigenschaften. Sie sind vielmehr, wie Kants Beweis seines Grundsatzes zeigt, dasjenige, was wir in der Erscheinung als das Reale derselben setzen, um an diesem Substrat die zeitlichen Verhältnisse der Erscheinungen bestimmen zu können.

Nur in dem Beharrlichen sind also Zeitverhältnisse möglich (denn Simultaneität und Succession sind die einzigen Verhältnisse in der Zeit), d.i. das Beharrliche ist das Substratum *der empirischen Vorstellung der Zeit selbst, an welchem alle Zeitbestimmung allein möglich ist.* [181]

Georg Picht hat es als eine der größten Entdeckungen Kants bezeichnet, «daß uns das Sein der Substanz in allem Wechsel der Bestimmungen die Unwandelbarkeit der selbst nicht wahrnehmbaren Zeit zur Vorstellung bringt.» Und die letzte Konsequenz dieser Entdeckung stellt er so dar:

> *Durchschauen wir den Projektionscharakter des Substanzbegriffes und verstehen wir, daß das, was hier projiziert wird, die Einheit der Zeit ist, so können wir nicht länger behaupten, daß es in der Natur Substanzen «gibt». Das hat aber zur Folge, daß wir Quantität und Qualität nicht länger mehr als Eigenschaften von Substanzen auffassen können. Das Schema der Kategorien kann dann nicht mehr, wie bei Aristoteles und wie in anderer Form bei Kant, als Grundschema der Welterkenntnis gelten. Es ist dann unmöglich, das, was ist, in Kategorien zu erkennen.* [182]

Eindrücklicher als jeder Philosoph hat ein Dichter die Folgen der kritischen Revision des Substanzbegriffes dargestellt, Jean Paul, in der «Rede des todten Christus vom Weltgebäude herab, daß kein Gott sey»:

> *Ich stieg herab, so weit das Seyn seinen Schatten wirft und schauete in den Abgrund und rief: Vater, wo bist du; aber ich hörte nur den ewigen Sturm, den niemand regiert, und der schimmernde Regenbogen aus Wesen stand ohne eine Sonne, die ihn schuf, über dem Abgrunde und tropfte hinunter.* [183]

∗ ∗ ∗

Wenn unserem Denken das zeitliche Dasein wirklicher Wesen entgleitet, entfaltet sich die Dialektik von Bestehen und Wandel nun in unserer Erfahrung und in unserem Denken selbst. Dadurch verändert sich aber unsere Auffassung davon, was darin dargestellt wird, was Darstellung überhaupt ist und insbesondere auch, was mathematische im Vergleich zu anderen Arten von Darstellung sein kann. Die Reflexion richtet sich nun auf die Bewegungen der Empfindung, der Wahrnehmung, des Vorstellens und Denkens, auf die Veränderung und den Wandel der Begriffe. Je nach den individuellen Vorstellungen einzelner Denker von Gemeinsamkeiten und Unterschieden philosophischen und mathematischen Denkens gibt es dabei unterschiedliche Auffassungen: solche, die den Unterschied betonen, solche, die Charakteristika philosophischen Denkens auf die mathematische Denkarbeit übertragen und solche, welche umgekehrt die moderne mathematische Methode der Konstitution von Begriffen auf das wissenschaftliche Denken im allgemeinen und womöglich auch auf die Philosophie übertragen wollen. Daß dabei die jeweils unterschiedlichen Auffassungen des Verhältnisses von Denken und Erfahrung eine wesentliche Rolle spielen, braucht nicht betont zu werden.

Kant hat seine Auffassung vom Unterschied philosophischer und mathematischer Erkenntnis ziemlich ausführlich in der transzendentalen Methodenlehre dargelegt, in dem 1. Abschnitt: «Die Disziplin der reinen Vernunft im dogmatischen Gebrauche.» Man müßte, aber das kann ich nicht, Kants Gedanken hierzu auf dem Hintergrund der im 18. Jahrhundert geführten Auseinandersetzung um die Grenzen zwischen Mathematik und Metaphysik sehen, insbesondere auf dem Hintergrund der Kritik Johann Heinrich Lamberts an der Wolffischen Schule. Lambert hatte es als entscheidenden Vorzug der mathematischen Allgemeinbegriffe gegenüber den durch Abstraktion von Einzelfällen gewonnenen Begriffen der traditionellen Begriffslehre bezeichnet, daß in ihnen die Bestimmtheit der speziellen Fälle, für die sie angewendet werden sollen, in aller Strenge aufrecht erhalten wird.

Man müßte nun eigentlich den ganzen oben erwähnten Abschnitt der *Kritik der reinen Vernunft* zitieren. Das geht nicht. Stattdessen folgen einige Auszüge.

Die philosophische *Erkenntniß ist die* Vernunfterkenntniß *aus* Begriffen, *die mathematische aus der* Construction *der Begriffe. Einen Begriff aber* construiren, *heißt: die ihm correspondirende Anschauung* a priori *darstellen. Zur Construction eines Begriffs wird also eine* nichtempirische *Anschauung erfordert, die folglich, als Anschauung, ein einzelnes Object ist, aber nichts destoweniger als die Construction eines Begriffs (einer allgemeinen Vorstellung) Allgemeingültigkeit für alle mögliche Anschauungen, die unter denselben Begriff gehören, in der Vorstellung ausdrücken muß.* [184]

Die philosophische Erkenntniß betrachtet also das Besondere nur im Allgemeinen, die mathematische das Allgemeine im Besonderen, ja gar im Einzelnen, gleichwohl doch a priori *und vermittelst der Vernunft, so daß, wie dieses Einzelne unter gewissen allgemeinen Bedingungen der Construction bestimmt ist, eben so der Gegenstand des Begriffs, dem dieses Einzelne nur als sein Schema correspondirt, allgemein bestimmt gedacht werden muß.*

In dieser Form besteht also der wesentliche Unterschied dieser beiden Arten der Vernunfterkenntniß und beruht nicht auf dem Unterschiede ihrer Materie oder Gegenstände. Diejenigen, welche Philosophie von Mathematik dadurch zu unterscheiden vermeinten, daß sie von jener sagten, sie habe bloß die Qualität, *diese aber nur die* Quantität *zum Object, haben die Wirkung für die Ursache genommen. Die Form der mathematischen Erkenntniß ist die Ursache, daß diese lediglich auf Quanta gehen kann. Denn nur der Begriff von Größen läßt sich construiren, d. i.* a priori *in der Anschauung darlegen, Qualitäten aber lassen sich in keiner anderen als empirischen Anschauung darstellen. Daher kann eine Vernunfterkenntniß derselben nur durch Begriffe möglich sein. So kann niemand eine dem Begriff der Realität correspondirende Anschauung anders woher, als aus der Erfahrung nehmen, niemals aber* a priori *aus sich selbst und vor dem empirischen Bewußtsein derselben theilhaftig werden. Die konische Gestalt wird man ohne alle empirische Beihülfe, bloß nach dem Begriffe anschauend machen können, aber die Farbe dieses Kegels wird in einer oder anderer Erfahrung zuvor gegeben sein müssen.* [185]

Wenn ich es richtig verstehe, ist für Kant die Konstruktion eines mathematischen Begriffs die Angabe einer Regel für eine real oder in der Imagination zu vollziehende Handlung, durch deren Vollzug eine Figur, etwa ein Dreieck, erzeugt wird, welche empirisch oder in reiner Anschauung angeschaut werden kann. Jede einzelne dieser Figuren repräsentiert dann gleichermaßen den durch die Regel konstruierten allgemeinen Begriff. Die Konstruktion muß nicht geometrischen Charakters sein, sie kann auch symbolisch mit anderen Zeichen operieren, die in reiner Anschauung angeschaut werden können. Dadurch, daß dem einheitlichen Begriff in der Anschauung die Mannigfaltigkeit seiner anschaulich dargestellten Gegenstände korrespondiert, ist es dem intuitiven mathematischen Denken im Gegensatz zum diskursiven Denken möglich, über eine analytische Begriffszergliederung hinauszugelangen und durch die Aufeinanderfolge der Konstruktionen neue synthetische Erkenntnisse zu gewinnen. Dabei bleibt diese Denkbewegung der reinen Mathematik ganz im Bereich der reinen Vernunft, des Denkens und der reinen Anschauung in den Formen des Raumes und der Zeit. Eben deshalb ist diese Methode nicht auf die Bearbeitung von Begriffen anwendbar, deren Gegenstände – wie etwa im Fall der Farbbegriffe – nicht in diesen Formen anschaubar gemacht werden können. Für diese bleibt als Weg zur Erkenntnis allein die Bearbeitung des in der sinnlichen Erfahrung gegebenen Materials durch das begriffliche Denken.

Natürlich ist diese Sicht dessen, was mathematischer Erkenntnis möglich ist, so sehr vom grundlegenden Ansatz der Vernunftkritik abhängig, daß sie als Ganzes mit diesem steht und fällt. Tatsächlich haben sich im Laufe des 19. Jahrhunderts andere Auffassungen von der Entwicklung des mathematischen Begriffssystems gebildet, und dies hat, wie wir noch sehen werden, dazu geführt, daß unter dem Eindruck der beginnenden mathematischen Mo-

derne ein Vertreter des Marburger Neukantianismus, Ernst Cassirer, zu einer
Auffassung kam, die der kantischen direkt zu widersprechen scheint:

> *Wieder ist es die* Leibniz'sche *Grundkonzeption der Mathematik, zu
> der wir uns hierbei zurückgeführt sehen. Die Mathematik ist danach
> nicht die allgemeine Wissenschaft der* Größe, *sondern der* Form, *nicht
> der* Quantität, *sondern der* Qualität. [186]

Auch für den, der die von Kant vorgetragene Auffassung vom Wesen der
Mathematik nicht teilt – und das dürfte heute wohl für die meisten Mathe-
matiker der Fall sein – auch für den enthält diese Auffassung interessante
Momente.

Eines davon ist die Dialektik des Wechsels zwischen kategorialer Betrachtungsweise und der Betrachtung einzelner Objekte einer gegebenen Kategorie. Sie ist bei allen Unterschieden verschiedener Richtungen und Tendenzen
stets ein vorwärtstreibendes Moment. Es ist kaum denkbar, die Theorie einer
bestimmten Art von Struktur ohne die Erfahrung der Arbeit mit einem hinreichend reichhaltigen Beispielmaterial zu entwickeln. Umgekehrt drängt diese
Arbeit zur Vereinheitlichung in der Schaffung einer Form, in der die dem
jeweiligen Denken wesentlichen gemeinsamen Eigenschaften der Beispiele
kategorial dargestellt werden.

Ein weiteres Moment ist der Gegensatz zwischen dem subjektiven Prozess der Entstehung einer bestimmten mathematischen Gestalt und dem Akt
der Setzung einer Form als Gegenstand begrifflicher Bearbeitung. Nimmt
man diesen Gegensatz absolut, dann führt er zu einem unversöhnlichen Gegeneinander, dem Streit zwischen Intuitionismus und Formalismus. Beide
geben eine zu einfache Lösung des Problems der Bedeutung des Universums der mathematischen Zeichen. Die Problematik des Verhältnisses von
Anschauung und Begriff ist sehr viel komplizierter, als es scheinen möchte.
Der Mathematiker Felix Hausdorff, der bewußt den Eintritt in die mathematische Moderne vollzog, hat mit Recht die Frage gestellt, ob es so etwas wie
die reine Anschauung der Kritik der reinen Vernunft überhaupt gibt. Da das
Problem der Anschauung im Verhältnis zur Mathematik aus meiner Sicht
mit der Frage nach der Kategorie der Qualität im Verhältnis zur Mathematik
recht eng zusammenhängt, ist es erforderlich, dies Problem wenigstens mit
einer gewissen Sorgfalt zu diskutieren.

In seinem Buch *Moderne, Sprache, Mathematik* hat Herbert Mehrtens
die unterschiedlichen Auffassungen der Bedeutung von Anschauung für die
Mathematik zu einem Leitmotiv seiner sehr interessanten und lesenswerten
Darstellung des Kampfes zwischen mathematischer Moderne und Gegenmoderne gemacht. [187] Die Gegenmoderne war ein vielschichtiges historisches

Phänomen, und dementsprechend haben die Mathematiker, die Mehrtens als ihre Protagonisten darstellt, Leopold Kronecker, Felix Klein, Henri Poincaré, Luitzen Egbertus Jan Brouwer und Ludwig Bieberbach, in unterschiedlicher Weise den Wert von Anschauung, Intuition und Konstruktion für die Mathematik aufgefaßt und begründet. Darin wie in den Positionen der mathematischen Moderne, die durch die Betonung der Freiheit des schöpferischen Denkens, des Zeichencharakters formaler Theorien, des relationalen Charakters mathematischer Begriffssysteme und durch die Konzeption der Mathematik als einer Wissenschaft der Strukturen markiert sind, ist eine Reaktion auf die Auflösung des traditionellen Konzeptes von Repräsentation zu sehen:

Modern ist die Gegenmoderne, weil auch sie Repräsentation und Transzendenz aufgibt. Sie versucht darum, Grund und Anfang in ‹Anschauung› und ‹Intuition› zu konstruieren. [188]

Faszinierend, wenn auch vielleicht ein wenig zu sehr stilisiert, ist Mehrtens Gegenüberstellung von Hausdorff und Brouwer als radikalen Protagonisten von Moderne und Gegenmoderne. Es ist faszinierend, zu sehen, wie Brouwer von einer Position äußerster Subjektivität aus die Frage nach der Wahrheit der modernen Wissenschaft stellt, einer «Wissenschaft, die in und über die Anschauungswelt verallgemeinerte Thesen aufwirft.» Er verachtet die Machtförmigkeit dieser Wissenschaft, er sieht ihre Zeitvergessenheit und ihre Ablösung vom Leben des Selbst. In *Leven, Kunst en Mystiek* sieht er als letztes Stadium dieser Entwicklung die Wissenschaft um ihrer selbst willen:

Und es bleibt nicht bei der Wissenschaft im Dienst der Industrie; wieder wird das Mittel zum selbständigen Ziel; man beginnt, sie um ihrer selbst willen zu betreiben. Dann ist es soweit mit der Abirrung vom Körpergefühl gekommen, daß es sich ausschließlich im Kopf konzentriert, ausschließend wird der Rest verneint.

Soviel zur Wissenschaft, der letzten Blüte und Erstarrung der Kultur. [189]

Das sind wohlgemerkt Sätze eines Mathematikers, der bedeutende Beiträge zu dieser Wissenschaft geleistet hat, insbesondere zur Topologie.

Was nun Hausdorffs Position angeht, so ist es notwendig, mit ihm deutlich zwischen dem Wert der Anschauung – psychologisch verstanden – für die Praxis des einzelnen Forschers und der Anschauung – erkenntniskritisch verstanden – als Erkenntnisgrund, als Grund für die Gültigkeit von Mathematik zu unterscheiden. Zu der letzteren heißt es in einem «Der Formalismus» überschriebenen Fragment Hausdorffs:

*In der ganzen philosophischen Discussion seit Kant ist die Mathematik,
oder wenigstens die Geometrie, stets als heteronom behandelt worden,
als abhängig von einer fremden Instanz, die wir, nähere Bestimmung
vorbehalten, als Anschauung bezeichnen können, mag es nun reine
oder empirische, subjective oder wissenschaftlich corrigirte, angeborene oder erworbene Anschauung sein. Von dieser Abhängigkeit sich
zu befreien, aus der Heteronomie zur Autonomie sich durchzukämpfen,
war die wichtigste* principielle *Aufgabe der modernen Mathematik, zu
deren Lösung allerdings mehr der innere Betrieb und die thatsäch-
lichen Leistungen dieser Wissenschaft als ihr schon längst etwas er-
kaltetes Bedürfniss nach philosophischer Verständigung gedrängt haben.* [190]

Wer darauf verzichtet, «auf psychologische Zustände zweifelhafter Sicherheit zu verweisen», wer «deiktische Künste verschmäht», wer nicht «der
suggestiven Kraft der Sprache vertrauend» mit Worten «den Eindruck einfacher Vorstellungen» vortäuschen will, die «in Wahrheit äusserst complicirte
Begriffsbildungen voraussetzen», wer «ehrlich nach Präcision und Klarheit»
trachtet, der muß einsehen, daß die verschärfte Analyse schließlich zu uner-
klärten Begriffen und unbewiesenen Urteilen, zu Axiomen führt.

*Woher kommen also diese Anfänge des Denkens? so lautet die ent-
scheidende Frage. Sobald man keine andere Antwort weiss, als dass
ihre Gültigkeit durch die* Anschauung *verbürgt sei, ist die Heteronomie der Mathematik ausgesprochen. Wir können uns jetzt darüber klar
werden, dass diese Auffassung nicht etwa nur ein abstractes Recht auf
Selbständigkeit der Mathematik verletzt, sondern mit fühlbaren Hemm-
nissen und handgreiflichen Störungen den Lebensnerv dieser Wissenschaft antastet.*

    Die Anschauung *ist ungenau, beschränkt, irreführend, individuell,
wandelbar, während die Mathematik genau, unbeschränkt, zuverlässig,
allgemein, unveränderlich sein soll. Ein Verhältniss zwischen beiden
kann also jedenfalls nicht in dem Sinne bestehen, dass die Gültigkeit
der Mathematik sich auf die* Anschauung *stützt. Wäre aber selbst die
Anschauung alles das, was sie nicht ist, so dürfte sich trotzdem die Mathematik nicht ohne Kritik und logische Analyse auf die Anschauung
berufen.* [191]

Etwas ganz anderes ist die Frage nach dem Verhältnis von Anschauung und
Denken in der lebendigen, schöpferischen Tätigkeit des Mathematikers. Herbert Mehrtens verkürzt die Sache beträchtlich, wenn er – einige Zeilen aus

Hausdorffs Antrittsvorlesung «Das Raumproblem» zitierend, welche sagen, daß die Gültigkeit der Mathematik sich nicht auf die je nach individueller Erfahrung und Stärke der analogiebildenden Phantasie verschiedene Anschauung stützen kann – feststellt: «Die Anschauung wischt Hausdorff übrigens als eine psychologische Variable beiseite.» [192] Zwei Zitate aus einem Text Hausdorffs, der vermutlich ein Entwurf der Antrittsvorlesung war, zeigen deutlich seine Meinung:

Zweifellos ruht der Überbau des Vorstellbaren immer auf dem Fundament des wirklich Erfahrenen und Erlebten; schon darum ist er individuell verschieden. Aber daneben spielt jene Thätigkeit, die wir Phantasie nennen, ihre metaphorische Rolle: sie ergreift die Elemente der Wirklichkeit, um sie in neuen Anordnungen und Verknüpfungen zu combinieren, und hat hierbei eine ebenso bestimmte, wenn auch nicht ebenso mühelose und glatt ablaufende Reihe innerer Anschauungen wie bei denjenigen tausendmal vollzogenen Anordnungen und Verknüpfungen, die ihr die Erfahrung aufnöthigt. [193]

Der phantasiestarke Mathematiker wird den Gebilden seines Denkens die Lebendigkeit der Anschauung einzuhauchen wissen und dies Recht nicht davon abhängig machen, ob Geister von schwächerer Flugkraft ihm in sein Reich concreter Schöpfung und Belebung folgen oder beim Zugeständniss der abstracten Denkmöglichkeit solcher Gebilde stehen bleiben. [194]

Ich möchte hier bekennen, daß ich die in der erkenntniskritischen Reflexion vollzogene strenge Scheidung zwischen Anschauung und Denken für einen großen Fehler halte. Dadurch wird nicht nur das Wunder der Gestaltwahrnehmung nicht in seiner ganzen Tiefe begriffen, sondern auch umgekehrt das wissenschaftliche Denken nicht richtig erfaßt. Und ich meine, daß diese Frage für die Diskussion des Problems der Darstellung von Qualität in der Mathematik relevant ist. Ich schicke voraus, daß ich nicht glaube, daß jemand weiß, was Wahrnehmung, was Denken, was Erkenntnis ist. Ich kann also nur hoffen, daß andere mit diesen Worten trotzdem eigene Vorstellungen so verbinden können, daß ein Sinn entsteht.

Meine eigenen Vorstellungen finde ich in ähnlicher Form in einem sehr interessanten Aufsatz von Konrad Lorenz aus dem Jahre 1959 wieder. Sein Titel: «Gestaltwahrnehmung als Quelle wissenschaftlicher Erkenntnis». Die im engeren Sinne erkenntnistheoretischen Überlegungen von Lorenz erscheinen mir naiv. Aber ich stimme mit der Hauptthese seiner Schrift überein, die er so zusammenfaßt:

Aufgabe vorliegender Schrift ist, zu zeigen, daß unter den an der Gesamtleistung menschlichen Erkennens beteiligten Funktionen keine, auch nicht die des Quantifizierens, als Quelle wissenschaftlicher Erkenntnis einen Primat über irgendeine andere besitzt und daß in der Systemganzheit aller Erkenntnisleistungen die Wahrnehmung komplexer Gestalten eine nicht nur wissenschaftlich legitime, sondern völlig unentbehrliche Rolle spielt. [195]

Lorenz geht von den Konstanzleistungen der Wahrnehmung aus: Farbkonstanz, Richtungskonstanz, Größenkonstanz und Formkonstanz. Diese erstaunlichen Leistungen ermöglichen es uns, Gegenstände unserer visuellen Wahrnehmung trotz akzidenteller, dem Wechsel unterworfener Wahrnehmungsbedingungen – Änderung der Beleuchtung, der Blickrichtung, der Entfernung, der Umrißlinien – als gleichbleibend wahrzunehmen. Er sieht dann Gestaltwahrnehmung in einem unlösbaren Zusammenhang mit diesen im Vergleich zu ihr einfacheren Leistungen:

Ich vermag keinen grundsätzlichen Unterschied zwischen den eben skizzierten Mechanismen der optischen Formkonstanz und denen der Gestaltwahrnehmung zu sehen. Es ist eine sehr kontinuierliche Kette von einfacheren und komplizierteren Mechanismen, die es uns ermöglichen, ein für unser Überleben ausreichendes Bild der uns umgebenden Dinge zu erlangen und sie trotz dauernden Wechsels der Wahrnehmungsbedingungen als «dasselbe» wiederzuerkennen. Ja, es ist sogar irreführend, von einer «Kette» zu reden, da alle zusammen ein System bilden, in dem alles mit allem in funktioneller Wechselbeziehung steht. [196]

Als für uns relevantes Beispiel erwähne ich die Untersuchungen von Ronald A. Finke, die gezeigt haben, daß bildhaftes Vorstellen und visuelle Wahrnehmung sich wechselseitig beeinflussen. [197]

So ist es also, wenn man einmal von der Behauptung des «a priori» absieht, ganz der Sache angemessen, wenn Kant seinen Gedanken der Konstruktion eines mathematischen Begriffs wie folgt erläutert:

So construire ich einen Triangel, indem ich den diesem Begriffe entsprechenden Gegenstand entweder durch bloße Einbildung in der reinen, oder nach derselben auch auf dem Papier in der empirischen Anschauung, beidemal aber völlig a priori, *ohne das Muster dazu aus irgend einer Erfahrung geborgt zu haben, darstelle.* [198]

Nun wird man einwenden, daß hier vom Begriff die Rede ist und nicht nur von der Wahrnehmung oder Vorstellung einer Figur. Schon Bienen unterscheiden zwischen geschlossenen Figuren wie dem Kreis und aufgelösten Figuren wie Kreuz und Stern, wohl weil dies es ermöglicht, daß die Formen der Blumen als Wegweiser dienen können. Aber die Bienen haben natürlich keinen Begriff von Kreuz und Kreis. Begriffe sind der ganze Stolz des denkenden Menschen. Aber haben andere Tiere wirklich nichts Derartiges? Die Wahrnehmungsleistungen von Tauben, die von der experimentellen Psychologie in den letzten Jahrzehnten sehr eingehend untersucht worden sind, machen doch nachdenklich. Tauben erkennen die Gleichheit und Ungleichheit, die Symmetrie und Asymmetrie sehr verschiedenartiger Arten von Figuren. Sie sind in der Lage, diese «Konzepte» auch auf ihnen neue Figuren anzuwenden. Sie können auf Abbildungen Klassen von Gegenständen (Tauben, Fische, Menschen, einzelne Personen) in unterschiedlichen Darstellungen wiedererkennen, und zwar in einer flexiblen, verallgemeinernder Weise. Sie sind, so schreibt der Tierpsychologe Delius, «fähig, sehr flexible Konzepte über alle möglichen Gruppen von Objekten zu bilden». [199]

Natürlich sind die Leistungen der Gestaltwahrnehmung mit den rationalen Leistungen der höchsten Ebene nicht gleichzusetzen. Aber sie bilden mit ihnen ein zusammenhängendes funktionelles Gefüge, sie sind unerläßliche Voraussetzung der «höheren» Leistungen und sie komplementieren die rationalen Funktionen in unentbehrlicher Weise.

Sie sind unerläßliche Voraussetzung, weil zum Erkennen der Bedeutung eines Zeichens das Erkennen des Zeichens als Gestalt gehört, das Erkennen des gesprochenen Wortes als zeitliche, des geschriebenen Wortes, des Satzes, der Formel oder der mathematischen Figur auf Papier als räumliche Gestalt. Andererseits wird das Erkennen der Zeichengestalt durch ein Vorwissen oder eine Ahnung der Bedeutung leichter, vielleicht überhaupt erst möglich. Es ist eine durchaus irrtümliche Meinung zu glauben, daß die syntaktische Analyse einer formal niedergeschriebenen Aussage oder die Überprüfung einer formalen Deduktion eine triviale Aufgabe für unseren Geist sei. Der Mathematiker Yu. I. Manin schreibt nach einem Bericht über die linguistischen Schwierigkeiten eines Hirnverletzten im Kampf um die Wiederherstellung seines Verstandes:

All of this shows that there is no basis whatsoever for Rosser's opinion that «once the proof is discovered, and stated in symbolic logic, it can be checked by a moron.» The human mind is not at all well suited for analyzing formal texts. [200]

Gilt das schon für den rein rezeptiven Umgang mit Mathematik, so gilt es in unvergleichlich stärkerem Maß für die kreativen Prozesse, durch welche die mathematischen Formen entstehen. Jeder Mathematiker weiß, daß Mathematik etwas anderes ist als die Erzeugung von Zeichenreihen durch einen rein rationalen Prozess. Der Entdeckung einer neuen Struktur und ihrer schließlichen formalen Fixierung geht in der Regel die Schaffung einer ausgedehnten Erfahrungsbasis durch das Studium bereits vorhandenen Materials oder eigene Problemlösungsversuche voraus. In solchen manchmal lange anhaltenden Phasen des Suchens spürt man deutlich, daß neben den bewußten Versuchen, durch begriffliches Denken und Kalkül weiterzukommen, unbewußte Prozesse ablaufen, in denen das Problem auf andere Weise bearbeitet wird. Oft steht dann die Lösung unerwartet und ganz plötzlich vor der inneren Anschauung da, verbunden mit der Gewißtheit, daß es so sein muß, auch wenn die Richtigkeit erst später deduktiv bewiesen werden kann.

Solche Erfahrungen sind keine Besonderheiten der Mathematiker. Andere Wissenschaftler kennen sie genauso. Konrad Lorenz etwa beschreibt solche Prozesse der Gestaltwahrnehmung aus eigener Erfahrung bei seiner Arbeit in der Verhaltensforschung. Das vielleicht doch Besondere der reinen Mathematik ist dabei, daß hier der Prozeß der Gestaltwahrnehmung ausschließlich auf die Wahrnehmung von Gestalten zielt, die auf einer hohen Ebene des eigenen geistigen Handelns entstehen. Der Biologe hingegen, der etwa die Morphologie von Pflanzen oder das Verhalten eines Tieres zu verstehen sucht, nimmt die Gestalt eines anderen Wesens wahr. Und wenn sich ihm diese zeigt, kann er das wohl als eine Offenbarung empfinden, etwas, das von der mathematischen Konstruktion eines Begriffs ganz verschieden ist. Der Botaniker Alexander Braun, der ja in seinen Arbeiten zur Phyllotaxis auch mathematische Gesetzmäßigkeiten im Bau der Pflanzen entdeckt hatte, schrieb einmal in einem Brief an seine Tochter:

Ist die Erkenntniß des lebendigen Wesens, eines Thieres und einer Pflanze, das sich nicht mathematisch konstruieren läßt, uns anders gegeben, als durch eine durch unsre Sinne vermittelte Offenbarung? [201]

Hausdorff treibt die Analogie zwischen der Wahrnehmung der Gestalt eines lebendigen Wesens und einer durch das mathematische Denken geschaffenen Gestalt sehr weit, wenn er sie mit den Metaphern der Schöpfung beschreibt: Das Reich des Mathematikers ist ein «Reich concreter Schöpfung und Belebung», und der Mathematiker wird «den Gebilden seines Denkens die Lebendigkeit der Anschauung einzuhauchen wissen».

Es zeigt sich darin eben, trotz aller wesentlichen Verschiedenheit des Gegenstandes der wissenschaftlichen Erkenntnis, die Ähnlichkeit im Hinblick auf die unentbehrliche Funktion der Gestaltwahrnehmung. Ich stimme Konrad Lorenz zu, wenn er schreibt:

Meiner Meinung nach kommt jede Entdeckung einer einigermaßen komplexen Regelhaftigkeit grundsätzlich durch die Funktion der Gestaltwahrnehmung zustande. Dies gilt in allen Naturwissenschaften, aber auch in der Mathematik, und wird von den Mathematikern bereitwilligst bestätigt. [202]

Allerdings sind hier gewisse Einschränkungen erforderlich. Die Gestaltwahrnehmung bedarf eines kritischen Gebrauchs, denn sie hat «Stärken», aber auch «Schwächen». Hausdorff hatte als Schwächen der Anschauung «ungenau, beschränkt, irreführend, individuell wandelbar» genannt. Lorenz nennt: Gefahr der Irreführung durch «Gestaltungsdruck», durch «Tendenz zur Gestalt schlechthin», ferner «Unbelehrbarkeit» durch rationale Kritik, «individuelle Ausbildung» und «Störung der Gestaltwahrnehmung durch Selbstbeobachtung». Ein interessantes Problem ist die Leistungsfähigkeit der Gestaltwahrnehmung im Hinblick auf die Entdeckung einer komplexen Regelhaftigkeit. Einerseits ermöglicht die Gestaltwahrnehmung, dem Wahrnehmenden unbewußt bleibend, in einer komplexen Situation eine außerordentlich große Zahl von Merkmalen zu berücksichtigen und auch zahlreiche in langen Zeiträumen gesammelte Erfahrungen zu integrieren. Andererseits führt – wie schon eingangs bemerkt – die moderne Mathematik in sehr vielen Fällen zur Betrachtung von Konfigurationen, die so komplex sind, daß die Anschauung zwar vielleicht noch zu dem Empfinden vom Vorhandensein einer Regelhaftigkeit führt, daß sie aber versagt, wenn es darum geht, diese genau zu fassen. Hier hilft dann nur noch strenges begriffliches Denken und lückenlose Deduktion. Je komplexer der Gegenstand der Mathematik wird, desto notwendiger wird der strenge axiomatische Aufbau, der nach Regeln geführte Beweis als einzige Gewähr für die Sicherheit und Zuverlässigkeit ihrer Ergebnisse. Diese conditio sine qua non beschränkt aber dann umgekehrt den Bereich dessen, was solchem Denken zugänglich ist.

Es ist der gesamte Funktionszusammenhang von der sinnlichen Wahrnehmung bis zum begrifflichen Denken, der es möglich macht, daß wir in einer Welt leben, in der es Dinge mit Eigenschaften gibt. Anschauung und Gestaltwahrnehmung spielen dabei eine entscheidende Rolle, in unserer alltäglichen Welt wie in der Welt der mathematischen Entitäten. Insofern ist die folgende Vermutung des Mathematikers René Thom, die er in einem außerordentlich interessanten Artikel über Qualität und Quantität ausspricht, naheliegend.

Es ist nicht so einfach, das Problem der Qualität loszuwerden, das heißt das Problem der notwendigen Übereinstimmung zwischen einer sprachlichen und einer mathematischen Beschreibung des Wirklichen. Man kann vermuten, daß jede künftige Theorie der Qualität durch eine eigentlich gestalttheoretische Analyse des Begriffs der «Form» hindurchgehen muß. [203]

Es ist unübersehbar, daß die Mathematiker über ihre Gegenstände wie über Dinge mit Eigenschaften sprechen, jedenfalls solange sie ihre Ergebnisse nicht rein formal mitteilen, also fast immer. Man kann beinahe in jeder mathematischen Arbeit Sätze von der folgenden Form finden: «Es sei X ein Objekt der Kategorie K mit den Eigenschaften $P, Q, \ldots, R$.» Also zum Beispiel: «Es sei M eine Riemannsche Mannigfaltigkeit mit positiver Schnittkrümmung». Oder: «Es sei G eine endliche, einfache Gruppe.» Oder: «Es sei X eine kompakte komplexe Fläche mit den Bettizahlen $b_1 = 0$ und $b_2 = 1$», und so weiter ad infinitum.

Es gibt einen interessanten Text eines genialen Mathematikers, in welchem Denken als eine Folge von Akten beschrieben wird, durch die Substanzen mit verschiedenen Qualitäten entstehen, die sich miteinander verbinden können. Es handelt sich um ein Fragment *Zur Psychologie und Metaphysik* von Bernhard Riemann. Die ersten Sätze lauten wie folgt:

Mit jedem einfachen Denkact tritt etwas Bleibendes, Substantielles in unsere Seele ein. Dieses Substantielle erscheint uns zwar als eine Einheit, scheint aber (in sofern es der Ausdruck eines räumlich und zeitlich ausgedehnten ist) eine innere Mannigfaltigkeit zu enthalten; ich nenne es daher Geistesmasse. *– Alles Denken ist hiernach Bildung neuer Geistesmassen.*

Die in die Seele eintretenden Geistesmassen erscheinen uns als Vorstellungen; ihr verschiedener innerer Zustand bedingt die verschiedene Qualität derselben.

Die sich bildenden Geistesmassen verschmelzen, verbinden oder compliciren sich in bestimmtem Grade, theils unter einander, theils mit älteren Geistesmassen. Die Art und Stärke dieser Verbindungen hängt von Bedingungen ab, die von Herbart *nur zum Theil erkannt sind und die ich in der Folge ergänzen werde. Sie beruht hauptsächlich auf der inneren Verwandtschaft der Geistesmassen.* [204]

Bekanntlich hat Bernhard Riemann die Schriften Johann Friedrich Herbarts intensiv studiert und sich «in Psychologie und Erkenntnisstheorie (Methodologie und Eidolologie)» als Herbartianer bekannt. Erhard Scholz hat Herbarts Einfluß auf Riemann an Hand der unveröffentlichten Aufzeichnungen Riemanns zu Herbart untersucht. [205] Das wichtigste Ergebnis dieser Untersuchung ist, daß Herbarts Vorstellung des Verhältnisses von Philosophie und Naturwissenschaft die Vorstellungen Riemanns von der Aufgabe der Mathematik stark beeinflußt hat.

Riemann notiert, Herbart rezipierend:

Philosophie = Untersuchung der Begriffe

Phil. Studien; Bd. I pag. 556 [206]

Die Art, wie Herbart das Verhältnis von Mathematik und Philosophie darstellt, ist in Hinsicht auf ihr Verhältnis zu den Begriffen der schon zitierten Auffassung von Kant aus KrVB 741 nicht unähnlich:

Es ist nämlich die Eigenthümlichkeit dieser unserer Wissenschaft: daß sie Begriffe *zu ihrem* Gegenstande *macht. Dagegen sind die übrigen Disciplinen vertieft im Auffassen dessen, was entweder gegeben ist, oder doch gegeben werden könnte. Selbst die Mathematik [...], so wie sie pflegt behandelt zu werden, denkt sich ihre abstracten Formeln immer als Formeln für mögliche Fälle, und symbolisiert sehr gern ihre Functionen durch die Gestalt von Curven, wie sie überhaupt den Raum nur verläßt, um reicher an Mitteln zur Herrschaft in ihn zurückzukehren. Auch kann sie nur in dieser formellen Hinsicht von der Philosophie geschieden werden.* [207]

Allerdings ist mit «Raum» hier etwas anderes gemeint als bei Kant. So wie Herbart und Riemann Kant verstanden, glaubten sie seine Auffassung vom Raum als apriorischer, vor aller sinnlichen Erfahrung gegebener Form der Anschauung als «völlig gehaltlose, nichtssagende, unpassende» Hypothese ablehnen zu können. Das Verhältnis von Anschauung und Begriff wird als Wechselwirkung begriffen. Riemann notiert, Herbart rezipierend:

1. Bildung von Begriffen aus den Wahrnehmungen. (Abstraction u. Induction. Synthesis a posteriori.)

2. Erzeugung der Wahrnehmungen/des Wahrgenommenen aus den Begriffen. (Synthesis a priori.)

3. Möglichst geringe Veränderung (oder Ergänzung) der Begriffe, wo das Wahrgenommene nach den Begriffen unmöglich oder unwahrscheinlich ist. [208]

Das gilt auch für Raumbegriffe. Auch sie werden vom Denken, das von der Erfahrung dazu angeregt wird, gebildet und umgebildet. Diese Auffassung ermöglicht es auch, die Beschränkung des Raumbegriffs auf die Darstellung der Extension aufzuheben und den Gedanken von *qualitativen Kontinua* zu entwickeln. Diese Kontinua sind Darstellungen von zu einer kontinuierlichen Einheit verschmolzenen Vorstellungsreihen einer bestimmten Art von Qualität. Die Hauptbeispiele sind die *Tonlinie* und das *Farbendreieck* mit blau, rot und gelb an den Ecken und dem 2-dimensionalen Kontinuum der durch Mischung entstehenden Farben im Inneren. Erhard Scholz sieht hier eine Affinität zur scholastischen Philosophie, insbesondere zu Oresme. In dem sehr allgemeinen Sinne einer Darstellung von Qualitäten durch räumliche Figuren, deren Gestalt-Qualität betont wird, trifft das sicher zu. Andererseits war die scholastische Darstellung sehr eng an die Intensibilität der Qualitäten gebunden – sie mußte sich auf die Darstellung der Relation zwischen intensio und extensio beschränken. Insofern ist das Neue an Herbarts qualitativen Kontinua vielleicht eher darin zu sehen, daß damit die Beschränkung auf intensible Qualitäten und insbesondere auf meßbare primäre Qualitäten überwunden und die Weite des ursprünglichen aristotelischen Ansatzes wiederhergestellt wird. Allerdings sind die qualitativen Kontinua nicht mehr Kontinua der Qualitäten konkreter Dinge, sondern Darstellungen kontinuierlicher Reihen von Vorstellungen. Diese subjektive Wendung allerdings hat schon vorher, bei Kant, stattgefunden, nur daß Kant der Tradition entsprechend die irreduzible Verschiedenheit von sinnlicher Erfahrung und quantitativer Darstellung durch Extension und Intension betont und so allein eine «mathesis intensorum» für möglich hält, eine Darstellung aller Qualitäten durch die Intensität der entsprechenden Empfindungen. [209]

Bernhard Riemann hat in seinem berühmten Habilitationsvortrag *Ueber die Hypothesen, welche der Geometrie zu Grunde liegen* deutlich gesagt, wie sehr hier mit der Entwicklung eines allgemeinen Mannigfaltigkeitsbegriffes Neuland erschlossen wurde und wie eng hier die Arbeit der Mathematik an die der Philosophie anschloß:

I. Begriff einer nfach ausgedehnten Grösse.
Indem ich nun von diesen Aufgaben zunächst die erste, die Entwicklung des Begriffs mehrfach ausgedehnter Grössen, zu lösen versuche, glaube ich um so mehr auf eine nachsichtige Beurtheilung Anspruch machen zu dürfen, da ich in dergleichen Arbeiten philosophischer Natur, wo die Schwierigkeiten mehr in den Begriffen, als in der Construction liegen, wenig geübt bin und ich ausser einigen ganz kurzen Andeutungen, welche Herr Geheimer Hofrath Gauss in der zweiten

Abhandlung über die biquadratischen Reste, in den Göttingenschen gelehrten Anzeigen und in seiner Jubiläumsschrift darüber gegeben hat, und in einigen philosophischen Untersuchungen Herbart's, *durchaus keine Vorarbeiten benutzen konnte.*

1. Grössenbegriffe sind nur da möglich, wo sich ein allgemeiner Begriff vorfindet, der verschiedene Bestimmungsweisen zulässt. Je nachdem unter diesen Bestimmungsweisen von einer zu einer andern ein stetiger Uebergang stattfindet oder nicht, bilden sie eine stetige oder discrete Mannigfaltigkeit; die einzelnen Bestimmungsweisen heissen im erstern Falle Punkte, im letztern Elemente dieser Mannigfaltigkeit. Begriffe, deren Bestimmungsweise eine discrete Mannigfaltigkeit bilden, sind so häufig, dass sich für beliebig gegebene Dinge wenigstens in den gebildeteren Sprachen immer ein Begriff auffinden lässt, unter welchem sie enthalten sind (und die Mathematiker konnten daher in der Lehre von den discreten Grössen unbedenklich von der Forderung ausgehen, gegebene Dinge als gleichartig zu betrachten), dagegen sind die Veranlassungen zur Bildung von Begriffen, deren Bestimmungsweisen eine stetige Mannigfaltigkeit bilden, im gemeinen Leben so selten, dass die Orte der Sinnengegenstände und die Farben wohl die einzigen einfachen Begriffe sind, deren Bestimmungsweisen eine mehrfach ausgedehnte Mannigfaltigkeit bilden. Häufigere Veranlassung zur Erzeugung und Ausbildung dieser Begriffe findet sich erst in der höhern Mathematik. [210]

* * *

Wenn Riemann den Begriff der Farbe als einziges einfaches Beispiel für ein Genus von Qualitäten der alltäglichen Erfahrung nennt, dessen Bestimmungsweisen eine mehrfach ausgedehnte stetige Mannigfaltigkeit bilden, so darf man dabei das Wort «einfach» nicht übersehen. Das Phänomen Farbe ist zwar ein überaus komplexes Phänomen, aber das Erkennen und Benennen von Farben ist doch – wenigstens unter vereinfachenden Bedingungen – der Beobachtung einigermaßen zugänglich. Dies und die große praktische Bedeutung der Herstellung bestimmter Farben und Farbmischungen hat schon sehr früh zur Entwicklung einer Vielzahl von Systemen geometrischer Darstellung der Bestimmungsweisen von Farben geführt. Vom Beginn des 17. Jahrhunderts bis heute sind mehr als fünfzig solche Darstellungen vorgeschlagen worden, 1-, 2- und 3-dimensionale, Linien, Kreise, Dreiecke, Kreisringe, Kegel, Pyramiden, Kugeln, Doppelkegel und Bipyramiden und bizarr geformte Körper.

Teils hat die Phantasie gewaltet, teils nüchterne, exakte Messung. Die ästhetischen und praktischen Erfahrungen und Bedürfnisse von Malern, Färbern, Druckern waren ebenso ein Motiv für die Entwicklung solcher Systeme wie das reine Erkenntnisinteresse von Naturforschern wie Goethe und von Physikern wie Newton, Maxwell und Young, von Physiologen wie Helmholtz, von Psychologen wie Wundt und Hering, und auch von Mathematikern wie Tobias Mayer, Johann Heinrich Lambert und Hermann Günther Grassmann.

Ich möchte hier als Beispiel ein System zur mathematischen Darstellung einer genauen Bestimmung von Farben in seinen Grundzügen beschreiben, um daran zweierlei zu verdeutlichen. Zum einen zeigt sich daran, wie Mathematik, Physik, experimentelle Psychologie und Psychologie der Wahrnehmung zusammenwirken müssen, um auch nur dieses «einfache» Beispiel der Beschreibung der Mannigfaltigkeit der Bestimmungen der Qualität Farbe so weit zu bearbeiten, daß die Bestimmung im Einzelfall wirklich durchführbar wird. Zum anderen zeigen sich an diesem Beispiel Reichweite und Grenzen mathematischer Darstellung des Phänomens Farbe.

Das zu beschreibende Beispiel ist das 1931 von der Commission Internationale de l'Éclairage eingeführte CIE-Normvalenzsystem, das zusammen mit einer 1964 von der CIE eingeführten Variante die Grundlage aller weiteren farbmetrischen Untersuchungen bildet.

Die Aufstellung des Systems beginnt mit der Beschreibung einer Klasse von physikalischen Reizen, die einem Beobachter unter kontrollierten Laboratoriumsbedingungen dargeboten werden sollen. In diesem Fall handelt es sich um die Betrachtung von leuchtenden Flächen unter gewissen Bedingungen. Das für die Farbmessung wesentliche Merkmal einer solchen Lichtquelle ist ihre spektrale Strahlungsverteilung. Sie beschreibt, wie die Strahlungsleistung, also die pro Zeiteinheit ausgesandte Energie, sich auf die verschiedenen Wellenlängenbereiche des zwischen 380 nm und 760 nm liegenden sichtbaren Teils des elektromagnetischen Spektrums verteilt. Diese spektrale Strahlungsverteilung einer Lichtquelle kann mit den Methoden der objektiven Photometrie ermittelt werden. Mathematisch wird eine solche Strahlungsverteilung durch eine reellwertige Funktion s der Wellenlänge λ dargestellt, wobei λ in einem bestimmten Intervall $I = [k, l]$ variiert. Die Menge aller reellwertigen Funktionen mit dem Definitionsbereich I bildet einen unendlichdimensionalen reellen Vektorraum. Um eine mathematisch befriedigende Theorie zu erhalten, wird man darin durch geeignete Bedingungen, z. B. Integrabilitätsbedingungen, einen gewissen unendlichdimensionalen Vektorunterraum von Funktionen auszeichnen. Unter praktischen Gesichtspunkten wählt man stattdessen bisweilen einen endlichdimensionalen Untervektorraum von genügend hoher Dimension, indem man etwa den Bereich von 380 nm bis

760 nm in Spektralbänder von 1 nm, 5 nm oder 10 nm Bandbreite einteilt und als spektrale Verteilungsfunktionen nur solche Funktionen zuläßt, die auf den so entstehenden Intervallen konstant sind. Bei 10 nm Bandbreite erhielte man so einen 38-dimensionalen Vektorraum. Es sei also U der in der angedeuteten Weise beliebig gewählte Vektorraum von reellwertigen Funktionen mit Definitionsbereich I, dessen Elemente als spektrale Strahlungsverteilungen in Betracht kommen. In diesem Vektorraum U ist nun eine Teilmenge $K \subset U$ ausgezeichnet, nämlich

$$K = \{s \in U \mid \forall \lambda \in I \quad s(\lambda) \geq 0\} \,.$$

Nur die Elemente $s \in K$ können physikalisch mögliche Strahlungsverteilungen darstellen, denn die Energie kann keine negativen Werte annehmen. Die Teilmenge $K \subset U$ ist ein konvexer Kegel. Das heißt:

(i) Für alle $s \in K$ und $c \in \mathbb{R}$ mit $c \geq 0$ gilt $c \cdot s \in K$.

(ii) Für alle $s_1, s_2 \in K$ gilt $s_1 + s_2 \in K$.

Damit ist mathematisch die Menge K möglicher physikalischer Reize beschrieben.

Weiterhin ist es notwendig, genau die Bedingungen festzulegen, unter denen diese Reize einem Beobachter darzubieten sind. Dazu gehört z. B., daß die gesamte Strahlung weder zu stark noch zu schwach sein darf, daß das Auge des Beobachters in einer bestimmten Weise adaptiert sein muß, daß die leuchtende Fläche einen so kleinen Teil des Gesichtsfeldes ausfüllt, daß sie unter einem Winkel von 2° erscheint, und daß sie so zu betrachten ist, daß ihr Bild auf der Netzhaut in den Bereich deutlichsten Sehens, die fovea centralis, fällt. Schließlich ist das Umfeld der leuchtenden Fläche neutral zu gestalten, d. h. eine Beziehung der leuchtenden Fläche auf Farbe und Beleuchtung der Umgebung in der Wahrnehmung so weit wie möglich auszuschließen. Es handelt sich nämlich um die Konstruktion eines Farbsystems für unbezogene Farben. Die Theorie bezogener Farben ist sehr viel komplizierter. Die Konstruktion des Farbsystems erfordert den häufig wiederholten Vergleich von Paaren von Farbreizen im Hinblick auf die Gleichheit oder Ungleichheit der durch sie bei einem bestimmten Beobachter hervorgerufenen Farbempfindungen. Beide Reize sind dann natürlich unter den gleichen Bedingungen möglichst eng benachbart und gleichzeitig darzubieten.

Es ist ganz allgemein ein Problem von grundlegender methodischer Bedeutung für die Psychometrie, wie die Gleichheit oder Ungleichheit zweier Sinnesempfindungen zu definieren ist. Diesem Problem muß man sich stellen, wenn man für eine Gattung von Sinnesqualitäten einen *Qualitätenraum* konstruieren will, d. h. einen mathematischen Raum, dessen Elemente die verschiedenen Bestimmungen der fraglichen Qualität repräsentieren. Ich will dazu nur andeutend einige allgemeine Bemerkungen machen, die auf die Lektüre des Buches *Sensory Qualities* von Austen Clark zurückgehen. [211]

Wenn zwei gleichartige physikalische Reize sich in ihren physiologischen Effekten bei einem bestimmten Beobachter sehr wenig unterscheiden, können die entsprechenden Empfindungen vom Beobachter nicht unterschieden werden. Bei größer werdenden Unterschieden wird eine Unterscheidung möglich, wobei die Sicherheit der Unterscheidung mit dem Unterschied zunimmt. Verläßliche Ergebnisse erhält man, indem man die Unterscheidungsversuche wiederholt und die Ergebnisse mit statistischen Methoden untersucht. Durch die Wahl der Methode wird für einen bestimmten Beobachter auf der Menge K der möglichen Reize eine im statistischen Sinne experimentell bestimmbare zweistellige Relation R definiert, die Relation der Ununterscheidbarkeit. Für zwei Reize $x, y \in K$ bedeutet das Bestehen der Relation $(x, y) \in R$, daß die den beiden Reizen x, y entsprechenden Empfindungen bei wiederholtem Vergleich im Sinne des gewählten statistischen Verfahrens nicht unterscheidbar sind. Es bereitet keine Schwierigkeiten anzunehmen, daß die Relation R reflexiv und symmetrisch ist – jedenfalls in dem uns interessierenden Fall der Farbreize. Hingegen darf man in Fällen, in denen ein Kontinuum möglicher Bestimmungen der fraglichen Qualität zu erwarten ist, nicht erwarten, daß die Relation R transitiv ist. Im Falle der Farben hat schon David Hume auf diese Schwierigkeit hingewiesen:

> *'tis [it is] possible, by the continual gradation of shades, to run a colour insensibly into what is most remote from it; [...]* [212]

Wenn die Relation $R \subset K \times K$ reflexiv und symmetrisch, aber nicht transitiv ist, ist sie keine Äquivalenzrelation. Man kann aber wie folgt in natürlicher Weise mit Hilfe der Algebra der Relationen aus R eine Äqualenzrelation $\hat{R} \subset K \times K$ konstruieren, welche R verfeinert. Wir benötigen dazu die folgenden Operationen für Relationen $S, T \subset K \times K$. Die komplementäre Relation zu S ist $S' = K \times K - S$. Die Vereinigung von S und T ist $S \cup T$. Das Produkt von S und T ist die Relation

$$S \circ T = \{(x, y) \in K \mid \exists z \in K \quad (x, z) \in S \text{ und } (z, y) \in T\}.$$

Die gesuchte Relation $\hat{R}$ ist dann wie folgt definiert:

$$\hat{R} = (R \circ R' \cup R' \circ R)'.$$

Es gilt:

$$(x,y) \in \hat{R} \quad \Longleftrightarrow \quad \forall z \in K \left((x,z) \in R \Longleftrightarrow (y,z) \in R \right).$$

Im Sinne der Äquivalenzrelation $\hat{R}$ sind also x und y genau dann äquivalent, wenn sie sich in bezug auf ein beliebiges drittes Element z hinsichtlich des Bestehens oder Nichtbestehens der Relation R nicht unterscheiden. Austen Clark hat die Relation $\hat{R}$ «globale Nicht-Unterscheidbarkeit» genannt. Er trägt plausible Argumente dafür vor, Reize x, y im Rahmen dessen, was für das psychometrische Verfahren festgelegt wurde, für einen bestimmten Beobachter in Hinsicht auf die fragliche Sinnesqualität genau dann als *qualitativ gleichwertig* anzusehen, wenn sie global ununterscheidbar sind. Akzeptiert man dieses Argument, dann liegt es nahe, die Menge der Äquivalenzklassen $K/\hat{R}$ als die Menge der möglichen Bestimmungen der fraglichen Qualität anzusehen.

Man muß darauf hinweisen, daß eine erhebliche Diskrepanz zwischen dem Ideal einer wohldefinierten Menge von Äquivalenzklassen mathematisch dargestellter Reize besteht und dem, was durch eine psychometrische Versuchsreihe zu erreichen ist: Eine endliche Menge von Paaren (x, y) von Reizen, für die mit einer gewissen Wahrscheinlichkeit die Relation $\hat{R}$ besteht.

Die Diskrepanz zwischen mathematischem Ideal und experimenteller Realität wird noch größer, wenn man für die fragliche Qualität einen Qualitäten-Raum konstruieren möchte. Das würde bedeuten, für eine mathematisch wohldefinierte Menge von Äquivalenzklassen $K/\hat{R}$ eine raumartige mathematische Struktur zu definieren, etwa die Struktur eines metrischen Raumes oder eines topologischen Raumes, einer topologischen Mannigfaltigkeit oder einer differenzierbaren Mannigfaltigkeit oder gar einer Riemannschen Mannigfaltigkeit. In der Praxis hat man wieder nur endlich viele Daten zur Verfügung, die zum Teil auf relativ willkürliche Weise experimentell gewonnen werden, und die man dann mit statistischen Verfahren (multidimensional scaling, proximity analysis) bearbeiten kann. Dabei sind der Anzahl der Daten durch die Möglichkeiten der rechnerischen Analyse Grenzen gesetzt, die weit unter den Grenzen liegen, welche durch das Unterscheidungsvermögen unserer Sinne gegeben sind. Wenn etwa unser Auge schätzungsweise eine Million Farben unterscheiden kann, so lassen sich daraus eben rund eine halbe Billion Farbenpaare bilden, weit mehr, als man mit den genannten Verfahren bearbeiten kann. Angesichts dieser Beschränkungen und mehr noch angesichts der Willkür in der Wahl der Verfahren, die zur Konstruktion der mathematischen Modelle von Qualitätenräumen führen sollen, meine ich, daß man René Thom zustimmen kann, wenn er in seinem schon zitierten Aufsatz über Qualität und Quantität diesen Ansatz zur quantitativen Darstellung von Qualitäten, den er den «Fechnerschen Ansatz» nennt, summarisch wie folgt bewertet:

Im allgemeinen führen diese sehr kühnen Modellbildungen nicht zu besonders signifikanten Ergebnissen. Aber ihre Fehler und Ungenauigkeiten sind die Quelle einer nahezu unendlichen Produktion wissenschaftlicher Arbeiten. Indem man das Modell komplizierter macht, indem man weitere Parameter einführt, indem man Epizyklen aufeinandersetzt, kann man immer die Übereinstimmung mit der Erfahrung verbessern. Man betritt hier das Feld der «angewandten Mathematik», einen unbestimmten Bereich, in dem die theoretische Basis als sichere Grundlage für alle die Rechnungen völlig unzureichend ist. [213]

Man muß aber andererseits zugeben, daß im Falle der Farbmetrik die Situation wesentlich besser ist als im allgemeinen, und daß hier doch sowohl theoretisch als auch praktisch befriedigende Erfolge zu verzeichnen sind. Das hängt vermutlich damit zusammen, daß in diesem Fall die Menge der physikalischen Reize eine natürliche Struktur hat – nämlich die, daß durch additive Mischung des Lichtes zweier Lichtquellen wiederum Licht entsteht – und daß diese Struktur offenbar für die Wahrnehmung von Bedeutung ist: Das durch Mischung entstehende Licht ruft beim Beobachter eine einheitliche Empfindung hervor, die wieder von der gleichen Art ist. Die Wahrnehmung von Farben steht hier in einem deutlichen Gegensatz etwa zur akustischen Wahrnehmung, wo zwei gleichzeitig gehörte Töne durchaus nicht zu einer einheitlichen Empfindung eines Tones verschmelzen, sondern als Konsonanz oder Dissonanz verschiedener Töne empfunden werden.

Ich komme nun zurück zur Beschreibung des CIE-Systems. K bezeichne wie zuvor den konvexen Kegel der nichtnegativen spektralen Strahlungsverteilungen in dem Vektorraum von Funktionen U. Die Struktur der additiven Farbmischung wird durch die Addition des Vektorraums U dargestellt, die proportional gleichmäßige Änderung der Strahlungsverteilung durch die Multiplikation mit reellen Skalaren. Die Experimente über die Wahrnehmungen bei der Mischung von Farben, die seit der Mitte des vorigen Jahrhunderts zuerst von Maxwell und dann von vielen anderen durchgeführt wurden, und auch die Ergebnisse der physiologischen Optik, insbesondere die Tatsache, daß das normale menschliche Auge drei verschiedene Arten von farbempfindlichen Rezeptoren besitzt, führen zu der folgenden Hypothese:

Für einen bestimmten nicht farbenblinden Beobachter gibt es in dem Vektorraum U einen 3-codimensionalen Vektorunterraum $W \subset U$, so daß für irgend zwei spektrale Strahlungsverteilungen $s_1, s_2 \in K$ mit einer Differenz $s_1 - s_2 \in W$ die entsprechenden Farbempfindungen für diesen Beobachter global ununterscheidbar sind, und zwar für jede Wahl des statistischen Verfahrens zur Feststellung der Unterscheidbarkeit.

Wenn ich die Literatur richtig verstehe, ist diese Hypothese experimentell gut bestätigt, soweit man das überhaupt erwarten kann. Zum Beispiel kann man eine Bestätigung selbstverständlich nur innerhalb gewisser oberer und unterer Grenzen der Strahlungsstärke erwarten.

Der Quotientenraum U/W ist ein 3-dimensionaler reeller Vektorraum. Wählt man einen Isomorphismus mit dem 3-dimensionalen Standardvektorraum $\mathbb{R}^3$, so erhält man durch Komposition mit dem kanonischen Restklassenhomomorphismus $U \to U/W$ einen Homomorphismus φ von U auf $\mathbb{R}^3$ und als Bild von K einen konvexen Kegel $\bar{K} \subset \mathbb{R}^3$.

$$
\begin{array}{ccc}
U & \xrightarrow{\;\varphi\;} & \mathbb{R}^3 \\[4pt]
\cup & & \cup \\[4pt]
K & \longrightarrow & \bar{K}
\end{array}
$$

Das Ziel des CIE-Systems ist es, auf der Grundlage von Experimenten mit einer Reihe von Beobachtern einen ganz bestimmten Homomorphismus φ und einen ganz bestimmten konvexen Kegel $\bar{K}$ zu definieren. Diese Daten φ und $\bar{K}$ entsprechen einem fiktiven Normalbeobachter. Für eine spektrale Strahlungsverteilung $s \in K$ heißt das Zahlentripel

$$
\varphi(s) = (\varphi_1(s), \varphi_2(s), \varphi_3(s)) \in \bar{K}
$$

die *Farbvalenz* von s. Der fiktive Normalbeobachter hat bei zwei Farbreizen $s, s' \in K$ mit gleicher Farbvalenz $\varphi(s) = \varphi(s')$ die gleiche Farbempfindung. $\bar{K}$ heißt der *Farbvalenzkegel*.

Um die Farbvalenzabbildung φ und den Farbvalenzkegel $\bar{K}$ zu bestimmen, ging man wie folgt vor. Man wählte drei Lichtquellen, deren spektrale Strahlungsverteilungen s_1, s_2, s_3 bekannt waren. Sie waren auf drei sehr schmale Spektralbänder um die drei Wellenlängen 436 nm, 546 nm und 700 nm konzentriert, also ein Blau, ein Grün und ein Rot am langwelligen Ende des Spektrums. Die drei Vektoren $s_1, s_2, s_3 \in U$ spannen einen 3-dimensionalen Unterraum V von U auf, und ihre Linearkombinationen mit nichtnegativen Koeffizienten bilden einen 3-dimensionalen simplizialen Kegel $K' \subset V$. Seine Elemente $s' \in K'$ repräsentieren diejenigen Lichtarten, die durch additive Mischung des Lichtes der drei gewählten Lichtquellen erhalten werden können. Wegen der Konzentration von s_1, s_2, s_3 auf schmale, nicht überlappende Spektralbänder gilt:

$$K' = K \cap V.$$

Farbmischungsexperimente zeigen, daß V komplementär zu dem hypothetisch angenommenen, aber noch zu bestimmenden Unterraum W sein muß. Man hat also, wenn W bestimmt ist, eine direkte Summenzerlegung

$$U = V \oplus W$$

und eine Projektion mit Kern W:

$$\pi : U \longrightarrow V.$$

W ist aber nicht a priori bekannt, sondern experimentell zu bestimmen. Das heißt: π ist zu bestimmen. Zu diesem Zweck bestimmt man wie folgt für genügend viele Elemente $s \in K$ ein Bild $\pi(s) \in V$. Jedes Element aus V läßt sich als Differenz $s' - s''$ von zwei Elementen $s', s'' \in K'$ darstellen, und zwar auf unendlich viele Weisen. Man bestimmt nun das Bild $\pi(s)$ eines $s \in K$ als $\pi(s) = s' - s''$ so, daß $s + s''$ und s' beim Beobachter die gleiche Farbempfindung hervorrufen. Wenn man diese Experimente für genügend viele $s \in K$ durchführt, zeigt sich, daß die zu bestimmende Abbildung π mit Hilfe von drei experimentell bestimmten Spektralwertfunktionen ψ_1, ψ_2, ψ_3 wie folgt beschrieben werden kann:

$$\pi(s) = \sum_{i=1}^{3} \left(\int_k^l s(\lambda) \psi_i(\lambda) d\lambda \right) s_i .$$

Das Bild $\pi(K) = \widetilde{K}$ des konvexen Kegels K ist ein 3-dimensionaler konvexer Kegel $\widetilde{K}$, der den simplizialen Kegel K' als echte Teilmenge im Inneren enthält. Die folgende Figur 8 veranschaulicht die Gestalt dieses Kegels.
Der Kegelmantel besteht aus zwei Teilen, einem ebenen und einem gekrümmten. Die Punkte auf der gekrümmten Fläche entsprechen den reinen gesättigten Spektralfarben, die Punkte auf der ebenen Fläche den gesättigten Purpurtönen. Im Innern verläuft die Unbuntlinie, die dem Weiß entspricht.
    Mit der Bestimmung von π und $\widetilde{K}$ ist die Aufgabe fast gelöst. Der letzte Schritt bei der Aufstellung des CIE-Systems besteht darin, einen bestimmten Isomorphismus $\chi : V \to \mathbb{R}^3$ zu wählen und $\varphi = \chi \circ \pi$ sowie $\bar{K} = \chi(\widetilde{K})$ zu setzen. χ ist durch die drei Vektoren $\chi(s_i)$ bestimmt. Ihre Koordinaten findet man in Büchern über Farbmetrik. [214] Unter anderem ist χ so gewählt, daß der Farbvalenzkegel $\bar{K}$ ganz im positiven Oktanten liegt. Der Durchschnitt

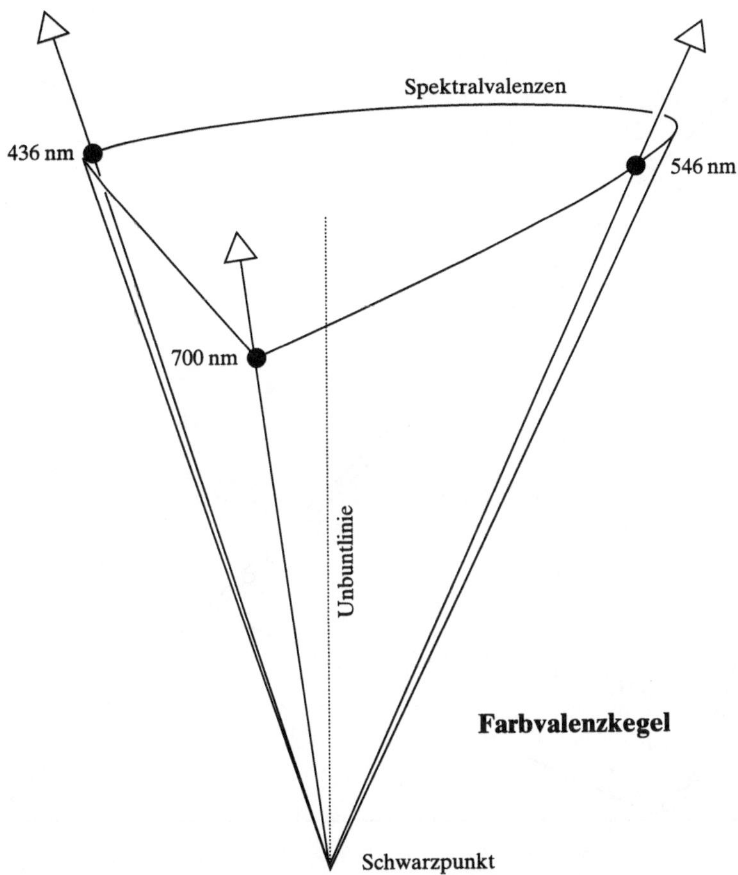

Fig. 8

von $\bar{K}$ mit der Ebene $x + y + z = 1$ liegt daher ganz in dem Dreieck $\triangle$ mit den Ecken $(1, 0, 0), (0, 1, 0), (0, 0, 1)$.

Jede vom Nullpunkt des $\mathbb{R}^3$ ausgehende Halbgerade in dem Kegel $\bar{K}$ trifft die Fläche $\bar{K} \cap \triangle$ in genau einem Punkt. Die Punkte auf einer solchen Halbgeraden repräsentieren Farbreize, die von der gleichen Farbart sind und sich nur durch ihre Helligkeit unterscheiden. Daher repräsentieren die Punkte der ebenen Figur $\bar{K} \cap \triangle$ genau die verschiedenen Farbarten. Schließlich bildet man im CIE-System die Ebene $x + y + z = 1$ durch die Zuordnung $(x, y, z) \mapsto (x, y)$ auf die cartesische Ebene mit den rechtwinkligen Koordinaten x, y ab. Dadurch geht $\triangle$ in ein rechtwinklig-gleichschenkliges Dreieck über und $\bar{K} \cap \triangle$ in eine konvexe ebene Figur, deren Randlinie aus einer geraden Strecke und einer gekrümmten Linie besteht. Figur 9 zeigt die so entstehende CIE-Normfarbtafel.

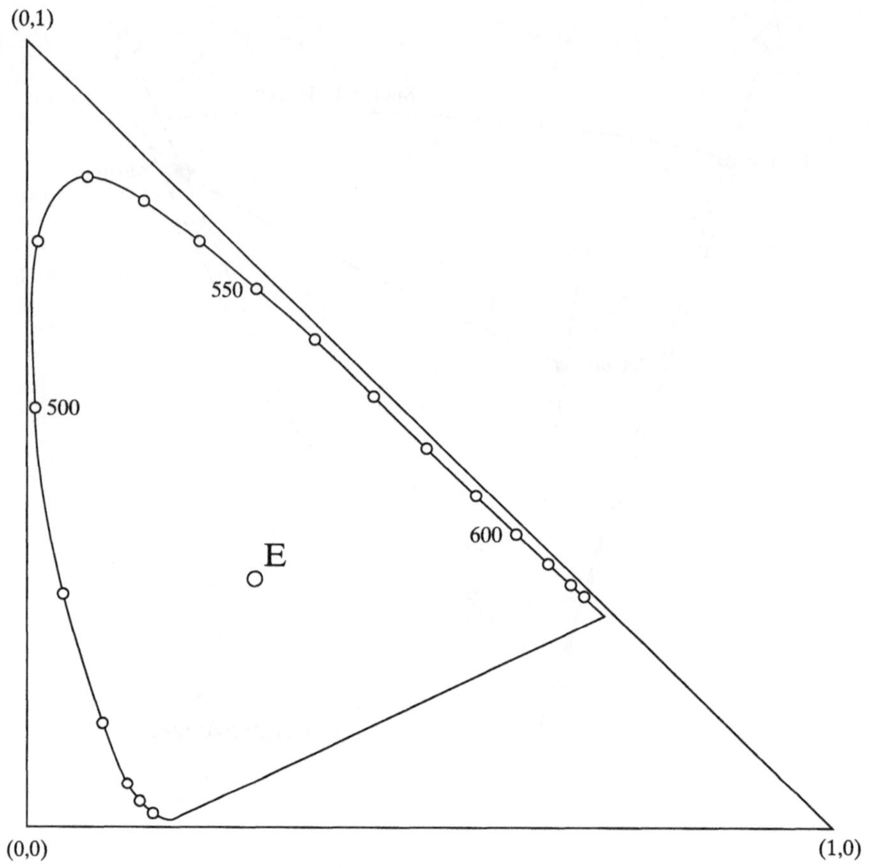

Fig. 9

Jede Farbart ist so durch ein Paar (x,y) von reellen Zahlen zwischen 0 und 1 beschrieben. Insofern handelt es sich um eine quantitative Darstellung der Qualität Farbe. Aber darüber hinaus sind die Punkte (x,y) Punkte einer geometrischen Figur, und die geometrischen Eigenschaften dieser Figur spiegeln gewisse qualitative Sachverhalte des Phänomens Farbe wieder. Die Punkte auf dem Rand repräsentieren die vollständig gesättigten Farbarten. Und zwar repräsentieren die Punkte auf der gekrümmten Randlinie die gesättigten Spektralfarben, die durch eine Wellenlänge λ zwischen 380 nm und 760 nm charakterisiert sind. Diese sehen wir im Regenbogen oder in dem durch das Prisma zerlegten Lichte. Hingegen repräsentieren die Punkte auf der geraden Randlinie die Purpurfarbtöne, die durch Mischung des Lichtes von den beiden Enden des Spektrums entstehen. Diese zeigt uns der Regenbogen nicht. Ein gewisser experimentell bestimmter Punkt E im Inneren der

Figur repräsentiert die unbunte Farbart der unbezogenen Farben. Bei bezogenen Farben entspricht dem die Skala der Graustufen vom Weiß bis zum Schwarz. Alle Punkte auf einer geraden Linie von E zu einem Randpunkt repräsentieren Farbarten mit dem gleichen Farbton, wobei die Sättigung der Farben von E zum Rande hin monoton zunimmt, von 0 bis zum maximal möglichen Wert.

Die bunten Farbtöne entsprechen also umkehrbar eindeutig den Randpunkten der Figur. Der Rand der Figur ist homöomorph zur Kreislinie S^1, und damit wird im nachhinein verständlich, warum so viele phänomenologisch gefundene Farbsysteme die Farbtöne auf einem Kreis anordnen. Ferner folgt aus der Konvexität der Figur, daß jede Gerade durch den Punkt E den Rand in zwei Punkten schneidet, und dies bedeutet, daß es zu jedem Farbton genau einen komplementären Farbton gibt, derart, daß sich aus zwei Farben mit komplementären Farbtönen eine unbunte Farbe additiv mischen läßt. Ein gut konstruierter Farbenkreis wird natürlich komplementären Farbtönen auf der Kreislinie diametral gegenüberliegende Punkte zuordnen. Diese Regel allein zusammen mit der offensichtlichen Homöomorphiebedingung bestimmt die Anordnung allerdings durchaus noch nicht. Man wird außerdem verlangen, daß die Änderung der Farbtöne beim Durchlaufen der Kreislinie für unser Empfinden «gleichmäßig» sein soll. Diese Bedingung ist nicht leicht zu quantifizieren und führt zu schwierigen psychometrischen Problemen.

Alles, was ich hier über die Messung von Farben berichtet habe, würde einem farbenblind geborenen Physiker oder Mathematiker das Erlebnis der Farbe nicht vermitteln können. Aber er könnte dennoch Experimente durchführen, bei denen er einem nicht farbenblinden Beobachter zwei Lichtreize darbietet, deren spektrale Strahlungsverteilungen $s_1, s_2 \in K$ er zuvor mit objektiv photometrischen Methoden gemessen und deren Farbvalenzen $\varphi(s_1)$ und $\varphi(s_2)$ er dann durch Multiplikation mit den tabellierten Spektralfunktionen und Integration berechnet hat. Und er könnte vorhersagen, daß genau dann, wenn $\varphi(s_1)$ und $\varphi(s_2)$ gleich sind, der Beobachter bei beiden Reizen gleiche Farbempfindungen haben wird, jedenfalls dann, wenn seine Farbempfindlichkeit die gleiche ist wie bei dem fiktiven Normalbeobachter des CIE-Systems.

Wer das Glück hat, Farben sehen zu können, wer davon eine Anschauung und eine Vorstellung hat, kann diese mit den Ergebnissen der begrifflichen Arbeit verbinden. Er kann dann die Bunttafel auf der nächsten Seite betrachten, die ich mit freundlicher Erlaubnis des Verlages Walter de Gruyter der *Einführung in die Farbmetrik* von Manfred Richter entnommen habe. Und ich meine, man kann durch diese Verbindung von Anschauung und Begriff etwas lernen.

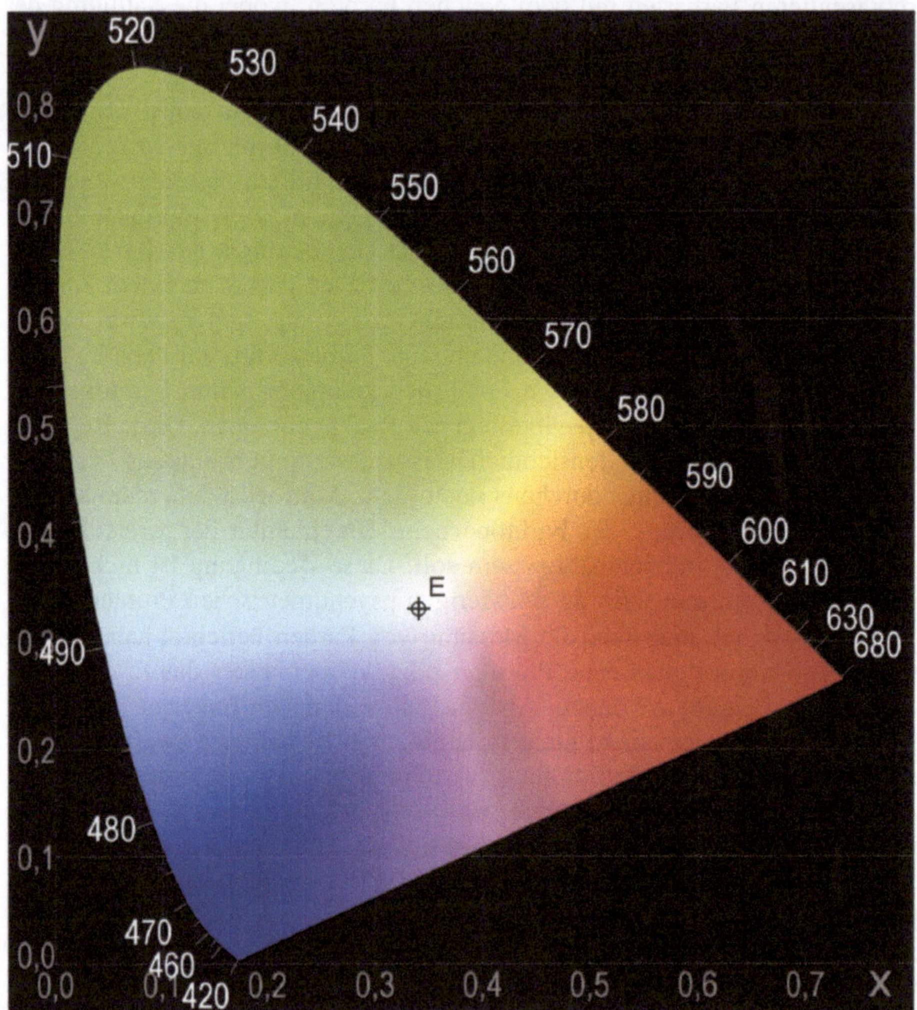

Bunttafel D: Normfarbtafel nach DIN 5033

Diese Bunttafel dient nur der Veranschaulichung der Verteilung der Farbarten in der Farbtafel;
eine genaue Zuordung der Farbarten zu den einzelnen Farbörtern darf nicht erwartet werden,
schon weil sie drucktechnisch gar nicht zu verwirklichen wäre.

Beim Betrachten der Bunttafel empfinde ich deutlich, daß der gelbgrüne Bereich zu groß ist, dagegen der rote und vor allem der blaue am kurzwelligen Ende zu stark zusammengedrängt. Der Abstand zwischen den Punkten entspricht nicht in gleichmäßiger Weise dem mehr oder weniger deutlich empfundenen «Abstand» zwischen den entsprechenden Farben. Es ist ein ziemlich schwieriges Problem der höheren Farbmetrik, derartige subjektive Eindrücke zu objektivieren und gegebenenfalls die entsprechenden Zusammenhänge mathematisch darzustellen. Dazu müssen zunächst wiederum die Beobachtungsbedingungen genau festgelegt werden. Über *eine* derartige Untersuchung möchte ich – im Anschluß an das Buch von Manfred Richter – kurz berichten, weil sie mir sehr schön zu sein scheint und weil sie uns zu Bernhard Riemanns Habilitationsschrift zurückführen wird. Es handelt sich um eine Untersuchung, die um 1942 von D. L. Mac Adam durchgeführt wurde. [215]

Mac Adams Untersuchung ermittelt für einen gegebenen Punkt $p = (x, y)$ in der Normfarbtafel und für eine gegebene Geradenrichtung in diesem Punkt die Empfindlichkeitsschwelle für die Unterscheidung der Farbart beim Fortschreiten in dieser Richtung. Dazu wird dem Beobachter in einer Gesichtsfeldhälfte Licht von der durch p repräsentierten Art dargeboten, in der anderen eine variable Lichtmischung aus zwei Lichtarten, welche zwei Diametralpunkten auf der durch p gewählten Geraden entsprechen. Die Aufgabe für den Beobachter besteht in der Einstellung dieser Mischung auf Gleichheit mit der ersten Lichtart. Der mittlere Einstellfehler ist nach den Annahmen der Psychophysik proportional zum gesuchten Schwellenwert. Mac Adam trug die entsprechende Strecke auf der Geraden von p aus in beiden Richtungen ab. Die beiden Endpunkte liegen, so fand er, auf einer Ellipse, wenn man die Gerade durch p variieren läßt. Die folgende Figur 10 nach Mac Adam aus Richters *Einführung in die Farbmetrik* zeigt diese Ellipsen für 25 ausgewählte Punkte p der Normfarbtafel.

Für den mathematisch Gebildeten ist klar, was hier zu sehen ist: Eine graphische Darstellung einer *Riemannschen Metrik* auf dem ebenen Gebiet $\bar{K} \cap \triangle$. Jedem Punkt $p = (x, y)$ dieses ebenen Gebiets wird durch eine solche Riemannsche Metrik g ein Skalarprodukt für die Tangentialvektoren in diesem Punkt zugeordnet. Sind $e_1 = \partial/\partial x$ und $e_2 = \partial/\partial y$ die Standard-Basisvektoren im Punkt p, so ist g durch die Funktionen $g_{ij} = \langle e_i, e_j \rangle$ von p eindeutig bestimmt. Mac Adam hat diese Funktionen experimentell ermittelt und in der zitierten Arbeit durch Höhenlinien in der Normfarbtafel dargestellt. Damit wird die 2-dimensionale differenzierbare Mannigfaltigkeit $\bar{K} \cap \triangle$ zu einer 2-dimensionalen Riemannschen Mannigfaltigkeit. Entsprechend wird der 3-dimensionale Farbvalenzkegel $\bar{K}$ durch experimentelle Bestimmung der seinen Punkten zugeordneten Ellipsoide zu einer 3-dimensionalen *Riemannschen Mannigfaltigkeit.* Ihre Geometrie stellt nicht nur unsere Unterscheidung von Licht nach Farbton, Sättigung und Helligkeit dar, sondern auch unsere Empfindlichkeit für solche Unterscheidungen in Abhängigkeit von der Farbe.

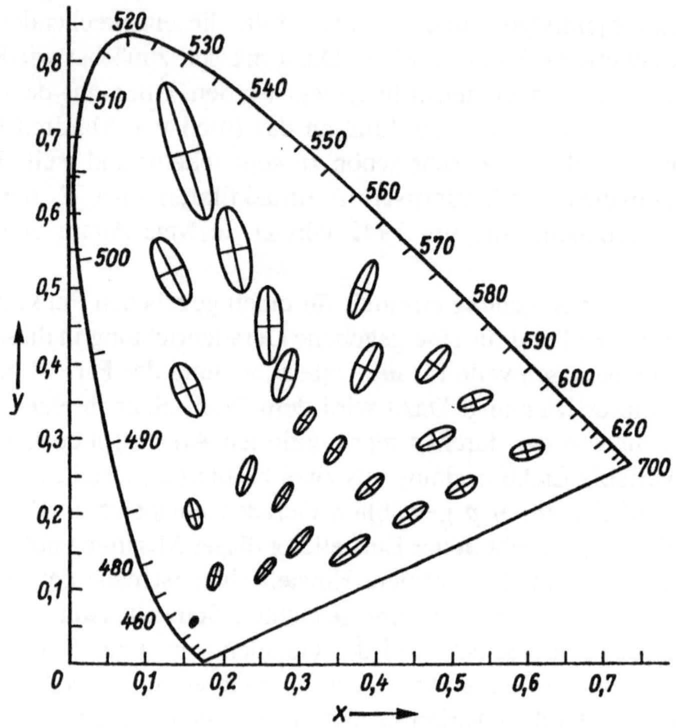

Fig. 10

Die Existenz einer Riemannschen Metrik im Farbenraum war schon früher postuliert worden, und es hatte auch theoretische Ansätze für eine solche gegeben, unter anderem von Hermann von Helmholtz [216] und von dem Physiker Erwin Schrödinger [217]. Diese Ansätze stimmten jedoch nicht gut mit der Erfahrung überein. Es ist das Verdienst von Mac Adam, einen erfahrungsmäßig begründeten Ansatz gefunden und ausgeführt zu haben.

Wir wollen den Ausbau der Farbmetrik auf dieser Grundlage hier nicht weiter verfolgen. Es dürfte klar sein, daß in der Farbmetrik die Möglichkeiten der mathematischen Darstellung weit günstiger sind als in der Psychometrie im allgemeinen. Es dürfte auch klar sein, daß der Versuch der mathematischen Darstellung in immer größere Schwierigkeiten kommt, je mehr man sich von den extrem vereinfachenden, streng festgelegten Versuchsbedingungen entfernt und das funktionale Gefüge der höheren Wahrnehmungsleistungen in den Versuch der Darstellung einbezieht. Schließlich dürfte auch deutlich geworden sein, wieviel theoretische Anstrengung und wieviel experimentelle Mühe zur Erreichung des bescheidenen Zieles nötig waren, eine Riemannsche Mannigfaltigkeit zu konstruieren, welche man mit einigem Recht als die «mehrfach ausgedehnte Mannigfaltigkeit» der Farben aus Riemanns Habilitationsvortrag von 1854 ansehen kann. Riemann hatte also durchaus Recht, wenn er die Orte der Sinnengegenstände und die Farben als die einzigen *einfachen* Beispiele von Begriffen aus dem gemeinen Leben nannte, deren Bestimmungsweisen eine stetige Mannigfaltigkeit bilden. Es ist einfach genug, *qualitative Continua* philosophisch zu postulieren. Die mathematische Definition von Begriffen, die zur Darstellung qualitativer Zusammenhänge brauchbar sind, und ihre Anwendung im Zusammenwirken von Physik, Physiologie, Psychologie und anderen Disziplinen erfordert mehr. Im Falle der Farben wurde die Aufgabe dadurch erleichtert, daß der physikalischen Struktur der additiven Lichtmischung auf physiologischer Seite entsprechende Funktionsweisen der Rezeptoren und der Signalverarbeitung korrespondieren, so daß man zur Beschreibung der Additionsgesetze die Vektorraumstruktur verwenden kann. Es ist interessant, daß der Schöpfer der linearen Ausdehnungslehre, der Mathematiker Hermann Günther Grassmann, die Gesetze der additiven Farbenmischung gerade im Jahre 1853 veröffentlichte, also nur ein Jahr vor dem Habilitationsvortrag von Bernhard Riemann. [218]

* * *

Riemann hat in seinem Vortrag sehr deutlich gesagt, daß es weniger das Streben nach Darstellung einzelner Qualitäten aus der Welt unserer natürlichen Erfahrung ist, welches die Entfaltung einer von den Mathematikern als «qualitativ» empfundenen Mathematik vorantreibt, als vielmehr die Dynamik der Weiterentwicklung des mathematischen Begriffssystems in der Wechselwirkung mit der naturwissenschaftlichen Forschung. Im Verlauf dieses Prozesses emanzipiert sich um die Wende vom 19. zum 20. Jahrhundert die Mathematik als autonome Wissenschaft, die – jedenfalls im Selbstverständnis des Formalismus – ihre Begriffe durch nichts anderes definiert als durch die Setzung relationaler Strukturen, Strukturen von Mengen von Elementen, denen unabhängig von jenen Strukturen keine Bedeutung zukommt.

Diese Entwicklung geht einher mit der sich spätestens im 19. Jahrhundert vollziehenden scheinbaren Auflösung des Ding- und Substanzbegriffs, die natürlich Folgen für das ganze Gefüge der Kategorien hat. Dabei wird

die Kategorie der Relation die dominierende Kategorie, und von ihr her
bestimmt sich, wenn überhaupt, welche Funktion noch der Kategorie der
Qualität zukommt. Zwar gibt es Metaphysiker wie etwa Hermann Lotze, die
eigensinnig Widerstand leisten und den Begriff des realen Wesens aufrechterhalten wollen, wobei in Lotzes Metaphysik bewußt der Gegensatz zum
Ansatz der Naturwissenschaft betont wird:

> *Warum, wird man fragen, bemühen wir uns eigensinnig, der gewöhn
> lichen Ansicht zu Liebe den Begriff des Dinges so zu gestalten, daß
> er Veränderlichkeit einschließt, und warum folgen wir nicht der er
> leuchteten Ansicht der Naturwissenschaft, die mit veränderlichen Be
> ziehungen zwischen unveränderlichen Elementen zur Erklärung der
> mannigfachen Erscheinungen ausreicht?* [219]

So fragt Lotze im zweiten, «Von der Qualität der Dinge» überschriebenen
Kapitel seiner *Metaphysik*, in der er sich mit der Ontologie Herbarts auseinandersetzt. Aber um die gleiche Zeit ist für einen anderen Philosophen,
Friedrich Nietzsche, das Wesen der Dinge von der menschlichen Subjektivität nicht zu trennen, nicht denkbar ohne ihre Einbettung in Gefüge von
Relationen, und die Qualitäten der Dinge sind der Ausdruck menschlicher
Idiosynkrasie:

> *Daß die Dinge eine* Beschaffenheit an sich *haben, ganz abgesehen von
> der Interpretation und Subjektivität, ist* eine ganz müssige Hypothese:
> *es würde voraussetzen, daß das* Interpretiren und Subjektiv-sein nicht
> *wesentlich sei, daß ein Ding aus allen Relationen gelöst noch Ding
> sei.* [220]

> *Die Qualitäten sind unsere unübersteiglichen Schranken; wir können
> durch nichts verhindern, bloße Quantitäts-Differenzen als etwas von
> Quantität Grundverschiedenes zu empfinden, nämlich als Qualitäten,
> die nicht mehr auf einander reduzirbar sind. Aber alles, wofür nur
> das Wort «Erkenntniß» Sinn hat, bezieht sich auf das Reich, wo ge
> zählt, gewogen, gemessen werden kann, auf die Quantität –; während
> umgekehrt alle unsere Werthempfindungen (d. h. eben unsere Empfin
> dungen) gerade an den Qualitäten haften, das heißt, an unseren, nur
> uns allein zugehörigen perspektivischen «Wahrheiten», die schlechter
> dings nicht «erkannt» werden können. Es liegt auf der Hand, daß jedes
> von uns verschiedene Wesen andere Qualitäten empfindet und folglich
> in einer anderen Welt, als wir leben, lebt. Die Qualitäten sind unsere*

eigentliche menschliche Idiosynkrasie: zu verlangen, daß diese un-
sere menschlichen Auslegungen und Werthe allgemeine und vielleicht
constitutive Werthe sind, gehört zu den erblichen Verrücktheiten des
menschlichen Stolzes, der immer noch in der Religion seinen festesten
Sitz hat. Muß ich umgekehrt noch hinzufügen, daß Quantitäten «an
sich» in der Erfahrung nicht vorkommen, daß unsere Welt der Erfah-
rung nur eine qualitative Welt ist, daß folglich Logik und angewandte
Logik (wie Mathematik) zu den Kunstgriffen der ordnenden, überwälti-
genden, vereinfachenden, abkürzenden Macht gehört, die Leben heißt,
also etwas Praktisches und Nützliches, nämlich Leben-Erhaltendes,
aber ebendarum auch nicht im Entferntesten etwas «Wahres» ⟨ist⟩? [221]

Wer diese Skepsis, diese Trauer über die verlorene «Wahrheit» nicht ertragen
kann, wer mit dem Willen zur Erkenntnis gesegnet ist und seine Wissenschaft
als solche sehen möchte, anstatt sie verzweifelt als Teil der überwältigenden
Macht des Lebens anzunehmen, der wird sich nach einer anderen Philosophie umsehen, einer Philosophie als Erkenntnistheorie, welche die Maximen
seines Handelns zum allgemeinen Gesetz erhebt. Er findet sie in besonders
schöner Form in dem systematischen Hauptwerk des Marburger Neukantia-
ners Ernst Cassirer, in seinem 1910 erschienen Buch mit dem programmati-
schen Titel: *Substanzbegriff und Funktionsbegriff.* [222]

Cassirers Untersuchung geht von Studien zur Philosophie der Mathematik
aus, erweitert sich dann zu einer Untersuchung der «Begriffsfunktion» für
das Ganze der exakten Wissenschaften, um schließlich in einem zweiten Teil
Fragen zum Begriff der Wirklichkeitserkenntnis nachzugehen, die traditionell
zur Erkenntniskritik oder zur Metaphysik gehören.

Dabei wird die Begriffsbildung der modernen Mathematik zum Paradigma
für eine allgemeine Umwertung im Verhältnis der Kategorien der Substanz,
der Qualität und der Relation, wobei natürlich auch mit «Kategorie» etwas
anderes gemeint ist als früher.

Die kategorialen Akte, die wir durch den Begriff des Ganzen und des
Teils, des Dinges und seiner Eigenschaften bezeichnen, stehen nicht
isoliert, sondern gehören einem System logischer Kategorien an, das
sie indessen keineswegs vollständig ausmessen und erschöpfen. Wir
können versuchen, nachdem wir uns, in einer allgemeinen logischen
Theorie der Relationen, einen Gesamtplan dieses Systems verschafft
haben, von hier aus seine Einzelheiten zu bestimmen; nicht möglich
ist es dagegen, unter dem eingeschränkten Gesichtspunkt bestimm-
ter Beziehungen, die in der naiven Weltansicht bevorzugt sind, einen

*Überblick über das Ganze möglicher Weisen der Verknüpfung zu ge-
winnen. Die Kategorie des Dinges erweist sich hierzu schon dadurch
als untauglich, daß wir in der reinen Mathematik ein Wissensgebiet besitzen, in welchem von* Dingen *und deren Beschaffenheiten prinzipiell
abgesehen wird, in dessen Grundbegriffen daher auch nicht irgendwelche Gemeinsamkeiten der Dinge festgehalten sein können.* [223]

Cassirer sieht, unter Berufung auf Benno Erdmann [224], sehr richtig in der
Mengenlehre den eigentlichen Grund für die Möglichkeit, die Gegenstände
der Mathematik durch die Setzung relationaler Strukturen zu konstituieren.
Zugleich wird deutlich, daß es sich hier um eine Verdrängung der Dinge der
«naiven Weltansicht» durch «Gegenstände höherer Ordnung» handelt:

*Den Gegenständen der Sinneswahrnehmung, die wir als «Gegenstände
erster Ordnung» bezeichnen können, treten jetzt «Gegenstände zweiter Ordnung» gegenüber, deren logische Eigenart lediglich durch die
Form der Zusammenfassung, aus der sie hervorgehen, bestimmt ist.
Überall dort, wo wir irgendwelche Gegenstände unseres Denkens zu
einem Gegenstand zusammenfassen, haben wir damit einen neuen
«Gegenstand zweiter Ordnung» geschaffen, dessen gesamter Gehalt
sich in den Beziehungen ausdrückt, die durch den Akt der Vereinigung
zwischen den Einzelelementen hergestellt werden. Durch diese Betrachtungsweise aber, zu der Erdmann, wie er selbst hervorhebt, durch die
Probleme der modernen* Mengenlehre *hingeführt wird, ist das bishe-
rige Schema der Begriffsbildung bereits durchbrochen: denn an Stelle
der Gemeinsamkeit von Merkmalen ist es jetzt der «Verflechtungszu-
sammenhang» von Elementen, der über ihre Vereinigung zu einem
Begriff entscheidet. Und dieses Kriterium, das hier nur nachträglich
und als sekundäres Moment eingeführt wird, erweist sich bei näherer
Analyse in der Tat als das eigentliche logische Prius [...]* [225]

Und so, wie an die Stelle der Sinnendinge die Gegenstände zweiter Ordnung
treten, tritt an die Stelle ihrer Qualitäten die relationale Form als eine Qualität
neuer Ordnung, und so wird die moderne Mathematik schließlich gar zur
Wissenschaft der Qualität. Das wird für Ernst Cassirer besonders deutlich an
der Entwicklung des allgemeinen Begriffs des Raumes:

*Die Entwicklung der modernen Mathematik hat sich immer genauer
und bewußter dem Ideal genähert, das* Leibniz *für sie aufgestellt hat.
Innerhalb der reinen Geometrie zeigt sich dies am deutlichsten an dem*

allgemeinen Begriff des Raumes, *der sich hier allmählich herausbildet.*
[...]

Wieder ist es die Leibniz'sche *Grundkonzeption der Mathematik, zu der wir uns hierbei zurückgeführt sehen. Die Mathematik ist danach nicht die allgemeine Wissenschaft der* Größe, *sondern der* Form, *nicht der* Quantität, *sondern der* Qualität. [226]

Cassirer glaubt auf Grund seiner Analysen von Begriffsentwicklungen in mehreren wichtigen Teilgebieten von Physik und Chemie, «daß alle *Dingbegriffe* der Naturwissenschaft die Tendenz in sich tragen, sich mehr und mehr in reine *Beziehungsbegriffe* umzugestalten.» [227] Er glaubt gerade deswegen nicht, daß sie sich in zunehmender Abstraktion von der konkreten Mannigfaltigkeit des Wirklichen entfernen:

Hier kann keine unüberbrückbare Kluft zwischen dem «Allgemeinen» und dem «Besonderen» entstehen, da das Allgemeine selbst keine andere Bedeutung und keine andere Funktion hat, als eben den *Zusammenhang und die Ordnung des Besonderen selbst zu ermöglichen und zur Darstellung zu bringen.* [228]

Allerdings bekommt der Begriff der Darstellung, der repraesentatio, hier einen neuen Sinn. Es geht nicht mehr um die Darstellung einzelner Dinge der gewöhnlichen Erfahrung und ihrer Qualitäten.

Die «Dinge», die nunmehr entstehen, erweisen sich, je deutlicher sie in ihrem eigentlichen Gehalt erfaßt werden, immer mehr als metaphorische Ausdrücke für dauernde Gesetzeszusammenhänge der Phänomene und somit für die Konstanz und Kontinuität der Erfahrung selbst. [229]

Repräsentation ist für Cassirer eine integrale Funktion des zusammenhängenden Gesamtsystems der Erfahrung:

Die Verbundenheit der Tatsachen und ihre wechselseitige Beziehung ist das Erste und Ursprüngliche, während ihre Isolierung lediglich das Ergebnis einer künstlichen Abstraktion darstellt. Versteht man daher die Repräsentation als Ausdruck einer ideellen Regel, die das Besondere, hier und jetzt Gegebene, an das Ganze knüpft und mit ihm in einer gedanklichen Synthese zusammenfaßt, so haben wir es in ihr mit keiner nachträglichen Bestimmung, sondern mit einer konstitutiven Bedingung alles Erfahrungsinhalts zu tun. [230]

Innerhalb dieses Gesamtzusammenhanges der Erfahrung, in dem jede besondere Phase repräsentativen Charakter hat, findet auch die Darstellung
mannigfaltig gegliederter Systeme von Beziehungen durch mathematische
Strukturen ihren Ort.

Freilich scheint dabei etwas verlorenzugehen:

*Indem die Wissenschaft dem Reichtum und der bunten Mannigfaltig-
keit der unmittelbaren Empfindung entsagt, gewinnt sie kraft dieses
Verzichtes, was sie scheinbar an Inhalt einbüßt, an* Einheit *und Ge-
schlossenheit zurück.* [231]

Aber das ist nicht schlimm, denn:

*Nicht die Mannigfaltigkeit als solche wird aufgehoben, sondern es ist
nur ein Mannigfaltiges anderer Dimension: es ist das mathematisch-
Mannigfaltige, das in der wissenschaftlichen Erklärung an die Stelle
des sinnlich-Mannigfaltigen tritt.* [232]

Mir scheint, daß an dieser hier nur sehr skizzenhaft dargestellten Theorie der
exakten wissenschaftlichen Erkenntnis zwei Momente zu unterscheiden sind.

Zum einen ist dies eine Theorie der mathematisch-naturwissenschaftlichen
Begriffsbildung, ausgehend von einer im Ganzen zutreffenden Beschreibung des um die Jahrhundertwende sichtbar werdenden Ansatzes der mathematischen Moderne und vom Selbstverständnis bedeutender Naturwissenschaftler jener Zeit. Obwohl unser Bild von Mathematik und Naturwissenschaften heute mit Sicherheit differenzierter ist, meine ich dennoch, daß
diese Beschreibung im Hinblick auf die hier interessierende Frage nach
dem Verhältnis einer Welt der Dinge und Qualitäten zu der mathematisch-
naturwissenschaftlichen Konstruktion von Wirklichkeit als Beschreibung des
tatsächlichen Zustandes des Systems mathematisch-naturwissenschaftlicher
«Erkenntnis» insgesamt zutrifft.

Zum anderen wird die beschriebene wissenschaftliche Konstruktion von
Wirklichkeit zur Norm erhoben. Wer diese Norm akzeptiert, verzichtet auf
die subjektive Wirklichkeit des sinnlich-Mannigfaltigen. An dessen Stelle tritt
das mannigfaltige mathematische Universum. Diese Sicht der Wirklichkeit
hat Konsequenzen: in der technischen Anwendung dieser mathematischen
Naturwissenschaft. Die bunte Mannigfaltigkeit des Lebendigen verschwindet
nicht nur als Explanandum, sie verschwindet wirklich, und zwar Tag für Tag.
Dies ist für mich das Traurigste an der Zeit, in der ich lebe. Die Frage nach
dem Wert dieser «Erkenntnis» ist damit gestellt.

Cassirers Behauptung, Mathematik sei die Wissenschaft der Qualität, entspricht einem tatsächlich seit der Mitte des 19. Jahrhunderts zu beobachtenden Bewußtseinswandel bei einer Reihe von bedeutenden Mathematikern. Die mathematischen Strukturen haben im Bewußtsein ihrer Schöpfer als Gegenstände höherer Ordnung qualitative Aspekte – eine Tatsache, die sich vielleicht am besten durch die Anwendung der Funktionen der Gestaltwahrnehmung auf diesen Bereich der Gegenstände höherer Ordnung erklären ließe, wenn man verstünde, was «Gestaltwahrnehmung» ist. Der von Cassirer entwickelte neue Begriff von Repräsentation ist so weit, daß er die Art und Weise umfaßt, wie – im Selbstverständnis von Mathematikern – die qualitative Vielfalt der phänomenalen Welt in der qualitativen Vielfalt des mathematischen Universums dargestellt wird. Ich zitiere dazu einen wichtigen Absatz aus dem schon erwähnten Artikel «Qualità/quantità» von René Thom:

In dem wissenschaftlichen Unternehmen, das zum Ziel hat, die Welt intelligibel zu machen, gibt es zwei mögliche Wege zu diesem Ziel: Der erste versucht, die qualitative Verschiedenheit der Phänomene in die endogene qualitative Verschiedenheit mathematischer Entitäten zu verwandeln – dies ist der pythagoreisch-platonische Weg. Der zweite, der als eine Operation mit einem ziemlich willkürlichen Kalkül anzusehen ist, versucht umgekehrt, subjektiv definierte qualitative Entitäten durch quantitativ bestimmte Entitäten darzustellen: Das ist der Weg, den wir den fechnerschen nennen wollen. [233]

Für René Thom besteht kein Zweifel, daß der pythagoreisch-platonische Weg der erfolgreichere ist. Als Beispiel für den fechnerschen Weg habe ich einige Ergebnisse der Farbmetrik erwähnt. Es bleibt noch die Aufgabe, Beispiele für den anderen, den pythagoreisch-platonischen Weg zu nennen. Die Auswahl ist hier notwendig willkürlich, weil eben ein ganzes Universum von mathematischen Strukturen vorhanden ist, die alle irgendwelche Besonderheiten haben und sich voneinander «qualitativ» unterscheiden und so zur Darstellung der qualitativen Verschiedenheit der Phänomene sich anbieten. Ich wähle drei Beispiele, die jeweils von den Mathematikern, die diese Mathematik zuerst entwickelt haben, als «qualitative» Mathematik vorgestellt worden sind: Erstens die Knotentheorie, deren Anfänge auf Johann Benedict Listing zurückgehen, zweitens die von Henri Poincaré geschaffene qualitative Theorie dynamischer Systeme und drittens die Katastrophentheorie von René Thom. Für jedes Beispiel müssen einige Figuren und wenige erläuternde Sätze genügen.

* * *

Über Listings «Vorstudien zur Topologie» habe ich schon berichtet. Listing war ein Schüler von Carl Friedrich Gauß, und Gauß hatte 1833 zum ersten Mal ineinander verschlungene Linien betrachtet und erkannt, daß sie Gegenstand einer noch zu begründenden Wissenschaft sein müßten, der «Geometria situs», der Geometrie der Lage,

> die Leibnitz *ahnte und in die nur einem Paar Geometern* (Euler *und* Vandermonde) *einen schwachen Blick zu thun vergönnt war [...]* [234]

Gauß definierte für jede Verschlingung von zwei in sich geschlossenen Kurven eine Zahl, die Verschlingungszahl v, die ein Maß dafür ist, wie sehr die beiden Linien miteinander verschlungen sind. Die folgende Zeichnung Fig. 11 zeigt einige Beispiele für Verschlingungen mit Verschlingungszahlen $v = 0, 1$ oder 2.

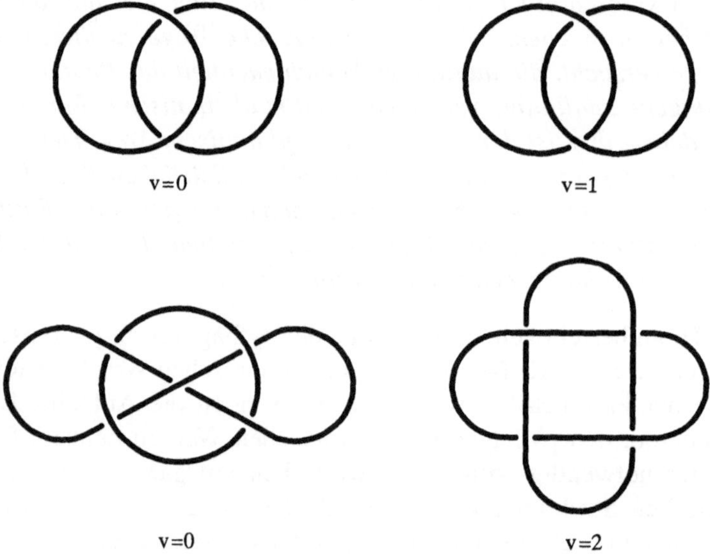

Fig. 11

Links oben in der Zeichnung sieht man die *triviale Verschlingung*, das heißt die, bei der die beiden Linien unverschlungen sind. Rechts davon sieht man die einfachste nicht-triviale Verschlingung, die *Hopf-Verschlingung*. Die links unten gezeigte Verschlingung heißt *Whitehead-Verschlingung*.

Mit diesen Bildern werden natürlich Vorstellungen einer Anschauung hervorgerufen, die wir alle im frühen Kindesalter erworben haben und deren Tradition weit in vorgeschichtliche Zeit zurückreicht. Aber erst die seit der Mitte des vorigen Jahrhunderts entwickelte «qualitative» Mathematik der «analysis situs» in Verbindung mit dem modernen Strukturdenken der mengentheoretischen Topologie macht es möglich, solche anschaulichen Vorstellungen mit mathematischen Begriffen zu fassen.

Mathematisch definiert man eine Verschlingung wie folgt. Eine *Verschlingung* ist eine Vereinigung $L = L_1 \cup \ldots \cup L_k$ von geschlossenen Linien $L_i \subset \mathbb{R}^3$ im 3-dimensionalen Raum, welche die Komponenten der Verschlingung heißen. Zwei verschiedene Komponenten schneiden sich nicht: $L_i \cap L_j = \emptyset$ für $i \neq j$. Jede Komponente ist homöomorph zu einer Kreislinie S^1. Außerdem verlangt man meistens, daß die Einbettung der Komponenten in den 3-dimensionalen Raum noch gewisse Eigenschaften hat, z. B., daß sie eine glatte Kurve ist oder daß sie stückweise linear ist. Eine Minimalbedingung ist, daß die Einbettung «zahm» ist, d. h. lokal bis auf Homöomorphie so aussieht wie die Einbettung eines Durchmessers in einer Vollkugel. Eine Verschlingung mit nur einer Komponente heißt ein *Knoten*.

Der mathematische Begriff des Knotens unterscheidet sich von dem Begriff des Knotens der alltäglichen Erfahrung nicht nur durch Präzision und Idealisierung, und zwar aus dem folgenden Grund. Beiden Begriffen ist gemeinsam, daß die fraglichen Gebilde, die konkreten materiellen wie die abstrakten mathematischen, als in gewissem Sinne flexibel angesehen werden. Die konkreten Knoten und Verschlingungen sind aus flexiblen Fäden oder Schnüren hergestellt, und es kommt bei ihrer Herstellung nicht ganz genau auf die richtige geometrische Form an, sondern nur in dem von Listing in seinen «Vorstudien zur Topologie» herausgearbeiteten Sinn auf die Lage, d. h. auf die für den betreffenden Knoten charakteristische Art, wie er geschlungen ist. Mathematisch faßt man dies durch den Begriff des *Typs* der Verschlingung oder des Knotens. Zwei Verschlingungen L und L' haben den gleichen Typ, wenn es eine stetig von einem reellen Parameter $t \in [0,1]$ abhängende Familie von Homöomorphismen $h_t : \mathbb{R}^3 \to \mathbb{R}^3$ gibt, so daß h_0 die identische Abbildung ist und so daß $h_1(L) = L'$ gilt. Die Verschlingung L geht also durch die stetige Familie von Verschlingungen $h_t(L)$ in L' über.

Nun kommt der Unterschied zwischen alltäglichem und mathematischem Begriff. Im Alltag läßt man nicht wirklich beliebige stetige Veränderungen zu. Das Material hat eine gewisse Steifigkeit und Rauhigkeit der Oberfläche. Dadurch hält sich ein festgezogener Knoten in einer bestimmten Form und läßt sich nicht ohne weiteres lösen. Mathematisch sind aber beliebige stetige Bewegungen (d. h. Homöomorphismen) erlaubt. Würde man mathematisch Knoten nicht als in den Raum eingebettete geschlossene Linien definieren, sondern, wie meist in der alltäglichen Erfahrung, als offene Linien mit zwei Enden, dann gäbe es nur den trivialen Knotentyp. Denn eben die stetige Be-

wegung, mit der man einen Knoten schlingt, würde umgekehrt dazu führen,
daß er auch wieder gelöst werden könnte. Der Mathematiker, der von allen
anderen materiellen Qualitäten von Knoten absieht, die für die Praxis wichtig
sein mögen, kann eine nichttriviale Theorie nur dann bekommen, wenn er,
nachdem ein Knoten geschlungen ist, die Enden miteinander verbindet, so
daß eine einfach geschlossene Linie entsteht.

Die folgenden Bilder deuten an, wie aus dem einfachsten Knoten der
alltäglichen Erfahrung der einfachste mathematische Knoten entsteht, die
Kleeblattschlinge.

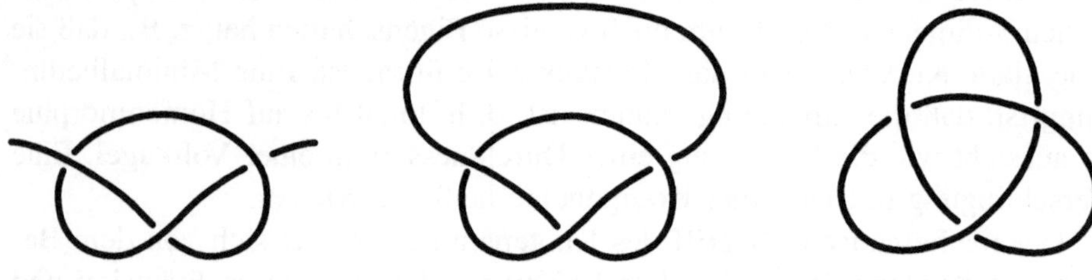

Fig. 12

Bilder wie diese entstehen durch Projektion des im Raume liegenden Knotens
auf eine Ebene. Die Knotenprojektion mit der Kennzeichnung der Überkreuzungen bestimmt den Knotentyp. Zu einem Knoten und erst recht natürlich
zu einem Knotentyp gehören viele mögliche Projektionen. Die minimale Zahl
von Überkreuzungen, die bei einer Projektion vorkommen muß, ist ein Maß
für die Einfachheit eines Knotentyps. In diesem Sinne ist die Kleeblattschlinge der einfachste nichttriviale Typ: drei Überkreuzungen genügen.

Die nächsten zwei Bilder zeigen zwei Projektionen des nächsteinfachen
Typs, der mindestens vier Überkreuzungen braucht. Es ist der *Achter-Knoten*
(der in der Literatur manchmal auch *Listing-Knoten* genannt wird, obwohl
gerade dieser Knoten in Listings Vorstudien nicht vorkommt).

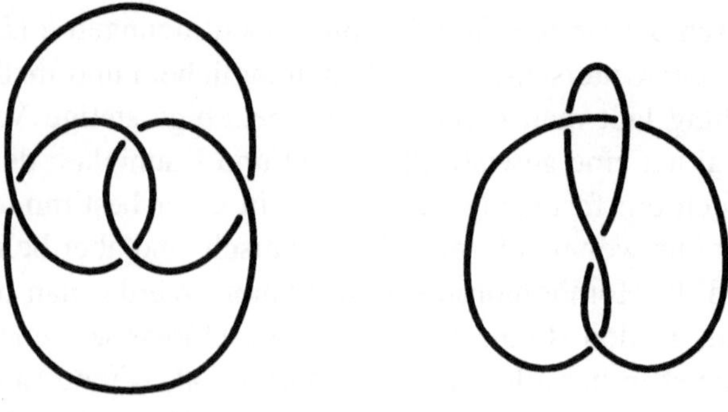

Fig. 13

Offensichtlich handelt es sich bei der Eigenschaft von Schnüren und Fäden und anderen solchen Dingen, verknotet oder verschlungen zu sein, um eine Qualität im aristotelischen Sinne. Auch die ebenen Projektionen solcher Knoten und Verschlingungen besitzen eine ästhetische Qualität, von der die Ornamente vieler Kulturen Zeugnis ablegen. Offensichtlich ist auch, daß die mathematische Darstellung dieser Qualität durch die Begriffe Knoten und Knotentyp, Verschlingung und Verschlingungstyp wesentlich qualitativer Art ist, wenn man einmal zugibt, daß es einen Sinn hat, zwischen «qualitativer» und «quantitativer» Mathematik zu unterscheiden.

Aber Mathematik wäre nicht Mathematik, wenn sie nicht versuchen würde, diese Qualität in Quantität zu verwandeln. Ein erstes Beispiel für diese Tendenz ist die Verschlingungszahl. Sie ist eine *Invariante* des Typs der Verschlingung, ändert sich also nicht, wenn man die Verschlingung durch eine stetige Familie von Homöomorphismen in eine andere Verschlingung überführt. Für zwei unverschlungene Linien, d. h. für die triviale Verschlingung, muß die Verschlingungszahl v gleich Null sein. Das ist eine notwendige Bedingung. Aber die Bedingung $v = 0$ ist dafür nicht hinreichend, das zeigt das Beispiel der Whitehead-Verschlingung. Diese Invariante ist also keine *treue* Invariante, aber immerhin ein gewisses quantitatives Maß für die qualitative Verschiedenheit zweier Verschlingungen.

Es gibt eine eigenständige mathematische Disziplin, die algebraische Topologie, deren Ziel gerade die Bereitstellung von Strukturen ist, durch welche qualitativ-topologische oder qualitativ-geometrische Situationen mit Hilfe geeigneter Invarianten quantitativ verglichen werden.

Auch für Knoten und Verschlingungen hat man im Laufe der Zeit eine ganze Anzahl sehr verschiedener Invarianten definiert. Die Knotentheorie war eine der Disziplinen der Topologie, die sich am frühesten entwickelten. Diese schnelle Entwicklung begann etwa um die Jahrhundertwende und erreichte in den zwanziger Jahren schon eine hohe Blüte. Die in jener Zeit konstruierten Invarianten erlaubten es 1927 Alexander und Briggs, für alle Knoten mit Projektionen bis zu 8 Überkreuzungen, für die schon im 19. Jahrhundert P. G. Tait und C. Little vollständige Tabellen aufgestellt hatten, zu zeigen, daß die aufgezählten Knoten auch wirklich dem Typ nach verschieden waren. Die Zahl der Typen nimmt mit der Zahl der Überkreuzungen sehr stark zu: Für bis zu 10 Überkreuzungen gibt es 250 Typen (wobei spiegelbildlich gleiche identifiziert sind). Für 10 Überkreuzungen stammt die Aufzählung aus dem Jahre 1967 von J. H. Conway. [235] Conway führte eine fruchtbare neue Methode ein, Knoten und Verschlingungen mittels bestimmter Operationen aus gewissen Bausteinen, den sogenannten *tangles*, zu erzeugen. In der Umgangssprache ist ein «tangle» ein Gewirr von Fäden.

Die mathematische Definition will ich nicht angeben. Ich gebe nur als Beispiel eine Sequenz von Knotenprojektionen, die zeigen, wie einige Knoten und Verschlingungen, die wir schon kennengelernt haben, systematisch durch Operationen aus tangles erzeugt werden. Die Bilder zeigen von links nach rechts: den trivialen Knoten, die Hopf-Verschlingung, den Achterknoten und die Whitehead-Verschlingung.

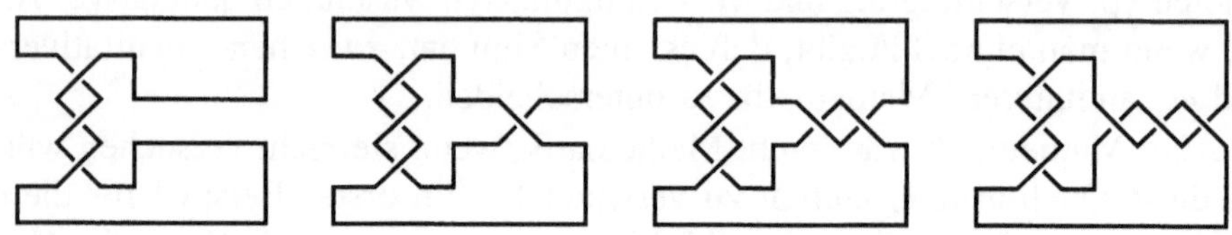

Fig. 14

Es gibt einen bestimmten Grund, warum ich diese Sequenz von Bildern zeige: Es hat sich überraschenderweise herausgestellt, daß die von Conway eingeführten Operationen von den Molekularbiologen benutzt werden können, um die Wirkung gewisser Enzyme auf die Ketten der Desoxyribonukleinsäure (DNA) zu studieren. Die Doppelhelix der DNA kommt in der Natur manchmal in zyklischer Form vor, und sie kann auch im Laboratorium in zyklische Form gebracht werden. DNA-Moleküle können Knoten und Verschlingungen bilden. Wenn sich zum Beispiel zyklische DNA vervielfältigt, sind Mutterund Tochtermolekül miteinander verschlungen und müssen voneinander getrennt werden. Diese und andere die Topologie der zyklischen DNA ändernde Funktionen werden von gewissen Enzymen ausgeübt. Beispielsweise gibt es Rekombinasen genannte Enzyme, welche die DNA-Kette an gewissen Stellen aufbrechen und die Enden vertauscht wieder zusammenfügen. Um nun die Wirkungsweise dieser Enzyme genauer zu verstehen, kann man sie wiederholt auf zyklische DNA wirken lassen und untersuchen, welche Knoten und Verschlingungen dabei sukzessiv entstehen. Man kann diese Knoten und Verschlingungen im Elektronenmikroskop wirklich sehen. Läßt man *Tn*3-Resolvase auf eine bestimmte Art von zunächst unverknoteter zyklischer DNA wiederholt wirken, dann entsteht genau die Folge von Knoten und Verschlingungen, die oben durch eine Folge von Operationen mit tangles erzeugt wurde! [236]

Die Molekularbiologie ist nicht das einzige Gebiet mit Anwendungen der Knotentheorie. 1984 und in den darauffolgenden Jahren wurden völlig neuartige Knoteninvarianten definiert, durch welche Beziehungen der Knotentheorie zu ganz anderen Gebieten der Mathematik, zur statistischen Mechanik und zur Quantenfeldtheorie hergestellt wurden. Die erste dieser Invarianten war das *Jones-Polynom*. [237] Die neueste Entwicklung ist die Definition einer neuen Klasse von Knoteninvarianten, die viele vorhergehenden verallgemeinern. Diese *Vassiliev-Invarianten* entstehen auf eine sehr interessante Weise, die für unser Verständnis der Mathematik des Qualitativen vom Grundansatz her interessant ist. Sie entstehen nämlich, indem man nicht einzelne Knoten studiert, sondern – grob gesagt – den Raum aller Knoten. [238] Faßt man den einzelnen Knoten als eine Bestimmung des Begriffs der Verknotung auf, dann ist dieser Raum also die Mannigfaltigkeit der Bestimmungen dieses Begriffs!

Ich denke, das Beispiel der Knotentheorie zeigt überzeugend, daß die Mathematik in der Lage ist, gewisse anschauliche Qualitäten unserer alltäglichen Erfahrung begrifflich darzustellen und im Wechselspiel qualitativer und quantitativer Denkweisen so zu entfalten, daß die gleichen Phänomene auch in neuen, ganz anderen konkreten Situationen sichtbar werden als in denen, von deren Anschauung man ausging.

* * *

Das zweite Beispiel für qualitatives Denken in der Mathematik ist die qualitative Theorie dynamischer Systeme. Sie ist eine Schöpfung von Henri Poincaré und ist aus der Untersuchung gewisser Differentialgleichungen hervorgegangen, die viele qualitativ verschiedenartige Lösungen besitzen. Das wichtigste Beispiel sind die Differentialgleichungen der Himmelsmechanik, welche das Gesetz der Bewegung von N Körpern formulieren, die sich gegenseitig durch die Schwerkraft anziehen. Für $N = 2$ sind die Lösungen einfach zu beschreiben. Insbesondere sind die periodischen Lösungen von einer Einfachheit, die Johannes Kepler bei ihrer Entdeckung in höchstes Entzücken versetzt hat: Die beiden Körper bewegen sich auf Kepler-Ellipsen um ihren gemeinsamen Schwerpunkt. Hingegen erweist sich für $N > 2$ das N-Körperproblem als äußerst kompliziert. Dies gilt schon für $N = 3$ und sogar für das eingeschränkte Dreikörperproblem, bei dem alle drei Körper sich in einer Ebene bewegen und der dritte Körper so wenig Masse hat, daß er die Keplerbewegung der anderen beiden Körper nicht merklich beeinflußt. Die Figuren 15 und 16 auf den Seiten 358 und 359 zeigen als Beispiel drei verschiedene periodische Lösungen dieses eingeschränkten Dreikörperproblems. Die Zeichnungen, die ich Szebehelys *Theory of Orbits* entnehme, zeigen in einem rotierenden Koordinatensystem Bahnen eines Satelliten beim Umlauf um Erde und Mond. [239] Während die Anstrengungen der Himmelsmechanik vor Poincaré auf die numerische Berechnung der Bahnen der Planeten und anderer Himmelskörper gerichtet waren – eine Aufgabe, bei der heute Computer eine wichtige Rolle spielen – führten die enormen mathematischen

Schwierigkeiten Poincaré und später andere Mathematiker wie Birkhoff, Kolmogorov, Arnold, Moser zu einem vertieften Studium der theoretischen Probleme und zur Entwicklung ganz neuartiger mathematischer Methoden. Ein Ergebnis war die Schaffung der qualitativen Theorie dynamischer Systeme durch Poincaré. Dieses Gebiet der Mathematik ist auch heute noch in lebhafter Entwicklung begriffen.

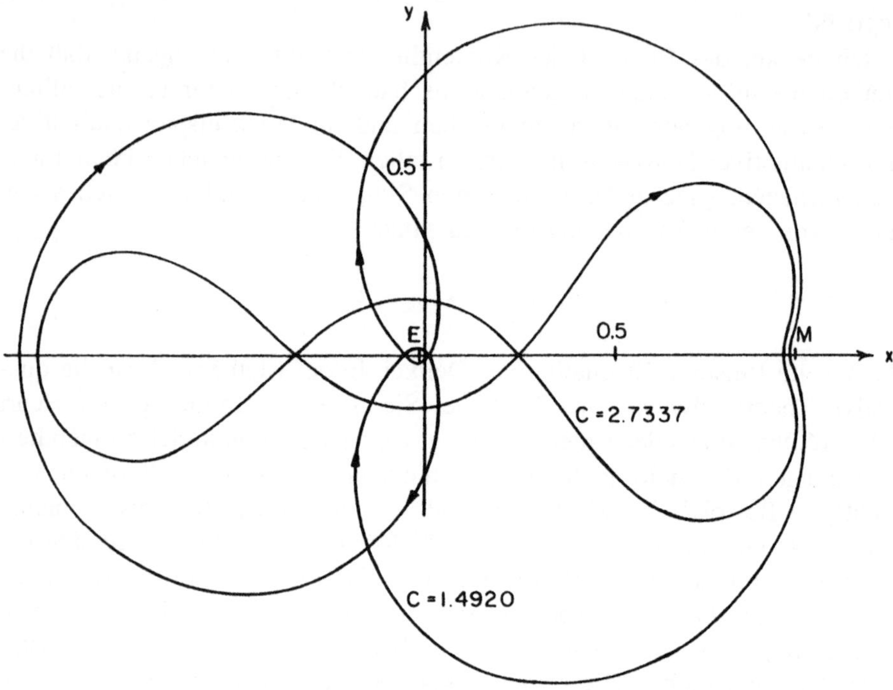

Fig. 15

Der mathematische Begriff des dynamischen Systems umfaßt eine Vielfalt mathematischer Formen, mit denen Bewegung im weitesten Sinne beschrieben werden kann: Bewegung als zeitliche Veränderung von Zuständen.

Die Zeit als Kontinuum von Zeitpunkten wird dabei durch das Kontinuum $\mathbb{R}$ der reellen Zahlen dargestellt, hingegen Zeit als zweifach unendliche Folge diskreter Zeitpunkte durch die Menge $\mathbb{Z}$ der ganzen Zahlen.

Um die Dynamik eines gegebenen Systems von Dingen, zum Beispiel eines Systems von Massenpunkten, beschreiben zu können, muß zunächst eine Menge X definiert sein, deren Elemente $x \in X$ die verschiedenen möglichen Zustände des Systems sind. Die Dynamik wird dann dadurch gegeben, daß jedem Paar $(t,x) \in \mathbb{R} \times X$ aus einem Zeitpunkt t und einem Zustand x ein

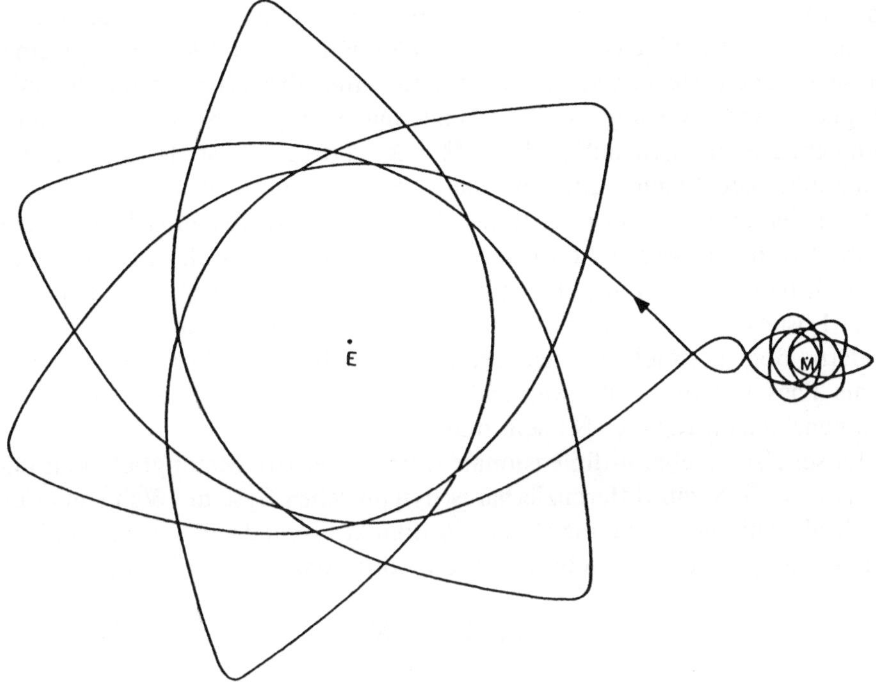

Fig. 16

neuer Zustand $\varphi(t,x) \in X$ zugeordnet ist. Die Bedeutung dieser Zuordnung ist die folgende: Wenn das System sich zum Zeitpunkt 0 im Zustand x befand, dann befindet es sich zum Zeitpunkt t im Zustand $\varphi(t,x)$. Die Dynamik wird also durch eine Abbildung

$$\varphi : \mathbb{R} \times X \longrightarrow X$$

beschrieben. In Anbetracht der Bedeutung dieser Abbildung ist es vernünftig zu verlangen, daß φ die folgende Eigenschaft hat:

$$\varphi(s+t,x) = \varphi(s,\varphi(t,x))\,.$$

Dies ist die definierende Eigenschaft der dynamischen Systeme. Ein *dynamisches System* ist also zunächst einmal einfach eine Operation der additiven Gruppe $\mathbb{R}$ auf einer Menge X. Entsprechend ist ein *diskretes dynamisches System* eine Operation von $\mathbb{Z}$ auf X. Man nennt X auch den *Phasenraum* und φ den *Fluß* des Systems. Das Wort «Raum» hat allerdings nur dann eine Berechtigung, wenn X eine raumartige Struktur trägt. Als grundlegende Strukturen kommen hierfür die Struktur eines topologischen Raumes oder eines Maß-Raumes oder auch eine Verbindung dieser beiden Strukturen in Betracht. Darüber hinaus wird in sehr vielen Fällen, vor allem bei Systemen der klassischen Mechanik, X die Struktur einer differenzierbaren Mannigfaltigkeit tragen. Entsprechend verlangt man von φ, daß es mit den angenommenen Strukturen auf X bzw. $\mathbb{R} \times X$ verträglich ist. Ist also X eine differenzierbare Mannigfaltigkeit, dann verlangt man, daß die Abbildung φ differenzierbar ist. Dieser Begriff des differenzierbaren dynamischen Systems ist in etwa das moderne Äquivalent des klassischen Begriffs der gewöhnlichen Differentialgleichung. Der klassische Begriff ist insofern allgemeiner, als er Lösungen zuläßt, die nur für ein endliches Zeitintervall existieren. Der moderne Begriff ist allgemeiner insofern, als er beliebige Mannigfaltigkeiten X als Phasenraum zuläßt, während im klassischen Fall X ein Gebiet des n-dimensionalen Raumes $\mathbb{R}^n$ sein muß.

Es sei also X eine n-dimensionale differenzierbare Mannigfaltigkeit und $\varphi : \mathbb{R} \times X \to X$ ein differenzierbares dynamisches System. Wählt man ein $x \in X$ als Anfangsbedingung für den Zeitpunkt $t = 0$, dann wird die zeitliche Entwicklung dieses Zustandes durch eine differenzierbare Abbildung

$$\varphi_x : \mathbb{R} \longrightarrow X$$

beschrieben, nämlich:

$$\varphi_x(t) := \varphi(t, x)\,.$$

Dies ist das moderne Analogon des klassischen Begriffs der Lösung einer Differentialgleichung. Das Bild $\varphi_x(\mathbb{R})$ ist eine differenzierbare Kurve in X. Sie heißt der *Orbit* durch x oder auch die *Flußlinie* durch x.

Der Übergang von der *analytisch* als Lösung einer Differentialgleichung definierten Funktion φ_x zu der als Bild erhaltenen Kurve, also zu dem Orbit als einem *geometrischen* Objekt, stellt den Kern der qualitativen Betrachtungsweise dar. Poincaré selbst sagt das ganz klar in seinem «Mémoire sur les courbes définies par une équation différentielle» von 1881:

L'étude complète d'une fonction comprend deux parties: 1° Partie qualitative (pour ainsi dire), ou étude géométrique de la courbe définie par la fonction; 2° Partie quantitative, ou calcul numérique des valeurs de la fonction. [240]

Die Reihenfolge «1° Partie qualitative, 2° Partie quantitative» ist bemerkenswert. Bei Euler war die Reihenfolge umgekehrt. Der ganze erste Band der *Introductio* war den analytischen, quantitativen Methoden gewidmet, und erst der zweite Band führt die von Oresme gefundene geometrische Darstellung einer Funktion durch ihre Kurve ein. Man darf darin aber nicht ohne weiteres einen Rückschwung des Pendels vom Qualitativen über das Quantitative zum Qualitativen sehen. Denn man darf nicht über das «pour ainsi dire» hinweglesen. Das neuzeitliche «qualitative» Denken des Mathematikers ist nicht mehr auf die Qualitäten der Dinge unserer natürlichen Erfahrungswelt gerichtet, sondern auf «certaines particularités», gewisse Besonderheiten der Lösungen. Der vergebliche Versuch, das zum Teil außerordentlich komplizierte Verhalten der Lösungen unmittelbar durch analytische Entwicklungen zu erfassen, hat zu einem negativen Ergebnis geführt. Deswegen wurden die neuen, qualitativen Methoden entwickelt:

> *[...] car il peut arriver que ces méthodes nous fassent découvrir certaines particularités que les développements ne mettraient pas immédiatement en évidence.* [241]

Dies bedeutet – so meine Interpretation – nicht, daß die bloße Absicht einer neuen Betrachtungsweise unmittelbar zu Evidenzen führt. Es bedeutet vielmehr, daß die Entwicklung neuer, qualitativer Methoden es ermöglicht, die Leistungen unseres geometrischen Anschauungsvermögens auf höhere Ebenen zu übertragen und durch die Verbindung von Gestaltwahrnehmung und analytischem Denken komplexe Situationen zu verstehen, deren Verständnis dem analytischen Denken allein unmittelbar nicht zugänglich wäre.

Poincaré sah in der Entwicklung der analysis situs den Weg zu dem Ziel, die Leistungen der Anschauung im 3-dimensionalen Raum auf höhere Ebenen zu übertragen:

> *Pour aller plus loin, il me fallait créer un instrument destiné à remplacer l'instrument géométrique qui me faisait défaut quand je voulais pénétrer dans l'espace à plus de trois dimensions. C'est la principale raison qui m'a engagé à aborder l'étude de l'Analysis Situs [...].* [242]

> *L'Analysis Sitûs est la science qui nous fait connaître les propriétés* qualitatives *des figures géométriques non seulement dans l'espace ordinaire, mais dans l'espace à plus de trois dimensions.*
> *[...]*
> *On a dit [...] que la géométrie est l'art de bien raisonner sur des figures mal faites. Oui, sans doute, mais à une condition. Les proportions de ces figures peuvent être grossièrement altérées, mais leurs éléments ne doivent pas être transposées et ils doivent conserver leur*

situation relative. En d'autres termes, on n'a pas à s'inquiéter des pro-
priétés quantitatives, mais on doit respecter les propriétés qualitatives,
c'est à dire précisément celles dont s'occupe l'Analysis Sitûs.

Cela doit nous faire comprendre qu'une méthode qui nous ferait
connaître les relations qualitatives dans l'espace à plus de trois di-
mensions, pourrait, dans une certaine mesure, rendre des services ana-
logues à ceux que rendent les figures. Cette méthode ne peut être que
l'Analysis Sitûs à plus de trois dimensions.

Malgré tout, cette branche de la science a été jusqu'ici peu cul-
tivée. Après Riemann *est venu* Betti *qui a introduit quelques notions*
fondamentales; mais Betti *n'a été suivi par personne.*

Quant à moi, toutes les voies diverses où je m'étais engagé suc-
cessivement me conduisaient à l'Analysis Sitûs. J'avais besoin des
données de cette science pour poursuivre mes études sur les courbes
définies par les équations différentielles [...] et pour les étendre aux
équations différentielles d'ordre supérieur et en particulier à celles
du problème des trois corps. J'en avais besoin pour l'étude des fonc-
tions non uniformes de 2 variables. J'en avais besoin pour l'étude des
périodes des intégrales multiples et pour l'application de cette étude
au développement de la fonction perturbatrice. [243]

Ich kann nur hoffen, daß diese sehr klaren methodischen Überlegungen eines
großen Mathematikers bei Lesern, die der Mathematik ferner stehen, etwas
anderes evozieren als nur das seit Bergson so viel nachgesprochene Schlagwort von der «Verräumlichung». Ich möchte – wenn auch überaus skizzenhaft
– am konkreten Beispiel von Ergebnissen Poincarés und anderer Mathematiker zum Dreikörperproblem zeigen, um welche bewunderungswürdigen Leistungen des menschlichen Geistes es sich bei dieser qualitativen Mathematik
handelt.

Vorher jedoch soll ein einfaches Beispiel aus einem anderen Gebiet ein
Gefühl dafür vermitteln, wie sich die Ergebnisse der qualitativen Theorie
der Differentialgleichungen von den quantitativen Ergebnissen unterscheiden.
Das Beispiel ist die in den zwanziger Jahren von B. van der Pol untersuchte
Differentialgleichung

$$\ddot{x} - \mu(1 - x^2)\dot{x} + x = 0 \, .$$

Sie beschreibt das Verhalten eines einfachen schwingungsfähigen Systems,
das unter Benutzung einer Triode mit kubischer Charakteristik realisiert werden kann. Die Zahl μ ist ein reeller positiver Parameter. Für festes μ definiert
die Differentialgleichung ein dynamisches System, dessen Phasenraum X die

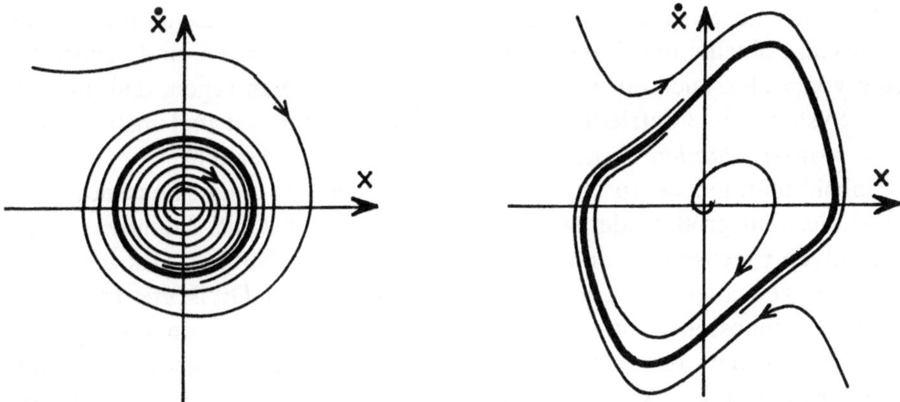

Fig. 17

Ebene $\mathbb{R}^2$ mit den Koordinaten x und $\dot{x}$ ist. Die zwei Bilder in Figur 17 zeigen für zwei Parameterwerte einige Orbits des zugehörigen dynamischen Systems, links für einen kleinen und rechts für einen mittleren Wert von μ.

Die beiden Systeme unterscheiden sich zwar durch die geometrische Form der Orbits, aber sie gleichen sich in allen wesentlichen qualitativen Zügen. Beide Systeme haben einen *singulären* Orbit, d. h. einen Orbit, der nur aus einem Punkt besteht, nämlich den Schnittpunkt der Koordinatenachsen. Dieser singuläre Orbit ist instabil: Für alle anderen Punkte in einer Umgebung dieses singulären Orbits entfernen sich die Lösungen zu diesen Anfangswerten für $t \to \infty$ spiralförmig von diesem Punkt und nähern sich einem *geschlossenen Orbit*. Dieser geschlossene Orbit ist für kleine Werte von μ fast ein Kreis, für wachsendes μ verformt er sich immer mehr. Aber er ist stets der einzige Orbit, dem sich alle anderen Lösungskurven (mit Ausnahme der singulären Lösung) für $t \to \infty$ nähern: Er ist ein *stabiler Attraktor*. Was lehrt uns die Betrachtung eines solchen *Phasenportraits*, d. h. der Zerlegung der Phasenebene in die orientierten Orbits? Sie lehrt: Das schwingungsfähige System mit einem solchen Phasenportrait wird mit an Sicherheit grenzender Wahrscheinlichkeit über kurz oder lang in einen selbsterregten Schwingungszustand übergehen, der sich von der periodischen Lösung, die zu dem geschlossenen Orbit gehört, immer weniger unterscheidet. Das ist eine qualitative Aussage, die für jedes konkrete physikalische System gilt, welches durch diese Differentialgleichung beschrieben wird. Quantitative Ergebnisse hingegen wären zum Beispiel die Berechnung von Amplitude und Frequenz der Schwingung in Abhängigkeit von dem Parameter μ. Mehr soll hier zu dem Beispiel der van der Pol'schen Differentialgleichung nicht gesagt werden.

Dynamische Systeme mit einem 2-dimensionalen Phasenraum X sind schon von Poincaré und Bendixson intensiv studiert worden, und danach bis heute von vielen anderen. In gewissem Sinne kann man sagen, daß man für diese Systeme eine befriedigende qualitative Theorie hat und insbesondere die *strukturell stabilen Systeme* der Dimension 2 gut versteht.

Sobald man jedoch zu dynamischen Systemen mit einem Phasenraum X der Dimension größer oder gleich 3 übergeht, wächst die Komplexität der qualitativen Eigenschaften der Systeme ganz außerordentlich. Das zeigt sich bereits bei verschiedenen Formen eines eingeschränkten Dreikörperproblems, die auf 3-dimensionale dynamische Systeme führen. Es ist ein Triumph unserer Wissenschaft, daß es Mathematikern wie Poincaré, Birkhoff, Liapunov, Siegel, Kolmogorov, Arnold, Moser und Smale gelungen ist, dennoch präzise Aussagen über das qualitative Verhalten derart komplizierter Systeme zu formulieren und zu beweisen. Natürlich können diese Ergebnisse hier nicht adäquat dargestellt werden – dafür wäre ich auch gar nicht kompetent. Ich will nur einen Eindruck von der Komplexität der Phänomene vermitteln. Der Anschaulichkeit halber werden im folgenden nur differenzierbare dynamische Systeme $\varphi : \mathbb{R} \times X \to X$ mit $\dim X = 3$ betrachtet.

Es sei also $\varphi : \mathbb{R} \times X \to X$ ein 3-dimensionales dynamisches System und $x \in X$ ein Punkt, dessen Orbit $\varphi_x(\mathbb{R})$ eine geschlossene Kurve ist, also zu einer periodischen Lösung gehört. Dann gibt es eine auf Poincaré zurückgehende Methode, das Verhalten der anderen Lösungen in der Nähe dieses geschlossenen Orbits mit Hilfe eines Diffeomorphismus einer 2-dimensionalen Mannigfaltigkeit zu untersuchen. Dazu wählt man in X in einer geeigneten Umgebung von x eine 2-dimensionale Untermannigfaltigkeit Y, welche in x den Orbit von x transversal schneidet. Wenn Y klein genug gewählt ist, schneiden auch für alle Punkte $y \in Y$ die Orbits durch diese Punkte die Fläche Y transversal. Ferner gibt es eine Umgebung U von x in Y, so daß für alle $y \in U$ die Lösung $\varphi_y : \mathbb{R} \to X$ die Fläche Y nicht nur für $t = 0$ in $y = \varphi_y(0)$ trifft, sondern erneut für ein $t > 0$. Das folgende Bild Fig. 18 illustriert diese Situation.

Man erhält so einen Diffeomorphismus, die *Poincaréabbildung*

$$\psi : U \longrightarrow V$$

der Umgebung U auf eine andere Umgebung V von x in der Fläche Y, nämlich:

$$\psi(y) = \varphi(t_y, y)\,,$$

wo $t_y > 0$ das kleinste positive t ist, für welches $\varphi(t, y) \in Y$ gilt (vgl. Fig. 19).

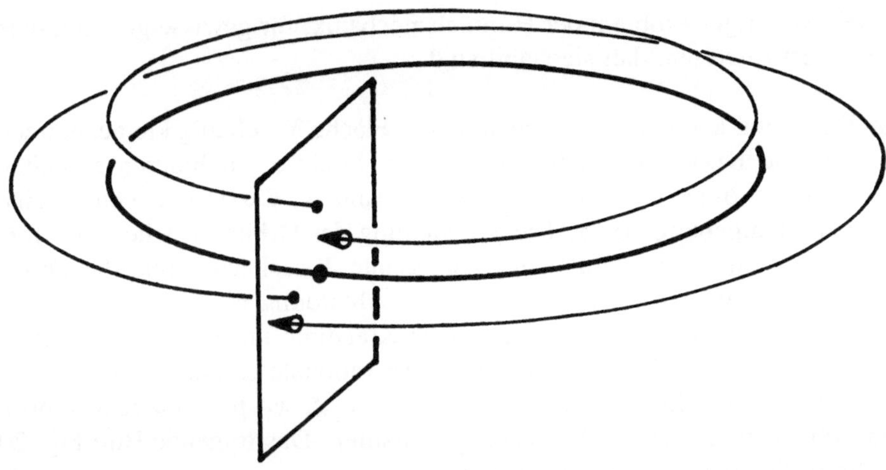

Fig. 18

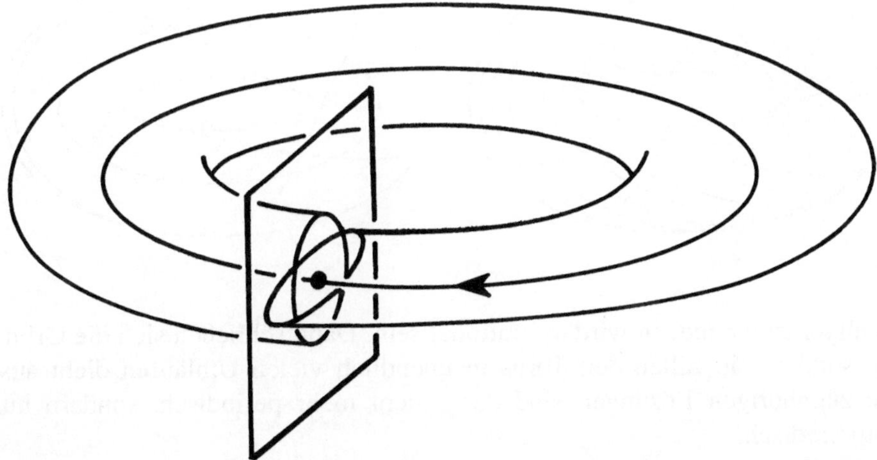

Fig. 19

Im allgemeinen, d.h. ohne besondere Annahmen über das dynamische System und den Orbit durch x, ist es nicht möglich, die Umgebung U so zu wählen, daß $U = V$ gilt. Wenn das doch gilt, wenn also $\psi(U) = U$, dann heißt U *invariant* unter der Poincaréabbildung. In diesem Fall bildet die Vereinigungsmenge der Orbits, welche U treffen, eine Umgebung des geschlossenen Orbits durch x, welche alle diese Orbits nie verlassen. Wenn es beliebig kleine ψ-invariante Umgebungen von x gibt, heißt der Fixpunkte x von ψ *stabil*, und der geschlossene Orbit durch x ist ein *stabiler Orbit*. Es ist

ein sehr wichtiges Problem der Himmelsmechanik, für gewisse geschlossene
Orbits nachzuweisen, daß sie stabil sind.

Um das zu tun, kann man versuchen, in der Fläche Y beliebig kleine, einfach
geschlossene Kurven C zu finden, die den Punkt x im Inneren enthalten
und invariant unter C sind: $\psi(C) = C$. Dann ist das Innere von C eine
invariante Umgebung von x. Die Vereinigung der Orbits, welche C treffen,
bildet dann eine unter dem Fluß φ invariante Torusfläche. Wie die Orbits
auf diesem Torus verlaufen, hängt von der Abbildung $\psi : C \to C$ ab. Wenn
beispielsweise ψ wie eine Drehung einer Kreislinie um einen Winkel $2\pi\omega$
aussieht, dann sind die Phasenportraits für rationale ω und für irrationale
ω wesentlich verschieden. Für rationale $\omega = p/q$, wo p und q relativ prim
sind, schließen sich alle Orbits nach q Umläufen. Das folgende Bild Fig. 20
illustriert dies für den Fall $p/q = 3/2$.

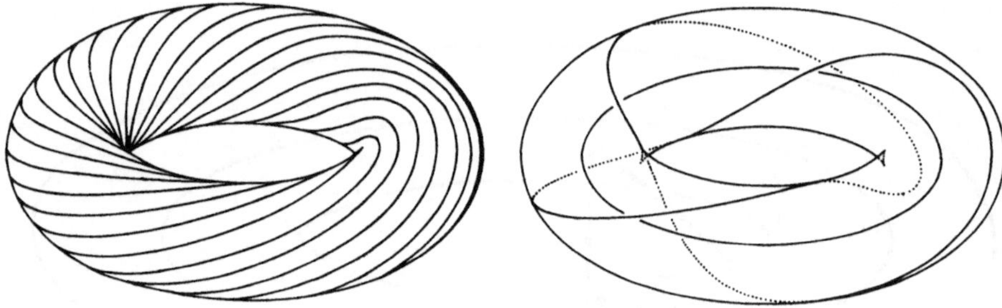

Fig. 20

Im allgemeinen jedoch wird ω irrational sein. Dann schließen sich die Orbits
nie, sondern sie füllen den Torus in unendlich vielen Umläufen dicht aus.
Die zugehörigen Lösungen sind dann nicht mehr periodisch, sondern nur
fastperiodisch.

Die Existenz derartiger invarianter Kurven kann aus verschiedenen dafür
hinreichenden Bedingungen abgeleitet werden, welche die Poincaréabbildung
ψ erfüllen soll. Dazu gehört zunächst einmal eine Bedingung für die Ableitungen erster Ordnung in dem Fixpunkt x, nämlich die, daß x ein *elliptischer Fixpunkt* sein soll. Das bedeutet, daß die zu ψ gehörige Abbildung des
Tangentialraumes $T_{Y,x}$ der Fläche Y in x konjugiert zu einer Drehung mit
Winkel $\alpha = 2\pi\omega$ sein soll, $\alpha \neq 0, \pi$. Weitere Bedingungen schließen dann
noch endlich viele rationale Werte für ω aus. Aber diese Bedingungen für die
Ableitungen 1. Ordnung genügen noch nicht. Es müssen weitere analytische
oder geometrische Bedingungen hinzukommen, um die Existenz invarianter
Kurven zu sichern. Diese Bedingungen sind natürlich gerade das, was die

entsprechenden Theoreme interessant und wichtig macht, aber dafür muß auf die Literatur verwiesen werden. [244]

Jedenfalls genügen diese Theoreme, um für gewisse geschlossene Orbits in einer Energiefläche eines Hamiltonschen Systems mit zwei Freiheitsgraden die Existenz invarianter Kurven und damit die Stabilität zu sichern. Insbesondere gibt es dann invariante Umgebungen U von x in der Schnittfläche Y, und die Poincaréabbildung ist ein Diffeomorphismus

$$\psi : U \longrightarrow U.$$

Diese Abbildung ψ definiert ein diskretes dynamisches System

$$\mathbb{Z} \times U \longrightarrow U$$

durch die Zuordnung $(n, y) \mapsto \psi^n(y)$. Durch dieses diskrete 2-dimensionale dynamische System auf U ist das ursprüngliche 3-dimensionale differenzierbare dynamische System auf X in der U entsprechenden Umgebung des geschlossenen Orbits durch x qualitativ vollständig bestimmt.

Insbesondere entspricht ein endlicher Orbit $\{y, \psi(y), \psi^2(y), \dots, \psi^{k-1}(y)\}$ einem geschlossenen Orbit von φ. Seine k Punkte sind Fixpunkte der Abbildung ψ^k.

Diese Fixpunkte p können von verschiedener Art sein. Sie können wiederum elliptische Fixpunkte sein. Sie können aber auch sogenannte *hyperbolische Fixpunkte* sein. Das heißt: Die zugehörige Abbildung des Tangentialraumes $T_{U,p}$ hat zwei reelle Eigenwerte λ_1, λ_2, so daß gilt: $0 < |\lambda_1| < 1 < |\lambda_2|$. In der Nähe eines solchen hyperbolischen Fixpunktes p sehen die Orbits so aus wie in Fig. 21.

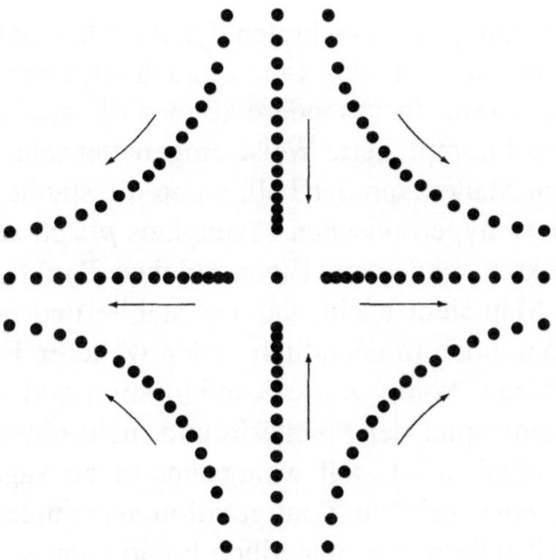

Fig. 21

Während die meisten Orbits auf hyperbelähnlichen Kurven liegen, gibt es zwei 1-dimensionale Untermannigfaltigkeiten durch den Punkt p, die eine besondere Rolle spielen. Es sind die *stabile Mannigfaltigkeit* $W^s(p)$ und die *instabile Mannigfaltigkeit* $W^u(p)$.

$$W^s(p) = \{y \in U \mid \lim_{n \to \infty} \psi^n(y) = p\},$$
$$W^u(p) = \{y \in U \mid \lim_{n \to -\infty} \psi^n(y) = p\}.$$

Für die Punkte y in diesen Untermannigfaltigkeiten strebt $\psi^n(y)$ für $n \to \infty$ bzw. für $n \to -\infty$ gegen den Fixpunkt p. In den folgenden Abbildungen wollen wir diese stabilen und instabilen Mannigfaltigkeiten ähnlich wie in Fig. 22 darstellen.

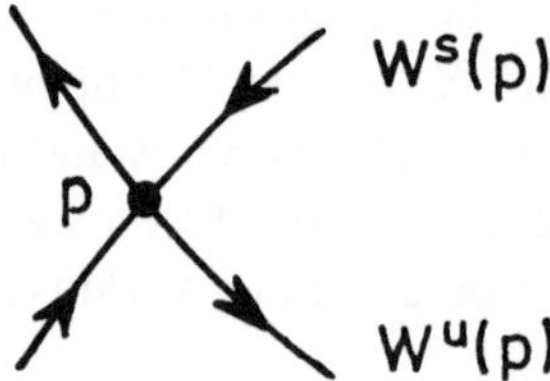

Fig. 22

Diese Bilder darf man nicht mit den früheren Phasenportraits verwechseln! Dort stellte eine Kurve *einen* Orbit dar. Jetzt stellen die Kurven die stabilen und instabilen Mannigfaltigkeiten eines *diskreten* dynamischen Systems dar und bestehen aus überabzählbar vielen Orbits, deren jeder eine diskrete Punktmenge ist.

Während die Bewegung eines diskreten dynamischen Systems lokal in der Nähe eines hyperbolischen Punktes ganz einfach ist, kann sie global natürlich viel komplizierter sein. Insbesondere können die stabilen und instabilen Mannigfaltigkeiten auf komplizierte Weise eingebettet sein. Das ist insbesondere in ganz starkem Maße dann der Fall, wenn die stabile und die instabile Mannigfaltigkeit eines hyperbolischen Fixpunktes p sich außer in p noch in einem anderen Punkt r schneiden. Einen solchen Punkt nennt man einen *homoklinen Punkt*. Man sieht leicht, daß die stabile und die instabile Mannigfaltigkeit sich dann noch in unendlich vielen weiteren Punkten schneiden müssen und eine überaus komplizierte Konfiguration bilden. Die Skizze der Figur 23, die nur dem Spiel der Phantasie und nicht einer mathematischen Konstruktion zu verdanken ist, soll wenigstens einen vagen Eindruck von der Kompliziertheit einer solchen Konfiguration vermitteln. [245]
In Wahrheit ist die Konfiguration unendlich komplizierter, als es die Skizze ahnen läßt, denn in dieser ist nur ein kleines Stück der stabilen und der

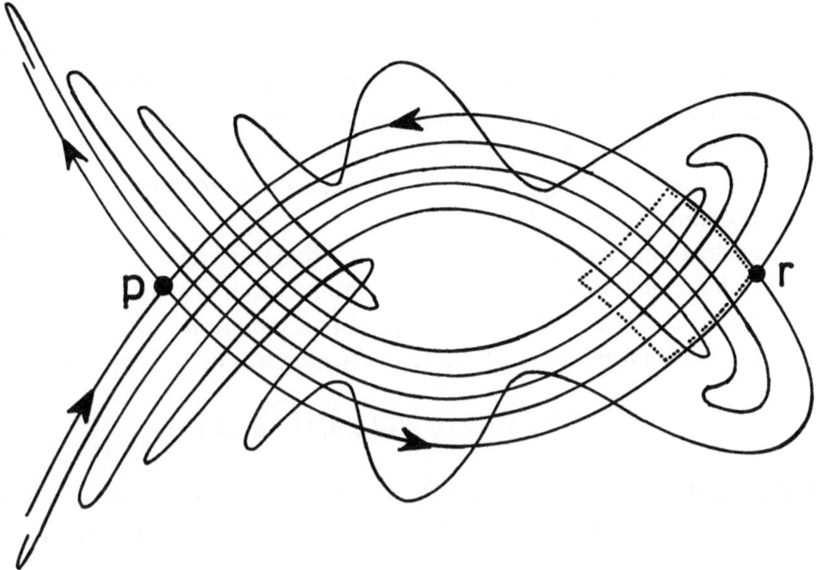

Fig. 23

instabilen Mannigfaltigkeit gezeichnet, und bei weiterer Fortsetzung würde ein Bild entstehen, vor dem unser Gestaltwahrnehmungsvermögen versagen müßte. Poincaré, der die homoklinen Punkte entdeckt hat, schreibt darüber im letzten Kapitel des 3. Bandes seiner *Mécanique céleste*:

397. Que l'on cherche à se représenter la figure formée par ces deux courbes et leurs intersections en nombre infini dont chacune correspond à une solution doublement asymptotique, ces intersections forment une sorte de treillis, de tissu, de réseau à mailles infiniment serrées; chacune des deux courbes ne doit jamais se recouper elle-même, mais elle doit se replier sur elle-même d'une manière très complexe pour venir recouper une infinité de fois toutes les mailles du réseau.

On sera frappé de la complexité de cette figure, que je ne cherche même pas à tracer. Rien n'est plus propre à nous donner une idée de la complication du problème des trois corps et en général de tous les problèmes de Dynamique où il n'y a pas d'intégrale uniforme et où les séries de Bohlin sont divergentes. [246]

Der Text zeigt wunderschön, wie hier angesichts einer qualitativen Komplexität mathematischer Figuren, vor der die Anschauung ratlos ist, Qualitäten der alltäglichen Erfahrung als Metaphern zu Hilfe gerufen und hyperbolisch gesteigert werden, um das noch Unbegriffene zu benennen. Auch heute ist die Komplexität des Phänomens der homoklinen Punkte wohl noch nicht vollständig verstanden, aber durch die Arbeit von Mathematikern wie George David Birkhoff, Stephen Smale, Jürgen Moser und anderen kann man doch einige Aspekte dieser qualitativen Komplexität heute begrifflich fassen. Dabei helfen genau die Begriffe der Cantorschen Mengenlehre, die Poincaré später so polemisch angegriffen hat.

Wir konstruieren wie folgt ein diskretes dynamisches System, das als Modell bei der Untersuchung homokliner Punkte dienen wird. Es sei $2^{\mathbb{Z}}$ die Menge aller Abbildungen $a : \mathbb{Z} \to \{0, 1\}$. Ein Element $a \in 2^{\mathbb{Z}}$ ist also eine 2-fach unendliche Folge, deren Glieder $a(n)$ gleich 0 oder 1 sind:

$$\ldots , a(-2) , a(-1) , a(0) , a(1) , a(2) , \ldots$$

Durch die Produkttopologie zu der diskreten Topologie auf $\{0, 1\}$ wird $2^{\mathbb{Z}}$ ein topologischer Raum. Man kann jedes Element $a \in 2^{\mathbb{Z}}$ in zwei Hälften zerlegen:

$$a(0) , a(1) , a(2) , \ldots$$
$$a(-1) , a(-2) , a(-3) , \ldots$$

Dadurch ist $2^{\mathbb{Z}}$ homöomorph zu $2^{\mathbb{N}} \times 2^{\mathbb{N}}$. Auf diese Weise kann man, wenn man es aus Gründen der Veranschaulichung will, den Raum $2^{\mathbb{Z}}$ mit dem cartesischen Produkt der ternären Cantor-Menge mit sich selbst identifizieren. Dies entsteht durch den unendlichen Prozeß, den das folgende Bild andeutet.

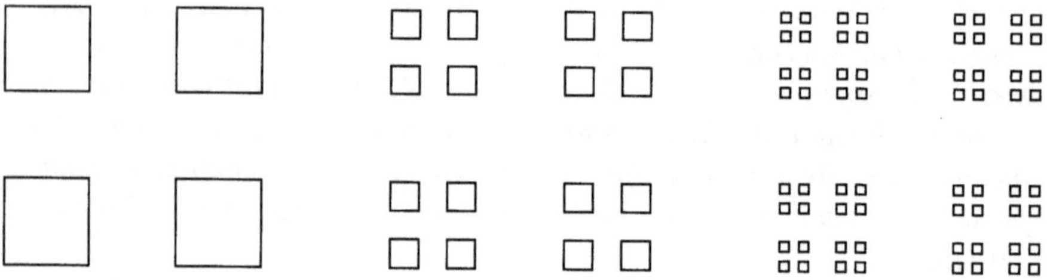

Fig. 24

Auf dem topologischen Raum $2^{\mathbb{Z}}$ hat man einen natürlichen Homöomorphismus

$$\sigma : 2^{\mathbb{Z}} \longrightarrow 2^{\mathbb{Z}} .$$

Diese *Shift-Abbildung* ist wie folgt definiert:

$$\sigma(a)(n) := a(n - 1) .$$

Die Potenzen von σ definieren ein diskretes dynamisches System auf $2^{\mathbb{Z}}$, das *Shift-System*. Dieses gut studierte System hat interessante Eigenschaften. Zum Beispiel bilden die periodischen Punkte eine abzählbar unendliche, invariante dichte Teilmenge von $2^{\mathbb{Z}}$.

Nun sei $\psi : Y \rightarrow Y$ ein Diffeomorphismus einer 2-dimensionalen Mannigfaltigkeit. Die Potenzen von ψ definieren ein diskretes dynamisches System auf Y. Es seien p und q zwei Punkte eines endlichen, aus k Punkten bestehenden Orbits dieses Systems. Sie seien hyperbolische Fixpunkte von ψ^k. Es sei r ein von p und q verschiedener Punkt, so daß gilt:

$$r \in W^s(p) \cap W^u(q) \,.$$

Einen solchen Punkt r nennt man, in Verallgemeinerung der früheren Definition, auch wieder einen *homoklinen* Punkt. Der Schnitt von $W^s(p)$ und $W^u(q)$ in r sei transversal. Unter diesen Voraussetzungen besagt der *Satz von Birkhoff und Smale:* Es gibt in jeder Umgebung des homoklinen Punktes r eine unter ψ^k invariante Menge I, so daß das diskrete dynamische System, welches durch Beschränkung von ψ^k auf I entsteht, homöomorph zu dem Shift-System ist. [247]

Dieser Satz ist eine präzise Beschreibung eines Aspektes der außerordentlich komplizierten qualitativen Verhältnisse, die durch homokline Punkte in einem diskreten dynamischen System entstehen. Er impliziert insbesondere unmittelbar die Existenz unendlich vieler periodischer Orbits. Mit einem bisweilen etwas unscharf gebrauchten und derzeit sehr beliebten Wort bezeichnet man derartige oder ähnliche Verhältnisse auch als *deterministisches Chaos*.

Die Beschreibung der homoklinen Punkte allein läßt aber noch nicht das ganze Ausmaß der Komplexität der qualitativen Dynamik ahnen, die schon bei der Untersuchung des beschränkten Dreikörperproblems sichtbar wird. V. I. Arnold hat nämlich folgende Beschreibung des Verhaltens diskreter dynamischer Systeme von der Art der Poincaréabbildung ψ in der Nähe generischer elliptischer Punkte gegeben:

Jeder generische elliptische Punkt ist von geschlossenen Kurven umgeben, die unter einer Potenz ψ^k invariant sind. Diese Kurven bilden «Inseln» wie in Fig. 25. Jede Insel wiederholt en miniature die ganze Struktur, mit geschlossenen Kurven, Inselchen usw. Zwischen diesen Inseln und Kurven bleiben Zonen um hyperbolische Punkte, deren stabile und instabile Mannigfaltigkeiten sich in unendlich vielen homoklinen Punkten schneiden und das von Poincaré in seiner Himmelsmechanik beschriebene komplizierte Netzwerk bilden. [248]

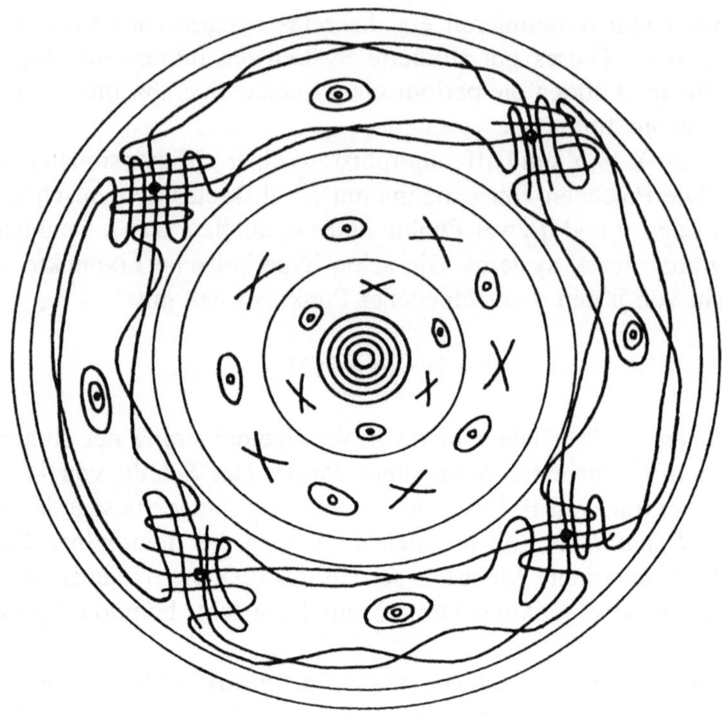

Fig. 25

Die theoretische qualitative Analyse derart komplizierter dynamischer Systeme ermöglicht erst die gezielte Benutzung von Computern zur Berechnung einzelner Lösungen der entsprechenden Differentialgleichungen. Umgekehrt kann man mit einem Computer für einzelne Punkte y eine große Anzahl von Bildpunkten $\psi^k(y)$ durch Iteration der Poincaréabbildung berechnen. Man erhält so für bestimmte konkrete dynamische Systeme, etwa gewisse Fälle des eingeschränkten Dreikörperproblems, schöne Bilder, in denen man einige Motive der von Arnold beschriebenen Figur wiedererkennen kann. [249]

Die heute gegebenen Möglichkeiten der graphischen Darstellung durch Computer unterstützen die theoretische qualitative Analyse von komplexen dynamischen Problem, darunter auch solchen von praktischer Bedeutung. Doch sie verführen auch dazu, bunte Bilder herzustellen und zu verkaufen, die weder zu einem Verständnis der theoretischen Fragen führen noch zu mehr Einsicht in die komplexen natürlichen und gesellschaftlichen Probleme, die uns in unserer Zeit bedrängen. Aber gerade diese Bilder werden begierig von einem Zeitgeist aufgenommen, der zwar die Komplexität dieser

Probleme ahnt, aber nicht die Geduld und Opferbereitschaft aufbringt, sie zu lösen. Er begibt sich stattdessen in die bunte Bilderwelt einer virtuellen Realität. Das Betrachten von solchen Bildern, von «Blumen-Fraktalen» etwa oder «Farn-Fraktalen», hat wenig oder nichts mit der sinnlichen Wahrnehmung wirklicher Dinge, wirklicher Blumen und wirklicher Farne zu tun. Es fehlt dabei die natürliche Erfahrung sinnlicher Qualitäten ebenso wie die Erfahrung denkenden Begreifens. Wenn man nach der verlorenen Qualität der wirklichen Dinge sucht, dann sollte man sie nicht dort suchen, wo sie nicht zu finden ist: in einer virtuellen Realität.

* * *

Unser drittes Beispiel ist die *Katastrophentheorie* von René Thom. Sie ist das Werk eines Mathematikers von höchstem Rang, der mit diesem Werk nicht nur die Grenzen der Mathematik, sondern auch der exakten Wissenschaften überschritten und sich in Bereiche der Naturphilosophie gewagt hat, vor deren Rätseln die exakte Wissenschaft verstummen muß.

René Thom hat seine Gedanken zu diesen Fragen seit den sechziger Jahren auf verschiedenen Foren vorgetragen. 1972 erschien dann sein Buch *Stabilité structurelle et morphogénèse*, ein Werk, in dem nach Thoms eigenem Zeugnis fast ein ganzes von wissenschaftlichem Denken erfülltes Leben steckt. [250] In dichtem zeitlichem Abstand dazu schrieb Thom Artikel, in denen der Ansatz der Katastrophentheorie in einzelnen Gebieten andeutungsweise ausgeführt wurde: in der Embryologie, in der Linguistik, in der Zeichenphilosophie, in der Semantik. Schon 1974 erschien ein Teil dieser Vorträge und Aufsätze in Taschenbuchform. [251] Es war dies wohl auch die Folge des bis dahin auf die trüben Quellen des Wissenschaftsjournalismus angewiesenen Interesses einer über wissenschaftliche Kreise hinausreichenden breiteren Öffentlichkeit an der neuen Theorie mit dem interessanten Namen.

Eine Reihe von Mathematikern, allen voran Christopher Zeeman, begeisterte sich für diese neue Theorie, entwickelte sie weiter und wandte sie auf die Physik, die Biologie und die Sozialwissenschaften an. Zeemans Arbeiten, vor allem Anwendungen im Bereich der Biologie und Sozialwissenschaften, erschienen 1977 in einem Sammelband. [252] Ein Jahr später veröffentlichten Poston und Stewart ein Buch, das die neue Theorie den in der Praxis tätigen Wissenschaftlern vermitteln will und – in der Nachfolge Zeemans – viele Beispiele für ausgearbeitete katastrophentheoretische Modelle bringt, wobei jedoch, im Gegensatz zu Zeeman, nicht die schwer quantifizierbaren Beispiele aus der Biologie und den Sozialwissenschaften, sondern solche aus der Physik und den Ingenieurwissenschaften im Vordergrund stehen. [253] Dieser Trend zu detailliert ausgearbeiteten qualitativen und dann sogar zu quantifizierten Modellen steht in sehr deutlichem Gegensatz zu Thoms eigenem Umgang mit seinen Modellen. Die Katastrophentheorie von Thom und die von Zeeman und seinen Nachfolgern sind wohl zu unterscheiden. Für die uns interessierende philosophische Frage ist die Konzeption von Thom die bei weitem interessantere und tiefer angelegte. Sie ist aber auch sowohl in mathematischer wie in philosophischer Hinsicht schwieriger darzustellen. Im folgenden werde ich daher nur einige einfache mathematische Ideen desjenigen Teils der Theorie darstellen, der allen Varianten gemeinsam ist und *elementare Katastrophentheorie* genannt wird. Die für uns wichtigen philosophischen Fragen werde ich nicht zu den höheren Stufen der mathematischen Theorie in Beziehung setzen, weil das den Rahmen dieses Aufsatzes völlig überschreiten würde. Ich werde dazu nur Thom selbst mit einigen grundlegenden Gedanken zu Wort kommen lassen.

Ich habe bisher wie selbstverständlich von der Katastrophentheorie als einer «neuen Theorie» gesprochen. Das ist jedoch nicht unproblematisch. In der Tat ist von kompetenten Mathematikern sowohl bezweifelt worden, daß es sich um eine «neue» Theorie handele, als auch, daß dies überhaupt eine Theorie sei. Was die Neuigkeit angeht, so ist es wahr, daß gewisse für die Katastrophentheorie grundlegende große Komplexe von mathematischen Ideen und Ergebnissen bereits vorher vorhanden waren. Dazu gehören die qualitative Theorie dynamischer Systeme, die aus der Untersuchung der Gleichgewichtsfiguren rotierender Flüssigkeiten entstandene Bifurkationstheorie und außerdem die Untersuchungen von Hassler Whitney über Singularitäten differenzierbarer Funktionen aus den fünfziger Jahren. [254]

Der Begriff der *Bifurkation* ist ein für das Folgende sehr wesentlicher Begriff. Ich zitiere deswegen – und auch, weil es meine These von der Übertragung der Kategorie der Qualität auf den Bereich mathematischer Objekte belegt – in fast wörtlicher Übersetzung einen diesbezüglichen Abschnitt aus einer mathematischen Enzyklopädie:

Bifurkation *ist ein Ausdruck in gewissen mathematischen Disziplinen, der in Situationen angewandt wird, in denen ein Objekt $D = D(\lambda)$ von einem Parameter λ abhängt und die so beschaffen sind, daß in jeder Umgebung eines gewissen Wertes λ_0 jenes Parameters die betrachteten qualitativen Eigenschaften des Objektes $D(\lambda)$ nicht für alle λ die gleichen sind. λ_0 heißt dann ein Bifurkationspunkt. Die entsprechenden genauen Definitionen variieren von Fall zu Fall, folgen aber meist in mehr oder minder modifizierter Form einer der beiden folgenden Varianten:*

A) Die qualitativen Eigenschaften des Objekts D, die untersucht werden, bestehen in der Existenz anderer, D irgendwie zugeordneter Objekte O. Die Bifurkation ist dadurch charakterisiert, daß die Objekte O erscheinen oder verschwinden, wenn λ variiert. Insbesondere können sie zusammenfallen, oder umgekehrt kann ein Objekt mehrere erzeugen.

B) Die zweite Variante geht davon aus, daß für die Objekte $D(\lambda)$ eine Äquivalenzrelation definiert wird. Diese Definition muß so sein, daß für äquivalente Objekte alle interessierenden qualitativen Eigenschaften identisch sind. Eine Änderung der qualitativen Eigenschaften von $D(\lambda)$ in einer Umgebung eines Bifurkationspunktes λ_0 bedeutet nach Definition, daß es in der Nähe von λ_0 Werte von λ gibt, für welche $D(\lambda)$ nicht äquivalent zu $D(\lambda_0)$ ist. [255]

Bei der Bifurkation dynamischer Systeme benutzt man sowohl die Variante A wie die Variante B. Im Fall A sind die Objekte, die in $D(\lambda)$ bei Variation von $D(\lambda)$ entstehen oder verschwinden, singuläre Orbits oder periodische Orbits. Im Fall B nennt man zwei dynamische Systeme äquivalent, wenn es einen Homöomorphismus ihrer Phasenräume gibt, welcher die orientierten Orbits des einen Systems in die des anderen überführt.

Bifurkationstheorie und Untersuchungen von Singularitäten gab es, wie gesagt, bereits vor Thoms Konzeption der Katastrophentheorie. Andererseits hat eine zentrale Idee dieses Konzeptes, die Idee der *strukturellen Stabilität*, dazu beigetragen, daß die Ansätze von Whitney weiterentwickelt wurden und neue mathematische Theorien entstanden. Zu den Mathematikern, die hier viele neue und sehr interessante Ergebnisse über Singularitäten erhalten haben, gehören außer René Thom selbst John Mather, Bernard Malgrange und Vladimir Igorevich Arnold, aber auch viele andere, die hier nicht genannt werden können. Einen Eindruck von der Fülle der inzwischen erhaltenen Ergebnisse vermittelt das zweibändige Buch *Singularities of Differentiable Maps* von Arnold und einigen seiner Schüler. [256] Für manche Autoren, etwa V. I. Arnold, besteht der mathematische Gehalt der Katastrophentheorie im wesentlichen aus diesen Untersuchungen über Bifurkation dynamischer Systeme und über Singularitäten im weitesten Sinne, und die über die Mathematik hinausgehende Bedeutung in den auf exakter Modellbildung beruhenden physikalischen und ingenieurwissenschaftlichen Anwendungen. [257] Diese trotz aller Offenheit streng auf die traditionellen Werte mathematisch-naturwissenschaftlicher Forschung verpflichtete Haltung ist natürlich weit entfernt von Thoms kühnem Versuch, mit seinen Figuren in den Formen des Lebendigen das verborgene Urbild zu erahnen.

Wurde einerseits das grundsätzlich Neue an Thoms Entwurf bestritten, so andererseits, daß es sich dabei überhaupt um eine Theorie handele. Thom selbst hat konzediert, daß die Katastrophentheorie keine wissenschaftliche Theorie im üblichen Sinne ist, das heißt kein System von Hypothesen, aus dem man neue, experimentell verifizierbare Folgerungen ableiten könnte. Sie ist gleichzeitig weniger und mehr als eine wissenschaftliche Theorie. Sie ist mehr, denn sie ist

une méthode, qui permet de classifier, de systématiser les donnés empiriques, et qui offre à ces phénomènes un début d'explication qui les rende intelligibles. [258]

Die Modelle der Katastrophentheorie haben für Thom nicht die gleiche Funktion wie die quantitativen Gesetze der Physik. Sie sollen zu einem übergreifenden Verstehen der Phänomene des Lebendigen führen, und von da aus vielleicht auch zu einem neuen Verständnis der Physik.

Aber die Katastrophentheorie ist nicht nur keine naturwissenschaftliche Theorie im üblichen Sinn. Sie – genauer der Komplex ihrer rein mathematischen Aussagen – ist auch als Teil der reinen Mathematik keine Theorie. Genauer: Ihr Status als Theorie ist nach Thoms eigener Auffassung zum mindesten zweifelhaft. [259] Dort, wo sie die nötige mathematische Strenge erreicht hat, ist sie wieder in selbständige Teilgebiete zerfallen: dynamische Systeme, Singularitäten differenzierbarer Abbildungen, partielle Differentialgleichungen, Operationen von Gruppen. Andererseits erweist es sich als außerordentlich schwierig, die für die höheren und aus Thoms Sicht sehr wesentlichen Stufen der Theorie grundlegenden mathematischen Annahmen seiner ursprünglichen Konzeption zu präzisieren. Diese Annahmen betreffen die Bifurkation dynamischer Systeme und stehen im Zusammenhang mit einem grundlegenden Prinzip von Thoms Konzept. In diesem Prinzip spielt ein Begriff eine zentrale Rolle, der zuerst 1935 von A. A. Andronow und L. S. Pontrjagin eingeführt wurde: der Begriff der *strukturellen Stabilität* eines dynamischen Systems. [260]

Ein dynamisches System auf einem Phasenraum X heißt strukturell stabil, wenn der ihm entsprechende Punkt in dem Raum $\mathscr{S}$ aller dynamischen Systeme auf X kein Bifurkationspunkt im Sinne der oben erläuterten Variante (B) ist, d. h. wenn alle hinreichend benachbarten Systeme zu ihm äquivalent sind. Ist $\mathscr{B} \subset \mathscr{S}$ die Menge der Bifurkationspunkte, so ist also die Menge $\mathscr{S} \backslash \mathscr{B}$ die Menge der strukturell stabilen Systeme. Ursprünglich bestand die Hoffnung, daß diese offene Menge auch dicht in $\mathscr{S}$ wäre, daß also in diesem Sinne fast alle Systeme strukturell stabil wären und sich jedes System durch strukturell stabile beliebig gut approximieren ließe. Wenn die Dimension von X gleich 1 oder 2 ist, ist das auch der Fall, und die strukturelle Stabilität läßt sich gut durch qualitative Eigenschaften des Systems charakterisieren. Aber für dim $X \geq 3$ erwies sich diese Hoffnung durch die Arbeit von Smale und anderen als trügerisch. [261]

Solange die zu untersuchenden Systeme in einem Bereich von $\mathscr{S}$ liegen, in dem die Menge der strukturell stabilen Systeme dicht ist, kann man sich immerhin bei der Untersuchung eines einzelnen Systems auf strukturell stabile Systeme beschränken, wenn man natürliche Systeme damit modellieren will. Denn – das ist jedenfalls ein Prinzip der Thomschen Theorie – bei geringfügigen Variationen der Modellbildung sollten die qualitativen Eigenschaften des Modells erhalten bleiben, etwa die Zahl und Art der stabilen Attraktoren, welche die Zustände beschreiben, denen das System zustrebt.

Die Dinge liegen jedoch anders, wenn es um die Modellierung eines Prozesses geht, bei dem nicht ein einzelnes dynamisches System zu untersuchen ist, sondern eine ganze Familie von dynamischen Systemen, die von einem Parameter λ abhängen, der in einem Parameterraum Λ variiert. Im einfachsten Falle könnte Λ ein Intervall $[a, b]$ sein, das ein Zeitintervall darstellen könnte, oder ein räumliches Intervall, oder den Bereich der möglichen Werte eines Kontrollparameters. Die Familie von dynamischen Systemen wäre dann durch eine Abbildung $D : \Lambda \to \mathscr{S}$ gegeben, die jedem $\lambda \in \Lambda$ ein dynamisches System $D(\lambda) \in \mathscr{S}$ auf dem Phasenraum X zuordnet. Als Mindestbedingung wird man verlangen, daß diese Abbildung stetig ist. Wenn nun etwa im Falle $\Lambda = [a, b]$ die Werte $D(a)$ und $D(b)$ als strukturell stabile Systeme in $\mathscr{S} \backslash \mathscr{B}$ vorgegeben sind, so wird es doch im allgemeinen keinen stetigen Weg in $\mathscr{S}$ geben, der $D(a)$ mit $D(b)$ verbindet und ganz in $\mathscr{S} \backslash \mathscr{B}$ verläuft. Allgemein muß man also bei der Modellierung von Prozessen durch Familien von dynamischen Systemen $D : \Lambda \to \mathscr{S}$ zulassen, daß das Bild $D(\Lambda)$ die Bifurkationsmenge $\mathscr{B}$ trifft. Das Prinzip, daß kleine Variationen der Modellierung keinen Einfluß auf die qualitativen Eigenschaften des Modells haben sollten, verlangt nun, daß das Bild $D(\Lambda)$ die Bifurkationsmenge $\mathscr{B}$ möglichst *generisch* trifft. Was das heißen soll, kann man allerdings nur dann streng definieren, wenn man die Struktur der Bifuraktionsmenge $\mathscr{B}$ wenigstens im Prinzip kennt.

Für den speziellen Fall derjenigen dynamischen Systeme, die man als Gradientensystem einer Funktion mit einer isolierten, endlich determinierten Singularität erhält, sind die entsprechenden Probleme durch die Theorie der *universellen Entfaltung* solcher Singularitäten gelöst, und für Parameterräume Λ der Dimension dim $\Lambda \leq 4$ führt dies auf die 7 *elementaren Katastrophen* der elementaren Katastrophentheorie von René Thom.

Im allgemeinen jedoch haben die Untersuchungen über dynamische Systeme in den letzten dreißig Jahren gezeigt, daß die Struktur der Bifurkationsmenge sehr viel komplizierter ist, als man ursprünglich gehofft hat. Man hat Beispiele von dynamischen Systemen mit *seltsamen Attraktoren* gefunden. Das bekannteste Beispiel ist der 1963 von E. N. Lorenz entdeckte *Lorenz-Attraktor* in einem ganz einfach aussehenden, von 3 Parametern abhängigen dynamischen System auf $\mathbb{R}^3$ als Phasenraum. Die zunehmende Einsicht in die außerordentliche Kompliziertheit gewisser dynamischer Systeme hat bis zu einem gewissen Grade zu einem Paradigmenwechsel geführt, zu einem Abnehmen des Interesses an der Katastrophentheorie und einem zunehmenden Interesse an der sogenannten *Chaostheorie*, über die ich jedoch hier nichts weiter sagen will. Für die Katastrophentheorie, insbesondere für ihre höheren Stufen, deren Aufbau Zeeman sehr klar in seinem Vortrag auf dem Internationalen Mathematikerkongreß 1974 dargestellt hat, ergeben sich jedenfalls große, wenn auch vielleicht nicht unüberwindliche mathematische Schwierigkeiten. [262] Ein Beispiel für einen Versuch ihrer Überwindung ist eine neue Definition der Stabilität dynamischer Systeme von Christopher Zeeman, die auf die Anwendbarkeit bei der Modellierung numerischer und physikalischer Experimente ausgerichtet und so beschaffen ist, daß die stabilen Systeme eine dichte Menge bilden. [263]

Ich habe den problematischen Status der Katastrophentheorie deswegen so ausführlich dargestellt, weil dadurch sichtbar wird, in welche großen Schwierigkeiten der Versuch René Thoms geführt hat, die «Phänomene intelligibel» zu machen, die Morphogenese lebendiger Wesen etwa als eine Erscheinung ihrer «logoi» mathematisch zu verstehen.

Diese Darstellung der Probleme der Katastrophentheorie war notwendigerweise sehr abstrakt. Ich will jetzt versuchen, mit Hilfe einiger ganz einfacher Beispiele aus der elementaren Katastrophentheorie eine anschauliche Vorstellung von dieser Theorie zu vermitteln. Die Mathematiker mögen mir die Naivität der Darstellung verzeihen.

In der elementaren Katastrophentheorie geht es um die Modellierung natürlicher Prozesse durch spezielle dynamische Systeme, nämlich *Gradientensysteme*. Zu jeder differenzierbaren Funktion f auf einer Riemannschen Mannigfaltigkeit X gehört ein Vektorfeld $-\mathrm{grad}\, f$ auf X. Wenn X die reelle Gerade $\mathbb{R}$ ist, ist dies im wesentlichen einfach die Ableitung, genauer $-f'$. Ein solches Vektorfeld ist eine gewöhnliche Differentialgleichung, und deren Integration gibt ein dynamisches System, das zu f gehörige Gradientensystem. Seine Orbits sind Kurven in X, welche die Niveauflächen von f senkrecht durchsetzen. Für $t \to \infty$ streben sie fast alle zu einem Minimum der Funktion f. Die Minima sind singuläre Punkte von f, d. h. Punkte $x \in X$, für die grad $f(x) = 0$ gilt. Natürlich kann es auch noch andere singuläre Punkte geben, z. B. Maxima, Sattelpunkte oder höhere Singularitäten.

Bei der Modellierung eines physikalischen oder eines anderen natürlichen Systems durch ein Gradientensystem $-$grad f hat f meist die Bedeutung einer Potentialfunktion. Stellen wir uns etwa als System eine schwere Kugel vor, die auf eine unebene Fläche gelegt wird. Ihre potentielle Energie ist dann durch die Höhe ihrer Lage gegeben. Sie wird dorthin rollen, wo die potentielle Energie ein Minimum ist: ins Tal. Dort bleibt sie in einer stabilen Lage liegen. Hingegen wäre die Ruhelage auf der Spitze eines Berges zwar auch eine singuläre Lösung, aber sie wäre nicht stabil.

Betrachten wir als ein Beispiel für eine einfache Familie von Potentialfunktionen einer reellen Veränderlichen x die Funktionen f auf $X = \mathbb{R}$, die durch ein Polynom 4. Grades definiert werden. Ohne Einschränkung der Allgemeinheit können wir annehmen, daß das Polynom normiert ist und der Koeffizient des zweithöchsten Terms verschwindet, da wir letzteres durch eine Koordinatentransformation $x \mapsto x + a$ stets erreichen können. Schließlich können wir, wiederum ohne Einschränkung der Allgemeinheit, annehmen, daß der konstante Term verschwindet, denn er ist für das Gradientenfeld unwesentlich. Die fraglichen Polynome sind also von der folgenden Form:

$$f(x, u, v) = x^4 - ux^2 + vx$$

Für jede Wahl des Paares (u, v) von Parametern erhalten wir eine Funktion $f_{u,v}$ einer reellen Variablen x, nämlich

$$f_{u,v}(x) = f(x, u, v) .$$

Das folgende Bild zeigt einen typischen Graphen einer solchen Funktion $f_{u,v}$ für den Spezialfall $v = 0$ und $u > 0$.

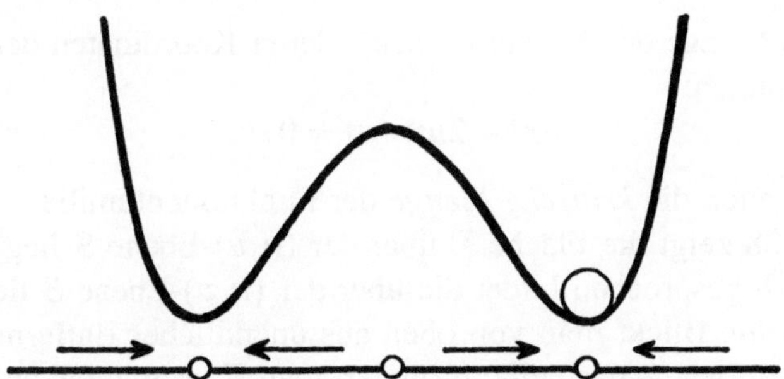

Fig. 26

Diese Funktion hat drei singuläre Punkte: ein Maximum und zwei Minima. Ein System mit einer solchen Potentialfunktion hat zwei stabile Gleichgewichtszustände, die den beiden Minima entsprechen.

Es ist eine einfache Übungsaufgabe zu analysieren, ob und wie sich diese Situation qualitativ ändert, wenn die Parameter (u, v) variieren. Läßt man bei festgehaltenem $u > 0$ den Parameter v von 0 aus zunehmen, dann hebt sich das Niveau des rechten Minimums über das des linken, bis für einen bestimmten Wert von v das rechte Minimum mit dem Maximum zu einer entarteten Singularität, einem Wendepunkt, verschmilzt. Danach, für noch größere v, hat die Funktion $f_{u,v}$ nur noch einen singulären Punkt, ein nichtentartetes Minimum. Die Punkte (u, v), für die $f_{u,v}$ eine entartete Singularität hat, bilden eine Kurve D in der (u, v)-Ebene:

$$D = \{(u, v) \in \mathbb{R}^2 \mid 8u^3 = 27v^2\} \ .$$

D ist die *Bifurkationsmenge* der durch $(u, v) \in \mathbb{R}^2$ parametrisierten Funktionenfamilie $f_{u,v}$ oder auch der Familie von Gradientensystemen $-\text{grad } f_{u,v}$. Dieses D ist eine semikubische Parabel mit einer Spitze (englisch: cusp) im Punkt $(0, 0)$. Zu diesem Punkt gehört die am meisten degenerierte Singularität der Funktionenfamilie: $f_{0,0}(x) = x^4$. Die Kurve D zerlegt die Ebene in zwei Gebiete, ein «Inneres», wo $f_{u,v}$ drei singuläre Punkte hat, und ein «Äußeres», wo $f_{u,v}$ nur einen singulären Punkt hat. Die Fig. 27 illustriert dies durch kleine Bildchen der Graphen von $y = f_{u,v}(x)$ für (u, v) aus verschiedenen Bereichen der Ebene. [264]

Es ist nun sehr wichtig, sich qualitativ-geometrisch klarzumachen und zu veranschaulichen, wie die singulären Punkte von $f_{u,v}$ variieren, wenn (u, v) in der Ebene $\mathbb{R}^2$ variiert. Dazu betrachten wir im 3-dimensionalen (x, u, v)-Raum $\mathbb{R}^3$ die von diesen singulären Punkten gebildete Fläche Σ:

$$\Sigma = \{(x, u, v) \in \mathbb{R}^3 \mid \text{grad } f_{u,v}(x) = 0\} \ .$$

Σ ist also die Menge der Punkte (x, u, v), deren Koordinaten der folgenden Gleichung genügen:

$$4x^3 - 2ux + v = 0 \ .$$

Man nennt Σ auch die *kritische Menge* der Funktionenfamilie.

Die Figur 28 zeigt die Fläche Σ über der (u, v)-Ebene S liegend.

Anschaulich gesprochen bildet die über der (u, v)-Ebene S liegende Fläche Σ eine *Falte*. Blickt man von oben aus unendlicher Entfernung auf die Fläche und die Ebene – das heißt: projiziert man Σ orthogonal auf $\mathbb{R}^2$ – dann streift der Blick die Fläche Σ in einer Kurve $\triangle \subset \Sigma$, die genau über der als

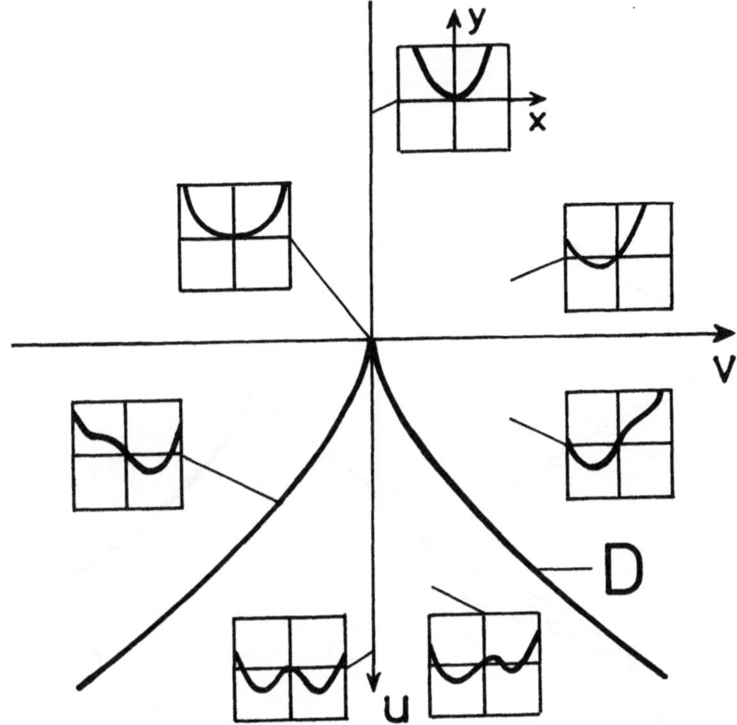

Fig. 27

Konturlinie erscheinenden Kurve $D \subset S$ liegt. $\triangle$ wird von den entarteten singulären Punkten der Funktionen $f_{u,v}$ gebildet:

$$\triangle = \{(x, u, v) \in \Sigma \mid f''_{u,v}(x) = 0\} \ .$$

Die Kurve $\triangle \subset \mathbb{R}^3$ ist eine glatte Raumkurve. Sie zerlegt die Singularitätenfläche Σ in zwei Gebiete: In dem Gebiet Σ_u, das ganz über dem Inneren der semikubischen Parabel D liegt, liegen die Maxima der Funktionen $f_{u,v}$, also die instabilen Gleichgewichtszustände des Gradientensystems $-\text{grad } f_{u,v}$. In dem anderen Gebiet Σ_s liegen die stabilen Zustände, die Minima. In der Figur 28 entsprechen die instabilen Zustände dem «mittleren» Teil der Falte, die stabilen dem Rest. Würde man statt $-\text{grad } f_{u,v}$ das System $\text{grad } f_{u,v}$ betrachten, so würden die beiden Gebiete von Σ natürlich ihre Rolle vertauschen.

Bis zu diesem Punkt ist das eben Gesagte eine elementare Analyse der Funktionenfamilie $x^4 - ux^2 + vx$. Die nicht-triviale mathematische Tatsache, die diese Analyse für die Katastrophentheorie interessant macht, ist die

 E. Brieskorn

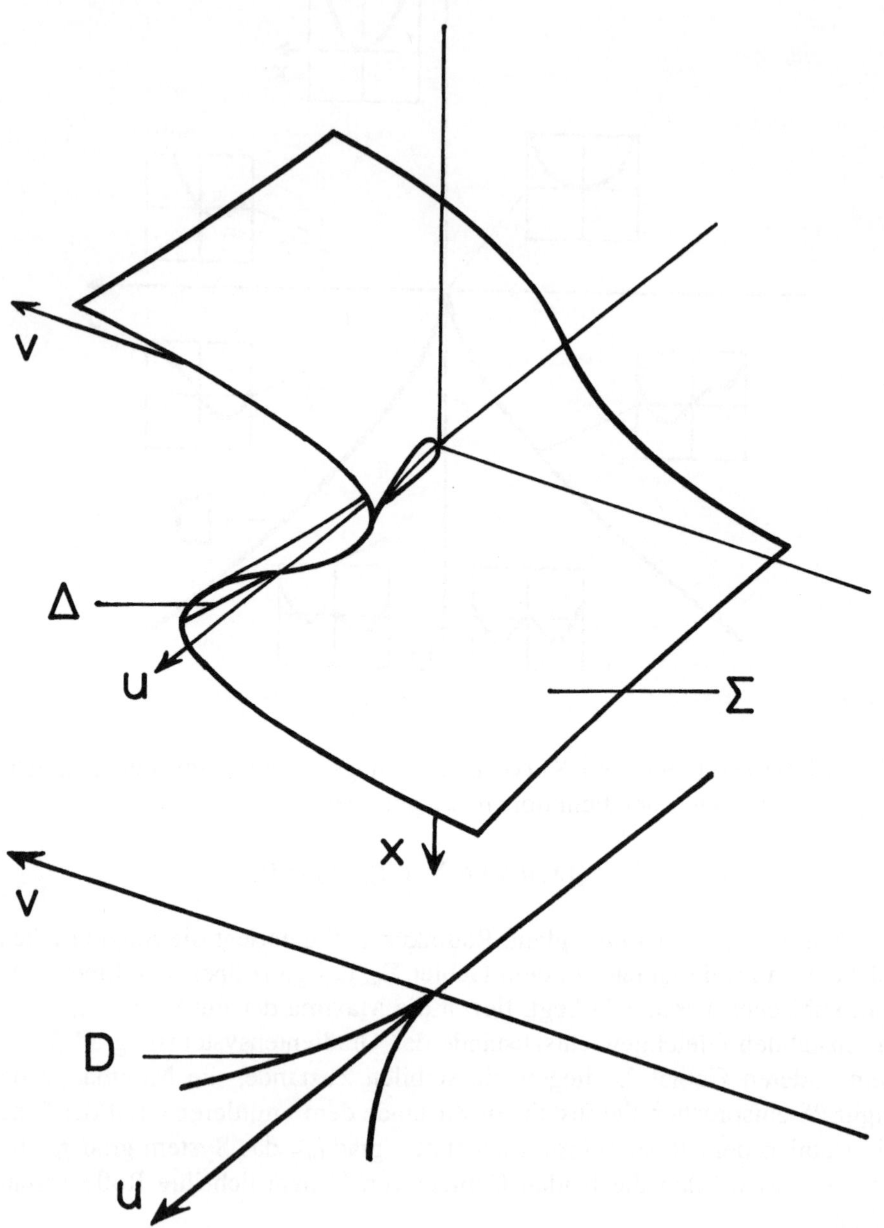

Fig. 28

folgende Aussage, die ein Spezialfall eines allgemeinen Satzes über die Entfaltung isolierter Singularitäten differenzierbarer Funktionen ist.

S a t z : $f(x, s)$ sei die oben beschriebene, von dem Parameter $s = (u, v) \in S$ abhängige Familie von Funktionen $x^4 - ux^2 + vx$. Ferner sei $g(y, t)$ eine weitere differenzierbare Funktionenfamilie, wobei y in einer 1-dimensionalen Mannigfaltigkeit Y variiert und der Parameter t in einer Mannigfaltigkeit T. Für ein $t_0 \in T$ und ein $y_0 \in Y$ möge die Taylorentwicklung von $g(y, t_0)$ in y_0 mit einem Term 4. Ordnung beginnen. Dann gibt es in einer geeigneten Umgebung U von (y_0, t_0) in $Y \times T$ eine reellwertige differenzierbare Funktion $\xi = \xi(y, t)$ mit $\xi(y_0, t_0) = 0$ und ferner für eine Umgebung V von t_0 in T eine differenzierbare Abbildung $\sigma : V \to S$ mit $\sigma(t_0) = (0, 0)$, so daß gilt:

$$g(y, t) = f(\xi(y, t), \sigma(t)) \,.$$

Jede derartige Familie g ist also *lokal* in diesem Sinne aus der *universellen Familie f* induzierbar. Insbesondere ist die Bifurkationsmenge von g einfach das Urbild $\sigma^{-1}(D)$ der Bifurkationsmenge D der universellen Familie, und damit weiß man für hinreichend allgemeine Familien g genau, wie die Bifurkationsmenge lokal aussieht. Aus diesem Grunde genügt für viele Zwecke, bei denen es nur auf eine lokale Modellierung ankommt, die universelle Familie f, die sogenannte *universelle Entfaltung* der Singularität x^4.

Ich will nun an einfachen Beispielen erklären, welchen Gebrauch man von dieser universellen Entfaltung in der elementaren Katastrophentheorie macht.

Als erstes Beispiel wähle ich die Beschreibung der *Kaustiken* in der geometrischen Optik. Wir betrachten in einer Ebene S eine Parabel X. Sie ist unser Modell für einen Parabolspiegel. Von einem Punkt p aus fallen Lichtstrahlen auf x und werden reflektiert. Die einhüllende Kurve der reflektierten Strahlen ist die Kaustik. Ihre Form erinnert an die Bifurkationskurve D, und dies wollen wir erklären. Für jeden Punkt $s \in S$ definieren wir eine reellwertige Funktion f_s auf X. Ihr Wert $f_s(x)$ im Punkte $x \in X$ ist die Summe der Abstände von s bis x und von x bis p. Ein in x reflektierter Strahl geht nach Fermat durch s, wenn x ein singulärer Punkt von $f_s(x)$ ist. Die Menge dieser Punktepaare (x, s) ist also gerade die kritische Menge Σ dieser Funktionenfamilie $f_s, s \in S$. Ihre Projektion auf die Ebene S gibt als Konturlinie die Kaustik D. Figur 29 zeigt die Fläche Σ über der Ebene S.

Die Figuren 30 und 31 zeigen links die Kaustik als Einhüllende der reflektierten Strahlen, rechts die Kaustik als Ort der Singularitäten der Wellenfronten. Die Wellenfronten sind die Projektionen der Niveaulinien der auf Σ eingeschränkten Funktion $f(x, s) = f_s(x)$.

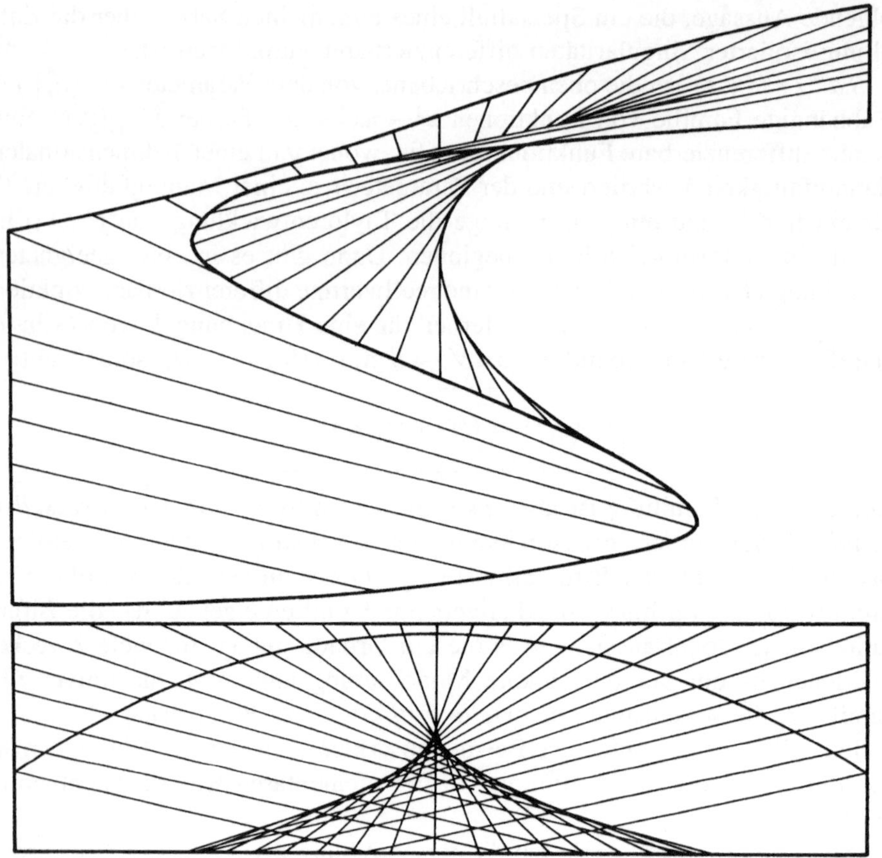

Fig. 29

Unser nächstes Beispiel wird die bekannte Katastrophenmaschine von Christopher Zeeman sein. Bevor wir aber dazu kommen, wollen wir uns fragen, warum Thom seine Theorie eine Theorie der *Katastrophen* genannt hat. Wir wollen das an der einfachsten Katastrophe überhaupt erklären. Thom hat sie die *Katastrophe von Riemann-Hugoniot* genannt. Das zugehörige Bild kennen wir schon; es ist die über der Ebene S liegende Falte der kritischen Menge Σ der universellen Entfaltung f_s von x^4. Durch Christopher Zeeman ist dieses Bild zur *Ikone der Katastrophentheorie* geworden.

Wir stellen uns vor, daß eine Familie von physikalischen Systemen gegeben ist, die durch die Punkte $s \in S$ in der Ebene S parametrisiert wird. Das zu s gehörige physikalische System soll durch das dynamische System zu dem Gradientenfeld $-\mathrm{grad}\, f_s$ beschrieben werden. Die Bifurkationskurve D zerlegt die Ebene S in zwei Bereiche. Für s in dem inneren Bereich hat

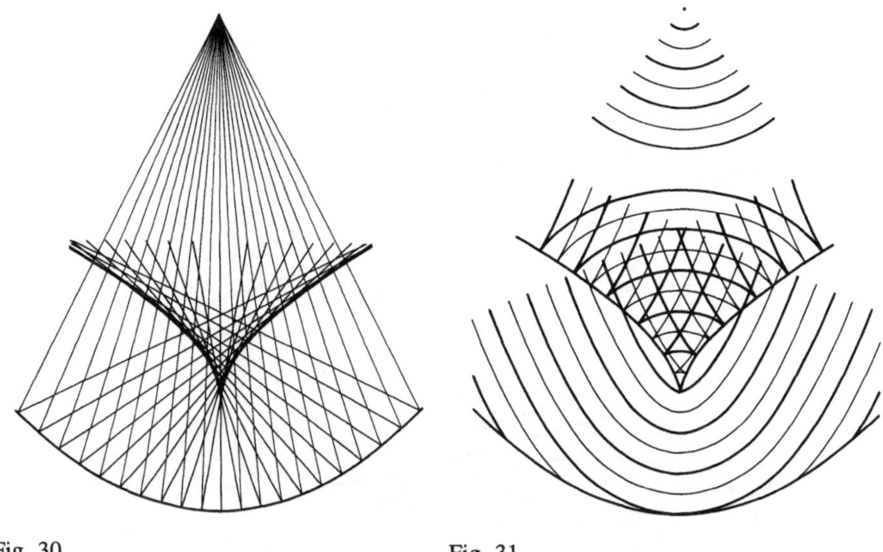

Fig. 30   Fig. 31

das System zwei stabile Gleichgewichtslagen, für s im äußeren Bereich nur eine. Für festgehaltenes s nähert sich das System von fast jedem Zustand aus einer dieser Gleichgewichtslagen. Wir wollen annehmen, daß diese Annäherung sehr schnell erfolgt, so daß wir das System praktisch immer in einer der Gleichgewichtslagen vorfinden. Diese ist dann also durch einen über $s \in S$ liegenden Punkt σ der kritischen Fläche Σ gegeben. Was geschieht nun, wenn wir den Parameter s langsam in S variieren lassen? – Dabei ist mit «langsam» langsam im Verhältnis zu der schnellen Dynamik der Gradientensysteme gemeint –.

Die Figur 32, ein Ausschnitt aus der über S liegenden kritischen Fläche Σ, illustriert zum Beispiel, was geschieht, wenn s auf einer geschlossenen Kurve in S läuft, welche D in der angedeuteten Weise viermal trifft.

Wir beginnen die Bewegung des Parameters in einem Punkt $s \in D$. Darüber liegt nur ein stabiler Zustand $\sigma \in \Sigma_s$. Während der Parameter sich nun stetig auf seiner Bahn in S im Äußeren von D bewegt, bewegt sich der zugehörige stabile Zustand stetig in der einzig möglichen Weise in Σ_s. Das gilt auch dann noch, wenn die Parameterbahn D überquert und in den inneren Bereich eintritt. Wenn sie jedoch D erneut in dem Punkt s' trifft, wird der in s' erreichte Zustand instabil, und das zu s' gehörige System geht durch seine schnelle Dynamik in den einzig möglichen Zustand σ' über. Durch die angenommene Schnelligkeit des Übergangs erscheint dieser als Sprung, als diskontinuierliche Zustandsänderung, und eben das ist mit dem Wort Katastrophe gemeint. Nach diesem Sprung ändert sich der Zustand wieder stetig,

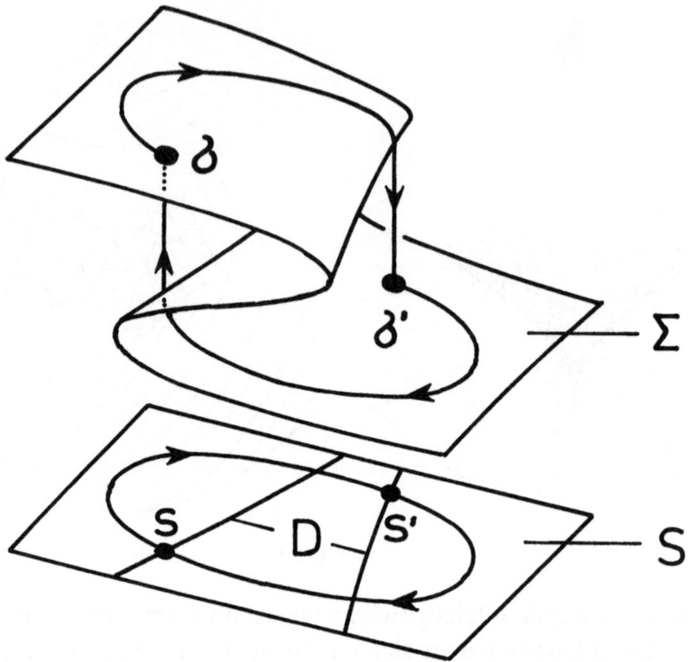

Fig. 32

bis bei der Rückkehr zu dem Punkt *s* wieder ein Sprung in den Zustand σ erfolgt.

Wenn man davon ausgeht, daß man bei der Modellierung eines natürlichen Systems durch eine Familie von dynamischen Systemen den stabilen Zuständen des Modells Qualitäten des natürlichen Systems zuordnen kann, dann kann die diskontinuierliche Zustandsänderung des Modells bei kontinuierlicher Änderung der die Dynamik bestimmenden Bedingungen das Auftreten eines *qualitativen Sprunges* bedeuten. Die Katastrophentheorie geht damit über die mathematische Beschreibung der kontinuierlichen Änderung von Qualitäten hinaus. Sie konzipiert mathematische Metaphern für das Werden und Vergehen der Formen der Dinge und Wesen.

Ich komme nun zu dem angekündigten, ganz einfachen und doch sehr gut erfundenen mechanischen Beispiel für ein System mit sprunghaften Zustandsänderungen, zu der Zeemanschen *Katastrophenmaschine*. [265]

Ein Punkt *x* kann sich auf einem Kreis *X* mit festem Mittelpunkt *p* bewegen. Die möglichen stabilen Lagen von *x* werden dadurch bestimmt, daß *x* durch zwei gespannte elastische Bänder mit zwei Punkten *q* und *s* in der Ebene *S* des Kreises verbunden ist. Dabei ist *q* fest, während *s* in der Ebene *S* variiert. In gewissen Punkten *s* der Ebene können Sprünge von einer Gleich-

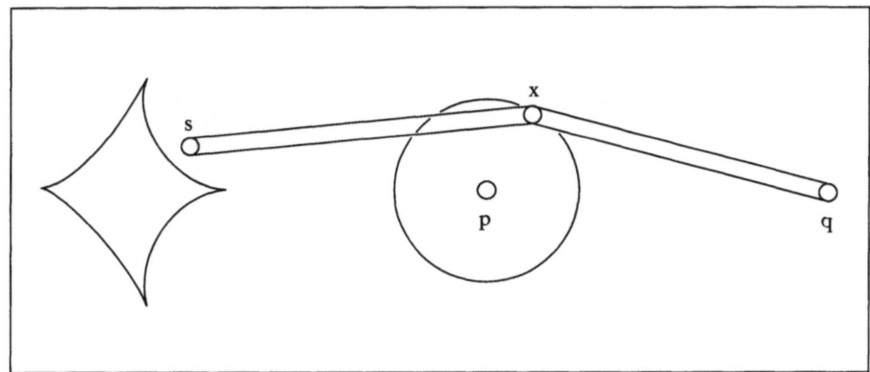

Fig. 33

gewichtslage in eine andere auftreten. Die Menge dieser Punkte bildet eine Astroiden-ähnliche Kurve mit vier Spitzen. Wenn s längs einer Kurve in S variiert und dabei diese Bifurkationskurve trifft, kann ein Sprung erfolgen oder auch nicht. Das hängt von dem Weg von s und vom Ausgangszustand ab. Die katastrophentheoretische Analyse klärt diese Abhängigkeit. Im Detail wurde diese Analyse von Poston und Woodcock ausgeführt. [266]

Die Mannigfaltigkeit X, auf der für jeden Punkt $s \in S$ eine Potentialfunktion f_s und damit ein dynamisches System definiert sind, ist in diesem Fall eine Kreislinie. Die kritische Fläche Σ, deren Bestimmung als Überlagerung der Ebene S die Aufgabe der Analyse ist, ist also eine Fläche in $X \times S$. Da ihre graphische Darstellung in einem Bild schwierig ist, wird der Kreis aufgeschnitten und zu einem Intervall rektifiziert. Von der Ebene S zeigen wir nur ein Quadrat, das die astroidische Bifurkationskurve enthält. Dann wird Σ eine Fläche in einem quadratischen Prisma, bei der ihre in Boden und Deckel des Prismas liegenden Randstücke zu identifizieren sind. Mit diesen Konventionen zeigen die beiden folgenden Bilder die kritische Fläche Σ.

Die linke Figur zeigt die kritische Fläche Σ als Ganzes, die rechte zeigt die Zerlegung in den stabilen Teil Σ_s und den instabilen Teil Σ_u. Die Kenntnis dieser Zerlegung zusammen mit der Überlagerung von Σ über der Ebene S gestattet eine eindeutige Vorhersage, wann bei gegebenem Ausgangszustand und Weg in S beim Überschreiten der Bifurkationskurve ein Sprung auftritt und wann nicht.

Schon dieses einfache Beispiel macht deutlich, daß selbst die elementare Katastrophentheorie auf ungelöste mathematische Probleme führt. Denn die 7 elementaren Katastrophen, zum Beispiel die Katastrophe von Riemann-Hugoniot, gehen nur von der lokalen, durch gewisse isolierte Singularitäten charakterisierten Struktur der Potentialfunktionen aus und führen nur zu ei-

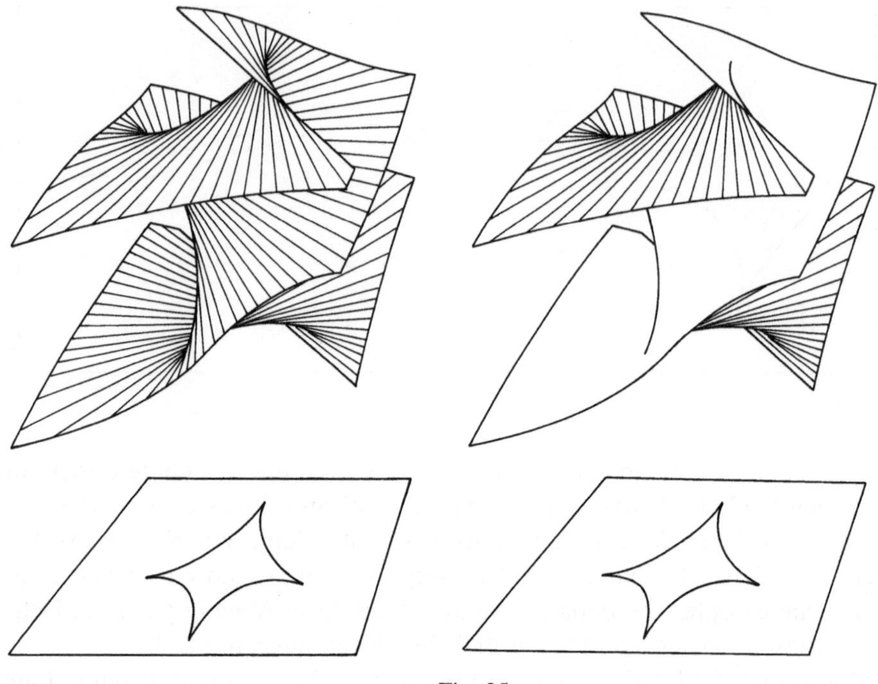

Fig. 34   Fig. 35

ner lokalen Beschreibung der Bifurkationsmengen und ihrer Überlagerung
durch die kritischen Mengen. Im Fall unseres Beispiels etwa ergibt sich
daraus lediglich, daß die Bifurkationskurve nur Spitzen und normale Selbst-
überkreuzungen als Singularitäten haben wird. Aber die genaue Bestimmung
von Bifurkationsmenge und kritischer Menge erfordert eine Analyse des Ein-
zelfalls. Die elementaren 7 Katastrophen sind vielleicht nicht mehr als die
Worte oder sogar nur die Buchstaben einer «morphogenetischen Sprache»,
deren Struktur, deren Grammatik nur durch die Untersuchung der globalen
Struktur der Bifurkationsmengen universeller Familien von Funktionen auf
Mannigfaltigkeiten mit geeigneten einschränkenden Bedingungen zu finden
wären. Beispiele für derartige Untersuchungen gibt es: eine Reihe von Arbeiten von Klaus Jänich. [267] Doch können solche Untersuchungen wohl nur
exemplarisch sein.

Philosophisch gesonnene Leser werden vielleicht ein Spielzeug wie die
Zeemansche Katastrophenmaschine mit Verachtung strafen. Es ist ja auch
für die Mathematiker nur ein sinnreich ersonnenes einfaches Beispiel, um
eine mathematische Idee von vielleicht großer Tragweite sinnfällig zu veranschaulichen. René Thom geht es nicht um Spielzeuge. Ihm geht es um
die großen Rätsel der Morphogenese in der belebten und unbelebten Na-

tur. In seinem Buch *Stabilité structurelle et morphogénèse* hat er versucht, die ersten Stufen in der Entwicklung eines Embryos mit den Figuren der Katastrophentheorie verständlich zu machen. Die Geometrie der Bifurkationsmengen wird dabei zum Schlüssel für das Verständnis der raumzeitlichen Entfaltung von Differenzierungsprozessen des sich organisierenden vielzelligen Gewebes. Verstehen bedeutet hier ein phänomenologisches Verstehen, nicht ein reduktionistisches, gleich welcher Art. Auch Christopher Zeeman hat sich sehr intensiv und detailliert mit katastrophentheoretischen morphogenetischen Modellen befaßt, zum Beispiel mit Modellen für die Gastrulation und Neurulation von Amphibien. [268] Jedoch unterscheiden sich diese Arbeiten Zeemans von Thoms Versuchen dadurch, daß sie stärker den Anschluß an experimentell gefundene Ergebnisse suchen und aus Hypothesen experimentell prüfbare Ergebnisse ableiten und also die Katastrophentheorie doch als Theorie im traditionellen mathematisch-naturwissenschaftlichen Sinn verstehen.

Thom dagegen meinte in einem Gedankenaustausch mit Zeeman über die Zukunftsaussichten seiner Theorie, daß die Zeit für einen solchen Gebrauch der Theorie noch nicht reif sei:

> *[...]; I think that a lot of theoretical thinking, of speculative modelling, has to be done before one might really start to experiment to make a choice between models.* [269]

In der Tat gibt die Formulierung «spekulative Modellbildung» Thoms Gebrauch der Figuren der Katastrophentheorie sehr gut wieder. Und die eigentlichen, fernsten Ziele dieser Spekulation liegen weit außerhalb des Bereichs heutiger Naturwissenschaft. Diese Spekulation richtet sich auf philosophische Fragen, die ihren Ursprung weit in der Vergangenheit haben. Am aufschlußreichsten scheint mir in dieser Hinsicht ein Aufsatz Thoms aus dem Jahre 1968 mit dem Titel: «Topologie et signification». [270]

Zwei interessante Absätze dieser Arbeit sind überschrieben: «Le logos d'une forme ou d'un système» und «Le logos des êtres vivants». Im ersten dieser Absätze stellt Thom die Frage nach einer Erklärung für die Stabilität der alltäglichen Dinge und ihrer qualitativen Eigenschaften in einem Universum, in dem alles fließt. Diese Frage ist für ihn eine Frage nach der Form der Dinge und wird alsbald zur Frage nach der Stabilität einer räumlichen Form. Und die geometrischen Entitäten seiner Theorie, die Geometrie der Entfaltung der Singularitäten, nennt Thom die logoi der Formen. Für ihn ist dies eine Erinnerung an Heraklit. Die Komplexität der Hierarchie der logoi wird sichtbar, wenn Thom dann nach den logoi lebendiger Wesen fragt, dem logos

E. Brieskorn

einer Art und dem logos eines Organismus. Die Erhaltung des Organismus sichert ein Komplex von Einrichtungen zur Regelung des Metabolismus und der Wechselwirkung mit der Umwelt:

> *La préservation de l'organisme est assurée par des dispositifs régulateurs (patrimoine génétique), qui constituent une grande figure géométrique, la figure de régulation (qui est un déploiement particulier du logos L_0).* [271]

Von dieser Idee führt für Thom eine weitere spekulative Gedankenkette zum Verstehen der Entstehung von Grundstrukturen der Sprache. Die Wichtigkeit der räumlichen Darstellung in der Psyche des im Raum agierenden Organismus legt für ihn den folgenden Gedanken nahe:

> *Il est donc raisonnable de penser que les premières structures autonomes de l'activité psychique ont eu un logos isologue à celui du moi lui-même, le logos des êtres vivants, et que par suite, le logos des êtres vivants a servi de patron universel pour la constitution des «concepts».* [272]

Und so geben die 7 elementaren Katastrophen auch einen Schlüssel zum Verständnis der verschiedenen Arten von Worten und von elementaren Satzstrukturen. In der Idee der «grande figure géométrique» kommen die Dinge und die Sprache wieder zusammen. Es entsteht die Vision eines Universums, das der Schauplatz des Kampfes archetypischer Gestalten ist:

> *Sur le plan de la philosophie proprement dite, de la métaphysique, la théorie des catastrophes ne peut certes apporter aucune réponse aux grands problèmes qui tourmentent l'homme. Mais elle favorise une vision dialectique, héraclitéenne de l'univers, d'un monde qui est le théâtre continuel de la lutte entre «logoi», entre archétypes.* [273]

René Thom konfrontiert in der Tat das quantitative Denken der neuzeitlichen Naturwissenschaft mit dem Denken der Vorsokratiker, das er als ein qualitatives versteht. Ich zitiere aus *Stabilité structurelle et morphogénèse*:

> *Mais je ne suis pas sûr que dans un univers où tous les phénomènes seraient régis par un schéma mathématiquement cohérent, mais dépourvu de contenu imagé, l'esprit humain serait pleinement satisfait. Ne serait-on pas alors, en pleine magie? Dépourvu de toute possibilité d'intellection, c'est à dire d'interpreter géométriquement le schéma donné, ou l'homme cherchera à se créer malgré tout par des images*

*appropriées une justification intuitive au schéma donné, ou sombrera
dans une incompréhension résignée que l'habitude transformera en
indifférence. [...] Magie ou géométrie, tel est le dilemme que pose
toute tentative d'explication scientifique. [...] De ce point de vue,
les esprits soucieux de compréhension n'auront jamais, à l'égard des
théories qualitatives et descriptives, des présocratiques à Descartes,
l'attitude méprisante du scientisme quantitatif.*

*Pourtant, ce qui condamne aux yeux modernes les anciennes théo-
ries qualitatives, ce n'est certes pas l'impossibilité où elles se trouvent
de fournir un résultat quantitatif. Car dans notre action quotidienne,
ce qui nous importe, c'est presque toujours un résultat qualitatif et
non un nombre réel doté de toutes ses décimales. [...] Ce qui ruine
à nos yeux les anciennes théories spéculatives, ce n'est donc pas en
soi-même, leur caractère qualitatif, mais bien, essentiellement, le caractère irrémédiablement naïf et imprécis des images mises en jeu; en
effet, les schémas proposés (à l'exception toutefois des visions grandioses et profondes, mais un peu vagues, des premiers présocratiques,
Anaximandre et Héraclite) reposent tous sur l'intuition du corps so-
lide dans l'espace euclidien à trois dimensions. Or, cette intuition,
pour naturelle qu'elle soit, et vraisemblablement typée dans l'acquit
génétique de notre espèce par le maniement et la construction des premiers outils, est très certainement insuffisante pour rendre compte de
manière satisfaisante de la plupart des phénomènes, même à l'échelle
macroscopique.* [274]

Und so tritt an die Stelle der alten, aber ein wenig vagen «visions grandioses
et profondes» eine neue Vision, die Vision einer Welt der «grandes figures
géométriques». Den auf die Logik des Beweises verpflichteten Mathematikern wird sie nicht viel weniger vage erscheinen. Und doch ist es einer von
ihnen, der hier auf dem Weg ist, auf dem Weg zu den Müttern, mit nichts in
der Hand als dem kleinen Schlüssel, den sieben Figuren. Die Skepsis kann
und will auf diesem Weg nicht folgen – ihr bleibt nur die Ironie:

> *Ein glühnder Dreifuß tut dir endlich kund,*
> *du seist im tiefsten, allertiefsten Grund.*
> *Bei seinem Schein wirst du die Mütter sehn,*
> *die einen sitzen, andre stehn und gehn,*
> *wies eben kommt. Gestaltung, Umgestaltung,*
> *des ewigen Sinnes ewige Unterhaltung,*
> *umschwebt von Bildern aller Kreatur.*
> *Sie sehn dich nicht, denn Schemen sehn sie nur.* [275]

Ist *das* der rechte Weg? In mein Exemplar seines Buches hat René Thom geschrieben: «A Egbert, bien amicalement, ce recueil du bon usage des singularités [...]». Gibt es das, einen *guten* Gebrauch der Mathematik?

* * *

Mir scheint, die «grandes figures» von René Thom könnten ein Versuch sein, Unvereinbares doch miteinander zu verbinden. Einerseits sind sie Teil des von ihm evozierten «pythagoreisch-platonischen Versuchs», die Welt intelligibel zu machen, und als solche sind sie platonischen Ideen zu vergleichen. Andererseits fragt Thom in den zitierten Arbeiten aus den sechziger und frühen siebziger Jahren nach den logoi lebender Wesen, und obwohl er sich dabei auf Heraklit beruft, fühlt man sich eigentlich eher an die Physik und Biologie von Aristoteles erinnert. Tatsächlich hat Thom später auch Aristoteles für sich entdeckt. Zeugnis seiner intensiven Auseinandersetzung mit diesem Philosophen ist ein 1988 erschienenes Buch mit dem vielversprechenden Titel: *Esquisse d'une sémiophysique. Physique aristotélicienne et théorie des catastrophes*. [276] Es könnte scheinen, daß sich damit der Kreis unserer Überlegungen wieder schließt, die von der Physik des Aristoteles ihren Ausgang genommen haben. Deswegen soll ein kurzer Bericht über einige Teile von Thoms Buch am Ende stehen.

Semiophysik, das soll eine Physik der Bedeutung sein, wobei Physik im alten, naturphilosophischen Sinn zu verstehen ist. Dieser Physik geht es darum, *signifikante Formen* herauszuarbeiten, sie zielt auf eine allgemeine *Theorie der Intelligibilität*. Als eine Art solcher signifikanten Formen sieht Thom «stable elements in the shape of balls that will interact through contact, merge together, separate, be born and die (fade away) like living beings». [277]

Im Vorwort beschreibt Thom seine Entdeckung der Physik des Aristoteles mit den folgenden Worten:

It was only quite recently, almost by chance, that I discovered the work of Aristotle. It was fascinating reading, almost from the start. I knew of course that the hylomorphic schema – of which I make use in catastrophe formalism – originated in the Stagirite's work. But I was unaware of the essential fact that Aristotle had attempted in his Physics *to construct a world theory based not on numbers but on continuity. He had thus (at least partly) realized something I have always dreamed of doing – the development of a Mathematics of the continuous, which would take the notion of the continuum as point of departure, without (if possible) any evocation of the intrinsic generativity of numbers.*

The philosophical program I had in mind for Catastrophe Theory, namely the geometrization of thought and linguistic activity, was more than merely sketched out in Aristotle, it was already largely achieved. And this at the cost of a few terminological equivalences such as: ὕλη = qualitative space and the transition genus → species = bifurcation. [278]

If I add that I found in Aristotle the concept of genericity (ὡς ἐπὶ τὸ πολύ), the idea of stratification as it might be glimpsed in the decomposition of the organism into homoeomerous and anhomoeomerous parts by Aristotle the biologist, and the idea of the breaking down of the genus into species as image of bifurcation, it will be agreed that there was matter for some astonishment. [279]

I have proceeded, then, with a catastrophist reading of Aristotelian Physics (Chapter 6), followed by an exposition of Aristotelian Biology (with the problematics it is still raising (Chapter 7)), and, in fine, Chapter 8 devoted to the logico-semantic aspects of Aristotelian theory. [280]

Die Ausführung dieses Plans kann natürlich hier nicht wiedergegeben werden. Um aber wenigstens einen Eindruck von dem «catastrophist reading of Aristotelian Physics» zu geben, zitiere ich einige Sätze aus diesem Kapitel. Es beginnt mit der Formulierung einiger «Axiome aus der aristotelischen Dynamik in einer Transkription in die Terminologie der modernen qualitativen Dynamik», die «dem modernen Leser mit post-galileischer wissenschaftlicher Bildung helfen soll, leichteren Zugang zu dem aristotelischen System zu finden». Es werden zunächst 8 Axiome präsentiert, später werden noch einige hinzugefügt. Ich zitiere nur die ersten 5 Axiome.

I. The world is made up of entities (οὐσίαι).

II. All entities suppose the existence of a substrate (ὑποκείμενον). For what we call primary entities, this substrate is a material set and consequently spatial in $\mathbb{R}^3 \times T$ (T time). The non-primary entities, called secondary entities, have their substrate in an abstract space consisting of intelligible matter (ὕλη νοητή). Two entities with the same substrate are identical. The datum of the substrate in its ambient space characterizes the entity (hic et nunc). We shall denote by |A| the non-empty substrate or support of the entity A.

III. DISJUNCTION OF ENTITIES. If $|B| \subset |A|$, B is said to be part $(\mu\acute{\varepsilon}\rho o\varsigma)$ of A.

IV. AXIOM OF SEPARABILITY. If two entities A and C have non-disjoint supports in the same space, then there exist two entities $A \cup C, A \cap C$ such that $|A \cup C| = |A| \cup |C|$ and $|A \cap C| = |A| \cap |C|$. An entity with connected *support is said to be individuated $(\H{o}\lambda o\nu)$.*

V. AXIOM OF LOCALITY. In general $(\dot{\omega}\varsigma \ \dot{\varepsilon}\pi\dot{\iota} \ \tau\dot{o} \ \pi o\lambda\acute{v})$ individuated entities have non-empty interiors (balls, in fact); then if A and B meet and interact, this interaction has its support on the frontier ϑA of A and on that of B, hence in $\vartheta|A| \cap \vartheta|B|$. A and B are then said to be in contact $(\dot{\alpha}\varphi\acute{\eta})$. [281]

Es ist offensichtlich, daß es sich hier nicht um Axiome im Sinne der modernen Mathematik handelt, die ihren Gegenstand soweit bestimmen, wie es für den Zweck der Untersuchung nötig ist. Dafür enthält der Text viel zu viele undefinierte Termini, die ein Vorverständnis des Lesers voraussetzen. Die Axiome sind also nicht oder jedenfalls nicht nur in Hinsicht auf die darin codierten Relationen zu lesen, sondern sie sind nach ihrem Sinn und insbesondere der Bedeutung der Termini zu befragen. Was ist nun etwa der Sinn des Axioms II, in dem es um einen zentralen Begriff der Physik des Aristoteles geht, um den Begriff des $\dot{v}\pi o\kappa\varepsilon\acute{\iota}\mu\varepsilon\nu o\nu$? Ich habe schon erwähnt, daß Mathematiker bei der Bildung der mathematischen Strukturen von der einer Struktur zugrundeliegenden Menge oder von einer zugrundeliegenden Struktur einfacherer Art sprechen und daß man darin, wenn man mathematische Objekte als Entitäten auffaßt, eine Analogie zu dem $\dot{v}\pi o\kappa\varepsilon\acute{\iota}\mu\varepsilon\nu o\nu$ sehen könnte. Thoms Axiom II weist eine gewisse Ähnlichkeit zu dieser Überlegung auf, scheint aber einen viel spezifischeren Gebrauch des Wortes «Substrat» festlegen zu wollen. Aber der Begriff wird nicht ausreichend bestimmt. Was bedeutet der Satz: «this substrate is a material set and consequently spatial in $\mathbb{R}^3 \times T$ (T time)»? Mit $\mathbb{R}^3$ wird normalerweise ein mathematisches Objekt bezeichnet, der reelle affine 3-dimensionale Standardraum $\mathbb{R}^3$. Was ist T? Zeit existiert nicht als mathematisches Objekt. Was ist $\mathbb{R}^3 \times T$? Ist das mathematische Objekt $\mathbb{R}^3 \times \mathbb{R}$ gemeint? Sodann: Wenn $\mathbb{R}^3 \times T$ mathematisch gemeint ist, liegt es nahe, das Wort «set» im mathematischen Sinn als Menge, und zwar als Teilmenge von $\mathbb{R}^3 \times \mathbb{R}$ zu interpretieren. Aber dem widerspricht der Ausdruck «material set», denn Materie gibt es im mathematischen Universum nicht. Oder ist zwischen dem Substrat und einer demselben zugeordneten Teilmenge von $\mathbb{R}^3 \times T$ zu unterscheiden? Bezeichnet dann $|A|$ diese Teilmenge von $\mathbb{R}^3 \times T$ im mathematischen Sinn? Oder ist $|A|$

mehr als nur diese Menge, mehr als nur potentieller Träger einer Struktur? Ist $|A|$ vielleicht als «erfüllte» Menge von Raum-Zeit-Punkten zu verstehen – im Gegensatz zu leerer Raum-Zeit – wobei nur die Art der materiellen Erfüllung offengelassen ist? Ist das der Sinn des Satzes: «We shall denote by $|A|$ the non-empty substrate or support of the entity A.»? Oder soll $|A|$ schlicht und einfach eine nichtleere Teilmenge von $\mathbb{R}^3 \times T$ im mathematischen Sinn sein? Auch in den folgenden Axiomen werden mengentheoretische mathematische Symbole ohne weitere Erläuterung benutzt, so daß man zu der Annahme gedrängt wird, daß diese Transkription der aristotelischen Dynamik in die Terminologie der modernen qualitativen Dynamik sich tatsächlich der Sprache der Cantorschen Mengenlehre bedient.

Wenn das so ist, ist diese «Transkription» natürlich in ziemlich vielen Hinsichten problematisch. Zum einen widerspricht sie der Ansicht von Aristoteles, daß räumliche Figuren nicht als Mengen von Punkten, Zeitstrecken nicht als Mengen von Zeitpunkten aufgefaßt werden sollten. Dagegen kann man natürlich geltend machen, daß eine Darstellung mit den Mitteln der modernen Mathematik ohne die Elementrelation unmöglich ist. Dann muß man aber auch ehrlicherweise zugeben, daß man mit den von Dedekind und Cantor eingeführten Begriffen und insbesondere mit dem von ihnen begründeten Kontinuum $\mathbb{R}$ der reellen Zahlen operiert und nicht mit dem von Aristoteles postulierten Kontinuumsbegriff, der ohne die Zahl auskommen will. Sehr viel ernsthafter ist eine Kritik, die sich gegen die im zweiten Axiom vorgetragene Auffassung Thoms vom Begriff des $\acute{v}\pi o\kappa\varepsilon\acute{\iota}\mu\varepsilon\nu o\nu$ richtet. Sie ist von Bruno Pinchard vorgetragen worden, einem Aristoteleskenner, der Thoms katastrophentheoretischer Aristotelesinterpretation trotz Kritik im einzelnen grundsätzlich sehr positiv gegenübersteht und dessen Kritik Thom in sein Buch mit aufgenommen hat:

SECTION AII. «Material, and consequently spatial»: this is a grave decision, for one might have expected: «material and consequently local». Space, for Aristotle, is but an object of thought, an ens rationis. [282]

Thoms Replik konzediert die Berechtigung der Kritik:

MATERIAL, AND CONSEQUENTLY SPATIAL. The Greeks do not appear to have had a concept equivalent to that of the Cartesian expanse. The Platonic $\chi\acute{\omega}\varrho\alpha$ could have played the part; it is precisely a concept rejected by Aristotle, because he intends place to be a predicate of substance, instead of matter being a predicate of expanse. History and science have failed to settle the difference between Mach and Ein-

stein: E. Mach favored a space generated by matter (and radiation). Einstein, in his old age, saw matter as a «disease» of space-time. My own reading of Aristotle is evidently Einsteinian, not Machist, and in this it is fundamentally «unfaithful» to the author. [283]

Wie könnte es anders sein bei einem Mathematiker, bei dem die «passion des formes» das alles durchdringende Prinzip seines Bildes der Welt geworden ist. [284]

Da es sich hier um eine für die mathematische Darstellung von Qualitäten zentrale Frage handelt, zitiere ich dazu noch einmal Thom:

In his theory of place, Aristotle accepts the possibility that a place can be within a place of a qualitatively different nature, as «heat is in the body as an affection». Such an affirmation (ΦIV (3) 210b, 22–27) scarcely leaves any doubt as to the existence of a continuous substrate underlying every quality: but in every reasonable predication model, it is the spatial expanse, as a basis of fibration, that is carried (by «section») into the qualitative space and not the opposite, which is what Aristotle seems to be suggesting here. [285]

Dieser Ansatz lag in der Tat schon der Oresmeschen mathematischen Darstellung der Qualitäten durch seine Konfigurationen zugrunde, denn diese waren raum-zeitliche Intensitätsverteilungen, das heißt, Funktionen mit einem Gebiet im Raumzeitkontinuum als Definitionsbereich und einem 1-dimensionalen Kontinuum von Intensionen von Qualitäten als Wertebereich. Und im Prinzip ist dies der gleiche Ansatz wie in Thoms «catastrophic reading» von Aristoteles – nur daß als Werte der hier «Schnitt» genannten Funktion «innere lokale Zustände» angenommen werden, die genauso ohne Definition postuliert werden wie die scholastischen Intensitäten:

Whatever the case, if Y designates the space of «internal local states» of matter, the «state» of an entity A, with representative $|A|$, could be defined by a section $\sigma : |A| \to Y$ of the fiber map $|A| \times Y \to |A|$. For a homoeomerous part, this section is continuous; for an anhomoeomerous part, it is discontinuous on a set K of «catastrophe points»; this set K defines the morphological organization of the entity A (every actual part of A has its boundary in K). [286]

Thom liest offenbar die Grundgedanken der Katastrophentheorie in der aristotelischen Physik, und es ist müßig zu fragen, ob er sie hinein- oder herausliest – es handelt sich offenbar um die Lektüre mit den Augen eines modernen

Mathematikers, der in seiner Mathematik den Schlüssel zum Verstehen des Entstehens und Vergehens der Formen gefunden hat. Es handelt sich um eine kühne Interpretation.

René Thoms Versuch wird von Bruno Pinchard als eine von den Metaphysikern nicht erwartete Rückkehr der substantialen Formen begrüßt:

> *Whatever the reservations I have intended to express in these questions, I truly believe that, far from being an obstacle to the consideration of being, the mathematical schematization of forms makes it possible to restore some content to the high way of accession to being, the way that passes through* substance *(and the multiplicity of particular sensible substances). To ask an axiomatical science to verify that amongst all the senses of being «that which ‹is› primarily is the ‹what› which indicates the substance of the thing» (Met. Z, 1028a, 13–16), is to have a science play the particular but exemplary role of a new* isagogè *in the metaphysical system, an introduction that is not* logical *like that of Porphyry, but* objective *and* physical. *Here is something that will permit us to talk legitimately, as at the time of the Renaissance, of an* Aristoteles Redivivus. [287]

«Aristoteles Redivivus» – ist das die Wiedergeburt der Qualität in der Mathematik? Die Mathematik – eine axiomatische Wissenschaft – als Einleitung zu einem metaphysischen System, zu einer Metaphysik des Seins und zur Vielfalt der Substanzen? Ich meine: So kann die Mathematik nicht in Anspruch genommen werden, und zwar aus vielen Gründen.

Da ist zunächst der problematische Status der Katastrophentheorie. Er schließt eine Berufung auf die Mathematik als eine axiomatische und damit streng deduktive Wissenschaft aus. Da ist weiter die nicht rückgängig zu machende, beim Übergang zur mathematischen Moderne vollzogene Trennung zwischen der Mathematik und ihren Anwendungen. Gerade in einer philosophischen Diskussion ist es heute unumgänglich, zwischen dem rein mathematischen Teil einer Theorie und allem anderen sorgfältig zu unterscheiden – nur für den rein mathematischen Teil kann man sich auf die Mathematik im modernen Sinn berufen. In dieser Hinsicht kann man der Theorie von Thom den Vorwurf einer nicht immer reinlichen Trennung des zu Unterscheidenden kaum ersparen. Schließlich meine ich, daß man mehr als 2300 Jahre Geschichte der Metaphysik und ihrer Kritik nicht so einfach überspringen kann. Es war schon nicht ganz von ungefähr, daß Ernst Cassirer behauptete, «daß wir in der reinen Mathematik ein Wissensgebiet besitzen, in welchem von *Dingen* und deren Beschaffenheiten prinzipiell abgesehen wird».

Selbst wenn Cassirer mit dieser Behauptung recht haben sollte, ist damit natürlich nicht gesagt, daß ontologische Fragen für die Naturwissenschaften ohne Bedeutung wären. Thom kritisiert am Schluß seines Buches die Ferne der impliziten Ontologie moderner Naturwissenschaften von der Welt unserer Sprache. Das uns in der Sprache Gegebene existiert nicht in einer Physik, die sich mit Hilfe der Mathematik in die Rolle eines platonischen Demiurgen versetzt, und auch nicht in einer reduktionistischen Molekularbiologie, die sich anschickt, die Schöpfung auf ihre Art zu verbessern. Thom stellt dagegen den Versuch eines wissenschaftlichen Denkens, das er «hermeneutisch» nennt und das Phänomene erklären will, indem es sie als Manifestationen permanenter Entitäten zu verstehen sucht:

> *Positivism battened on the fear of ontological involvement. But as soon as we recognize the existence of others and accept a dialogue with them, we are in fact ontologically involved. Why, then, should we not accept the entities suggested to us by language?* [288]

Ja, *warum* nicht? Nur: Die Mathematik, fürchte ich, wird uns dabei wenig helfen. Ein Dichter, Novalis, einer, der in der Natur und den Wegen der Menschen unzählige schöne und wunderliche Figuren entstehen sah, Figuren, die zu einer großen Chiffernschrift zu gehören scheinen, der konnte von einem goldenen Zeitalter träumen,

> *wenn alle Worte* – Figurenworte – *Mythen* – *und alle Figuren* – *Sprachfiguren* – *Hieroglyfen seyn werden.* [289]

Aber dies sind dann nicht mehr die Figuren der Mathematiker, von denen gerade Friedrich von Hardenberg eine hohe Meinung hatte. Wenige Monate vor seinem Tode schrieb Novalis ein Gedicht, das ich sehr liebe.

> *Wenn nicht mehr Zahlen und Figuren*
> *Sind Schlüssel aller Kreaturen*
> *Wenn die so singen, oder küssen,*
> *Mehr als die Tiefgelehrten wissen,*
> *Wenn sich die Welt ins freye Leben*
> *Und in die Welt wird zurück begeben,*
> *Wenn dann sich wieder Licht und Schatten*
> *Zu ächter Klarheit wieder gatten,*
> *Und man in Mährchen und Gedichten*
> *Erkennt die wahren Weltgeschichten,*
> *Dann fliegt vor Einem geheimen Wort*
> *Das ganze verkehrte Wesen fort.* [290]

Anmerkungen

1) Immanuel Kant, *Metaphysische Anfangsgründe der Naturwissenschaft*, Kants Werke, Akademie-Textausgabe, Berlin 1968, unveränderter Abdruck von «Kants gesammelten Schriften. Herausgegegen von der Königlich Preußischen Akademie der Wissenschaften», Band 4, Berlin 1903/11, S. 465–565. Zitat S. 470.

2) So z.B. von Herbert Mehrtens in: *Moderne, Sprache, Mathematik*, Frankfurt am Main 1990.

3) Georg Cantor, *Gesammelte Abhandlungen*, herausgegeben von Ernst Zermelo, Berlin 1932, S. 204.

4) ebd., S. 443.

5) ebd., S. 282.

6) Walter Purkert, Georg Cantor und die Antinomien der Mengenlehre. *Bull. de la Soc. Math. Belgique* **38** (1986), 313–327.

7) David Hilbert, *Grundlagen der Geometrie*, in: *Festschrift zur Feier der Enthüllung des Gauss-Weber-Denkmals in Göttingen*. Leipzig 1899.

8) Immanuel Kant, *Kritik der reinen Vernunft*, 2. Auflage, Kants Werke, Akademie-Textausgabe, Band 3, Berlin 1911, S. 460.

9) Hilbert, loc. cit., S. 4.

10) ebd., S. 17.

11) Siehe dazu Mehrtens, loc. cit.

12) Léon Brunschvicg, *Les étapes de la philosophie mathématique*. Nouveau Tirage, Paris 1972. Zitat S. 70.

13) Carl Friedrich von Weizsäcker, *Die Einheit der Natur*, München 1971, IV.5.3.

14) Georg Cantor, *Gesammelte Abhandlungen*, S. 181.

15) ebd., S. 182.

16) ebd., S. 182.

17) David Hilbert, Über das Unendliche. *Mathematische Annalen* **95** (1925), 161–190. Zitat S. 170.

18) Richard Rhodes, *Die Atombombe oder die Geschichte des 8. Schöpfungstages*, Nördlingen 1988, S. 683. Das von Rhodes gegebene Zitat lautet: «Jetzt bin ich der Tod geworden, der Zerstörer der Welt.» Ich nehme an, daß es sich dabei um eine ungenaue Wiedergabe des von mir zitierten Verses aus dem 11. Gesang der Bhagavadgita handelt.

19) Carl Friedrich v. Weizsäcker, *Wahrnehmung der Neuzeit*, München 1983, S. 355 f.

20) Robert Oppenheimer, An Open House, in: *Science and the Common Understanding*, New York 1954. Wiederabdruck in: J. Robert Oppenheimer, *Uncommon Sense*, Boston, Basel, Stuttgart 1984. Zitat S. 76.

21) *Die Fragmente der Vorsokratiker*, griechisch und deutsch von Hermann Diels, Erster Band, 2. Auflage, Berlin 1906, S. 240, Fragment 4. Diels übersetzt: «Und in der Tat hat ja alles was man erkennen kann eine Zahl. Denn ohne sie läßt sich nichts erfassen oder erkennen.»

22) Bartel Leendert van der Waerden, *Erwachende Wissenschaft*, Basel, Stuttgart 1956, S. 157.

23) Diese Aussage stellt eine bewußte Vereinfachung dar. Insbesondere benutzt Platon beim Hexaeder nicht die baryzentrische Unterteilung, und das Dodekaeder wird überhaupt

nicht so konstruiert. Auch werden die Dreiecke anders charakterisiert als oben. Vgl. Platon, *Timaios*, 53b–55c.

24) Werner Heisenberg, Gedanken der antiken Naturphilosophie in der modernen Physik, in: Werner Heisenberg, *Gesammelte Werke*, Band 1, München, Zürich 1984, S. 126–132. Zitat S. 130.

25) ebd., S. 131–132.

26) Georg Picht, *Der Begriff der Natur und seine Geschichte,* Stuttgart 1989. Mit einer Einführung von C.F. von Weizsäcker, herausgegeben von C. Eisenbart und E. Rudolph, nach der Wintervorlesung 1973/74. Zitat S. 80.

27) Max Born, Erinnerungen und Gedanken eines Physikers, in: Hedwig Born und Max Born, *Der Luxus des Gewissens – Erlebnisse und Einsichten im Atomzeitalter*, München 1969, S. 27–73. Zitat S. 73.

28) ebd., S. 69.

29) ebd., S. 68.

30) Henri Poincaré, *Wissenschaft und Methode*. Autorisierte deutsche Ausgabe mit erläuternden Anmerkungen von F. und L. Lindemann. Leipzig und Berlin 1914, S. 26. Das Wort Spekulationen bezieht sich auf neuartige Strukturen wie die nichteuklidischen Geometrien und auf die axiomatische Methode.

31) Konrad Lorenz, Gestaltwahrnehmung als Quelle wissenschaftlicher Erkenntnis. *Zeitschrift für experimentelle und angewandte Psychologie* **4** (1959), nachgedruckt in: Konrad Lorenz, *Über tierisches und menschliches Verhalten. Aus dem Werdegang der Verhaltenslehre. Gesammelte Abhandlungen.* München 1965, Bd. 2, S. 255–300. Zitat S. 267.

32) Galileo Galilei, *Il Saggiatore*, in: Galileo Galilei, *Opere*, Edizione Nazionale, Bd. VI, Florenz 1896, S. 232.

33) Christian Morgenstern, *Stufen, eine Entwickelung in Aphorismen und Tagebuch-Notizen.* München 1918. Den zitierten Aphorismus aus dem Jahre 1907 findet man auf Seite 250. Zu den übrigen andeutungsweise zitierten Stellen vergleiche man die Seiten 121 und 219, wo sichtbar wird, daß «Fälschung der Wirklichkeit» im Sinne Nietzsches gemeint ist.

34) ebd., S. 121.

35) ebd., S. 47.

36) Johann Wolfgang von Goethe, *Die Schriften zur Naturwissenschaft*, Ausgabe im Auftrage der Deutschen Akademie der Naturforscher (Leopoldina) zu Halle, Erste Abteilung, Band 9: Morphologische Hefte. Weimar 1954. Zu obigen Zitatbruchstücken vgl. die Seiten 5 bis 7.

37) Goethe, *Die Schriften zur Naturwissenschaft*, Leopoldina-Ausgabe, Erste Abteilung, Band 11: Aufsätze, Fragmente, Studien zur Naturwissenschaft im allgemeinen, Weimar 1970. S. 367, Fragment aus dem Nachlaß.

38) In: Ernst Cassirer, *Idee und Gestalt*, 2. Auflage, Berlin 1924. Neudruck Darmstadt 1971.

39) Goethes *Schriften zur Naturwissenschaft* werden im folgenden stets nach der Leopoldina-Ausgabe zitiert. LA I. bedeutet die erste Abteilung dieser Ausgabe. Danach folgen Band- und Seitenzahl.

40) Vgl. z.B. LA I. 11, 367.

41) Vgl. z.B. LA I. 4, 212 und LA I. 11, 273 ff.

42) LA I. 11, 363.

43) LA I. 4, 212 sowie LA I. 6, 98 und LA I. 6, 296.

44) LA I. 11, 277; LA I. 11, 282 und 283.

45) LA I. 11, 363.

46) LA I. 11, 349.

47) LA I. 11, 358.

48) Vgl. z.B. LA I. 4, 212.

49) Vgl. z.B. LA I. 11, 273 und LA I. 11, 370 ff.

50) LA I. 6, 297.

51) LA I. 11, 370 f.

52) LA I. 3, 308–312 und 317–326 sowie LA II. 3, 322–327.

53) Goethe exzerpierte den Inhalt des ersten Buches der transzendentalen Analytik aus der 2. Auflage der *Kritik der reinen Vernunft* von 1787. Vgl. LA I. 3, 488–489 und LA II. 3, 323.

54) LA I. 9, 81 und LA II. 9.A, 586 ff.

55) LA I. 6, 76–77. Die zitierten Sätze wurden wohl 1807 geschrieben (vgl. LA II. 6, 336). Goethe zitierte sie erneut wörtlich 1823 (vgl. LA I. 9, 300).

56) Vgl. z.B. LA I. 6, 301 oder LA I. 8, 312.

57) LA I. 11, 348.

58) LA I. 6, 308.

59) LA I. 3, 443.

60) LA I. 6, 276.

61) LA I. 6, 157.

62) LA I. 6, 155.

63) LA I. 9, 125 und LA I. 10, 125.

64) LA I. 10, 127.

65) LA I. 10, 126.

66) LA I. 10, 128.

67) LA I. 9, 88.

68) LA I. 9, 280.

69) LA I. 3, 324.

70) Paul Mongré, *Das Chaos in kosmischer Auslese. Ein erkenntnisskritischer Versuch.* Leipzig 1898.

71) ebd., S. 174–175.

72) Dies Prinzip wurde anscheinend um 1961 von G.J. Whitrow (London), R.H. Dicke (Princeton), B. Carter (Meudon) eingeführt und von S. Hawking, M. Rees, J. Barrow und J.A. Wheeler weiterentwickelt. Einen kurzen Bericht über das anthropische Prinzip gibt Iosif L. Rozental in seinem kleinen Buch *Big Bang, Big Bounce. How Particles and Fields Drive Cosmic Evolution.* Berlin 1987, Abschnitt 3.6 und 4.10.

73) Vgl. z.B. Paul Mongré, Strindbergs Blaubuch, *Die neue Rundschau*, 20. Jahrgang der freien Bühne, 1909, 6. Heft, 891–896 und Paul Mongré, Brief an Gustav Landauer in der Zeitschrift *Die Zukunft*, Band 39, Jahrgang 10, Nr. 37 vom 14. Juni 1902.

74) Paul Mongré, Andacht zum Leben, *Die neue Rundschau*, 21. Jahrgang der freien Bühne, 1910, 12. Heft, 1737-1741.

75) Felix Hausdorff, *Grundzüge der Mengenlehre*, Leipzig 1914.

76) Georg Picht, *Naturvorlesung* (vgl. Anm. 26).

77) Platon, *Kratylos*, 402 a. Die Schriften des Platon wurden nach der deutschen Übersetzung in der sechsbändigen Platon-Ausgabe in der Reihe *Rowohlts Klassiker der Literatur und der Wissenschaft* zitiert.

78) *Theaitetos*, 182 a–b.

79) *Theaitetos*, 182 d.

80) *Theaitetos*, 152 a.

81) Friedrich Nietzsche, *Sämtliche Werke, Kritische Studienausgabe in 15 Einzelbänden*, herausgegeben von Giorgio Colli und Mazzino Montinari, zitiert als KSA nach der Taschenbuchausgabe, 2. Auflage München 1988 (Konkordanz zur *Kritischen Gesamtausgabe* in KSA 15). Zitat in KSA 13, S. 293.

82) Platon, *Philebos*, 27 b.

83) *Philebos*, 26 d.

84) Julius Stenzel, *Zahl und Gestalt bei Platon und Aristoteles*. Leipzig und Berlin, ¹1924, ²1933.

85) z.B. Aristoteles, *Physik* Γ1 und E2, *Metaphysik* Δ7, Δ13–14, E2, *Kategorien* 3–14, *Topik* A9.

86) Wolfgang Wieland, *Die aristotelische Physik – Untersuchungen über die Grundlegung der Naturwissenschaft und die sprachlichen Bedingungen der Prinzipienforschung bei Aristoteles*. Göttingen ¹1961, ²1970, ³1993.

87) ebd., S. 145.

88) ebd., S. 86.

89) Kurt von Fritz, Der Ursprung der aristotelischen Kategorienlehre. *Archiv für Geschichte der Philosophie* **40** (1931), 449–496. Nachgedruckt in K. v. Fritz, *Schriften zur griechischen Logik*, Bd. 2, Stuttgart–Bad Cannstatt 1978. Zur Auseinandersetzung mit v. Fritz vgl. Wieland, loc. cit., S. 149–161.

90) Aristoteles, *Kategorien*, 8. Kapitel, 10a. Die Schriften des Aristoteles werden im folgenden nach den griechisch-deutschen Ausgaben in der «Philosophischen Bibliothek» des Felix Meiner Verlags in Hamburg zitiert. *Kategorien*: Phil. Bibl., Bde. 8–9; *Metaphysik*: Phil. Bibl., Bde. 307–308; *Physik*: Phil. Bibl., Bde. 380–381.

91) Zur Unterscheidung der Aufgaben von Mathematik und Naturforschung vgl. *Physik* B 2.

92) Wieland, loc. cit., S. 278 f.

93) Otto Toeplitz, Das Verhältnis von Mathematik und Ideenlehre bei Platon. *Quellen und Studien zur Geschichte der Mathematik, Astronomie und Physik*, Abt. B, Bd. 1 (1931), S. 3–33.

94) Aristoteles, *Physik* A2, 185b, 9–13.

95) *Physik* Δ3, 210a, 15–17.

96) Platon, *Parmenides*, 145 d.

97) Hegel, *Encyclopädie der philosophischen Wissenschaften im Grundrisse* (1817), neu herausgegeben von G. Lasson, 2. Aufl., Leipzig 1920, S. 141 (§ 136).

98) Aristoteles, *Metaphysik* Δ26, 1023b, 32–35.

99) *Metaphysik* Z 10, 1034b, 26–27 und Z 11, 1037a, 2–4; *Physik* Δ12, 220a, 20–21.

100) z.B. *Physik* Δ12, 220a, 20.

101) z.B. *Physik* Γ6, 206a, 17 f. und Δ8, 214b, 18 f. sowie *Metaphysik* A9, 992a, 19 ff.

102) *Metaphysik* M9, 1085a, 32–34.

103) *Metaphysik* Δ13, 1020a, 8–11.

104) *Physik* B3, 195a, 19-21.

105) *Physik* Γ7, 207b, 27–34.

106) *Physik* Γ7, 207b, 14–15.

107) *Physik* Γ5, 204b, 5–6. Daß Aristoteles in E3, 226b und 227a an räumliche Begrenzungen im obigen Sinn denkt, geht auch aus dem Gebrauch der Wörter ἄκρα und ἔσχατος hervor.

108) *Physik* Γ5, 204a, 2–6.

109) *Physik* E3; *Metaphysik* K 12, 1069a, 1–18.

110) *Physik* E3, 226b, 18–20.

111) Bernhard Riemann, *Grundlagen für eine allgemeine Theorie der Functionen einer veränderlichen complexen Grösse*. Inauguraldissertation, Göttingen 1851, (insbes. § 6). In: *Bernhard Riemann's gesammelte mathematische Werke und wissenschaftlicher Nachlaß*, herausgegeben von H. Weber, Leipzig 1876.

112) Johann Benedict Listing, Vorstudien zur Topologie. *Göttinger Studien*, Göttingen 1847, S. 811–875.

113) ebd., S. 811.

114) ebd., S. 814

115) Alexander Braun, Vergleichende Untersuchung über die Ordnung der Schuppen an den Tannenzapfen, als Einleitung zur Untersuchung der Blattstellung überhaupt. *Nova Acta Physico-Medica Acad. Caes. Leop. Carol. Nat. Cur.* **15.1** (1831), 195–402.

116) Goethe, Über die Spiraltendenz. In: LA I. 10 (vgl. Anm. 36, 37 und 39), S. 339–342.

117) LA I. 9, 23–61.

118) Cecile Mettenius, *Alexander Braun's Leben*, nach seinem handschriftlichen Nachlaß dargestellt von C. Mettenius. Berlin 1882, vgl. insbesondere S. 91, 110 und 145 und den in Anm. 116 zitierten Bericht von Goethe.

119) *Physik* E3, 227a, 16 f.

120) *Physik* E3, 226b, 21–23 und 227a, 6 sowie 227a, 10–13.

121) Proklus Diadochus, *Euklidkommentar*, erste deutsche Ausgabe, besorgt und eingeleitet von Max Steck, Halle 1945, S. 244, 249, 254 und 414.

122) Marston Morse, *The Calculus of Variations in the Large*. American Math. Soc. Coll. Publ., Vol. 18, New York 1934. Herbert Seifert–William Threlfall, *Variationsrechnung im Grossen (Morsesche Theorie)*, Leipzig 1938. John Milnor, *Morse Theory*. Annals of Math. Studies 51, Princeton 1963.

123) Stephen Smale, Generalized Poincaré's conjecture in dimensions greater than four, *Ann. of Math.* (2) **74** (1961), 391–406. Ders.: On the structure of manifolds. *Amer. J. Math.* **84** (1962), 387–399. Ders.: A survey of some recent developments in differential topology. *Bull. Amer. Math. Soc.* **69** (1963), 131–145.

124) *Physik* Γ1, 201a, 10 f.

125) *Physik* E1, 225b, 7–9.

126) *Physik* E2, 226b, 1–2.

127) *Physik* E4, 228a, 20 ff.

128) *Physik* Z10, 241a, 2–4.

129) In: Anneliese Maier, *Zwei Grundprobleme der scholastischen Naturphilosophie: das Problem der intensiven Größe; die Impetustheorie.* Rom ³1968 (zitiert als: Maier, *intensive Größe*).

130) In: Anneliese Maier, *An der Grenze von Scholastik und Naturwissenschaft: die Struktur der materiellen Substanz; das Problem der Gravitation; die Mathematik der Formlatituden.* Rom ²1952 (zitiert als: Maier, *Formlatituden*).

131) In: Anneliese Maier, *Metaphysische Hintergründe der spätscholastischen Naturphilosophie.* Rom 1955 (zitiert als: Maier, *Quantität*).

132) Anneliese Maier, *Formlatituden*, S. 270.

133) *Nicole Oresme and the Medieval Geometry of Qualities and Motions, a Treatise on the Uniformity and Difformity of Intensities known as Tractatus de configurationibus qualitatum et motuum*, edited with an introduction, English translation and commentary by Marshall Clagett, Madison, Milwaukee and London 1968. (Zitiert als: Oresme, *Tractatus*). Auf Wunsch des Verlages habe ich die lateinischen Zitate durch deutsche Übersetzungen ersetzt.

134) Zitiert nach Edith D. Sylla, Quantity and Quality in Scholastic Aristotelian Natural Philosophy (im vorliegenden Band, S. 53).

135) Die «lange Gerade» geht auf eine Idee von Georg Cantor zurück [*Math. Ann.* **21** (1883), S. 552, Ges. Abh. (1932), S. 171]. Ausgeführt findet sich die Idee bei Felix Hausdorff 1915 (Nachlaß Hausdorff, UB Bonn, Kapsel 31, Fasz. 121, Blatt 2). Die erste Publikation dazu ist von Pavel S. Alexandroff [*Math. Ann.* **92** (1924), 294–301].

136) Diese Definition der Homogenität gibt Felix Hausdorff 1903/04 in seiner Vorlesung «Zeit und Raum» (Nachlaß, Kapsel 24, Fasz. 71).

137) David Hilbert, *Grundlagen der Geometrie* (vgl. Anm. 7). Bedingung (a) entspricht Axiom 2 im ersten Buch der *Elemente* von Euklid, und (b), die Streckenübertragung, wird in Proposition 2 des gleichen Buches durch eine Konstruktion ausgeführt.

138) Richard Dedekind, *Was sind und was sollen die Zahlen?* Braunschweig 1888.

139) Oresme, *Tractatus*, I.i. 3–12.

140) z.B. Anneliese Maier, *intensive Größe*, S. 95 und 104 sowie *Formlatituden*, S. 306–308, 312, 320 und 348.

141) Im Kommentar zu I. xxii, 4–6, Seite 451.

142) Oresme, *Tractatus*, I.vi., 4.

143) ebd. I.i., 39–41. Diese Stelle scheint mir direkt der folgenden Behauptung von A. Maier zu widersprechen: «dass eben die *longitudo* in Oresmes configurationes das konkrete *subiectum* [...] ist, und nicht nur eine fiktive geometrische Gerade oder Ebene, die das Subjekt repräsentiert.» (*Formlatituden*, S. 320).

144) Nicole Oresme, *Questiones super geometriam Euclidis per Magistrum Nicholaum Oresme*, Questio 11, 117–126; in: Oresme, *Tractatus*, p. 546.

145) Anneliese Maier, *Formlatituden*, S. 349.

146) Aristoteles, *Kategorien*, 8. Kapitel, 11a.

147) Anneliese Maier, *Formlatituden*, S. 308.

148) Oresme, *Tractatus*, I, iii, 3–4.

149) Günther Ludwig, *Einführung in die Grundlagen der Theoretischen Physik*, Bd. 1: Raum, Zeit, Mechanik. Düsseldorf 1974, insbesondere Kap. III: Das Verhältnis von Mathematik und Physik.

150) Albert Einstein, *Grundzüge der Relativitätstheorie*. Braunschweig 1956, S. 64.

151) Zitiert nach Anneliese Maier, *Quantität*, S. 156 f. Für die ganze scholastische Diskussion der Kategorie der Quantität sei auf den dort befindlichen Aufsatz von A. Maier verwiesen.

152) Oresme, *Tractatus*, I. iii, 15–17.

153) Zur Geschichte des Wortes «Funktion» siehe Moritz Cantor, *Vorlesungen über die Geschichte der Mathematik*, 3. Bd., ^{2}1901, S. 215 f. sowie A. P. Youschkevitch, The Concept of Function up to the Middle of the 19th Century, *Archive for History of Exact Sciences* **16** (1976/77), 37–85.

154) Oresme, *Tractatus*, I. iv, 2–7.

155) Oresme, *Tractatus*, I. xiv, 3–5.

156) insbesondere ebd. in I.xvi.

157) *Leonhardi Euleri Introductio in analysin infinitorum.* Leonhardi Euleri Opera omnia, series prima, vol. VIII et IX. Lipsiae et Berolini MCMXXII et Genevae MCMXLV. Zur Definition des Funktionsbegriffs siehe Tomus primus, caput I.

158) ebd., Tomus secundus, caput I, § 9.

159) Oresme, *Tractatus*, I.xvi, 39–42.

160) ebd., I.xxi, insbes. 3–8 und 52–59.

161) *Bernhard Riemann's gesammelte mathematische Werke und wissenschaftlicher Nachlaß*, Leipzig 1876, S. 268.

162) Zur Geschichte des Krümmungsbegriffs verweise ich auf Helmuth Gericke, Zur Vorgeschichte und Entwicklung des Krümmungsbegriffs. *Arch. History Exact Sciences* **27** (1982), 1–21. Zur Differentialgeometrie allgemein verweise ich auf Peter Dombrowski, Differentialgeometrie, in: G. Fischer, F. Hirzebruch, W. Scharlau und W. Törnig (Hrsg.), *Ein Jahrhundert Mathematik 1890–1990*, Festschrift zum Jubiläum der DMV, Braunschweig/Wiesbaden 1990, S. 323–360. Zur Frühgeschichte des Mannigfaltigkeitsbegriffs verweise ich auf Erhard Scholz, *Geschichte des Mannigfaltigkeitsbegriffs von Riemann bis Poincaré*. Boston, Basel, Stuttgart 1980.

163) Anneliese Maier, *Formlatituden*, S. 305.

164) Zitiert nach M. Clagett, Fußnote 5 zu Questio 10 von Oresmes *Questiones super geometriam Euclidis*, in: Oresme, *Tractatus*, p. 531.

165) Oresme, *Tractatus*, I. xviii, 3–5.

166) ebd., II.i, 12–13.

167) ebd., II, xiii, 37–43.

168) *Bernhard Riemann's gesammelte mathematische Werke*, S. 258.

169) Nicolas Bourbaki, *Elemente der Mathematikgeschichte*. Göttingen 1971, S. 183.

170) Man vergleiche A. Maier, *Formlatituden*, S. 354–384 und Clagetts Einleitung zu seiner Ausgabe von Oresmes Werk, S. 73–121 (vgl. Anm. 133).

171) Léon Rosenfeld, *Selected Papers*. Boston 1979, S. 343. Zitiert nach Richard Rhodes, *Die Atombombe oder die Geschichte des 8. Schöpfungstages*. Nördlingen 1988, S. 280 ff.

172) Niels Bohr, Resonance in Uranium and Thorium Disintegrations and the Phenomenon of Nuclear Fission. *Phys. Rev.* **56** (1939), 418–419.

173) Ludwig Wittgenstein, Bemerkungen über die Farben. In: *Werkausgabe*, Bd. 8, S. 7–112, Frankfurt am Main 1989. Hier: S. 24.

174) ebd., S. 61.

175) ebd., S. 26 f.

176) Adhémar Gelb und Kurt Goldstein, Über Farbennamenamnesie [...], Psychologische Analysen hirnpathologischer Fälle X, *Psychologische Forschung* **6** (1925), 127–186.

177) Israel Rosenfield, *Das Fremde, das Vertraute und das Vergessene – Anatomie des Bewußtseins*. Frankfurt am Main 1992, S. 117 f.

178) Wittgenstein, loc. cit., S. 104 f.

179) Immanuel Kant, *Kritik der reinen Vernunft*, Kants Werke, Akademie-Textausgabe, Bde. 3 und 4, Berlin 1968 (vgl. Anm. 1). 1. Auflage 1781 = KrVA, Akad.-A. 3; 2. Auflage 1787 = KrVB, Akad.-A. 4. Zitat: KrVB 224, Akad.-A. 3, S. 162.

180) KrVA 182, Akad.-A. 4, S. 124.

181) KrVB 226, Akad.-A. 3, S. 163.

182) Georg Picht, *Naturvorlesung* (vgl. Anm. 26), S. 456.

183) Jean Paul [Johann Paul Friedrich Richter], *Blumen-, Frucht- und Dornenstücke oder Ehestand, Tod und Hochzeit des Armenadvokaten F. St. Siebenkäs im Reichsmarktflecken Kuhschnappel*. Berlin 1796. Erstes Blumenstück: Rede des todten Christus vom Weltgebäude herab, daß kein Gott sey.

184) KrVB 741, Akad.-A. 3, S. 469.

185) KrVB 742–743, Akad.-A. 3, S. 469 f.

186) Ernst Cassirer, *Substanzbegriff und Funktionsbegriff*. Untersuchungen über die Grundfragen der Erkenntniskritik. Berlin [1]1910, [2]1923, S. 121.

187) Herbert Mehrtens (vgl. Anm. 2).

188) ebd., S. 9.

189) Zitate nach Mehrtens, S. 265.

190) Nachlaß Felix Hausdorff (vgl. Anm. 135), Kapsel 49, Fasz. 1067, Bl. 6–7.

191) ebd., Bl. 9.

192) Mehrtens, loc. cit., S. 177.

193) Felix Hausdorff, Nachlaß, Kapsel 26 a, Fasz. 79, Bl. 11.

194) ebd., Bl. 12.

195) Konrad Lorenz, Gestaltwahrnehmung als Quelle wissenschaftlicher Erkenntnis (vgl. Anm. 31). Zitat in Abschnitt VIII, Zusammenfassung, S. 300.

196) ebd., Abschnitt IV, S. 279.

197) Ronald A. Finke, Bildhaftes Vorstellen und visuelle Wahrnehmung. *Spektrum der Wissenschaft*, Mai 1986, 78–86.

198) KrVB 741, Akad.-A. 3, S. 469.

199) Juan D. Delius, Komplexe Wahrnehmungsleistungen bei Tauben. *Spektrum der Wissenschaft*, April 1986, 46–58. Zitat S. 55.

200) Yuri I. Manin, *A Course in Mathematical Logic*, New York, Berlin, Heidelberg 1977, S. 38.

201) Alexander Braun, Brief an eine seiner Töchter vom 7. Januar 1875, in: *Alexander Braun's Leben* (vgl. Anm. 118), S. 657.

202) Konrad Lorenz, Gestaltwahrnehmung als Quelle wissenschaftlicher Erkenntnis (vgl. Anm. 31), Abschnitt VI, S. 293. Man lese hierzu von Jacques Hadamard *Essai sur la psychologie de l'invention dans le domaine mathématique*, Paris 1959.

203) René Thom, Qualità/quantità. *Enciclopedia*, Bd. 11, Einaudi, Torino 1980, S. 474. Die nicht besonders genaue Übersetzung des italienischen Textes ins Deutsche ist von mir.

204) Bernhard Riemann, *Gesammelte Mathematische Werke*, S. 477.

205) Erhard Scholz, Herbart's influence on Bernhard Riemann. *Historia Mathematica* **9** (1982), 413–440.

206) ebd., S. 437.

207) Johann Friedrich Herbart, *Über philosophisches Studium*, 1807, zitiert nach Scholz, S. 437.

208) Zitat nach Scholz, S. 433.

209) Vgl. z.B. KrVA 166, KrVB 207–218, Prologomena § 24.

210) Riemann, *Gesammelte Mathematische Werke*, S. 255 f.

211) Austen Clark, *Sensory Qualities*, Oxford 1993.

212) David Hume, *A Treatise of Human Nature*, book I, part 1, section 1.

213) René Thom, Qualità/quantità, S. 473.

214) Manfred Richter, *Einführung in die Farbmetrik*. Berlin, New York, [2]1981, S. 72 f.

215) D.L. Mac Adam, Specification of small chromaticity differences. *J. opt. Soc. Amer.* **33** (1943), 18–26.

216) Hermann v. Helmholtz, *Handbuch der physiologischen Optik*. Hamburg, Leipzig, [2]1896.

217) Erwin Schrödinger, Grundlinien einer Theorie der Farbenmetrik im Tagessehen. *Ann. Physik* (IV) **63** (1920), 397–456; 489–520.

218) Hermann Grassmann, Zur Theorie der Farbenmischung. *Poggendorffs Ann. d. Physik* **89** (1853), 69–84.

219) Hermann Lotze, *Metaphysik. Drei Bücher der Ontologie, Kosmologie und Psychologie*. Leipzig 1879, S. 58.

220) Friedrich Nietzsche, KSA 12 (vgl. Anm. 81), Fragment 9 [40], S. 353.

221) ebd., Fragment 6 [14], S. 238.

222) Ernst Cassirer, *Substanzbegriff und Funktionsbegriff* (vgl. Anm. 186).

223) ebd., S. 22 f.

224) Benno Erdmann, *Logik*, I. Bd. , Halle [2]1907, S. 158 f.

225) Cassirer, *Substanzbegriff und Funktionsbegriff*, S. 30 f.

226) ebd., S. 119 f. und 121.

227) ebd., S. 299.

228) ebd., S. 297 f.

229) ebd., S. 366 f.

230) ebd., S. 377.

231) ebd., S. 408.

232) ebd., S. 431.

233) René Thom, Qualità/quantità (vgl. Anm. 203), S. 460.

234) Carl Friedrich Gauß, *Werke*, Bd. 5, Nachlass, Zur Electrodynamik [4], S. 605.

235) John H. Conway, An enumeration of knots and links, and some of their algebraic properties. In: *Computational Problems in Abstract Algebra*. Proc. Conf. Oxford 1967 (ed. J. Leech), New York 1970, S. 329–358. Eine korrigierte Liste gab Dale Rolfsen, *Knots and Links*, Berkeley 1976; eine letzte Korrektur K. A. Perko, On 10-crossing knots. *Portugaliae Math.* **38** (1979), 5–9. Zur frühen Geschichte der Knotentheorie verweise ich auf das hervorragende Werk von Moritz Epple *Die Entstehung der Knotentheorie. Kontexte und Konstruktionen einer modernen mathematischen Theorie*. Braunschweig/Wiesbaden 1999.

236) De Witt Sumners, Lifting the curtain: Using topology to probe the hidden action of enzymes. *Notices of the American Mathematical Society* **42** (1995), 528–537.

237) Vaughan F.R. Jones, A polynomial invariant for knots via von Neumann algebras. *Bull. Amer. Math. Soc.* **12** (1985), 103–111.

238) Vladislav A. Vassiliev, *Complements of Discriminants of Smooth Maps: Topology and Applications*. Translations of Math. Monographs 98, Amer. Math. Soc., Providence, Rh. I., 1992.

239) Victor Szebehely, *Theory of Orbits – The Restricted Problem of Three Bodies*. New York, San Francisco, London 1967, S. 504 und S. 509.

240) Henri Poincaré, Mémoire sur les courbes définies par une équation différentielle. *Journal de mathématiques pures et appliquées*, 3. série, **7** (1881), 375–422. Zitat S. 376.

241) Analyse des travaux scientifiques de Henri Poincaré faite par lui-même. *Acta Mathematica* **38** (1921), 3–145, Zitat S. 55.

242) ebd., S. 64.

243) ebd., S. 100 f.

244) Beispielsweise Carl Ludwig Siegel, Jürgen K. Moser, *Lectures on Celestial Mechanics*. Berlin, Heidelberg, New York 1971, § 32, S. 228.

245) Inspiriert durch ähnliche Skizzen in der Literatur, z. B. Jürgen Moser, *Stable and Random Motions in Dynamical Systems, With Special Emphasis on Celestial Mechanics*. Princeton 1973, S. 102.

246) Henri Poincaré, *Les méthodes nouvelles de la mécanique céleste*. Tome III, Paris 1899, S. 389.

247) Stephen Smale, Diffeomorphisms with many periodic points. In: *Differential and Combinatorial Topology*. A symposium in honor of Marston Morse, S.S. Cairns ed., Princeton 1965, S. 63–80. Eine schöne Darstellung einer subtileren Variante, die sich an Georg David Birkhoff anschließt, gibt J. Moser in der in Anm. 245 zitierten Vorlesung.

248) Vladimir I. Arnold, The stability of the equilibrium position of a Hamiltonian system of ordinary differential equations in the general elliptic case. *Sov. Math. Dokl.* **2** (1961), 247–249. Die Figur und ihre obige Beschreibung findet man in dem Buch von V.I. Arnold und André Avez, *Ergodic Problems of Classical Mechanics*. New York, Amsterdam 1968, S. 90 f.

249) Peter H. Richter, Hans-Joachim Scholz, *Das eingeschränkte Dreikörperproblem*. Göttingen 1987. Dieselben, *Das ebene Doppelpendel*. Göttingen 1985. Bilder daraus reproduzierten diese Autoren in ihrem Artikel «Der Goldene Schnitt in der Natur». In: *Ordnung aus dem Chaos* (B.-O. Küppers, Hrsg.), München, Zürich 1987, S. 175–214.

250) René Thom, *Stabilité structurelle et morphogénèse. Essai d'une théorie générale des modèles*. Reading, Mass., 1972.

251) René Thom, *Modèles mathématiques de la morphogénèse*. Paris 1974.

252) Erik Christopher Zeeman, *Catastrophe Theory. Selected Papers, 1972–1977*. Reading, Mass., 1977.

253) Tim Poston, Ian Stewart, *Catastrophe Theory and its Applications*. London 1978.

254) Hassler Whitney, On singularities of mappings of Euclidean spaces. I. Mappings of the plane into the plane. *Ann. of Math.* **62** (1955), 374–410.

255) *Encyclopaedia of Mathematics*, Herausgeber: M. Hazewinkel, Dordrecht etc. 1988. Bd. 1, S. 387 f.

256) Vladimir I. Arnold, Sabir M. Gusein-Zade, Alexander N. Varchenko, *Singularities of Differentiable Maps I, II*. Boston 1985 und 1988.

257) Vladimir I. Arnold, *Catastrophe Theory*. Berlin, Heidelberg 1984.

258) René Thom, La Théorie des Catastrophes: Etat Présent et Perspectives. In: *Dynamical Systems – Warwick 1974* (A. Manning, ed.), Lecture Notes in Mathematics 468, Berlin, Heidelberg, New York 1975, S. 366–372. Zitat S. 336.

259) ebd., S. 366 f.

260) Alexander A. Andronov, Lew S. Pontrjagin, Systèmes grossiers. *Dokl. Akad. Nauk SSSR* **14**, no. 5 (1937), 247–250.

261) Stephen Smale, Differentiable dynamical systems. *Bull. Amer. Math. Soc.* **73** (1967), 747–817.

262) Erik Christopher Zeeman, Levels of structure in catastrophe theory illustrated by applications in the social and biological sciences. *Proc. Int. Congress of Math. Vancouver* (1974), Vol. 2, 533–546.

263) Erik Christopher Zeeman, Stability of dynamical systems. *Nonlinearity* **1** (1988), 115–155.

264) Dies Bild und das folgende sind Umzeichnungen von zwei Figuren aus dem Buch von Theodor Bröcker, *Differentiable Germs and Catastrophes*, Cambridge 1975, S. 148 f.

265) Erik Christopher Zeeman, A catastrophe machine. In: *Towards a theoretical biology* (C.H. Waddington, ed.), Bd. 4, Edinburgh 1972, S. 276–282.

266) Tim Poston, Alexander E.R. Woodcock, On Zeeman's catastrophe machine. *Proc. Cambridge Philos. Soc.* **74** (1973), 217–226.

267) Klaus Jänich, Universal Families of C^∞-Functions on D^2. *Math. Ann.* **256** (1981), 67–84, ist der Abschluß dieser Serie.

268) Erik Christopher Zeeman, Primary and secondary waves in developmental biology. In: *Lectures on Mathematics in the Life Sciences*, American Math. Soc., Rhode Island, Vol. 7 (1974), 69–161.

269) loc. cit., Anm. 258, S. 387.

270) René Thom, Topologie et signification. *L'âge de la science* **4** (1968), 219–242.

271) ebd., S. 230.

272) ebd., S. 231.

273) loc. cit., Anm. 258, S. 372.

274) René Thom, *Stabilité structurelle et morphogénèse* (vgl. Anm. 250), S. 21 f.

275) Johann Wolfgang von Goethe, *Faust*, Zweiter Teil, Erster Akt, Finstere Galerie.

276) Erschienen bei InterEditions, Paris 1988. Leider steht mir zum Zeitpunkt der Niederschrift der französische Text nicht zur Verfügung. Ich zitiere deshalb nach der englischen Übersetzung: René Thom, *Semio Physics: A Sketch. Aristotelian Physics and Catastrophe Theory.* Redwood City 1990.

277) ebd., S. viii.

278) ebd., S. viii.

279) ebd., S. ix.

280) ebd., S. ix.

281) ebd., S. 144 f.

282) ebd., S. 231.

283) ebd., S. 243.

284) *Passion des Formes.* Dynamique qualitative, sémiophysique et intelligibilité, à René Thom. Ouvrage réalisé sous la responsabilité de Michèle Porte. Fontenay–St. Cloud, 1994.

285) René Thom, *Semio Physics*, S. 168.

286) ebd., S. 149.

287) ebd., S. 240 f.

288) ebd., S. 218.

289) Novalis, *Schriften*, Bd. 3, Hrsg. R. Samuel, 3. Aufl., Stuttgart 1983, S. 123.

290) ebd., S. 675.

Literaturauswahl
zur Einführung

E. Neuenschwander

Abraham, Ralph; Marsden, Jerrold E.: *Foundations of Mechanics*. A mathematical exposition of classical mechanics with an introduction to the qualitative theory of dynamical systems and applications to the three-body problem. Benjamin, New York/Amsterdam, 1967. Second edition: Benjamin/Cummings, Reading Mass. etc., 1978.

Adorno, Theodor W.; et al.: *Der Positivismusstreit in der deutschen Soziologie*. Soziologische Texte, Bd. 58. Luchterhand, Neuwied/Berlin, 1969.

Agarwal, Bhoo; Piasetzki, Peter; Aasen, Clarence: *A Humanistic Approach to Quality of Life: A Selected Bibliography*. Exchange Bibliography, Nos. 1052, 1053 and 1054. Council of Planning Librarians, Monticello Ill., 1976.

Alexander, Daniel S.: *A History of Complex Dynamics: From Schröder to Fatou and Julia*. Aspects of Mathematics, vol. E 24. Vieweg, Braunschweig/Wiesbaden, 1994.

Anderson, Oskar (Hrsg.): *Qualitative und quantitative Konjunkturindikatoren*. Sonderhefte zum Allgemeinen Statistischen Archiv, Organ der Deutschen Statistischen Gesellschaft, Heft 20. Vandenhoeck & Ruprecht, Göttingen, 1983.

Andronov, Aleksandr Aleksandrovich: Les cycles limites de Poincaré et la théorie des oscillations auto-entretenues. *Comptes Rendus hebdomadaires des Séances de l'Académie des Sciences* **189** (1929), 559–561.

Andronov, Aleksandr Aleksandrovich; Chaikin, C. E.: *Theory of Oscillations*. English Language Edition, edited under the direction of S. Lefschetz. Princeton University Press, Princeton, 1949.

Andronov, Aleksandr Aleksandrovich; et al.: *Qualitative Theory of Second-Order Dynamic Systems*. Translated from Russian by D. Louvish. Wiley/Israel Program for Scientific Translations, New York etc./Jerusalem etc., 1973.

Arnold, Vladimir Igorevich: *Catastrophe Theory*. Translated from the Russian by R. K. Thomas. Springer, Berlin etc., 1984. Third, revised and expanded edition: Translated from the Russian by G. S. Wassermann; based on a translation by R. K. Thomas. Springer, Berlin etc., 1992.

Arnold, Vladimir Igorevich; Avez, A.: *Problèmes Ergodiques de la Mécanique Classique*. Monographies Internationales de Mathématiques Modernes, vol. 9. Gauthier-Villars, Paris, 1967. Englische Übersetzung: *Ergodic Problems of Classical Mechanics*. Benjamin, New York etc., 1968. Reprint: Addison-Wesley, Redwood City, 1989.

Arnold, Vladimir Igorevich; et al. (eds.): *Dynamical Systems I–VIII*. Encyclopaedia of Mathematical Sciences, vol. 1–6, 16 and 39. Springer, Berlin etc., 1988–1993.

Arrowsmith, David K.; Place, C. M.: *Ordinary Differential Equations: A qualitative approach with applications*. Chapman and Hall, London/New York, 1982.

Atteslander, Peter: *Die Grenzen des Wohlstands. An der Schwelle zum Zuteilungsstaat*. Deutsche Verlags-Anstalt, Stuttgart, 1981.

Awrejcewicz, Jan: *Bifurcation and Chaos in Simple Dynamical Systems*. World Scientific, Singapore etc., 1989.

Baacke, Dieter; Kübler, Hans-Dieter (Hrsg.): *Qualitative Medienforschung. Konzepte und Erprobungen*. Medien in Forschung + Unterricht, Serie A, Bd. 29. Niemeyer, Tübingen, 1989.

Baker, Keith Michael: *Condorcet: From Natural Philosophy to Social Mathematics.* The University of Chicago Press, Chicago/London, 1975.

Bakker, Pieter Gerrit: *Bifurcations in Flow Patterns: Some Applications of the Qualitative Theory of Differential Equations in Fluid Dynamics.* Nonlinear Topics in the Mathematical Sciences, vol. 2. Kluwer, Dordrecht/Boston/London, 1991.

Bässler, Roland: *Quantitative oder Qualitative Sozialforschung in den Sportwissenschaften. Ein Beitrag zur Methodendiskussion.* Methoden der empirischen Sozialforschung in den Sportwissenschaften, Bd. 1. Universitätsverlag für Wissenschaft und Forschung, Wien, 1987.

Bättig, Karl; Ermertz, Edmond (Hrsg.): *Lebensqualität. Ein Gespräch zwischen den Wissenschaften.* Vorträge gehalten an der Interdisziplinären Informations- und Diskussionsveranstaltung vom 7. November 1974 bis 13. Februar 1975 an der ETH Zürich. Poly, Bd. 3. Birkhäuser, Basel/Stuttgart, 1976.

Bealer, George: *Quality and Concept.* Clarendon Press, Oxford, 1982.

Bechler, Zev: *Newton's Physics and the Conceptual Structure of the Scientific Revolution.* Boston Studies in the Philosophy of Science, vol. 127. Kluwer, Dordrecht/Boston/London, 1991.

Beckerman, Wilfred: *In Defence of Economic Growth.* Jonathan Cape, London, 1974.

Beckerman, Wilfred: *Small Is Stupid: Blowing the Whistle on the Greens.* Duckworth, London, 1995.

Belke, Felicitas: *Spekulative und wissenschaftliche Philosophie. Zum Begriff der Philosophie im Wiener Kreis des Neopositivismus.* Dissertation Universität Bonn = Monographien zur Philosophischen Forschung, Bd. 45. Hain, Meisenheim am Glan, 1966.

Bell, David; Vossenkuhl, Wilhelm (Hrsg.): *Wissenschaft und Subjektivität. Der Wiener Kreis und die Philosophie des 20. Jahrhunderts.* Akademie Verlag, Berlin, 1992.

Bellone, Enrico: *Il mondo di carta: Ricerche sulla seconda rivoluzione scientifica.* Arnoldo Mondadori, Milano, 1976. Englische Übersetzung: *A World on Paper: Studies on the Second Scientific Revolution.* MIT Press, Cambridge Mass./London, 1980.

Bergold, Jarg B.; Flick, Uwe (Hrsg.): *Ein-Sichten: Zugänge zur Sicht des Subjekts mittels qualitativer Forschung.* Forum für Verhaltenstherapie und psychosoziale Praxis, Bd. 14. Deutsche Gesellschaft für Verhaltenstherapie, Tübingen, 1987.

Bernal, John Desmond: *Science in History*, 4 vols. Illustrated edition: Pelican Book, A994–A997. Penguin Books Ltd, Harmondsworth, England, 1969.

Bernard, H. Russell: *Research Methods in Cultural Anthropology.* Sage, Newbury Park etc., 1988. Second edition: *Research Methods in Anthropology: Qualitative and Quantitative Approaches.* Sage, Thousand Oaks/London/New Delhi, 1994.

Berner, Hermann: *Die Entstehung der empirischen Sozialforschung. Zum Apriori und zur Sozialgeschichte der quantifizierenden Sozialanalyse.* Focus, Giessen, 1983.

Birch, Charles; Abrecht, Paul (eds.): *Genetics and the Quality of Life.* Pergamon Press, Potts Point/Oxford/Elmsford, 1975.

Bischof, Norbert: *Aristoteles, Galilei, Kurt Lewin – und die Folgen.* In: Wolfgang Michaelis (Hrsg.), Bericht über den 32. Kongress der Deutschen Gesellschaft für Psychologie in Zürich 1980. Hogrefe, Göttingen/Toronto/Zürich, 1981. Bd. 1, 17–39.

Bliss, Joan; Monk, Martin; Ogborn, Jon (eds.): *Qualitative Data Analysis for Educational Research: A Guide to Uses of Systemic Networks.* Croom Helm, London/Canberra, 1983.

Blumer, Herbert: *Symbolic Interactionism: Perspective and Method.* Prentice-Hall, Englewood Cliffs, 1969.

Bobrow, Daniel G. (ed.): *Qualitative Reasoning about Physical Systems.* Artificial Intelligence, vol. 24. Elsevier (North-Holland), Amsterdam, 1984. Reprint: MIT Press, Cambridge Mass., 1985.

Bogdan, Robert C.; Biklen, Sari Knopp: *Qualitative Research for Education: An Introduction to Theory and Methods.* Allyn and Bacon, Boston etc., 1982. Second edition: Allyn and Bacon, Boston etc., 1992.

Bogdan, Robert C.; Taylor, Steven J.: *Introduction to Qualitative Research Methods: A Phenomenological Approach to the Social Sciences.* Wiley, New York etc., 1975. Second edition: Wiley, New York, 1984.

Bogoyavlensky, Oleg I.: *Methods in the Qualitative Theory of Dynamical Systems in Astrophysics and Gas Dynamics.* Translated from the Russian by D. Gokhman. Springer, Berlin etc., 1985.

Bohnsack, Ralf: *Rekonstruktive Sozialforschung. Einführung in Methodologie und Praxis qualitativer Forschung.* Leske + Budrich, Opladen, 1991. 2., überarbeitete Auflage: Leske + Budrich, Opladen, 1993.

Booss, Bernhelm; Krickeberg, Klaus (Hrsg.): *Mathematisierung der Einzelwissenschaften.* Biologie – Chemie – Erdwissenschaften – Geschichtswissenschaft – Linguistik – Medizin – Pädagogik – Physik – Psychologie – Rechtswissenschaft – Soziologie – Theologie – Wirtschaftswissenschaft. Interdisciplinary Systems Research, vol. 24. Birkhäuser, Basel/Stuttgart, 1976.

Bottomore, Tom: *The Frankfurt School.* Horwood/Tavistock, Chichester/London etc., 1984.

Botz, Gerhard; et al. (Hrsg.): *«Qualität und Quantität». Zur Praxis der Methoden der Historischen Sozialwissenschaft.* Studien zur Historischen Sozialwissenschaft, Bd. 10. Campus, Frankfurt/New York, 1988.

Bowler, Peter J.: *The Mendelian Revolution: The Emergence of Hereditarian Concepts in Modern Science and Society.* The Johns Hopkins University Press, Baltimore, 1989.

Brauer, Fred; Nohel, John A.: *The Qualitative Theory of Ordinary Differential Equations: An Introduction.* Benjamin, New York/Amsterdam, 1969.

Breuer, Franz (Hrsg.): *Qualitative Psychologie. Grundlagen, Methoden und Anwendungen eines Forschungsstils.* Westdeutscher Verlag, Opladen, 1996.

Brock, William A.; Malliaris, A. G.: *Differential Equations, Stability and Chaos in Dynamic Economics.* Advanced Textbooks in Economics, vol. 27. North-Holland, Amsterdam etc., 1989.

Brock, William A.; Hsieh, David A.; LeBaron, Blake: *Nonlinear Dynamics, Chaos, and Instability: Statistical Theory and Economic Evidence.* MIT Press, Cambridge Mass./London, 1991.

Brush, Stephen G.: *The History of Modern Science: A Guide to the Second Scientific Revolution, 1800–1950.* Iowa State University Press, Ames, 1988.

Bruyn, Severyn T.: *The Human Perspective in Sociology: The Methodology of Participant Observation.* Prentice-Hall, Englewood Cliffs, 1966.

Bryant, Christopher G. A.: *Positivism in Social Theory and Research*. St. Martin's Press, New York, 1985.

Bryman, Alan: *Quantity and Quality in Social Research*. Contemporary Social Research Series, vol. 18. Unwin Hyman, London etc., 1988.

Bryman, Alan; Burgess, Robert G. (eds.): *Analyzing Qualitative Data*. Routledge, London/New York, 1994.

Bugmann, Erich: *Die formale Umweltqualität. Ein quantitativer Ansatz auf geographisch-ökologischer Grundlage*. Vogt-Schild, Solothurn, 1975.

Bulmer, Martin: *The Chicago School of Sociology. Institutionalization, Diversity, and the Rise of Sociological Research*. The University of Chicago Press, Chicago/London, 1984.

Burger, Wilhelm; Bhanu, Bir: *Qualitative Motion Understanding*. The Kluwer International Series in Engineering and Computer Science, vol. 184. Kluwer, Boston/London/Dordrecht, 1992.

Burgess, Robert G.: *In the Field: An Introduction to Field Research*. Contemporary Social Research Series, vol. 8. Allen & Unwin, London/Boston/Sydney, 1984.

Burgess, Robert G. (ed.): *Strategies of Educational Research: Qualitative Methods*. Social Research and Educational Studies Series, vol. 1. Falmer, London/Philadelphia, 1985.

Burtt, Edwin Arthur: *The Metaphysical Foundations of Modern Physical Science: A Historical and Critical Essay*. Kegan Paul, Trench, Trubner & Co., London, 1925. Revised edition: Routledge & Kegan Paul, London, 1932. Reprint: Routledge & Kegan Paul, London/Henley, 1980.

Campbell, Angus; Converse, Philip E.; Rodgers, Willard L.: *The Quality of American Life: Perceptions, Evaluations, and Satisfactions*. Russell Sage Foundation, New York, 1976.

Casasayas, Josefina; Llibre, Jaume: *Qualitative Analysis of the Anisotropic Kepler Problem*. Memoirs of the American Mathematical Society, No. 312. American Mathematical Society, Providence R.I., 1984.

Cassell, Catherine; Symon, Gillian (eds.): *Qualitative Methods in Organizational Research: A Practical Guide*. Sage, London/Thousand Oaks/New Delhi, 1994.

Cesari, Lamberto: *Asymptotic Behavior and Stability Problems in Ordinary Differential Equations*. Ergebnisse der Mathematik und ihrer Grenzgebiete, Neue Folge, Heft 16. Springer, Berlin/Göttingen/Heidelberg, 1959.

Cesari, Lamberto; Hale, Jack K.; LaSalle, Joseph P. (eds.): *Dynamical Systems*. An International Symposium, 2 vols. Academic Press, New York/San Francisco/London, 1976.

Chilmi, H. F. [Hilmy, Heinrich]: *Qualitative Methoden beim n-Körperproblem der Himmelsmechanik*. Vom Autor durchgesehene und ergänzte Übersetzung, herausgegeben von J. O. Fleckenstein. Schriftenreihe der Institute für Mathematik bei der Deutschen Akademie der Wissenschaften zu Berlin, Heft 10. Akademie-Verlag, Berlin, 1961.

Cicourel, Aaron V.: *Method and Measurement in Sociology*. The Free Press of Glencoe, New York, 1964. Deutsche Übersetzung: *Methode und Messung in der Soziologie*. Suhrkamp Taschenbuch Wissenschaft, Bd. 99. Suhrkamp, Frankfurt am Main, 1974.

Clagett, Marshall: *The Science of Mechanics in the Middle Ages*. The University of Wisconsin Publications in Medieval Science, vol. 4. The University of Wisconsin Press, Madison, 1959.

Clagett, Marshall (ed.): *Nicole Oresme and the Medieval Geometry of Qualities and Motions*. A treatise on the uniformity and difformity of intensities known as «Tractatus de configurationibus qualitatum et motuum». Edited with an introduction, English translation, and commentary. The University of Wisconsin Publications in Medieval Science, vol. 12. The University of Wisconsin Press, Madison/Milwaukee/London, 1968.

Clark, Austen: *Sensory Qualities*. Clarendon Press, Oxford, 1993.

Clarke, Ronald O.; List, Peter C.: *Environmental Spectrum: Social and Economic Views on the Quality of Life*. Van Nostrand, New York etc., 1974.

Clavelin, Maurice: *La philosophie naturelle de Galilée. Essai sur les origines et la formation de la mécanique classique*. Dissertation Universität Paris-Sorbonne. Colin, Paris, 1968. Englische Übersetzung: *The Natural Philosophy of Galileo: Essay on the Origins and Formation of Classical Mechanics*. MIT Press, Cambridge Mass./London, 1974.

Club of Rome (Hrsg.): *Die Herausforderung des Wachstums. Globale Industrialisierung: Hoffnung oder Gefahr?* Zur Lage der Menschheit am Ende des Jahrtausends. Berichte internationaler Experten an den Club of Rome. Scherz, Bern/München/Wien, 1990.

Cohen, H. Floris: *Quantifying Music: The Science of Music at the First Stage of the Scientific Revolution, 1580–1650*. The University of Western Ontario Series in Philosophy of Science, vol. 23. Reidel, Dordrecht/Boston/Lancaster, 1984.

Cohen, H. Floris: *The Scientific Revolution: A Historiographical Inquiry*. The University of Chicago Press, Chicago/London, 1994.

Cohen, I. Bernard: *The Birth of a New Physics*. Anchor Books, Garden City N.Y., 1960. Revised and updated edition: Norton, New York/London, 1985.

Cohen, I. Bernard: *The Newtonian Revolution*. Cambridge University Press, Cambridge etc., 1980.

Cohen, I. Bernard: *Revolution in Science*. The Belknap Press of Harvard University Press, Cambridge Mass./London, 1985. Deutsche Übersetzung: *Revolutionen in der Naturwissenschaft*. Suhrkamp, Frankfurt am Main, 1994.

Cohen, I. Bernard (ed.): *The Natural Sciences and the Social Sciences: Some Critical and Historical Perspectives*. Boston Studies in the Philosophy of Science, vol. 150. Kluwer, Dordrecht/Boston/London, 1994.

Cook, Thomas D.; Reichardt, Charles S. (eds.): *Qualitative and Quantitative Methods in Evaluation Research*. Sage Research Progress Series in Evaluation, vol. 1. Sage, Beverly Hills/London, 1979.

Coulston, Frederick; Korte, Friedhelm (eds.): *Environmental Quality and Safety: Chemistry, Toxicology and Technology*, 2 vols. Thieme/Academic Press, Stuttgart/New York, 1972–1973.

Cramer, Friedrich: *Chaos und Ordnung. Die komplexe Struktur des Lebendigen*. Deutsche Verlags-Anstalt, Stuttgart, 1988. Englische Übersetzung: *Chaos and Order: The Complex Structure of Living Systems*. VCH, Weinheim etc., 1993.

Crombie, Alistair Cameron: *Augustine to Galileo: The History of Science, A.D. 400–1650*. Falcon, London, 1952. Revised second edition: *Medieval and Early Modern Science*, 2 vols. Doubleday, New York, 1959. Deutsche Übersetzung: *Von Augustinus bis Galilei. Die Emanzipation der Naturwissenschaft*. Deutscher Taschenbuch Verlag, München, 1977.

Crombie, Alistair Cameron: *Robert Grosseteste and the Origins of Experimental Science, 1100–1700*. Clarendon Press, Oxford, 1953.

Crombie, Alistair Cameron: *Styles of Scientific Thinking in the European Tradition: The history of argument and explanation especially in the mathematical and biomedical sciences and arts*, 3 vols. Duckworth, London, 1994.

Cronin, Jane: *Differential Equations: Introduction and Qualitative Theory*. Monographs and Textbooks in Pure and Applied Mathematics, vol. 54. Dekker, New York/Basel, 1980. Second edition, revised and expanded: Monographs and Textbooks in Pure and Applied Mathematics, vol. 180. Dekker, New York etc., 1994.

Crowe, Michael J.: *Theories of the World from Antiquity to the Copernican Revolution*. Dover, New York, 1990.

Dagnaud, Monique: *Le mythe de la qualité de la vie et la politique urbaine en France. Enquête sur l'idéologie urbaine de l'élite technocratique et politique (1945–1975)*. La recherche urbaine 13. Mouton, Paris/La Haye, 1978.

Dahan Dalmedico, Amy: La renaissance des systèmes dynamiques aux Etats-Unis après la deuxième guerre mondiale: l'action de Solomon Lefschetz. *Rendiconti del Circolo Matematico di Palermo*, Serie II, Supplemento No. 34 (1994), 133–166.

Dahms, Hans-Joachim: *Positivismusstreit. Die Auseinandersetzungen der Frankfurter Schule mit dem logischen Positivismus, dem amerikanischen Pragmatismus und dem kritischen Rationalismus*. Suhrkamp Taschenbuch Wissenschaft, Bd. 1058. Suhrkamp, Frankfurt am Main, 1994.

D'Ambrosio, Bruce: *Qualitative Process Theory Using Linguistic Variables*. Springer, New York etc., 1989.

Damerow, Peter; et al.: *Exploring the Limits of Preclassical Mechanics*. A Study of Conceptual Development in Early Modern Science: Free Fall and Compounded Motion in the Work of Descartes, Galileo, and Beeckman. Springer, New York etc., 1992.

Danneberg, Lutz; Kamlah, Andreas; Schäfer, Lothar (Hrsg.): *Hans Reichenbach und die Berliner Gruppe*. Vieweg, Braunschweig/Wiesbaden, 1994.

Davis, Philip J.; Hersh, Reuben: *Descartes' Dream: The World According to Mathematics*. Harcourt Brace Jovanovich, San Diego/Boston/New York, 1986. Deutsche Übersetzung: *Descartes' Traum. Über die Mathematisierung von Zeit und Raum. Von denkenden Computern, Politik und Liebe*. Fischer, Frankfurt am Main, 1988.

Davydov, A. A.: *Qualitative Theory of Control Systems*. Translations of Mathematical Monographs, vol. 141. American Mathematical Society, Providence R.I., 1994.

Dell'Aglio, Luca; Israel, Giorgio: La théorie de la stabilité et l'analyse qualitative des équations différentielles ordinaires dans les mathématiques italiennes: le point de vue de Tullio Levi-Civita. *Cahiers du Séminaire d'Histoire des Mathématiques* **10** (1989), 283–321.

Denzin, Norman K.; Lincoln, Yvonna S. (eds.): *Handbook of Qualitative Research*. Sage, Thousand Oaks/London/New Delhi, 1994.

Deutsch, Andreas (Hrsg.): *Muster des Lebendigen. Faszination ihrer Entstehung und Simulation*. Vieweg, Braunschweig/Wiesbaden, 1994.

Devaney, Robert L.: *An Introduction to Chaotic Dynamical Systems*. Benjamin/Cummings, Menlo Park CA etc., 1986. Second edition: Addison-Wesley, Redwood City CA etc., 1989.

Devaney, Robert L.: *A First Course in Chaotic Dynamical Systems: Theory and Experiment*. Addison-Wesley, Reading Mass., 1992.

Devaney, Robert L.; Keen, Linda (eds.): *Chaos and Fractals: The Mathematics Behind the Computer Graphics*. Proceedings of Symposia in Applied Mathematics, vol. 39. American Mathematical Society, Providence RI, 1989.

Dex, Shirley (ed.): *Life and Work History Analyses: Qualitative and Quantitative Developments*. Sociological Review Monograph, vol. 37. Routledge, London/New York, 1991.

Dey, Ian: *Qualitative Data Analysis: A User-Friendly Guide for Social Scientists*. Routledge, London/New York, 1993.

Diekmann, Jörn: *Über qualitative und quantitative Ansätze empirischer Sozialforschung*. Dissertation: Universität Dortmund, 1982. Papyrus-Druck GmbH, Berlin, 1983.

Dieudonné, Jean: L'aspect qualitatif de la théorie analytique des polynomes. *Annals of Mathematics* **40** (1939), 748–754 = *Choix d'œuvres mathématiques*. Hermann, Paris, 1981. Vol. 1, 77–83.

Dijksterhuis, Eduard Jan: *De mechanisering van het wereldbeeld*. Meulenhoff, Amsterdam, 1950. Deutsche Übersetzung: *Die Mechanisierung des Weltbildes*. Springer, Berlin/Göttingen/Heidelberg, 1956. Englische Übersetzung: *The Mechanization of the World Picture*. Clarendon Press, Oxford, 1961. Reprint: Princeton University Press, Princeton N.J., 1986.

Efimov, Nikolai Vladimirovich: *Qualitative Problems of the Theory of Deformation of Surfaces*. American Mathematical Society Translations, No. 37. American Mathematical Society, New York, 1951.

Ehrlich, Paul R.: *The Population Bomb*. Ballantine, New York, 1968. Revised edition: Ballantine, New York, 1971. Deutsche Übersetzung: *Die Bevölkerungsbombe*. Hanser, München, 1971.

Ehrlich, Paul R.; Ehrlich, Anne H.: *Population, Resources, Environment: Issues in Human Ecology*. Freeman, San Francisco, 1970. Deutsche Übersetzung: *Bevölkerungswachstum und Umweltkrise. Die Ökologie des Menschen*. Fischer, Frankfurt am Main, 1972. Dritte, stark erweiterte und überarbeitete Auflage: Ehrlich, Paul R.; Ehrlich, Anne H.; Holdren, John P.: *Ecoscience: Population, Resources, Environment*. Freeman, San Francisco, 1977.

Ehrlich, Paul R.; Ehrlich, Anne H.: *Extinction: The Causes and Consequences of the Disappearance of Species*. Random House, New York, 1981 und Gollancz, London, 1982. Deutsche Übersetzung: *Der lautlose Tod. Das Aussterben der Pflanzen und Tiere*. Krüger/Fischer, Frankfurt am Main, 1983.

Eisenmann, Peter; Schmirber, Gisela (Hrsg.): *Die Hochschule im Spannungsfeld von Qualität und Quantität: Die veränderten Rahmenbedingungen der 90er Jahre*. Zeitgeschehen – Analyse und Diskussion, Bd. 1. Akademie für Politik und Zeitgeschehen – Hanns-Seidel-Stiftung/Verlag Friedrich Pustet, Regensburg, 1988.

Eisner, Elliot W.; Peshkin, Alan (eds.): *Qualitative Inquiry in Education: The Continuing Debate*. Teachers College Press, New York/London, 1990.

Èl'sgol'c, L.È.: *Qualitative Methods in Mathematical Analysis*. Translations of Mathematical Monographs, vol. 12. American Mathematical Society, Providence R.I., 1964. Reprint: Providence 1980.

Engfer, Hans-Jürgen: *Philosophie als Analysis. Studien zur Entwicklung philosophischer Analysiskonzeptionen unter dem Einfluss mathematischer Methodenmodelle im 17. und frühen 18. Jahrhundert*. Forschungen und Materialien zur deutschen Auf-

klärung, Abt. II: Monographien, Bd. 1. Frommann-Holzboog, Stuttgart/Bad Cannstatt, 1982.

Eppler, Erhard: *Massstäbe für eine humane Gesellschaft: Lebensstandard oder Lebensqualität?* Urban-Taschenbücher, Bd. 860. Kohlhammer, Stuttgart etc., 1974.

Epstein, Roy J.: *A History of Econometrics.* Contributions to Economic Analysis,
vol. 165. North-Holland, Amsterdam etc., 1987.

Faller, Hermann; Frommer, Jörg (Hrsg.): *Qualitative Psychotherapieforschung. Grundlagen und Methoden.* Asanger, Heidelberg, 1994.

Falter, Jürgen W.; Ulbricht, Kurt: *Zur Kausalanalyse qualitativer Daten. Grundlagen,
Theorie und Anwendungen in Wahlforschung und Hochschuldidaktik.* Studien zur
Hochschulbildung, Bd. 3. Lang, Frankfurt am Main/Bern, 1982.

Faltings, Boi: Wissensrepräsentation und qualitatives Schliessen. In: Peter Struss
(Hrsg.). *Wissensrepräsentation.* Oldenbourg, München/Wien, 1991. 33–41.

Faltings, Boi; Struss, Peter (eds.): *Recent Advances in Qualitative Physics.* MIT Press,
Cambridge Mass./London, 1992.

Faris, Robert E. L.: *Chicago Sociology: 1920–1932.* Chandler Publishing Company, San
Francisco, 1967. Reprinted with a foreword by M. Janowitz. The University of Chicago Press, Chicago/London, 1970.

Fetterman, David M. (ed.): *Qualitative Approaches to Evaluation in Education: The
Silent Scientific Revolution.* Praeger, New York etc., 1988.

Fetterman, David M. (ed.): *Using Qualitative Methods in Institutional Research.* New
Directions for Institutional Research, No. 72. Jossey-Bass, San Francisco, 1991.

Field, Judith V.; James, Frank A. J. L. (eds.): *Renaissance and Revolution: Humanists,
Scholars, Craftsmen and Natural Philosophers in Early Modern Europe.* Cambridge
University Press, Cambridge etc., 1993.

Fielding, Nigel G.; Lee, Raymond M. (eds.): *Using Computers in Qualitative Research.*
Sage, London/Newbury Park/New Delhi, 1991.

Filstead, William J. (ed.): *Qualitative Methodology: Firsthand Involvement with the
Social World.* Markham, Chicago, 1970.

Finch, Janet: *Research and Policy: The Uses of Qualitative Methods in Social and Educational Research.* Social Research and Educational Studies Series, vol. 2. Falmer,
London/Philadelphia, 1986.

Firestone, William A.: Meaning in Method: The Rhetoric of Quantitative and Qualitative Research. *Educational Researcher,* vol. 16 (1987), no. 7, 16–21.

Fishwick, Paul A.; Luker, Paul A. (eds.): *Qualitative Simulation Modeling and Analysis.*
Advances in Simulation, vol. 5. Springer, New York etc., 1991.

Flick, Uwe; et al. (Hrsg.): *Handbuch Qualitative Sozialforschung. Grundlagen, Konzepte, Methoden und Anwendungen.* Psychologie Verlags Union, München, 1991.

Flick, Uwe: *Qualitative Forschung. Theorie, Methoden, Anwendung in Psychologie und
Sozialwissenschaften.* Rowohlts Enzyklopädie, Bd. 546. Rowohlt, Reinbek bei Hamburg, 1995.

Forrester, Jay W.: *World Dynamics.* Wright-Allen, Cambridge Mass., 1971. Deutsche
Übersetzung: *Der teuflische Regelkreis. Das Globalmodell der Menschheitskrise.*
Deutsche Verlags-Anstalt, Stuttgart, 1972.

Frängsmyr, Tore; Heilbron, John L.; Rider, Robin E. (eds.):*The Quantifying Spirit in the
18th Century.* Uppsala Studies in History of Science, vol. 7. University of California
Press, Berkeley/Los Angeles/Oxford, 1990.

Frankel, S. P.: Some Qualitative Comments on Stability Considerations in Partial Difference Equations. In: John H. Curtiss (ed.). *Numerical Analysis*. Proceedings of Symposia in Applied Mathematics, vol. 6. American Mathematical Society/McGraw-Hill, Providence/New York etc., 1956. 73–75.

Franksen, Ole Immanuel; Falster, P.; Evans, F. J.: *Qualitative Aspects of Large Scale Systems: Developing Design Rules Using APL*. Lecture Notes in Control and Information Sciences, vol. 17. Springer, Berlin/Heidelberg/New York, 1979.

Franz, Herbert; Fritsch, Gerolf; Kozdon, Baldur (Hrsg.): *An den Grenzen der Machbarkeit*. Deuticke, Wien, 1988.

Friedrichs, Günter (Hrsg.): *Aufgabe Zukunft: Qualität des Lebens*. Beiträge zur vierten internationalen Arbeitstagung der Industriegewerkschaft Metall für die Bundesrepublik Deutschland 11. bis 14. April 1972 in Oberhausen, 10 Bde. Europäische Verlagsanstalt, Frankfurt am Main, 1973–1974.

Fritsch, Bruno: *Mensch – Umwelt – Wissen. Evolutionsgeschichtliche Aspekte des Umweltproblems*. Verlag der Fachvereine/Teubner, Zürich/Stuttgart, 1990.

Fuchs, Thomas: *Die Mechanisierung des Herzens: Harvey und Descartes – Der vitale und der mechanische Aspekt des Kreislaufs*. Suhrkamp, Frankfurt am Main, 1992.

Gabasov, Rafail; Kirillova, F.: *The Qualitative Theory of Optimal Processes*. Translated by J. L. Casti. Control and Systems Theory, vol. 3. Dekker, New York/Basel, 1976.

Gabor, Dennis; et al.: *Beyond the Age of Waste*. A Report to the Club of Rome. Pergamon Press, Oxford etc., 1978. Deutsche Ausgabe: *Das Ende der Verschwendung*. Zur materiellen Lage der Menschheit. Ein Tatsachenbericht an den Club of Rome. Deutsche Verlags-Anstalt, Stuttgart, 1976.

Gage, Nathaniel L.: The Paradigm Wars and Their Aftermath: A «Historical» Sketch of Research on Teaching Since 1989. *Educational Researcher*, vol. 18 (1989), no. 7, 4–10.

Galbraith, John Kenneth: *The Affluent Society*. Hamish Hamilton, London, 1958. Deutsche Übersetzung: *Gesellschaft im Überfluss*. Droemer/Knaur, München/Zürich, 1959.

Galbraith, John Kenneth: *The New Industrial State*. Hamish Hamilton, London, 1967. Deutsche Übersetzung: *Die moderne Industriegesellschaft*. Droemer/Knaur, München/Zürich, 1968.

Gallavotti, Giovanni: *Aspetti della teoria ergodica, qualitativa e statistica del moto*. Quaderni dell'Unione Matematica Italiana, vol. 21. Pitagora, Bologna, 1981.

Gander, Hans-Helmuth: *Positivismus als Metaphysik. Voraussetzungen und Grundstrukturen von Diltheys Grundlegung der Geisteswissenschaften*. Symposion, Bd. 86. Alber, Freiburg/München, 1988.

Gandolfo, Giancarlo; et al.: *Qualitative Analysis and Econometric Estimation of Continuous Time Dynamic Models*. Contributions to Economic Analysis, vol. 136. North-Holland, Amsterdam/New York/Oxford, 1981.

Gaponov-Grekhov, A. V.; Rabinovich, M. I.: L. I. Mandel'shtam and the Modern Theory of Nonlinear Oscillations and Waves. *Soviet Physics–Uspekhi* **22** (1979), 590–614.

Garfinkel, Harold: *Studies in Ethnomethodology*. Prentice-Hall, Englewood Cliffs, 1967.

Garz, Detlef; Kraimer, Klaus (Hrsg.): *Brauchen wir andere Forschungsmethoden? Beiträge zur Diskussion interpretativer Verfahren*. Monographien Pädagogik, Bd. 33. Scriptor, Frankfurt am Main, 1983.

Garz, Detlef; Kraimer, Klaus (Hrsg.): *Qualitativ-empirische Sozialforschung. Konzepte, Methoden, Analysen*. Westdeutscher Verlag, Opladen, 1991.

Gatzemeier, Matthias (Hrsg.): *Verantwortung in Wissenschaft und Technik*. BI-Wissenschaftsverlag, Mannheim/Wien/Zürich, 1989.

Gaukroger, Stephen (ed.): *The Uses of Antiquity: The Scientific Revolution and the Classical Tradition*. Australasian Studies in History and Philosophy of Science, vol. 10. Kluwer, Dordrecht/Boston/London, 1991.

Geier, Manfred: *Der Wiener Kreis*. Rowohlts Monographien, Bd. 508. Rowohlt, Reinbek bei Hamburg, 1992.

Gephart, Robert P.: *Ethnostatistics: Qualitative Foundations for Quantitative Research*. Qualitative Research Methods, vol. 12. Sage, Newbury Park etc., 1988.

Gerdes, Klaus (Hrsg.): *Explorative Sozialforschung. Einführende Beiträge aus «Natural Sociology» und Feldforschung in den USA*. Enke, Stuttgart, 1979.

Gerok, Wolfgang; et al. (Hrsg.): *Ordnung und Chaos in der unbelebten und belebten Natur*. Verhandlungen der Gesellschaft Deutscher Naturforscher und Ärzte, 115. Versammlung, 17. bis 20. September 1988, Freiburg i. Br. Wissenschaftliche Verlagsgesellschaft, Stuttgart, 1989.

Giddens, Anthony: *New Rules of Sociological Method: A Positive Critique of Interpretative Sociologies*. Hutchinson, London, 1976. Deutsche Übersetzung: *Interpretative Soziologie. Eine kritische Einführung*. Campus Studium, Bd. 557. Campus, Frankfurt/New York, 1984.

Gigerenzer, Gerd; et al. (eds.): *The Empire of Chance: How Probability Changed Science and Everyday Life*. Cambridge University Press, Cambridge etc., 1989.

Gilain, Christian: La théorie qualitative de Poincaré et le problème de l'intégration des équations différentielles. In: H. Gispert (ed.). *La France mathématique. La Société mathématique de France (1872–1914)*. Cahiers d'Historie et de Philosophie des Sciences, Nouvelle Série, No. 34. Paris 1991. 215–242.

Gillies, Donald (ed.): *Revolutions in Mathematics*. Clarendon Press, Oxford, 1992.

Gillispie, Charles Coulston (ed.): *Dictionary of Scientific Biography*, 16 vols. Scribner, New York, 1970–1980.

Gillwald, Katrin: *Umweltqualität als sozialer Faktor. Zur Sozialpsychologie der natürlichen Umwelt*. Campus, Frankfurt/New York, 1983.

Gimarc, Benjamin M.: *Molecular Structure and Bonding: The Qualitative Molecular Orbital Approach*. Academic Press, New York/San Francisco/London, 1979.

Girtler, Roland: *Methoden der qualitativen Sozialforschung. Anleitung zur Feldarbeit*. Studien zur qualitativen Sozialforschung, Bd. 1. Böhlau, Wien/Köln/Graz, 1984. 3., unveränderte Auflage: Böhlau, Wien etc., 1992.

Gitterman, Moshe; Halpern, Vivian: *Qualitative Analysis of Physical Problems*. Academic Press, New York etc., 1981.

Glaser, Barney G.; Strauss, Anselm L.: *The Discovery of Grounded Theory: Strategies for Qualitative Research*. Aldine de Gruyter, New York, 1967.

Glassner, Barry; Moreno, Jonathan D. (eds.): *The Qualitative-Quantitative Distinction in the Social Sciences*. Boston Studies in the Philosophy of Science, vol. 112. Kluwer, Dordrecht/Boston/London, 1989.

Glatzer, Wolfgang; Zapf, Wolfgang (Hrsg.): *Lebensqualität in der Bundesrepublik. Objektive Lebensbedingungen und subjektives Wohlbefinden*. Sonderforschungsbereich 3 der Universitäten Frankfurt und Mannheim «Mikroanalytische Grundlagen der Gesellschaftspolitik», Schriftenreihe Band 10. Campus, Frankfurt/New York, 1984.

Glazier, Jack D.; Powell, Ronald R. (eds.): *Qualitative Research in Information Management*. Libraries Unlimited Inc., Englewood CO, 1992.

Glazman, Izrail Markovich: *Direct Methods of Qualitative Spectral Analysis of Singular Differential Operators*. Translated from Russian by IPST Staff. Israel Program for Scientific Translations, Jerusalem, 1965.

Gleick, James: *Chaos: Making a New Science*. Viking Penguin, New York etc., 1987. Deutsche Übersetzung: *Chaos – die Ordnung des Universums. Vorstoss in Grenzbereiche der modernen Physik*. Droemer/Knaur, München, 1988.

Goetz, Judith Preissle; LeCompte, Margaret D.: *Ethnography and Qualitative Design in Educational Research*. Academic Press, Orlando etc., 1984. Second edition: Academic Press, San Diego etc., 1993.

Goffman, Erving: *Frame Analysis: An Essay on the Organization of Experience*. Harper & Row, New York etc., 1974. Deutsche Übersetzung: *Rahmen-Analyse. Ein Versuch über die Organisation von Alltagserfahrungen*. Suhrkamp Taschenbuch Wissenschaft, Bd. 329. Suhrkamp, Frankfurt am Main, 1980.

Goldbeter, Albert: *Rythmes et chaos dans les systèmes biochimiques et cellulaires*. Collection Biologie théorique, vol. 5. Masson, Paris etc., 1990.

Goldstein, Robert V.; Entov, V. M.: *Qualitative Methods in Continuum Mechanics*. Pitman Monographs and Surveys in Pure and Applied Mathematics, vol. 72. Longman, Harlow, 1994.

Goodman, Leo A.: *Analyzing Qualitative/Categorical Data: Log-Linear Models and Latent-Structure Analysis*. Addison-Wesley, London etc., 1978.

Goodman, Nelson: *The Structure of Appearance*. Harvard University Press, Cambridge Mass., 1951. Third edition with an introduction by G. Hellman. Boston Studies in the Philosophy of Science, vol. 53 = Synthese Library, vol. 107. Reidel, Dordrecht/Boston, 1977.

Goodman, Nelson: *A Study of Qualities*. Harvard Dissertations in Philosophy. Garland, New York/London, 1990.

Grant, Edward: *Physical Science in the Middle Ages*. Cambridge University Press, Cambridge etc., 1977. Deutsche Übersetzung: *Das physikalische Weltbild des Mittelalters*. Artemis, Zürich/München, 1980.

Green, David G.; Bossomaier, Terry (eds.): *Complex Systems: From Biology to Computation*. IOS Press, Amsterdam etc., 1993.

Greenwood, Thomas: Les mathématiques qualitatives. *Revue Trimestrielle Canadienne* **37** (1951), 287–308.

Grove, Jack William: *In Defence of Science: Science, Technology, and Politics in Modern Society*. University of Toronto Press, Toronto/Buffalo/London, 1989.

Guha, Anton-Andreas; Papcke, Sven (Hrsg.): *Entfesselte Forschung. Die Folgen einer Wissenschaft ohne Ethik*. Fischer Taschenbuch Verlag, Frankfurt am Main, 1988.

Haberman, Shelby J.: *Analysis of Qualitative Data*, 2 vols. Academic Press, New York etc., 1978–1979.

Hacking, Ian (ed.): *Scientific Revolutions*. Oxford University Press, Oxford etc., 1981.

Halfpenny, Peter: *Positivism and Sociology: Explaining Social Life*. Controversies in Sociology, vol. 13. Allen & Unwin, London/Boston/Sydney, 1982.

Halfpenny, Peter; McMylor, Peter (eds.): *Positivist Sociology and its Critics*, 3 vols. Schools of Thought in Sociology, vol. 11. Elgar, Aldershot/Brookfield, 1994.

Hall, Nina (ed.): *The «New Scientist» Guide to Chaos*. Penguin, London etc., 1991.

Haller, Rudolf: *Neopositivismus. Eine historische Einführung in die Philosophie des Wiener Kreises*. Wissenschaftliche Buchgesellschaft, Darmstadt, 1993.

Haller, Rudolf; Stadler, Friedrich (Hrsg.): *Ernst Mach – Werk und Wirkung*. Hölder-Pichler-Tempsky, Wien, 1988.

Haller, Rudolf; Stadler, Friedrich (Hrsg.): *Wien – Berlin – Prag. Der Aufstieg der wissenschaftlichen Philosophie*. Zentenarien Rudolf Carnap – Hans Reichenbach – Edgar Zilsel. Veröffentlichungen des Instituts Wiener Kreis, Bd. 2. Hölder-Pichler-Tempsky, Wien, 1993.

Hamel, Jürgen: *Nicolaus Copernicus. Leben, Werk und Wirkung*. Spektrum Akademischer Verlag, Heidelberg/Berlin/Oxford, 1994.

Hammersley, Martyn: *The Dilemma of Qualitative Method: Herbert Blumer and the Chicago Tradition*. Routledge, London/New York, 1989. Reprinted in paperback: Routledge, London/New York, 1990.

Hankins, Thomas L.: *Science and the Enlightenment*. Cambridge University Press, Cambridge etc., 1985.

Hansohm, Jürgen: *Die Behandlung qualitativer Datenstrukturen in quantitativen Analysemethoden durch das Prinzip der optimalen Skalierung*. Europäische Hochschulschriften, Reihe V: Volks- und Betriebswirtschaft, Bd. 827. Lang, Frankfurt am Main etc., 1987.

Hao, Bai-Lin (ed.): *Chaos*. World Scientific, Singapore, 1984. Second edition: *Chaos II*. World Scientific, Singapore, 1990.

Hazewinkel, Michiel (ed.): *Encyclopaedia of Mathematics*. An updated and annotated translation of the Soviet ‹Mathematical Encyclopaedia›. 10 vols. Reidel/Kluwer, Dordrecht etc., 1988 ff.

Hegselmann, Rainer (Hrsg.): *Otto Neurath. Wissenschaftliche Weltauffassung, Sozialismus und Logischer Empirismus*. Suhrkamp Taschenbuch Wissenschaft, Bd. 281. Suhrkamp, Frankfurt am Main, 1979.

Heidelberger, Michael: *Die innere Seite der Natur. Gustav Theodor Fechners wissenschaftlich-philosophische Weltauffassung*. Philosophische Abhandlungen, Bd. 60. Klostermann, Frankfurt am Main, 1993.

Heidelberger, Michael; Thiessen, Sigrun: *Natur und Erfahrung. Von der mittelalterlichen zur neuzeitlichen Naturwissenschaft*. Rowohlt, Reinbek bei Hamburg, 1981.

Heinze, Thomas: *Qualitative Sozialforschung. Erfahrungen, Probleme und Perspektiven*. WV-Studium, Bd. 144. Westdeutscher Verlag, Opladen, 1987. 2., um einen Nachtrag erweiterte Auflage: Westdeutscher Verlag, Opladen, 1992.

Helle, Horst Jürgen: *Verstehende Soziologie und Theorie der Symbolischen Interaktion*. Teubner Studienskripten zur Soziologie, Bd. 45. Teubner, Stuttgart, 1977.

Helle, Horst Jürgen: *Dilthey, Simmel und Verstehen. Vorlesungen zur Geschichte der Soziologie*. Lang, Frankfurt am Main/Bern/New York, 1986.

Herfindahl, Orris C.; Kneese, Allen V.: *Quality of the Environment: An Economic Approach to Some Problems in Using Land, Water, and Air*. Resources for the Future, Washington D.C., 1965.

Hermerén, Göran: *The Nature of Aesthetic Qualities*. Studies in Aesthetics, vol. 1. Lund University Press, Lund, 1988.

Hernández, Daniel: *Qualitative Representation of Spatial Knowledge*. Dissertation: Technische Universität München, 1992. Überarbeitete Fassung: Lecture Notes in Artificial Intelligence, vol. 804. Springer, Berlin etc., 1994.

Hirsch, Morris W.: The Dynamical Systems Approach to Differential Equations. *Bulletin of the American Mathematical Society*, New Series **11** (1984), 1–64.

Hoffmeyer-Zlotnik, Jürgen H. P. (Hrsg.): *Analyse verbaler Daten. Über den Umgang mit qualitativen Daten*. Westdeutscher Verlag, Opladen, 1992.

Holly, Werner; Püschel, Ulrich (Hrsg.): *Medienrezeption als Aneignung. Methoden und Perspektiven qualitativer Medienforschung*. Westdeutscher Verlag, Opladen, 1993.

Hooker, Clifford A.; et al.: *Energy and the Quality of Life: Understanding Energy Policy*. University of Toronto Press, Toronto/Buffalo/London, 1981.

Hopf, Christel; Weingarten, Elmar (Hrsg.): *Qualitative Sozialforschung*. Klett-Cotta, Stuttgart, 1979. 3. Auflage: Klett-Cotta, Stuttgart, 1993.

Hottinger, Conrad Lucas; Gerber, Christoph (Hrsg.): *Qualitatives Wachstum*. Ein Kolloquium der vier wissenschaftlichen Akademien der Schweiz. Wissenschaftspolitik, Beiheft 48, 1990.

House, Peter W.; Williams, Edward R.: *The Carrying Capacity of a Nation: Growth and the Quality of Life*. Lexington Books, Lexington Mass./Toronto/London, 1976.

Howe, Kenneth R.: Against the Quantitative-Qualitative Incompatibility Thesis or Dogmas Die Hard. *Educational Researcher*, vol. 17 (1988), no. 8, 10–16.

Howe, Kenneth R.; Eisenhart, Margaret: Standards for Qualitative (and Quantitative) Research: A Prolegomenon. *Educational Researcher*, vol. 19 (1990), no. 4, 2–9.

Hoyningen-Huene, Paul (Hrsg.): *Die Mathematisierung der Wissenschaften*. Zürcher Hochschulforum, Bd. 4. Artemis, Zürich/München, 1983.

Hoyningen-Huene, Paul: *Reconstructing Scientific Revolutions: Thomas S. Kuhn's Philosophy of Science*. The University of Chicago Press, Chicago/London, 1993.

Huber, Günter L. (Hrsg.): *Qualitative Analyse. Computereinsatz in der Sozialforschung*. Oldenbourg, München/Wien, 1992.

Huber, Wolfgang: *Vom quantitativen zum qualitativen Begriff der Information*. Eichstätter Materialien, Bd. 1: Abteilung Sprache und Literatur. Pustet, Regensburg, 1984.

Hutchison, Keith: What Happened to Occult Qualities in the Scientific Revolution? *Isis* **73** (1982), 233–253.

Jacob, Evelyn: Qualitative Research Traditions: A Review. *Review of Educational Research* **57** (1987), 1–50.

Jacob, Margaret C.: *The Cultural Meaning of the Scientific Revolution*. Knopf, New York, 1988.

Jaeger, Franz: *Natur und Wirtschaft. Ökonomische Grundlagen einer Politik des qualitativen Wachstums*. Rüegger, Chur/Zürich, 1993.

Jantsch, Erich: *Die Selbstorganisation des Universums. Vom Urknall zum menschlichen Geist*. Hanser, München/Wien, 1979. Erweiterte Neuauflage: Hanser, München/Wien, 1992. Englische Übersetzung: *The Self-Organizing Universe: Scientific and Human Implications of the Emerging Paradigm of Evolution*. Pergamon Press, Oxford etc., 1980.

Jarrett, Henry (ed.): *Environmental Quality in a Growing Economy*. Resources for the Future/The Johns Hopkins Press, Washington D.C./Baltimore, 1966.

Jeggle, Utz (Hrsg.): *Feldforschung. Qualitative Methoden in der Kulturanalyse*. Untersuchungen des Ludwig-Uhland-Instituts der Universität Tübingen, Bd. 62. Tübinger Vereinigung für Volkskunde, Tübingen, 1984.

Jensen, Klaus Bruhn; Jankowski, Nicholas W. (eds.): *A Handbook of Qualitative Methodologies for Mass Communication Research*. Routledge, London/New York, 1991.

Jetschke, Gottfried: *Mathematik der Selbstorganisation. Qualitative Theorie nichtlinearer dynamischer Systeme und gleichgewichtsferner Strukturen in Physik, Chemie und Biologie*. Vieweg, Braunschweig/Wiesbaden, 1989.

Johnson, Dale M.: The Problem of the Invariance of Dimension in the Growth of Modern Topology. *Archive for History of Exact Sciences* **20** (1979), 97–188; **25** (1981), 85–267.

Jonas, Hans: *Das Prinzip Verantwortung. Versuch einer Ethik für die technologische Zivilisation*. Insel, Frankfurt am Main, 1979. ⁴1983.

Jorgensen, Danny L.: *Participant Observation: A Methodology for Human Studies*. Applied Social Research Methods Series, vol. 15. Sage, Newbury Park/London/New Delhi, 1989.

Jüttemann, Gerd (Hrsg.): *Qualitative Forschung in der Psychologie. Grundfragen, Verfahrensweisen, Anwendungsfelder*. Beltz, Weinheim/Basel, 1985. 2. Auflage: Asanger, Heidelberg, 1989.

Kanitscheider, Bernulf: *Kosmologie. Geschichte und Systematik in philosophischer Perspektive*. Reclam, Stuttgart, 1984.

Kanitscheider, Bernulf: *Von der mechanistischen Welt zum kreativen Universum. Zu einem neuen philosophischen Verständnis der Natur*. Wissenschaftliche Buchgesellschaft, Darmstadt, 1993.

Kaufmann, Franz-Xaver (Hrsg.): *Bevölkerungsbewegung zwischen Quantität und Qualität. Beiträge zum Problem einer Bevölkerungspolitik in industriellen Gesellschaften*. Enke, Stuttgart, 1975.

Keil, Karl-August: Das qualitative Verhalten der Integralkurven einer gewöhnlichen Differentialgleichung erster Ordnung in der Umgebung eines singulären Punktes. *Jahresbericht der Deutschen Mathematiker-Vereinigung* **57** (1955), 111–132.

Kelle, Udo: *Empirisch begründete Theoriebildung. Zur Logik und Methodologie interpretativer Sozialforschung*. Status Passages and the Life Course, vol. 6. Deutscher Studien Verlag, Weinheim, 1994.

Kennedy, John J.: *Analyzing Qualitative Data: Introductory Log-Linear Analysis for Behavioral Research*. Praeger, New York etc., 1983. Second Edition: Praeger, New York etc., 1992.

Kepper, Gaby: *Qualitative Marktforschung. Methoden, Einsatzmöglichkeiten und Beurteilungskriterien*. Deutscher Universitäts-Verlag, Wiesbaden, 1994.

Kern, Horst: *Empirische Sozialforschung. Ursprünge, Ansätze, Entwicklungslinien*. Beck, München, 1982.

Kern, Rudolf: *Soziale Indikatoren der Lebensqualität*. Dissertationen der Johannes Kepler-Universität Linz, Bd. 23. Verband der wissenschaftlichen Gesellschaften Österreichs, Wien, 1981.

Keyserlingk, Edward W.: *Sanctity of Life or Quality of Life in the Context of Ethics, Medicine and Law*. Law Reform Commission of Canada, Ottawa, 1979.

Kirk, Jerome; Miller, Marc L.: *Reliability and Validity in Qualitative Research*. Qualitative Research Methods, vol. 1. Sage, Beverly Hills/London/New Delhi, 1986.

Kleining, Gerhard: *Qualitativ-heuristische Sozialforschung: Schriften zur Theorie und Praxis*. Fechner, Hamburg-Harvestehude, 1994.

Kneese, Allen V.: *Measuring the Benefits of Clean Air and Water*. Resources for the Future, Washington D.C., 1984.

Kneese, Allen V.; Bower, Blair T.: *Managing Water Quality: Economics, Technology, Institutions*. Resources for the Future/The Johns Hopkins Press, Washington D.C./Baltimore etc., 1968. Paperback edition: Resources for the Future, Washington D.C., 1984. Deutsche Übersetzung: *Die Wassergütewirtschaft. Wirtschaftstheoretische Grundlagen, Technologien, Institutionen*. Oldenbourg, München/Wien, 1972.

Kneese, Allen V.; Bower, Blair T. (eds.): *Environmental Quality Analysis: Theory and Method in the Social Sciences*. Papers from a Resources for the Future Conference. Resources for the Future/The Johns Hopkins Press, Washington D.C./Baltimore etc., 1972.

Kneese, Allen V.; Bower, Blair T.: *Environmental Quality and Residuals Management: Report of a Research Program on Economic, Technological, and Institutional Aspects*. Resources for the Future/The Johns Hopkins University Press, Washington D.C./Baltimore etc., 1979.

Kondrat'ev, Vladimir A.; Landis, E. M.: Qualitative Theory of Second Order Linear Partial Differential Equations. In: R. V. Gamkrelidze (ed.). *Encyclopaedia of Mathematical Sciences*, vol. 32. Partial Differential Equations III. Springer, Berlin etc., 1991. 87–192.

König, Eckard; Zedler, Peter (Hrsg.): *Bilanz qualitativer Forschung*, 2 Bde. Deutscher Studien Verlag, Weinheim, 1995.

König, Gert (Hrsg.): *Konzepte des mathematisch Unendlichen im 19. Jahrhundert*. Studien zur Wissenschafts-, Sozial- und Bildungsgeschichte der Mathematik, Bd. 5. Vandenhoeck & Ruprecht, Göttingen, 1990.

König, René (Hrsg.): *Handbuch der Empirischen Sozialforschung*, 2 Bde. Enke, Stuttgart, 1962–1969. 3./2., umgearbeitete und erweiterte Auflage in 14 Bdn.: Deutscher Taschenbuch-Verlag, 1973–1979.

Krainov, Vladimir P.: *Qualitative Methods in Physical Kinetics and Hydrodynamics*. Translated by K. Hendzel. American Institute of Physics, New York, 1992.

Kratky, Karl W.; Wallner, Friedrich (Hrsg.): *Grundprinzipien der Selbstorganisation*. Wissenschaftliche Buchgesellschaft, Darmstadt, 1990.

Krige, John: *Science, Revolution and Discontinuity*. Harvester Studies in Philosophy, vol. 10. The Harvester Press/Humanities Press, Sussex/New Jersey, 1980.

Krohn, Wolfgang; Küppers, Günter (Hrsg.): *Selbstorganisation. Aspekte einer wissenschaftlichen Revolution*. Wissenschaftstheorie, Wissenschaft und Philosophie, Bd. 29. Vieweg, Braunschweig/Wiesbaden, 1990.

Krohn, Wolfgang; Küppers, Günter; Nowotny, Helga (Hrsg.): *Selforganization: Portrait of a Scientific Revolution*. Sociology of the Sciences, Yearbook 1990, vol. 14. Kluwer, Dordrecht/Boston/London, 1990.

Krohn, Wolfgang; Krug, Hans-Jürgen; Küppers, Günter (Hrsg.): *Konzepte von Chaos und Selbstorganisation in der Geschichte der Wissenschaften*. Selbstorganisation: Jahrbuch für Komplexität in den Natur-, Sozial- und Geisteswissenschaften, Bd. 3. Duncker & Humblot, Berlin, 1992.

Kronthaler, Engelbert: *Grundlegung einer Mathematik der Qualitäten. Zahl – Zeichen – Spur – Tao*. Lang, Bern/Frankfurt am Main/New York, 1986.

Krüger, Lorenz; et al. (eds.): *The Probabilistic Revolution*, 2 vols. MIT Press, Cambridge Mass./London, 1987.

Krümpelmann, Herbert (Hrsg.): *Energieversorgung und Lebensqualität.* Argumente in der Energiediskussion, Bd. 6. Neckar-Verlag, Villingen, 1978.

Kruntorad, Paul; et al. (Hrsg.): *Jour fixe der Vernunft. Der Wiener Kreis und die Folgen.* Veröffentlichungen des Instituts Wiener Kreis, Bd. 1. Hölder-Pichler-Tempsky, Wien, 1991.

Kryloff, Nikolai; Bogoliuboff, N.: *Introduction to Non-Linear Mechanics.* A free translation by Solomon Lefschetz of excerpts from two Russian monographs. Annals of Mathematics Studies, No. 11. Princeton University Press, Princeton N.J., 1947.

Kuhn, Thomas S.: *The Copernican Revolution: Planetary Astronomy in the Development of Western Thought.* Harvard University Press, Cambridge Mass., 1957. Deutsche Übersetzung: *Die kopernikanische Revolution.* Facetten der Physik, Bd. 5. Vieweg, Braunschweig/Wiesbaden, 1981.

Kuhn, Thomas S.: *The Structure of Scientific Revolutions.* The University of Chicago Press, Chicago, 1962. Second edition enlarged: Chicago 1970. Deutsche Übersetzung: *Die Struktur wissenschaftlicher Revolutionen.* Suhrkamp Taschenbuch Wissenschaft, Bd. 25. Suhrkamp, Frankfurt am Main, 1973.

Kuhn, Thomas S.: *Die Entstehung des Neuen. Studien zur Struktur der Wissenschaftsgeschichte.* Herausgegeben von Lorenz Krüger. Suhrkamp, Frankfurt am Main, 1977. Englische Ausgabe: *The Essential Tension: Selected Studies in Scientific Tradition and Change.* The University of Chicago Press, Chicago/London, 1977.

Kuipers, Benjamin: *Qualitative Reasoning: Modeling and Simulation with Incomplete Knowledge.* MIT Press, Cambridge Mass./London, 1994.

Kumm, Jürgen: *Wirtschaftswachstum – Umweltschutz – Lebensqualität. Eine systemanalytische Umweltstudie für die Bundesrepublik Deutschland bis zum Jahr 2000.* Deutsche Verlags-Anstalt, Stuttgart, 1975.

Kunick, Albrecht; Steeb, Willi-Hans: *Chaos in dynamischen Systemen.* Bibliographisches Institut, Mannheim/Wien/Zürich, 1986. 2., vollständig überarbeitete und erweiterte Auflage: Bibliographisches Institut/Brockhaus, Mannheim/Wien/Zürich, 1989.

Lamnek, Siegfried: *Qualitative Sozialforschung,* 2 Bde. Psychologie Verlags Union, München/Weinheim, 1988–1989. Zweite, überarbeitete Auflage: Psychologie Verlags Union, München/Weinheim, 1993.

Lancaster, Henry Oliver: *Quantitative Methods in Biological and Medical Sciences: A Historical Essay.* Springer, New York etc., 1994.

Landesman, Charles: *Color and Consciousness: An Essay in Metaphysics.* Temple University Press, Philadelphia, 1989.

Lang, Helen S.: *Aristotle's Physics and Its Medieval Varieties.* State University of New York Press, Albany, 1992.

Lasswitz, Kurd: *Geschichte der Atomistik vom Mittelalter bis Newton,* 2 Bde. Voss, Hamburg/Leipzig, 1890. Reprint: Olms, Hildesheim, 1963.

Laszlo, Ervin: *The Age of Bifurcation: Understanding the Changing World.* The World Futures General Evolution Studies, vol. 3. Gordon and Breach, Philadelphia etc., 1991.

Laurent, Jean-Pierre; Vescovi, Marcos: *La représentation des connaissances et le raisonnement sur les systèmes physiques. Physique qualitative.* Cépaduès, Toulouse, 1992.

Lazarsfeld, Paul F.: *Qualitative Analysis: Historical and Critical Essays.* Allyn and Bacon, Boston, 1972.

LeCompte, Margaret D.; Millroy, Wendy L.; Preissle, Judith (eds.): *The Handbook of Qualitative Research in Education*. Academic Press, San Diego etc., 1992.

Leimanis, Eugene: Qualitative Methods in General Dynamics and Celestial Mechanics. *Applied Mechanics Reviews* **12** (1959), 665–670.

Leimanis, Eugene; Minorsky, N.: *Dynamics and Nonlinear Mechanics*. Surveys in Applied Mathematics, vol. 2. Wiley, New York, 1958.

Lepsius, M. Rainer (Hrsg.): *Soziologie in Deutschland und Österreich 1918–1945. Materialien zur Entwicklung, Emigration und Wirkungsgeschichte*. Kölner Zeitschrift für Soziologie und Sozialpsychologie, Sonderheft 23. Westdeutscher Verlag, Opladen, 1981.

Lerner, Daniel (ed.): *Quantity and Quality*. The Hayden Colloquium on Scientific Method and Concept. The Free Press of Glencoe, New York, 1961.

Leven, Ronald W.; Koch, Bernd-Peter; Pompe, Bernd: *Chaos in dissipativen Systemen*. Akademie Verlag, Berlin, 1989. 2., überarbeitete und erweiterte Auflage: Akademie Verlag, Berlin, 1994.

Levi, Lennart; Andersson, Lars: *Psychosocial Stress: Population, Environment and Quality of Life*. Spectrum, New York, 1975.

Levi, Mark: *Qualitative Analysis of the Periodically Forced Relaxation Oscillations*. Memoirs of the American Mathematical Society, No. 244. American Mathematical Society, Providence RI, 1981.

Liapunov, Aleksandr Mikhailovich: *Stability of Motion*. With a contribution by V. A. Pliss, and an introduction by V. P. Basov. Translated by F. Abramovici and M. Shimshoni. Mathematics in Science and Engineering, vol. 30. Academic Press, New York/London, 1966.

Lincoln, Yvonna S. (ed.): *Organizational Theory and Inquiry: The Paradigm Revolution*. Sage Focus Editions, vol. 75. Sage, Beverly Hills/London/New Delhi, 1985.

Lincoln, Yvonna S.; Guba, Egon G.: *Naturalistic Inquiry*. Sage, Beverly Hills/London/New Delhi, 1985.

Lindberg, David C.; Westman, Robert S. (eds.): *Reappraisals of the Scientific Revolution*. Cambridge University Press, Cambridge etc., 1990.

Linn, Robert L.; Erickson, Frederick: *Quantitative Methods – Qualitative Methods*. Research in Teaching and Learning, vol. 2. Macmillan, New York/London, 1990.

Lofland, John: *Analyzing Social Settings: A Guide to Qualitative Observation and Analysis*. Wadsworth, Belmont CA, 1971. Second edition: Wadsworth, Belmont CA, 1984.

Lofland, John: *Doing Social Life: The Qualitative Study of Human Interaction in Natural Settings*. Wiley, New York etc., 1976.

Lübbe, Hermann: *Der Lebenssinn der Industriegesellschaft. Über die moralische Verfassung der wissenschaftlich-technischen Zivilisation*. Springer, Berlin etc., 1990.

Luo, Dingjun; Teng, Libang: *Qualitative Theory of Dynamical Systems*. Advanced Series in Dynamical Systems, vol. 12. World Scientific, Singapore etc., 1993.

Lüthy, Herbert: *Die Mathematisierung der Sozialwissenschaften*. Arche, Zürich, 1970.

Mahnke, Reinhard; Schmelzer, Jürn; Röpke, Gerd: *Nichtlineare Phänomene und Selbstorganisation*. Teubner, Stuttgart, 1992.

Maier, Anneliese: *Studien zur Naturphilosophie der Spätscholastik*, 5 Bde. Storia e Letteratura, vol. 22, 37, 41, 52, 69. Edizioni di Storia e Letteratura, Roma, 1949–1958.

Mainzer, Klaus: *Thinking in Complexity: The Complex Dynamics of Matter, Mind, and Mankind.* Springer, Berlin etc., 1994.

Majer, Helge (Hrsg.): *Qualitatives Wachstum. Einführung in Konzeptionen der Lebensqualität.* Campus, Frankfurt/New York, 1984.

Majer, Helge: *Wirtschaftswachstum. Paradigmenwechsel vom quantitativen zum qualitativen Wachstum.* Oldenbourg, München/Wien, 1992. Zweite, durchgesehene Auflage: Oldenbourg, München/Wien, 1994.

Malinowski, Bronislaw: *Argonauts of the Western Pacific: An Account of Native Enterprise and Adventure in the Archipelagoes of Melanesian New Guinea.* Routledge/ Dutton, London/New York, 1922. Deutsche Übersetzung: *Argonauten des westlichen Pazifik. Ein Bericht über Unternehmungen und Abenteuer der Eingeborenen in den Inselwelten von Melanesisch-Neuguinea* = Schriften in vier Bänden, Bd. 1.

Malinowski, Bronislaw: *Schriften in vier Bänden.* Herausgegeben von F. Kramer. Syndikat, Frankfurt am Main, 1979 ff.

Marden, Parker G.; Hodgson, Dennis (eds.): *Population, Environment, and the Quality of Life.* AMS Press, New York, 1975.

Marini-Bettòlo, Giovanni Battista: *Study Week on: Agriculture and the Quality of Life. New Global Trends.* October 17–22, 1988. Pontificiae Academiae Scientiarum Scripta Varia, vol. 77. Pontificia Academia Scientiarum, Vatican City, 1993.

Marsden, Jerrold E.: Qualitative Methods in Bifurcation Theory. *Bulletin of the American Mathematical Society* **84** (1978), 1125–1148.

Marshall, Catherine; Rossman, Gretchen B.: *Designing Qualitative Research.* Sage, Newbury Park/London/New Delhi, 1989.

Mason, Stephen F.: *Main Currents of Scientific Thought: A History of the Sciences.* Schuman, New York, 1953. Deutsche Übersetzung: *Geschichte der Naturwissenschaft in der Entwicklung ihrer Denkweisen.* Kröner, Stuttgart, 1961. Reprint: GNT, Stuttgart, 1991.

Matthews, J. Rosser: *Quantification and the Quest for Medical Certainty.* Princeton University Press, Princeton NJ, 1995.

Mawhin, Jean: Nonlinear Oscillations: One Hundred Years after Liapunov and Poincaré. *Zeitschrift für Angewandte Mathematik und Mechanik* **73** (1993), No. 4–5, T 54–T 62.

Maxwell, Albert Ernest: *Analysing Qualitative Data.* Methuen/Wiley, London/New York, 1961. Second edition: Chapman & Hall, London, 1975.

Mayring, Philipp: *Qualitative Inhaltsanalyse. Grundlagen und Techniken.* Beltz, Weinheim/Basel, 1983. Neuausgabe: Deutscher Studien Verlag, Weinheim, 1988. 4., erweiterte Auflage: Deutscher Studien Verlag, Weinheim, 1993.

Mayring, Philipp: *Einführung in die qualitative Sozialforschung. Eine Anleitung zu qualitativem Denken.* Psychologie Verlags Union, München, 1990. 2., überarbeitete Auflage: Beltz/Psychologie Verlags Union, Weinheim, 1993.

McMichael, Anthony J.: *Planetary Overload: Global Environmental Change and the Health of the Human Species.* Cambridge University Press, Cambridge/New York/ Oakleigh, 1993.

Meadows, Dennis L.; Meadows, Donella H. (eds.): *Toward Global Equilibrium: Collected Papers.* Wright-Allen, Cambridge Mass., 1973. Deutsche Übersetzung: *Das globale Gleichgewicht. Modellstudien zur Wachstumskrise.* Deutsche Verlags-Anstalt, Stuttgart, 1974.

Meadows, Dennis L.; et al.: *Dynamics of Growth in a Finite World*. Wright-Allen, Cambridge Mass., 1974.

Meadows, Donella H.; et al.: *The Limits to Growth. A Report for the Club of Rome's Project on the Predicament of Mankind*. Universe, New York, 1972. Deutsche Übersetzung: *Die Grenzen des Wachstums. Bericht des Club of Rome zur Lage der Menschheit*. Deutsche Verlags-Anstalt, Stuttgart, 1972.

Meadows, Donella H.; Meadows, Dennis L.; Randers, Jørgen: *Beyond the Limits: Global Collapse or a Sustainable Future*. Chelsea Green Publishing Co., Post Mills, 1992. Deutsche Übersetzung: *Die neuen Grenzen des Wachstums. Die Lage der Menschheit: Bedrohung und Zukunftschancen*. Deutsche Verlags-Anstalt, Stuttgart, 1992.

Meissner, Werner; Zinn, Karl Georg: *Der neue Wohlstand. Qualitatives Wachstum und Vollbeschäftigung*. Bertelsmann, München, 1984.

Merriam, Sharan B.: *Case Study Research in Education: A Qualitative Approach*. Jossey-Bass, San Francisco/London, 1988.

Merton, Robert K.; Coleman, James S.; Rossi, Peter H. (eds.): *Qualitative and Quantitative Social Research*. Papers in Honor of Paul F. Lazarsfeld. The Free Press, New York, 1979.

Merwin, Donna J.: *The Quality of Life: A Bibliography of Objective and Perceptual Social Indicators*. Council of Planning Librarians. Exchange Bibliography, No. 1079. Council of Planning Librarians, Monticello Ill., 1976.

Michel, Anthony N.; Kaining Wang: *Qualitative Theory of Dynamical Systems: The Role of Stability Preserving Mappings*. Monographs and Textbooks in Pure and Applied Mathematics, vol. 186. Dekker, New York/Basel/Hong Kong, 1995.

Michel, Anthony N.; Miller, Richard K.: *Qualitative Analysis of Large Scale Dynamical Systems*. Mathematics in Science and Engineering, vol. 134. Academic Press, New York/San Francisco/London, 1977.

Migdal, Arkadii Beinusovich: *Qualitative Methods in Quantum Theory*. Translated from the Russian edition by A. J. Leggett. Frontiers in Physics, No. 48. Benjamin, Reading Mass. etc., 1977. Reprint: Addison-Wesley, Redwood City, 1989.

Mikl-Horke, Gertraude: *Soziologie. Historischer Kontext und soziologische Theorie-Entwürfe*. Oldenbourg, München/Wien, 1989. 3., völlig überarbeitete und erweiterte Auflage: Oldenbourg, München/Wien, 1994.

Miles, Matthew B.; Huberman, A. Michael: *Qualitative Data Analysis: A Sourcebook of New Methods*. Sage, Beverly Hills/London/New Delhi, 1984. Second edition: *Qualitative Data Analysis: An Expanded Sourcebook*. Sage, Thousand Oaks/London/New Delhi, 1994.

Mishan, Ezra J.: *The Costs of Economic Growth*. Staples Press/Praeger, London/New York, 1967. New, revised edition: Weidenfeld and Nicolson, London, 1993.

Mishan, Ezra J.: *[Technology and] Growth: The Price We Pay*. Staples Press, London, 1969 und Praeger, New York/Washington, 1970.

Mishan, Ezra J.: *The Economic Growth Debate: An Assessment*. Allen & Unwin, London, 1977. Deutsche Übersetzung: *Die Wachstumsdebatte. Wachstum zwischen Wirtschaft und Ökologie*. Klett-Cotta, Stuttgart, 1980.

Mishra, R. K.; Maass, D.; Zwierlein, E. (eds.): *On Self-Organization: An Interdisciplinary Search for a Unifying Principle*. Springer Series in Synergetics, vol. 61. Springer, Berlin etc., 1994.

Mittelstrass, Jürgen: *Neuzeit und Aufklärung. Studien zur Entstehung der neuzeitlichen Wissenschaft und Philosophie.* Walter de Gruyter, Berlin/New York, 1970.

Mittelstrass, Jürgen: Kopernikanische oder Keplersche Wende? – Keplers Kosmologie, Philosophie und Methodologie. *Vierteljahrsschrift der Naturforschenden Gesellschaft in Zürich* **134** (1989), 197–215.

Moog, Martin: *Die Eignung quantitativer und qualitativer Input-Output-Modelle zur Beurteilung wirtschaftlicher Konsequenzen der Waldschäden.* Berichte des Forschungszentrums Waldökosysteme/Waldsterben, Reihe A, Bd. 29. Forschungszentrum Waldökosysteme, Göttingen, 1987.

Moosmüller, Gertrud: *Die Latent-Class-Analyse: ein Klassifikationsverfahren bei qualitativen Merkmalen.* Kovač, Hamburg, 1992.

Moreland, James Porter: *Universals, Qualities, and Quality-Instances: A Defense of Realism.* University Press of America, Lanham MD/London, 1985.

Morgan, David L.: *Focus Groups as Qualitative Research.* Qualitative Research Methods, vol. 16. Sage, Newbury Park/London/New Delhi, 1988.

Morgan, Mary S.: *The History of Econometric Ideas.* Cambridge University Press, Cambridge etc., 1990.

Morse, Janice M. (ed.): *Critical Issues in Qualitative Research Methods.* Sage, Thousand Oaks/London/New Delhi, 1994.

National Goals Research Staff: *Toward Balanced Growth: Quantity with Quality.* Report of the National Goals Research Staff. U.S. Government Printing Office, Washington D.C., 1970.

Nemytskii, Viktor Vladimirovich; Stepanov, V. V.: *Qualitative Theory of Differential Equations.* English language edition, edited under the direction of S. Lefschetz. Princeton Mathematical Series, vol. 22. Princeton University Press, Princeton, 1960.

Neuenschwander, Erwin (Hrsg.): *Wissenschaft, Gesellschaft und politische Macht.* Birkhäuser, Basel, 1993.

Nicolis, Gregoire; Prigogine, Ilya: *Self-Organization in Nonequilibrium Systems: From Dissipative Structures to Order through Fluctuations.* Wiley, New York etc., 1977.

Niedersen, Uwe; Pohlmann, Ludwig (Hrsg.): *Der Mensch in Ordnung und Chaos.* Selbstorganisation: Jahrbuch für Komplexität in den Natur-, Sozial- und Geisteswissenschaften, Bd. 2. Duncker & Humblot, Berlin, 1991.

Niegel, Wolfgang; Molzberger, Peter (Hrsg.): *Aspekte der Selbstorganisation.* Informatik-Fachberichte, Bd. 304. Springer, Berlin etc., 1992.

Nishida, Takaaki; Mimura, Masayasu; Fujii, Hiroshi (eds.): *Patterns and Waves: Qualitative Analysis of Nonlinear Differential Equations.* Studies in Mathematics and its Applications, vol. 18. Kinokuniya/North-Holland, Tokyo/Amsterdam etc., 1986.

Noblit, George W.; Hare, R. Dwight: *Meta-Ethnography: Synthesizing Qualitative Studies.* Qualitative Research Methods, vol. 11. Sage, Newbury Park etc., 1988.

Noll, Heinz-Herbert: *Beschäftigungschancen und Arbeitsbedingungen. Ein Sozialbericht für die Bundesrepublik 1950–1980.* Sonderforschungsbereich 3 der Universitäten Frankfurt und Mannheim «Mikroanalytische Grundlagen der Gesellschaftspolitik», Schriftenreihe Band 9. Campus, Frankfurt/New York, 1982.

Nussbaum, Martha; Sen, Amartya (eds.): *The Quality of Life.* Clarendon Press, Oxford, 1993.

Oberschall, Anthony (ed.): *The Establishment of Empirical Sociology: Studies in Continuity, Discontinuity, and Institutionalization.* Harper & Row, New York etc., 1972.

Oden, J. Tinsley: *Qualitative Methods in Nonlinear Mechanics.* Prentice-Hall, Englewood Cliffs etc., 1986.

Ott, Edward: *Chaos in Dynamical Systems.* Cambridge University Press, Cambridge etc., 1993.

Otte, Michael (Hrsg.): *Mathematiker über die Mathematik.* Springer, Berlin/Heidelberg/New York, 1974.

Otto, Regina: *Industriedesign und qualitative Trendforschung.* Schriftenreihe Produktentwicklung & Industriedesign, Bd. 4. Akademischer Verlag, München, 1993.

Pabst, Bernhard: *Atomtheorien des lateinischen Mittelalters.* Wissenschaftliche Buchgesellschaft, Darmstadt, 1994.

Paelinck, Jean H.P. (ed.): *Qualitative and Quantitative Mathematical Economics.* Advanced Studies in Theoretical and Applied Econometrics, vol. 1. Martinus Nijhoff, The Hague/Boston/London, 1982.

Paslack, Rainer: *Urgeschichte der Selbstorganisation. Zur Archäologie eines wissenschaftlichen Paradigmas.* Wissenschaftstheorie, Wissenschaft und Philosophie, Bd. 32. Vieweg, Braunschweig/Wiesbaden, 1991.

Paslack, Rainer; Knost, Peter: *Zur Geschichte der Selbstorganisationsforschung. Ideengeschichtliche Einführung und Bibliographie (1940–1990).* Report Wissenschaftsforschung, Bd. 37. Kleine, Bielefeld, 1990.

Patel, Narsi: Quantitative and Collaborative Trends in American Sociological Research. *The American Sociologist* **7** (1972), No. 9, 5–6.

Patton, Michael Quinn: *Qualitative Evaluation Methods.* Sage, Beverly Hills/London, 1980. Second edition: *Qualitative Evaluation and Research Methods.* Sage, Newbury Park/London/New Delhi, 1990.

Patton, Michael Quinn: *How to Use Qualitative Methods in Evaluation.* Program Evaluation Kit, Second Edition, vol. 4. Sage, Newbury Park/London/New Delhi, 1987.

Pedersen, Olaf; Pihl, Mogens: *Early Physics and Astronomy. A Historical Introduction.* Macdonald and Janes/American Elsevier, London/New York, 1974. Second, revised edition: Cambridge University Press, Cambridge etc., 1993.

Perko, Lawrence: *Differential Equations and Dynamical Systems.* Texts in Applied Mathematics, vol. 7. Springer, New York etc., 1991.

Perloff, Harvey S. (ed.): *The Quality of the Urban Environment.* Resources for the Future, Washington D.C., 1969.

Pestel, Eduard: *Jenseits der Grenzen des Wachstums. Bericht an den Club of Rome.* Deutsche Verlags-Anstalt, Stuttgart, 1988.

Petrovitch, Michel: *Intégration qualitative des équations différentielles.* Mémorial des Sciences Mathématiques, No. 48. Gauthier-Villars, Paris, 1931.

Petry, Michael John (ed.): *Hegel and Newtonianism.* Archives Internationales d'Histoire des Idées, vol. 136. Kluwer, Dordrecht/Boston/London, 1993.

Pfaff, Martin; Gehrmann, Friedhelm (Hrsg.): *Informations- und Steuerungsinstrumente zur Schaffung einer höheren Lebensqualität in Städten.* Vandenhoeck & Ruprecht, Göttingen, 1976.

Plante, Joseph: *Introduction to Qualitative Theory of Differential Equations.* Carolina Lecture Series, vol 7. Department of Mathematics, University of North Carolina, Chapel Hill, 1976.

Poincaré, Henri: Mémoire sur les courbes définies par une équation différentielle. *Journal de Mathématiques pures et appliquées* (3) **7** (1881), 375–422; **8** (1882), 251–296;

(4) **1** (1885), 167–244; **2** (1886), 151–217 = *Œuvres de Henri Poincaré*, vol. 1. Gauthier-Villars, Paris, 1928. 3–84, 90–158, 167–222.

Poincaré, Henri: *New Methods of Celestial Mechanics*, 3 vols. Edited and introduced by D. L. Goroff. History of Modern Physics and Astronomy, vol. 13. American Institute of Physics, New York, 1993.

Pólya, George: *Mathematical Discovery: On Understanding, Learning, and Teaching Problem Solving*, 2 vols. Wiley, New York/London/Sydney, 1962–1965. Deutsche Übersetzung: *Vom Lösen mathematischer Aufgaben. Einsicht und Entdeckung, Lernen und Lehren*, 2 Bde. Birkhäuser, Basel/Stuttgart, 1966–1967.

Pont, Jean-Claude: *La topologie algébrique des origines à Poincaré*. Presses Universitaires de France, Paris, 1974.

Porter, Roy; Teich, Mikuláš (eds.): *The Scientific Revolution in National Context*. Cambridge University Press, Cambridge etc., 1992.

Porter, Theodore M.: *The Rise of Statistical Thinking, 1820–1900*. Princeton University Press, Princeton N.J., 1986.

Prigogine, Ilya: *From Being to Becoming: Time and Complexity in the Physical Sciences*. Freeman, San Francisco, 1980. Deutsche Übersetzung: *Vom Sein zum Werden. Zeit und Komplexität in den Naturwissenschaften*. Piper, München/Zürich, 1979.

Prigogine, Ilya; Stengers, Isabelle: *La Nouvelle Alliance: Métamorphose de la science*. Gallimard, Paris, 1979. Deutsche Übersetzung: *Dialog mit der Natur. Neue Wege naturwissenschaftlichen Denkens*. Piper, München/Zürich, 1981. 5., erweiterte Auflage: Piper, München/Zürich, 1986.

Qualitative Methoden in der Psychologie: Theorie und Anwendung. Eine Spezialbibliographie deutschsprachiger psychologischer Literatur. Bibliographien zur Psychologie, Nr. 53. Zentralstelle für Psychologische Information und Dokumentation, Universität Trier, Trier, 1989.

Qualitatives Wachstum. Bericht der Expertenkommission des Eidg. Volkswirtschaftsdepartement. Bundesamt für Konjunkturfragen, Studie Nr. 9. Bundesamt für Konjunkturfragen, Bern, 1985.

Radbruch, Knut: *Quantität und Qualität als Grundkategorien einer Philosophie der Mathematik bei Leibniz, Hegel und in der Gegenwart*. In: A. Heinekamp (Hrsg.). Leibniz: Tradition und Aktualität. V. Internationaler Leibniz-Kongress. Vorträge. Hannover, 14.–19. November 1988. Gottfried-Wilhelm-Leibniz-Gesellschaft, Hannover, 1988. 777–784.

Radbruch, Knut: Mathematik à la Philosophie – Philosophie à la Mathematik: Ein historischer Überblick. *Mathematische Semesterberichte* **38** (1991), 18–57.

Ragin, Charles C.: *The Comparative Method: Moving Beyond Qualitative and Quantitative Strategies*. University of California Press, Berkeley/Los Angeles/London, 1987.

Rapoport, Anatol: *Mathematische Methoden in den Sozialwissenschaften*. Physica-Verlag, Würzburg/Wien, 1980.

Rashed, Roshdi (ed.): *Condorcet: Mathématique et société*. Hermann, Paris, 1974.

Ratzek, Wolfgang: *Selbstorganisation in komplexen Welten. Chaos als schöpferischer Impuls*. Lang, Frankfurt am Main etc., 1992.

Reichertz, Jo: *Probleme qualitativer Sozialforschung. Zur Entwicklungsgeschichte der Objektiven Hermeneutik*. Campus Forschung, Bd. 485. Campus, Frankfurt/New York, 1986.

Reinharz, Shulamit; Rowles, Graham D. (eds.): *Qualitative Gerontology*. Springer, New York, 1988.

Reissig, Rolf; Sansone, Giovanni; Conti, Roberto: *Qualitative Theorie nichtlinearer Differentialgleichungen*. Cremonese, Roma, 1963.

Reithmeier, Eduard: *Periodic Solutions of Nonlinear Dynamical Systems: Numerical Computation, Stability, Bifurcation and Transition to Chaos*. Lecture Notes in Mathematics, vol. 1483. Springer, Berlin etc., 1991.

Rescher, Nicholas (ed.): *The Heritage of Logical Positivism*. University Press of America, Lanham/New York/London, 1985.

Reyn, J. W.: *A Bibliography of the Qualitative Theory of Quadratic Systems of Differential Equations in the Plane*. Second edition: Reports of the Faculty of Technical Mathematics and Informatics, no. 92-17. Technische Universiteit Delft, Delft, 1992.

Ridley, Mark: *Evolution and Classification: The reformation of cladism*. Longman, Harlow, 1986.

Ritter, Joachim; Gründer, Karlfried (Hrsg.): *Historisches Wörterbuch der Philosophie*. Schwabe, Basel, 1971 ff.

Rizo, Felipe M.: The Controversy About Quantification in Social Research: An Extension of Gage's «‹Historical› Sketch». *Educational Researcher*, vol. 20 (1991), no. 9, 9–12.

Ropohl, Günter; Schuchardt, Wilgart; Lauruschkat, Helmut: *Technische Regeln und Lebensqualität. Analyse technischer Normen und Richtlinien*. VDI, Düsseldorf, 1984.

Rost, Jürgen: *Quantitative und qualitative probabilistische Testtheorie*. Huber, Bern/Stuttgart/Toronto, 1988.

Rotach, Martin C.; et al.: *Telematik und Qualitatives Wachstum*. Wissenschaftliche Begleituntersuchung zum Projekt «Kommunikations-Modellgemeinden der Schweiz», Synthesebericht. Verlag der Fachvereine, Zürich, 1993.

Ruelle, David: *Chance and Chaos*. Princeton University Press, Princeton, 1991. Deutsche Übersetzung: *Zufall und Chaos*. Springer, Berlin etc., 1992.

Sahner, Heinz: *Theorie und Forschung. Zur paradigmatischen Struktur der westdeutschen Soziologie und zu ihrem Einfluss auf die Forschung*. Beiträge zur sozialwissenschaftlichen Forschung, Bd. 34. Westdeutscher Verlag, Opladen, 1982.

Salomon, Gavriel: Transcending the Qualitative-Quantitative Debate: The Analytic and Systemic Approaches to Educational Research. *Educational Researcher*, vol. 20 (1991), no. 6, 10–18.

Schader, Martin: *Scharfe und unscharfe Klassifikation qualitativer Daten*. Mathematical Systems in Economics, vol. 65. Verlagsgruppe Athenäum/Hain/Scriptor/Hanstein, Königstein, 1981.

Schatzman, Leonard; Strauss, Anselm L.: *Field Research: Strategies for a Natural Sociology*. Prentice-Hall, Englewood Cliffs, 1973.

Scheck, Florian: *Mechanik. Von den Newtonschen Gesetzen zum deterministischen Chaos*. Springer, Berlin etc., 1988.

Schölmerich, Paul; Thews, Gerhard (Hrsg.): *«Lebensqualität» als Bewertungskriterium in der Medizin*. Symposium der Akademie der Wissenschaften und der Literatur, Mainz. Medizinische Forschung, Bd. 2. Fischer, Stuttgart/New York, 1990.

Schratz, Michael (ed.): *Qualitative Voices in Educational Research*. Social Research and Educational Studies Series, vol. 9. Falmer, London/Washington DC, 1993.

Schröer, Norbert (Hrsg.): *Interpretative Sozialforschung. Auf dem Wege zu einer herme-neutischen Wissenssoziologie.* Westdeutscher Verlag, Opladen, 1994.

Schub von Bossiazky, Gerhard: *Psychologische Marketingforschung. Qualitative Metho-den und ihre Anwendung in der Markt-, Produkt- und Kommunikationsforschung.* Vahlen, München, 1992.

Schulte, Joachim; McGuinness, Brian (Hrsg.): *Einheitswissenschaft.* Suhrkamp Taschen-buch Wissenschaft, Bd. 963. Suhrkamp, Frankfurt am Main, 1992.

Schultz, Uwe (Hrsg.): *Lebensqualität. Konkrete Vorschläge zu einem abstrakten Begriff.* Aspekte Verlag, Frankfurt am Main, 1975.

Schulze, Winfried (Hrsg.): *Sozialgeschichte, Alltagsgeschichte, Mikro-Historie. Eine Dis-kussion.* Kleine Vandenhoeck-Reihe, vol. 1569. Vandenhoeck & Ruprecht, Göttingen, 1994.

Schumpeter, Joseph A.: *History of Economic Analysis.* Edited from manuscript by E. B. Schumpeter. Oxford University Press, New York, 1954. Deutsche Übersetzung: *Geschichte der ökonomischen Analyse.* Grundriss der Sozialwissenschaft, Bd. 6. Vandenhoeck & Ruprecht, Göttingen, 1965.

Schuster, Heinz Georg: *Deterministic Chaos: An Introduction.* Physik-Verlag, Weinheim, 1984. Second revised edition: VCH Verlagsgesellschaft, Weinheim, 1988.

Schwartz, Howard; Jacobs, Jerry: *Qualitative Sociology: A Method to the Madness.* The Free Press, New York, 1979.

Scott, Stephen K.: *Chemical Chaos.* The International Series of Monographs on Chem-istry, vol. 24. Clarendon Press, Oxford, 1991.

Sedlacek, Peter (Hrsg.): *Programm und Praxis qualitativer Sozialgeographie.* Wahrneh-mungsgeographische Studien zur Regionalentwicklung an der Universität Oldenburg, Heft 6. Bibliotheks- und Informationssystem der Universität Oldenburg, Oldenburg, 1989.

Seidman, I. E.: *Interviewing as Qualitative Research: A Guide for Researchers in Educa-tion and the Social Sciences.* Teachers College Press, New York/London, 1991.

Seifert, Gerhard (Hrsg.): *Lebensqualität in unserer Zeit – Modebegriff oder neues Den-ken?.* Veröffentlichung der Joachim Jungius-Gesellschaft der Wissenschaften Ham-burg, Nr. 69. Vandenhoeck & Ruprecht, Göttingen, 1992.

Sewell, Granville H.: *Environmental Quality Management.* Prentice-Hall, Englewood Cliffs, 1975.

Seydel, Rüdiger: *From Equilibrium to Chaos: Practical Bifurcation and Stability Analy-sis.* Elsevier, New York/Amsterdam/London, 1988.

Shea, William R. (ed.): *Nature Mathematized: Historical and Philosophical Case Studies in Classical Modern Natural Philosophy.* Papers Deriving from the Third Interna-tional Conference on the History and Philosophy of Science, Montreal, Canada, 1980. The University of Western Ontario Series in Philosophy of Science, vol. 20. Reidel, Dordrecht/Boston/London, 1983.

Shea, William R. (ed.): *Revolutions in Science: Their Meaning and Relevance.* Science History Publications/U.S.A., Canton Mass., 1988.

Sherman, Robert R.; Webb, Rodman B. (eds.): *Qualitative Research in Education: Focus and Methods.* Falmer, London/New York/Philadelphia, 1988.

Silverman, David: *Interpreting Qualitative Data: Methods for Analysing Talk, Text and Interaction.* Sage, London/Thousand Oaks/New Delhi, 1993.

Simonis, Udo Ernst (Hrsg.): *Lernen von der Umwelt – Lernen für die Umwelt. Theoretische Herausforderungen und praktische Probleme einer qualitativen Umweltpolitik.* Wissenschaftszentrum Berlin für Sozialforschung, Berlin, 1988.

Singh, Madan G.; Travé-Massuyès, Louise (eds.): *Decision Support Systems and Qualitative Reasoning.* Proceedings of the IMACS International Workshop on Decision Support Systems and Qualitative Reasoning. Toulouse, France, 13–15 March 1991. North-Holland, Amsterdam etc., 1991.

Smith, John K.: Quantitative Versus Qualitative Research: An Attempt to Clarify the Issue. *Educational Researcher*, vol. 12 (1983), no. 3, 6–13.

Smith, John K.; Heshusius, Lous: Closing Down the Conversation: The End of the Quantitative-Qualitative Debate Among Educational Inquirers. *Educational Researcher*, vol. 15 (1986), no. 1, 4–12.

Smith, Robert B. (ed.): *Handbook of Social Science Methods.* Vol. 1: An Introduction to Social Research, Vol. 2: Qualitative Methods [with P. K. Manning], Vol. 3: Quantitative Methods: Focused Survey Research and Causal Modeling. Ballinger, Cambridge Mass. and Praeger, New York etc., 1982–1985.

Soeffner, Hans-Georg (Hrsg.): *Interpretative Verfahren in den Sozial- und Textwissenschaften.* Metzler, Stuttgart, 1979.

Solari, Luigi: *De l'économie qualitative à l'économie quantitative. Pour une méthodologie de l'approche formalisée en science économique.* Masson, Paris etc., 1977.

Sommer, Jörg: *Dialogische Forschungsmethoden. Eine Einführung in die dialogische Phänomenologie, Hermeneutik und Dialektik.* Psychologie Verlags Union, München/Weinheim, 1987.

Sorokin, Pitirim A.: *Fads and Foibles in Modern Sociology and Related Sciences.* Henry Regnery Company, Chicago, 1956.

Spiegelberg, Herbert: *The Phenomenological Movement: A Historical Introduction*, 2 vols. Phaenomenologica, Bd. 5–6. Martinus Nijhoff, The Hague, 1960. Third revised and enlarged edition: Martinus Nijhoff, The Hague/Boston/London, 1982.

Spöhring, Walter: *Qualitative Sozialforschung.* Studienskripten zur Soziologie, Bd. 133. Teubner, Stuttgart, 1989.

Spradley, James P.: *Participant Observation.* Holt, Rinehart and Winston, New York etc., 1980.

Stadler, Friedrich: *Vom Positivismus zur «Wissenschaftlichen Weltauffassung». Am Beispiel der Wirkungsgeschichte von Ernst Mach in Österreich von 1895 bis 1934.* Veröffentlichungen des Ludwig-Boltzmann-Institutes für Geschichte der Gesellschaftswissenschaften, Bd. 8/9. Löcker, Wien/München, 1982.

Stadler, Friedrich (ed.): *Scientific Philosophy: Origins and Developments.* Vienna Circle Institute Yearbook, vol. 1. Kluwer, Dordrecht/Boston/London, 1993.

Stampacchia, Guido: Problema di Dirichlet e proprietà qualitative della soluzione. *Giornale di Matematiche di Battaglini* **80** (1950–51), 226–237.

Stark, Herbert: *Panzer – Qualität oder Quantität. Die Mittelwertmethode zur Bewertung der Panzertechnologie der Zukunft*, 2 Bde. Bernard & Graefe Verlag, München, 1982.

Steeb, Willi-Hans; et al.: *Chaos and Fractals: Algorithms and Computations.* Bibliographisches Institut/Brockhaus, Mannheim etc., 1992.

Stephenson, Bruce: *Kepler's Physical Astronomy.* Studies in the History of Mathematics and Physical Sciences, vol. 13. Springer, New York etc., 1987.

Stephenson, Bruce: *The Music of the Heavens: Kepler's Harmonic Astronomy*. Princeton University Press, Princeton, 1994.

Stewart, Ian: *Does God Play Dice? The Mathematics of Chaos*. Basil Blackwell, Oxford/ Cambridge Mass., 1989. Deutsche Übersetzung: *Spielt Gott Roulette? Chaos in der Mathematik*. Birkhäuser, Basel/Boston/Berlin, 1990.

Stigler, Stephen M.: *The History of Statistics: The Measurement of Uncertainty before 1900*. The Belknap Press of Harvard University Press, Cambridge Mass./London, 1986.

Stoyan, Dietrich: *Qualitative Eigenschaften und Abschätzungen stochastischer Modelle*. Akademie-Verlag, Berlin, 1977.

Strauss, Anselm L.: *Qualitative Analysis for Social Scientists*. Cambridge University Press, Cambridge etc., 1987. Deutsche Übersetzung: *Grundlagen qualitativer Sozialforschung. Datenanalyse und Theoriebildung in der empirischen soziologischen Forschung*. Übergänge: Texte und Studien zu Handlung, Sprache und Lebenswelt, Bd. 10. Fink, München, 1991.

Strauss, Anselm L.; Corbin, Juliet: *Basics of Qualitative Research: Grounded Theory Procedures and Techniques*. Sage, Newbury Park/London/New Delhi, 1990.

Struss, Peter: *Structuring of Models and Reasoning about Quantities in Qualitative Physics*. Dissertation: Universität Kaiserslautern, 1989.

Svilar, Maja; Zahler, Peter (Hrsg.): *Selbstorganisation der Materie?* Collegium generale Universität Bern, Kulturhistorische Vorlesungen 1982/83. Lang, Bern/Frankfurt am Main/New York, 1984.

Swerdlow, Noel M.; Neugebauer, Otto: *Mathematical Astronomy in Copernicus's De Revolutionibus*. Studies in the History of Mathematics and Physical Sciences, vol. 10. Springer, New York etc., 1984.

Swoboda, Helmut: *Die Qualität des Lebens. Vom Wohlstand zum Wohlbefinden*. Deutsche Verlags-Anstalt, Stuttgart, 1973.

Sylla, Edith D.: Medieval Quantifications of Qualities: The «Merton School». *Archive for History of Exact Sciences* **8** (1971/72), 9–39.

Sylla, Edith D.: *The Oxford Calculators and the Mathematics of Motion 1320–1350: Physics and Measurement by Latitudes*. Harvard Dissertations in the History of Science. Garland, New York/London, 1991.

Szabó, István: *Geschichte der mechanischen Prinzipien und ihrer wichtigsten Anwendungen*. Wissenschaft und Kultur, Bd. 32. Birkhäuser, Basel/Stuttgart, 1977.

Szalai, Alexander; Andrews, Frank M. (eds.): *The Quality of Life: Comparative Studies*. Sage Studies in International Sociology, vol. 20. Sage, London/Beverly Hills, 1980.

Tergan, Sigmar-Olaf: *Modelle der Wissensrepräsentation als Grundlage qualitativer Wissensdiagnostik*. Beiträge zur psychologischen Forschung, Bd. 7. Westdeutscher Verlag, Opladen, 1986.

Theobald, Adolf: *Das Ökosozialprodukt. Lebensqualität als Volkseinkommen*. Texte + Thesen, Bd. 185. Interfrom, Zürich, 1985.

Thom, René: *Stabilité structurelle et morphogénèse. Essai d'une théorie générale des modèles*. Benjamin, Reading Mass., 1972. Deuxième édition revue, corrigée et augmentée: InterEditions, Paris, 1977. Englische Übersetzung: *Structural Stability and Morphogenesis: An Outline of a General Theory of Models*. Addison-Wesley, Redwood City etc., 1989.

Thom, René: *Modèles mathématiques de la morphogenèse*. Recueil de textes sur la théorie des catastrophes et ses applications. Collection 10–18, no. 887. Union Générale d'Éditions, Paris, 1974. Nouvelle édition revue et augmentée: Bourgois, Paris, 1980. Englische Übersetzung: *Mathematical Models of Morphogenesis*. Horwood, Chichester, 1983.

Thom, René (ed.): *Trois études en dynamique qualitative*. Astérisque, No. 31, Paris 1976.

Thom, René: Qualità/quantità. In: *Enciclopedia*, vol. 11. Einaudi, Torino, 1980. S. 460–476.

Thom, René: *Paraboles et catastrophes*. Entretiens sur les mathématiques, la science et la philosophie réalisés par G. Giorello et S. Morini. Flammarion, Paris, 1983.

Thom, René: *Esquisse d'une sémiophysique*. Physique aristotelicienne et théorie des catastrophes. InterEditions, Paris, 1988. Englische Übersetzung: *Semio Physics: A Sketch*. Aristotelian Physics and Catastrophe Theory. Addison-Wesley, Redwood City etc., 1990.

Thom, René: *Prédire n'est pas expliquer*. René Thom à la question par E. Noël. Entretiens rédigés par Y. Bonin. Lexique, texte et dessins, par A. Chenciner. Eshel, Paris, 1991.

Thomas, Tracy Yerkes: Qualitative Analysis of the Flow of Fluids in Pipes. *American Journal of Mathematics* **64** (1942), 754–767.

Thompson, D'Arcy Wentworth: *On Growth and Form*. University Press, Cambridge, 1917. New edition: University Press, Cambridge, 1942. Abridged edition edited by J.T. Bonner: University Press, Cambridge, 1961. Deutsche Übersetzung: *Über Wachstum und Form*. Wissenschaft und Kultur, Bd. 26. Birkhäuser, Basel/Stuttgart, 1973. Reprint: Suhrkamp Taschenbuch Wissenschaft, Bd. 410. Suhrkamp, Frankfurt am Main, 1983.

Thompson, J.M.T.; Stewart, H.B.: *Nonlinear Dynamics and Chaos: Geometrical Methods for Engineers and Scientists*. Wiley, Chichester etc., 1986.

Tolman, Charles W. (ed.): *Positivism in Psychology: Historical and Contemporary Problems*. Springer, New York etc., 1992.

Tüchler, Heinz; Lutz, Dieter (Hrsg.): *Lebensqualität und Krankheit. Auf dem Weg zu einem medizinischen Kriterium Lebensqualität*. Deutscher Ärzte-Verlag, Köln, 1991.

Tuschling, Burkhard; Rischmüller, Marie: *Kritik des Logischen Empirismus*. Sozialwissenschaftliche Schriften, Heft 6. Duncker & Humblot, Berlin, 1983.

Uebel, Thomas E. (ed.): *Rediscovering the Forgotten Vienna Circle: Austrian Studies on Otto Neurath and the Vienna Circle*. Boston Studies in the Philosophy of Science, vol. 133. Kluwer, Dordrecht/Boston/London, 1991.

Van Maanen, John (ed.): *Qualitative Methodology*. Administrative Science Quarterly, vol. 24:4, December 1979. Updated reprint: Sage, Beverly Hills/London/New Delhi, 1983.

Van Maanen, John; et al.: *Varieties of Qualitative Research*. Studying Organizations: Innovations in Methodology, vol. 5. Sage, Beverly Hills/London/New Delhi, 1982.

Verhulst, Ferdinand: Perturbation Theory from Lagrange to van der Pol. *Nieuw Archief voor Wiskunde* (4) **2** (1984), 428–438.

Villaggio, Piero: *Qualitative Methods in Elasticity*. Monographs and Textbooks on Mechanics of Solids and Fluids. Mechanics of Continua, vol. 3. Noordhoff, Leyden, 1977.

Vorländer, Herwart (Hrsg.): *Oral History. Mündlich erfragte Geschichte.* Kleine Vandenhoeck-Reihe, Bd. 1552. Vandenhoeck & Ruprecht, Göttingen, 1990.

Walker, Robert: *Applied Qualitative Research.* Gower, Aldershot/Brookfield, 1985.

Wassmuth, Rudolf; Sarican, Cemal: *Qualität und Quantität der Lammfleischerzeugung in Westanatolien unter besonderer Berücksichtigung der Einkreuzung von Ostfriesischen Milchschafen.* Giessener Schriftenreihe Tierzucht und Haustiergenetik, Bd. 46. Parey, Hamburg/Berlin, 1984.

Wehling, Hans-Georg (Red.): *Folgen reduzierten Wachstums.* Herausgegeben von der Landeszentrale für politische Bildung Baden-Württemberg. Kohlhammer Taschenbücher, Bd. 1054. Kohlhammer, Stuttgart etc., 1981.

Weiss, Burghard: *Zwischen Physikotheologie und Positivismus. Pierre Prévost (1751–1839) und die korpuskularkinetische Physik der Genfer Schule.* Europäische Hochschulschriften, Reihe III: Geschichte und ihre Hilfswissenschaften, Bd. 353. Lang, Frankfurt am Main etc., 1988.

Weld, Daniel S.: *Theories of Comparative Analysis.* MIT Press, Cambridge Mass./London, 1990.

Weld, Daniel S.; de Kleer, Johan (eds.): *Readings in Qualitative Reasoning about Physical Systems.* Morgan Kaufmann, San Mateo, 1990.

Werthner, Hannes: *Qualitative Reasoning: Modeling and the Generation of Behavior.* Springer, Wien/New York, 1994.

Westfall, Richard S.: *The Construction of Modern Science: Mechanisms and Mechanics.* Wiley, New York etc., 1971.

Westholm, Hilmar: *Stoffwechsel des Menschen mit der Natur – zu einem qualitativen Naturbegriff von Schelling und von Marx.* Bibliotheks- und Informationssystem der Universität Oldenburg, Oldenburg, 1986.

Wiggins, Stephen: *Global Bifurcations and Chaos: Analytical Methods.* Applied Mathematical Sciences, vol. 73. Springer, New York etc., 1988.

Wiggins, Stephen: *Introduction to Applied Nonlinear Dynamical Systems and Chaos.* Texts in Applied Mathematics, vol. 2. Springer, New York etc., 1990.

Wingo, Lowdon; Evans, Alan (eds.): *Public Economics and the Quality of Life.* Resources for the Future/The Johns Hopkins University Press, Washington D.C./ Baltimore etc., 1977.

Witzel, Andreas: *Verfahren der qualitativen Sozialforschung. Überblick und Alternativen.* Campus Forschung, Bd. 322. Campus, Frankfurt/New York, 1982.

Wolcott, Harry F.: *Writing up Qualitative Research.* Qualitative Research Methods, vol. 20. Sage, Newbury Park/London/New Delhi, 1990.

Wolcott, Harry F.: *Transforming Qualitative Data: Description, Analysis, and Interpretation.* Sage, Thousand Oaks/London/New Delhi, 1994.

Wolff, Michael: *Geschichte der Impetustheorie. Untersuchungen zum Ursprung der klassischen Mechanik.* Suhrkamp, Frankfurt am Main, 1978.

Wolfgang, Marvin E. (ed.): *The Environment and the Quality of Life: A World View.* The Annals of The American Academy of Political and Social Science, vol. 444. The American Academy of Political and Social Science, Philadelphia, 1979.

Wolfschmidt, Gudrun (Hrsg.): *Nicolaus Copernicus (1473–1543). Revolutionär wider Willen.* GNT, Stuttgart, 1994.

Wolters, Gereon: *Basis und Deduktion. Studien zur Entstehung und Bedeutung der Theorie der axiomatischen Methode bei J.H. Lambert (1728–1777)*. Quellen und Studien zur Philosophie, Bd. 15. Walter de Gruyter, Berlin/New York, 1980.

Woolf, Harry (ed.): Proceedings of the Conference on the History of Quantification in the Sciences. [Papers on quantification in science: general aspects, medieval physics, modern physical science, chemistry, medical science, psychology, economics, sociology and biology, by S. S. Wilks, A. C. Crombie, T. S. Kuhn et al.]. *Isis* **52** (1961), No. 168.

Worg, Roman: *Deterministisches Chaos. Wege in die nichtlineare Dynamik*. Bibliographisches Institut/Brockhaus, Mannheim etc., 1993.

Wunsch, Gerhard: *Geschichte der Systemtheorie. Dynamische Systeme und Prozesse*. Akademie Verlag/Oldenbourg Verlag, Berlin/München etc., 1985.

Wurm, Klaus: *Substanz und Qualität. Ein Beitrag zur Interpretation der plotinischen Traktate VI 1, 2 und 3*. Quellen und Studien zur Philosophie, Bd. 5. Walter de Gruyter, Berlin/New York, 1973.

Wussing, Hans (Hrsg.): *Geschichte der Naturwissenschaften*. Edition Leipzig, Leipzig, 1983.

Yoder, Joella G.: *Unrolling Time: Christiaan Huygens and the Mathematization of Nature*. Cambridge University Press, Cambridge etc., 1988.

Zaleski, Pierre; Berkovski, Boris (eds.): *Energy – Environment – Quality of Life*. Proceedings of the 13th Annual International Scientific Forum on Energy (ISFE). Held at the UNESCO Building, Paris, France 4–7 December 1989. Inderscience, Geneva, 1991.

Zaslavsky, Georgiĭ Moiseevich; et al.: *Weak Chaos and Quasi-Regular Patterns*. Cambridge Nonlinear Science Series, vol. 1. Cambridge University Press, Cambridge etc., 1991.

Zedler, Peter; Moser, Heinz (Hrsg.): *Aspekte qualitativer Sozialforschung. Studien zu Aktionsforschung, empirischer Hermeneutik und reflexiver Sozialtechnologie*. Leske + Budrich, Opladen, 1983.

Zeeman, E. Christopher: *Catastrophe Theory. Selected Papers, 1972–1977*. Addison-Wesley, Reading Mass. etc., 1977.

Zeeman, E. Christopher: *Bifurcation, Catastrophe, and Turbulence*. In: Peter J. Hilton and Gail S. Young. New Directions in Applied Mathematics. Springer, New York etc., 1982. 109–153.

Zhang, Shu-yu: *Bibliography on Chaos*. Directions in Chaos, vol. 5. World Scientific, Singapore etc., 1991.

Zhang, Zhi-fen; et al.: *Qualitative Theory of Differential Equations*. Translations of Mathematical Monographs, vol. 101. American Mathematical Society, Providence R.I., 1992.

Zhao, Jun: *Qualitative Analyse im Rahmen qualitativen und modellbasierten Schliessens*. Dissertation: Universität Bremen, 1993.

Zilsel, Edgar: *Die sozialen Ursprünge der neuzeitlichen Wissenschaft*. Herausgegeben und übersetzt von W. Krohn. Suhrkamp Taschenbuch Wissenschaft, Bd. 152. Suhrkamp, Frankfurt am Main, 1976.

Über die Autoren

Konrad Akert ist seit 1988 emeritierter Professor für Hirnforschung an der Universität Zürich. Er studierte Medizin an der Universität Zürich und absolvierte eine 5jährige Assistentenzeit in Physiologie und Pathologie in Zürich und St. Gallen. Von 1951–1960 wirkte er als Professor für Neurophysiologie an verschiedenen amerikanischen Universitäten und Forschungsinstitutionen (Johns Hopkins,Wisconsin, Stanford und National Institute of Mental Health). Im Jahre 1961 wurde er Direktor des Hirnforschungsinstituts an der Universität Zürich. Seine Forschungsarbeiten bezogen sich u.a. auf Struktur und Funktion von Stirnhirn und Thalamus, später auf die Feinstruktur der für die Informationsverarbeitung und -speicherung wichtigen Kontaktstellen (Synapsen) zwischen Nervenzellen. Von 1964–1974 war er Herausgeber der internationalen Zeitschrift *Brain Research*.

Egbert Brieskorn ist ord. Professor für Mathematik an der Universität Bonn. Er studierte zunächst Mathematik und Physik in München und Bonn. 1968 habilitierte er sich in Bonn für das Fach Mathematik. Von 1969 bis 1973 hat er in Göttingen gelehrt, seit 1975 in Bonn. Seine wissenschaftlichen Arbeiten beschäftigen sich mit den singulären Punkten komplexer Räume, besonders mit ihren Invarianten, ihrer Deformationstheorie und ihren Beziehungen zur Differentialtopologie und Differentialgeometrie, zur Theorie der Lieschen Gruppen, der diskreten Transformationsgruppen und der Zopfgruppen. Seit einigen Jahren arbeitet er an einer Biographie Felix Hausdorffs und an Vorbereitungen zur Herausgabe seiner Werke. Daraus ergab sich ein zunehmendes Interesse an Philosophie und Geschichte der Mathematik.

Walter Burkert ist emeritierter Professor für klassische Philologie an der Universität Zürich. Promotion 1955 in Erlangen, Habilitation 1961 ebendort; Professur an der Technischen Universität Berlin 1966–1969, Universität Zürich 1969–1996; Gastprofessuren an der Harvard University und der University of California, Berkeley und Los Angeles. Hauptarbeitsgebiete sind die griechische Philosophie: *Weisheit und Wissenschaft: Studien zu Pythagoras, Philolaos und Platon* 1962, ferner insbesondere die altgriechische Religion in anthropologischer Perspektive: *Homo Necans* 1972; *Griechische Religion der archaischen und klassischen Epoche* 1977;

442

Structure and History in Greek Mythology and Ritual 1979; *Antike Mysterien* 1990, sowie der Kulturaustausch Orient-Griechenland: *The Orientalizing Revolution* 1992.

Huldrych M. Koelbing ist emeritierter Professor für Medizingeschichte an der Universität Zürich. Er absolvierte des Humanistische Gymnasium in Basel, war später Spezialarzt FMH für Ophthalmologie und wissenschaftlicher Redaktor (Documenta Geigy) und habilitierte sich 1965 an der Universität Basel für Geschichte der Medizin. 1971 als Ordinarius an die Universität Zürich berufen, stand er hier 1971–1988 dem Medizinhistorischen Institut und Museum vor. Unter seinen Publikationen findet man u.a. das Werk *Renaissance der Augenheilkunde 1540–1630*, welches 1967 bei Huber in Bern erschien.

Christoph Meinel ist ord. Professor für Wissenschaftsgeschichte an der Universität Regensburg. Nach dem Chemiestudium und einer chemiehistorischen Promotion in Marburg sowie einem Postdoc-Jahr an der University of Kent, Canterbury, hat er sich 1987 in Hamburg habilitiert. Danach war er Fellow am Wissenschaftskolleg zu Berlin, Projektleiter an der TU Berlin und Professor in Mainz. Arbeitsgebiete: Chemiegeschichte des 18. und 19. Jahrhunderts, Naturphilosophie und Wissenschaft in der Frühen Neuzeit.

Jürgen Mittelstrass ist ord. Professor für Philosophie und Wissenschaftstheorie an der Universität Konstanz (seit 1970) und Direktor des Zentrums Philosophie und Wissenschaftstheorie (seit 1990) ebendort. Nach der Promotion 1961 in Erlangen und der Habilitation 1968, ebenfalls in Erlangen, wurde er 1970 Gastprofessor in Philadelphia. Er war 1985–1990 Mitglied des Wissenschaftsrates, 1992–1997 Mitglied des Senats der Deutschen Forschungsgemeinschaft und ist Mitglied der Berlin-Brandenburgischen Akademie der Wissenschaften (Berlin), der Academia Europaea (London), der Deutschen Akademie der Naturforscher Leopoldina (Halle) und der Pontifical Academy of Sciences (Rom). 1989 erhielt er den Leibniz-Preis der Deutschen Forschungsgemeinschaft, 1992 den Arthur Burkhardt-Preis, 1998 die Lorenz-Oken-Medaille der Gesellschaft Deutscher Naturforscher und Ärzte. 2000 Ehrendoktorwürde der Universitäten Pittsburgh/USA, der Humboldt-Universität zu Berlin und der Universität Iaşi/Rumänien. Arbeitsschwerpunkte bilden Allgemeine Wissenschaftstheorie, Wissenschaftsgeschichte, Sprachphilosophie und Erkenntnistheorie. Er ist Herausgeber der *Enzyklopädie Philosophie und Wissenschaftstheorie.*

Erwin Neuenschwander ist Titularprofessor für Geschichte der Mathematik an der Universität Zürich und Präsident des Schweizerischen Landeskomitees der International Union of History and Philosophy of Science (IUHPS). Der Schwerpunkt seiner Forschungstätigkeit liegt in der Mathematikgeschichte des 19. und frühen 20. Jahrhunderts, worüber er zahlreiche Arbeiten und das Buch *Riemanns Einführung in die Funktionentheorie* 1996 veröffentlichte. Daneben betreut er seit 1977 als Herausgeber die Fachbereiche Mathematik, Astronomie und Physik beim *Lexikon des Mittelalters* sowie ab 1994 auch beim *Historischen Lexikon der Schweiz*. Er ist der Herausgeber des diesem Band vorangegangenen Werkes *Wissenschaft, Gesellschaft und politische Macht* 1993 und hat sich nach seiner Wahl zum Präsidenten der Joint Commission der IUHPS auch im internationalen Rahmen um eine vertiefte Betrachtungsweise der oftmals problematischen, aber auch äusserst fruchtbaren Korrelationen zwischen Wissenschaft, Philosophie und gesellschaftlichen Phänomenen bemüht.

Ulrich Niederer war von 1978 bis 1991 Privatdozent für Theoretische Physik an der Universität Zürich. Er studierte in Bern zunächst Medizin und dann Theoretische Physik, wo er 1968 mit einer Arbeit über die Gültigkeit der Störungsrechnung in einem Modell der Quantenfeldtheorie promovierte. 1969/70 war er «Scholar» am Dublin Institute for Advanced Studies und danach wissenschaftlicher Mitarbeiter am Institut für Theoretische Physik an der Universität Zürich, bis er 1978 zum Chef der Sektion Radioaktive Abfälle bei der nuklearen Sicherheitsbehörde des Bundes in Würenlingen ernannt wurde. Der Schwerpunkt seiner Forschungstätigkeit lag auf dem Gebiete der Theoretischen Physik; daneben veröffentlichte er auch mehrere Arbeiten zur Sicherheit von Kernanlagen und zur Wissenschaftsgeschichte der Neuzeit.

Heinrich Schipperges war von 1961 bis 1986 Direktor des Instituts für Geschichte der Medizin an der Universität Heidelberg. Seine Forschungsschwerpunkte liegen auf Bereichen der Medizin im arabischen und lateinischen Mittelalter. Er ist Mitglied der Heidelberger Akademie der Wissenschaften und Ehrendoktor der Universidad Complutense zu Madrid. Jüngste Monographie zu Paracelsus: *Paracelsus – heute. Seine Bedeutung für unsere Zeit*. Frankfurt 1994.

Herwig F. Schopper ist Professor emeritus der Universität Hamburg. Diplom in Physik und Promotion in Hamburg, Habilitation in Erlangen 1957, Forschungsaufenthalte bei Lise Meitner (TH Stockholm), bei O. Frisch

444

(Cambridge UK) und bei R.R. Wilson (Cornell University USA). 1957 a.o. Professor in Mainz, 1961 ord. Professor in Karlsruhe und Direktor des Instituts für experimentelle Kernphysik des Kernforschungszentrums Karlsruhe, seit 1973 ord. Professor der Universität Hamburg, Vorsitzender des Direktoriums von DESY in Hamburg (1973–1980), Generaldirektor des Europäischen Kernforschungszentrums CERN in Genf (1981–1988). Arbeitsgebiete: Optik dünner Schichten, Kernphysik, Elementarteilchenphysik, Beschleunigertechnik; über 200 wissenschaftliche Arbeiten. Dr. h.c. der Universitäten Erlangen, Moskau, Genf und London. Verschiedene Auszeichnungen, darunter Physikpreis der Akademie der Wissenschaften zu Göttingen, Carus-Medaille der Akademia Leopoldina, Grosses Bundesverdienstkreuz.

Edith Dudley Sylla ist Professorin für Geschichte an der North Carolina State University. Sie erhielt ihren Ph.D in Wissenschaftsgeschichte an der Harvard University und zwar mit der Arbeit *The Oxford Calculators and the Mathematics of Motion, 1320–1350. Physics and Measurement by Latitudes* (1970), publiziert in der Reihe «Harvard University Dissertations in History of Science» (Garland, New York/London, 1991). Zu ihren derzeitigen Projekten gehören eine englische Übersetzung der *Ars Conjectandi* von Jacob Bernoulli und ein Buch mit dem provisorischen Titel *On the Margins of the Scientific Revolution: G. W. Leibniz.*